注册土木工程师(水利水电工程)资格考试指定辅导教材

水利水电工程专业知识

(2009年版)

全国勘察设计注册工程师水利水电工程专业管理委员会
中国水利水电勘测设计协会 编

黄河水利出版社

图书在版编目(CIP)数据

水利水电工程专业知识:2009年版/全国勘察设计注册工程师水利水电工程专业管理委员会,中国水利水电勘测设计协会编.—郑州:黄河水利出版社,2009.4

注册土木工程师(水利水电工程)资格考试指定辅导教材

ISBN 978-7-80734-591-6

Ⅰ.水… Ⅱ.①全…②中… Ⅲ.①水利工程-工程技术人员-资格考核-自学参考资料②水力发电工程-工程技术人员-资格考核-自学参考资料 Ⅳ.TV

中国版本图书馆CIP数据核字(2009)第047290号

出 版 社:黄河水利出版社

地址:河南省郑州市顺河路黄委会综合楼14层　邮政编码:450003

发行单位:黄河水利出版社

发行部电话:0371-66026940、66020550、66028024、66022620(传真)

E-mail:hhslcbs@126.com

承印单位:河南省瑞光印务股份有限公司

开本:787 mm×1 092 mm　1/16

印张:31.75

字数:730千字　　印数:9 001—13 000

版次:2007年4月第1版　　印次:2009年4月第3次印刷

2009年4月第2版

定价:88.00元

注册土木工程师(水利水电工程)资格考试
指定辅导教材编委会

前言

为加强对水利水电工程勘察、设计人员的管理，保证工程质量，国家对从事水利水电工程勘察、设计活动的专业技术人员实行职业准入制度，注册土木工程师（水利水电工程）执业制度于2005年9月起正式实施。今后，在水利水电工程勘察、设计活动中形成的勘察、设计文件，必须由注册土木工程师（水利水电工程）签字并加盖执业印章后方可生效。专业技术人员经考试合格并注册后方可以注册土木工程师（水利水电工程）名义执业。根据执业岗位需要，注册土木工程师（水利水电工程）执业岗位划分为水利水电工程规划、水工结构、水利水电工程地质、水利水电工程移民、水利水电工程水土保持5个执业类别。

注册土木工程师（水利水电工程）资格考试分为基础考试和专业考试，基础考试合格后方可报名参加专业考试。基础考试分为两个半天，分别进行公共基础、专业基础考试；专业考试分为两天，分别进行专业知识、专业案例考试。基础考试不分执业类别，专业考试分执业类别。

为更好地帮助考生复习，全国注册土木工程师（水利水电工程）专业管理委员会和中国水利水电勘测设计协会成立了由行业资深专家、教授组成的考试复习教材编审委员会，于2007年5月组织编写并出版了参加资格考试的专用复习教材。针对2007年、2008年考试情况，全国勘察设计注册工程师水利水电工程专业管理委员会组织专家对考试大纲进行了修订，并经全国勘察设计注册工程师管理委员会审定，于2009年3月公布，考试复习教材编审委员会也组织专家对原复习教材进行了修编。

《水利水电工程专业基础知识》属于注册土木工程师（水利水电工程）必须要掌握的基本内容，此次没有修编，其余教材均进行了增加或删除，结构也进行了调整，将原来的专业案例（工程规划、水土保持与工程移民篇）分为两册，使水土保持的内容更丰富，同时让考生复习更具针对性。修编后的复习教材分《水利水电工程专业基础知识》、《水利水电工程专业知识》（2009年版）、《水利水电工程专业案例（水工结构与工程地质篇）》（2009年版）、《水利水电工程专业案例（工程规划与工程移民篇）》（2009年版）和《水利水电工程专业案例(水土保持篇)》(2009年版)五册,《水利水电工程专业基础知识》供参加基础考试的考生复习参考,其他四册供参加专业考试的考生复习参考。本套复习教材及《勘察设计注册土木工程师(水利水电工程)资格考试大纲》(2009年版)由黄河水利出版社出版发行。《注册土木工程师(水利水电工程)执业资格专业考试必备技术标准汇编》及其增补本由中国水利水电出版社出版发行。

本复习教材以《勘察设计注册土木工程师(水利水电工程)资格考试大纲》(2009年版)为依据,以注册工程师应掌握的专业知识、勘察设计技术标准为重点,紧密联系工程实践,不仅能帮助考生系统掌握专业知识和正确运用设计规范、标准处理工程实际问题,而且可作为水利水电专业技术人员从事勘察、设计、咨询、建设项目管理、专业技术管理的辅导读本和高等院校师生教学、学习的参考用书。

参加本教材编写的专家以其强烈的责任感、深厚的理论功底、丰富的工程实践经验以及对技术标准的准确理解,对教材字斟句酌,精心编撰,付出了辛勤劳动。我们对各位作者表示深切的谢意,对编者所在单位给予的关心和支持表示衷心的感谢,对黄河水利出版社展现的专业精神表示敬意。

全国勘察设计注册工程师水利水电工程专业管理委员会

中国水利水电勘测设计协会

2009年3月

目 录

第一章 项目管理

第一节 工程项目建设管理综述

工程项目一般是指为达到预期目标,投入一定量的资本,在一定的约束条件下,经过决策与实施的必要程序,从而形成固定资产的一次性任务。工程项目具有任务一次性、目标明确性和条件约束性三个基本特征,同时还具有投资巨大、建设周期长、风险大、不可逆和协作性要求高等特殊属性。工程项目建设管理是跨越整个工程项目全生命周期的管理,包括项目立项决策、可行性研究、设计、建设实施、运营及后评价等阶段,且各个阶段之间互相影响。整个工程项目建设管理中参与和涉及的主体是多方面的,有业主、设计、施工、监理及政府等相关管理部门。加强工程建设项目的管理,对保障工程质量、提高投资效益具有重要作用。

一、工程基本建设程序

目前,我国的工程项目建设管理严格按照工程基本建设程序的要求进行,从项目决策、设计、施工到竣工验收各阶段均必须遵循基本建设程序规定的先后次序与步骤开展工作。根据我国基本建设实践,鉴于水利水电基本建设较其他部门的基本建设有一定的特殊性,具有规模大、技术复杂、工期较长、投资多等特点,工程失事后危害性也比较大,因此水利水电基本建设程序较其他部门更为严格。根据《水利工程建设程序管理暂行规定》(水利部水建[1998]16号),水利工程建设程序分为项目建议书、可行性研究、初步设计、施工准备(包括招标设计)、建设实施、生产准备、竣工验收、后评价等阶段。根据原电力工业部下发的《关于调整水电工程设计阶段的通知》(电计[1993]567号),取消项目建议书阶段,增加预可行性研究阶段,将原有可行性研究和初步设计两阶段合并,统称为可行性研究阶段,则水电工程的基本建设程序可分为预可行性研究、可行性研究、施工准备(包括招标设计)、建设实施、生产准备、竣工验收、后评价等阶段。

二、项目立项审批制度

按照国家有关基本建设程序管理的规定,水利水电工程项目在项目立项审批阶段实行项目审批制、核准制、备案制,根据《国务院关于投资体制改革的决定》(国发[2004]20号),按照投资主体、资金来源和项目性质,确定了项目审批制度。

对于政府投资项目实行项目审批制度。对于采用直接投资和资本金注入方式的项目,从投资决策角度只审批项目建议书、可行性研究报告,同时严格初步设计和概算审批工作,除特殊情况外不审批开工报告。对于以投资补助和贴息方式管理的项目,只审批资金申请报告。但以投资补助和贴息方式使用中央预算内资金超过2亿元或不超过2亿元但超过3 000万元且占项目总投资比例超过50%的项目，按直接投资或资本金注入方式管理，由国家发展和改革委员会审批可行性研究报告。

对于不使用政府投资建设的项目，区别不同情况实行核准制和备案制。凡列入《政府核准的投资项目目录》的项目，实行核准制，仅需向政府提交项目申请报告。政府对企业提交的项目申请报告，主要从维护经济安全、合理开发利用资源、保护生态环境、优化重大布局、保障公共利益、防止出现垄断等方面进行核准；对于《政府核准的投资项目目录》以外的项目，实行备案制，除国家另有规定外，由企业按照属地原则向地方政府投资主管部门备案。

三、建设阶段管理制度

按照国家的有关基本建设程序管理的规定，在建设管理阶段实行项目法人责任制、招标投标制、合同管理制、工程监理制、验收制等项目管理制度。

（一）项目法人责任制

由项目法人组织工程项目实施的管理方式已是一种国际惯例。1995年水利部提出《水利工程建设项目实行项目法人责任制的若干意见》，1996年国家发展计划委员会又下发了《关于实行建设项目法人制的暂行规定》，明确要求国有单位经营性基本建设大中型项目，在建设阶段必须组建项目法人。2000年7月，国务院批转了国家发展计划委员会、财政部、水利部、建设部《关于加强公益性水利工程建设管理若干意见的通知》，进一步明确了公益性水利工程建设项目法人及各个环节的责任。根据不同工程项目的作用和受益范围，推行项目法人制，由项目法人依法对工程项目建设实施管理，可以使项目法人在策划、资金筹措、建设实施、生产经营、债务偿还、资产的保值增值等方面承担相应的责任和义务，保证工程项目的顺利实施。

（二）招标投标制

我国推行工程建设招标投标制，是为了适应社会主义市场经济的需要，促使建筑市场各主体之间进行公平交易、平等竞争，以确保建设项目质量、建设工期和建设投资计划。按照《中华人民共和国招标投标法》的规定施行招标投标制度，可以进一步理顺建设管理体制，明确各方职责，最大限度地保护国家利益、社会公共利益和招标投标活动当事人的合法权益，促进水利和水电建筑市场健康发展。

（三）合同管理制

由于水利水电工程建设项目标的金额巨大、履行时间长、协调关系多、合同数量多，涉及建设、勘测、设计、施工、咨询、监理、供货厂家等各方主体，因此在工程项目建设过程中，要严格实行合同制管理。随着建设领域合同管理工作的不断完善，近年来，国家先后实施了《中华人民共和国合同法》，并发布了《建设工程施工合同（示范文本）》、《建设工程设计合同（示范文本）》等合同示范文本，对建设工程合同订立和履行中有可能涉及的各种问题给出了较为公正的解决办法，有效地减少了合同争议的可能，对完善建设工程合同管理制度起到了极大的推动作用。

（四）工程监理制

工程项目监理是指具有资质的工程监理单位受项目法人委托，依据国家有关工程建设的法律、法规和批准的项目建设文件、工程建设合同以及工程建设监理合同，对工程建设项目实行的管理。建设监理的主要内容包括投资控制、质量控制、进度控制、合同管理、信息管理、组织协调等六个方面，六个方面有机配合，并贯穿于项目全过程，以确保项目各项建设目标的最优实现。工程监理制的建立对规范水利水电建筑市场，提高工程质量和项目投资效益具有重大意义。

（五）验收制

由于水利水电工程具有工程项目千差万别，地形地质条件复杂，技术方案没有现成的成果可供参考等特点，在项目建设过程中，必须严格实行工程验收制度，对工程建设的不同阶段，按照水利水电工程现行的规程规范技术要求，开展分部工程验收、阶段验收、单位工程验收、专项验收、技术预验收和竣工验收，只有通过验收的水利水电工程才能开展下一步的工作或者投入使用，以保证工程建设的施工质量。

第二节　水利水电工程建设基本要求

一、水利工程设计基本要求

（一）项目建议书

水利水电工程项目建议书应以批准的江河流域（河段）、区域综合规划或专业规划为依据，贯彻国家的方针政策和有关规程规范的要求，根据国家和地区经济社会发展规划的要求，论述建设该工程项目的必要性，提出开发任务，对工程的建设方案和规模进行初步分析论证，并评价项目建设的合理性。

水利水电工程项目建议书的主要内容和深度应符合下列要求：

(1)论证项目建设的必要性，基本确定工程的任务及综合利用工程各项任务的主次顺序，明确本项目开发建设对河流上、下游及周边地区其他水利工程的影响。

(2)基本确定工程场址的主要水文参数和成果。

(3)基本查明影响坝（闸、泵站）址及引水线路方案比选的主要工程地质条件；初步查明其他工程的工程地质条件；对天然建筑材料进行初查。

(4)基本确定工程规模、工程等别及标准和工程总体布局。

(5)基本选定工程场址（坝、闸、厂、站址等）和线路，初步选定工程总体布置方案，基本选定基本坝型，初步选定其他主要建筑物型式。

(6)初步选定机电及金属结构的主要设备型式与布置。

(7)基本选定对外交通运输方案，初步选定施工导流方式和料场，初步确定主体工程主要施工方法和施工总布置及总工期。

(8)基本确定项目建设征地的范围，基本查明主要淹没实物，初步拟定移民安置规划。

(9)分析工程建设对主要环境保护目标的影响，初步提出环境影响分析结论、环境保护对策措施。

(10)分析工程建设对水土流失的影响与预测，初步确定水土流失防治责任范围，初步确定水土流失防治总体要求和初步方案。

(11)基本确定工程项目的类别,初拟工程管理方案,初步确定管理区范围。

(12)分析建设项目能源消耗种类、数量和节能设计的要求,初拟节能措施,对节能措施进行节能效果综合评价。

(13)提出主要工程量和主要设备数量。

(14)估算工程投资,初估建设征地和移民安置补偿费、环境保护专项投资和水土保持工程投资,编制项目投资估算。

(15)提出资金筹措方案,分析工程效益、费用和融资能力,评价项目的经济合理性和财务可行性。

水利水电工程项目建议书可包括以下附件:

(1)与工程有关的重要文件。

(2)咨询意见或审查会议纪要。

(3)水文分析报告。

(4)工程地质勘察报告。

(5)工程规模论证专题报告。

(6)工程建设征地补偿与移民安置专题报告。

(7)贷款能力测算报告或经济评价报告。

(8)其他重要专题报告。

(二)可行性研究

编制水利水电工程可行性研究报告应根据批准的项目建议书,贯彻国家基本建设的方针政策,遵照有关规程和规范的要求,对工程项目的建设条件进行调查和必要的勘测,在可靠资料的基础上,进行方案比较,从技术、经济、社会、环境等方面进行全面论证,评价项目建设的可行性。

水利水电工程可行性研究报告的主要内容和深度应符合下列要求:

(1)论述工程建设的必要性,对项目建议书阶段的遗留问题进行论证,确定工程的任务及综合利用工程各项任务的主次顺序。

(2)确定主要水文参数和成果。

(3)查明影响坝(闸、泵站)址及引水线路方案比选的主要地质条件;基本查明其他工程的工程地质条件;对天然建筑材料进行详查。

(4)确定主要工程规模和工程总体布局。

(5)选定工程建设场址(坝、闸、厂、站址和线路)等。

(6)确定工程等别及标准,基本选定工程总体布置;基本选定坝型及其他主要建筑物的基本型式。

(7)基本选定机电和金属结构及其他主要机电设备的型式和布置。

(8)初定消防设计方案和主要设施。

(9)选定对外交通运输方案、料场、施工导流方式及导流建筑物的布置,基本选定主体工程主要施工方法和施工总布置,提出控制性工期和分期实施意见,基本确定施工总工期。

(10)确定工程建设征地的范围,查明淹没实物,基本确定移民安置规划,估算移民征地补偿投资。

(11)对主要环境要素进行环境影响预测评价,提出环境保护对策措施,估算环境保护投资。

(12)确定水土流失防治责任范围、水土保持措施、水土保持监测方案和管理方案。

(13)确定建设项目类别,明确工程管理方案,确定管理区范围。

(14)初步确定劳动安全与工业卫生的设计方案,基本确定主要措施。

(15)明确工程的能源消耗种类和数量、能源消耗指标、设计原则,基本确定项目的节能措施。

(16)编制工程投资估算。

(17)进一步分析效益、费用和融资能力,提出资金筹措方案,分析主要经济评价指标,评价项目的经济合理性和财务可行性。

水利水电工程可行性研究报告可包括以下附件:

(1)项目建议书批复文件及与工程有关的其他重要文件。

(2)咨询意见或审查会议纪要。

(3)水文分析报告。

(4)工程地质勘察报告。

(5)工程建设征地补偿与移民安置专题报告。

(6)环境影响报告书(表)。

(7)水土保持方案。

(8)经济评价报告。

(9)其他重要专题报告。

(三)初步设计

初步设计报告应在批准的可行性研究报告的基础上进行编制。编制初步设计报告时,应认真进行调查、勘测、试验、研究,取得可靠的基本资料。设计应安全可靠,技术先进,密切结合实际,满足节水节能要求,节约投资,注重经济效益。初步设计报告应有分析、论证和必要的方案比较,并有明确的结论和意见,文字应简明扼要,图纸应完整清晰。

水利水电工程初步设计报告的主要内容和深度应符合下列要求:

(1)说明工程任务及具体要求,复核工程规模,确定运行原则,明确运行方式。

(2)复核并确定水文成果。

(3)查明各建筑物的工程地质条件及工程地质问题,必要时对天然建筑材料进行复核。

(4)复核工程的等级和设计标准,确定工程总体布置、主要建筑物的轴线、线路、结构型式和布置、控制尺寸、高程和工程数量。

(5)选定水力机械、电工、金属结构、采暖通风与空气调节等设备的型式和布置。

(6)确定消防设计方案和主要设施。

(7)确定劳动安全与工业卫生的设计方案,确定主要措施。

(8)复核施工导流方式,确定导流建筑物结构设计、主要建筑物施工方法、施工总布置及总工期。提出建筑材料、劳动力、施工用电和用水的需要数量及来源。

(9)复核工程建设征地的范围、淹没实物指标,确定移民安置规划。

(10)确定各项环境保护专项措施设计方案。

(11)确定水土保持工程和非工程措施设计。

(12)提出工程节能设计。

(13)提出工程管理设计。

(14)编制工程部分设计概算、水库淹没及建设征地补偿设计概算、环境保护专项设计概算和水土保持工程设计概算,提出工程设计总概算。

(15)复核经济评价指标。

水利水电工程初步设计报告可包括以下附件:

(1)可行性研究报告的批复文件及与工程有关的其他重要文件。

(2)咨询、论证或审查会议纪要。

(3)水文分析复核报告。

(4)工程地质勘察报告及重大工程地质问题研究报告。

(5)工程建设征地补偿与移民安置专题报告。

(6)其他重要专题报告。

二、水电工程设计基本要求

(一)预可行性研究

编制水电工程预可行性研究报告,应在江河流域综合利用规划或河流(河段)水电规划的基础上进行。对抽水蓄能电站应在地区抽水蓄能电站规划选点的基础上进行。流域和河流(河段)水电规划和抽水蓄能选点规划审批文件应列为预可行性研究报告的附件。特别重要的大型水电工程或重要且条件复杂的水电工程其工作内容和深度要求可根据需要适当扩充和加深。

水电工程预可行性研究报告的主要内容和深度应符合下列要求:

(1)论证工程建设的必要性。

(2)基本确定综合利用的要求和工程开发任务。

(3)基本确定主要水文参数和成果。

(4)评价本工程的区域构造稳定性;初步查明并分析各比较坝(闸)址和厂址的主要地质条件,对影响工程方案成立的重大地质问题做出初步评价。

(5)初选代表性坝(闸)址和厂址。

(6)初选工程正常蓄水位,初拟其他特征水位。

(7)初选装机容量,初拟机组额定水头、引水系统经济洞径和水库运行方式。

(8)初步确定工程等别和主要建筑物级别,初选代表性坝(闸)型、枢纽及主要建筑物型式。

(9)初步比较拟定机型、装机台数、机组主要参数、电气主接线及其他主要机电设备和布置。

(10)初拟金属结构及过坝设备的规模、型式和布置。

(11)初选对外交通方案,初步比较拟定施工导流方式和建坝材料,初拟主体工程施工方法和施工总布置,提出控制性工期。

(12)初拟征地范围,初步调查建设征地实物指标,提出移民安置初步规划,估算建设征地移民安置补偿费用。

(13)初步评价工程建设对环境的影响,从环境角度初步论证工程建设的可行性。

(14)提出主要的建筑安装工程量和设备数量。

(15)估算工程投资。

(16)进行初步经济评价。

(17)综合工程技术经济条件,提出综合评价意见。

(二)可行性研究

根据国务院关于投资体制改革的决定,企业投资建设水电工程实行项目核准制。投资企业需向政府投资主管部门提交项目核准申请报告。水电工程可行性研究报告是项目申请报告编制的主要依据。

水电工程可行性研究报告编制应遵循国家有关政策、法规,在审查批准的预可行性研究报告的基础上进行编制。应根据不同类型的工程,在工作内容与深度上有所取舍和侧重;特别重要的大型水电工程或条件复杂的水电工程,其工作内容和深度要求可根据需要适当扩充和加深;应遵循安全可靠、技术可行、结合实际、注重效益的原则;可行性研究报告中推荐采用的新材料、新工艺、新结构和新设备应进行技术经济论证。

水电工程可行性研究报告的主要内容和深度应符合下列要求:

(1)确定工程任务及具体要求,论证工程建设必要性。

(2)确定水文参数和水文成果。

(3)复核工程区域构造稳定性,查明水库工程地质条件,进行坝址、坝线及枢纽布置工程地质条件比较,查明选定方案各建筑物区的工程地质条件,提出相应的评价意见和结论;开展天然建筑材料详查。地质勘察按《水力发电工程地质勘察规范》(GB 50287—2006)的具体要求进行。

(4)选定工程建设场址、坝(闸)址、厂(站)址等。

(5)选定水库正常蓄水位及其他特征水位,明确工程运行要求和方式。

(6)复核工程的等级和设计标准,确定工程总体布置、主要建筑物的轴线、线路、结构型式和布置、控制尺寸、高程和工程量。

(7)选定电站装机容量,选定机组机型、单机容量、额定水头、单机流量及台数,确定接入电力系统的方式、电气主接线及主要机电设备的选型和布置,选定开关站的型式,选定控制、保护及通信的设计方案,确定建筑物的闸门和启闭机等的型式及布置。

(8)提出消防设计方案和主要设施。

(9)选定对外交通运输方案,确定导流方式、导流标准和导流方案,提出料源选择及料场开采规划、主体工程施工方法、场内交通运输、主要施工工厂设施、施工总布置等方案,安排施工总进度。

(10)确定建设征地范围,全面调查建设征地范围内的实物指标,提出建设征地和移民安置规划设计,编制补偿费用概算。

(11)提出环境保护和水土保持措施设计,提出环境监测和水土保持规划、环境监测规划和环境管理规定。

(12)提出劳动安全与工业卫生设计方案。

(13)进行施工期和运行期节能降耗分析论证,评价能源利用效率。

(14)编制可行性研究设计概算,利用外资的工程还应编制外资概算。

(15)进行国民经济评价和财务评价,提出经济评价结论意见。

水电工程可行性研究报告应根据需要将以下内容作为附件:

(1)预可行性研究报告的审查意见。

(2)可行性研究阶段专题报告的审查意见、重要会议纪要等。

(3)有关工程综合利用、建设征地实物指标和移民安置方案、铁路公路等专业项目及其他设施改建、设备制造等方面的协议书及主要有关资料。

(4)水电工程水资源论证报告书。

(5)水文分析复核有关报告。

(6)水电工程防洪评价报告。

(7)水情自动测报系统总体设计报告。

(8)工程地质勘察报告。

(9)水工模型试验报告及其他试验研究报告。

(10)机电、金属结构设备专题报告。

(11)施工组织设计专题报告和试验报告。

(12)建设征地和移民安置规划设计报告。

(13)环境影响报告书。

(14)水土保持方案报告书。

(15)劳动安全与工业卫生预评价报告。

(16)其他专题报告。

三、水利水电工程建设管理基本要求

(一)施工准备阶段

项目在主体工程开工之前,必须完成各项施工准备工作,其主要内容包括:施工现场的征地、拆迁;完成施工用水、电、通信、路和场地平整等工程;必需的生产、生活临时建筑工程;组织招标设计、咨询、设备和物资采购等服务;组织建设监理和主体工程招标投标,并择优选定监理单位和施工承包队伍等。

(二)建设实施阶段

在建设实施阶段,项目法人应按照批准的建设文件,发挥建设管理的主导作用,组织工程建设,为施工创造良好的施工条件,保证项目建设目标的实现。要充分授权给工程监理,使之能独立负责项目的建设工期、质量、投资控制和现场施工组织协调。

应当按照“政府监督、项目法人负责、社会监理、企业保证”的要求,建立健全质量管理体系。重点建设项目,应设立质量监督项目站,行使政府对项目建设的监督职能。

(三)生产准备阶段

生产准备是项目投产前所要进行的一项重要工作,是建设阶段转入生产经营的必要条件。项目法人应按照建管结合和项目法人责任制的要求,适时做好有关生产准备工作,包括生产组织准备、招收和培训人员、生产技术准备、生产的物资准备、正常的生活福利设施准备、试运行等。

(四)竣工验收阶段

建设项目的建设内容全部完成,并经过单位工程验收、专项验收,符合设计要求;完成竣工报告、竣工决算等必须的文件编制后,项目法人按规定向验收主管部门提出申请,根据国家和部颁验收规程,组织验收。

竣工验收是工程完成预定目标的标志,是全面考核基本建设成果、检验设计和工程质量的重要步骤。竣工验收合格的项目即从基本建设转入生产或使用。

(五)后评价阶段

建设项目竣工投产,经过1~2年的生产运行后,要进行一次系统的项目后评价,主要内容包括影响评价(项目投产后对各方面的影响进行评价)、经济效益评价(对项目投资、国民经济效益、财务效益、技术进步和规模效益、可行性研究深度等进行评价)、过程评价(对项目的立项、设计施工、建设管理、竣工投产、生产运行等全过程进行评价)。

第三节 建设工程招标投标管理

招标投标是最富有竞争性的一种采购方式,能为采购者带来经济效益、工程质量、货物或服务。我国推行工程建设招标投标制,是为了适应社会主义市场经济的需要,促使建筑市场各主体之间进行公平交易、平等竞争,以确保建设项目质量、建设工期和建设投资计划。

一、实行招标投标的目的和意义

(一)规范工程建设活动

工程建设的过程有其特定的内在规律,我国将其确定为基本建设程序。通过招标投标,可以约束建设主体,依照勘测、设计、施工等前后过程,分别发包、招标,避免边勘测、边设计、边施工,克服混乱现象。通过招标投标,可以进一步理顺建设管理体制,明确各方职责,促进建筑市场科学、合理体制的建立健全。

(二)提高投资效益

招标的最大特点是通过集中采购,让众多的投标人进行竞争,以合理的价格获得最优的工程、货物或服务。依法推行招标投标制,对于保障投资的有效使用,提高投资效益,有着极为重要的意义。

(三)保证项目质量

由于招标的特点是公开、公平、公正,将采购活动置于透明的环境之中,选择真正符合要求的供货商、承包商,防止腐败行为的发生,使工程、设备采购等项目的质量得到保证。

（四）提高工程建设项目管理水平

在招标投标制度下，作为项目法人的发包方，应通过加强项目管理，提高投资效益；从事勘测、设计、施工、咨询、监理、材料和设备供应的单位，应通过投标竞争获取项目任务，努力改善经营管理，提高人员素质，提高劳动生产率，加强科技投入，提高科技含量，促使项目管理水平的提高。

（五）保护国家利益、社会公共利益和招标投标活动当事人的合法权益

切实贯彻执行招标投标制度，可以最大限度地保护国家利益、社会公共利益和招标投标活动当事人的合法权益，促进水利水电建筑市场健康发展。

二、建设工程招标管理

（一）建设工程招标的范围

（1）《中华人民共和国招标投标法》规定，在中国境内进行下列工程建设项目包括项目的勘测、设计、施工、监理以及与工程建设有关的重要设备、材料等的采购，必须进行招标：①大型基础设施、公用事业等关系社会公共利益、公众安全的项目；②全部或者部分使用国有资金投资或者国家融资的项目；③使用国际组织或者外国政府贷款、援助资金的项目。

（2）水利部颁布的《水利工程建设项目施工招标投标管理规定》中明确规定，由国家投资、中央和地方合资、企事业单位独资或合资以及其他方式兴建的防洪、除涝、灌溉、发电、供水、围垦等大中型水利工程以及配套和附属工程，应进行招标投标。

（3）国家发展计划委员会 2000 年 5 月 1 日以第 3 号令发布《工程建设项目招标范围和规模标准规定》，达到下列标准之一的项目必须进行招标：

①施工单项合同估算价在 200 万元人民币以上的。

②重要设备、材料等货物的采购，单项合同估算价在 100 万元人民币以上的。

③勘察、设计、监理等服务的采购，单项合同估算价在 50 万元人民币以上的。

④单项合同估算价低于第①、②、③项规定的标准，但项目总投资额在 3 000 万元人民币以上的。

（二）建设工程招标方法

《中华人民共和国招标投标法》规定：招标方式分为公开招标和邀请招标两种。涉及国家安全、国家秘密、抢险救灾或者属于利用扶贫资金实行以工代赈、需要使用农民工等特殊情况，不适宜进行招标的项目，按照国家有关规定可以不进行招标。

1. 公开招标

公开招标又称无限竞争性招标，是指招标人通过有关公开报刊、信息网络或者通过其他媒介发布招标公告，以邀请不特定的法人或者其他组织投标。凡有兴趣并符合公告要求的承包商，不受地域和行业的限制均可以申请投标。

公开招标方法的优点是，业主可以在较广的范围内选择承包单位，投标竞争激烈，有利于业主将工程项目的建设任务交给可靠的承包商实施，并获得有竞争性的商业报价。但其缺点是，准备招标、对投票申请单位进行资格预审和评标的工作量大，因此招标的时间长、费用高。

2. 邀请招标

邀请招标也称有限竞争性招标，是指招标人以投标邀请书的方式，邀请具备承担招标项目的能力，资信良好的特定的法人或者其他组织投标。

邀请招标的邀请对象数目以5～10家为宜，但不应少于3家，与公开招标比较，其优点是不发招标公告，不进行资格预审，简化了招标程序，因此节约了招标费用和缩短了招标时间。而且由于对投标人以往的业绩和履约能力比较了解，可以减小合同履行过程中承包商违约的风险。邀请招标虽然不设置资格预审程序，但为了体现公平竞争和便于业主对各投标人综合能力进行选择，仍要求投标人按招标文件中规定的有关条件，在投标书中报送有关资质证书及业绩证明资料，在评标时以资格后审的形式作为评审的内容之一。

邀请招标的缺点是，由于投标竞争的激烈程度较差，有可能提高中标的合同价，也有可能排除了某些在技术上或报价上有竞争力的承包商参与投标。

（三）建设工程招标程序

1. 招标程序

建设工程项目招标程序一般包括以下几个步骤：

（1）招标准备阶段。招标人申请批准招标，发布招标公告，发售资质预审文件，对投标人资质预审，编制招标文件，向通过资质预审的投标人发投标邀请书。

（2）招标阶段。发售招标文件，招标文件的修改、澄清、质疑，现场考察，标前会议，递交和接收投标书。

（3）决标阶段。开标，评标，授标，商签施工合同。

2. 设立招标组织或者委托招标代理人

根据招标人是否具有招标资质，可以将组织招标分为招标人自己组织招标和招标人委托招标代理人代理组织招标、代为办理招标事宜两种情况。

招标代理机构是依法设立、从事招标代理业务并提供相关服务的社会中介组织。招标代理机构应当具备的条件：①有从事招标代理业务的营业场所和相应资金；②有能够编制招标文件和组织评标的相应专业力量；③有依法可以组建评标委员会的技术、经济方面的专家库。

3. 招标书的主要内容

招标人向招标管理机构申报招标申请书，办理招标备案手续。招标申请书的主要内容包括招标工程具备的条件、招标机构的组织情况、分析方案和招标计划、拟采用的招标方式和对投标单位的资质要求等。

4. 组织编制招标文件

组织编制招标文件和标底并呈报上级招标投标管理机构审定。

5. 发布招标公告或投标邀请书

招标公告主要内容包括招标项目名称和项目情况、招标开始时间与投标截止时间、招标方式、投标书发售办法、招标机构名称及地址。

6. 资格审查

对投标单位进行资格审查并提出资格预审报告，公布入选的投标者名单。

7. 资格复审

进行资格复审，以确定资格预审通过的投标单位提交的资格材料是否仍然有效和准确，进行资格后审以进一步审查中标单位是否有能力履行合同义务。

8. 其他事项

(1)发售招标文件及有关资料。

(2)召开标前会(投标预备会)，组织投标单位进行现场踏勘，对招标文件进行答疑。

(3)组建评标领导小组或评标委员会，制定评标、定标原则和办法。

(4)召开开标会议，当众开标。

(5)组织评标，在此期间组织召开必要的澄清会议，邀请投标单位对投标书做必要的澄清。

(6)选定中标单位和侯补中标单位，报上级招标投标管理机构批准。

(7)与初选的中标单位进行中标前谈判。

(8)发出中标通知书，与中标单位正式签订合同。合同副本报上级招标投标管理机构备案。

(四)建设工程招标文件的内容

招标人应当根据招标项目的特点和需要编制招标文件。招标文件应当包括招标项目的技术要求、对投标人资格审查的标准、投标报价要求和评标标准等所有实质性要求和条件以及拟签订合同的主要条款。

国家对招标项目的技术、标准有规定的，招标人应当按照其规定在招标文件中提出相应要求。

招标项目需要划分标段、确定工期的，招标人应当合理划分标段、确定工期，并在招标文件中说明。

水利水电工程建设项目施工招标文件应包括下列主要内容：

(1)工程综合说明。包括水文地质条件、建设项目内容、技术要求、质量标准、现场施工条件、建设工期等。

(2)投标邀请书。

(3)投标须知。

(4)投标书格式及其附件。

(5)工程量报价表及其附录。

(6)合同协议书格式及履约保函。

(7)合同条款。包括材料及其设备供应方式、工程量的量测和工程款的支付方式、预付款的百分比、材料标准价格的采用和材料及设备价差的调整方法等。

(8)技术规范、验收规程。

(9)图纸、技术资料和设计说明。

(10)图纸、技术资料及附件。

三、建设工程投标管理

(一)建设工程投标程序

(1)获取招标信息,进行投标决策。

(2)申请投标,向招标人申报资格审查,提供有关文件资料。

(3)购领招标文件和有关资料,缴纳投标保证金。

(4)建立投标工作机构,委托投标代理人。

(5)研究投标文件,制订投标计划。

(6)踏勘现场,参加标前会(投标预备会),要求招标人做必要的答疑。

(7)编制和递交投标文件。

(8)出席开标会议,参加评标期间的澄清会议。

(9)签订合同。

(二)建设工程投标报价的依据

(1)招标文件(包括对技术、质量和工期的要求)。

(2)设计图纸、设计文件及说明、工程量清单等。

(3)合同条件包括词语含义、合同文件、双方的一般责任、施工组织设计和工期、质量与验收、合同价款与支付、材料设备供应、设计变更、竣工与结算等内容,合同条件是合同签订与履行的依据,也是确定工程承包价款的主要参考。

(4)现行建设预算定额或概算定额、单位估价表及取费标准等。

(5)拟采用的施工方案、进度计划。

(6)工程材料、设备的价格及运费。

(7)现场施工条件。

(8)本企业施工组织管理水平、施工技术力量、设备装备能力等。

(9)本企业过去同类工程施工成本数据。

(三)建设工程投标报价的基本原则

(1)根据承包方式做到"内细算外粗报"。

(2)招标文件中双方的经济责任。

(3)利用现场勘察资料。

(4)经济合理的施工方案。

(5)计算方法要简明,数据资料要有依据。

(四)建设工程编制投标书的方法和步骤

1. 水利水电工程项目施工投标文件的主要内容

投标人应当按照招标文件的要求编制投标文件,投标文件应当对招标文件提出的实质性要求做出响应。水利水电工程项目施工投标文件的主要内容应包括:

(1)投标书综合说明,工程总报价。

(2)按照工程量清单填写单价分析、单位工程造价、全部工程造价、三材用量。

(3)施工组织设计,包括选用的主体工程和施工导流工程施工方案,参加施工的主要施工机械设备进场数量、型号清单。

(4)保证工程质量、进度和施工安全的主要组织保证和技术措施。

(5)计划开工、各主要阶段(截流、下闸蓄水、第一台机组发电、竣工等)进度安排和施工总工期。

(6)参加工程施工的项目经理和主要管理人员、技术人员名单。

(7)工程临时设施用地要求。

(8)招标文件要求的其他内容和其他应说明的事项。

投标人在招标文件要求提交投标文件的截止时间前,可以补充、修改或者撤回已提交的投标文件,并书面通知招标人。补充、修改的内容为招标文件的组成部分。

2. 投标书的编制步骤

投标书的编制步骤一般可分为准备阶段和投标书编制阶段,其中每一阶段又包括若干项内容和方法。

1)准备阶段

(1)领买招标文件和图纸资料,参加招(发)标会议;研究招标文件,熟悉图纸和其他有关技术资料,熟悉投标注意事项,研究招标工程综合说明,研究合同主要条款。

(2)进行前期调查研究,包括工程情况调查、经济情况调查、法律改革情况调查、对建设单位的调查、对投标竞争对手的调查。

(3)参加招标人答疑会,澄清招标文件,熟悉图纸和技术资料及踏勘现场。

2)投标书编制阶段

(1)制订投标总体方案。

(2)复查、计算图纸工程量,确定国拨材料需用量。

(3)编制施工组织设计和施工进度与工期。

(4)确定招标工程质量标准。

(5)编制或套用投标单价。

(6)计算取费标准或确定采用的取费标准。

(7)计算投标造价。

(8)核对调整投标造价。

(9)确定投标报价。

(10)根据工程所在地区不同和招标要求的不同,编制其他相关的内容。

第四节　工程建设监理和项目管理

一、工程建设监理

(一)工程建设监理的概念和特性

工程建设监理是指具有资质的工程监理单位受项目法人委托,依据国家有关工程建设的法律、法规和批准的项目建设文件、工程建设合同以及工程建设监理合同,对工程建设项目实行的管理,确保建设行为的合法性、合理性、科学性和安全性。建设监理的实施和建设监理制的建立对规范我国建筑市场、提高工程质量和项目投资效益,具有重大的意义。

建设监理的特性主要有服务性、公正性、独立性和科学性。

(二)工程建设监理的业务范围

按照建设监理有关规定,监理单位可以接受委托为项目法人在项目建设的前期阶段、项目设计阶段、项目施工准备阶段、项目施工阶段提供监理服务。

1.项目建设的前期阶段

(1)评估,亦即机会研究。

(2)投资决策咨询。

(3)项目可行性研究,包括随项目建议书上报的预可行性研究和可行性研究以及项目的投资估算。

2.项目设计阶段

(1)项目的评选或设计招投标工作,审查或评选设计方案,审查设计实施文件。

(2)对设计单位进行资质调查,选择设计单位。

(3)代签或参与签订勘察设计合同和监督合同的实施。

(4)代编或代审工程项目的概(预)算。

3.施工准备阶段

(1)代理组织单项工程或单位工程的招标投标,或提供工程建设咨询服务。

(2)核查施工图设计和概(预)算。

(3)编撰标书、制定标底,准备并发送招标文件;协助评审投标书,提出决标意见。

(4)协助建设单位与中标单位商签工程承包合同。

(5)对施工准备阶段的预备性工程、先期“四通一平”工程实施工程监理。

(6)协助建设单位优选设备供应公司或设备成套公司、商签设备成套供应合同。

4.项目施工阶段

(1)协助项目法人编写开工报告。

(2)审查承包商选择的分包单位。

(3)组织设计交底和图纸会审,协助项目法人对初步设计后的一般设计变更进行审查。重大设计变更在初审后需报原批准单位审批。

(4)审查承包商提出的施工技术措施、施工进度计划和资金、物资、设备计划等。

(5)督促承包商执行工程承包合同,按国家和水利水电行业技术标准和批准的设计文件施工。

(6)监督工程质量(包括材料、设备构件等),检查安全防护设施,定期向项目法人汇报。

(7)核实完成的工程量,签发工程付款凭证,审查工程结算。

(8)整理合同文件和技术档案资料。

(9)协调项目法人和承包商的关系,处理违约事件。

(10)协助项目法人进行工程各阶段的验收,提出竣工验收报告。

(三)工程建设监理职责

建设监理的职责主要有投资控制、质量控制、进度控制、合同管理、信息管理、组织协调等六个方面，即“三控制、二管理、一协调”。其中，控制是核心，合同管理为依据，信息管理为基础，组织协调为手段，六个方面有机配合，并贯穿于项目全过程，以确保项目各项建设目标最优实现。工程建设监理的具体职责如下：

（1）协助项目法人评审投标文件，提出决标建议，并协助项目法人与中标商签订承包合同。

（2）在工程合同实施过程中，按照合同要求，全面负责对工程的监督、管理和检查，协调现场各承包商之间的关系，负责对合同文件的解释和说明，处理矛盾。

（3）进度控制。监督检查承包商的施工进度，审查承包商入场后的施工组织设计、施工方案和施工进度实施计划以及工程各阶段或各分部工程的进度实施计划，并监督实施。

（4）帮助承包商正确理解设计意图，负责有关工程图纸的解释、变更和说明，发出图纸变更命令，提供新的补充图纸，在现场解决施工期间出现的设计问题。负责提供原始基准点、基准线和参考标高，审核检查并批准承包商的测量放样结果。

（5）监督承包商认真贯彻执行合同中的技术规范、施工要求和图纸上的规定，以确保工程质量能满足合同要求。及时检查工程质量，特别是基础工程和隐蔽工程。检查批准承包商的各项试验及现场试验成果，及时签发现场或其他有关试验的验收合格证书。

（6）严格检查材料、设备质量，批准、检查承包商的定货，抽查或检查进场材料和设备。

（7）投资控制。负责审核承包商提交的每月完成的工程量及相应的月结算财务报表，处理价格调整中有关问题并签署当月支付款额数，及时报项目法人审核支付。

（8）协助业主处理好索赔问题。

（9）人员考核。承包商派去工地管理工程的项目经理，须经监理工程师批准。监理工程师有权考查承包商进场人员的素质，可以随时撤换不称职的项目经理和不听从管理的人员。

（10）记录施工日记及保存一份质量检查记录。根据积累的工程资料，整理工程档案。

（11）核实最终工程量，参加竣工验收或受项目法人委托负责组织并参加竣工验收。

（12）签发合同条款中规定的各类证书与报表。

（13）定期向项目法人提交工程情况报告或工程变更报告。

（14）协助调解项目法人与承包商之间的各种矛盾。

（15）处理施工中的各种意外事件引起的问题。

（四）工程建设监理的工作方法

工程建设监理工作方法的核心是规划、控制和协调，即通过建设项目的目标（投资目标、工期目标、质量目标）规划与动态目标控制，尽可能好地实现项目目标，达到提高投资效益的目的。

动态目标控制是指建设项目在实施过程中，建设监理应当按照要求对施工过程进行检查，及时纠正违规操作，消除质量隐患，跟踪质量问题，验算纠正效果。与此同时，也要对目标进行规划，以确保项目目标的实现。

对于工程某些关键工序和重点部位的施工过程，监理工程师应当进行旁站。

(五)工程建设监理的基本原则

工程建设监理的基本原则是守法、诚信、公正、科学。具体如下。

1. 权责一致的原则

监理工程师承担的职责应与项目法人所授的权限相一致。

2. 总监理工程师负责制的原则

工程项目监理组织必须实行总监理工程师负责制,其实质是总监理工程师全权代表监理单位全面履行委托监理合同,承担合同中所规定的监理单位的责任和义务。对外向项目法人负责,对内向监理单位负责。实行总监理工程师负责制,要有健全的项目监理组织,完善的监理运行制度,形成以总监理工程师为首的高效能的决策指挥系统。

3. 综合效益的原则

既讲求经济效益,又要强调社会效益和环境效益。亦即监理单位不仅按合同规定,单纯为项目法人谋求经济效益,还应严格遵守国家有关法律、法规,维护社会整体利益,做到既对项目法人负责,又对国家和社会负责,努力做到经济效益、社会效益和环境效益相统一。

4. 严格、公正、热情服务的原则

监理单位受项目法人的委托,在项目监理活动中,应严格按合同办事;在处理项目法人与承包单位之间的利益关系时应立场公正,不能以损害承包单位的利益来维护业主的利益。

5. 事前控制的原则

项目监理组织对工程项目监理就是在项目实施全过程中,进行全面控制。但监理工作的重点应是事前控制。在制定监理规划和监理实施细则时,必须对项目在建设过程中可能出现的问题进行预测,从技术、组织、经济等方面提出预控措施,防患于未然,把可能出现的问题消灭在事前。

6. 说服教育的原则

监理在行使监理职权时应坚持说服教育,讲清道理,宣传执行政策、法规的严肃性,获得对方的理解和支持。强调以说服教育为主,并不排斥监理行使合同规定的职权。

(六)工程建设监理的权利和依据

1. 工程建设监理的权利

工程建设监理的权利由项目法人授予,并写在监理委托合同中,监理工程师可执行合同中规定或隐含的权利。为使项目目标最优实现,完成监理的任务,监理工程师应有以下权利:

(1)技术上的核定权。

(2)组织协调上的主持权。

(3)材料设备和工程质量的确认权和否决权。

(4)进度和工期上的确认权和否决权。

(5)工程款与工期上的确认权和否决权。

2. 监理单位实施监理的主要依据

监理单位实施监理的主要依据有以下几方面:

(1)国家和建设管理部门制定颁发的法律、法规、规章和有关政策。

(2)技术规范、技术标准。主要包括国家有关部门颁发的设计规范、技术标准、质量标准、施工规范、施工操作规程等。

(3)政府建设主管部门批准的建设文件、设计文件。

(4)项目法人与施工承包商依法订立的工程承包合同,与材料、设备供货单位签订的有关购货合同,与社会监理单位签订的建设监理合同以及项目法人与其他单位签订的合同。

二、建设工程项目管理

(一)建设项目法人责任制

1. 项目法人及组成

项目法人是指为某项工程的建设项目而依法设立的、具有民事权利的民事行为能力、依法独立享有民事权利和独立承担义务的组织。

投资各方在酝酿建设项目的同时,即可组建并确定项目法人,做到先有法人、后有项目。

建设实施阶段项目法人是由项目业主(班子)、项目经理(单位)、工程监理单位构成。

2. 项目法人的职责

建设工程按照政企分开的原则组建项目法人,实行项目法人责任制。项目法人的职责是对项目的策划、资金筹措、建设实施、生产经营、质量安全、债务偿还和资产的保值增值实行全过程负责。具体任务是:

(1)以质量为中心强化建设项目全面管理。加强项目的质量监控,确保工程质量达到国家标准。加强建设项目总工期的管理,实现总进度目标。加强投资管理,减少索赔,确保建设项目不超概算。

(2)严格执行建设程序,搞好工程竣工验收。严格执行建设程序,严格与认真做好建设项目竣工验收工作。项目法人不应当提前使用未经验收的工程。

(二)建设工程项目管理的基本原理

1. 工程项目管理的含义和特征

工程项目是指建设领域中的项目。一般是指为某种特定目的而进行投资建设并含有一定建筑或建筑安装工程的建设项目。例如,建设一定规模的水电站或水利设施;建设一定规模的住宅小区等。

2. 工程项目的特征

(1)唯一性。工程项目具有明确的目标——提供特定的产品或服务。其产品或服务在某些特定的方面有别于其他类似的产品或服务。尽管从事一种产品或服务的单位很多,但由于工程项目建设的时间、地点、条件等都会有若干差别,都涉及到某些以前没有做过的事情,所以它总是唯一的。

(2)一次性。每个工程项目都有其确定的终点,所以项目的实施都将达到其终点。从这个意义上讲,它们都是一次性的。一次性并不意味着时间短,实际上许多工程要经历若干年。然而,在任何情况下工程项目的期限都是有限的,它不是一种持续不断的工作。

(3)整体性。一个工程项目往往由多个单项工程和多个单位工程组成,彼此之间紧密相关,必须结合到一起才能发挥工程项目的整体功能。

(4)固定性。工程项目都含有一定的建筑或建筑安装工程,都必须固定在一定的地点,都必须受项目所在地的资源、气候、地质等条件制约,接受当地政府以及社会文化的干预和影响。

(5)许多因素带来的不确定性。一个工程项目的建成往往需要几年,有的甚至更长,建设过程中涉及面广,由于各种情况的变化带来的不确定性因素较多。

(6)不可逆转性。工程项目实施完成后,很难推倒重来,否则将要造成大量的损失,因此工程建设具有不可逆转性。

3. 工程项目管理

工程项目管理的目标是运用各种知识、技能、手段和方法去满足或超越出工程项目各利害关系者的要求和希望。因此,首先要认真识别和理解同工程项目密切相关各方的不同要求和期望(包括范围、进度、费用、质量以及其他目标)。各相关方总体利益是一致的,但关注点不同,有时还在一些问题上有冲突,需要加以协调。

工程项目管理的基本方法是运用各种知识和资源通过计划、组织、协调、控制等工作,以达到工程项目的建设目标,满足各方的要求。

4. 工程项目管理的基本原理

工程项目管理的基本原理主要是目标的系统管理、过程控制管理和信息技术管理。

(1)目标的系统管理。目标的系统管理就是整个项目的工作控制管理。系统管理包括两个方面:一是确定工程项目总目标,要用工作分解结构方法将总目标层层分解成若干个子目标和可执行目标,并将它们落实到工程项目建设周期的各个阶段和各个责任人,并建立由上而下、由整体到局部的目标控制系统;二是要做好整个系统各类目标(如质量目标、进度目标和费用目标)的协调和各分项目的衔接和协作工作,使整个系统步调一致,有序进行,从而保证总目标的实现。

(2)过程控制管理。无论总目标还是各项子目标的实现都有一个投入到产出成果再到实现目标的过程。利用过程控制的原理,通过工作流程(或业务流程)对实现目标的过程及相关资源和投入过程进行动态管理,预先安排好过程最终步骤、流程、控制方法以及资源需求,规定好组织内各部门之间的关键活动和接口,及时测量、统计关键活动的成果并及时反馈,不断改进,可以更有效地使用资源,即满足顾客的要求,又降低成本,保证质量和进度,使相关方受益。

项目过程分为两大类:一类是创造项目产品的过程。创造项目的产品过程,因产品的不同而各异,创造工程项目产品的典型过程为前期筹划—设计—采购—施工—验收总结评价,这些过程关注实现项目产品的特性、功能和质量;另一类是项目管理过程,不因产品不同而各异,其典型过程为启动—计划—实施—检查—处理,也可把检查和处理两个过程合起来叫控制过程。上述两类项目过程在项目中不是分离的,而是互相依存的。创造项目产品的过程是项目的基础,是项目管理的对象。项目管理过程是对创造项目产品过程的管理。因此,不能满足于参与创造项目产品过程而忽视项目管理过程。创造项目产品的过程只能保证项目产品的功能特性,而项目管理过程则是利用项目管理的先进技术保证项目的效率和效益。

(三)项目管理的组织形式和特点

按当前国际上通行的分类形式,项目组织的基本形式可以分为职能式、项目式、矩阵式以及复合式。目前,对于项目组织形式的问题在国内已经引起一定的重视,但重视程度还远远不够,还没有做到根据需要采取灵活多样的组织形式开展项目工作。

1. 职能式

职能式是目前比较广泛使用的项目组织形式,项目通常是按照专业不同分给相对应的专业部门,由相应的职能单元完成各方面的工作,各职能部门负责人构成项目协调层。对于一些中小项目,在人力资源、专业等方面要求一般的情况下,根据项目专业特点,可直接将项目安排在某一职能部门内部进行。分配到项目团队中的成员在职能部门内可能暂时是专职,也可能是兼职,但从总体上看,没有专职人员从事项目工作。

1)职能式组织结构的优点

(1)项目团队中各成员无后顾之忧,因而能客观地为项目去考虑、去工作。

(2)各职能部门可以在本部门工作任务与项目工作任务的平衡中去安排力量,人员便于补充。

(3)当项目全部由某一职能部门负责时,在项目的人员管理与使用上变得更为简单,使之具有更大的灵活性。

(4)项目团队中的成员有同一部门的专业人员作技术支撑,有利于提高项目专业技术问题的解决水平。

(5)有利于公司项目发展与管理的连续性。

2)职能式组织结构的缺点

(1)项目管理没有正式的权威性。由于团队成员受双重领导,相对于职能部门来说,项目团队的约束显得更为无力。

(2)项目团队中的成员不易产生事业感与成就感。

(3)对于参与多个项目的职能部门、特别具体到个人来说,不易安排好在各项目之间投入力量的比例。

(4)不利于不同职能部门的团队成员之间的交流。

(5)项目的发展空间容易受到限制。

2. 项目式

项目式管理组织形式就是将项目组织独立于公司职能部门之外,由项目组织自己独立负责项目主要工作的一种组织管理模式。项目的具体工作则主要由项目团队负责。

1)项目式组织结构的优点

(1)项目经理是真正意义上的项目负责人。项目经理对项目及公司负责,项目组成人员对项目经理负责,项目经理可以调动团队内外各种有利因素。

(2)团队成员工作目标单一,可以全身心地投入到项目工作中去,有利于团队精神的形成和发挥。

(3)项目管理层次相对比较简单,项目管理的决策速度和响应速度变得快捷。

(4)项目管理指令一致,团队成员避免了多头领导。

(5)项目管理相对简单,使项目费用、质量及进度控制等更加容易进行。

(6)项目团队内部容易沟通。

2)项目式组织结构的缺点

(1)容易出现配置重复、资源浪费的问题。

(2)项目团队与公司之间容易出现沟通不够和交流不充分的问题。

(3)公司的管理与对策在项目组织中贯彻可能遇到阻碍。

(4)项目团队成员在项目后期没有归属感,影响项目的后期工作。

(5)各职能部门对其资源的支持会有所保留。

3. 矩阵式

矩阵式是介于职能式与项目式之间的一种项目管理组织模式。参加项目的人员由各职能部门安排,工作上服从项目经理的安排,人员不独立于部门之外,是一种暂时的、半松散的组织形式。

1)矩阵式组织结构的优点

(1)团队的工作目标与任务比较明确,有专人负责项目的工作。

(2)团队的工作人员无后顾之忧。

(3)各职能部门可根据本部门情况来调整、安排资源力量,提高资源利用率。

(4)相对职能式来说,减少了工作层次与决策环节,提高了工作效率和反应速度。

(5)相对项目式组织结构来说,可在一定程度上避免资源的囤积与浪费。

(6)可使项目运行符合公司的有关规定,不宜出现矛盾。

2)矩阵式组织结构的缺点

(1)项目管理的权力在项目经理与职能部门之间不易实现平衡。

(2)信息回路比较复杂,容易出现交流、沟通不够的问题。

(3)项目成员处于多头领导状态,容易造成指令矛盾、行动无所适从的问题。

4. 复合式

复合式项目组织结构有两种含义:一是指在公司的项目组织形式中有职能式、项目式或矩阵式两种以上的组织形式;二是指一个项目的组织形式中包含上述两种结构以上的模式,例如在职能式项目组织结构的子项目采取项目式组织结构等。

复合式项目组织结构的最大特点是不受现有模式的限制,在发挥项目优势与人力资源优势等方面更加方便灵活。但缺点是公司在项目管理、项目的信息流、项目的沟通方面容易产生障碍,公司的项目管理制度不易较好地贯彻执行。

(四)项目经理责任制

1. 项目经理部的构成

项目经理部通常由项目经理、项目工程师、施工技术员、质安员、料具员、计划员、核算员、办事员、政工员等组成。

项目经理部是以一个工程项目为对象,对工程项目从施工准备到竣工验收进行全过程管理,实现以工期、质量、成本、安全和文明施工五者统一的综合目标。

项目经理部也是项目经理领导下的工程管理工作班子。一般应设置以下五个部门:

(1)经营核算部门。主要负责预算、合同、索赔、资金收支、成本核算、劳动配置及劳动分配等工作。

(2)工程技术部门。主要负责生产调度、文明施工、技术管理、施工组织设计、计划统计等工作。

(3)物资设备部门。主要负责材料的询价、采购、计划供应、管理、运输、工具管理、机械设备的租赁配套使用等工作。

(4)监控管理部门。主要负责工程质量、安全管理、消防保卫、环境保护等工作。

(5)测试计量部门。主要负责计量、测量、试验等工作。

2. 项目经理的职责

项目经理的主要职责是：

(1)确保项目目标实现，保证业主满意。

(2)制定项目阶段性和项目总体控制计划。

(3)组织精干的项目管理班子。

(4)及时决策。

(5)履行合同义务、监督合同执行、处理合同变更。

(6)负责对外联系。

(7)在项目进展过程中大量的协调工作。

(8)主持与项目有关的各种会议，包括工作例会。

(9)贯彻工作标准、规章制度等。

3. 项目经理应具备的条件

项目经理是施工企业法人代表在项目上的代理人和项目全过程所有工作的总负责人，处于对项目进行指挥和协调的核心位置，是决定工程项目成败的关键人物。因此，项目经理的知识结构、经验水平、管理水平、组织能力、领导艺术，都对工程项目管理的成败有决定性影响。

项目经理应具备以下条件：

(1)具有丰富的业务知识，包括工程技术知识、经营管理知识和法律知识等。

(2)思维敏捷，具有处理复杂问题的应变能力。

(3)实践经验丰富，判断和决策能力强。

(4)善于处理人际关系，具有较强的组织领导能力。

(5)工作认真负责，坚持原则，秉公办事，作风正派，知人善任。

4. 项目经理的授权

对项目经理要充分授权，主持施工现场的管理工作。应授予项目经理下列权限：

(1)施工指挥权。

(2)用人、用工选择权。

(3)技术决策权。

(4)工资奖金分配权和职工奖惩权。

(5)一定数量的资金支配权。

(6)设备、物资、材料的租赁、采购与控制权。

（五）项目信息管理与计算机应用

现代社会是信息社会，信息既是管理、组织、计划、决策的重要依据，又是生产经营过程中进行组织、控制的主要手段。因此，信息是组织中沟通联络的媒介，犹如一个组织的“神经网络系统”，在管理中占据着重要的位置。

信息管理是一个比较复杂的管理过程，它包括信息收集、信息加工、信息传输、信息存储、信息检索等内容，并且管理要求很高，既要准确迅速，又要经济适用。

工程项目建设过程具有信息量大、变化多、分布不均匀的特点，要顺利地实现项目总目标，就必须形成一个有效的管理信息系统（Management Information System 简称 MIS），为项目管理层提供及时准确的决策依据。同时，项目管理的一个重要特征是动态管理，它要求整个公司的人、财、物、机等各种资源在各项目中动态平衡，优化配置，产生最佳的组合效益。因此，经营决策层必须随时掌握公司各种资源在空间、时间上的分布状况和变化程度，这就要求各类信息能及时准确地收集、传递和处理。项目动态管理系统就是一个由人、计算机、通信设备等硬件和软件组成的能进行信息收集、传输加工、保存和使用的系统，围绕人、财、物、机等生产要素频繁流动的过程，加强信息的收集、处理、反馈、跟踪，对项目实行动态管理。

按照项目动态管理的要求，在企业的内部应设三级信息网络，公司一级决策层设信息中心，项目经理部（管理层）设信息站，施工队（作业层）设信息组，并利用计算机进行联网和远程通信，代替国内目前流行的单用户单项程序或集成软件，实现各项目、各部门资源共享，信息实时处理。

项目动态管理计算机信息系统是一个多用户的计算机网络系统，各项目经理部可以通过工作站以本地网络用户方式直接进网；也可以远程工作站用户方式入网；还可以单机方式供各项目经理部在现场使用，再通过软盘输送入网。子系统投入的各种数据入网后可供各管理部门和公司决策层共享，各项目经理部也可在规定的访问级别上，访问网络上的有关共享数据库。

项目动态管理计算机信息系统可包括下列功能模块：

（1）项目经理部组织分工。

（2）工程项目概况。

（3）网络计划。

（4）工程成本控制。

（5）合同预算管理。

（6）机械设备管理与分布。

（7）材料管理与平衡。

（8）劳动工资管理与人员分布。

（9）财务会计。

（10）工程进度统计。

（11）工程质量控制。

（12）文书档案管理。

第五节 工程管理

一、水利工程项目性质

根据水利工程项目的服务对象和经济属性,其性质基本分属三大类:公益性(又称社会公益性)、准公益性(又称有偿服务性)、经营性(又称生产经营性)。

(一)公益性水利工程项目

属公益性质范畴的有防洪、除涝、水土保持等水利工程项目。

此类公益性水利工程项目,能有效地抵御洪涝灾害对自然环境系统和社会经济系统造成的冲击和破坏,为国民经济和社会发展提供安全保障。但其不能像电力、交通等基础产业易设立回收装置,而不能以货币形式回收这种巨大的分散化的效益,或不能以货币回报其巨额投资。其效益表现在它有极好的外部效果,而产业本身则无财务效益。

公益性水利工程项目的产权特征纯属公共产品,其消费具有非排他性,难于进行市场交换,市场机制不起作用,一般企业不会也无法提供这类公共产品或服务。

(二)准公益性水利工程项目

属准公益性质范畴的有农业灌溉供水项目,或指既承担防洪、排涝等公益性任务,又有供水、水力发电等经营性功能的水利工程。

从理论上讲,通过水利工程改变自然水的空间、时间分布的农业灌溉用水属于商品,经营农业灌溉用水应是营利性的商业活动。但农业作为国民经济的基础,国家一直采取扶持和优化发展的政策,曾明文规定:农业中粮食作物按供水成本核定水费;新建水利工程的供水价格,要按照满足运行成本和费用、缴纳税金、归还贷款和获得合理利润的原则制定;农业灌溉工程的建设资金由国家财政性资金安排,维护运行管理费由各级财政预算支付等。一系列政策体现了其优惠性。

由于我国工农业剪刀差继续存在,农业成本高,农民收入水平低、负担重,农业供水收费标准事实上大多还远远低于灌溉供水成本。不同项目供水成本差异很大,各地农业经济发展极不平衡,为农业供水制定统一政策带来困难。

从有利于资源有效配置的角度出发,政府补贴灌溉供水项目只能是近期的权宜之计。从长远看,按经济规律办事,灌溉供水单位由事业化向企业化转变,是改革发展的必然趋势。

(三)经营性水利工程项目

属经营性质范畴的有工业及城镇供水、水力发电、水产、旅游等水利工程项目。

该类水利工程项目主要为企业和消费者提供商品或其他产品和服务。按照市场规律,企业或消费者按核定的商品水价格或服务价格支付费用,经营者除回收成本和缴纳税收外,还有合理的盈利。这类项目实行企业管理,应按现代企业制度的基本原则,依据“公司法”组建,按照市场规则参与竞争,从事投、融资和生产经营活动。

二、水利水电工程运行管理体制

水利水电工程是国民经济和社会发展的重要基础设施。50 多年来,我国兴建了一大批水利水电工程，在抗御水旱灾害、保障经济社会安全、促进工农业生产持续稳定发展、保护水土资源和改善生态环境等方面发挥了重要作用。

但是，水利工程管理中存在的问题也日趋突出，主要是水利工程管理体制不顺、水利工程管理单位机制不活、水利工程运行管理和维修养护经费不足、供水价格形成机制不合理、国有水利经营性资产管理运营体制不完善等。这些问题不仅导致大量水利工程得不到正常的维修养护，效益严重衰减，而且对国民经济和人民生命财产安全带来极大的隐患。

为了保证水利工程的安全运行，充分发挥水利工程的效益，促进水资源的可持续利用，保障经济社会的可持续发展，国家有关部门于2002年4月出台了《水利工程管理体制改革实施意见》，明确了水利工程管理体制改革的目标、原则、主要内容和措施。

(一)水利工程管理体制改革的目标

水利工程管理体制改革的目标是：通过深化改革，力争在3~5年内初步建立符合我国国情、水情和社会主义市场经济要求的水利工程管理体制和运行机制，改革的主要目标是：

(1)建立职能清晰、权责明确的水利工程管理体制。

(2)建立管理科学、经营规范的水利工程管理单位(以下简称水管单位)运行机制。

(3)建立市场化、专业化和社会化的水利工程维修养护体系。

(4)建立合理的水价形成机制和有效的水费计收方式。

(5)建立规范的资金投入、使用、管理与监督机制。

(6)建立较为完善的政策、法律支撑体系。

(二)水利工程管理体制改革的原则

水利工程管理体制改革的原则如下：

(1)正确处理水利工程的社会效益与经济效益的关系。既要确保水利工程社会效益的充分发挥，又要引入市场竞争机制，降低水利工程的运行管理成本，提高管理水平和经济效益。

(2)正确处理水利工程建设与管理的关系。既要重视水利工程建设，又要重视水利工程管理，在加大工程建设投资的同时加大工程管理的投入，从根本上解决“重建轻管”的问题。

(3)正确处理责、权、利的关系。既要明确政府各有关部门和水管单位的权利和责任，又要在水管单位内部建立有效的约束和激励机制，使管理责任、工作效绩和职工的切身利益紧密挂钩。

(4)正确处理改革、发展与稳定的关系。既要从水利行业的实际出发，大胆探索，勇于创新，又要积极稳妥，充分考虑各方面的承受能力，把握好改革的时机与步骤，确保改革顺利进行。

(5)正确处理近期目标与长远发展的关系。既要努力实现水利工程管理体制改革的近期目标，又要确保新的管理体制有利于水资源的可持续利用和生态环境的协调发展。

(三)水利工程管理体制改革的主要内容和措施

1. 明确权责、规范管理

水行政主管部门对各类水利工程负有行业管理责任,负责监督、检查水利工程的管理养护和安全运行,对其直接管理的水利工程负有监督资金使用和资产管理责任。对国民经济有重大影响的水资源综合利用及跨流域(指全国七大流域)引水等水利工程,原则上由国务院水行政主管部门负责管理;一个流域内,跨省(自治区、直辖市)的骨干水利工程原则上由流域机构负责管理;一省(自治区、直辖市)内,跨行政区划的水利工程原则上由上一级水行政主管部门负责管理;同一行政区划内的水利工程,由当地水行政主管部门负责管理。水管单位具体负责水利工程的管理、运行和维护,保证工程安全和发挥效益。

2. 划分水管单位类别和性质,严格定编定岗

1)划分水管单位类别和性质

根据水管单位承担的任务和收益状况,将现有水管单位分为三类:

第一类是指承担防洪、排涝等水利工程管理运行维护任务的水管单位,称为纯公益性水管单位,定性为事业单位。

第二类是指承担既有防洪、排涝等公益性任务,又有供水、水力发电等经营性功能的水利工程管理运行维护任务的水管单位,称为准公益性水管单位。准公益性水管单位依其经营收益情况确定性质,不具备自收自支条件的,定性为事业单位;具备自收自支条件的,定性为企业。目前,已转制为企业的,维持企业性质不变。

第三类是指承担城市供水、水力发电等水利工程管理运行维护任务的水管单位,称为经营性水管单位,定性为企业。

水管单位的具体性质由机构编制部门会同同级财政和水行政主管部门负责确定。

2)严格定编定岗

事业性质的水管单位,其编制由机构编制部门会同同级财政部门和水行政主管部门核定。实行水利工程运行管理和维修养护分离(以下简称管养分离)后的维修养护人员、准公益性水管单位中从事经营性资产运营和其他经营活动的人员,不再核定编制。各水管单位要根据国务院水行政主管部门和财政部门共同制定的《水利工程管理单位定岗标准》,在批准的编制总额内合理定岗。

3. 全面推进水管单位改革,严格资产管理

根据水管单位的性质和特点,分类推进人事、劳动、工资等内部制度改革。事业性质的水管单位,要按照精简、高效的原则,严格控制人员编制;全面实行聘用制,按岗聘人,职工竞争上岗,并建立严格的目标责任制度。事业性质的水管单位仍执行国家统一的事业单位工资制度,同时鼓励在国家政策指导下,探索符合市场经济规则、灵活多样的分配机制,把职工收入与工作责任和绩效紧密结合起来。

企业性质的水管单位,要按照产权清晰、权责明确、政企分开、管理科学的原则建立现代企业制度,构建有效的法人治理结构,做到自主经营、自我约束、自负盈亏、自我发展。

要努力探索多样化的水利工程管理模式,逐步实行社会化和市场化。对于新建工程,应积极探索通过市场方式,委托符合条件的单位管理水利工程。

4.规范水管单位的经营活动,严格资产管理

由财政全额拨款的纯公益性水管单位不得从事经营性活动。准公益性水管单位要在科学划分公益性和经营性资产的基础上,对内部承担防洪、排涝等公益职能部门和承担供水、发电及多种经营职能部门进行严格划分,将经营部门转制为水管单位下属企业,做到事企分开、财务独立核算。事业性质的准公益性水管单位在核定的财政资金到位的情况下,不得兴办与水利工程无关的多种经营项目,已经兴办的要限期脱钩。企业性质的准公益性水管单位和经营性水管单位的投资经营活动,原则上应围绕与水利工程相关的项目进行,并保证水利工程日常维修养护经费的足额到位。

加强国有水利资产管理,明确国有资产出资人代表。积极培育具有一定规模的国有或国有控股的企业集团,负责水利经营性项目的投资和运营,承担国有资产的保值增值责任。

(四)积极推行管养分离

积极推行水利工程管养分离,精简管理机构,提高养护水平,降低运行成本。

在对水管单位科学定岗和核定管理人员编制的基础上,将水利工程维修养护业务和养护人员从水管单位分离出来,独立或联合组建专业化的养护企业,以后逐步通过招标方式择优确定维修养护企业。

(五)规范财政支付范围和方式,严格资金管理

根据水管单位的类别和性质的不同,采取不同的财政支付政策。纯公益性水管单位,其编制内在职人员经费、离退休人员经费、公用经费等基本支出由同级财政负担。工程日常维修养护经费在水利工程维修养护岁修资金中列支。工程更新改造费用纳入基本建设投资计划,由计划部门在非经营性资金中安排。

事业性质的准公益性水管单位,其编制内承担公益性任务的在职人员经费、离退休人员经费、公用经费等基本支出以及公益性部分的工程日常维修养护经费等项支出,由同级财政负担,更新改造费用纳入基本建设投资计划,由计划部门在非经营性资金中安排;经营性部分的工程日常维修养护经费由企业负担,更新改造费用在折旧资金中列支,不足部分由计划部门在非经营性资金中安排。事业性质的准公益性水管单位的经营性资产收益和其他投资收益要纳入单位的经费预算。各级水行政主管部门应及时向同级财政部门报告该类水管单位各种收益的变化情况,以便财政部门实行动态核算,并适时调整财政补贴额度。

企业性质的水管单位,其所管理的水利工程的运行、管理和日常维修养护资金由水管单位自行筹集,财政不予补贴。水利工程日常维修养护经费数额,由财政部门会同同级水行政主管部门依据《水利工程维修养护定额标准》确定。《水利工程维修养护定额标准》由国务院水行政主管部门会同财政部门共同制定。

第二章 水文、水资源评价

第一节 水 文

一、基本资料内容、来源及复核

(一)基本资料内容、来源

(1)水文计算应深入调查研究、搜集、整理、复核基本资料和有关信息,并分析水文特性及人类活动对水文要素的影响。水文计算必须重视基本资料,充分利用已有的实测资料。历史上我国人民在与江河洪水斗争中留下了许多有关洪水方面的文字记载、民间传说、实地洪痕,这些宝贵的历史洪水资料,对提高设计洪水成果的质量起着关键作用,因此要重视、运用历史洪水、暴雨资料。当工程地址和邻近河段缺乏实测水文资料时,应根据设计要求,及早设立水文测站或增加测验项目。

(2)水文计算依据的资料系列应具有可靠性、一致性和代表性。资料系列的可靠性是水文计算成果精度的重要保证,在进行水文计算时应复核所用资料,以保证资料正确可靠;资料系列的一致性,是指产生各年水文资料的流域和河道的产流、汇流条件在观测和调查期内无根本变化,如上游修建了水库或发生堤防溃决、河流改道等事件,明显影响资料的一致性时,需将资料换算到统一基础上,使其具有一致性;资料系列的代表性,是指现有资料系列的统计特性能否很好反映总体的统计特性。

(3)水文分析计算,根据工程设计需要,应搜集、整理工程所在流域、地区、河段的下列基本资料:①流域的地理位置、地形、地貌、地质、土壤、植被、气候等自然地理资料;②流域的面积、形状、水系,河流的长度、比降,工程所在河段的河道形态和纵、横断面等特征资料;③降水、蒸发、气温、湿度、风向、风速、日照时数、地温、雾、雷电、霜期、冰期、积雪深度、冻土深度等气象资料;④水文站网分布,设计依据站和主要参证站实测的水位、潮水位、流量、水温、冰情及洪、枯水调查考证等资料;⑤设计依据站和主要参证站的悬移质含沙量、输沙率、颗粒级配、矿物组成,推移质输沙量、颗粒级配等泥沙资料,设计断面或河段床沙的组成、级配及泥石流、滑坡、塌岸等资料; ⑥流域已建和在建的蓄、引、提水工程,堤防、分洪、蓄滞洪工程,水土保持工程及决口、溃坝等资料; ⑦流域及邻近地区的水文分析计算和研究成果。

搜集资料,除在水利水电系统和气象系统的水文测验部门、设计单位、水库(水电站)、气象局进行外,还需要搜集航运、铁路、交通、城建、供水、厂矿等有关部门的水文观测和调查资料。

在搜集流域基本情况的资料时,应注意分析影响降雨、洪水、径流形成的有关资料。

(4)气象资料主要来源于水文气象系统的实测资料,应特别注意对设计洪水成果影响较大的暴雨资料的搜集。暴雨资料主要来源于水文年鉴、暴雨普查及暴雨档案、历史暴雨调查资料及记载雨情、水情及灾情的文献材料。在国家水文气象站点稀少的地区,要注意搜集群众性和专用气象站的资料,这些资料大多数虽未经整编刊印,却常有大暴雨记录。

水文站网资料包括:测站的集水面积;测站的设置、停测、恢复及搬迁情况,曾经采用过的高程系统及各高程系统间的换算关系等;测验河段及其上下游一定长度内的河道形势、顺直段长度;断面形状、河床冲淤变化;各级水位的控制条件(如急滩、石梁、弯道、卡口等);洪水时漫滩、分流、串沟、死水、回流、横比降、流向变化;对测流河段有影响的桥梁、水工建筑物、堆渣及河道疏浚等。

水位、流量、泥沙资料包括国家基本站网及专用水文站、水位站的实测、调查资料。这些资料主要从水文年鉴、水文图集及各地区及流域机构编制的水文统计、水文手册、历史洪水调查资料及其汇编中搜集。

其他水文资料包括水文资料复查报告、水文分析计算报告、暴雨等值线图、暴雨成因及洪水特性分析报告,各省(自治区、直辖市)编制的《暴雨径流查算图表》、暴雨时面深关系图等。

(二)基本资料复核

水文计算依据的流域特征和水文测验、整编、调查资料,应进行检查。对重要资料,应进行重点复核。对有明显错误或存在系统偏差的资料,应予以改正,并建档备查。对采用资料的可靠性,应做出评价。

(1)流域面积(集水面积)、河长、比降等是最基本的流域特征资料,尤其是工程地址和设计依据站的集水面积对水文计算成果有较大影响,应查明量算所依据地形图的比例尺和测绘时间,要采用最新量算成果。当不同时期的数值相差较大时,要重新量算。

(2)气象资料应着重查明降水、蒸发的观测场址、仪器类型、观测方法及时段,检查资料的代表性和可靠性。

(3)水位、潮水位资料,应查明高程系统、水尺零点、水尺位置的变动情况,并重点复核观测精度较差、断面冲淤变化较大和受人类活动影响显著的资料。可采用上下游水位相关、水位过程对照以及本站水位过程的连续性分析等方法进行复核,必要时应进行现场调查。

(4)流量资料应着重复核测验精度较差的资料。主要检查浮标系数、水面流速系数、借用断面、水位流量关系曲线等的合理性。可采用历年水位流量关系曲线比较、流量与水位过程线对照、上下游水量平衡分析等方法进行检查,必要时应进行对比测验。

(5)泥沙资料应着重复核多沙年份和测验精度较差的资料。悬移质泥沙资料可采用本站水沙关系分析、上下游含沙量或输沙率过程线对照、颗粒级配曲线比较等方法进行检查。推移质泥沙资料可从测验方法和采样器效率系数等进行检查。

(6)水库水位的代表性和观测时段、库容曲线历次变化、各建筑物过水能力曲线的变动等对水库还原精度影响较大,应重点从这些方面进行复核。其他蓄、引、提水工程,堤防、分洪、蓄滞洪工程,水土保持工程及决口、溃坝等资料,应着重从资料来源、水量平衡等方面检查其合理性。

(7)上述基本资料搜集,所指的设计依据站是指位于工程地址或其上下游为工程水文计算提供水文数据的水文站;参证站是指水文计算所参照移用水文数据的测站。

二、水文要素经验频率、频率曲线的线型及统计参数

(一)经验频率

现行频率计算应满足关于样本独立、同分布的要求,即样本的形成条件应具有同一基础。如许多地区的洪水常由不同成因(如融雪、暴雨)、不同类型(如台风、锋面)暴雨形成、一般认为它们不是同分布的,不宜把它们混在一起进行频率计算,也不能把由于垮坝所形成的洪水加入系列进行频率计算。严格地讲,现有频率分析方法仅适用于同分布的系列。必要时,可按季节或成因分别进行频率计算,然后转换成年最大值频率曲线。

在 n 项连续系列中,按大小次序排列的第 m 项的经验频率 P_m,应按以下数学期望公式计算:

$$P_m = \frac{m}{n+1} \times 100\% \tag{2-1}$$

式中:$m = 1,2,\cdots,n$。

历史洪水对频率计算成果有重大影响,但历史洪水数值及其调查期、序位等的不确定度又要比实测洪水的大。因此,在适线调整、计算参数时,无论采用何种准则或经验适线,都应慎重对待。不应把一些量值和实测系列中大洪水相差不大的调查洪水也当做历史特大洪水,也不应把那些精度很差、又缺乏确定根据的历史洪水资料加入系列,重点应放在分析、论证少数特大洪水的定量计算和调查期、序位的确定上,并尽可能估计它们可能的误差,以便提高洪水频率分析的精度。

(二)频率曲线的线型及统计参数

我国径流、洪水频率曲线的线型一般应采用皮尔逊Ⅲ型。特殊情况,经分析论证后也可采用其他线型。

频率曲线的统计参数采用均值 $\overline{X}$、变差系数 C_v 和偏态系数 C_s 表示,它们分别有一定的统计意义。如均值 $\overline{X}$ 表示系列的平均数量水平;C_v 代表系列年际变化剧烈程度;C_s 表示年际变化的不对称度。

统计参数的估计可按下列步骤进行:

(1)初步估计参数。一般首先采用参数估计法(如矩法),估计统计参数。由于含有系统的计算误差,这样得到的频率曲线常与经验点据拟合较差,并且在大多数情况下都是偏小的,可将这些参数值作为下一步适线调整的初始值。选择初始值是采用适线法估计参数的重要环节。由于矩法简单易行,因此使用最广。但有时由于经验点据规律性差,矩法估计参数值仍嫌过粗(即与参数最优解相差过大),这时,可采用其他方法(如概率权重矩法),以使适线迭代过程能迅速收敛。

对于 n 年连续系列,矩法计算各统计参数的公式为:

均值
$$\overline{X} = \frac{1}{n}\sum_{i=1}^{n} X_i \tag{2-2}$$

变差系数 $$C_v = \frac{1}{\overline{X}}\sqrt{\frac{1}{n-1}\sum_{i=1}^{n}(X_i - \overline{X})^2} \tag{2-3}$$

偏态系数 $$C_s = \frac{n\sum_{i=1}^{n}(X_i - \overline{X})^3}{(n-1)(n-2)\overline{X}^3 C_v^3} \tag{2-4}$$

(2)采用适线法来调整初步估计的参数。调整时,可选定目标函数求解统计参数,也可采用经验适线法。目前我国实际工作中采用的适线法有两种:一种是先选择适线目标函数(即适线准则),然后求解相应的最优统计参数;另一种是经验适线法(目估适线法)。

选择适线准则时,应考虑洪水资料精度,并且要便于分析、求解。当系列内各项洪水(绝对)误差比较均匀时,可考虑采用离差平方和准则或离差绝对值和准则;当不同量级的洪水(尤其是历史洪水)误差差别较大,但相对误差比较均匀时,可考虑采用相对离差平方和准则,这种方法不仅较前两种方法更符合水文资料的误差特点,而且具有更好的统计特性。近年研究表明,当洪水点据准确时(即理想系列),适线法能给出参数的准确解;当点据不准确时(如实际使用的洪水系列),适线法能给出某种准则下统计参数的最优解。

经验适线法简易、灵活,能反映设计人员的经验,但难以避免设计人员的主观任意性,而且为适线方便,经验拟定的 C_s/C_v 值也缺乏根据。当采用经验适线法时,径流频率计算,应在拟合点群趋势的基础上,侧重考虑平、枯水年的点据。洪水频率计算时,应尽可能拟合全部点据,尽量照顾点群的趋势,使曲线通过点群中心,拟合不好时,可侧重考虑较可靠的大洪水点据。对于特大洪水,应分析它们可能的误差范围,不宜机械地通过特大洪水,而使频率曲线脱离点群。

双权函数法是为克服矩法估计量系统偏低,为提高求矩的计算精度,以还原假想样本而提出的。当经验点据分布比较有规律时,也可采用双权函数法计算频率曲线的统计参数。

(3)适线调整后的统计参数应根据本站径流、洪峰、不同时段洪量统计参数和设计值的变化规律,以及上下游、干支流和邻近流域各站的成果进行合理性检查,必要时可作适当调整。

三、径流分析计算

(一)径流分析计算内容

径流分析计算应包括下列内容:

(1)径流特性分析;

(2)人类活动对径流的影响分析及径流还原;

(3)径流资料插补延长;

(4)径流系列代表性分析;

(5)年、期径流及其时程分配的分析计算;

(6)计算成果的合理性检查。

径流分析计算一般包括以上各项内容，但并不是所有的工程都要完成全部内容，可以根据设计要求有所取舍。对径流特性要着重分析径流补给来源、补给方式及其年内、年际变化规律。

径流统计分析要求径流系列具有随机特性，而这种特性只有在未受人类活动影响、河流处于天然状态下的水文资料才能满足。因此，径流计算应采用天然径流系列。当径流受人类活动影响较小或影响因素较稳定、径流形成条件基本一致时，径流计算也可采用实测系列。

(二)径流还原

人类活动使径流量及其过程发生明显变化时，应进行径流还原计算。还原水量包括工农业及生活耗水量、蓄水工程的蓄变量、分洪溃口水量、跨流域引水量及水土保持措施影响水量等项目，应对径流量及其过程影响显著的项目进行还原。一般情况下，工农业用水中农业灌溉是还原计算的主要项目，应详细计算，工业用水量可通过工矿企业的产量、产值及单产耗水量调查分析而得。蓄水工程的蓄变量可按水位和容积曲线推求。跨流域引出水量为直接还原水量，跨流域引入水量只计算其回归水量。水土保持措施对径流的影响可根据资料条件分析计算。

径流还原计算可采用分项调查法、降雨径流模式法、蒸发差值法等。集水面积较大时，可根据人类活动影响的地区差异分区调查计算。

分项调查法以水量平衡为基础，当社会调查资料比较充分，各项人类活动措施和指标比较落实时，可获得较满意的结果。一般根据各项措施对径流的影响程度采用逐项还原或对其中的主要影响项目进行还原。径流还原计算分项调查法采用的水量平衡方程式为：

$$W_{天然} = W_{实测} + W_{农业} + W_{工业} \pm W_{生活} \pm W_{调蓄} \pm W_{水保} + W_{蒸发} \pm W_{引水} \pm W_{分洪} \pm W_{渗漏} \pm W_{其他} \tag{2-5}$$

降雨径流模式法适用于人类活动措施难以调查或调查资料不全时，直接推求天然径流量。首先建立未受人类活动等影响的降雨径流模式，再采用受人类活动等对径流有显著影响期间的降水资料，推求天然径流量。

蒸发差值法适用于时段较长情况下的还原计算。还原时可略去流域蓄水量变化，还原量为人类活动前后流域蒸发的变化量。使用时要注意流域平均雨量计算的可靠性、蒸发资料的代表性和蒸发公式的地区适用性。

还原计算应逐年、逐月(旬)进行。逐年还原所需资料不足时，可按人类活动措施的不同发展时期采用丰水、平水、枯水典型年进行还原估算。逐月(旬)还原所需资料不足时，可分主要用水期和非主要用水期进行还原估算。

对还原水量和还原后的天然径流量成果，要进行合理性检查。采用分项调查法进行还原计算时，要着重检查和分析各项人类活动措施数量和单项指标的准确性；经还原计算后的上下游、干支流长时段径流量，要基本符合水量平衡原则。可通过点绘还原前后上下游年、月径流相关图，根据降雨分布和下垫面条件检查还原前后相关关系的合理性。也可通过还原前后的径流深点绘降雨径流关系，通常还原后的相关点据较还原前的相关点据集中，相关系数提高，且符合地区降雨径流关系的一般规律。

(三)径流资料的插补延长

径流频率计算依据的资料系列应在30年以上。当设计依据站实测径流资料不足30年,或虽有30年但系列代表性不足时,应进行插补延长。插补延长年数应根据参证站资料条件、插补延长精度和设计依据站系列代表性要求确定。在插补延长精度允许的情况下,尽可能延长系列长度。

径流系列的插补延长,根据资料条件可采用下列方法:

(1)本站水位资料系列较长,且有一定长度流量资料时,可通过本站的水位流量关系插补延长。

(2)上下游或邻近相似流域参证站资料系列较长,与设计依据站有一定长度同步系列,相关关系较好,且上下游区间面积较小或邻近流域测站与设计依据站集水面积相近时,可通过水位或径流相关关系插补延长。

(3)设计依据站径流资料系列较短,而流域内有较长系列雨量资料,且降雨径流关系较好时,可通过降雨径流关系插补延长。该法较适合于我国南方湿润地区,对于干旱地区,降水径流关系较差,难以利用降雨径流关系来插补径流系列。

采用相关关系插补延长时,其成因概念应明确。相关点据散乱时,可增加参变量改善相关关系;个别点据明显偏离时,应分析原因。相关线外延的幅度不宜超过实测变幅的50%。

对插补延长的径流资料,应从上下游水量平衡、径流模数等方面进行分析,检查其合理性。

(四)径流系列代表性分析

径流计算要求系列能反映径流多年变化的统计特性,较好地代表总体分布。系列代表性分析包括设计依据站长系列、代表段系列对其总体的代表性分析。由于总体是未知的,一般系列越长,样本包含总体的各种可能组合信息越多,其代表性越好,抽样误差越小。径流系列应通过分析系列中丰、平、枯水年和连续丰、枯水段的组成及径流的变化规律,评价其代表性。

当设计依据站径流系列代表性不足且又难以延长系列时,可通过参证站长、短系列的统计参数或地区综合,对发现偏丰或偏枯的设计依据站系列,参照参证站长、短系列的比例关系,对径流计算进行修正。当难以修正时,应对计算成果加以说明。

(五)径流计算

径流的统计时段可根据设计要求选用。对水电工程,年水量和枯水期水量决定其发电效益,则采用年或枯水期作为统计时段;而灌溉工程则要求灌溉期或灌溉期各月作为统计时段。

当工程地址与设计依据站的集水面积相差不超过15%,且区间降水和下垫面条件与设计依据站以上流域相似时,可按面积比推算工程地址的径流量。若两者集水面积相差超过15%,或虽不足15%,但区间降水、下垫面条件与设计依据站以上流域差异较大时,应考虑区间与设计依据站以上流域降水、下垫面条件的差异,推算工程地址的径流量。

根据资料条件和设计要求,可采用长系列或选用代表段、代表年的径流资料作为设计的依据。代表段的径流系列中应包括丰、平、枯水年,且其年径流的均值、变差系数应与长系列接近。代表年应选择测验精度较高的年份,其年、期的径流量应与设计频率的径流量接近。

径流资料短缺时,工程地址径流量可根据设计流域降水资料,采用设计流域或邻近相似流域的降水径流关系估算,也可采用经主管部门审批的最新水文图集或水文比拟、地区综合等方法估算。设计年径流的年内分配,可参照邻近相似流域的资料,采用水文比拟、地区综合等方法分析确定。水文资料短缺地区的水文计算,应采用多种方法,对计算成果综合分析,合理确定。

径流的分析计算成果,可通过上下游、干支流及邻近流域的径流量对比分析,按水量平衡原则、水文要素地区变化规律等检查其合理性。

四、设计洪水计算

(一)设计洪水计算的内容

水利水电工程设计所依据的各种标准的设计洪水,包括洪峰流量、时段洪量及设计洪水过程线,可根据工程设计要求计算其全部或部分内容。

水利水电工程设计洪水一般可采用坝址洪水,当库区的天然河道槽蓄量较大、干支流洪水易发生遭遇时,应采用入库洪水作为设计依据。当库区的天然河道槽蓄量较大、干支流洪水遭遇改变不大时,对于壅水不高、库容较小或壅水虽高、但河道比降较陡、回水距离较短、洪枯水位的河宽变化不大的河道型水库,可采用坝址洪水作为设计依据。有的水库虽然入库洪水与坝址洪水差别较大,但水库调洪库容很大时,仍可采用坝址洪水作为设计依据。

根据资料条件,设计洪水一般可采用下列一种或几种方法进行计算:

(1)坝址或其上、下游邻近地点具有 30 年以上实测和插补延长洪水流量资料,并有调查历史洪水时,应采用频率分析法计算设计洪水。

(2)工程所在地区具有 30 年以上实测和插补延长暴雨资料,并有暴雨洪水对应关系时,可采用频率分析法计算设计暴雨,推算设计洪水。

(3)工程所在流域内洪水和暴雨资料均短缺时,可利用邻近地区实测或调查暴雨和洪水资料,进行地区综合分析,估算设计洪水。

当工程设计需要时,可用水文气象法估算可能最大暴雨,再推算可能最大洪水。计算短缺资料地区设计洪水和可能最大洪水时,应尽可能采用几种方法。对各种方法计算的成果,应进行综合分析,合理选定。

(二)洪水、暴雨系列

(1)频率计算中的洪峰流量和不同时段的洪量系列,应由每年最大值组成。洪峰流量每年只选取最大的一个洪峰流量,洪量采用固定时段独立选取年最大值。时段的选定,应根据汛期洪水过程变化、水库调洪能力和调洪方式以及下游河段有无防洪、错峰要求等因素确定。当有连续多峰洪水、下游有防洪要求、防洪库容较大时,则设计时段较长,反之较短。一般常用时段为 3 h、6 h、12 h 及 1 d(或 24 h)、3 d、5 d、7 d、10 d、15 d、30 d 等。当洪水特性在一年内随季节或成因明显不同时,可分别进行选样统计,但划分不宜过细。

(2)洪水系列应具有一致性。当流域内修建蓄水、引水、分洪、滞洪等工程,或发生决口、溃坝等情况，明显影响各年洪水的一致性时，应将资料还原到同一基础，对还原资料应进行合理性检查。洪水流量的还原计算应根据不同工程所造成的影响，采用不同的方法。

当受上游大中型水库影响时，应推算上游水库的入库洪水，再将入库洪水按建库前状态汇流条件演算至上游水库坝址，然后与区间洪水叠加，顺演至设计断面，即为还原成果。当受上游引水、分洪、溃决、滞洪影响时，应将引水、分洪等流量过程演算至设计断面与实测流量过程叠加即为还原成果；受水利、水土保持措施影响，流域内产汇流关系有明显改变，且流域面积不大时，可用改变前的暴雨径流关系及汇流曲线推算相应的洪水过程线。

(3)当实测洪水系列较短或实测期内有缺测年份时，可用下列方法进行洪水资料的插补延长。①当上、下游或邻近流域测站有较长实测资料，且与本站同步资料具有较好的关系时，可据以插补延长；②当洪峰和洪量关系以及不同时段洪量之间的关系较好时，可相互插补延长；③本流域暴雨与洪水的关系较好时，可根据暴雨资料插补延长洪水资料。

插补延长的洪水资料应从上下游的水量平衡，本站长短时段洪量变化及降雨径流关系的变化规律等方面进行综合分析，检查插补成果的合理性。

洪水频率计算成果的质量主要取决于系列代表性，要求系列能较好地反映洪水多年变化的统计特性。调查历史洪水、考证历史文献和洪水系列的插补延长是增进系列代表性的重要手段。

(三)历史洪水和暴雨的调查与考证

(1)设计洪水分析计算要求具有较长系列的水文资料作基础。用短期资料计算设计洪水，其成果可靠度较差，但是当充分考虑历史洪水资料以后，可以提高计算成果的可靠度。据我国早期50座大型水库统计，在使用了历史洪水资料以后的设计洪水成果经多次复核计算，始终比较稳定。实践证明，在设计洪水计算中应充分运用历史洪水资料，这是我国水利水电工程设计洪水分析计算的一条重要经验。

(2)在使用调查洪水资料汇编成果时，应当注意不同河段或同一河段不同年份洪峰流量的精度往往不同。因此，在使用之前必须对河段水文资料整编情况进行全面了解，对重大的历史洪水调查成果还应作进一步检查、核实。复核的重点应侧重在所选用的估算流量的方法及各项计算参数是否适当和合理。有条件时，还应根据近期所发生的大洪水，对原采用的水位流量关系曲线、高水糙率、比降等参数进行率定。

除掌握调查洪水资料外，还应当通过历史文献、文物资料的考证，进一步了解更长历史时期内大洪水发生的情况和次数，以便合理确定历史洪水的重现期。

(3)历史洪水调查应着重调查洪水发生时间、洪水位、洪水过程、主流方向、断面冲淤变化及影响河道糙率的因素，并了解雨情、灾情、洪水来源、有无漫流、分流、壅水、死水，以及流域自然条件变化等情况。

调查洪水洪峰流量可采用的方法有：①当调查河段附近有水文站时，可将调查洪水位推算至水文站，用水位流量关系曲线推求洪峰流量；②当调查河段无水文测站、洪痕测点较多、河床稳定时，一般可用比降法推算洪峰流量；③当调查河段较长、洪痕点较少、河底坡降及过水断面变化较大时，一般可采用水面曲线法推算洪峰流量；④有条件时，可采用几种方法估算洪水的洪峰流量，经综合比较，合理确定。

对估算的历史洪水的峰量，除从本断面估算流量时所选用的有关参数及估算方法进行综合分析检查外，还应从面上进行综合分析。洪水的时空分布在流域面上或一个地区有一定的规律，对同一次洪水可通过本流域的上下游、干支流或相邻流域的资料作对比分析。发现矛盾时，应当深入调查研究，找出问题，对成果进行调整。

由于我国雨量站网密度较稀，且分布又很不均匀，暴雨中心的雨量不易观测到，尤其是干旱地区，经常发生局地性大强度暴雨，而这些地区站网密度更稀，用暴雨推算设计洪水时，暴雨调查更有必要。国内一些点暴雨极值也是通过调查获得的。对近期发生的大洪水，在没有水文测站的河流或由于水文测验设施等限制没有观测到资料时，应及时进行洪水调查。

我国历史文献非常丰富，通过文献和文物资料的考证，可以了解到更远历史年代的大洪水情况。文献记载多属于描述性质，难以定量，但可以了解到在文献考证期内大洪水发生的年份、次数、量级及大小序位。根据文献记载中有关洪水淹没土地、建筑物破坏程度及人员伤亡等灾害情况的文字描述及有定量的调查洪水的对比，可以分析各次洪水的量级范围与大小序位，以便合理确定计算系列中历史洪水的重现期。

（四）经验频率、统计参数及设计值

经验频率、统计参数及设计值具体叙述详见前文。

（五）设计洪水过程线

设计洪水过程线应选资料较为可靠、具有代表性、对工程防洪运用较不利的大洪水作为典型，采用放大典型洪水过程线的方法推求。

放大典型洪水过程线时，可根据工程和流域洪水特性，采用下列方法：

（1）同频率放大法。按设计洪峰及一个或几个时段洪量同频率控制放大典型洪水，也可按几个时段洪量同频率控制放大，所选用的时段以2~3个为宜。

（2）同倍比放大法。按设计洪峰或某一时段设计洪量控制，以同一倍比放大典型洪水。

水库工程，当防洪库容较小时，一般以洪峰流量或短时段洪量作控制计算设计洪水；当防洪库容较大时，一般以较长时段的洪量作控制。根据设计需要也可以洪峰及洪量同时控制。

（六）成果合理性检查

对设计洪水计算过程中所依据的基本资料、计算方法及其主要环节、采用的各种参数和计算成果，应进行多方面分析检查，论证其合理性。

水文资料短缺地区的设计洪水，一般由设计暴雨推求，而设计暴雨的确定有赖于诸多因素，如点面关系的换算、长短历时设计暴雨的确定、雨型及雨图等各个环节。当设计暴雨选定之后，再通过产、汇流估算设计洪水，其中又有多个环节。计算可能最大洪水时，存在多种因素的影响，具有一定的误差，目前所采用的方法还不够完善。因此，资料短缺地区的设计洪水和可能最大洪水的计算，应尽可能采用几种方法，对成果进行综合比较，最后合理选用数据。

对大型工程或重要的中型工程，用频率分析法计算的校核标准设计洪水，应计算抽样误差。经综合分析检查后，如成果有偏小的可能，应加安全修正值，安全修正值的数据，可根据综合分析成果偏小的可能幅度并参考均方差计算结果来确定，一般不超过计算值的20%。

五、水位流量关系拟定

(一)基本方法

(1)根据工程设计要求,应拟定设计断面工程修建前天然河道的水位流量关系,水位高程系统应与工程设计采用的高程系统一致。我国各地水位观测和洪、枯水调查采用的高程系统较多,同一水准点基面平差前后的数值也有差异,水文站、水位站多采用冻结基面和假定基面。拟定水位流量关系时,要查明水位高程的基面系统、平差情况及其转换关系,如与工程设计采用的基面不一致,应予以转换。

(2)设计断面实测水位、流量资料较充分时,可根据实测资料拟定水位流量关系曲线。设计断面有实测水位资料、上下游有可供移用的流量资料时,可根据实测水位和移用流量拟定水位流量关系曲线。

上下游有可供移用的流量资料,设计断面无实测水位资料时,应设站观测水位。上下游无可供移用的流量资料、设计断面有实测水位资料时,应在设计断面所在河段施测流量。

设计断面所在河段无实测水文资料时,应进行水文调查和临时测流,用多种方法综合拟定水位流量关系曲线。

(3)非单一性的水位流量关系曲线,应分析其成因,提出反映不同影响因素的下列水位流量关系曲线:①受洪水涨落而产生附加比降影响的绳套曲线,可通过校正因素、抵偿河长等方法对其进行改正,或依据洪水峰、谷点据拟定其稳定的水位流量关系曲线,也可根据洪水涨落率的变化范围及设计应用条件,分别拟定涨水、落水的外包线或平均线;②受下游变动回水影响的河段,可拟定以下游顶托水位(流量)为参数的一簇水位流量关系曲线;③断面冲淤变化较大的河段,可拟定现状水位流量关系曲线,也可根据设计要求,预估某设计年的水位流量关系曲线。

(4)设计断面位于河湾、分汊等河段时,应分析横比降或分流的影响,可分别拟定左、右岸或各河汊的水位流量关系曲线。

(二)水位流量关系曲线的延长

水位流量关系曲线的高水外延,应利用实测大断面、洪水调查等资料,根据断面形态、河段水力特性,采用斯蒂文斯法、水位面积与水位流速关系曲线法、水力学法、顺趋势外延等多种方法综合分析拟定。低水延长,应以断流水位控制。断流水位可用图解法、试算法推求,也可从河道纵断面图上的河床凸起处的高程确定,低水延长产生的相对误差一般较大,应特别慎重。高水部分的延长幅度一般不应超过当年实际测流量所占水位变幅的30%,低水部分延长的幅度一般不应超过10%。

1. 水位面积与水位流速关系高水延长

水位面积与水位流速关系高水延长适用于河床稳定,水位面积、水位流速关系点集中,曲线趋势明显的测站。其中,高水时的水位面积关系曲线可以根据实测大断面资料确定,高水时水位流速关系曲线常趋近于常数,可按趋势延长。某一高水位下的流量,便可由该水位的断面面积和流速的乘积来确定。

2. 水力学公式高水延长

用水力学公式计算出外延部分的流速值来辅助定线,可避免高水延长中水位流速关系延长的任意性，主要有曼宁公式法和斯蒂文斯（Stevens）法等。

曼宁公式：

$$v = \frac{1}{n}R^{2/3}S^{1/2} \tag{2-6}$$

式中 v——流速；

n——糙率；

R——水力半径；

S——水面比降。

斯蒂文斯（Stevens）法由谢才流速公式计算流量：

$$Q = CA\sqrt{RS} \tag{2-7}$$

式中 Q——流量；

C——谢才系数；

A——断面面积；

其余符号含义同前。

3. 水位流量关系曲线的低水延长法

低水延长一般是以断流水位作控制进行延长的。断流水位是指流量为零时的相应水位。假定关系曲线的低水部分用以下的方程式来表示：

$$Q = K(Z - Z_0)^n \tag{2-8}$$

式中 Z_0——断流水位；

n、K——固定的指数及系数。

根据实际水位流量点据可以确定 Z_0，低水延长时，以坐标 Z_0 为控制点，将水位流量关系曲线向下延长至当年最低水位即可。

拟定的水位流量关系曲线，应从依据资料、河段控制条件、拟定方法等方面，进行合理性检查。

第二节 水资源

一、水资源评价的基本要求

（1）水资源是重要的自然资源和经济资源，在保障社会经济可持续发展中具有不可替代的作用。查明水资源状况，是开发、利用、保护、管理水资源，制定宏观经济社会发展规划及编制有关专项规划的基础工作。

（2）水资源评价内容包括水资源数量评价、水资源质量评价和水资源利用评价及综合评价。

（3）水资源评价工作要求客观、科学、系统、实用，并遵循以下技术原则：①地表水与地下水统一评价；②水量与水质并重；③水资源可持续利用与社会经济发展和生态环境保护相协调；④全面评价与重点区域评价相结合。

全国及区域水资源评价的内容和精度应满足国家及相应区域社会经济宏观决策的需

要;为专项工作开展的水资源评价的内容和精度应满足专项工作的需要。

(4)水资源评价应分区进行。水资源数量评价、水资源质量评价和水资源利用现状及其影响评价,均应使用统一分区。各单项评价工作在统一分区的基础上,可根据该项评价的特点与具体要求,再划分计算区或评价单元。

水资源评价应按江河水系的地域分布进行流域分区。全国性水资源评价要求进行一级流域分区和二级流域分区;区域性水资源评价可在二级流域分区的基础上,进一步分出三级流域分区和四级流域分区。

水资源评价还应按行政区划进行行政分区。全国性水资源评价的行政分区要求按省(自治区、直辖市)和地区(市、自治州、盟)两级划分;区域性水资源评价的行政分区可按省(自治区、直辖市)、地区(市、自治州、盟)和县(市、自治县、旗、区)三级划分。

(5)水资源应以调查、搜集、整理、分析利用已有资料为主,辅以必要的观测和试验工作。分析评价中应注意水资源数量、水资源质量、水资源利用评价及水资源综合评价之间资料的一致性和成果的协调性。

水资源评价使用的各项基础资料应具有可靠性、合理性与一致性。

全国及区域水资源评价应采用日历年,专项工作中的水资源评价可根据需要采用水文年或日历年。计算时段应根据评价目的和要求选取。

二、地表水资源量评价

(一)评价内容

地表水资源量是指河流、湖泊、冰川等地表水体的动态水量,用河川径流量表示。评价包括下列内容:

(1)单站径流资料统计分析。

(2)主要河流(一般指流域面积大于5 000 km^2 的大河)年径流量计算。

(3)分区地表水资源数量计算。

(4)地表水资源时空分布特征分析。

(5)入海、出境、入境水量计算。

(6)地表水资源可利用量估算。

(7)人类活动对河川径流的影响分析。

(二)单站径流资料统计分析的要求

单站径流资料统计分析应符合下列要求:

(1)凡资料质量较好、观测系列较长的水文站均可作为选用站,包括国家基本站、专用站和委托观测站。各河流控制性测站为必须选用站。

(2)受水利工程、用水消耗、分洪决口影响而改变径流情势的测站,应进行还原计算,将实测径流系列修正为天然径流系列。

(3)统计大河控制站、区域代表站历年逐月天然径流量,分别计算长系列和同步系列年径流量的统计参数;统计其他选用站的同步天然年径流系列,并计算其统计参数。

主要河流年径流量计算,选择河流出口控制站的长系列径流量资料,分别计算长系列和同步系列的平均值及不同频率的年径流量。

(三)分区地表水资源数量计算的要求

分区地表水资源数量是指区内降水形成的河川径流量,不包括入境水量。分区地表水资源数量计算应符合下列要求:

(1)针对不同情况,采用不同方法计算分区年径流量系列;当区内河流有水文站控制时,根据控制站天然年径流量系列,按面积比修正为该地区年径流系列;在没有测站控制的地区,可利用水文模型或自然地理特征相似地区的降雨径流关系,由降雨系列推求径流系列;还可通过逐年绘制年径流深等值线图,从图上量算分区年径流量系列,经合理性分析后采用。

(2)计算各分区和全评价区同步系列的统计参数和不同频率的年径流量。

入海、出境、入境水量计算应选取河流入海口或评价区边界附近的水文站,根据实测径流资料采用不同方法换算为入海断面或出、入境断面的逐年水量,并分析其年际变化趋势。

(四)地表水资源时空分布特征分析的要求

(1)选择集水面积为300 ~5 000 km^2 的水文站(在测站稀少地区可适当放宽要求),根据还原后的天然年径流系列,绘制同步期平均年径流深等值线图,以此反映地表水资源的地区分布特征。

(2)按不同类型自然地理区选取受人类活动影响较小的代表站,分析天然径流量的年内分配情况。

(3)选择具有长系列年径流资料的大河控制站和区域代表站,分析天然径流的多年变化。

三、地下水资源量评价

(1)地下水资源量指评价区内降水和地表水对饱水岩土层的补给量,即地下水体中参与水循环且可逐年更新的动态水量,包括降水入渗补给量和河道、湖库、渠系、田间等地表水体的入渗补给量。一般将评价范围划分为平原区和山丘区两大类,分别采用补给量法和排泄量法计算地下水资源量。分析平原区与山丘区之间的地下水资源重复计算量,确定各分区的地下水资源量。

(2)平原区地下水资源量的评价范围为地下水矿化度小于等于 2 g/L 的区域(不含江河湖库等水体面积以及建筑、道路等不透水面积和沙漠面积),地下水补给项包括降水入渗补给量、山前侧渗补给量、地表水体入渗补给量(含河道入渗、湖库入渗、渠系入渗、田间入渗等补给量)和井灌回归补给量,各项补给量之和为总补给量,扣除井灌回归补给量后作为地下水资源量。同时,为检验计算成果的可靠性,还应进行补排平衡分析。地下水排泄包括潜水蒸发量、侧向流出量、河道排泄量和地下水实际开采量。

(3)山丘区地下水的排泄项包括河川基流量、山前泉水溢出量、山前侧渗流出量、潜水蒸发量和地下水开采净耗量,将各项排泄量之和作为地下水资源量。

(4)平原区的山前侧渗补给量和河川基流入渗补给量(地表水体入渗补给量中由河川基流形成的补给量)是平原区地下水资源量与山丘区地下水资源量之间的重复计算量,在计算分区地下水资源量时应予以扣除。平原区地表水体入渗补给量的水源主要来自上游山丘区,可用地表水体补给量乘以山丘区基径比估算基流入渗补给量。

(5)南方地区除个别平原区外，地下水开发利用程度较低，地下水资源量计算方法可以简化。平原区只计算水田（含旱作期）、旱地（包括非耕地）的降水入渗补给量和灌溉入渗补给量，将两者之和作为地下水资源量。山丘只计算河川基流量，将其作为地下水资源量。平原区的河川基流入渗补给量（地表水体入渗补给量中由河川基流形成的补给量）是平原区地下水资源量与山丘区地下水资源量之间的重复计算量，在计算分区地下水资源量时应予以扣除。

四、水资源总量估算

(1)水资源总量指评价区内当地降水形成的地表产水量和地下产水量，即地表径流量与降水入渗补给量之和。其基本表达式为：

$$W = R_s + U_p = R + U_p - R_g \tag{2-9}$$

式中 W——水资源总量；

R_s——地表径流量（即河川径流量与河川基流量之差）；

U_p——降水入渗补给量；

R——河川径流量（即地表水资源量）；

R_g——河川基流量。

各种类型区的水量转化关系不同，资料条件差异较大，各地可以根据具体情况将上述基本表达式进行变通，利用地表水和地下水资源量评价的有关成果，计算分区水资源总量。

(2)山丘区水资源总量计算。根据山丘区河川径流量、地下水总排泄量和河川基流量，用下式计算分区水资源总量：

$$W = R + Q_{总排} - R_g \tag{2-10}$$

式中 $Q_{总排}$——山丘区地下水总排泄量，即地下水资源量；

其他符号含义同前。

南方山丘区地下水主要以河川基流形式排泄，其他排泄量很小，可以将河川径流量近似作为水资源总量。

(3)北方平原区水资源总量计算。根据平原区河川径流量、降水入渗补给量和平原河道排泄量，用下式计算分区水资源总量：

$$W = R + U_p - Q_{up} \tag{2-11}$$

$$Q_{up} \approx Q_{河排}(U_p/U_{总}) \tag{2-12}$$

式中 Q_{up}——降水入渗补给量形成的河道排泄量；

$Q_{河排}$——平原河道的总排泄量；

$U_{总}$——地下水的总补给量；

其他符号含义同前。

(4)南方平原区水资源总量计算。该类地区的水田、水面面积大，浅层地下水开采程度低，与北方平原区相比，地表水与地下水之间的转化关系有很大差别。水稻泡田期和生长期一般没有潜水蒸发，降水和灌溉的入渗补给量基本上排入河道，与河川径流重复，而且难以分割。因此，宜采用天然河川径流量加不重复量的办法计算水资源总量。

$$W = R + Q_{不重复} \quad (2\text{-}13)$$

$$Q_{不重复} \approx (E_{旱} + Q_{采耗})(U_{p旱}/U_{旱总补}) \quad (2\text{-}14)$$

式中 $Q_{不重复}$——地下水资源与地表水资源的不重复量;

$E_{旱}$——旱地和水田旱作期的潜水蒸发量;

$Q_{采耗}$——浅层地下水开采净水消耗量;

$U_{p旱}$——旱地和水田旱作期的降水入渗补给出量;

$Q_{旱总补}$——旱地和水田旱作期的总补给量,即降水与灌溉入渗补给量之和;

其他符号含义同前。

(5)根据各区的降水量(P)、地表径流量(R_s)、降水入渗补给量(P_r)、水资源总量(W)和计算面积(F),分区计算地表产流系数(R_s/P)、降水入渗补给系数(P_r/P)、产水系数(W/P)和产水模数(W/F),结合降水量和下垫面因素的地带性规律,分析其地区分布情况,检查水资源总量计算成果的合理性。

五、水资源可利用量估算

(一)地表水资源可利用量

(1)地表水资源可利用量,是指在可预见的时期内,在统筹考虑生活、生产和生态环境用水,协调河道内与河道外用水的基础上,通过经济合理、技术可行的措施可供河道一次性利用的最大水量(不包括回归水重复利用量)。

(2)地表水资源可利用量应按流域水系进行分析计算,以反映流域上下游、干支流、左右岸之间的联系以及整体性。

(3)根据各流域水系的特点以及水资源条件,可采用适宜的方法估算地表水资源可利用量。如在水资源紧缺及生态环境脆弱的地区,应优先满足河道内最小生态环境需水要求,并扣除由于不能控制利用而下泄的水量;在水资源较丰沛的地区,其上游及支流重点考虑技术经济条件供水能力,下游及干流主要考虑满足最小生态环境要求的河道内用水;沿海地区独流入海的河流,可在考虑工程调蓄能力及河口生态环境保护要求的基础上,估算可利用量;国际河流根据有关国际协议参照国际重用的规则,结合现状水资源利用的实际情况进行估算。

(4)河道的生态环境用水一般分为维持河道基本功能和河口生态环境所需的最小径流量(流量)。目前,关于河流最小生态环境需水量的计算方法尚不完善。在现有的研究成果中,河流水污染防治用水临界值可用以水质目标为约束的方法求得,寻求满足一定数量和质量生物体生存的河流水量。结合对河道内生态环境用水中的河道基流、冲沙、防凌等水量(流量)的要求,可考虑用多年平均流量的一定比值。维持河流水环境最小流量采用90%保证率最枯月平均流量。枯水期生态用水平均流量(简称生态基流)采用10%~30%的多年平均流量,丰水期采用30%~50%的多年平均流量。

(二)地下水资源可开采量

(1)地下水资源可开采量是指在可预见的时期内,通过经济合理、技术可行的措施,在不引起生态环境恶化条件下允许从含水层中获取的最大水量。

(2)地下水资源可开采量评价的地域范围为目前已经开采和有开采前景的地区。其中，北方地区平原的多年平均浅层地下水资源可开采量是评价的重点；一般山丘区和岩溶山区（包括小型河谷平原）中，以凿井取水形式开发利用地下水程度较高的区域以及在不具备蓄引提等地表水开发利用方式但具有凿井取水形式开发利用地下水的条件且当地水资源供需矛盾突出的区域，宜计算多年平均地下水资源可开采量；大型及特大型地下水水源地，要求逐一进行多年平均地下水资源可开采量计算。

（3）分析确定一般山丘区和岩溶山区地下水资源可开采量时，应区分出与当地地表水资源可利用量间的重复计算量。

（三）水资源可利用总量

水资源可利用总量是指在可预见的时期内，在统筹生活、生产和生态环境用水要求的基础上，通过经济合理、技术可行的措施可资一次性利用的最大水量。

水资源可利用总量的计算，可采取地表水资源可利用量与浅层地下水资源可开采量相加再扣除地表水资源可利用量与地下水资源可开采量两者之间重复计算水量的方法估算。重复水量主要是除平原区浅层地下水的渠系渗漏和渠灌田间入渗补给量的开采利用部分与地表水资源可利用量之间的重复计算量，采用下式估算：

$$Q_{总} = Q_{地表} + Q_{地下} - Q_{重} \tag{2-15}$$

其中

$$Q_{重} = \rho(Q_{渠} + Q_{田})$$

式中 $Q_{总}$——水资源可利用总量；

$Q_{地表}$——地表水资源可利用量；

$Q_{地下}$——浅层地下水资源可开采量；

$Q_{重}$——地表水资源可利用量与地下水资源可开采量之间重复计算量；

$Q_{渠}$——渠系渗漏补给量；

$Q_{田}$——田间地表灌溉入渗补给量；

ρ——可开采系数，是地下水资源可开采量与地下水资源量的比值。

（四）水资源可利用率

水资源可利用率为水资源可利用量与多年平均水资源总量的比值。在中国自产的水资源量中，水资源可利用率为29%。在水资源可利用总量中，地表水资源可利用量占可利用总量的92%。

在全国地表水资源量中，必须保持的河道内生态环境用水，约占地表水资源量的32%；下泄洪水量和不可能控制利用的水量占地表水资源量的40%；地表可利用量占地表水资源量的28%。

水资源可利用率总体上是北方地区高于南方地区，开发利用程度高或条件好的河流高于开发利用程度低和开发条件差的地区。海河、淮海、黄河、辽河和西北内陆大部分水系，水资源总量可利用率大于50%，比全国平均值高20%，而西南诸河水资源总量可利用率为15%，为全国平均数的1/2。从我国目前水资源的开发利用状况来看，虽然全国目前的水资源一次开发利用率（一次性水量与多年平均水资源总量的比值）约为15%，还不到水资源总量可利用率的1/2，但北方和西北地区部分河流，其现状用水已超过或接近可利用量，加之河道内特别是枯水期流量难以保证，因而引发了一系列的生态环境问题，而这些地区也是水资源短缺地区，水资源矛盾以及生态用水与生活用水的矛盾十分尖锐。

第三章　工程地质

第一节　岩(土)体工程地质特性

一、土的工程地质特性

(一)土的分类

1.《土的工程分类标准》(GB/T 50145—2007)的分类

(1)分类的依据和原则。土的分类主要依据以下指标确定:

a. 土颗粒组成及其特征;

b. 土的塑性指标,包括液限、塑限和塑性指数;

c. 土中有机质含量。

在具体分类时,巨粒类土应按粒组划分;粗粒类土应按粒组、级配、细粒含量划分;细粒类土应按塑性图所含粗粒类别及有机质含量划分。当土的含量或指标等于界限值时,可根据使用目的按偏于安全的原则分类。

(2)粒组划分见表3-1。

表3-1　粒组划分

粒组	颗粒名称		粒径 d 的范围(mm)
巨粒	漂石(块石)		$d>200$
	卵石(碎石)		$60<d\leq200$
粗粒	砾粒	粗砾	$20<d\leq60$
		中砾	$5<d\leq20$
		细砾	$2<d\leq5$
	砂粒	粗砂	$0.5<d\leq2$
		中砂	$0.25<d\leq0.5$
		细砂	$0.075<d\leq0.25$
细粒	粉粒		$0.005<d\leq0.075$
	黏粒		$d\leq0.005$

(3)巨粒类土的分类见表3-2。当试样中巨粒组含量不大于15%时,可扣除巨粒,按粗粒类土或细粒类土进行分类;当巨粒对土的总体性状有影响时,可将巨粒计入砾粒组进行分类。

表 3-2　巨粒类土的分类

土类	粒组含量		土类代号	土类名称
巨粒土	巨粒含量 >75%	漂石含量大于卵石含量	B	漂石(块石)
		漂石含量不大于卵石含量	Cb	卵石(碎石)
混合巨粒土	50% <巨粒含量≤75%	漂石含量大于卵石含量	BS1	混合土漂石(块石)
		漂石含量不大于卵石含量	CbS1	混合土卵石(碎石)
巨粒混合土	15% <巨粒含量≤50%	漂石含量大于卵石含量	S1B	漂石(块石)混合土
		漂石含量不大于卵石含量	S1Cb	卵石(碎石)混合土

注:巨粒混合土可根据所含粗粒或细粒的含量进行细分。

(4)试样中粗粒组含量大于50%的土称为粗粒类土,其中砾粒组含量大于砂粒组含量的土称为砾类土,砾粒组含量不大于砂粒组含量的土称为砂类土。砾类土的分类见表3-3。砂类土的分类见表3-4。

表 3-3　砾类土的分类

土类	粒组含量		土类代号	土类名称
砾	细粒含量 <5%	级配:$C_u \geqslant 5$　$1 \leqslant C_c \leqslant 3$	GW	级配良好砾
		级配:不同时满足上述要求	GP	级配不良砾
含细粒土砾	5% ≤细粒含量 <15%		GF	含细粒土砾
细粒土质砾	15% ≤细粒含量 <50%	细粒组中粉粒含量不大于50%	GC	黏土质砾
		细粒组中粉粒含量大于50%	GM	粉土质砾

表 3-4　砂类土的分类

土类	粒组含量		土类代号	土类名称
砂	细粒含量 <5%	级配:$C_u \geqslant 5$　$1 \leqslant C_c \leqslant 3$	SW	级配良好砂
		级配:不同时满足上述要求	SP	级配不良砂
含细粒土砂	5% ≤细粒含量 <15%		SF	含细粒土砂
细粒土质砂	15% ≤细粒含量 <50%	细粒组中粉粒含量不大于50%	SC	黏土质砂
		细粒组中粉粒含量大于50%	SM	粉土质砂

(5)试样中的细粒含量不小于50%的土称为细粒类土,其中粗粒组含量不大于25%的土称为细粒土;粗粒组含量大于25%且不大于50%的土称为含粗粒的细粒土;有机质

含量小于10%且不小于5%的土称为有机质土。

细粒土根据如图3-1所示的塑性图分类。各类细粒土的定名及定名区域见表3-5。

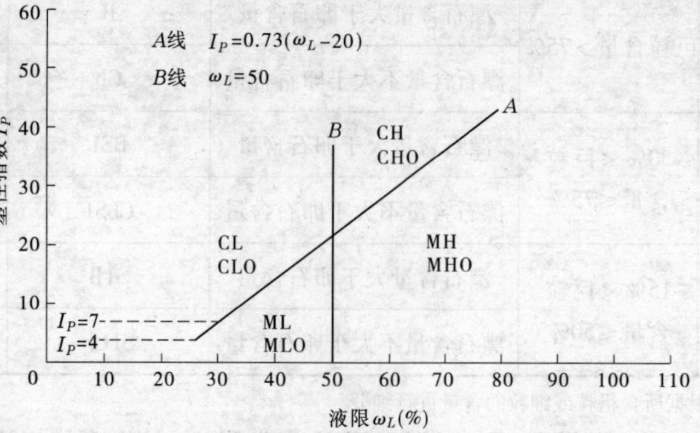

图3-1 塑性图

注:1. 图中横坐标为土的液限 ω_L,纵坐标为塑性指数 I_P。

2. 图中的液限 ω_L 为用碟式仪测定的液限含水率或用质量76 g、锥角为30°的液限仪锥尖入土深17 mm对应的含水率。

3. 图中虚线之间区域为黏土—粉土过渡区。

表3-5 细粒土的定名及定名区域

土的塑性指标在塑性图3-1中的位置		土类代号	土类名称
$I_P \geqslant 0.73(\omega_L-20)$ 且 $I_P \geqslant 7$	$\omega_L \geqslant 50\%$	CH	高液限黏土
	$\omega_L < 50\%$	CL	低液限黏土
$I_P < 0.73(\omega_L-20)$ 或 $I_P < 4$	$\omega_L \geqslant 50\%$	MH	高液限粉土
	$\omega_L < 50\%$	ML	低液限粉土

注:黏土—粉土过渡区(CL—ML)的土可按相邻土层的类别细分。

含粗粒的细粒土应根据所含细粒土的塑性指标在塑性图中的位置及所含粗粒类别,按下列规定划分:

a. 粗粒中砾粒含量大于砂粒含量,称含砾细粒土,应在细粒土代号后加代号G。

b. 粗粒中砾粒含量不大于砂粒含量,称含砂细粒土,应在细粒土代号后加代号S。

有机质土按表3-5进行分类,并在土类代号之后加代号O。

(6)土的工程分类体系框图见图3-2。

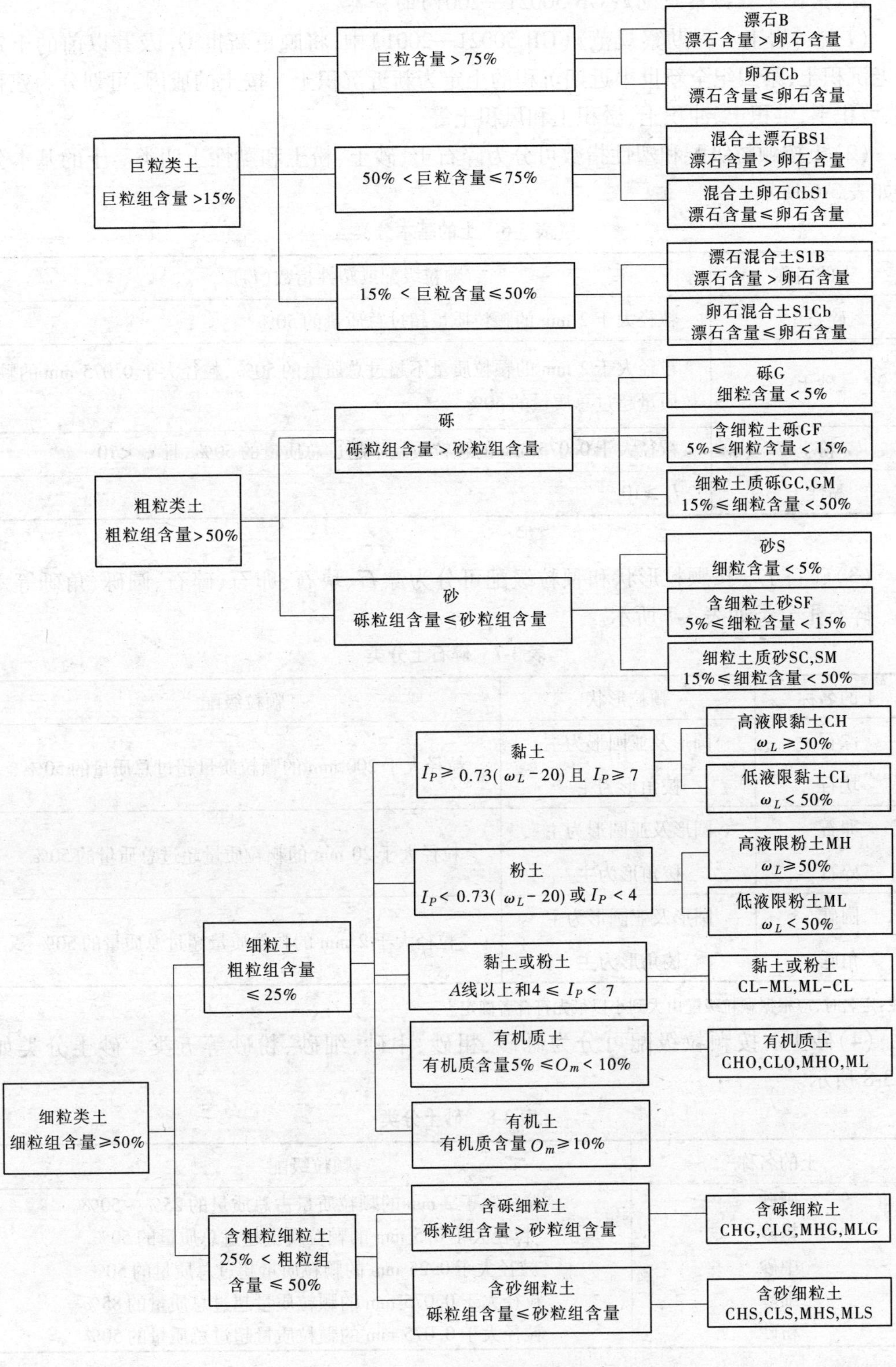

图 3-2　土的工程分类体系框图

2.《岩土工程勘察规范》(GB 50021—2001)的分类

(1)在《岩土工程勘察规范》(GB 50021—2001)中,将晚更新世 Q_3 及其以前的土定为老沉积土;第四纪全新世中近期沉积的土定为新近沉积土。按土的成因,可划分为残积土、坡积土、洪积土、冲积土、淤积土和风积土等。

(2)土按颗粒级配和塑性指数可分为碎石土、砂土、粉土和黏性土四类。土的基本分类如表 3-6 所示。

表 3-6 土的基本分类

土的名称	颗粒级配或塑性指数(I_P)
碎石土	粒径大于 2 mm 的颗粒质量超过总质量的 50%
砂土	粒径大于 2 mm 的颗粒质量不超过总质量的 50%,粒径大于 0.075 mm 的颗粒质量超过总质量的 50%
粉土	粒径大于 0.075 mm 的颗粒质量不超过总质量的 50%,且 $I_P<10$
黏性土	$I_P\geqslant10$

(3)碎石土。按颗粒形状和颗粒级配可分为漂石、块石、卵石、碎石、圆砾、角砾等六类。碎石土分类如表 3-7 所示。

表 3-7 碎石土分类

土的名称	颗粒形状	颗粒级配
漂石	圆形及亚圆形为主	粒径大于 200 mm 的颗粒质量超过总质量的 50%
块石	棱角形为主	
卵石	圆形及亚圆形为主	粒径大于 20 mm 的颗粒质量超过总质量的 50%
碎石	棱角形为主	
圆砾	圆形及亚圆形为主	粒径大于 2 mm 的颗粒质量超过总质量的 50%
角砾	棱角形为主	

注:定名时,应根据颗粒级配由大到小以最先符合者确定。

(4)砂土。按颗粒级配可分为砾砂、粗砂、中砂、细砂、粉砂等五类。砂土分类如表 3-8 所示。

表 3-8 砂土分类

土的名称	颗粒级配
砾砂	粒径大于 2 mm 的颗粒质量占总质量的 25% ~50%
粗砂	粒径大于 0.5 mm 的颗粒质量超过总质量的 50%
中砂	粒径大于 0.25 mm 的颗粒质量超过总质量的 50%
细砂	粒径大于 0.075 mm 的颗粒质量超过总质量的 85%
粉砂	粒径大于 0.075 mm 的颗粒质量超过总质量的 50%

(5)黏性土。根据塑性指数进一步分为粉质黏土和黏土。塑性指数大于 10 且小于

或等于 17 的土定名为粉质黏土;塑性指数大于 17 的土定名为黏土。

3.《堤防工程地质勘察规程》(SL 188—2005)中关于细粒土的分类

土的三角坐标分类见图 3-3。

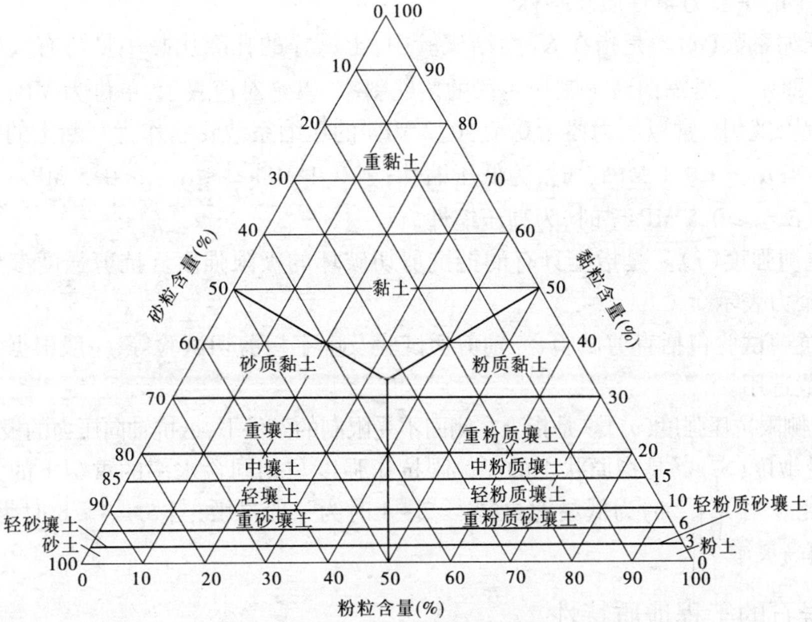

图 3-3　土的三角坐标分类

(二)土的主要物理水理性质及指标

(1)土粒比重(G_s)。是指土在 105 ~ 110 ℃下烘至恒值时的质量与土粒同体积 4 ℃纯水质量的比值。其试验方法有浮称法、虹吸法和比重瓶法。

(2)天然密度(ρ)。是指土在天然状态下单位体积的质量,单位为 g/cm^3。

按照土的含水状态,表示土的密度的指标还有干密度(ρ_d)、饱和密度(ρ_{sat})等。

(3)含水率(ω)。是指土中所含水分的质量与固体颗粒质量之比。通常用百分数表示。

(4)孔隙率(n)。是指土中孔隙的体积与土的总体积之比。通常用百分数表示。

(5)孔隙比(e)。是指土中孔隙体积与土粒体积之比。

(6)土的稠度与界限含水率。细粒土因土中的水分在量和质方面的变化而明显地表现出不同的物理状态,具有不同的性质。因含水率的变化而表现出的各种不同物理状态,称为细粒土的稠度。

细粒土的稠度状态主要有液态、塑态和固态三种。由一种稠度状态转变为另一种稠度状态时相应于转变点的含水率称为界限含水率,如土的液态和塑态之间的界限含水率称为液限(或称流限)含水率(ω_L),土的塑态与固态之间的界限含水率称为塑限含水率(ω_P)。

土的液限、塑限由试验直接测定。其试验方法包括液塑限联合测定法、碟式仪液限试验和滚搓法塑限试验三种。

塑性指数(I_P)是表征黏性土可塑性范围的指标,用土的液限和塑限之间的差值表示。

液性指数(I_L)是表征黏性土所处状态的指标。用土的天然含水率和液限含水率之差与塑性指数的比值表示。

(7)渗透系数(K)。是指当土中水渗流呈层流状态时,其流速与作用水力梯度成正比关系的比例系数,单位为 cm/s 或 m/d。

(三)土的主要力学性质及指标

(1)压缩系数(a)。是指在 K_0 固结试验中,土试样的孔隙比减小量与有效压力增加量的比值,即 $e \sim p$ 压缩曲线上某压力段的割线斜率,以绝对值表示,单位为 MPa^{-1}。

在工程实际中,常以压力段为0.1 ~0.2 MPa 的压缩系数 α_{1-2} 作为判断土的压缩性高低的标准:当 $\alpha_{1-2} < 0.1\ MPa^{-1}$ 时,为低压缩性;当 $0.1\ MPa^{-1} \leqslant \alpha_{1-2} < 0.5\ MPa^{-1}$ 时,为中压缩性;当 $\alpha_{1-2} \geqslant 0.5\ MPa^{-1}$ 时,为高压缩性。

(2)抗剪强度(τ)。是指土具有的抵抗剪切破坏的极限强度。抗剪强度参数用摩擦系数和凝聚力表示。

土的抗剪试验包括直剪试验、三轴剪切试验及十字板剪切试验等,一般根据工程需要和规程规范选用。

(3)无侧限抗压强度(q_u)。是指土在侧面不受限制的条件下,抵抗轴向压力的极限强度。

(4)灵敏度(S_t)。是指原状土的无侧限抗压强度与相同含水率的重塑土的无侧限抗压强度之比。当 $S_t < 2$ 时为低灵敏;当 $S_t = 2 \sim 4$ 时为一般灵敏;当 $S_t = 4 \sim 8$ 时为灵敏;当 $S_t > 8$ 时为高灵敏。

二、岩石的工程地质特性

岩石是由一种或多种矿物组成的集合体。岩石是组成地壳的主要物质,在地壳中具有一定的产状,也是构成建筑物地基或围岩的基本介质。岩石的强度取决于岩石的成因类型、矿物成分、结构和构造等,它直接影响地基岩体或围岩的稳定。

(一)岩石分类

1. 一级分类

一级分类即按成因进行分类。

自然界的岩石按其成因可以划分为三大类:岩浆岩(火成岩)、沉积岩和变质岩。

岩浆岩(火成岩)是上地幔或地壳深部产生的炽热黏稠的岩浆冷凝固结形成的岩石,如花岗岩、闪长岩、玄武岩等。

沉积岩是成层堆积的松散沉积物固结而成的岩石。在地壳表层,母岩经风化作用、生物作用、火山喷发作用而形成的松散碎屑物及少量宇宙物质经过介质(主要是水)的搬运、沉积、成岩作用形成沉积岩,如灰岩、白云岩、砂岩等。

变质岩是指由于地质环境和物理化学条件的改变,使原先已形成的岩石的矿物成分、结构构造甚至化学成分发生改变所形成的岩石,如片麻岩、大理岩等。

2. 二级分类

二级分类是岩浆岩(火成岩)、沉积岩、变质岩的进一步分类。

(1)岩浆岩(火成岩)。通常按其成因、产状和岩石的化学与矿物成分进行分类。常用的岩浆岩(火成岩)分类如表 3-9 所示。

(2)沉积岩。主要根据岩性不同进行分类。常用的沉积岩分类如表 3-10 所示。

表 3-9　岩浆岩(火成岩)分类

<table>
<tr><td colspan="3" rowspan="3">岩类</td><td>橄榄岩－苦橄岩类</td><td>辉长岩－玄武岩类</td><td>闪长岩－安山岩类</td><td>花岗闪长岩－英安岩类</td><td colspan="2">花岗岩－流纹岩类</td><td colspan="2">正长岩－粗面岩类</td><td>霞石正长岩－响岩类</td></tr>
<tr><td rowspan="2">超基性岩类</td><td rowspan="2">基性岩类</td><td rowspan="2">中性岩类</td><td rowspan="2">中酸性岩类</td><td>钙碱性系</td><td>碱性系</td><td>钙碱性系</td><td>碱性系</td><td rowspan="2">碱性岩类</td></tr>
<tr><td colspan="2">酸性岩类</td><td colspan="2">中性岩类</td></tr>
<tr><td rowspan="3">侵入岩</td><td>深成岩</td><td>全晶质等粒、半自形粒状或似斑状结构</td><td>橄榄岩
辉 岩
角闪岩</td><td>辉长岩
苏长岩
橄长岩
斜长岩</td><td>闪长岩</td><td>花岗闪长岩
斜长花岗岩
英闪岩</td><td>花岗岩</td><td>碱性花岗岩</td><td>正长岩
二长岩</td><td>碱性正长岩</td><td>霞石正长岩
霓霞正长岩</td></tr>
<tr><td>浅成岩</td><td>全晶质细粒等粒斑状结构</td><td rowspan="2">苦橄玢岩
金伯利岩</td><td rowspan="2">辉绿岩
橄辉煌斑岩
拉辉煌斑岩</td><td rowspan="2">闪长玢岩
云斜煌斑岩
闪斜煌斑岩</td><td rowspan="2">花岗闪长斑岩</td><td rowspan="2">花岗斑岩
花岗伟晶岩
细晶岩</td><td rowspan="2"></td><td rowspan="2">正长斑岩
云煌岩
闪辉正煌岩</td><td rowspan="2"></td><td rowspan="2">霞石正长斑岩</td></tr>
<tr><td>次喷出岩</td><td>介于浅成岩和喷出岩之间</td></tr>
<tr><td colspan="2">喷出岩</td><td>无斑隐晶质或斑状半晶质玻璃质结构</td><td>苦橄岩
麦美奇岩
玻基橄榄岩
玻基辉橄岩
玻基辉岩</td><td>拉斑玄武岩
橄榄玄武岩
玄武玻璃、细碧岩</td><td>安山岩</td><td>英安岩</td><td>流纹岩</td><td>碱性流纹岩、石英角斑岩</td><td>粗面岩</td><td>碱性粗面岩、角斑岩</td><td>响岩
白榴石响岩</td></tr>
</table>

表 3-10　沉积岩分类

大类	主要类型	基本类型
母岩风化产物组成	碎屑岩	砾岩（$d>2$ mm）* 砂岩（$d=0.1\sim2$ mm）* 粉砂岩（$d=0.01\sim0.1$ mm）*
	黏土岩	各类黏土岩 泥岩 页岩
	化学岩	碳酸盐岩 硅质岩 蒸发岩（盐岩） 其他化学岩（Fe、Mn、Al、P）
生物遗体组成	生物岩	可燃有机岩 非可燃有机岩
火山碎屑物组成	火山碎屑岩	普通火山碎屑岩 熔结火山碎屑岩

注：*表示该粒度碎屑含量>50%。

（3）变质岩。一般根据岩石的结构、构造、矿物成分、变质作用及其程度进行分类。常用的变质岩分类如表 3-11 所示。

表 3-11　变质岩分类

分类	主要岩石类型		代表性种属名称
区域变质岩	板状构造	板岩	粉砂质板岩、碳质板岩
	千枚状构造	千枚岩	绢云母千枚岩、绿泥绢云母千枚岩
	片状构造	片岩	白云母片岩、黑云母片岩、角闪片岩
	片麻状构造	片麻岩	钾长片麻岩、斜长片麻岩、花岗片麻岩
	块状构造	石英岩、大理岩、麻粒岩、角闪岩	
接触变质岩	块状构造	斑点板岩	黑云母斑点板岩、红柱石斑点板岩
		角岩	白云母角岩、堇青石角岩
气-液变质岩	块状构造	云英岩	白云母云英岩、电气石云英岩
		矽卡岩	辉石矽卡岩、石榴矽卡岩
动力变质岩	碎裂结构	碎裂岩	花岗碎裂岩、石英碎裂岩
	碎斑结构	碎斑岩	
	糜棱结构	糜棱岩	
混合岩	块状构造	角砾状混合岩	
	条带状构造	条带状混合岩	
	肠状构造	肠状混合岩	
	眼球状构造	眼球状混合岩	

3. *岩石的强度分类*

从工程地质角度，岩石按其饱和单轴抗压强度（R_b）可分为硬质岩和软质岩两大类。如表 3-12 所示。

表 3-12　岩石硬度分类

分类	硬质岩		软质岩	
	坚硬岩	中硬岩	较软岩	软岩
饱和单轴抗压强度 R_b(MPa)	$R_b>60$	$30<R_b\leqslant 60$	$15<R_b\leqslant 30$	$5<R_b\leqslant 15$

(二)岩石的主要物理水理性质及指标

(1)岩石颗粒密度(ρ_P)。指岩石的固体部分质量(G_S)与其体积(V_S)之比,单位为 g/cm^3。表达式为 $\rho_P=\frac{G_S}{V_S}$。

(2)岩石块体密度(ρ_0)。指岩块质量(m)与其体积(V)之比,单位为 g/cm^3。表达式为 $\rho_0=\frac{m}{V}$。按岩块的含水状态,表示岩石的密度的指标还有干密度(ρ_d)、饱和密度(ρ_{sat})等。

(3)孔隙率(n)。指岩石中孔隙的体积(V_n)与岩石的体积(V)的比值。表达式为 $n=\frac{V_n}{V}\times 100\%$。

(4)自由吸水率(ω_a)。指岩石试件在一个大气压和室温条件下自由吸入水的质量 m_a 与岩石干质量 m_d 的比值。表达式为 $\omega_a=\frac{m_a}{m_d}\times 100\%$。

(5)饱和吸水率(ω_s)。指岩石试件强制饱和(煮沸法或真空抽气法)后吸入水的质量(m_s)与岩石干质量 m_d 的比值。表达式为 $\omega_s=\frac{m_s}{m_d}\times 100\%$。

自由吸水率与饱和吸水率之比称为饱水系数。

(6)渗透系数(K)。指水力坡度 I 为 1 时,水在岩石中流动的速度(v),单位为 cm/s。表达式为 $K=\frac{v}{I}$。

(7)软化系数(η)。指岩石浸水饱和后的抗压强度(R')与干燥状态下抗压强度(R)的比值。表达式为 $\eta=\frac{R'}{R}$。

(三)岩石的主要力学性质及指标

(1)单轴抗压强度(R)。指岩石试件在单向受力破坏时所能承受的最大压应力,单位为 MPa。

根据岩石的含水状态,表征岩石抗压强度的指标还有干抗压强度(R_c)、饱和抗压强度(R_s)等。

干抗压强度(R_c)是指岩石试件在干燥状态下的抗压强度。

饱和抗压强度(R_s)是指岩石试件在饱和状态下的抗压强度。

(2)抗拉强度(σ_t)。指岩石试件在单向受拉条件下所承受的最大拉应力,单位为 MPa。常用的试验方法有轴向拉伸法和劈裂法,其中采用劈裂法的较多。

(3)抗剪强度(τ)。指岩石试件受剪力作用时能抵抗剪切破坏的最大剪应力。由凝聚力(c)和内摩擦阻力 $\sigma\tan\varphi$ 两部分组成。一般表达式为 $\tau=\sigma\tan\varphi+c$,单位为 MPa。

岩石抗剪强度指标,按岩石受力作用形式不同(试验方式不同)通常分为 3 种。

抗剪断强度是指在一定的法向应力作用下,沿预定剪切面剪断时的最大剪应力,反映了岩石的内聚力和内摩擦阻力之和。

抗剪(摩擦)强度是指在一定的法向应力作用下,沿已有破裂面剪坏时最大剪应力。

抗切强度是指法向应力为零时沿预定剪切面剪断时的最大剪应力。

(4)变形模量(E_0)。指在单向压缩条件下,岩石试件的轴向应力与轴向应变之比,单位为 MPa。当岩石的应力应变为直线关系时,变形模量为一常量,称为弹性模量(E)。

(5)泊松比(μ)。指在单向压缩条件下,岩石试件的横向应变与轴向应变之比。

三、岩体的工程地质特性

(一)岩体结构及分类

岩体中的结构面和结构体称为岩体的结构单元,不同类型的岩体结构单元在岩体内的组合和排列形式称为岩体结构。结构面是指岩体内部具有一定方向、一定规模、一定形态与特性的面、缝、层和带状的地质界面。结构体是指不同规模、产状的结构面所围限的岩石块体。岩体的力学强度、受力后的变形、破坏机制和稳定性,主要受岩体结构的控制。

根据水利水电工程地质评价的实际,《水利水电工程地质勘察规范》(GB 50287—99)附录 K,将岩体结构划分为 5 大类、13 亚类,如表 3-13 所示。

表 3-13 岩体结构分类

分类	亚类	岩体结构特征
块状结构	整体状结构	岩体完整,呈巨块状,结构面不发育,间距大于 100 cm
	块状结构	岩体较完整,呈块状,结构面轻度发育,间距一般 50 ~ 100 cm
	次块状结构	岩体较完整,呈次块状,结构面中等发育,间距一般 30 ~ 50 cm
层状结构	巨厚层状结构	岩体完整,呈巨厚层状,结构面不发育,间距大于 100 cm
	厚层状结构	岩体较完整,呈厚层状,结构面轻度发育,间距大于 50 ~ 100 cm
	中厚层状结构	岩体较完整,呈中厚层状,结构面中等发育,间距一般 30 ~ 50 cm
	互层状结构	岩体较完整或完整性差,呈互层状,结构面较发育或发育,间距一般 10 ~ 30 cm
	薄层状结构	岩体完整性差,呈薄层状,结构面发育,间距一般小于 10 cm
镶嵌结构		岩体完整性差,岩块镶嵌紧密,结构面较发育到很发育,间距一般 10 ~ 30 cm
碎裂结构	块裂结构	岩体完整性差,岩块间有岩屑和泥质物充填,嵌合中等紧密到较松弛,结构面较发育到很发育,间距一般 10 ~ 30 cm
	碎裂结构	岩体破碎,结构面很发育,间距一般小于 10 cm
散体结构	碎块状结构	岩体破碎,岩块夹岩屑或泥质物
	碎屑状结构	岩体破碎,岩屑或泥质物夹岩块

(二)岩体质量与 *RQD*

RQD 是美国提出的一种岩石质量指标,是以钻孔的单位长度中的大于 10 cm 的岩心所占的比例来确定的。严格地讲,是指采用直径为 75 mm 的双层岩心管金刚石钻进获取的大于 10 cm 岩心长度与该段进尺的比值。

RQD 也可用来进行岩体质量(完整性)的分级,常用的分级标准如表 3-14 所示。

表 3-14　岩体质量分级标准

分级	岩体质量	*RQD*(%)
Ⅰ	很好	90 ~ 100
Ⅱ	好	75 ~ 90
Ⅲ	中等	50 ~ 75
Ⅳ	差	25 ~ 50
Ⅴ	很差	0 ~ 25

(三)岩体完整性及分类

在工程实践中,岩体的完整性用岩体完整性系数 K_v 来反映。岩体完整性系数是指岩体与相应岩块的弹性波传播速度比值的平方。

《水利水电工程地质勘察规范》(GB 50287—99)将岩体完整程度分为五类,如表 3-15 所示。

表 3-15　岩体完整程度划分

岩体完整程度	完整	较完整	完整性差	较破碎	破碎
岩体完整性系数 K_v	$K_v > 0.75$	$0.55 < K_v \leqslant 0.75$	$0.35 < K_v \leqslant 0.55$	$0.15 < K_v \leqslant 0.35$	$K_v \leqslant 0.15$

(四)岩体风化及分带

岩体风化是指地表岩体在太阳辐射、温度变化、水(冰)、气体、生物等因素的综合作用下,组织结构、矿物化学成分和物理性状等发生变化的过程和现象。岩体的风化程度具有由表及里、自浅而深逐渐减弱的趋势,多呈现连续渐变过渡关系,并显示出分带特性。当风化现象呈连续渐变的变化过程时,称之为均匀风化,发生于岩体的岩性、构造及风化营力均一的地区。反之,若岩体岩性、构造及风化营力存在较大差异,则产生不均匀风化,如:风化带不连续、不完整、突变接触;沿软弱岩层或剪切带形成风化夹层;沿断层带,裂密集带和不稳定矿物密集带,形成的风化槽、风化囊等特殊风化现象。风化岩体和分布受风化作用的强弱和风化产物保存条件的双重影响,主要受地形地貌、岩性、构造、水文、植被等条件的制约。

根据岩体风化作用有自地表向下逐渐减弱的特点,自上而下对岩体进行风化分带,目的在于区别不同程度的风化岩体,分类研究其工程地质特性,服务于工程设计,也便于进行横向对比。

根据水利水电工程地质勘察实践,《水利水电工程地质勘察规范》(GB 50287—99),采用通用的五级分类法按全风化、强风化、中等风化(弱风化)、微风化、新鲜等划分为五个风化带,如表 3-16 所示。

表 3-16　岩体风化带划分

风化带	主要地质特征	风化岩纵波速与新鲜岩纵波速之比
全风化	全部变色，光泽消失 岩石的组织结构完全破坏，已崩解和分解成松散的土状或砂状，有很大的体积变化，但未移动，仍残留有原始结构痕迹 除石英颗粒外，其余矿物大部分风化蚀变为次生矿物 锤击有松软感，出现洼坑，矿物用手可捏碎，用锹可以挖动	<0.4
强风化	大部分变色，只有局部岩块保持原有颜色 岩石的组织结构大部分已破坏；小部分岩石已分解或崩解成土，大部分岩石呈不连续的骨架或心石，风化裂隙发育，有时含大量次生夹泥 除石英外，长石、云母和铁镁矿物已风化蚀变 锤击哑声，岩石大部分变酥、易碎，用镐撬可以挖动，坚硬部分需爆破	0.4～0.6
中等风化（弱风化）	岩石表面或裂隙面大部分变色，但断口仍保持新鲜岩石色泽 岩石原始组织结构清楚完整，但风化裂隙发育，裂隙壁风化剧烈 沿裂隙铁镁矿物氧化锈蚀，长石变得浑浊、模糊不清 锤击哑声，开挖需用爆破	0.6～0.8
微风化	岩石表面或裂隙面有轻微褪色 岩石组织结构无变化，保持原始完整结构 大部分裂隙闭合或为钙质薄膜充填，仅沿大裂隙有风化蚀变现象，或有锈膜浸染 锤击发音清脆，开挖需用爆破	0.8～1.0
新鲜	保持新鲜色泽，仅大的裂隙面偶见褪色 裂隙面紧密，完整或焊接状充填，仅个别裂隙面有锈膜浸染或轻微蚀变 锤击发音清脆，开挖需用爆破	>1.0

（五）软弱夹层的工程地质特性

1. 软弱夹层的分类

软弱夹层的形成与成岩条件、构造作用和地下水活动等密切相关。按其成因一般可分为原生型、次生型、构造型三种类型。

《水利水电工程地质勘察规范》（GB 50287—99）根据颗粒组分以黏粒（粒径小于0.005 mm）百分含量的少或无、小于10%、10%～30%、大于30%将软弱夹层划分为岩块岩屑型、岩屑夹泥型、泥夹岩屑型、泥型四类。

2. 泥化夹层的工程地质特性

泥化夹层的矿物成分和化学成分与母岩的性质和后期改造程度有关。其矿物成分主要是蒙脱石、伊利石和高岭石等黏土矿物；其化学成分主要为 SiO_2、Al_2O_3、Fe_2O_3，其次为 CaO、MgO、K_2O、Na_2O 等。

泥化夹层的物理力学性质特征与其黏土矿物成分、物质组成、结构特征和微结构面的发育程度以及上、下界面形态有关。泥化夹层的物理力学性质主要表现为黏粒含量高、天然含水量高、干密度低、抗剪强度低、高压缩性以及膨胀性、亲水性、渗流分带和渗流集中等方面。

夹层中泥化带的黏粒含量一般大于30%,天然含水量常大于塑限,摩擦系数一般在0.2左右。但以伊利石为主的泥化带的密度、天然含水量、塑限、液限比以蒙脱石为主的泥化带为低,而干容重、抗剪强度较以蒙脱石为主的泥化带为高。泥化带的抗剪强度随着碎屑物质的含量增加而增大。当泥化夹层的厚度小于上、下界面的起伏差时,其抗剪强度受夹层物质成分和起伏差双重控制。当泥化夹层的厚度大于上、下界面的起伏差时,其抗剪强度主要取决于夹层本身的物质组成。泥化夹层具有膨胀性,但以伊利石和高岭石为主、微结构面不发育的夹层,其膨胀性较小,而以蒙脱石为主的夹层,膨胀性较强。

由于泥化夹层的结构具有节理带、劈理带、泥化带的分带特征,因此泥化夹层的渗流具有明显渗流层状分带和渗流集中的特点。泥化带渗透系数很小,一般为 10^{-5} ~ 10^{-9} cm/s;节理带透水性良好,渗透系数一般大于 10^{-3} cm/s。在泥化带与劈理带的岩石界面上往往产生渗流集中。

泥化夹层具有较强的亲水性。亲水性指标(液限含水量与黏粒含量之比)可用来判断泥化夹层性质的好坏,大于1.25者为较差,在0.75~1.25者为中等,小于0.75者为较好。

3.软弱夹层的抗剪强度

影响软弱夹层抗剪强度的主要因素包括:

(1)软弱夹层的颗粒组成。一般颗粒细小,黏粒含量多,塑性指数大,自然固结程度差的软弱夹层,其抗剪强度低。

(2)矿物及化学成分。当夹层以蒙脱石为主时,其抗剪强度低。

(3)软弱夹层的产状、层面起伏和接触面情况。一般产状变化大、起伏差大于夹层厚度和接触面粗糙不平的,其抗剪强度大。

(4)长期渗水作用环境。软弱夹层在库水的长期渗水作用下,其物理性质和化学性质有可能进一步恶化,导致长期强度的降低。

按《水利水电工程地质勘察规范》(GB 50287—99)附录D的规定,软弱夹层抗剪断强度的取值应遵循如下原则:

(1)软弱夹层应根据岩块岩屑型、岩屑夹泥型、泥夹岩屑型和泥型四类分别取值。

(2)当试件呈塑性破坏时,应采用屈服强度或流变强度作为标准值。

(3)当试件黏粒含量大于30%或有泥化镜面或黏土矿物以蒙脱石为主时,应采用流变强度作为标准值。

(4)当软弱夹层有一定厚度时,应考虑充填度的影响。当厚度大于起伏差时,应采用充填物的抗剪强度作为标准值;当厚度小于起伏差时,还应采用起伏差的最小爬坡角,提高充填物抗剪强度试验值作为标准值。

(5)根据软弱夹层的类型和厚度的总体地质特征进行调整,提出地质建议值。

(六)岩(土)体的渗透性及分级

岩(土)体的渗透性是指岩(土)体允许重力水透过的能力,其表征指标是渗透系数(K)或透水率(q)。

岩(土)体的渗透性是岩(土)体的主要工程地质特性。渗透性大小主要与岩(土)体的性质和结构特征有关。根据水利水电工程地质评价的实际,《水利水电工程地质勘察规范》(GB 50287—99)将岩(土)体的渗透性分为六个等级,如表3-17所示。

表3-17　岩土体渗透性分级

渗透性等级	标准		岩体特征	土类
	渗透系数 K(cm/s)	透水率 q(Lu)		
极微透水	$K<10^{-6}$	$q<0.1$	完整岩石,含等价开度<0.025 mm裂隙的岩体	黏土
微透水	$10^{-6}\leqslant K<10^{-5}$	$0.1\leqslant q<1$	含等价开度0.025~0.05 mm裂隙的岩体	黏土—粉土
弱透水	$10^{-5}\leqslant K<10^{-4}$	$1\leqslant q<10$	含等价开度0.05~0.1 mm裂隙的岩体	粉土—细粒土质砂
中等透水	$10^{-4}\leqslant K<10^{-2}$	$10\leqslant q<100$	含等价开度0.1~0.5 mm裂隙的岩体	砂—砂砾
强透水	$10^{-2}\leqslant K<1$	$q\geqslant 100$	含等价开度0.5~2.5 mm裂隙的岩体	砂砾—砾石、卵石
极强透水	$K\geqslant 1$		含连通孔洞或等价开度>2.5 mm裂隙的岩体	粒径均匀的巨砾

注:Lu为吕荣单位,是在1 MPa压力下,每米试段的平均压入流量,以L/min计。

四、特殊岩(土)体的工程地质特性

(一)喀斯特

1. 基本概念

喀斯特,又称岩溶,是水对可溶性岩石的溶蚀作用,及其所形成的地表与地下的各种景观和现象。可溶性岩石主要指碳酸盐类、硫酸盐类、卤盐类岩石。

喀斯特的工程地质特性主要为喀斯特的发育条件、发育规律和喀斯特类型。

喀斯特渗漏是在喀斯特地区修建水利水电工程的主要工程地质问题。

2. 喀斯特发育的基本条件

喀斯特的发育主要是水对可溶性岩体进行溶蚀的结果。喀斯特之所以能够持续地进行,必须具备有溶蚀能力的水在可溶性岩体内部流动的条件,使两者不断地相互接触,相互作用。同时,水又必须不断地循环更替,使之经常保持溶蚀力。因此,可溶性岩体,具有溶蚀力的水及水的循环交替条件就成为喀斯特发育的基本条件。

3. 喀斯特的发育规律

喀斯特发育受时间、气候、环境水及地形地貌、地质岩性、地质构造和水文地质条件等因素的影响,其发育规律主要表现为:

(1)喀斯特发育随深度的变化。一般的规律是喀斯特化的程度随深度增加而逐渐减弱。但在特定的工程地质和水文地质条件下,深饱水带也可有较大规模的岩溶现象发育。

(2)喀斯特发育的不均性。即喀斯特发育的速度、程度及其空间分布的不均匀性。

(3)喀斯特发育的阶段性和多代性。喀斯特发育是一个缓慢的过程,要经过发生、发展和消亡的阶段过程。同时,在其长期的反应发育条件下,要经过幼年、青年、中年、老年的多代期。

(4)喀斯特发育的成层性。喀斯特发育的成层性决定于地质岩性、新构造运动和水文地质条件。如可溶性岩层与非可溶性岩层互层、地壳升降运动的水文地质条件改变的地下水溶蚀作用的变化等均可使喀斯特发育具有成层性。

(5)喀斯特发育的地带性。不同气候带内,喀斯特发育具有自己不同的形态特征。我国喀斯特地带性类型主要有热带、亚热带、喀斯特和温带喀斯特三大类。此外,还有高原气候带、干旱区、海岸喀斯特类型等。

4. 喀斯特类型

根据不同的条件因素,喀斯特类型划分见表3-18。

表3-18 喀斯特类型

分类依据	岩溶类型
气候	主要类型:1. 热带型;2. 亚热带型;3. 温带型 次要类型:1. 高寒地区型;2. 干旱地区型
发育时代	1. 古岩溶,中生代及中生代以前发育的岩溶 2. 近代岩溶,新生代以来发育的岩溶
岩溶出露条件	1. 裸露型,岩溶岩层裸露,仅低洼地区有零星小片覆盖 2. 半裸露型,岩溶岩层以裸露为主,在谷地、大型洼地及河谷附近有较大面积被第四纪沉积物覆盖 3. 覆盖型,岩溶岩层大面积被厚的(一般为几十米以上)第四纪沉积物所覆盖,地面一般没有岩溶层的分布 4. 埋藏型,岩溶岩层大面积埋藏于非岩溶岩层之下
岩溶作用及岩溶形态组合	1. 溶蚀为主类型,包括:石林溶沟、溶丘洼地、峰丛洼地、峰林谷地、孤峰坡地或残丘坡地等 2. 溶蚀-侵蚀类型,包括:岩溶高山深谷、岩溶中山峡谷、岩溶低山沟谷、海岸岩溶、礁岛岩溶等 3. 溶蚀构造类型,包括:垄脊槽谷、垄脊谷地、岩溶断陷盆地、岩溶断块山地等
河谷发育部位	阶地 斜坡 分水岭
水动力特征	近河谷排泄基准面岩溶 远河谷排泄基准面岩溶 构造带岩溶
地台区类型	河谷侵蚀岩溶 沿裂隙发育的岩溶 构造破碎带岩溶 埋藏的古岩溶

(二)湿陷性黄土

1. 基本概念

黄土在一定的压力作用下,浸水时土体结构迅速破坏而发生显著的附加下沉,称黄土的湿陷性。具有这种性质的黄土叫做湿陷性黄土;不具备这种性质的黄土称为非湿陷性黄土。一般新黄土(上更新世 Q_3 及其以后形成的黄土)多具有湿陷性,而中更新世 Q_2 以前形成的黄土及黄土状土则很少或不具有湿陷性。

湿陷性黄土,通常又分为两类:一类是被水浸湿后在土自重压力下发生湿陷的,称自重湿陷性黄土;二是被水浸湿后在土自重压力下不发生湿陷,但在土自重压力与建筑物荷载联合作用下发生湿陷的,称非自重湿陷性黄土。

2. 湿陷性黄土的工程地质特性

(1)颗粒组成。根据我国主要湿陷性黄土地区的颗粒组成分析统计,大体为:砂粒(>0.05 mm)占11% ~29% 、粉粒(0.05 ~0.005 mm)占52% ~74% ,黏粒(<0.005 mm)占8% ~26% 。

(2)孔隙比。变化为0.85 ~1.24,大多为1.0 ~1.1,且随深度而减小。

(3)天然含水量。天然含水量与湿陷性和承载力关系密切。含水量低时,湿陷性强,承载力较高;随着含水量增大,湿陷性减弱,承载力降低。

(4)饱和度。饱和度与湿陷系数成反比。饱和度愈小,湿陷系数愈大,随着饱和度增大,湿陷系数逐渐减小。

(5)液限。一般规律为,当液限在30% 以上时,湿陷性较弱,且多为非自重湿陷性黄土。当液限小于30% 时,湿陷性较强,液限越高,黄土承载力也越高。

3. 黄土湿陷性判别

黄土湿陷性根据黄土沉积的时代、成因类型、地形条件、阶地类型、地下水情况及下伏地层性质等判别。一般来说,黄土形成时代越老,湿陷性越弱。此外,应根据黄土的湿陷性、建筑物场地的湿陷类型和土地基的湿陷量进行湿陷等级的判别。

(1)黄土的湿陷性,应按室内压缩试验在一定压力下测定的湿陷系数值判断。湿陷系数(δ_S)其物理意义为黄土试样在一定压力作用下,浸水湿陷的下沉量与试样原高度的比值。湿陷系数可通过室内浸水压缩试验成果计算求得。

黄土湿陷性可按湿陷系数 δ_S 进行判定:当 $\delta_S \geqslant 0.015$ 时,为湿陷性黄土;当 $\delta_S < 0.015$ 时,为非湿陷性黄土。

黄土自重湿陷性应根据室内试验或现场试验测定的自重湿陷量 Δzs 判定,当 $\Delta zs \leqslant 70$ mm 时,为非自重湿陷性黄土;当 $\Delta zs > 70$ mm 时,为自重湿陷性黄土。

(2)湿陷性黄土的湿陷程度及地基湿陷等级。湿陷性黄土的湿陷程度,可根据湿陷系数 δ_S 值的大小分为以下三种:

当 $0.015 \leqslant \delta_S \leqslant 0.03$ 时,湿陷性轻微;

当 $0.03 < \delta_S \leqslant 0.07$ 时,湿陷性中等;

当 $\delta_S > 0.07$ 时,湿陷性强烈。

根据《湿陷性黄土地区建筑规范》(GB 50025—2004)的规定,地基湿陷等级分为四级,可根据基底下各土层累计的总湿陷量(Δs)和自重湿陷量(Δzs)的大小因素按表3-19 判定。

表 3-19　湿陷性黄土地基的湿陷等级

湿陷类型		非自重湿陷性场地	自重湿陷性场地	
计算自重湿陷量 Δzs(mm)		$\Delta zs \leqslant 70$	$70 < \Delta zs \leqslant 350$	$\Delta zs > 350$
总湿陷量 Δs (mm)	$\Delta s \leqslant 300$	Ⅰ(轻微)	Ⅰ(中等)	—
	$300 < \Delta s \leqslant 700$	Ⅱ(中等)	*Ⅱ(中等)或Ⅲ(严重)	Ⅲ(严重)
	$\Delta s > 700$	Ⅱ(中等)	Ⅲ(严重)	Ⅳ(很严重)

注:*表示当湿陷量的计算值 $\Delta s > 600$ mm、自重湿陷量计算值 $\Delta zs > 300$ mm 时,可判为Ⅲ级,其他情况可判为Ⅱ级。

(三)软土

1. 基本概念

软土一般是指在静水或缓慢流水环境中沉积的,天然含水量大、压缩性高、承载力低的一种软塑到流塑状态的饱和黏性土。

根据《岩土工程勘察规范》(GB 50021—2001)的规定,天然孔隙比大于或等于 1.0,且天然含水量大于液限的细粒土应判定为软土,包括淤泥、淤泥质土、泥炭、泥炭质土等。

2. 软土的工程地质特性

(1)软土具有触变特征,当原状土受到振动以后,破坏了结构连接,降低了土的强度或很快地使土变成稀释状态。触变性的大小常用灵敏度 S_t 来表示。软土的 S_t 一般为 3 ~4,个别可达 8 ~9。因此,当软土地基受振动荷载作用后,易产生侧向滑动、沉降及基底面两侧挤出等现象。

(2)软土除排水固结引起变形外,在剪应力作用下,土体还会发生缓慢而长期的剪切变形,对建筑物地基的沉降有较大的影响,对斜坡、堤岸及地基稳定性不利。

(3)软土属于高压缩性土,压缩系数大,建筑物的沉降量大。

(4)由于软土具有上述特性,地基强度很低。其不排水抗剪强度很低,我国沿海地区的淤泥不排水抗剪强度在 20 kPa 以下。

(5)软土透水性能弱,一般垂向渗透系数为 $10^{-6} \sim 10^{-8}$ cm/s,对地基排水固结不利。同时,在加载初期,地基中常出现较高的孔隙水压力,影响地基的强度,同时也反映在建筑物沉降延续的时间很长。

(6)由于沉积环境的变化,黏性土层中常局部夹有厚薄不等的粉土,使水平和垂直分布上有所差异,作为建筑物地基易产生差异沉降。

(四)红黏土

1. 基本概念

红黏土是指碳酸类岩石(如石灰岩、白云岩等)及部分砂岩、页岩等在亚热带温湿气候条件下,经过风化作用所形成的褐红、棕红、黄褐等色的黏性土。

根据《岩土工程勘察规范》(GB 50021—2001)的规定,颜色为棕红或黄褐,覆盖于碳酸盐系之上,其液限大于或等于 50% 的高塑性黏土应判定为原生红黏土。原生红黏土经搬运、沉积后仍保留其基本特征,且其液限大于 45% 的黏土,可判定为次生红黏土。

2. 红黏土的特性分类

(1)红黏土的状态。按含水比(α_W)即天然含水率(ω)与液限(ω_L)的比值可分为五种状态,如表 3-20 所示。

表 3-20 红黏土的状态分类

状态	含水比 α_W
坚硬	$\alpha_W \leqslant 0.55$
硬塑	$0.55 < \alpha_W \leqslant 0.70$
可塑	$0.70 < \alpha_W \leqslant 0.85$
软塑	$0.85 < \alpha_W \leqslant 1.00$
流塑	$\alpha_W > 1.00$

注:$\alpha_W = \omega/\omega_L$。

(2)红黏土的结构按其裂隙发育特征可分为三类,如表 3-21 所示。

表 3-21 红黏土的结构分类

土体结构	裂隙发育特征
致密状的	偶见裂隙(<1 条/m)
巨块状的	较多裂隙(1~5 条/m)
碎块状的	富裂隙(>5 条/m)

(3)红黏土的复浸水特性。按其界限液塑比 I'_r 及液塑比 I_r 可分为两类,如表 3-22 所示。

表 3-22 红黏土的复浸水特性分类

类别	I_r 与 I'_r 关系	收缩特征
Ⅰ	$I_r \geqslant I'_r$	收缩后复浸水膨胀能恢复到原位
Ⅱ	$I_r < I'_r$	收缩后复浸水膨胀不能恢复到原位

注:$I_r = \omega_L/\omega_P$,$I'_r = 1.4 + 0.0066\omega_L$。

3. 红黏土的工程地质特性

(1)红黏土的矿物成分主要为高岭石、伊利石和绿泥石。

(2)红黏土的物理力学特性表现为天然含水量、孔隙比、饱和度以及液限、塑限很高,但却具有较高的力学强度和较低的压缩性。

(3)红黏土具有从地表向下由硬变软的现象,相应的土的强度则逐渐降低,压缩性逐渐增大。

(4)具有胀缩性。红黏土受水浸湿后体积膨胀,干燥失水后体积收缩,其胀缩性表现为以收缩为主。由于胀缩性形成了大量的收缩裂隙,常造成边坡变形失稳,由于地基的胀缩变形致使建筑物开裂破坏。

(5)红黏土透水性微弱,地下水多为裂隙性潜水和上层滞水。

(五)膨胀岩土

1. 基本概念

含有大量亲水矿物,湿度变化时有较大体积变化,变形受约束时产生较大内应力的岩土,为膨胀岩土。其特点是在环境湿度变化影响下可产生强烈的胀缩变形。我国各地区都有膨胀岩土出露，以中南、西南地区较多。

关于膨胀岩土的判定，目前还没有统一的标准。国内外对膨胀岩土的分类作了大量的研究，基于不同的目的，提出许多分类方法，诸如按黏粒含量、液限与自由膨胀率分类；按蒙脱石含量、比表面积与阳离子交换量分类；按胀缩总率分类；按最大胀缩性指标分类；按塑性图分类；按膨胀岩土结构特征与力学参数分类等。在《膨胀土地区建筑技术规范》(GBJ 112—87)中，按自由膨胀率δ_{ef}进行膨胀土分类，$40\% \leqslant \delta_{ef} < 65\%$的为弱膨胀土，$65\% \leqslant \delta_{ef} < 90\%$的为中膨胀土，$\delta_{ef} \geqslant 90\%$的为强膨胀土。

2. 膨胀岩土的工程地质特性

(1)膨胀岩土一般呈灰白、灰绿、灰黄、棕红、褐黄等颜色，分布在二级及二级以上的阶地、山前丘陵和盆地边缘。在山地表现为低丘缓坡，而在平原地带则为地面龟裂、沟槽、无直立边坡。

(2)膨胀岩土风干时出现大量的微裂隙，有光滑面、擦痕，呈坚硬、硬塑状态的土体易沿微裂隙面散裂，并遇水软化、膨胀。

(3)天然状态下，膨胀岩土一般具有较高的强度和承载力，但遇水特别是干湿交替情况下强度变化较大，是建筑物或边坡破坏的重要原因之一。

(4)影响膨胀岩土工程地质特性的因素包括天然含水率、黏土矿物成分、岩土层结构和构造及大气影响深度等。

(六)分散性土

分散性土是指其所含黏性土颗粒在水中散凝呈悬浮状，易被雨水或渗流冲蚀带走引起破坏的土。国内外研究成果表明，典型的分散性土常含有一定量的钠蒙脱石，孔隙水溶液中钠离子含量较高，介质环境属高碱性，pH > 8.5。分散性土的分散特性是由土和水两方面因素决定的，在盐含量低的水中迅速分散，而在盐含量高的水中分散度降低，甚至不分散。分散性土易被水冲蚀的现象比细砂和粉土还要严重，因此在土石坝防渗料及堤防填筑物选择时应给予重视，一般不宜直接使用，如要使用必须进行改性处理或采取工程措施。

分散性土的工程性质主要为低渗透性和低抗冲蚀能力。渗透系数一般小于10^{-7} cm/s，防渗性能好，但抗冲蚀流速小于15 cm/s，冲蚀水力比降小于1.0，而一般非分散性土抗冲蚀流速为100 cm/s左右，冲蚀水力比降大于2.0。

关于分散性土的判别，目前我国还没有统一的试验和判别标准，通常是在现场调查的基础上，采用美国水土保持局(SCS)提出的针孔试验、孔隙水可溶盐试验、双比重计试验和碎块试验进行判别，划分为高分散、分散、过渡和非分散四级。一般认为，针孔试验较为可靠；孔隙水可溶盐试验成果与针孔试验比较一致，也都比较符合实际；碎块试验结果有多解性，即膨胀土也会显示分散性。

(七)盐渍岩土

1. 基本概念

盐渍岩土是指含有较多易溶盐类的岩土。对易溶盐含量大于0.3%，并具有吸湿、溶陷、盐胀、腐蚀等特性的土称为盐渍土；对含有较多的石膏、芒硝、岩盐等硫酸盐或氯化物的岩层称为盐渍岩。

盐渍土的厚度一般不大,自地表向下 1.5 ~4.0 m,其厚度与地下水埋深、土的毛细上升高度、当地地形以及蒸发作用等有关。盐渍土一般分布在地势比较低而且地下水位较高的地段,如内陆洼地、盐湖和河流两岸的漫滩、低阶地、牛轭湖以及三角洲洼地、山间洼地等地段。

2. 盐渍土的工程地质特性

盐渍土的物理力学性质及工程地质特性,受土中含盐量和含盐种类控制。盐渍土的工程地质特性主要表现为:

(1)盐渍土在干燥状态时,即盐类呈结晶状态时,地基土具有较高的强度。当浸水溶解后,则引起土的性质发生变化,一般是强度降低,压缩性增大。含盐量愈多,土的液限、塑限愈低。当土的含水量等于液限时,其抗剪强度即近于零,丧失强度。

(2)硫酸盐类结晶时,体积膨胀;遇水溶解后体积缩小,使地基土发生胀缩。同时少数碳酸盐液化后亦使土松散,破坏地基的稳定性。

(3)由于盐类遇水溶解,因此在地下水的作用下易使地基土产生溶蚀作用。

(4)土中含盐量愈大,土的夯实最佳密度愈小。

(5)盐渍土对金属管道和混凝土等一般具有腐蚀性。

(八)冻土

1. 基本概念

冻土是指温度等于或低于 0 ℃,且含有冰的各类土。

冻土根据其冻结时间可分为季节性冻土和多年冻土;按冻结状态可分为坚硬冻土、塑性冻土和松散冻土。

(1)季节性冻土是受季节影响的,冬季冻结,夏季全部融化,且呈周期性冻结、融化的土。

(2)多年冻土是指冻结状态持续两年或两年以上不融的土。

(3)坚硬冻土中未冻水含量很少,土粒为冰牢固胶结,土的强度高、压缩性小,在荷载作用下,表现为脆性破坏,与岩石相似,当土的温度低于一定数值时,如粉砂 -0.3 ℃,粉土 -0.6 ℃,粉质黏土 -1.0 ℃,黏土 -1.5 ℃,易呈坚硬冻土。

(4)塑性冻土虽被冰胶结但仍含有大量未冻结的水,具有塑性,在荷载作用下可以压缩,土的强度不高。当土的温度在 0 ℃以下至坚硬冻土温度的上限、饱和度≤80%时,常呈塑性冻土。

(5)松散冻土由于土的含水量较小,土粒未被冰所胶结,仍呈冻前的松散状态,其力学性质与未冻土无多大差别。砂土和碎石土常呈松散冻土。

2. 冻土的主要工程地质特性

(1)冻土与一般土的最大区别是冻土的孔隙中含有一定的冰,或土颗粒被冰所胶结。

(2)土在冻结过程中其体积发生相对膨胀。冻土按冻胀量可分为不冻胀、弱冻胀和冻胀。

(3)由于冰的胶结作用,冻土的抗压强度比未冻土要大许多倍。冻土的抗压强度与温度和含水量等因素有关。

(4)多年冻土具有较高的抗剪强度,但其长期荷载作用下的抗剪强度要比瞬时荷载作用下的抗剪强度降低很多。

(5)冻土的变形性质主要表现为冻胀性和融沉性。冻土若长期处于稳定冻结状态,则具有较高的强度和较小的压缩性甚至不具压缩性。但在冻结过程中,却有明显的冻胀性,对地基不利。与冻胀性相反,冻土在融化后强度大为降低,压缩性急剧增大,使地基产生融化沉陷(简称融沉或融陷)。冻土的融沉性与土颗粒及含水量有关。一般土颗粒越粗、含水量越小,融沉性越小,反之则越大。

(九)填土

1.填土的分类

填土是指由人类活动而堆积的土。根据《岩土工程勘察规范》(GB 50021—2001)的规定,填土根据物质组成和填筑方式,可分为四类。

(1)素填土。由碎石土、砂土、粉土和黏性土等一种或几种材料组成,不含杂物或含杂物很少。

(2)杂填土。含有大量建筑垃圾、工业废料或生活垃圾等杂物。

(3)冲填土。由水力冲填泥沙形成。

(4)压实填土。按一定标准控制材料成分、密度、含水量,分层压实或夯实而成。

2.填土的工程性质

1)素填土的工程性质

素填土的工程性质取决于它的均匀性和密实度。在堆填过程中,未经人工压实者,一般密实度较差,但若堆积时间较长,由于土的自重压密作用,也能达到一定密实度。如堆积时间超过10年的黏性土、超过5年的粉土、超过2年的砂性土,均具有一定的密实度和强度,可以作为一般建筑物的天然地基。

2)杂填土的工程性质

(1)性质不均,厚度及密度变化大。

(2)杂填土往往是一种欠压密土,一般具有较高的压缩性。对部分新的杂填土,除正常荷载作用下的沉降外,还存在自重压力下沉降及湿陷变形的特点。

(3)强度低。杂填土的物质成分异常复杂,不同物质成分直接影响土的工程性质。建筑垃圾土和工业废料土,在一般情况下优于生活垃圾土。因生活垃圾土物质成分杂乱,含大量有机质和未分解的腐殖质,具有很高的压缩性和很低的强度。

3)冲填土的工程性质

(1)冲填土在冲填过程中由于泥沙来源的变化,造成冲填土在纵横方向上的不均匀性,故土层多呈透镜体状或薄层状。

(2)冲填土的含水率大,一般大于液限,呈软塑或流塑状态。当黏粒含量多时,水分不易排出,土体形成初期呈流塑状态,后来虽然土层表面经蒸发干缩龟裂,但下面土层由于水分不易排出,仍处于流塑状态,稍加触动即发生触变现象。因此,冲填土多属未完成自重固结的高压缩性的软土。土的结构需要有一定时间进行再组合,土的有效应力要在排水固结条件下才能提高。

4)压实填土的工程性质

压实填土的工程性质取决于填土的均匀性、压实时的含水量和密度,以及压实时质量检验情况。

利用压实填土作地基时，不得使用淤泥、耕土、冻土、膨胀性土以及有机物含量大于8%的土作填料，当填料内含有碎石土时，其粒径一般不宜大于200 mm。

第二节 区域构造稳定性

区域构造稳定性是指建设场地所在的一定范围和一定时段内，内动力地质作用可能对工程建筑物产生的影响程度。因为是关系到水利水电工程是否可行的根本地质问题，在可行性研究勘察中必须对此作出评价。

一、区域构造稳定性评价

按照国家标准《水利水电工程地质勘察规范》(GB 50287—99)和配套的技术规程，区域构造稳定性研究包括：①区域构造背景研究和区域构造稳定性分区；②活断层判定和断层活动性研究；③地震危险性分析和场地地震动参数确定；④水库诱发地震潜在危险性预测；⑤工程场地的区域构造稳定性综合评价；⑥活动断层监测和地震监测。

通过水利水电工程区域构造稳定性研究，要回答的问题可以概括成两个方面，即：①对于制定流域开发规划、正确选择第一期开发河段和工程，以及大型跨流域调水、引水工程线路的比较选择等，提出区域构造稳定条件的评估意见；②对于拟选的水利水电工程建筑物场地，回答其在今后一二百年内，遭受活断层或地震活动破坏的可能性，以及破坏强度和破坏概率，提出水利水电工程抗震设计所需的地震动参数。

二、地震安全性评价

(一)主要术语

(1)地震烈度。地震发生时，在波及范围内一定地点的地面及房屋建筑遭受地震影响和破坏的程度。

(2)地震基本烈度。某个地区在未来一定时期内，一般场地条件和一定超越概率水平下，可能遭遇的最大地震烈度。根据国家地震局和建设部1992年颁布使用的《中国地震烈度区划图(1990)》(比例尺1:400万)，地震基本烈度"系指在50年期限内，一般场地条件下，可能遭遇超越概率为10%的烈度值"。

(3)场地相关反应谱。考虑地震环境及场地条件影响得到的地震反应谱。

(4)地震带。地震活动性与地震构造条件密切相关的地带。

(5)地震动参数。地震引起地面运动的物理参数，包括加速度、反应谱等。

(6)地震构造。与地震孕育和发生有关的地质构造。

(7)地震活动断层。曾发生和可能再发生地震的断层。

(8)地震动峰值加速度。与地震动加速度反应谱最大值相应的水平加速度。

(9)地震动反应谱特征周期。地震动加速度反应谱开始下降点的周期。

(二)地震安全性评价的工作内容

根据《工程场地地震安全性评价技术规范》(GB 17741—1999)的规定，地震安全性评价的基本工作内容主要包括：

(1)区域地震活动性和地震构造的调查、分析。

(2)近场及场区地震活动性和地震构造的调查、分析。

(3)场地工程地震条件的勘察。

(4)地震烈度与地震动衰减关系的分析。

(5)地震危险性的确定性分析。

(6)地震危险性的概率分析。

(7)区域性地震区划。

(8)场地地震动参数确定和地震地质灾害评价。

(9)地震动小区划。

(三)水利水电工程对地震危险性分析工作的规定

根据《水利水电工程地质勘察规范》(GB 50287—99),水利水电工程场地地震基本烈度和地震危险性分析应根据工程的重要性和地区的地震地质条件,按下列规定进行：

(1)坝高大于200 m或库容大于10×10^9 m^3的大(1)型工程或地震基本烈度为7度及以上地区的坝高大于150 m的大(1)型工程,应进行专门的地震危险性分析。

(2)其他大型工程可按现行中国地震区划图确定地震基本烈度。对地震基本烈度为7度及以上地区的坝高为100~150 m的工程,当历史地震资料较少时,应进行地震基本烈度复核。

(3)地震危险性分析应包括工程使用期限内,不同超越概率水平下,拦河坝、建筑物和库区可能遭受的地震烈度,坝址基岩地震峰值水平加速度及反应谱等地震动参数,以及合成基岩地震动时程。

三、中国地震动参数区划图

《中国地震动参数区划图》(GB 18306—2001)是为减轻和防御地震灾害提供抗震设防要求,更好地服务于国民经济建设而制定的标准,其全部技术内容为强制性。

标准的基本内容包括标准的范围、标准采用的术语定义、标准的技术要素、标准的使用规定及附录等。

《中国地震动参数区划图》(GB 18306—2001)包括中国地震动峰值加速度区划图、中国地震动反应谱特征周期区划图和地震动反应谱特征周期调整表。

中国地震动峰值加速度区划图和中国地震动反应谱特征周期区划图的比例尺均为1:400万,不应放大使用,其设防水准为50年超越概率10%。

根据《中国地震动参数区划图》(GB 18306—2001)的规定,地震动峰值加速度与地震基本烈度的对照关系如表3-23所示。

表3-23　地震动峰值加速度与地震基本烈度对照关系

地震动峰值加速度 g	<0.05	0.05	0.1	0.15	0.2	0.3	≥0.4
地震基本烈度	<6	6	7	7	8	8	≥9

第三节　水库工程地质

一、水库区工程地质勘察

水库区一般性工程地质勘察主要在规划阶段和可行性研究阶段进行，初步设计阶段和技施设计阶段主要进行专门性工程地质勘察。

（一）规划阶段

（1）了解水库的工程地质和水文地质条件。

（2）了解可能威胁水库成立的滑坡、潜在的不稳定岸坡、泥石流、塌岩和浸没等的分布范围。

（3）了解可溶岩地区的喀斯特发育情况、含水层和隔水层的分布范围、河谷和分水岭的地下水位，并对水库产生渗漏的可能性进行分析。

（4）了解重要矿产和名胜古迹的分布情况。

（二）可行性研究阶段

（1）调查水库区的水文地质条件、可能的渗漏地段，估算可能的渗漏量。

（2）调查库岸稳定条件，预测水库塌岸情况。

（3）预测水库浸没范围。

（4）调查影响水库建设的其他环境地质问题。

（三）初步设计阶段和技施设计阶段

初步设计阶段和技施设计阶段主要针对水库区的工程地质问题如水库渗漏、水库浸没、水库塌岸、水库诱发地震等进行专门性勘察。

二、水库蓄水后的主要工程地质问题

水库蓄水后，库区可能产生的工程地质问题主要有水库渗漏问题、水库浸没问题、水库塌岸（库岸稳定）问题、水库诱发地震问题和固体径流问题。

（一）水库渗漏

1. 水库渗漏的形式

水库渗漏有暂时性渗漏和永久性渗漏两种形式，前者是暂时的，对水库蓄水效益影响不大，而后者是长期的，对水库蓄水效益影响极大。

2. 产生渗漏的工程地质条件

1）岩性条件

水库通过地下渗漏通道渗向库外的首要条件是库底和水库周边有透水岩（土）层或可溶岩层存在。

2）地形地貌条件

水库与相邻河谷间或下游河湾间的分水岭的宽窄和邻谷的切割深度对水库渗漏影响很大。当地形分水岭很单薄，而邻谷谷底又低于库水位很多时，就具备了水库渗漏的地形条件。当邻谷谷底高于库水位时，则不会向邻谷渗漏。

3)地质构造条件

在纵向河谷地段,当库区位于向斜部位,因两岸岩层均倾向库内,隔水层将整个水库包围,水库不会渗漏,如图3-4所示。当库区位于背斜部位时,若岩层平缓则有沿透水层向两侧渗漏的可能,如图3-5所示。但是当单斜谷、背斜谷的岩层倾角较大时,水库渗漏的可能性就小。断层的存在对渗漏影响较大,如胶结或充填较好的断层将透水岩层切断,使渗漏通道失去与邻谷的连续性,对防止渗漏有利。但如果断层切断了隔水层,使水库失去了封闭条件,可能产生渗漏,如图3-6、图3-7所示。

图3-4 库区位于纵向谷向斜部位有隔水层包围而不致渗漏示意

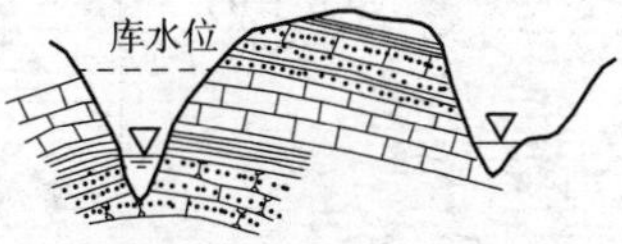

图3-5 背斜谷岩层缓斜水库易渗漏

图3-6 断层切断渗漏通道

图3-7 断层破坏隔水层的连续性

4)水文地质条件

具备了有利于渗漏的岩性、地形地貌、地质构造条件,是否能产生渗漏还取决于水文地质条件。要具体分析分水岭地区地下水出露和分布特征,确定有无地下水分水岭、地下水分水岭的高程及其与水库正常蓄水位的关系。如果水库蓄水之前该河段就向邻谷渗漏,分水岭地区无地下水分水岭,则水库蓄水后,渗漏必然加剧,如图3-8(a)所示;如果建库前邻谷地下水流向库区河谷,但邻谷水位低于水库正常蓄水位,则建库后水库会向邻谷渗漏,如图3-8(b)所示;如果水库蓄水前地下水分水岭高程大大低于水库正常蓄水位,则建库后水库蓄水导致地下水分水岭消失,库水向邻谷渗漏,如图3-8(c)所示;如果地下水分水岭高程略低于水库正常蓄水位,则建库蓄水后地下水壅高,使地下水分水岭高于水库正常蓄水位,则不会产生渗漏,如图3-8(d)所示;如果蓄水前地下水分水岭高于水库正常蓄水位,则建库后不会向邻谷渗漏,如图3-8(e)所示。

(二)水库浸没

水库蓄水后使库区周围地下水相应壅高而接近或高于地面,导致地面农田盐碱化、沼泽化及建筑物地基条件恶化,这种现象称为浸没。丘陵地区、山前洪积冲积扇及平原水库,由于周围地势低缓,最易产生浸没。山区水库可能产生宽阶地浸没以及库水向低邻谷洼地渗漏的浸没。严重的水库浸没问题影响到水库正常蓄水位的选择,甚至影响到坝址选择。

水库周边地区是否产生浸没,应通过工程地质勘察进行评价。浸没评价宜分初判和复判两个阶段进行。浸没的初判应在调查水库区的地质与水文地质条件的基础上,排除不会发生浸没的地区,对可能浸没地区,可进行稳定态潜水回水预测计算,初步圈定浸没

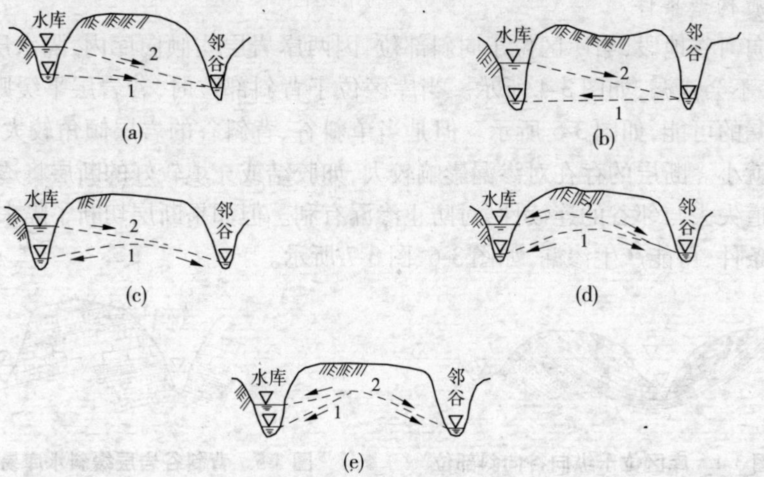

图3-8　水库渗漏的水文地质条件

(a)、(b)蓄水前无地下水分水岭；(c)地下水分水岭大大低于库水位；

(d)地下水分水岭略低于库水位；(e)地下水分水岭高于库水位

1—水库蓄水前地下水水位；2—水库蓄水后地下水水位

范围。经初判圈定的浸没地区应进行复判，并应对其危害做出评价。

(1)浸没评价应依据当地浸没临界值与潜水回水位埋深之间的关系确定，当预测的潜水回水位埋深小于浸没的临界地下水位埋深时，该地区即应判定为浸没区。

(2)下列标志之一可作为不易浸没地区的判别标志：①库岸或渠道由相对不透水岩土层组成，或调查地区与库水间有相对不透水层阻隔，且该不透水层的顶部高程高于水库设计正常蓄水位。②调查地区与库岸间有经常水流的溪沟，其水位等于或高于水库设计正常蓄水位。

(3)下列标志之一可作为易浸没地区的判别标志：①平原型水库的周边和坝下游，顺河坝或围堤的外侧，地面高程低于库水位地区。②盆地型水库边缘与山前洪积扇、洪积裙相连的地区。③潜水位埋藏较浅，地表水或潜水排泄不畅，补给量大于排泄量的库岸地区，封闭或半封闭的洼地，或沼泽的边缘地区。

(4)下列条件之一可作为次生盐渍化、沼泽化的判别标志：①在气温较高地区，当潜水位被壅高至地表，排水条件又不畅时，可判为涝渍、湿地浸没区；对气温较低地区，可判为沼泽地浸没区。②在干旱、半干旱地区，当潜水位被壅高至土壤盐渍化临界深度时，可判为次生盐渍化浸没区。

(三)水库塌岸

水库塌岸也称水库边岸再造，是由于水库蓄水对库岸地质环境的影响，使原来结构疏松的库岸在库水，特别是波浪的作用下坍塌，形成新的相对稳定的岸坡的过程。

1.影响水库塌岸的因素

1)水文因素

水库蓄水使地下水位上升，引起库岸岩土体的湿化和物理、力学、水理性质改变，破坏了岩土体的结构，使其抗剪强度和承载力降低，易于塌岸的发生。

水库蓄水水面变宽、水深增大，风速兴起的波浪作用成为水库塌岸的主要动力。波浪对塌岸的影响主要表现为击岸浪对岸壁的淘刷和磨蚀，以及对塌落物的搬运，从而加速塌岸过程。此外，库水位的变化幅度与各种水位持续的时间对水库塌岸也有较大的影响。

2）地质因素

组成库岸的岩土类型和性质是决定水库塌岸速度及宽度的主要因素。坚硬岩石，抗冲蚀能力强，能维持较大的稳定坡角，水库塌岸不严重。半坚硬岩石，与水接触性能显著改变，强度降低很多，塌岸问题比较严重。松散土特别是黄土类土组成的库岸，遇水易于软化湿化，强度极低，塌岸问题严重。

地质构造和岩体结构是控制基岩库岸稳定的重要因素。特别是各种软弱结构面的产状、组合关系与库水的关系。

3）库岸形态

库岸形态指的是岸高、岸的坡度、库岸的沟谷切割及岸线弯曲情况等，它们对塌岸也有很大影响。库岸愈高、愈陡，塌岸就愈严重；反之，则轻微。水下岸形陡直、岸前水深的库岸，波浪对库岸的作用强烈，塌落物被搬运得快，因此加快了塌岸过程。一般当地形坡度小于10°时，不易发生塌岸。在平面形态上，支沟发育，地形切割严重且岸线弯曲的库岸，塌岸严重，特别是突嘴、凸岸三面临水，坍塌严重，平直岸和凹岸则较轻微。

2. 水库塌岸的预测

水库塌岸预测的目的是根据水库周边的工程地质条件和水库运用水位变化的情况等定量地估计水库塌岸范围、最终塌岸宽度、塌岸速度及进程。水库塌岸预测的方法很多。按时限划分有以水库初次蓄水后的2~3年内为限的短期预测和以最终塌岸为限的长期预测。按库岸岩性结构划分有均质松散层库岸预测、非均质松散层库岸预测和基岩库岸预测。此外，还有专门用于我国黄土地区水库塌岸的预测方法。

三、水库诱发地震

因蓄水而引起库盆及其邻近地区原有地震活动性发生明显变化的现象，称为水库诱发地震，简称水库地震。它是人类兴建水库的工程建设活动与地质环境中原有的内、外应力引起的不稳定因素相互作用的结果，是诱发地震中震例最多、震害最严重的一种类型。

（一）水库诱发地震的特征

与一般构造地震相比，水库地震主要有下述特征：

(1)发生诱发地震的水库在水库工程总数（坝高>15 m）中所占比例不足0.1%，但随着坝高和库容的增大，比例明显增高。中国百米以上大坝和库容100亿m^3以上的水库中诱发地震比例均在30%以上，超过世界平均水平。

(2)空间分布上震中大部分集中在库盆和距库岸3~5 km以内的地方；少数主震发生在大坝附近，大部分是在水库中段甚至在库尾；震源深度极浅，从3~5 km至近地表。

(3)时间分布上存在着十分复杂的现象，初震往往出现在开始蓄水后不久，地震高潮和大多数主震发生在蓄水初期的1~4年内，主要取决于震中区的地震地质条件，也与水库的运行调度情况有一定关系。

(4)绝大部分主震震级是微震和弱震,但其震感强烈,震中烈度偏高;中等强度以上的破坏性地震占20% ~30%,其中6.0级以上的强震仅3%。

(5)强和中强水库地震多数情况下都超过了当地历史记载的最大地震。

(二)水库诱发地震的成因类型

(1)构造型水库地震。该类地震是对水利水电工程影响最大、也是国内外研究最多的类型。通过对主震震级 $M \geqslant 4.5$ 级震例的地震地质环境的分析,可以将主要的发震条件归纳为:①区域性断裂带或地区性断裂通过库坝区;②断层有晚更新世以来活动的直接地质证据;③沿断层带有历史地震记载或仪器记录的地震活动;④断裂带和破碎带有一定的规模和导水能力,与库水沟通并可能渗往深部。

构造型水库地震中还有一种类型,即原来的天然地震活动水平比较高,蓄水至高水位时地震反而减少(如美国的安德逊水库、我国台湾省曾文水库等)。其震例数量较少,研究程度较差,对工程也没有明显影响。

(2)喀斯特型水库地震。该类地震是最常见的类型,我国震例中70%以上处在碳酸盐岩分布地区。主震震级多数为1~2级,最大不超过4级。震例分析表明,只有在合适的喀斯特水文地质结构条件下,才会出现喀斯特型水库地震,其发生的主要条件可归纳为:①库区有较大面积的碳酸盐岩分布,特别是质纯、层厚、块状的石灰岩;②现代喀斯特作用强烈;③一定的气候和水文条件(如暴雨中心、陡涨陡落型洪峰等)。

(3)地表卸荷型水库地震。近年的资料表明,这一类型比原先预想的更为常见。现代强烈下切的河谷下部(所谓的卸荷不足区),富硅的岩性条件(如酸性火成岩、硅质或富含燧石结核的灰岩)等,可能有利于此类水库地震出现。此类地震一般震级不高,延续时间不长,但有时很小的地震就有强烈震感,对工程和库区环境的影响不可忽视。

(三)水库诱发地震的工程地质条件分析

震例及研究表明,水库诱发地震的发生与下述工程地质条件密切相关:

(1)岩性。以碳酸盐岩地区水库诱震率较高,但震级则以火成岩特别是花岗岩区较高。

(2)地应力。水库诱发地震构造的力学类型与地应力密切相关。研究认为,大多数水库诱发地震构造的力学类型是剪切破裂,有断裂能否产生新的剪切破裂,取决于区域最大主应力 σ_1 与断裂走向的夹角 α,据统计 $\alpha = 30° \sim 60°$ 者易产生新的剪切破裂。

(3)水文地质条件。库区周围隔水层的分布,可形成大致圈闭的水文地质条件,有利于保持较大的水头压力,使库水得以向深部渗入,增加构造裂隙及断层中的孔隙水压力,降低岩体的抗剪强度,因而易于诱发地震。

(4)历史地震。据水库地震震例分析,水库地震既可发生在地震活动水平较高的多震区,亦可发生在弱震或无震区。似乎历史地震的强弱和区域地壳稳定性好坏,并不是诱发地震的直接标志。

(5)坝高与库容。水库地震震例分析表明,高坝大库诱发地震的几率大、危险性大。

第四节 水工建筑物工程地质

一、水工建筑物工程地质勘察内容

(一)坝(闸)址勘察

1. 规划阶段

(1)各梯级坝址勘察应包括下列内容:

①了解坝址的地貌特征;

②了解坝址第四纪沉积的成因类型,两岸及河床覆盖层的厚度、层次和组成物质,特殊土的分布及土的渗透性;

③了解坝址的地层岩性,基岩的类型及软弱岩层的分布规律,岩体风化御荷深度和岩体的渗透性;

④了解坝址的地质构造、大断层、缓倾角断层和第四纪断层的发育情况;

⑤了解坝址的物理地质现象和岩坡稳定情况;

⑥了解坝址的地震基本烈度;

⑦了解可溶岩地区的喀斯特洞穴发育情况,透水层及隔水层的分布情况;

⑧了解地下水埋深及水力特性;

⑨了解坝址附近天然建筑材料的种类及数量。

(2)近期开发工程坝址勘察除应符合上述条件要求外,尚应包括下列内容:

①坝基中主要软弱夹层的层位、天然性状和分布情况;

②坝基中主要断层、缓倾角断层和断层破碎带的性状及其延伸情况;

③坝肩岩体的稳定情况;

④建筑在第四纪沉积物上的坝闸应了解坝基土层的层次、厚度、级配、性状、渗透性、地下水状态。

2. 可行性研究阶段

(1)调查河床和两岸第四纪沉积物的厚度、成因类型、组成物质及其分层与分布、湿陷性黄土、软土、膨胀土、分散性土、粉细砂和架空层等的分布,基岩面的埋深、河床深槽、埋藏谷和古河道的分布。

平原区河流区调查牛轭湖、决口口门、沙丘等的分布和埋藏情况;当基岩埋深较浅时,应调查基岩面的倾斜和起伏情况。

(2)调查基岩的岩性、岩相特征,进行详细分层,初步查明软岩、易溶岩、膨胀性岩层和夹层等的分布和厚度,分析其对坝基或边坡岩体稳定的可能影响。

(3)调查坝址区内主要断层、破碎带、顺河断层和缓倾角断层的性质、产状、规模、延伸情况、充填和胶结情况以及晚更新世以来的活动性、进行节理裂隙统计,分析各类结构面的组合对坝基、边坡岩体稳定和渗漏的影响。

(4)调查岩体的风化深度和程度,以及不同风化带岩石的强度。

(5)调查对坝址选择和枢纽建筑物布置有影响的滑坡、倾倒体和潜在不稳定岩体,以及卸荷岩体的分布，初步评价其稳定性。

(6)调查泥石流的发生区、通过区和堆积区的范围、方量、发生条件，及其对工程的影响。

(7)调查坝址区的水文地质条件、岩土的渗透性、相对隔水层的埋深和厚度及连续、地下水位、补排条件、河水和地下水的腐蚀性。

(8)可溶岩区应初步查明喀斯特的分布情况和发育规律，即主要溶洞和喀斯特通道的规模、分布、连通和充填情况，结合坝址区水文地质条件，分析可能发生渗漏的地段、渗漏量和处理方案。

(9)进行岩土物理力学性质试验，初步选定各项岩土物理力学性质参数。

3.初步设计阶段

1)混凝土坝(闸)址

(1)查明坝址建筑物场地覆盖层的分布、厚度、层次及其组成物质、河床深槽的具体范围和深度。

(2)查明坝基、坝肩岩体的层次，查明易溶岩层、软弱岩层、软弱夹层和蚀变带等的分布、性状、延续性、起伏差、充填物、物理力学性质参数以及与上、下岩层的接触情况。

(3)查明对建筑物稳定有影响的断层、破碎带、断层交会带和裂隙密集带的具体位置、规模和性状，特别是顺河断层和缓倾角断层的分布及特征。

(4)查明岩体风化带和卸荷带在各部位的厚度及其特征。

(5)查明坝基、坝肩岩体的完整性、结构面的产状、延伸长度及其组合关系，确定坝基、坝肩稳定分析的边界条件。

(6)查明岸坡和开挖边坡的稳定条件。

(7)查明坝址的水文地质条件、主要喀斯特洞穴的分布和规模、相对隔水层埋藏深度、地表水和地下水对混凝土的腐蚀性、坝基与坝肩岩体渗透性和各向异性，以及岩体渗透性的分级，提出防渗处理的建议。

(8)查明泄流冲刷地段工程地质条件，评价泄流冲刷及泄流水雾对坝基及岩坡稳定的影响。

(9)调查峡谷坝址的岩体应力情况，根据需要测试岩体应力。

(10)根据坝基岩层和构造情况，进行坝基岩体结构分类。

(11)在分析坝基地质构造、岩体结构、岩体应力、风化特征、岩体强度和变形性质的基础上进行坝基岩体工程地质分类，查明各类岩体的物理力学性质参数，并对坝基工程地质条件作出评价。

(12)根据需要进行施工和生活用水水源勘察。

2)土石坝坝(闸)址

(1)查明坝基基岩面起伏变化情况，查明河床深槽、古河道、埋藏谷的具体范围、深度，以及深槽或埋藏谷侧壁的坡度。

(2)查明坝基河床及两岸基岩与覆盖层的层次、厚度和分布，重点查明软土层、粉细砂、湿陷性黄土、架空层、漂孤石、基岩中的石膏夹层等工程地质性质不良土层的情况。

(3)查明影响坝基、坝肩稳定的断层、破碎带的分布、规模、产状、性状、渗透性和渗透变形条件。

(4)查明坝基的水文地质结构,查明含水层或透水层和相对隔水层的岩性、厚度变化、空间分布,以及岩土渗透性和地下水、地表水对混凝土的腐蚀性,重点查明可能导致强透水和坝基、坝肩渗透变形的集中渗漏带的具体位置。

(5)查明岩坡的风化带、卸荷带的分布、深度及稳定条件,重点查明坝体、面板堆石坝趾板、防渗体与地基和岸坡连接地段有无断层破碎带及其变形特性和允许渗透水力比降。

(6)查明坝区喀斯特发育规律,主要喀斯特通道的分布与规模、相对隔水层的埋藏条件,提出建议的防渗处理范围。

(7)查明坝基岩上的渗透系数、允许渗透水力比降和各项物理力学性质参数,对地基的沉陷、湿陷、抗滑稳定、渗透变形、液化等问题作出评价,并提出坝基处理的建议。根据需要可进行原位载荷试验、可能液化土的三轴振动试验等专门性工作。

4. 措施设计阶段

勘察的方法和内容、工作量大小,随专门工程地质问题的复杂性、前期研究深度、场地条件等而变。主要是利用对开挖揭露面的观察,校核坝基的工程地质条件,修正岩体风化带和卸荷带的深度及坝基岩体质量分类,配合设计研究可利用岩面的深度、预留保护层厚度以及地基处理措施等。局部地段进行大比例尺测绘和专门的勘探、试验工作。

(二)地下洞室工程地质勘察内容

1. 可行性研究阶段

1)引水隧洞线路勘察内容

(1)调查隧洞沿线的地形地貌和物理地质现象及其分布。

(2)调查工程区出露的地层和岩性,重点调查松散、软弱、膨胀、可溶以及含放射性矿物与有害气体等工程地质性质不良岩层的分布。

(3)调查工程区的褶皱、主要断层破碎带和各种类型的结构面的产状、规模、延伸情况,初步评价其对进出口边坡和地下洞室围岩稳定的影响。

(4)调查主要的含水层、汇水构造、地下水溢出点的位置和高程、补排条件,以及与地表溪沟连通的断层破碎带、喀斯特通道和采空区等的分布,对隧洞掘进时突然涌水的可能性及对围岩稳定和环境水文地质条件的可能影响作出初步评价。

(5)调查隧洞进出口段、过沟段、傍山洞段和浅埋洞段等的覆盖层厚度、基岩的风化深度和卸荷裂隙深度等,并对隧洞所通过的山体及进山口边坡的稳定条件作出初步评价。

(6)进行岩石物理力学性质试验,并进行隧洞工程地质分段或岩体质量分级。

2)地下厂房勘察内容

地下厂房勘察内容除上述引水隧洞线路勘察内容外,尚应包括下列内容:

(1)调查地下厂房和洞群布置地段的岩性组成与岩体结构,各结构面的产状、规模及充填情况、挤压破碎带、风化、充填、延伸范围、空间展布以及相互切割组合情况,分析其对顶拱、边墙、洞群间壁岩体、高岔段、进出口以及高压管道上覆岩体等稳定的影响。

(2)了解地下厂房地段的岩体应力、地温、有害气体和放射性矿物等的情况。

2. 初步设计阶段

(1)查明引水隧洞洞线和地下洞室的地形地貌条件与物理地质现象,以及过沟地段傍山浅埋段和进出口边坡的稳定条件。

(2)查明洞室地段的岩性，重点查明松散、软弱、膨胀、易溶和喀斯特岩的分布。在某些地区应调查岩层中有害气体或放射性元素的赋存情况。

(3)查明岩层的产状，以及主要断层、破碎带和节理密集带的位置、产状、规模、性状及其组合关系。

(4)查明洞室地段的地下水位、水压、水温和水化学成分，特别要查明涌水量丰富的含水层、汇水构造、强透水带以及与地表溪沟连通的断层、破碎带、节理裂隙密集带和喀斯特通道，预测掘进时突然涌水的可能性，估算最大涌水量。

(5)可溶岩区应查明洞室地段喀斯特的发育规律，以及主要洞穴的发育层位、规模、充填情况和富水性。

(6)进行围岩工程地质分类。

(7)确定各类岩体的物理力学性质参数，评价洞室围岩和进出口边坡的稳定性，提出处理建议。

(8)大跨度地下洞室尚应查明主要软弱结构面的分布和组成情况，并结合岩体应力评价洞顶、边墙和洞室交叉段岩体的稳定性，提出处理建议。

(9)查明压力管道地段上覆岩体厚度和岩体应力状态，高水头压力管道地段尚应调查上覆山体的稳定性、岩体的地质结构特征和高压渗透特性。

(10)查明深埋洞室岩体应力情况。

(11)调查深埋洞室的地温情况。

(三)溢洪道工程地质勘察内容

1. 可行性研究阶段

(1)调查溢洪道区的地形地貌、地层岩性、地质构造、物理地质现象和水文地质条件等基本情况，以及覆盖层、风化层、断层、破碎带、软弱夹层、塌滑体和泥石流等的分布。

(2)调查边坡岩体稳定、泄洪闸地壳抗滑和渗透稳定条件，下游消能段岩体的抗冲条件以及冲刷坑岸坡的稳定条件。

2. 初步设计阶段

(1)查明溢洪道布置地段的基岩与覆盖层的层次、厚度和岩性，断层、裂隙密集带、主要软弱夹层的分布和岩体的风化带。

(2)查明岩土体的透水性和地下水位。

(3)查明下游消能段、泄洪雾雨区及冲刷边坡的岩体结构及稳定条件。

(4)进行溢洪道区的工程地质分段，提出各类岩土体的物理力学性质参数，评价泄洪闸基和沿线边坡的稳定条件。

二、第四纪覆盖层工程地质

(一)第四纪覆盖层主要工程地质问题

在第四纪覆盖层特别是深厚覆盖层(厚度大于40 m)上修建水利水电工程，常存在的工程地质问题包括：

(1)压缩变形与不均匀沉陷。

(2)渗漏损失与渗透变形。

(3)砂土振动液化与剪切破坏。

(4)层次不均一、应力分布不均造成应力集中,导致上部建筑物局部拉裂。

关于渗漏和地基变形见水库渗漏和特殊土内容,这里仅介绍渗透变形和砂土振动液化。

(二)渗透变形

1. 渗透变形破坏的形式

由于土体颗粒级配和土体结构的不同,渗透变形的形式也不同,可分为流土、管涌、接触冲刷、接触流失四种基本形式。

(1)流土。在上升的渗流作用下局部土体表面的隆起、顶穿或者粗细颗粒群同时浮动而流失称为流土。前者多发生于表层为黏性土与其他细粒土组成的土体或较均匀的粉细砂层中,后者多发生在不均匀的砂土层中。

(2)管涌。土休中的细颗粒在渗流作用下,由骨架孔隙通道流失称为管涌,主要发生在砂砾石地基中。

(3)接触冲刷。当渗流沿着两种渗透系数不同的土层接触面或建筑物与地基的接触面流动时,沿接触面带走细颗粒称接触冲刷。

(4)接触流失。在层次分明、渗透系数相差悬殊的两土层中,当渗流垂直于层面时,将渗透系数小的一层中的细颗粒带到渗透系数大的一层中的现象称为接触流失。

流土和管涌主要发生在单一结构的土体(地基)中,接触冲刷和接触流失主要发生在多层结构的土体(地基)中。一般来讲,黏性土的渗透变形形式主要是流土。

2. 土体渗透变形的判别

根据《水利水电工程地质勘察规范》(GB 50287—99)的规定,土的渗透变形的判别应包括土的渗透变形类型的判别、流土和管涌的临界水力比降的确定、土的允许水力比降的确定等内容。

判别方法可采用试验、计算和类比等方法。

(三)土的液化判别

按《水利水电工程地质勘察规范》(GB 50287—99)的规定,土的地震液化的判别应根据土层的天然结构、颗粒组成、松密程度、地震前和地震时的受力状态、边界条件和排水条件以及地震历时等因素,结合现场勘察和室内试验综合分析判定。

土的地震液化判别分为初判和复判两个阶段。初判应排除不会发生液化的土层。对初判可能发生液化的土层,应进行复判。

1. 初判

(1)地层年代为第四纪晚更新世 Q_3 或以前,可判为不液化。

(2)土的粒径大于 5 mm 颗粒含量的质量百分率大于或等于 70% 时,可判为不液化;粒径大于 5 mm 颗粒含量的质量百分率小于 70% 时,若无其他整体判别方法,可按粒径小于 5 mm 的这部分判定其液化性能。

(3)对粒径小于 5 mm 颗粒含量质量百分率大于 30% 的土,其中粒径小于 0.005 mm 的颗粒含量质量百分率相应于地震设防烈度 7 度、8 度和 9 度分别不小于 16%、18% 和

20%时，可判为不液化。

(4)工程正常运用后，地下水位以上的非饱和土，可判为不液化。

(5)当土层的剪切波速大于公式 $V_{st}=291\sqrt{K_H Z r_d}$ 计算的上限剪切波速时，可判为不液化。

2. 复判

土的地震液化可采用标准贯入锤击数法、相对密度法、相对含水量法或液性指数法进行复判。

三、坝(闸)基(肩)抗滑稳定

坝(闸)基(肩)抗滑稳定性是指坝基或坝肩岩体，抵抗坝基(肩)沿建基面或坝基(肩)岩体沿某些结构面发生剪切滑动破坏的性能。

(一)滑动破坏的类型

根据滑动破坏面的位置不同，滑动破坏可分为表层滑动、浅层滑动、深层滑动和混合型滑动四种基本类型，如图3-9所示。

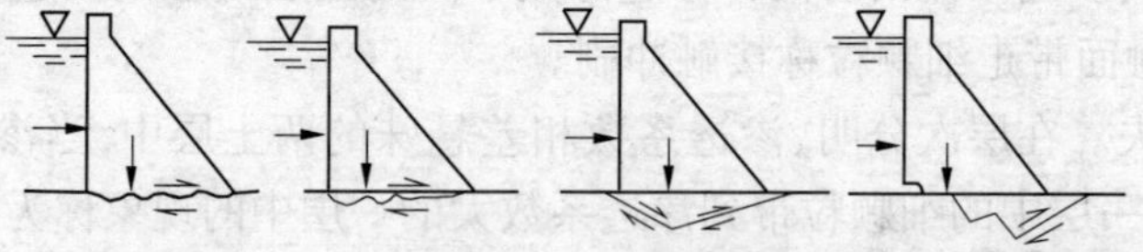

(a)表层滑动　(b)浅层滑动　(c)深层滑动　(d)混合型滑动

图3-9　坝基滑动类型示意图

(1)表层滑动。沿着坝体与岩体的接触面发生的剪切破坏。

(2)浅层滑动。坝体连同一部分坝基浅部岩体发生的剪切破坏。主要是由于浅部岩体较弱、风化破碎、裂隙发育、呈碎裂结构，或层状岩石产状平缓、层面和软弱结构面抗剪强度不足所致。

(3)深层滑动。在坝基岩体深部发生的剪切滑动破坏。发生深层滑动的基本条件是具备较完整的滑动面和切割面，并形成一定规模的滑移体。

(4)混合型滑动。部分沿坝体与岩体接触，部分在岩体内部组合而成的剪切滑动破坏。

(二)滑动破坏的边界条件

表层滑动边界条件比较简单，抗滑稳定性主要决定于坝体混凝土与基岩接触面的抗剪强度。浅层滑动发生在岩体浅部，滑动面参差不齐，但大致接近于一平面，抗滑稳定性决定于浅部岩体的抗剪强度。

坝基深层滑动条件比较复杂，它必须具备滑动面、纵向和横向切割面、临空面等要素。

(1)滑动面。指坝基岩体滑动破坏时，发生明显位移，并在工程作用力下产生较大的剪应力及摩擦阻力的缓倾角软弱结构面。该面的实际抗滑能力低于坝体混凝土与基岩接触面的抗剪能力，由此构成坝基滑动的控制面。通常有软弱夹层(特别是泥化夹层)、软弱断层破碎带、软弱岩脉、围岩蚀变带、缓倾角裂隙、层面、不整合面等。

当坝基下游抗力体中存在反倾向结构面,如张性裂隙密集带、大断层破碎带、软弱岩层、深风化破碎带等时,由于其抗力作用已遭破坏,也会构成滑动面。当无明显滑裂面时,常采用试算法找出抗滑稳定安全系数最小的破裂面。

(2)切割面。与滑动面相配合把滑移体与周围岩体分割开的结构面。切割面可分为纵向切割面和横向切割面。纵向切割面是指顺河方向延伸的、长而平直的陡立结构面。工程作用力在该面上只产生剪应力,不产生法向应力或法向应力很小。横向切割面是平行于坝轴线的结构面。它垂直于工程作用力方向,岩体滑动时在此面上产生拉应力,故又称拉裂面。

(3)临空面。滑移体向下游滑动时能够自由滑出地面。临空面有两类,一类是水平临空面,如下游河床地面;另一类是陡立临空面,如下游河床深潭、深槽、溢流冲刷坑、厂房及其他建筑物基坑等。当坝趾下游岩体中有横穿河床的断层破碎带、节理密集带、软弱岩体、深风化破碎带、潜伏溶洞带等时,由于它们强度低,压缩累积变形大,同样可以成为陡立临空面。

由滑动面、切割面和临空面的共同组合,形成了与周围岩体分离的滑移体。滑移体的形状随各种结构面的组合形式有楔形体、方块体、棱柱形体、锥形体等。

(三)坝(闸)基(肩)岩体滑移面抗剪强度指标

坝(闸)基(肩)岩体的抗剪强度是坝(闸)基(肩)抗滑稳定的重要因素,其指标(f、c)是抗滑稳定计算中的重要参数。抗剪强度指标一般采用经验数据法、工程地质类比法和试验法确定。

1. 经验数据法

经验数据法是在充分研究工程地质条件的基础上,参考经验数据确定f、c值。此法简便,常用于中、小型工程及没有试验条件或工程地质勘察初期。

2. 工程地质类比法

工程地质类比法是在充分研究工程地质条件的基础上,参考工程地质条件相类似的已建工程的数据,分析比较后确定f、c值。此法与经验数据法相似,具有简便、快捷的特点,常用于各类工程地质勘察中。

3. 试验法

试验法即通过室内试验或原位试验求得抗剪(断)强度指标(f、c)的方法。此法具有论据充分的特点,在大型工程或有试验条件的工程地质勘察中是必须采用的方法。

采用试验法确定的抗剪(断)强度指标,可分为试验指标、建议指标和设计指标三种。试验指标是试验成果经整理后确定的指标,属基础资料指标。建议指标是按照地层岩性、地质构造等因素划分出不同的工程地质单元,将各单元的试验指标统计整理,并根据工程地质条件、试验情况等进行调整,提出建议设计采用的指标。设计指标也称计算指标,是设计人员根据工程特点结合工程处理措施对建议指标加以调整最后采用的指标。

上述三种方法,都有其合理性,但也有一定的片面性。实际工作中,常常是三种方法相互比较、相互验证,综合确定抗剪(断)强度指标。

四、边坡稳定性

(一)边坡稳定性的影响因素

边坡稳定性受多种因素的影响,主要分为内在因素和外部因素两个方面。内在因素包括组成边坡岩土体的性质、地质构造、岩土体结构、岩体初始应力等;外部因素包括水的作用、地震、岩体风化、工程荷载条件及人为因素等。内在因素对边坡的稳定性起控制作用,外部因素则使边坡的下滑力增大,岩土体的强度降低而削弱岩土体的抗滑力,促进边坡变形破坏的发生和发展。

(1)岩土体性质。边坡岩土体性质是决定边坡抗滑力的根本因素,主要为岩土成因、矿物成分、颗粒组成、岩土结构、物理力学性质特别是抗剪强度等。

(2)地质构造和岩体结构。地质构造和岩体结构对边坡稳定性特别是岩质边坡稳定性影响十分明显,主要为区域构造的复杂程度、断层、节理裂隙的发育特征、缓倾角结构面和软弱结构面的发育特征、各种不利结构面的组合形态、岩土体的结构类型等。

(3)岩体风化。风化作用使边坡岩土体结构破坏,强度降低,改变了岩石的原有特性,从而降低了边坡的稳定性。

(4)水的作用。地表水和地下水对边坡岩土体的冲刷、软化、溶蚀、潜蚀,使岩土体的抗剪强度大为降低,从而影响边坡的稳定性。此外,作用于坡面的静水压力和坡体的静水压力、动水压力等也是影响边坡稳定性的重要因素。

(5)地震。地震是边坡失稳的触发因素。在地震作用下,瞬时的水平地震力和动水压力,使边坡岩土体及支挡结构受到破坏而使边坡失稳,或使坝基饱水砂层产生液化,造成坝坡失稳变形。

(6)工程荷载。水利水电工程中,拱坝坝肩承受的拱端推力、边坡坡顶的超载等工程荷载作用也会影响边坡的稳定性。

(7)工程运行。水利水电工程中,由于工程运行引起库水位的骤降(如抽水蓄能电站上、下水库水位日变幅可达数十米),边坡体内孔隙水压力不能消散,也会影响边坡的稳定性。

(8)人类活动。人类活动对边坡稳定的影响主要包括:开挖爆破、大量的施工用水等。

(二)边坡变形破坏的基本类型

《水利水电工程地质勘察规范》(GB 50287—99)将边坡变形破坏分为崩塌、滑动、蠕变、流动四种基本类型,见表3-24。

(三)滑坡的工程地质特征

滑坡(滑动)是边坡变形破坏中分布最广、较为常见的一种。规模巨大的滑坡,其体积可达数千万立方米到数亿立方米,对工程和人员安全危害极大。

1.滑坡的形态特征

滑坡在平面上的边界和形态与滑坡的规模、类型及所处的发育阶段有关。发育完全的滑坡,一般由下列要素组成。

(1)滑坡体。简称滑体,滑坡发生后与母体脱离开的滑动部分。

(2)滑动带。滑动时形成的辗压破碎带。

表 3-24　边坡变形破坏分类

变形破坏类型		变形破坏特征
崩塌		边坡岩体坠落或滚动
滑动	平面型	边坡岩体沿某一结构面滑动
	弧面型	散体结构、碎裂结构的岩质边坡或土坡沿弧形滑动面滑动
	楔形体	结构面组合的楔形体,沿滑动面交线方向滑动
蠕变	倾倒	反倾向层状结构的边坡,表部岩层逐渐向外弯曲、倾倒
	溃屈	顺倾向层状结构的边坡,岩层倾角与坡角大致相似,边坡下部岩层逐渐向上鼓起,产生层面拉裂和脱开
	侧向张裂	双层结构的边坡,下部软岩产生塑性变形或流动,使上部岩层产生扩展、移动张裂和下沉
流动		崩塌碎屑类堆积向坡脚流动,形成碎屑流

(3)滑动面。简称滑面,即滑坡体与滑床之间的分界面,是滑坡体滑动时的下界面,它可以是滑带的底面,也可能位于滑带之中。

(4)滑坡床。滑体以下固定不动的岩土体,它基本上未变形,保持了原有的岩体结构。

(5)滑坡壁。滑体后部和母体脱离开后暴露在外面的部分,平面上多呈圈椅状,高数厘米至数十米,陡度多为60°~80°,常形成陡壁。

(6)滑坡台阶。由于各段滑体运动速度的差异,在滑坡体上部常常形成滑坡错台,每一错台都形成一个陡坎和平缓台面,叫做滑坡台阶。

(7)滑坡舌。又称滑坡前缘或滑坡头,在滑坡的前部,形如舌状伸入沟谷或河流,甚至越过对岸。

(8)封闭洼地。滑体与滑坡壁之间拉开成沟槽,相邻滑体形成反坡地形,形成四周高中间低的封闭洼地。

(9)滑坡裂隙。可分为:①拉张裂隙,分布在滑坡体的上部;②剪切裂隙,分布在滑体中部的两侧;③扇状裂隙,分布在滑坡体的中下部,尤以舌部为多;④鼓张裂隙,分布在滑体的下部。

2. 滑坡分类

滑坡分类的目的在于对发生滑坡作用的地质环境和形态特征以及形成滑坡的各种因素进行概括,以便反映出各类滑坡的工程地质特征及其发生发展的规律。

滑坡分类有多种方案,常用的有以下几种:

(1)按滑动面与岩土体层面的关系可分为均质滑坡、顺层滑坡、切层滑坡。

(2)按滑坡的物质组成可分为基岩滑坡、堆积层滑坡、混合型滑坡。

(3)按滑坡的破坏方式可分为牵引式滑坡、推移式滑坡。

(4)按滑坡的规模可分为小型滑坡、中型滑坡、大型滑坡、特大型滑坡。

(5)按滑坡的形成时间可分为新滑坡、老滑坡、古滑坡。

(6)按滑坡的滑移速度可分为高速滑坡、中速滑坡、慢速滑坡。

(7)按滑坡的稳定性可分为稳定滑坡、基本稳定滑坡、稳定性较差滑坡。

其他也有按滑坡体厚度、按滑坡的发展阶段等进行分类的。

(四)边坡稳定分析

边坡稳定分析的工程地质方法,可概括为工程地质分析法、力学计算法和工程地质类比法三种。

根据《水利水电工程地质勘察规范》(GB 50287—99)的规定,岩质边坡稳定分析可采用刚体极限平衡方法,根据滑动面或潜在滑动面的几何形状,选用合适的公式计算。同倾角多滑动面的岩质边坡宜采用平面斜分条块法和斜分块弧面滑动法,试算出临界滑动面和最小安全系数;均匀的土质边坡可采用滑弧条分法计算。根据工程实际需要,可进行模型试验和原位监测资料的反分析,验证其稳定性。

在稳定性分析计算时,应选择有代表性的地质剖面进行计算,并应采用不同的计算公式进行校核,综合评定边坡的稳定安全系数。当不同地质剖面用同一公式计算而得出不同的边坡稳定安全系数值时,宜取其最小值;当同一地质剖面采用不同公式计算得出不同的边坡稳定安全系数值时,宜取其平均值。计算中应考虑地下水压力对边坡稳定性的不利作用。分析水位骤降时的库岸稳定性应计入地下水渗透压力的影响。在地震基本烈度为Ⅶ度或Ⅶ度以上的地区,应计算地震作用力的影响。

关于抗剪强度参数的选取,岩质边坡潜在的滑动面抗剪强度可取峰值强度;古滑坡或多次滑动的滑动面的抗剪强度可取残余强度,或取滑坡反算的抗剪强度。

五、地下洞室工程地质

(一)地下洞室的选址(线)

地下洞室位置的选择,除取决于工程目的外,主要受地形、岩石性质、地质构造、地下水及地应力等工程地质条件的控制。

1.地形地质条件的要求

地下洞室的选址(线)要求地形完整,山体稳定,无冲沟、山洼等地形的切割破坏,无滑坡、塌方等不良地质现象。水工隧洞进出口地段,要有稳定的洞脸边坡,洞口岩石宜直接出露或覆盖层较薄,岩层宜倾向山里并有较厚的岩层作为顶板。此外,洞室的围岩应有一定的厚度,洞室围岩最小厚度的确定与洞径大小、岩体完整性及岩石强度有关。根据水利水电工程的经验,无压隧洞上覆岩体的最小厚度与洞径 B 的关系如表 3-25 所示。

抽水蓄能电站地下洞室对上覆岩体、侧向岩体厚度的基本要求是,能承受高水头作用下隧洞岔管地段巨大的内水压力,且不发生岩体破裂,满足上抬理论。

2.岩性条件的要求

岩石性质是影响地下洞室围岩稳定、掘进、支撑和衬砌的重要因素,也是决定工程工期和造价的主要条件之一。在坚硬岩石中开挖地下洞室,围岩稳定性好,便于施工;在软弱岩层、破碎岩性和松散岩层中开挖地下洞室，围岩稳定性差，施工困难。所以，地下洞室布置应尽量避开岩性条件差的围岩，使洞身置于坚硬完整的岩层中。

表 3-25 无压隧洞上覆岩体最小厚度与洞径 B 的关系

岩石类别	上覆岩体最小厚度
坚硬岩石	$(1.0\sim1.5)B$
中等坚硬岩石	$(1.5\sim2.0)B$
软弱岩石	$(2.0\sim3.0)B$

3. 地质构造条件的要求

地质构造条件对洞室围岩稳定有重要的影响。洞室应布置在岩体结构完整、地质构造简单的地段，尽量避开大的构造破碎带。洞室轴线宜与构造线、岩层走向垂直或大角度相交。

4. 地下水条件的要求

地下水对洞室的不良影响主要表现为静水压力对洞室衬砌的作用、动水压力对松散或破碎岩层的渗透变形作用，以及施工开挖的突然涌水等。因此，应尽量将洞室置于非含水岩层中或地下水位以上，或采取地下排水措施，避免或减小渗透压力对围岩稳定的影响。

5. 地应力条件的要求

岩体中的初始应力状态对洞室围岩的稳定性有重要的影响。理论与实践研究表明，当应力比值系数（即 σ_h/σ_v）较小时，洞室的顶板和边墙容易变形破裂；当洞室处于大致均匀的应力状态时，围岩稳定性较好。因此，要重视岩体初始应力状态对洞室围岩稳定性的影响。当岩体中的水平应力值较大时，洞室轴线布置最好与最大主应力方向平行或以小夹角相交。

抽水蓄能电站地下岔管段，要求最小主应力要大于岔管处的内水压力至少 1.2 倍，满足最小主应力理论。

（二）围岩工程地质分类

据统计，目前国内外比较系统的围岩分类已有百余种。按其所采用的原则，大体可归并为三个分类系统：①按围岩的强度或岩体主要力学属性的分类；②按围岩稳定性的综合分类；③按岩体质量等级的分类。

《水利水电工程地质勘察规范》（GB 50287—99）以控制围岩稳定的岩石强度、岩体完整程度、结构面状态、地下水和主要结构面产状五项因素之和的总评分为基础判据，以围岩强度应力比为限定判据规定了围岩工程地质分类标准，并提出了相应的支护类型。

围岩工程地质分类详见表 3-26。

应该说明，此围岩工程地质分类不适用于埋深小于 2 倍洞径或跨度的地下洞室和特殊土、喀斯特洞穴发育地段的地下洞室。

表 3-26 围岩工程地质分类

围岩类别	围岩稳定性	围岩总评分 T	围岩强度应力比 S	支护类型
Ⅰ	稳定。围岩可长期稳定,一般无不稳定块体	$T>85$	>4	不支护或局部锚杆或喷薄层混凝土。大跨度时,喷混凝土、系统锚杆加钢筋网
Ⅱ	基本稳定。围岩整体稳定,不会产生塑性变形,局部可能产生掉块	$65<T\leqslant 85$	>4	
Ⅲ	局部稳定性差。围岩强度不足,局部会产生塑性变形,不支护可能产生塌方或变形破坏。完整的较软岩,可能暂时稳定	$45<T\leqslant 65$	>2	喷混凝土、系统锚杆加钢筋网。跨度为 20 ~ 25 m 时,并浇筑混凝土衬砌
Ⅳ	不稳定。围岩自稳时间很短,规模较大的各种变形和破坏都可能发生	$25<T\leqslant 45$	>2	喷混凝土、系统锚杆加钢筋网,并浇筑混凝土衬砌
Ⅴ	极不稳定。围岩不能自稳,变形破坏严重	$T\leqslant 25$		

注:对于Ⅱ、Ⅲ、Ⅳ类围岩,当其强度应力比小于本表规定时,围岩类别宜相应降低一级。

(三)地下洞室的工程地质勘察

地下洞室的工程地质勘察主要在初步设计阶段进行。按《水利水电工程地质勘察规范》(GB 50287—99)的规定,地下洞室勘察应包括下列内容:

(1)查明引水隧洞沿线和地下洞室的地形地貌条件和物理地质现象,过沟地段、傍山浅埋段和进出口边坡的稳定条件。

(2)查明洞室地段的岩性,重点查明松散、软弱、膨胀、易溶和喀斯特岩层的分布。在某些地区应调查岩层中有害气体或放射性元素的赋存情况。

(3)查明岩层的产状,主要断层、破碎带和节理裂隙密集带的位置、产状、规模、性状及其组合关系。

(4)查明洞室地段的地下水位、水压、水温和水化学成分,特别要查明涌水量丰富的含水层、汇水构造、强透水带以及与地表溪沟连通的断层、破碎带、节理裂隙密集带和喀斯特通道,预测掘进时突然涌水的可能性,估算最大涌水量。

(5)可溶岩区应查明洞室地段喀斯特的发育规律,主要洞穴的发育层位、规模、充填情况和富水性。

(6)进行围岩工程地质分类。

(7)确定各类岩体的物理力学性质参数,评价洞室围岩和进出口边坡的稳定性,提出处理建议。

(8)大跨度地下洞室(跨度大于 20 m)尚应查明主要软弱结构面的分布和组合情况,并结合岩体应力评价洞顶、边墙和洞室交叉段岩体的稳定性,提出处理建议。

(9)查明压力管道地段上覆岩体厚度和岩体应力状态,高水头压力管道地段(水头大于 300 m)还应调查上覆山体的稳定性、岩体的地质结构特征和高压渗透特性。

(10)查明深埋洞室(埋深大于 300 m)的岩体应力情况。

(11)调查深埋洞室的地温情况。

第五节 天然建筑材料勘察

天然建筑材料主要包括砂砾石(包括人工骨料)、土、碎(砾)石及石料等。天然建筑材料的种类、数量、质量及开采、运输条件,对工程设计、工程质量和造价影响很大。

天然建筑材料勘察的任务是查明并评价工程所需的天然建筑材料的储量、质量和开采、运输条件,为工程设计、施工提供依据。

天然建筑材料的勘察划分为普查、初查、详查三个级别,与水利水电工程的规划、可行性研究、初步设计三个阶段相对应。

一、各勘察设计阶段勘察任务和精度

《水利水电工程天然建筑材料勘察规程》(SL 251—2000)对各勘察设计阶段的勘察任务和精度作了规定。

(一)规划阶段

(1)对规划方案的所有水利水电工程的天然建筑材料,都必须进行普查。

(2)在规划的水利水电工程 20 km 范围内对各类天然建筑材料进行地质调查。草测料场地质图,初步了解材料类别、质量,估算储量。编制料场分布图。

(3)对近期开发工程或控制性工程,每个料场应根据天然露头草测综合地质图,布置少量勘探和取样试验工作,初步确定材料层质量。

(二)可行性研究阶段

(1)工程所需各类天然建筑材料必须做到:初步查明料场岩层、土层结构,岩性,夹层性质及空间分布,地下水位,剥离层、无用层厚度及方量,有用层储量、质量及开采、运输条件和对环境的影响等。

(2)当天然建筑材料的初查精度不能满足建筑物型式和结构选择时,应对控制性的料源及主要料场进行详查。

(3)进行料场地质测绘、勘探及取样试验。

(4)勘察储量与实际储量误差应不超过 40%,勘察储量不得少于设计需要量的 3 倍。

(5)编制料场分布图、料场综合地质图、料场地质剖面图。

（三）初步设计阶段

(1)应在初查基础上进行,详细查明料场岩层、土层结构,岩性,夹层性质及空间分布,地下水位,剥离层、无用层厚度及方量,有用层储量、质量及开采、运输条件和对环境的影响等。

(2)进行料场地质测绘、勘探及取样试验。

(3)勘察储量与实际储量误差应不超过15%,勘察储量不得少于设计需要量的2倍。

(4)编制料场分布图、料场综合地质图、料场地质剖面图。

二、各类天然建筑材料质量评价指标

（一）砂砾料

混凝土用天然骨料质量技术要求应符合表3-27和表3-28的规定;土石坝坝壳填筑用砂砾石料质量技术要求应符合表3-29的规定;反滤层用料质量技术要求应符合表3-30的规定。

表3-27　混凝土细骨料质量指标

序号	项目		指标	备注
1	表观密度		$>2.55\ g/cm^3$	
2	堆积密度		$>1.50\ g/cm^3$	
3	孔隙率		<40%	
4	云母含量		<2%	
5	含泥量(黏粒、粉粒)		<3%	不允许存在黏土块、黏土薄膜;若有则应做专门试验论证
6	碱活性骨料含量			有碱活性骨料时,应做专门试验论证
7	硫酸盐及硫化物含量(换算成SO_3)		<1%	
8	有机质含量		浅于标准色	人工砂不允许存在
9	轻物质含量		≤1%	
10	细度	细度模数	2.5～3.5为宜	
		平均粒径	0.36～0.50 mm为宜	
11	人工砂中石粉含量		6%～12%为宜	常态混凝土

表 3-28 混凝土粗骨料质量指标

序号	项目	指标	备注
1	表观密度	>2.6 g/cm³	对砾石力学性能的要求,应符合《水工钢筋混凝土结构设计规范》(SDJ 20—78)规定
2	堆积密度	>1.6 g/cm³	
3	孔隙率	<45%	
4	吸水率	<2.5% 抗寒性混凝土 <1.5%	
5	冻融损失率	<10%	
6	针片状颗粒含量	<15%	
7	软弱颗粒含量	<5%	
8	含泥量	<1%	不允许存在黏土团块、黏土薄膜;有则应做专门试验论证
9	碱活性骨料含量		有碱活性骨料时,应做专门试验论证
10	硫酸盐及硫化物含量(换算成 SO_3)	<0.5%	
11	有机质含量	浅于标准色	
12	粒度模数	宜采用 6.25~8.30	
13	轻物质含量	不允许存在	

表 3-29 土石坝坝壳填筑用砂砾石料质量指标

序号	项目	指标	备注
1	砾石含量	5 mm 至相当 3/4 填筑层厚度的颗粒为 20%~80%	干燥区的渗透系数可小些,含泥量可适当增加;强震区砾石含量下限应予提高,砂砾料中的砂料应尽可能采用粗砂
2	紧密密度	>2 g/cm³	
3	含泥量(黏粒、粉粒)	≤8%	
4	内摩擦角	>30°	
5	渗透系数	碾压后 $>1\times10^{-3}$ cm/s	应大于防渗体的 50 倍

表 3-30 反滤层用料质量指标

序号	项目	指标
1	级配	应尽量均匀,要求这一粒组的颗粒,不会钻入另一粒组的孔隙中去,为避免堵塞,所用材料中小于 0.1 mm 的颗粒在数量上不应超过 5%
2	不均匀系数	≤8
3	颗粒形状	应无片状、针状颗粒,坚固抗冻
4	含泥量(黏粒、粉粒)	<3%
5	渗透系数	$>5.8\times10^{-3}$ cm/s
6	对于塑性指数大于 20 的黏土地基第一层粒度 D_{50} 的要求:当不均匀系数 $C_u\leq2$ 时,$D_{50}\leq5$ mm;当不均匀系数 $2<C_u\leq5$ 时,$D_{50}\leq5\sim8$ mm	

(二)土料

土石坝土料质量技术要求应符合表3-31的规定;黄土、膨胀土、红黏土、分散性土作土坝防渗体与坝体填筑料或堤防填筑料时,质量技术指标应按工程要求做专门改性试验。

表3-31　土石坝土料质量指标

序号	项目	均质坝土料	防渗体土料
1	黏粒含量	10% ~30%为宜	15% ~40%为宜
2	塑性指数	7~17	10~20
3	渗透系数	碾压后 $<1\times10^{-4}$ cm/s	碾压后 $<1\times10^{-5}$ cm/s,并应小于坝壳透水料渗透系数的50倍
4	有机质含量(按重量计)	<5%	<2%
5	水溶盐含量	<3%	
6	天然含水率	与最优含水率或塑限接近者为优	
7	pH值	>7	
8	紧密密度	宜大于天然密度	
9	SiO_2/R_2O_3	>2	

(三)人工骨料

混凝土用人工骨料,要求岩石单轴饱和抗压强度应大于40 MPa,常态混凝土人工细骨料中石粉含量以6% ~12%为宜,其他要求同混凝土天然骨料。

(四)碎(砾)石类土料

碎(砾)石类土料质量指标应符合表3-32的规定。

表3-32　碎(砾)石类土料质量指标

序号	项目	指标	
		防渗体土料	均质坝土料
1	P_5含量(>5 mm)	宜<60%	
2	黏粒含量	占小于5 mm的15% ~40%	
3	最大颗粒粒径	<15 cm或不超过碾压铺垫层厚2/3	
4	塑性指数	10~20	
5	渗透系数	碾压后 $<1\times10^{-5}$ cm/s,并应小于坝壳透水料渗透系数的50倍	碾压后 $<1\times10^{-4}$ cm/s
6	有机质含量(按重量计)	<2%	<5%
7	水溶盐含量	<3%	
8	天然含水率	与最优含水率或塑限接近者为优	

(五)块石料

块石料质量应符合表3-33的规定。

表3-33　块石料质量指标

<table>
<tr><th>序号</th><th>项目</th><th>指标</th><th>备注</th></tr>
<tr><td>1</td><td>饱和抗压强度</td><td rowspan="2">应按地域、设计要求与使用目的确定</td><td rowspan="4">埋石及砌石的硫酸盐及硫化物含量,同混凝土骨料要求</td></tr>
<tr><td>2</td><td>软化系数</td></tr>
<tr><td>3</td><td>冻融损失率</td><td><1%</td></tr>
<tr><td>4</td><td>干密度</td><td>>2.4 t/m^3</td></tr>
</table>

三、各类天然建筑材料勘察要求

(一)料场场地分类

各类天然建筑材料的料场按地形、有用层和无用层特征分为三类,具体见表3-34。

(二)勘探布置

各类料场的勘探网(点)间距要求见表3-35。

表3-34　料场场地分类

料种	Ⅰ类	Ⅱ类	Ⅲ类
砂砾石料	面积广,有用层厚而稳定,表面剥离零星分布	呈带状分布,有用层厚度变化不大,有剥离层	面积小,有用层厚度小,岩性变化较大,有剥离层
土料	料场面积大,地形平缓,有用层厚而稳定,土层结构简单	料场面积较大,地形起伏,有用层厚度较稳定,土层结构较复杂	料场面积小,地形起伏大,有用层较薄,土层结构变化大
人工骨料	地形完整,沟谷不发育,岩性单一,岩相稳定,断裂、喀斯特不发育,风化层及剥离层较薄	地形不完整,沟谷较发育,岩性岩相较稳定,没有或少有无用夹层,断裂、喀斯特较发育,风化层及剥离层较厚	地形不完整,沟谷发育,岩性岩相变化大,夹无用层,断裂、喀斯特发育,风化层及剥离层厚
碎(砾)石类土料	料场面积大,地形平缓,岩性单一,有用层厚度大而稳定,成分、结构较简单	料场面积较大,地形起伏,有用层厚度和成分、结构变化较大	料场带状分布,地形起伏大,有用层厚度和成分、结构变化大
块石料	岩性单一,岩相稳定,断裂、岩溶不发育,岩石裸露,风化轻微	岩层厚度及质量较稳定,没有或有少量无用夹层,断裂、岩溶较发育,剥离层薄	岩层厚度和质量变化较大,有无用夹层,风化层较厚,断裂、岩溶发育,剥离层较厚

表 3-35　勘探网(点)间距　（单位:m）

勘察精度		Ⅰ类	Ⅱ类	Ⅲ类
普查	砂砾石料	近期开发或控制性工程,每个料场布置 1 ~ 3 个勘探点和 1 ~ 3 条物探测线		
	土料			
	人工骨料	近期开发或控制性工程每个料场实测 2 ~ 4 条剖面或 1 ~ 3 个勘探点		
	碎(砾)石类土料	利用天然露头观察		
	块石料	利用天然露头,必要时布置少量勘探点		
初查	砂砾石料	200 ~ 400	100 ~ 200	<100
	土料			
	人工骨料	200 ~ 300		
	碎(砾)石类土料			
	块石料	300 ~ 500	200 ~ 300	<200
详查	砂砾石料	100 ~ 200	50 ~ 100	<50
	土料			
	人工骨料	100 ~ 150		
	碎(砾)石类土料	100 ~ 200		
	块石料	150 ~ 250	100 ~ 150	<100

第四章　工程任务与规模

第一节　防洪治涝

一、防洪任务及控制断面允许泄量的确定

洪水灾害按其成因,可分为暴雨、冰凌、融雪、风暴潮、泥石流等所造成的灾害。在我国,从西部的崇山峻岭到东部的滨海平原,可能产生不同程度洪水的地区约占国土面积的2/3,其中大部分地区会形成洪水灾害,特别是我国东部和南部地区的江河中下游冲积平原,洪灾威胁最为严重,它的总面积约73.8万km^2,虽然只占国土面积的8%,但人口占全国近半,耕地占全国的35%,工农业总产值占全国的2/3左右,对全国经济发展有举足轻重的影响。

为了减免洪灾损失,应当建立由工程措施与非工程措施组成的防洪系统,保护人民生命财产安全,保障社会经济发展。

(一)防洪工程系统的组成

1.堤防

堤防是最古老,但又是目前最广泛采用的措施。其工程相对比较简易,在一定高度下投资一般不大,解决常遇洪水的防洪问题往往优先采用的是堤防。但难以做到高质量,堤高越大,失事后果越严重。

2.河道整治

其措施是拓宽和浚深河槽、裁弯取直、清除洪障等,以使洪水河床平顺通畅,保持和加大泄洪能力。

3.蓄滞洪区

利用平原地区湖泊洼地或已有圩垸,在必要时将超过河段允许泄量的洪量(称超额洪量)予以分滞,以保障防洪保护区的防洪安全。这是一种“两害相权取其轻”的办法。

4.防洪水库

在河流的中上游利用有利地形兴建具有一定库容的水库,在汛期留出必要的防洪库容,并按一定规则运用,为下游防洪保护区防洪服务。在非汛期还可蓄水兴利,达到综合利用的目的。

5.水土保持

水土保持是针对山丘区水土流失现象而采取的长期根本性治山治水措施,特别对减少水库及河道淤积很有帮助。

(二)防洪标准

防洪标准一般是指防洪保护对象要求达到的防御洪水的标准。通常,当实际发生的

洪水不大于防洪标准的洪水时，通过防洪系统的正确运用，能保证防洪保护对象的防洪安全，具体体现为防洪控制点的最高洪水位不高于堤防的设计水位，或流量不大于防洪控制断面河道的安全泄量。

1. 防洪标准选择的有关因素

防御洪水标准的高低，与防洪保护对象的重要性、洪水灾害的严重性及其影响国民经济发展的程度直接有关，并与国民经济的发展水平相适应。显然，如果防洪保护对象十分重要、保护范围大、失事后造成洪水泛滥影响大时，防御洪水标准就应当高一些；反之，则可以低一些。另外，随着国民经济的不断发展，对防洪的要求愈来愈高，国家的经济力量也不断增长，有必要也有条件提高防御洪水的标准。防洪并不意味着要消灭一切洪灾，因此国家根据需要与可能，对防洪保护对象的防御洪水标准用规范予以规定。在防洪工程的规划设计中，一般情况即可按照规范选定防洪标准，并进行必要的论证。但对于特殊情况，也可以提高或降低。例如，对于洪水泛滥可能造成大量人口死亡等严重后果时，在经过充分论证后，可以采用比规范规定更高的标准；如因投资、工程措施可能性等因素限制一时难以达到规范规定的防御洪水标准，也可以采取分期达到，近期采用低一些的标准。

对各类防洪保护对象的防御洪水标准，在《防洪标准》(GB 50201—94)中做了规定。

2. 防御洪水标准的表示方式

按《防洪标准》(GB 50201—94)的要求，防洪标准一般以防御的洪(潮)水的重现期表示，相应的设计洪水根据防洪工程的不同，可以用设计洪峰流量或设计洪水过程线表示。但对于大江大河，由于洪水组成复杂多变，往往难以制定出一般概念的某一频率的整体防洪设计洪水，如有合适的近年发生的有代表性的实际大洪水，往往就以这样的实际洪水(或再增大一定百分数)作为防御洪水标准，其概念明确、直观。尽管洪水过程是不可能完全重现的，但用它作防御对象进行防洪措施的安排，是一种较好的办法。例如，长江、汉江、淮河、太湖均曾以实际年洪水作为整体防洪标准。

(三)防洪控制断面允许泄量

河道允许泄量(亦称安全泄量)，是在正常情况下防洪控制断面河道(或堤防)能够安全通过的最大流量。允许泄量是防洪工程规划设计以及防汛斗争中最重要的数据之一，它在很大程度上决定水库的防洪库容及蓄、滞洪区所需的容积，也是洪水预报及判断堤防安危程度的关键数据。因此，在防洪工程规划设计中，对允许泄量应认真分析确定。

1. 影响河道允许泄量的因素

一般情况下，河道允许泄量对应于防洪控制站的保证水位，可以由保证水位在防洪控制站的稳定水位—流量关系曲线上查得，但因大江大河比降比较平缓，水流互相顶托，还有冲淤、涨落的影响，因而水位—流量关系曲线往往不是单一曲线。因此，应当考虑到各种可能的影响因素，偏于安全确定采用的数值。

影响河道安全泄量的因素有：

(1)下游顶托。当下游支流先涨水抬高了干流水位时，则上游河段的安全泄量就要减小。

(2)分洪溃口。当下游发生分洪溃口时，由于比降的变化，上游的过水能力就加大了。

(3)起涨水位。起涨水位高,则水位—流量关系偏左(即同一水位相应流量小),反之则偏右。

(4)泥沙冲淤。某些含沙量较大的河流在一次洪水过程中,河床的冲淤有时亦可对过水能力有影响。

2. 已有堤防允许泄量的确定

对已有的堤防,如果多年来未曾加高、保证水位未变、河床变化不大,允许泄量应根据实际的水文资料分析确定,一般以历史上安全通过的最大流量作为允许泄量。对以往堤防已通过的实测最大流量能否作为允许泄量,还应分析实测洪水与设计洪水的情况是否基本一致,注意实测资料是否有代表性;分析前述有关影响因素是否已充分考虑;从河床演变的长远观点,分析允许泄量的可能变化。总之,允许泄量是一个关系重大的数据,必须从安全出发,慎重加以拟定。

3. 新建、加高堤防允许泄量的确定

对于新建或加高堤防,允许泄量取决于要求达到的堤防设计水位,可分为两种情况:

(1)以堤防作为唯一的防洪工程措施时,按照要求达到的防御洪水标准,在防洪控制点的洪峰流量频率曲线上查出设计洪峰流量,以这一流量考虑设计水文条件推算河道水面线,则新建或加高堤防即以此设计水面线为准考虑一定的安全超高建设。此时,设计洪峰流量即为允许泄量。

(2)当堤防是防洪工程系统的组成部分时,按照防洪工程系统要求达到的防御洪水的标准,拟定设计洪水过程线,然后设定几个允许泄量数据,求出河道水面线,相应得到新建或加高堤防的工程数量,以及推算对应的其他防洪工程措施(水库、分洪工程等)的规模。再通过方案比较选定堤防建设方案,则允许泄量也相应选定。

防洪控制断面不止一处时,应分段推算,并进行上下河段的泄量平衡,拟定全河段或分段的允许泄量。

当河段受壅水顶托、分流降落、断面冲淤等影响时,应慎重加以考虑。

二、防洪工程的水利计算

(一)堤防

堤防工程水利计算,应分析选定防洪标准,计算确定主要控制站的设计洪(潮)水位和相应河段的设计水面线,作为堤防工程设计的依据。

1. 设计标准

江河、湖泊、海塘等堤防工程设计的防洪标准,应根据保护对象的重要性,按国家有关规范的规定,分析选定。

按照《堤防工程设计规范》(GB 50286—98)的规定,堤防按其保护对象的重要性划分等级,然后相应确定其有关的设计标准。防护地区的防洪标准一般按《防洪标准》(GB 50201—94)确定。

大江、大河、大湖防洪工程体系中堤防工程的防洪标准或作为防洪标准的实际年洪水,要从整个防洪体系出发进行论证。一般在防洪规划中,对此进行了论证与规定,具体标准与国标规定不一定一致,此时应按主管部门批准的防洪规划的规定执行。

对重要的堤防工程,必要时应进行不同防洪标准的论证,从技术、经济、社会、环境等方面综合考虑加以选定。

2. 设计洪水位

堤防设计采用的设计水位,一般先进行江河、湖泊主要控制水文站的设计洪水位计算分析,确定符合设计标准要求的数值,然后以此为依据,推算水面线确定各段堤防的设计水位。

江河、湖泊主要控制站的设计洪水位,应根据洪水资料和工程情况,采用以下方法分析计算确定。

(1)对实测和调查的年最高洪水位资料系列较长,且基础一致、代表性好,可据以进行频率分析,根据选定的防洪标准推算相应的设计洪水位。

当流域内的人类活动或分洪溃口、河道冲淤对水文情势有明显影响时,应将历年最高洪水位资料改正到相应于现阶段的河湖情况及分洪溃口水量还原计算,再进行频率分析。

(2)根据控制站洪峰流量系列进行频率分析,按选定的防洪标准推算的设计洪峰流量或防洪工程系统要求的河道允许泄量,通过该站的水位流量关系,推算设计洪水位。有关人类活动等影响考虑的原则同上。

(3)以某一实际年洪水作为防洪标准的堤防,可以该年实测或调查的最高洪水位为基础,考虑整体防洪方案对堤防工程的要求,合理选定设计洪水位。

3. 水面线推算

设计河段的设计洪水水面线,应根据控制站的设计洪水位和相应的河道允许泄量,考虑区间入流、分洪等因素推算。推算一般采用分段恒定流方法。

对于干支流洪水、河湖洪水相互顶托的河段,应研究其洪水组合和遭遇规律,进行不同组合情况的水面线推算,以外包线作为设计的依据。

推算设计洪水水面线采用的河道糙率等参数,应根据大洪水的实测水面线或调查水面线率定。推算的成果,应与实测或调查的大洪水水面线进行比较验证。

分汊河道的设计洪水水面线,应根据主要控制站的设计洪水位和符合分流规律的各分汊流量进行推算。

堤防的规划设计,往往要以已经确定的某些控制点的水位、流量作为推算水面线的控制条件,使得堤防的设计符合保证这些控制点防洪安全及本身安全的要求。例如,长江中游干堤近期加高加固的设计水位,要按照原沙市 45.0 m、城陵矶 34.4 m、武汉 29.73 m、湖口 22.5 m 来控制,这就是最主要的控制条件。因此,水面线推算也要以已经确定的某一地点的设计水位作为推算的起始条件或控制条件。

(二)分洪工程

分洪工程的水利计算,应根据分洪任务和要求,拟定分洪原则和运用方式,分析确定各种设计水位、分洪水位、分洪流量和分洪量,并验算分洪工程的效能。

1. 分洪量计算

理想分洪量是整体防洪规划中的重要数据,应当根据整体防洪设计洪水、河道的过水能力、河湖的调蓄能力,并考虑以上因素的可能演变,进行洪水演进计算,求得超出控制断面允许泄量的部分,即为超额洪量,也就是在运用十分理想的条件下所需要的分洪量。在实际分洪时,影响及时运用的因素很多,特别是扒口分洪,一般难以做到很理想,因而防洪规划中所安排的蓄滞洪区总的有效分洪容量一般要大于理想分洪量。对每一个具体的分洪区,其有效分洪容量受到多种因素的制约,特别是分洪口门的位置影响较大,亦宜偏安全加以确定。

在分洪量计算中,还应考虑分洪后引起的河流水情变化对分洪的影响。

2. 分洪闸设计洪水位、流量计算

分洪闸的设计洪水位,应根据外江上下游控制站的设计洪水位及不利来水组合,按照未分洪情况所推算的水面线确定。这是由于分洪闸的设计洪水位是工程安全的设计条件,因而应考虑到在设计范围内可能出现的最高水位。这一水位一般出现在即将要分洪的时刻,需要按未分洪情况及上下游控制水位推算水面线,确定分洪闸的设计洪水位。

分洪闸的设计分洪流量,应根据整体防洪要求,按照设计洪水和分洪工程运用方式进行演算确定。这是由于设计分洪流量一般是由整体防洪方案中对平衡上下河段泄量情况进行分析比较后确定的,分洪闸设计应满足分泄这一流量的要求。由于分洪后将引起水位降落,故验算分洪闸规模不能用上述设计洪水位,而应采用考虑分洪降落影响后的相应水位。流量系数的选择要根据流态和上下游水位衔接情况慎重研究,留有一定余地。

3. 分洪道设计水位确定

跨流域、入湖、入海的分洪道,其分洪口的设计水位,应根据所在河道的设计水面线,考虑分洪降落影响后确定。分洪道设计水位的确定条件,进口端是比较明确的,出口端则较为复杂,需要根据分出与分入河道的来水情况,考虑一定的遭遇组合。一般认为,如二者来源相近,河道规模差别不大,需要考虑同频率遭遇的可能性;否则,就不一定需要这样考虑,出口端水位在分析历年洪水遭遇情况基础上只考虑偏于恶劣情况即可。

(三)水库

对于承担下游防洪任务的水库,要着重研究下游防洪保护对象的范围、性质、防洪标准,下游河道的允许泄量,结合水库兴利任务,考虑与其他防洪措施配合,确定水库的防洪库容及相应的防洪特征水位。

1. 水库洪水调节计算

水库洪水调节计算可根据水库特性选用以下方法进行:

(1)对于湖泊型水库,可以只考虑静库容进行计算。

(2)当库尾比较开阔、动库容较大时,应采用入库设计洪水和动库容进行计算。

(3)对于河道型水库,如壅水高度不高、计算精度要求较高时,宜按非恒定流方法进行计算。

对于特别重要的大型水库,还应研究是否需同时采用多种方法进行计算。

水库洪水调节计算采用的泄洪建筑物泄水能力曲线的精度,应与水库不同设计阶段的精度要求相适应。对重要水库,应由水工模型试验确定。

在进行水利枢纽水库洪水调节计算时,除主要考虑泄洪建筑物泄洪外,还可考虑水电站部分机组参与泄洪,泄洪流量按机组过水能力确定。但如遇某一设计洪水将使水电站水头超出机组安全运行范围,或水电站厂房设计洪水标准低于此洪水标准时,则不考虑水电站机组参与泄洪。

船闸、灌溉渠首等建筑物，一般可不考虑其参与泄洪。

进行水库洪水调节计算应根据一定的调度运用方式进行。拟定的水库洪水调度运用方式，应符合水库特点，并要求可操作性强。根据流域的洪水特性和防洪系统的情况，可选择分级控制泄量、补偿凑泄、错峰等方式。多沙河流上防洪水库的洪水调度方式，应有利于库容的长期使用。无论采用何种调度方式，均应使水库最大下泄流量不超过本次洪水发生在建库前的坝址最大流量，以免人为加大洪灾。

采用分级控制泄量调度运用方式，可根据水库的具体情况，以库水位、入库流量或其他要素作为分级的判别条件。各分级判别条件，特别是水库按保证下游防洪安全调度转为保证大坝安全调度的判别条件，必须明确。

2. 防洪库容及防洪限制水位确定

《水利工程水利计算规范》(SL 104—95)规定，水库的防洪库容，应按照流域防洪规划、防护对象的要求和应达到的防洪标准，根据整体防洪设计洪水和下游河道的允许泄量及水库调度运用方式，进行洪水调节计算确定。

对承担防洪任务的综合利用水利枢纽，在防洪库容确定后，应根据防洪兴利尽可能结合的原则，进行协调安排，确定防洪库容的位置和相应的防洪限制水位及防洪高水位(详见本章第六节)。

水库防洪库容的确定是十分复杂的课题，牵涉到诸多因素。一般来说，很少仅用水库来解决流域防洪问题，而是要在整体的防洪安排下，采用堤防、河道整治、分蓄洪工程、水库等来共同达到一定的防洪标准。因此，在整体防洪标准确定后，要考虑下游允许泄量的可能变化、水库的调洪方式，以及防洪与兴利可能结合的程度，通过多方案比较，综合考虑各种因素后进行选择。有时，防洪标准还要通过论证，确定不同防洪标准的防洪库容，并求出相应其他指标，参与技术经济比较选定防洪标准。

3. 设计、校核洪水位确定

水库的设计洪水位及校核洪水位，应根据工程等级，按有关规范规定的设计标准，以相应的设计洪水过程线和调度运用方式，进行洪水调节计算确定。

(四)防洪工程系统

对由多种防洪工程措施组成的防洪工程系统，在满足地区防洪要求的前提下，各项工程的规模和调度运行的规则，应按照实行堤防与分洪区结合、堤防与水库结合、防洪与兴利结合，发挥各项工程措施的效能，以较少的投资取得尽可能大的效益的原则，认真分析论证确定。

防洪工程系统中规划修建的防洪水库，宜与已建和在建的水库从防洪控制性能，以及对综合利用各部门影响等方面统一研究防洪库容的合理分配。

若干分洪区联合运用时，应研究水流互相干扰顶托对水面线的影响，对相应堤防的规划设计进行校核。

防洪工程系统的规模、布局确定后，应对不同典型的整体防洪设计洪水按照拟定的防洪运用规则进行洪水演算，以阐明防洪工程系统的作用和效益。河道洪水演进计算方法，应根据资料条件和计算要求，结合洪水和河道特性选取。

三、治涝工程

(一)治涝工程系统组成

治涝工程一般包括各级排水沟道、蓄涝区、排水出口、承泄区以及排水闸、挡潮闸、排水站等排水连接建筑物。

(1)排水沟道包括明沟和暗沟。明沟沟系因涝区面积、地形、水系、排水出口和承泄条件的不同而有差异,一般分为干、支、斗、农、毛五级;暗沟排水系统主要布设在田间,通常采用一级地下管道(仅有田间末级排水管)和二级地下管道(即排水管和集水管)的布置型式。

(2)涝区中的蓄涝区与排水工程互相配合,可以缩小各类排水工程规模,削减排涝峰量。

(3)排水闸、挡潮闸、排水站是沟通各级排水沟道、蓄涝区和承泄区的连接工程,其作用是保证涝水排泄畅通,控制地下水位,并拦阻涝区外洪水、潮水入侵。

(4)承泄区一般包括海洋、江河、湖泊、洼地以及地下透水层和岩溶区等,可以根据实际情况选用。

(5)截流沟及撇洪道是治涝工程系统的重要组成部分,其作用是拦截客水及高地水,实现内外水分排和高低水分排。

治涝工程系统示意框图如图 4-1 所示。

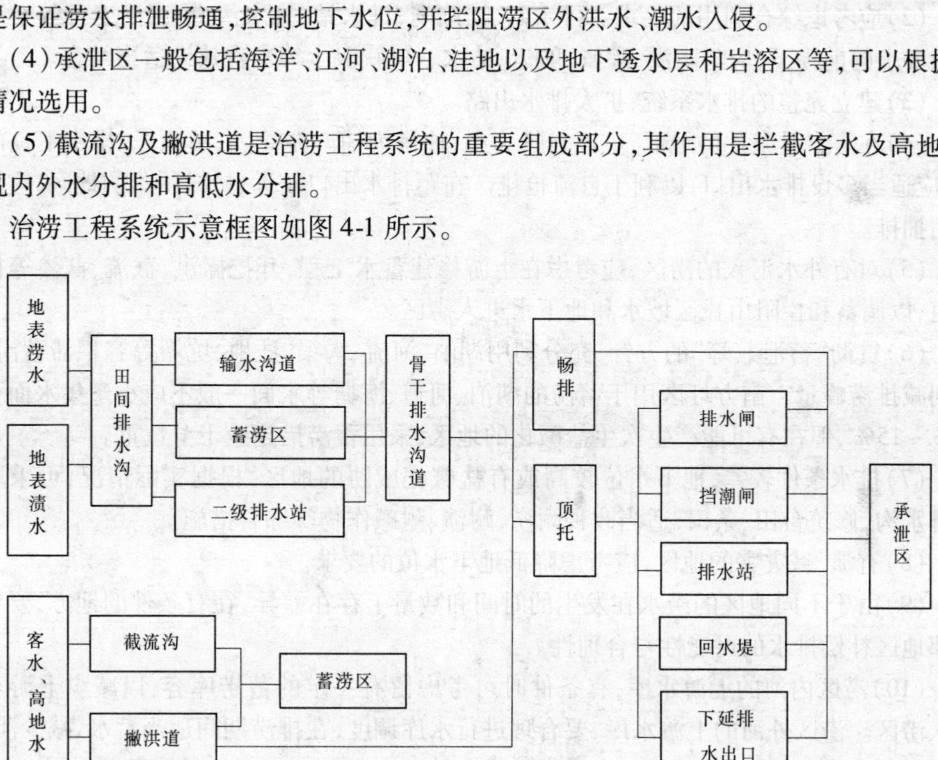

图 4-1 治涝工程系统示意框图

(二)治涝标准

(1)治涝设计标准的表达方式:一般以涝区发生一定重现期的暴雨作物不受涝为标准。这种表达方式除明确指出一定重现期的暴雨外,还规定在这种暴雨发生时作物不允许受涝。即当实际发生暴雨不超过设计暴雨时,耕地的淹没深度、历时应不超过农作物正常生长所允许的耐淹水深、耐淹历时。这种概念能够较全面地反映涝区设计标准的有关因素。

(2)治涝设计标准选择,应考虑涝区的自然条件、灾害轻重、影响大小,正确处理需要与可能的关系,进行技术经济论证。其重现期一般采用5~10年,条件较好的地区或有特殊要求的粮棉基地和大城市郊区可适当提高,条件较差的地区可适当降低。

(三)治涝规划设计的一般原则

治涝工程规划应根据河流规划、地区农业、水利和国民经济发展规划等要求,考虑涝区的地形、土壤、水文、气象、水文地质、涝碱灾害、现有治涝措施等因素,认真总结经验,正确处理大中小、近远期、上下游、泄与蓄、地面水与地下水、自排与抽排、工程措施与非工程措施等关系。

(1)必须统筹兼顾、因地制宜地采取综合治理措施。应以水利措施为主,其他措施相配合;以排为主,滞、蓄、截相结合;以近期为主,近远期相结合;以治理涝、渍、盐碱为主,同时,在可能条件下,与防洪、灌溉以及其他要求相结合。

(2)应考虑综合利用的要求。排水闸、挡潮闸、排水站、排水沟道,蓄涝工程等在满足治涝要求的前提下,应与防洪、灌溉、航运、给水、养殖、卫生等工程建设适当结合。

(3)建立完整的排水系统,扩大排水出路。

(4)在有自排条件的地区,应以自排为主,抽排为辅。在受洪、潮顶托,排水不良的地区,应适当多设排水出口,以利于自流抢排。在距排水出口较远、抢排困难的地区,应设排水站抽排。

(5)对有外水汇入的涝区,应考虑在上游修建蓄水工程,开挖撇洪、截流、截渗等排水沟道,以调蓄和拦阻山丘区坡水和地下水进入涝区。

(6)贯彻"蓄泄兼筹"的方针,充分利用湖泊、河流、沟渠、洼地、坑塘等容积滞蓄涝水,以削减排涝峰量。南方圩区用于蓄涝的湖泊、河道、海塘等水面一般不应小于集水面积的10%~15%,但在有可能产生次生盐碱化的地区,采用蓄涝措施应十分慎重。

(7)排水条件较差,地下水位较高或有盐碱化威胁的地区,根据实际情况,可采取深挖排水沟,修筑台田、条田,适当改种耐涝、耐渍、耐碱作物等综合措施。

(8)有渍、碱灾害的地区,应考虑降低地下水位的要求。

(9)由于不同地区的涝水在发生的时间和数量上存在差异,在有条件的地方,要考虑相邻地区补偿排水的可能性与合理性。

(10)涝区内河的上游水库,有条件时可考虑留有一定的蓄涝库容,以减少上游客水汇入涝区。涝区外河的上游水库,要合理进行水库调度,在排涝期间适当蓄水,减少泄量,降低外河水位,以改善下游两岸自排和抽排条件。

(四)蓄涝区规划

蓄涝区是指涝区内的湖泊、洼地、河流、沟渠、坑塘等可以滞蓄涝水的地方。利用蓄涝区调蓄涝水是治涝的重要措施之一,可以减轻渍涝灾害,削减排水流量,减少抽排装机。

在排涝规划中,应合理安排蓄涝区,保持一定的蓄涝容积。

1. 蓄涝区设计水位

正常蓄水位一般按蓄涝区内大部分农田能自流排水的原则来确定。较大蓄涝区的正常蓄水位,应通过内排站与外排站装机容量之间的关系分析,结合考虑其他效益,合理确定。对水面开阔、风浪较高的蓄涝区，在确定正常蓄水位时，应考虑堤坝有足够的超高。处于涝区低洼处、比较分散又无闸门控制的蓄涝区，其正常蓄水位一般低于附近地面0.2～0.3 m。

死水位除考虑综合利用要求外，一般在死水位以下应保留0.8～1.0 m的水深，以满足水产、养鱼或航运的要求。

在可能产生次生盐碱化的地区，采用蓄涝措施应十分慎重，死水位应控制在地下水临界深度以下0.1～0.3 m。

2. 蓄涝区容积

蓄涝区容积的大小应因地制宜、合理确定。当涝区内的自然湖泊、洼地、河流、沟渠、坑塘等容积较大时，蓄涝容积可大一些。如蓄涝区较小，需要新开挖蓄涝区时，蓄涝容积可适当小一些。

蓄涝率是反映涝区蓄涝容积大小的相对指标。根据湖南、湖北两省的经验，对排水面积较大的涝区，一般按5万～15万 m^3/km^2 的蓄涝率考虑排水站的装机容量比较合理。

3. 蓄涝区的运用方式

蓄涝区的运用方式有以下几种：

(1)先抢排田间涝水，后排蓄涝区涝水。

(2)涝区调蓄工程要与抽排工程统一调度，配合运用。可边蓄边排，或者待蓄涝区蓄水到一定程度后再开机排水。

(3)蓄涝区蓄排水方式，应从经济上是否合理与控制运用是否方便等方面，分析比较后决定。从减少装机容量的角度看，汛期宜采取随时降雨随时排水的方式，以充分利用蓄涝容积削减排涝峰量，但其运行历时长，年费用大。从节约年费用来看，则宜在蓄涝容积蓄满后开机排水，但不能最有效地发挥蓄涝容积削减排涝峰量的作用，装机容量也较大。

(4)当蓄涝容积同时兼有灌溉任务时，可根据灌溉要求拟定运用方式，但在汛期应随时通过天气预报了解天气情况，以便在暴雨发生前及时腾空蓄涝容积蓄纳涝水。

(五)承泄区规划

1. 承泄区的选择

选择承泄区应该考虑以下几点：

(1)承泄区位置应尽可能与涝区中心接近。

(2)承泄区与排水系统布置应尽可能协调。

(3)承泄区尽可能选择在水位较低的地方，争取有较大的自排面积以及较小的电排扬程。

(4)有排泄或容纳全部涝水的能力。

(5)有稳定的河槽。

2. 承泄区与排水系统的连接

承泄区与排水系统的连接，可分为畅排和顶托两种情况，因地制宜地采用以下一种或几种方式：

(1)建闸：在内水位高于外水位时，相机抢排涝水；在内水位低于外水位时，关闭闸门，防止倒灌。

（2）建排水站：在外水位长期高于内水位，蓄涝容积又不能满足调蓄要求的涝区，需修建排水站排水。

（3）建回水堤：排水沟受顶托影响时，可在排水沟道两侧修回水堤。回水影响范围以外的涝水可以通过排水沟道自排入承泄区。回水影响范围内不能自排的涝水，建抽水站排水。

第二节　水力发电

一、水电站调节性能的类型和工作特点

（一）水电站调节性能的类型

水电站通过其水库工程调节天然入库径流的时空分布，达到发电出力与电力负荷的一致性。水电站按调节性能分为无调节、日（周）调节、年（季）调节和多年调节四大类型。对具有上述调节能力的水电站，常分别称为无调节水电站、日调节水电站、年调节水电站和多年调节水电站。

（二）各类型水电站的工作特点

1. 无调节水电站

无调节水电站指无调节水库的引水式电站，或由于综合利用要求水电站水库不能进行日调节的堤坝式电站。这类不能对天然径流进行再分配的水电站称为无调节水电站。无调节水电站发电流量完全由天然径流决定，又称径流式水电站。

由于受装机规模的限制，径流式水电站在丰水期产生大量弃水，枯水期又不能得到丰水期水量的补充，水量利用程度不高，并且发电出力不能适应日（周）电力负荷急剧变化的要求，只能承担电力系统基荷，电站的容量电量效益相对较小。

2. 日调节水电站

仅具有日（周）调节能力的水库电站，称为日调节水电站。

水电站的日调节：河流中一天内的流量在大多数情况下几乎是均匀的，而一天中电力系统的负荷总是急剧地变化着的。这一天的来水量通过水库的调节，按系统日负荷变化要求进行再分配，即为水电站的日调节。

水电站因日调节担任系统尖峰负荷的水电站可获得相当于日平均出力好几倍的容量效益，称日调节容量效益。另外，因日调节引起水库上、下游水位波动，导致日平均水头损失而产生能量损失，称日调节损失。对于一些低水头、调节性能差的水电站，日调节损失可达日电量的3%～10%，对于高水头、调节性能好的电站，这项损失可以忽略。进行日调节所需的水库容积不大，均小于设计枯水年枯水期河流中的日平均水量。对于水电比重较小的系统中的径流式水电站，尽可能使它有一个日调节容积是有利的。

水电站的周调节：在枯水季节里，河流中的天然流量往往变化不大，但系统中一周内双休日的平均负荷常小于其他日的平均负荷，因此水电站可把双休日多余的水量储存起来，用以增加其他各工作日的平均出力，进行周调节。这种调节所需的库容不大，获得的电站容量效益也较小，因为储存两天的多余水量，需分配至5天内用；我国大型厂矿企业

又多采用轮休方法，周负荷的波动有限。

3. 年调节水电站

仅具有年（季）调节能力的水库电站，称年调节水电站。

水电站的入库流量在年内随季节变化很大，将汛期多余水量的一部分储存于大的水库中，以补给枯水期的发电水量，即为水电站年调节，这又是丰、枯季的水量调节，又称季调节。仅具有年（季）调节能力的水电站，一般只能容纳汛期的部分多余水量，并将储存水量于枯水期末全部放空，常又称不完全年调节。一般可将年调节、季调节、不完全年调节统称年调节。若设计水库的调节库容能将设计枯水年不均匀的来水量调节成按电力系统需要的流量排放，同时不产生弃水则称完全年调节。

水库进行年调节，可增加枯水期的电站效益和容量效益，在枯水期又进行日、周调节，可获得更大的容量效益。但年调节水库在汛期一般不进行日调节，而常按电站预想出力工作，以减少弃水。

4. 多年调节水电站

具有多年调节能力的水库电站，称多年调节水电站。

水电站的多年调节：将丰水年或丰水年组的多余水量存在水库里，用于增加以后一个或几个枯水年的供水量，称多年调节。

多年调节水库在枯水年份可进行完全年调节，在一般来水年份进行年（季）调节，在汛期也常进行日调节，多数年枯水期末水库往往并不放空，只有遇到连续枯水年时才放到死水位，在丰水年份的丰水期水库蓄满后才可能弃水。

不同类型水电站水库工作特点：①日（周）调节是将较均匀的入库径流通过调节成急剧变化的径流下泄（发电），以适应日（周）负荷急剧变化的要求，目的是扩大水电站的容量效益；②年（季）调节和多年调节是将年内和年际间分配不均匀的入库径流通过调节，以适应年内和年际变化相对稳定的负荷过程，将达到减少弃水、扩大水电站电力电量效益的目的；③多年调节水电站同时承担年调节和日（周）调节功能，年调节水电站也承担日（周）调节功能，因此两者与日调节电站相比，增加了枯水季水量，更扩大了容量效益，并减少了丰水（年、季）弃水量，还增加了电量效益。

对一座电站调节能力的定性估量，常用调节库容占多年平均入库径流量的比重（称库容系数）来判别。在我国大多数河流中，当库容系数 β 在 25% 以上时，多为多年调节电站；当库容系数 $\beta < 20\%$ 时，多为年调节电站；当库容系数 $\beta = 20\% \sim 25\%$ 时，有可能具有完全年调节能力。日调节库容较小，一般仅需设计枯水年枯水期日平均发电流量乘以 10 h的库容，周调节所需库容约为日调节库容的 1.15～2.0 倍。

二、不同调节性能电站在电力系统的作用

（一）水电站在电力系统的作用

电力系统中的负荷是随时变化的，更由于电能储存的困难，要求电力系统中的电源生产的电力随负荷的变化作相适应的变化，全时程地满足负荷的要求，保证系统安全运行。由于水电站出力调整的灵活性，在电力系统中具有独特的作用，主要作用为调峰、调频、事故备用以及调相作用等。

1. 调峰作用

电力系统中正常日负荷(一般指小时平均负荷)变化也很大,常将日最小负荷以下部分的负荷称为基荷,日平均负荷至日最小负荷之间的负荷称为腰荷,日平均负荷至日最高负荷之间的负荷称尖峰负荷,又常将腰荷和尖峰负荷统称峰荷。我国经济发达地区的峰荷已达最大负荷的50%以上,基荷仅占50%以下。对正常日负荷的峰荷调节,即随峰荷的变化而改变生产电力(电站出力)称为调峰运行(作用)。

2. 调频作用

中国电力系统采用的标准电力频率为50 Hz(电力频率的倒数,即$\frac{1}{50}$ s又称电力周波),要求偏差不得超过±0.2 Hz。如电力系统周波(频率)不合格,将直接影响电能的质量。发电有功功率不足时,周波下降;发电有功功率多余时,周波升高。发电、用电设备在周波不合格的工况下长期运行,将产生不合格的产品或危及发电设备的安全,以致损坏设备,甚至可能导致电力系统周波崩溃和大面积停电。通过水电站增加或减少有功功率,来调整电力系统在正常运行与事故情况下周波(频率)的偏差,以保持电力系统周波的合格,即发挥对电力系统的调频作用。

3. 事故备用作用

当电力系统发生设备事故,停机中断发电时,必须启动备用机组,顶替事故机组发电,使系统能迅速地恢复对已断电的用户供电,避免事故扩大。水电站是最理想的事故备用容量,主要优点有:①启动快,机组增减负荷不受技术条件限制,从静止状态开机至带满负荷只需1~2 min;②有调节水库的水电站,一般都有承担事故发电的能力,随时可提供急需的发电水量;③水电机组的事故率比火电机组低,设置事故备用容量可靠性高;④承担事故备用无额外能源消耗,成本低。因此,大多数大中型有调节能力水库的水电站都具备承担电力系统的事故备用容量的能力。

4. 调相作用

维持电压稳定是电力系统安全运行的重要条件,也是保证电能质量的重要条件。为了保证电压质量,电力系统中要装设无功补偿电源。水电站水轮发电机组,从发电改作调相运行,简单方便,最适宜承担这项任务。由电网供给使机组本身转动的能量,增加发电机励磁电流,即可供给系统无功功率。水电站机组有功的运行小时,一般为2 000~5 000 h,利用其不带有功功率的空闲容量作调相运行,十分经济方便。

(二)不同调节性能的水电站在电力系统的作用

1. 无调节水电站

无调节水电站只能承担电力系统的基荷,丰水期出力大,枯水期出力小,不能适应日负荷、月负荷变化的要求,它的装机容量不能完全发挥替代容量的作用。一般而言,无调节电站必需容量等于它的保证出力加上丰水期出力增加所减少的系统检修备用容量。对电力系统的贡献主要是电量效益,一般不能发挥调峰、调频作用。

2. 日(周)调节水电站

日(周)调节水电站一般在枯水季节进行日(周)调节,承担电力系统的尖峰负荷和腰荷,较好地发挥替代容量作用;丰水期一般不进行日(周)调节,仅能担任电力系统的基荷。由于丰水期出力大，枯水期又可进行日调节，因此它的必需容量远大于其保证出力，对电力系统的贡献除电量效益外，容量效益也较大。一般而言，日调节水电站除有调峰作用外，不承担系统调频和事故备用任务。

3. 年(季)调节水电站

年(季)调节水电站储存一部分丰水期水量补充枯水期水量的不足，枯水期出力(保证出力)增大，并进行日调节，担任电力系统峰荷，丰水期一般不进行日调节，或部分进行日调节(承担部分腰荷)，丰、枯水期容量效益大。此外，大型年调节水电站除发挥调峰作用外，还承担系统的调频任务，在库容允许的条件下还担任系统的事故备用任务，其装机容量常达其保证出力的4～6倍(水电较多地区)和8～10倍(水电缺乏地区)时，亦可充分发挥其电量效益。

4. 多年调节水电站

多年调节水电站除遭遇丰水年组的丰水期不进行日调节外，一般年份全年均进行日调节，承担电力系统的调峰任务；对规模较大的水电站，常设计负荷备用，承担系统调频任务；水库规模较大的水电站，常设事故备用容量。按《水电工程动能设计规范》(DL/T 5015—1996)规定，承担事故备用作用的水电站，应在水库内预留所承担事故备用容量，在基荷连续运行3～10 d的备用库容(水量)，若该备用容积小于水库兴利库容的5%时，可不专设事故备用库容。

三、电力电量平衡

(一)电力系统的组成及电力生产特点

1. 电力系统的组成

电力系统是指动力系统中由发电机、输配电网(包括配电、变电装置和输送电力线路)及所有的用电设备组成的总体。

现代的电力系统一般包括多个不同类型的发电机，以及不同电压等级和容量的变电所和电力线路。

2. 电力系统电力生产的特点

电力系统生产的电力电量具有不能储存的特性和电磁过渡过程瞬时变化的特点，要求电能的生产、输送、分配和消耗同一时间进行，即达到瞬时平衡。

电力供应与工农业、交通、科研的发展和人民生活的提高息息相关，要求电力系统运行高度安全、稳定可靠。电力负荷带有较强的随机变化特性：正常负荷时空分布不均；冲击性的、计划外的负荷和供电环节的事故带有强烈的不可预测性。因此，要求在电源的配制上能提供充足的电力电量和必要的备用容量，以及高度的自动调节设施，要求水电站动能设计应从电力电量平衡和电源优化配制的角度，经济合理地确定电站规模及其运行方式。

(二)电力系统电力电量平衡的基本概念

电力系统电力电量平衡是经济合理地确定设计水电站装机规模的基础。由于电力负荷的随机性，存在精确描述的困难，在设计中常采用仿真方法进行电力电量平衡计算，目的是经济合理确定设计电站的必需容量。

1. 设计水平年和设计负荷水平

水电站设计水平年是指水电站规划设计所依据的、与电力系统预测的电力负荷水平相应的年份，一般指设计水电站装机容量能充分发挥容量效益的年份。可采用设计水电站第一台机组投入后的5~10年，一般所选设计水平年需与国民经济五年计划年份相一致，对于规模特别大或远景综合利用要求变化较大的水电站，其设计水平年需作专门论证。

设计负荷水平是指供电系统相应设计水平年达到的年最大负荷和年电量，一般应依据相应地区政府制定的电力发展规划。

2. 电力负荷特性

电力负荷特性是指相应设计负荷水平的电力电量过程。由于“过程”存在描述的困难，常采用离散化、典型化并用仿真方法描述，其要点为：年电量采用逐月平均负荷描述；正常负荷采用每月最大负荷日的逐时平均负荷描述；冲击负荷、计划外负荷采用负荷备用描述；事故负荷采用事故容量描述等。

3. 电力电量平衡

根据电力负荷过程，要求电力系统的电源配备（包括设计电站）满足：①各电源逐月平均出力大于等于相应月份的平均负荷，年电量达到逐月供需平衡；②各月典型负荷日的逐时正常负荷与各电源的工作容量达到平衡；③各月典型负荷日要求的和各电源设置的事故备用、负荷备用容量达到平衡；④电力系统安排的电源检修计划和电源检修容量安排达到逐月平衡。

综上所述，在水电站动能设计中电力系统电力电量平衡，是指逐月电量平衡或逐月平均负荷和各电站平均出力的供需平衡，加上各月典型负荷日的电力平衡。

4. 设计水电站的容量效益

设计水电站的容量效益是指其装机容量中能替代电力系统装机容量的容量，一般应通过设计枯水年有、无设计水电站的年电力平衡求得。即根据设计水电站的设计负荷水平和设计水电站设计枯水年的出力过程，分别进行有设计水电站和无设计水电站的电力电量平衡计算，以两平衡成果中所需补充火电站容量的差值，作为设计水电站的容量效益，也就是以设计水电站投入后在设计水平年减少（替代）的火电站容量作为其容量效益。

（三）调峰容量平衡的基本概念

由于近年来许多电力系统存在调峰能力不足和弃水调峰问题，规范规定“调峰容量平衡”作为水电站动能设计的内容。

调峰容量平衡是指日的平衡，是在电力系统电力电量平衡成果的基础上，检验调峰容量的盈亏，进一步阐明设计水电站在电力系统中的地位和作用。即在电力系统电力电量平衡成果的基础上，进行各月最大负荷日的调峰容量平衡，检验设计水电站对电力系统调峰容量盈亏的改变。

1. 电力系统调峰容量盈亏的判别条件

判别条件一：当各电站总的调峰能力等于（或大于）当日日负荷曲线最大负荷－最小负荷＋旋转备用容量时，即调峰能力达到平衡（或有盈余），否则为调峰能力不足。

判别条件二:开机容量的允许最小出力等于(或小于)当日日负荷曲线最小负荷时,即调峰能力达到了平衡(或有盈余),否则为调峰能力不足。

两判别条件应同时满足,即统计调峰容量不足的额度,以两判别条件中不足缺额较大者为依据;统计调峰盈余额度,以两式盈余额较小者为依据。

同样应进行有设计水电站和无设计水电站的调峰容量平衡计算,以阐明设计水电站对电力系统调峰能力的影响和改善程度。

2. 判别式中术语解析

(1)电站调峰能力是指当日开机容量的可调容量与开机容量允许最小技术出力之差。

(2)开机容量是指当时参加运行的各机组额定容量之和。对于火电站开机容量等于当日所担任的工作容量和旋转备用之和;对于水电站开机容量等于可调容量减去空闲容量。

(3)旋转备用是指全部负荷备用加事故备用的1/2。

(4)可调容量是指装机容量中可以被调度利用的容量。除正在检修机组的容量外,其他机组额定容量减去相应受阻容量后即为可被调度利用的容量。

(5)电站调峰能力,对于火电站一般可采用开机容量的额定出力与相应容量的最小技术出力之差。如目前我国生产的煤电最小技术出力约为额定出力的70%,调峰能力即为开机容量额定出力的30%。对于水电站一般可采用可调容量减去强迫基荷。

(6)强迫基荷包括:因水电站下游航运、供水要求的强迫基荷;无调节水电站按天然来量工作的出力;有调节电站因蓄水限制(如处于汛期防洪限制水位或正常蓄水位工作)按天然来量工作的出力。若采用弃水调峰的方式,强迫基荷可视为0,即发基荷的水流自溢洪设备泄放至下游。

四、装机容量选择

水电站装机容量是水电站全部机组设备容量铭牌(额定)出力的总和,是表征电站规模的特征值。装机容量选择不仅涉及设计水电站的电力电量效益,还涉及电力系统的电源组成的合理配制以及安全运行的要求。

(一)水电站装机容量组成

水电站的装机容量($N_{装}$)是指一座水电站全部机组额定出力之和,一般而言,由必需容量($N_{必}$)和重复容量($N_{重}$)两大部分组成,如下:

- 装机容量
  - 必需容量
    - 工作容量
    - 备用容量
      - 事故备用容量
      - 负荷备用容量
      - 检修备用容量
  - 重复容量

1. 必需容量

必需容量是指维持电力系统正常供电所必需的容量。电力系统用电负荷在某一水平时，装设了水电站的必需容量，其他电站就得以少装同等数量的容量，因此必需容量又可称为替代容量。水电站的必需容量由工作容量($N_{工}$)与备用容量($N_{备}$)组成。

1)工作容量

担任电力系统正常负荷的容量称为工作容量。水电站按水库调节后的径流运行时，对电力系统所能提供的发电容量，其值与水电站日平均出力、所在电力系统日负荷特性和它在电力系统日负荷图的工作位置有关，故在电力平衡表上各月均不相同。由于水电站一般可担负系统的尖峰负荷，因而工作容量往往为日平均出力的若干倍。

2)备用容量

为确保供电可靠性和电能质量，电力系统应具有一部分容量以备急需，这部分容量称为备用容量。备用容量由事故备用容量($N_{事备}$)、负荷备用容量($N_{负备}$)和检修备用容量($N_{检备}$)组成。

(1)事故备用容量。电力系统中发电和输变电设备发生事故时，保证正常供电所需设置的发电容量。

(2)负荷备用容量。为担负电力系统一天内瞬时的负荷波动、计划外负荷增长所需设置的发电容量。负荷备用容量是用来维持电力系统标准频率(即发挥调频作用)和负担计划以外的短时负荷或瞬时正常最大负荷以外的脉动负荷(如电炉两电极的短路和铁路电气机车在启动时突然增加的负荷等)所装设的容量。

(3)检修备用容量。利用电力系统一年内低负荷季节，不能满足全部机组按年计划检修而必需增设的装机容量。在我国的动能设计中，水电站机组均安排在枯水季节检修，只有火电站才安排部分检修备用容量，因此水电站的备用容量一般只包括事故备用容量和负荷备用容量。

2. 重复容量

重复容量是指调节性能较差的水电站，为了节省火电燃料、多发季节性电能而增设的发电容量。重复容量不能用来担负系统的正常工作，没有替代容量作用，不是必需容量。水电站的重复容量常在一定的设计负荷水平、供电范围、设计保证率条件下确定的。当上述条件改变时，重复容量有可能部分或全部转化为必需容量。

3. 补充专用名称

由于水电站生产的特殊性，在电力电量平衡中常设置以下一些专用名称予以补充。

1)空闲容量

在电力系统运行的过程中，由于负荷的变化，有时会出现一部分容量暂时未被利用的情况，处于空闲状态，这部分容量称为空闲容量。若在电力系统负荷最大的控制月份水电站出现空闲容量，在认真分析其原因后可视该空闲容量为重复容量。

2)预想出力和受阻容量

水电站预想出力是指水轮发电机组在不同水头条件下所能发出的最大出力，又称水头预想出力。当水头低于额定水头时，水头预想出力小于额定出力，这时额定出力与预想出力之差称为受阻容量。

一般而言，电站（机组）受阻容量是指机组受技术因素制约（如设备缺陷、输电容量等限制）所能发出的出力与额定出力之差的总称，而水电站机组还包括因水头预想出力低于额定出力的受阻出力。

额定水头是水轮机组选择的重要参数，是指水轮发电机组发出额定出力的最小水头，也是计算水轮机标称直径 D_1 所依据水头。

（二）装机容量选择的主要因素

影响水电站装机容量的因素主要有工程开发体制、综合利用要求及其开发任务主次、水电站水库的调节性能、供电地区动力资源和结构、工程设计水平年及设计负荷水平、电站在电力系统中的作用和地位、供电区电力系统负荷特性和电源组成、电站单独运行和联合运行水能指标、机组运行工况以及电站开发方式等。这些因素中，有的将改变选择装机容量的途径（方法、理论），有的成为装机容量确定的约束条件，它们又相互联系和影响，形成装机容量选择学科中特殊的辩证法。

1. 国民经济体制直接影响装机容量选择的途径

我国是社会主义国家，在 20 世纪 50～70 年代实行“以公有制为基础的计划经济体制”，水电站建设体制以国家投入为主体，装机容量的方案比较以国民经济论证为主要依据。将电力系统用户对电力电量的需求作为“必需”的，在满足“需求”的前提下，进行建设规模的方案比较，从电源优化出发推荐最佳方案，即以“满足电力系统供电需求的前提下，系统总费用现值（包括建设期固定资产投资和运行期运行费用）最小”作为水电站装机规模经济比较的目标函数。这种方式的特点是：不计算各比较方案设计水电站本身的投入和产出，只比较在电力电量等效前提下各方案的总费用现值和年费用。

20 世纪 70 年代末至 80 年代初以来，我国实行改革开放，在经济体制上逐步转变为社会主义市场经济体制。因此，在装机容量选择上除从国民经济整体利益阐明经济性外，还应以设计水电站为财务核算单位，考察不同装机容量方案在财务收支上的现实性，以装机容量方案的财务评价指标作为方案优选的重要依据。这种方式的特点是：水电站装机容量方案不仅要最大限度地满足国民经济的整体效益，还要从电站业主的切身利益出发，追求设计方案的财务投入和产出平衡的现实性。

2. 综合利用对装机容量的影响

我国水资源开发贯彻综合利用的原则，在大江大河上规划、设计和建设的水电站，特别是高调节性能水库的水电站多兼有综合利用任务，尤其是不以发电任务为主或其他任务用水比重较大的水电工程，其他任务用水对水电站装机容量的确定有较大影响。

（1）以灌溉、城市供水或跨流域调水兼顾发电的水库工程，以及非发电用水比重较大的水库水电站工程，或在发电时间上受供水时程的局限（自坝下引水），导致电站电力电量减少，甚至只能生产季节性电能，这样的水电站往往采用重复容量的经济性（扩大装机获得的季节性电能）确定装机规模。

（2）以航运为主承担反调节任务的航运梯级，为满足航运要求，电站按尽量均匀的下泄量确定发电出力；下游为重要航道的电站，因通航对流态的要求（最小航深、最大表面流速、单位时间最大水位变幅等)往往限制电站日调节,甚至不允许进行日调节,成为限制电站规模的重要因素,甚至只能承担基荷运用,成为径流式电站,由重复容量的经济性确定装机规模。

(3)以防洪为主或兼有重要防洪任务的水库水电站,为满足防洪要求,汛期运用水位将降低,引起电站汛期电力电量效益下降,预想出力下降,甚至电站被迫停止工作。反映在供电系统电力电量平衡上,汛期顶替火电检修容量减少,系统检修备用增加,引起设计水电站容量效益下降,对装机容量方案比选带来影响。

3. 水电站调节性能对装机容量的影响

无调节和日调节水电站的共同特点是电站所获得的工作容量较小,加之往往又不具备作为备用电源的条件,因此这两类电站的必需容量(工作容量+备用容量)均较小,若按必需容量确定其装机容量,将使水能不能得到充分利用。因此,无调节和日调节水电站还需装设部分重复容量,即装机容量等于必需容量和重复容量之和,前者可替代系统电力平衡所必需的容量,后者主要发季节性电能。在初步确定无调节和日调节水电站装机规模时,常采用补充机组的补充投资和补充电量的比值,结合地区边际电价确定其经济合理性。

年调节和多年调节水电站日调节承担峰荷和腰荷以及担任负荷备用和事故备用,导致水电站必需容量加大,充分发挥容量效益。经设计水平年电量平衡,水电站在供电系统可获得的容量效益一般成为装机容量经济论证控制性因素。在规划阶段可参照经分析论证的经济装机年利用小时数、补充装机年利用小时数,结合补充装机的投资初步估算。

总之,无调节和日调节水电站所获得的必需容量较小,装机容量比选以扩大装机容量所获得的季节性电能的经济性为依据;年调节和多年调节水电站所获得的必需容量较大,装机容量比选以扩大装机容量所获得的必需容量的经济性为主。

4. 供电地区动力资源储量和结构对水电站装机容量的影响

我国动力资源主要为水力资源和煤炭资源,因此供电地区的能源储量和结构(煤炭和水能比重)成为水电站装机容量选择的重要制约因素。在水力资源缺乏的地区,水电站装机容量年利用小时仅1 000~2 000 h,在水力资源丰富的地区,水电站装机容量年利用小时一般为2 000~5 000 h。

水电站供电地区的能源储量和结构制约装机容量的取值,能源丰富地区或者水力资源占总能源比重较小的地区,水电站装机容量宜偏大考虑;能源不丰富或者水力资源占总能源比重较大的地区,水电站装机容量取值宜保守一些。

五、水轮机的类型及额定水头选择

(一)水轮机的类型

水轮机是将水能转换为机械能的一种水力机械,它由引水部件、导水部件、工作部件和泄水部件四大部件组成。水轮机按水流能量转换的特点和结构特征可分为两大类:反击式水轮机和冲击式水轮机。

两大类水轮机根据转轮内水流和水轮机结构的特点，可分为以下多种型式：

- 水轮机
  - 反击式
    - 混流式（辐向轴流式）
    - 轴流式
      - 轴流转桨式
      - 轴流定桨式
    - 斜流式
      - 斜流转桨式
      - 斜流定桨式
    - 贯流式
      - 全贯流式
      - 半贯流式
        - 灯泡式
        - 轴伸式
        - 竖井式
  - 冲击式
    - 水斗式（斗叶式）
    - 双击式
    - 斜击式

（二）水轮机适用范围

水轮机适用范围主要决定于工作水头，各种类型水轮机适用的水头范围列于表 4-1 中。

表 4-1　各种类型水轮机适用范围

类型名称		水头适用范围 H(m)	比转速 n_s(m·kW)
反击式	混流式	<700	50~300
	轴流定桨式	3~50	250~700
	轴流转桨式	3~80	200~850
	贯流式	2~30	<1 000
	斜流式	40~120	100~350
冲击式	水斗式	300~1 700	20~70
	双击式	50~80	35~150
	斜击式	25~300	30~70

各类型水轮机适用的水头范围很宽，并且同一电站适用的水轮机类型常有两种机型，而同一类型的水轮机又有构造外形和尺寸不相同的各种型号，对一具体的水轮机转轮来说，其适用水头和出力范围则较窄。

（三）水轮机额定水头选择

水轮机额定水头（H_r）是指水轮机发出额定出力的最小净水头，在水轮机运转特性曲线上额定水头是水轮机出力限制线与发电机出力限制线交点所对应的水头。一般根据额定水头和输出的额定出力作为水轮机的铭牌出力。

水轮机工作水头是选择水轮机型号和参数的重要依据，选定的水轮机需满足最大水头对结构强度的要求，并要满足在各种水头范围内对水轮机效率、抗振动和抗气蚀等性能的要求，以保证水轮机能安全和经济运行。在水轮机选型设计中额定水头是确定水轮机直径（外型尺寸）的重要参数。

在水轮机组运行中，当遭遇的工作水头小于额定水头，机组所能发出的最大出力小于额定出力，称预想出力受阻。影响额定水头选择的因素较多，主要方面为对于电网中的骨干调峰、调频电站一般要求选用较低的额定水头，以减少预想出力受阻的幅度和时间；对于低水头电站，汛期下游水位壅高导致工作水头下降幅度大，并要求选用较低的额定水头，以提高汛期的预想出力和发电量；额定水头降低导致水轮机直径（外型尺寸）增加，机组和厂房投资增加，机组运行稳定性下降等。

额定水头的选择，一般应进行技术经济比较，考虑机组运行的稳定性等要求确定，在规划阶段或比较方案拟定时，额定水头可按以下经验公式估算：

$$H_{额} = (1.1 \sim 1.2)H_{min} \quad (m) \tag{4-1}$$

应用公式时，对于调节性能较差的电站取小值；对于调节性能好的电站取大值。

河床式电站
$$H_{额} = 0.9\overline{H}_{权} \quad (m) \tag{4-2}$$

坝后式电站
$$H_{额} = 0.95\overline{H}_{权} \quad (m) \tag{4-3}$$

$$H_{额} = \frac{4H_{max}}{\left(\sqrt{\frac{H_{max}}{H_{min}}} + 1\right)^2} \quad (m) \tag{4-4}$$

应用式(4-2)、式(4-3)时，对于调节性能较差的电站，平均水头应取洪水期的加权平均水头；对调节性能较好的电站则取全年的加权平均水头。式(4-4)仅适用于调节性能良好的水电站。

六、抽水蓄能电站

(一)抽水蓄能电站的工作原理

抽水蓄能电站的工作原理（动能特性）与常规水电站和抽水泵站相同。抽水蓄能电站具有上、下水库，在上库坝址装设具有发电和抽水双重功能的可逆式机组，利用电力系统中多余的电能，把下水库的水抽到上水库内，以位能的形式蓄能，需要时再从上水库放水至下水库进行发电应用。

在抽水和发电的能量转换过程中（即由电能转为水能，再由水能转为电能），输水系统和机电设备都有一定的能量损耗。发电所得电能与抽水所用电能之比，为抽水蓄能电站的综合效率，早期在65%左右，近来提高到75%左右。抽水蓄能是利用电力系统低谷负荷时多余的低价电能，换取电力系统中十分需要的高价峰荷电能，并具有事故备用、负荷备用、调频、调相、增加电力系统供电可靠性等动态效益，是现代大型电力系统经济安全运行的必要设施，特别是在水电比重低的电力系统中更具有经济性和必要性。

(二)抽水蓄能电站的类型

抽水蓄能电站按水流来源可分为纯抽水蓄能电站、混合式抽水蓄能电站和调水式抽水蓄能电站。

1. 纯抽水蓄能电站

上水库基本上没有天然径流来源，抽水与发电的水量循环使用，两者水量基本相等，仅需补充蒸发和渗漏损失。电站规模根据上、下水库的有效库容、水头、电力系统的调峰需要和能够提供的抽水电量确定。纯抽水蓄能电站受上、下库容积限制,多为日调节和周调节电站。

2. 混合式抽水蓄能电站

上水库有天然径流来源,既可利用天然径流发电,又可利用由下水库抽蓄的水量发电。上水库一般建在江河上,另建的下水库用于抽水蓄能发电。混合式抽水蓄能电站由于它与常规水电站共用的水库库容较大,常为年、季调节混合式电站。

混合式抽水蓄能电站的特点是常规电站和抽水蓄能电站机组互为补偿,运行灵活,以改变由于综合利用各部门用水季节性强而导致不能常年发电的现象,提高电站的保证率,承担电力系统的事故备用。

3. 调水式抽水蓄能电站

从位于一条河流的下水库抽水至上水库,再由上水库向另一条河流的下水库放水发电。这种蓄能电站可将水量从前一条河流调至后一条河流,它的特点是水泵站与发电站分别布置在两处。

(三)装机容量选择

抽水蓄能电站装机容量的选择是一个复杂的经济课题,涉及面广,影响因素包括确定因素和随机因素。由于上、下水库的容积直接关系装机容量,因此对抽水蓄能装机容量方案和上下库特征水位方案一般应同时(配套)进行选择。装机容量选择主要内容如下。

1. 拟定设计水平年、编制负荷曲线

根据抽水蓄能电站规模和电力系统发展规划,拟定设计水平年,预测设计负荷水平,收集、整理负荷特性和各类电源的运行特性,编制负荷曲线。

2. 进行电力系统电力电量平衡和调峰容量平衡

抽水蓄能电站的主要功能是承担电力系统的调峰任务,满足或缓解电力系统调峰能力的不足。因此,在供电系统设计负荷水平电力电量平衡成果的基础上,根据负荷特性和电源组成进行调峰容量平衡,界定供电系统在设计负荷水平调峰容量不足的大小,阐明为达到调峰容量平衡需要装设(可容纳)抽水蓄能电站的规模,是装机容量选择从电网需要方面考虑的主要依据。

3. 进行上、下库水量平衡计算

根据上、下库地形及地质条件,初定几组上、下库特性水位和特征库容(正常蓄水位、死水位、调节库容、死库容),首先进行上库调节计算和动能计算,编定日平均出力和库容的关系,它是装机容量从工程建筑条件方面考虑的主要依据。抽水蓄能电站既发电(调峰),又抽水(填谷),上、下库水量必须平衡,因此同时应进行上、下两库水量平衡计算,对于同一上、下库组合方案下库供水能力应等于或大于上库。

4. 落实水源

拟定抽水蓄能电站装机容量方案时,必须落实水源。上、下水库的径流量除应能满足综合利用各部门的需水量外,还应保证水库初期充蓄和运行期补给水库蒸发、渗漏和结冰损失的水量。当径流量不能满足需水量时,应有落实的补水措施,补水工程应具有相应深度的设计文件。

水源条件常成为影响电站规模经济性的条件。

5. 分析抽水电源的可靠性

抽水电源是保证抽水蓄能电站抽水运行的基本条件。抽水电源可靠性的研究内容为该电源在负荷低谷时的供电能力和网络输电能力能否满足抽水的用电需要。如利用调节系数为0.3的煤电作抽水电源,1 000 MW 煤电最多只能提供300 MW 抽水能力;供电网络是在保证正常供电的条件下,额外增加对抽水功能的供电能力,还包括供电潮流的经济性分析。

6. 抽水蓄能机组运行特性对电力电量平衡的影响

在日负荷图给定后,抽水蓄能电站调峰工况和抽水工况的出力过程已定,应研究机组运行特性(抽水和调峰运用)是否满足要求,在电力电量平衡中要考虑这一条件,必要时调整工作位置或出力过程。

7. 计算综合效率和系统节煤效益

抽水蓄能电站的综合效率和系统节煤效益是重要经济指标。综合效率是指抽水蓄能电站的发电量和抽水用电量的比值,包括发电机效率、电动机效率、水轮机效率、水泵效率、引水(抽水)道水力损失(效率)、输水(发电)道水力损失(效率)等6项的乘积。现代大型可逆式机组效率较高,综合效率能达0.75左右,若考虑抽水输电损失,即发电量和供(抽水)电量的比值,则效率进一步降低至0.70左右。

抽水蓄能电站相对系统总电量而言是"用户",1度(低谷)电量仅换约0.7度(高峰)电量,但由于填谷和调峰双重作用,使替代的火电机组由峰荷(高煤耗)改变为基荷(低煤耗)运行,从电力系统有、无抽水蓄能电站的总煤耗对比看,有抽水蓄能电站全系统煤耗还有较大节省。

抽水蓄能电站综合效率和系统节煤效益是装机容量选择的重要经济指标,应分别分析研究确定。

8. 不确定因素处理

预测的设计水平年的电力系统负荷水平、负荷特性、电源组成等带有随机特性,即存在一定不确定性。而它对抽水蓄能电站的作用和效益影响很大,一般应对负荷进行敏感性分析,以合理选择抽水蓄能电站装机容量。

第三节　水资源配置及供水工程

一、供水量、用水量调查统计的分类与水资源供需分析

(一)供水量调查统计的分类

供水量指各种水源工程为用户提供的包括输水损失在内的毛供水量,一般按受水区统计。根据取水水源的不同,供水量可划分为地表水源供水量、地下水源供水量和其他水源供水量三种。

1. 地表水源供水量

地表水源供水量分别按蓄水工程、引水工程、提水工程、调水工程四种形式统计。为

避免重复统计,具体为:①从水库、塘坝中引水或提水,均属蓄水工程供水量(不包括专为引水、提水工程修建的调节水库);②从河道、湖泊中自流引水的,无论有闸或无闸,均属引水工程供水量;③利用扬水站从河道或湖泊中直接取水的,属提水工程供水量;④调水工程是指独立流域之间的跨流域调配水量,不包括在蓄、引、提水量中。

2. 地下水源供水量

地下水源供水量指水井工程的开采量,按浅层淡水、深层承压水和微咸水分别统计。浅层淡水指矿化度不大于2 g/L的潜水和与潜水有紧密水力联系的弱承压水;深层承压水指埋藏相对较深,且与当地浅层地下水水力联系微弱,充满在两个隔水层中间的含水层中的地下水。在混合开采井的供水量中,可根据实际情况,按比例划分为浅层淡水和深层承压水。微咸水指矿化度为2~3 g/L的浅层水。

3. 其他水源供水量

其他水源供水量包括污水处理再利用、集雨工程、海水淡化的供水量。对未经处理的污水利用和海水直接利用也需调查统计,但不计入总供水量中。

(二)供水量调查统计的要求

(1)地表水源供水量应以实测引水量或提水量作为统计依据,无实测引水量资料时,可根据灌溉面积、工业产值、实测毛取水定额等资料进行估算。

(2)城市地下水源供水量包括供自来水厂的开采量和工矿企业自备井的开采量。缺乏计量资料的农灌井开采量,可根据配套机电井数和调查确定的单井出水量(或单井灌溉面积、单井耗电量等资料)估算开采量。浅层水和深层承压水的供水量,可根据当地地下水分布结构(取水层结构),按开采方式和机井深度进行判别;对不易判别是深层承压水源或浅层水源的,按浅层水统计。

(3)污水处理再利用是指城市污水集中处理厂处理后的污水回用量。集雨工程是指用人工收集储存于屋顶、场院、道路等场所产生径流的微型蓄水工程。海水淡化是指海水经过化学或物理方法去除盐分和杂质使其变为淡水的过程。

(三)用水量调查统计的分类

用水量指分配给用户的包括输水损失在内的毛用水量。按用户特性分为农业用水、工业用水和生活用水三大类。

(1)农业用水包括农田灌溉和林、牧、渔业用水。农田灌溉应考虑灌溉定额的差别按水田、水浇地(旱田)和菜田分别统计。林、牧、渔业用水按林果地灌溉(含果树、苗圃、经济林等)、草场灌溉(含人工草场和饲料基地等)和鱼塘补水分别统计。

(2)工业用水量按引水量(新鲜水量)计,不包括企业内部的重复利用水量。各工业行业的万元产值用水量差别很大,应将工业划分为火(核)电工业和一般工业分别进行用水量统计。

(3)生活用水按城镇生活用水和农村生活用水分别统计,应与城镇人口和农村人口相对应。城镇生活用水由居民用水、公共用水(含服务业、商饮业、货运邮电业及建筑业等用水)和环境用水(含绿化用水和河湖补水)组成。农村生活用水除居民生活用水外,还包括牲畜用水在内。

(四)用水量调查统计的要求

(1)农田灌溉、林果灌溉、草场灌溉用水量可根据取水口的取水过程线分别计算用水量;否则,可根据当地的作物灌溉定额、有效灌溉面积及灌溉水利用系数分别进行估算。

鱼塘补水应结合当地降水量、蒸发量等气象特点,养殖鱼类及其生长期进行估算。

(2)工业用水量统计中,对于有用水计量设备的工矿企业,以实测水量作为统计依据,没有计量设备的可根据产值和实际毛取水定额估算用水量,或根据同行业中技术水平相近的企业用水量指标,按产值和用水量类比确定其用水量。

(3)为便于对城市供用水量进行调查统计,在工业用水中应将城镇工业用水单列。

(4)城镇生活用水由自来水厂供水的,可采用自来水厂的计量设备实测供水量进行统计,其他水源供水的以供水设备计量的供水量统计。农村生活用水的统计可根据当地的人均生活用水量、各种牲畜头均用水量指标,和统计年鉴中人、畜统计数量进行估算。

(五)水资源供需分析和配置

(1)水资源供需分析在流域和省级行政区范围内以计算分区进行,对城镇和农村需单独划分,并对建制市城市单独进行计算。流域与行政区的方案和成果应相互协调和统一。

(2)水资源供需分析计算一般采用长系列、月调节计算方法;无资料或资料缺乏区域,可采用不同来水频率的典型年法。水资源供需分析时,除考虑各水资源分区的水量平衡外,还应考虑流域控制节点的水量平衡。

(3)水资源配置是指在流域或特定的区域范围内,遵循高效、公平和可持续的原则,通过各种工程措施与非工程措施,考虑市场经济的规律和资源配置准则,通过合理抑制需求、有效增加供水、积极保护生态环境等手段和措施,对多种可利用的水源在区域间和各用水部门间进行的调配。

(4)水资源配置以水资源供需分析为手段,在现状供需分析和对各种合理抑制需求、有效增加供水、积极保护生态环境的可能措施进行组合及分析的基础上,对各种不同组合方案或某一确定方案的水资源需求、投资、综合管理措施(如水价、结构调整)等因素的变化进行评价和比选,并提出推荐方案。推荐方案应考虑市场经济对资源配置的基础性作用,按照水资源承载能力和水环境容量的要求,最终实现设计水平年和规划水平年水资源供需的基本平衡。

(5)对干旱和半干旱地区及重点城市,在分析其水文情势和水资源配置推荐方案的基础上应制定遇连续干旱年或特殊干旱年的水资源调配方案和应急预案。

二、城镇供水工程

城镇供水工程包括水源工程、输水工程、净水工程、配水泵与管网等部分。城镇供水工程水利规划仅涉及净水工程以前(不包括净水工程)的部分,即水源与输水部分。影响城镇供水工程规模的主要因素是设计水平年选择、城镇需水量预测值。

(一)城镇需水量预测

城镇需水量预测是供水工程规划的基础,它与设计水平年的选取、经济社会发展规划、水资源开发利用政策、科技发展水平等因素密切相关。

1. 城镇需水量分类

城镇需水量是城镇用水量的总和。由于城镇涉及的行业多,用水量的构成极为复杂。从水利规划的角度出发,可以将城市需水量分为生活用水、工业用水、其他用水等。生活用水包括居民日常生活用水、公共用水与环境用水;工业用水为所有工业企业生产过程用水的总和;未计入上述水量中的城镇用水量均归入其他用水量中,如部分城市的菜地与果林的灌溉水量。

水利规划需水量分类对于大范围区域性规划是适用的,但在进行具体的城镇供水工程规划时并不方便。例如,作为城镇供水系统来说,很难将生活供水与工业供水完全分开。因此,在城市供水工程规划中,一般将城市需水量分为两大部分:第一部分为城市给水工程统一供给的水量,也就是城市自来水厂供给的水量,由居民生活用水、部分工业用水、公共设施用水和其他用水组成;第二部分为统一供给水量以外的所有需水量,包括大型企业的自备水源供水、河湖环境用水、航道用水、农业与养殖业用水等。

2. 水平年

设计水平年是规划目标实现的年份。城镇供水规划一般可考虑近期设计水平年和远期规划水平年,近期设计水平年为工程生效后的 10 ~ 20 年,远期规划水平年为规划编制后 20 ~ 30 年。

选定了设计水平年后,要对城镇发展的基本指标进行预测,城镇的发展范围、人口规模、工业结构与产值等。这些指标牵涉国家的宏观经济发展目标、地方经济的特点、地方政府的发展战略、社会的人文背景等。为了使社会经济预测指标具有相对可靠的基础,近期设计水平年应与城市总体规划水平年相协调。

3. 城镇需水量预测方法

城镇需水预测方法主要有:定额法、趋势法、弹性系数法、模型法等。

1) 定额法

定额法是根据经济社会发展水平、水资源市场变化趋势,预测将来各行业用水定额指标,进而估算需水量的方法。定额法概念明确、容易掌握,实际工程中使用较多,但分析各部门用水定额的工作量非常庞大。为了减少重复工作量,并统一规划标准,国家由专门机构通过对全国众多城市用水量的分析,并考虑节水技术、政策导向等因素,制定了城市需水量预测标准,即《城市给水工程规划规范》(GB 50282—98)(以下简称《给水规范》)。

《给水规范》将全国分为三区。一区属于水资源条件好的地区,二区属于半干旱地区,三区属于干旱地区。

各区内的城市按其人口规模分为特大、大、中、小四级。

对于三区四个等级的城镇,《给水规范》给出了各类用水的指标,如单位人口综合用水量指标、人均综合生活用水量指标、单位工业用地用水量指标等。

2) 趋势法

基于历年城镇需水量增长资料预测未来需水量的增长,常用的有回归分析法、指数平滑法等。

3) 弹性系数法

弹性系数法是根据某个部门需水量增长率与其主要用水项目增长率之间的比值(此

比值称为弹性系数）预测未来的需水量。需水量弹性系数的定义为：

$$c = \frac{\mathrm{d}p/p}{\mathrm{d}x/x} \tag{4-5}$$

式中　x——基准年某部门的特征值，如工业部门的产值；

p——基准年的需水量。

通常，根据统计资料和专家的判断，确定弹性系数 c，再根据国民经济发展规划确定特征值的增加值 $\mathrm{d}x$，则预测的需水量增加值为 $\mathrm{d}p = c \cdot p \cdot \frac{\mathrm{d}x}{x}$。弹性系数法将诸多复杂因素模糊化处理，简明扼要，便于掌握。

城镇需水量具有很大的伸缩性，《给水规范》给出的指标也存在很大的变化幅度。在进行需水量预测时，一般应采用多种方法进行，以便相互验证、综合比较选定。

4）模型法

模型法是根据自然界事物发展一般要经历初期缓慢、中期快速、后期平稳的规律，假定需水量随时间的增加是连续的，且具有缓慢增长、快速增长、保持平稳的发展历程，进而建立以时间为变量的微分方程，模拟需水量增长的时间变化趋势，预测未来某一时刻的需水量。

（二）城镇节水

我国属于水资源十分贫乏的国家，但水的浪费现象却十分严重。大力推行城镇节约用水，是解决城镇供水困难，减轻环境污染的一项基本策略。

1. 提高水的重复利用率和降低用水单耗

尽管城镇工业用水的部门千差万别，但节水的方向或核心是共同的，那就是提高水的重复利用率和降低用水单耗。

重复利用率的计算式为：

$$\mu = \frac{Q_{需} - Q_{供}}{Q_{需}} \tag{4-6}$$

式中　$Q_{需}$——总需水量；

$Q_{供}$——实际供给的水量。

计算重复利用率是在需水得以满足的前提下进行的。重复利用率计算式中需水量与供水量的差是水在生产活动中多次被重复利用的表现，相当于增加了实际总供水量。工业用水占城镇总用水量的主要部分，提高工业用水的重复利用率，可以有效控制城镇需水量的增长。

用水单耗是指制造单位产品所需要的水量。用水单耗下降体现了技术进步对减少生产过程用水量的作用。如我国生产每吨啤酒，由于发酵时间长、产量低，需要水 20～30 m^3，而引进的设备生产每吨啤酒需水仅为 8～12 m^3，节水效果十分明显。

《中国城市节水 2010 年技术进步发展规划》规定，到 2010 年，我国工业用水重复利用率要达到 75%，间接冷却水重复利用率要达到 97%，还规定了 17 大工业门类的主要工艺过程及产品的节水指标。

2. 利用价格杠杆控制用水量的增长

我国浪费水资源、污染水资源的情况十分普遍，其重要原因之一就是水价太低，以至于很难在公众中建立起水是一种宝贵资源的意识。

提高水的价格，可以有效扼制用水量的增长。统计资料显示，城镇自来水提价后，用水量都相应下降。世界银行 1991 年测算了发展中国家用水量关于价格的弹性系数为 -0.25，即水价每增长 1%，用水量减少 0.25%。

用水量与价格的关系曲线虽然总体上是减函数，但在价格较低段，用水量随价格增加而减少的幅度较小，即在水价较低时，少量提高水价对用水户的影响很小，还不能促成用户投入大量资金用于节水改造。只有当水价提高到使产品成本增长大于节水改造的资金投入时，才能使用水量显著下降。然而，当节水潜力充分挖掘后，基本的需求量无法再减少时，继续提高水价对用水量的控制作用就会减弱，甚至消失。

三、调水工程

调水工程是将丰水地区的水调往缺水地区，以解决缺水地区的供水问题。

(一)调水工程必要性论证原则

在判断调水工程必要性时，通常应遵循的原则如下：

(1)受水区经济社会的发展要适度，即在水资源先天不足的地区，经济社会发展的方向应是建设少用水的项目。

(2)受水区缺水严重，除从外流域调水外，还可以在当地找到其他方式解决缺水问题，包括污水的深度处理、生活与工业的节水措施、海水淡化等，但投入的资金超过了长距离调水的代价。

(3)水源区不会受到过大的伤害，即调水后不能降低水源区的用水保证程度，不会给水源区的生态环境带来重大影响。

(二)调水工程调水量的确定

调水工程规划的核心问题是确定调水量。影响调水量的主要因素是受水区需水量的预测、水源取水点上游来水量及未来用水量、水源取水点下游需水量、输水工程规模等。需水预测量大，输水工程的过水能力大，则调水量大；取水点上游或下游需要的水量大，则调水量小。

1. 受水区需水预测

受水区需水量与受水区范围、供水目标、降水情况、节水措施等密切相关。需水预测包括总量与过程的预测。通常，城镇生活与工业的需水是一个稳定的过程，而农业需水量与过程则取决于降水量和过程。在进行受水区需水预测时，应遵循经济社会发展规模与耗水量指标从紧的原则。

2. 调水水源的可调水量

调水水源可以提供的水量取决于取水点处的水资源量和上、下游地区的需水量，以及在水源区实施的补偿措施。水源点下游需水量是指水源地由同一水源供水地区的需水量。为减小调水对水源区影响的风险和对水源可调水量预测的风险，水源区需水量预测应按“适度从宽”的原则掌握，即水源区的经济社会发展规模应适当考虑大一些，耗水指标可考虑适当高一些。

此外，水源地采取的补偿措施越多，一般情况下可以调出的水量就越多。比如在取水点下游沿河岸修建必要的泵站，就可以降低下游两岸用水户取水时对河道水位的要求，则调水工程取水口处要求河流必须保持下泄的水量就可减少，从而增加了可调水量。

3. 输水工程的过流能力

调水量还受输水工程过流能力的影响。在水源水量充沛的情况下，调水量常常受输水工程过流能力的制约，因为太大的工程规模有时可能是不经济的。

影响调水量的"三要素"（受水区需水预测、调水水源可调水量、输水工程过流能力）之间存在很复杂的关系。受水区需水量和过程确定后，调水量与过程并不能立即确定，因为受水区还有当地的水资源及供水工程。必须将调水水源、受水区当地水源、水源区用水户、受水区用水户等，放在统一的大系统中，制定相应的水源使用顺序、用水户供水优先顺序等规则，经过系统的水文水利计算，才能计算出调水工程的调水量与相应的过程。由此可见，调水量是指有效的调水量，即受水区在充分利用当地水的前提下，能够使用的调入水量。遇受水区丰水时段，水源可以调出水，但受水区不需要，则此时段水源的可调水量不能算为调水量。

在制定系统的调度规则时，基本的准则是：各水源之间的物理关系、行政管理关系正确；各水源与各用水户之间的连接关系符合实际；各种水源都应得以充分利用；系统各用水户的供水保证率要达到分别规定的要求；系统中各水源要相互补偿，协调供水；水源区的用户供水保证率不得低于现状的水平；调水过程中的极大值流量应尽量小，以减小输水工程的规模；系统的能量消耗应尽量低。这些准则相互之间常常存在冲突，它反映了经济社会系统中各个部门之间的利益冲突。在进行调水工程规划时，需要仔细分析各种因素所处的地位，分清哪些是必须满足的目标，哪些是优化的指标，将那些必须满足的目标作为系统的约束条件，而将优化指标作为系统的目标函数，这就是系统工程的基本分析方法。

由于存在上述极其复杂的各种关系，在确定调水规模时，通常需要进行多次的反复计算和方案比较。一开始并不清楚受水区的范围究竟多大合适，水源供水量是否能满足受水区的需水要求，输水工程多大的规模合适。只有经过多方案的技术经济比较，才能提出受水区需水与水源区可供水协调、输水工程规模合适的方案。

第四节　灌溉工程

一、农田灌溉工程规划设计的主要内容和灌溉设计保证率

（一）农田灌溉工程规划设计的主要内容

（1）在调查灌区自然社会经济条件和水土资源利用现状的基础上，根据农业生产对灌溉的要求和旱、涝、洪、渍（碱）综合治理的原则，论证灌溉可供水量，进行灌区土地分类评价和水土资源平衡分析，确定灌区范围及适宜的灌溉面积，选定灌、排设计标准和灌排方式，以及灌区总体布置方案。

（2）根据气候、土壤、种植习惯、市场等条件，选择合适的作物种植比例。

（3）计算各种作物的灌溉制度，拟定分区的综合灌溉制度。

(4)选择合适的水源,经水文水力计算确定水源的各项特征参数和灌排渠系及建筑物的规模。

(5)制定田间工程典型设计和灌溉节水措施,估算灌区工程总投资。

(6)评价灌溉工程对环境的影响,提出解决措施。

(7)分析灌溉工程的效益,计算供水水价。

(8)制定灌区管理体制和灌溉管理措施。

灌溉制度是作物播前(或水稻栽秧前)及全生育期内的灌水次数、每次灌水的日期和灌水量的具体规定,它与农田水分状况、作物品种、气候条件等因素密切相关。灌溉制度的拟定是灌溉规划的基础,它直接影响水资源的供需平衡、工程规模和投资规模,是决策的基本依据。

灌溉管理包括工程管理、用水管理、生产管理和组织管理。用水管理是中心,即依据生育期天气状况,估计腾发量,推算土壤水分下限出现的时间和地块,确定灌水的时间和灌水量。在规划阶段,应提出管理机构的框架、工程管理的范围与内容、用水管理的基本方法。

灌溉工程规划常需要进行多次的反复。比如在初拟灌溉面积时,并不清楚水资源可否满足灌溉面积的需要,当经过水力计算,表明灌溉面积、作物种植比例、水源水量基本协调后,常常会遇到工程量太大,经济指标不好,或水价过高无法承受的矛盾。这都需要对初拟的方案进行不断的调整。

(二)灌溉设计保证率

灌溉标准是灌区规划设计的基础,通常以灌溉设计保证率或抗旱天数表示。灌溉设计保证率概念明确,量化指标清晰,大中型灌区一般都采用此标准。

(1)灌溉设计保证率是衡量灌区灌溉保证程度的指标,通常以一定时期内作物需水量得到满足的时段数占总时段数的比例表示。灌溉设计保证率越高,说明灌溉越有保障。

灌溉设计保证率的计算公式为:

$$P = \frac{m}{n+1} \tag{4-7}$$

式中 m——作物需水量全部满足的年数;

n——总的统计年数,按规范规定,总年数 n 不得少于 30 年。

由上式可知,灌溉设计保证率为年保证率,即在某一年中,若有一次灌溉不能满足作物的需水量,这一年就算做灌溉受破坏年份。

灌溉设计保证率高,则在相同的计算期内,农业生产所需要的水量被满足的年数多,这对农业生产是有利的。但如果保证率定得过高,将意味着在少数特别干旱年需要供给的水量增加,需要水源供水的能力也要增加,输水工程规模扩大,投资会迅速增加。在工程建成后,一般年份其供水能力不能充分发挥作用,因此技术经济上也不合理。在国家颁布的《灌溉与排水工程设计规范》(GB 50288—99)中,要求根据灌区的水文气象、水土资源、作物组成、灌区规模、灌水方法及经济效益等因素选择灌溉设计保证率。一般灌水方法越先进、水资源条件越好的地区,灌溉设计保证率越高;水稻的灌溉设计保证率比旱作物的要高;水稻区灌溉设计保证率一般采用 75% ~90%,旱作物区灌溉设计保证率一般采用50% ~75%，高价值经济作物的灌溉设计保证率比一般作物的要高。

(2)灌溉设计标准还可用“抗旱天数”表示，即灌溉设施在无降水的情况下能满足作物需水要求的天数。按《灌溉与排水工程设计规范》(GB 50288—99)的规定，单季稻灌区可用30 ~50 d，双季稻灌区可用50 ~70 d，经济较发达地区，可按上述标准提高10 ~20 d。

二、灌溉制度

灌溉制度可依据当地农村的灌溉经验，或依据灌溉试验资料确定。依据灌溉资料确定作物田间需水量更合理，但需要具备长期的试验资料及相应的气象资料，工作量较大。

(一)作物田间需水量

田间耗水量为农田总耗水量，包括植株蒸腾量、棵间土壤或水面蒸发量、田间渗漏量。前两项之和称为田间腾发量，也就是通常所说的作物田间需水量。计算田间需水量的方法有：

(1)以水面蒸发为参数的“α值法”。

(2)以气温为参数的“β值法”，本方法一般用于水稻需水量的计算。

(3)以产量为参数的“K值法”，只能预测作物总需水量，尚需考虑其他因素将其分配到作物各生育期内。

(4)以气温和水面蒸发为参数的多因素法，一般用于水稻需水量的计算。

(5)以产量和水面蒸发为参数的多因素法。

(6)将作物腾发看做能量消耗的过程，通过平衡计算求出腾发所消耗的能量，再将能量折算为水量，即得作物的田间耗水量的彭曼法。

(二)旱作物灌溉制度

1.旱地水分状况

在旱作物农田中，土壤中水由气态水、吸着水、毛细管水、重力水组成。气态水数量很少，吸着水不能移动，因此这两种形态的水分在灌溉计算中不考虑其作用。吸着水达到最大时的土壤含水率称为吸湿系数。重力水一般都下渗流失，且长期保留在土壤中将影响通气状况，对作物生长不利。

由此可见，旱作物能吸收的水仅为毛细管水，它分为上升毛管水和悬着毛管水。上升毛管水指由地下水面以上沿土壤毛细管上升的水分；悬着毛管水为土壤毛细管保持的地表入渗的水分。土壤最大悬着毛管水对应的平均含水率(相对土颗粒重)称为土层田间持水率。

土壤含水率过低，作物会因缺水发生永久性凋萎。作物发生永久性凋萎时土壤的含水率称为凋萎系数，一般为吸湿系数的1.5 ~2倍。凋萎系数与土壤性质、作物品种、土壤水质有关。

旱作物田间根系层允许平均最大含水率应小于田间持水率。旱地灌溉就是通过浇水，使土壤耕作层中的含水率保持在凋萎系数与田间持水率之间。

旱作物灌溉制度由播前灌水定额与生育区灌溉制度两部分组成。

2.旱作物播前灌水量

播前灌水的目的在于使农田保持作物种子发芽和出苗必须的土壤含水量，其计算公式为：

$$M_1 = \gamma H(\omega_{\max} - \omega_0)A \tag{4-8}$$

式中 M_1——播前灌水量，m^3；

γ——H 深度内的土壤平均重度，t/m^3；

H——土壤计划湿润层深度，m，根据作物主要根系活动层深度确定，不同生育期土壤计划湿润层深度不同，一般为 0.3～1 m；

$\omega_{\max}$——H 深度内土壤田间持水率（占干土重的比）；

ω_0——H 深度内播前土壤平均含水率（占干土重的比）；

A——作物种植面积，m^2，若取单位面积，则得播前灌水定额。

3. 旱作物生育期灌溉制度

将生育期分为若干时段，每一时段计算作物灌溉水量的公式为：

$$\omega_2 = \omega_1 - \frac{E - P_0 - W_k}{\gamma H} \tag{4-9}$$

$$M_2 = \gamma H(\omega_{\max} - \omega_{\min})A \tag{4-10}$$

式中 ω_2——时段末 H 深度土层内含水率（占干土重）；

ω_1——时段初 H 深度土层内含水率；

E——时段内作物田间需水量，按作物田间需水量中的方法计算；

P_0——时段内有效降水深；

W_k——时段内地下水补给量；

M_2——时段内灌溉水量；

$\omega_{\max}$——H 深度内土壤田间持水量，即允许土壤含水率上限，以田间持水量为灌水上限，可防止形成田间深层渗漏损失；

$\omega_{\min}$——H 深度内允许土壤含水率下限，应大于凋萎系数，根据经验，一般可取 $0.6\omega_{\max}$；

其他符号含义同前。

具体计算时，先求出时段末土壤含水率（从播种时为起点，逐时段向后演算），直至 ω_2 下降到允许含水率下限时，即为灌水时间，再按公式求出灌水定额；灌水后以 $\omega_1 = \omega_{\max}$ 为新的起点，继续向后演算，直至收获时止。在上述计算中，若 A 取为单位面积，则可拟定出全生育期的灌水次数、灌水时间及灌水定额。生育期各次灌水定额之和为生育期灌溉定额。

（三）水稻灌溉制度

水稻灌溉制度由泡田期与生育期两部分组成。

1. 泡田期需水量

泡田期需水量由下式计算：

$$M_1 = (c + S + et - P)A \tag{4-11}$$

式中 c——插秧时田面所需水层深，一般为 0.03～0.05 m；

S——以水深表示的泡田期总渗漏量；

e——以水深表示的单位时间内水面蒸发量；

t——泡田期时间长度；

P——泡田期总降雨深；

A——水稻种植面积，当 A 取为单位面积时，可计算出泡田期用水定额。

2. 生育期灌溉需水量

水稻生育期田间水量平衡方程为：

$$h_2 = h_1 + P - E - F - C \tag{4-12}$$

式中 h_2——时段末田面水层深度，不小于允许水深下限 h_{min}；

h_1——时段初田面水层深度，不大于允许水深上限 h_{max}；

P——时段内降水深；

E——时段内作物田间需水量，按作物田间需水量中的方法计算；

F——以水深表示的时段内稻田适宜渗漏水量，据经验，水稻田面下存在透水性弱的"犁底层"，一般使稻田的日均渗漏量降至 2 ~ 3 mm，对于长期淹灌的稻田，土壤中因氧气不足会产生有毒物质，可通过增加稻田渗漏量消除这些有毒物质；

C——时段内稻田排水深。

水稻生育期灌溉需水量由下式计算：

$$M_2 = (h_{max} - h_{min})A \tag{4-13}$$

水稻生育期灌溉需水量(M_2)确定的关键是维持淹灌水层深度在允许的上下限之间。首先应通过调查或试验拟定水稻生育期内淹灌、湿润灌和晒田时间以及淹灌水深上下限，然后分别按不同条件，分时段进行演算。将淹灌期与湿润灌期各时段灌水量相加，即为水稻生育期灌溉总需水量。当公式中的 A 取为单位面积时，即可求得水稻生育期的总灌溉定额和灌溉制度。

(四)设计灌水率

设计灌水率定义为每万亩[1]灌溉面积在规定保证率下的灌溉需水量。不同作物、不同地区、不同的灌水技术，设计灌水率存在较大差异，在进行灌溉制度设计时应收集这方面的信息，以判断所拟定的灌溉制度的合理性。

(五)渠系水利用系数和灌溉水利用系数

1. 渠系水利用系数

渠系水利用系数指灌溉渠系从渠首引入总干渠阶段的总用水量与经过各级渠道，包括末级固定渠道的渗漏、蒸发、漏水、跑水、泄水等各种工程和管理损失后进入田间的总水量的比值。渠系水利用系数也可用灌溉渠系的净流量与毛流量的比值作为渠系水利用系数，用符号 η_s 表示。它反映整个渠系的水量损失情况。

渠系水利用系数等于各级渠道水利用系数的乘积，即：

$$\eta_s = \eta_{干} \cdot \eta_{支} \cdot \eta_{斗} \cdot \eta_{农} \tag{4-14}$$

式中 $\eta_{干}$、$\eta_{支}$、$\eta_{斗}$、$\eta_{农}$——干渠、支渠、斗渠、农渠的渠道水利用系数。

渠道水利用系数一般可用下式求得：

---

[1] 1 亩 = 1/15 hm^2。

$$\eta_0 = \frac{Q_{dj}}{Q_d} \tag{4-15}$$

式中 η_0——渠道水利用系数；

Q_{dj}——渠道净流量，m^3/s；

Q_d——渠道毛流量，m^3/s。

渠道输水损失流量可按下式计算：

$$Q_L = \sigma L Q_{dj} \tag{4-16}$$

式中 Q_L——渠道输水损失流量，m^3/s；

σ——每千米渠道输水损失系数，可用经验公式计算；

L——渠道长度，km；

Q_{dj}——渠道净流量，m^3/s。

2. 灌溉水利用系数

实际灌入农田的有效水量和渠首引入水量的比值称为灌溉水利用系数，用符号 η 表示。它是评价渠系工作状况、灌水技术水平和灌区管理水平的综合指标。可按下式计算：

$$\eta = \frac{A m_n}{W_q} \tag{4-17}$$

式中 A——某次灌水的全灌区的灌溉面积，亩；

m_n——净灌水定额，m^3/亩；

W_q——某次灌水渠首引入的总水量，m^3。

3. 渠系水利用系数与灌溉水利用系数的关系

根据《灌溉与排水工程设计规范》（GB 50288—99），两系数的关系如下式：

$$\eta = \eta_s \cdot \eta_f \tag{4-18}$$

式中 η_f——田间水利用系数，指灌入田间的有效水量和末级固定渠道引入水量的比值。

从上式可以看出，灌溉水利用系数综合考虑了渠系水利用和田间水利用的效率。

（六）综合灌溉定额与综合灌溉制度

灌区内一般均种有多种作物。在求得灌区内主要作物的灌溉制度后，可根据作物的种植比例计算综合灌溉制度：

$$m_{综} = \sum_{i=1}^{n} a_i \cdot m_i \tag{4-19}$$

式中 a_i——第 i 种作物种植面积占全灌区面积的比；

m_i——第 i 种作物某次灌水定额；

$m_{综}$——全灌区某次灌水的综合定额；

n——灌区内主要作物的种类数量。

综合灌溉制度的年平均值 $M_{综}$ 即为综合灌溉定额。计算综合灌溉定额的目的有三：一是，将其与已建成的类似灌区的综合灌溉定额进行比较，判断其合理性；二是，可以根据灌区内局部地区作物种植比例，调整综合灌溉制度，从而快速确定该区的灌溉需水量和过程；三是，根据水源供水能力确定灌溉面积，即：

$$S = \frac{W_{源} \cdot \eta}{M_{综}} \tag{4-20}$$

式中 S——灌溉面积；

$W_{源}$——水源可提供的灌溉水总量；

η——灌溉水利用系数。

灌溉用水量是指灌溉面积上需要水源供给的灌溉水量。

三、灌溉需水量和农业节水灌溉

（一）灌溉需水量

灌溉需水量是指灌溉土地需从水源取用的水量，它根据灌溉面积、作物种植情况、土壤、水文地质和气象条件等因素而定。灌溉需水量一般采用长系列资料进行计算分析。

在灌溉面积、灌溉制度确定后，即可用下式求得净灌溉需水量 $W_{净}$：

$$W_{净} = mA \quad (m^3) \tag{4-21}$$

式中 m——灌溉定额，m^3/亩；

A——灌溉面积，亩。

灌溉水由水源经各级渠道输送到田间，有部分水量损失掉（主要是渠道渗漏损失），故要求水源供给的灌溉水量（称毛灌溉水量）为净灌溉水量与损失水量之和，这样才能满足田间得到净灌溉水量的要求。毛灌溉需水量 $W_{毛}$ 用下式计算：

$$W_{毛} = \frac{W_{净}}{\eta} \tag{4-22}$$

式中 η——灌溉水利用系数；

其他符号含义同前。

（二）农业节水灌溉

1. 农业节水的概念

农业节水就是指采取工程措施和非工程措施，减少农业区内用水各个环节中的无效消耗和浪费，提高用水的有效性。农业灌溉节水包括作物种植技术方面的节水、灌溉工程方面的节水和农业用水管理方面的节水。

2. 农业节水的指标体系

1）总体要求

节水灌溉工程建成投入使用后，正常水文年份单位面积用水量应较建成前节约 20% 以上，粮、棉总产量应增加 15% 以上。

2）地面灌溉的水利用系数

按节水标准，渠系水利用系数，大型灌区不应低于 0.55；中型灌区不应低于 0.65；小型灌区不应低于 0.75；井灌区渠道不应低于 0.9；管道不应低于 0.95。

田间水利用系数，水稻灌区不宜低于 0.95；旱作物灌区不宜低于 0.90。

3）喷灌、微灌技术要求

喷灌、微灌的水利用系数分别不低于 0.8、0.9，灌水均匀系数分别不低于 0.75、0.9，灌溉保证率不低于 85%。

4)水分生产率

水分生产率计算公式为：

$$I = y/(m + p + d) \tag{4-23}$$

式中 I——水分生产率，kg/m^3；

y——作物生产量，kg/hm^2；

m——净灌溉水量，m^3/hm^2；

p——生育期内有效降水量，m^3/hm^2；

d——地下水补给量，m^3/hm^2。

节水灌溉工程实施后，水分生产率应提高20%以上，且不应低于1.2 kg/m^3。

3.农业节水的主要措施

(1)充分利用天然降水，如平整土地、建蓄水池和水窖、使用保水剂、井渠结合灌溉等。

(2)修建节水工程，如渠道防渗、低压管道输水等。

(3)采用节水型地面灌溉方法(小洼灌、波涌灌、膜上灌、水平畦田灌)，推广喷灌与微灌技术。

(4)采用节水灌溉模式，如水稻的薄浅湿晒灌溉模式、旱作物的非充分灌溉模式等。

(5)改良种植技术，如对土地进行深松耕、覆盖保墒、施用化学抑制蒸发蒸腾剂、采用抗旱品种等。

(6)建立节水管理体制和制度，合理征收水费，科学预报作物灌溉水量，指导农户合理安排灌水时间和灌水量。

第五节　河道整治

一、河道整治主要任务

天然冲积河流，由于具有可动边界及不恒定的来水来沙条件，必然是变化不定的。而这些冲淤变化过程不一定有利于人类的生存和生产活动，河流在很多情形下，对人类的生活、生产活动产生巨大的破坏作用，因而必须采取工程措施加以整治。河道整治是研究河道治理措施的学科，也称治河工程。

冲积河流的河床，在水流与河床的相互作用下，由于输沙不平衡，每时每刻都可能发生冲淤变化。在一定的水流条件下，某些河段的冲淤幅度和冲淤强度往往比较大，对国民经济各部门会产生一些不利影响。我国劳动人民在长期实践中，在采用各种工程措施进行河道整治方面积累了丰富的经验。如沿江河两岸修筑堤防，扩大洪水泄量，阻挡洪水泛滥；采用护岸工程防止河岸崩塌；采用控导工程调整河势；以及采用挖泥(人工和机械、陆上和水下)、爆破等手段，开辟新河道(开挖人工运河)、整治旧河道(浚深)及人工裁弯取直等。总之，河道整治是在总体规划的基础上，通过修建整治建筑物或采用其他整治手段(如疏浚、爆破等)，调整水流结构及局部河床形态，使河床向着有利的方向发展。

河道整治规划是流域规划的一部分。河道整治必须与流域的治理协调进行。开展全流域的综合治理，改善河流的水沙条件，同时进行河道整治，改变河床边界条件，河道状况才可能得到根本改善。河道整治规划一般包括洪水整治规划、中水整治规划和枯水整治规划三个门类。

所谓河势是指一条河流或一个河段的基本流势,有时也称基本流路。河势规划的任务是在分析研究本河段河床演变规律及水沙运动特性的基础上,综合考虑国民经济各部门的要求,规划出合理可行的基本流势。而这种基本流势的形成,则是结合河流的自然发展趋势,通过各类整治建筑物或整治手段来实现的。

河势规划是从宏观上控制河床演变,应遵循因势利导、综合治理的原则,统盘考虑上、中、下游,左、右岸经济发展的远景规划,充分运用河床演变的基本规律,才能顺利实施。此外,不同类型的河段有其独特的演变规律,应针对不同河型的河势规划要点设计施工,才能实现整治规划意图。河势规划是一个系统工程,在主体工程竣工后,应逐步实施配套及续建工程,使之成为完整的、科学的整治规划体系。

河道整治必须有明确的目的性,根据不同的目的进行整治规划和布局。在通航河流上数百年来的整治和科研经验的基础上,创造了在浅滩上和其他通航困难河段上布置建筑物的多种方案。这些方案归结起来为两种体系:长河段的整治及局部河段的整治。一般情况下,长河段的河道整治目的主要是为了防洪和航运,而局部河段的河道则是为了防止河岸坍塌和稳定工农业引水口以及桥渡上下游的工程措施。防洪要求河道有足够的泄洪断面,河线比较规顺,河岸及河势比较稳定,以保证堤防的安全。航运要求水流平顺,深槽稳定,保证有一定的水深和流速,并避免产生险恶的流态。工农业引水也要求河道比较稳定,并维持一定的水位,以保证引水,使引水口进入泥沙较少。

二、河道整治规划

在实施河道整治工程措施以前,必须编制整治规划。

(一)编制河道整治规划的原则

河道整治规划应根据流域规划所制定的基本原则来编制。河道整治的基本原则是"全面规划,综合治理,因地制宜,因势利导",对于不同河道、不同时期,其整治目的不尽相同,具体的整治原则也不可能完全一致。

1. 全面规划,综合治理

全面规划是从全局出发,兼顾上下游、左右岸、干支流等各方面,使整体利益获得最大。综合治理是把各种整治措施密切配合、相互为用。例如,以防洪为主的河道整治,应该把拦、蓄、分、泄结合起来,以组成完整的防洪体系;以航运为主的河道整治,应该把径流调节、河道渠化、整治、疏浚航道、设置航标等结合起来;对不同的河段,不同时期,采取不同的整治措施。此外,防洪和航运也要相互配合,过多地修筑航道枯水整治建筑物,可能会造成洪水位的增高或使洪水河势恶化。不恰当的防洪整治,也可能使航道恶化。

2. 因势利导,重点整治,巩固阵地,由点到线

河道是处在不断演变过程之中的,整治时要善于利用其有利形势,才能达到整治的目的,获得事半功倍的效果。所谓因势利导,是就时间、地点和问题的性质而言的。

(1)河道目前的形势正好对国民经济发展有利,就应设法将其固定下来。

(2)河道目前的形势对国民经济发展虽不十分有利,但正在向好的方向发展,这时可

适当等待或采取必要的整治措施加快其发展，然后将其固定下来。

(3)河道目前的形势已对国民经济发展不利，同时还在向更不利的方向发展，这时就需要采取一些整治措施，以控制河道的发展过程，使其转为向有利的方向发展。河道整治工程，往往工程量很大，只能逐步选择与国民经济关系密切而又危害很大的重点河段来进行整治。在河道需要进行全面整治时，也首先集中力量控制几个关键性的重点，巩固阵地，以控制全河形势，然后由点到线，进行全面整治。

3. 因地制宜，就地取材

河道整治工作规模大，需用人工、财物多，为了减轻运输负担、争取时间，必须就地取材，因地制宜地修建与当地材料相应的整治建筑物。例如，四川的都江堰，就是利用当地的竹木、卵石等材料做成杩槎、卵石竹笼修建整治建筑物的。

(二)国民经济各部门对河道的要求

1. 防洪对河道的要求

在我国主要江河的治理中，无论南方或北方、山区或平原，防洪任务都十分繁重。防洪对河道的要求是：

(1)各个河段必须有足够的过水断面面积宣泄相应的设计洪水流量，能承受相应的洪水水位。

(2)河道应较平顺，无过度弯曲或过分束窄的河段，否则，汛期泄洪不畅。

(3)为防止洪水漫溢或增加泄流断面面积和槽蓄作用而修建的堤防，应有足够的强度。

(4)在河道的某些地方，由于水流或波浪的冲击作用，河岸可能发生崩岸，危及堤防的安全，应采取相应的整治措施，控制河势，限制河岸崩塌。

2. 航运对河道的要求

航运对河道的要求含航道和码头对河道的要求。内河航运因具有成本低、运载量大等优点，在国内外交通运输中占有重要位置。世界上许多城镇和重要企业均沿江河而建，同时也促进了水运事业的发展。

航道对河道要求主要体现在航道尺寸上，即要求有一定的航道深度、足够的航道宽度、较大的曲率半径，以保证枯水时航运的要求。码头对河道的要求是深槽稳定，有较大的边滩且具有较大的稳定性，近岸水流条件好等。另外，航行过程中要求河道水流平顺稳定，无险滩暗礁、过窄卡口等。

3. 其他部门对河道的要求

(1)取水工程所在河段的河道应稳定，既无严重的淤积，又无急剧的冲刷，以保证主流流经取水口以及取水建筑物的安全。

(2)桥渡附近河道的河势必须比较稳定，水流平稳过渡，防止河势变化引起主流摆动而冲毁桥头、桥墩或引堤，造成严重的折冲水流，加剧河床冲刷，危及桥渡安全。

(3)城市建设及土地资源部门要求河道稳定，不致因为崩岸而受到影响。

上述国民经济各部门对河道的要求虽不尽相同，但都需要有一个稳定通畅的河道，随着国民经济的发展，其标准也在不断提高。

通过整治，使河道完全满足国民经济各个部门和地方所提出的要求，有时是有困难的，甚至是矛盾的。因此，在解决具体问题时，一方面要考虑各部门对河道的要求；另一方面也要考虑通过河道整治实现这些要求的可能性。只有将二者结合起来统筹规划、综合比较、权衡利弊，才能做出正确决策。

（三）整治方案

进行河道整治时，首先要确定整治标准。整治标准一般包括：设计流量、设计水位、设计河段纵横剖面、整治线的形式和尺寸等。整治标准与整治对象是洪水河槽还是中水河槽或枯水河槽等有关。因此，在确定整治标准时，必须研究整治对象，同时还必须从河道演变角度来考虑三种河槽之间的相互影响。

1. 洪水河槽的整治

洪水河槽的整治，主要是为了防洪。由于中水河槽水深大、糙率小，其宣泄的流量远大于滩地所通过的流量，因此洪水的宣泄主要靠中水河槽。而滩地的作用，除宣泄部分流量外，其主要作用在于增加槽蓄，调节径流，削减洪峰。为了扩大河道的泄洪量，有时也须进行中水河槽的整治。至于河岸的坍塌，则中水河槽直接受到破坏，对洪水河槽的影响就更大了。

洪水河槽洪峰流量和水位，一般用于设计堤防高程、估算局部冲刷坑的深度及范围或校核各类整治建筑物结构的安全性。

整治洪水河槽，首先需确定设计洪水流量，再推求相应的设计水位。这是因为某些河段由于河床冲淤变化较大，不同时期的流量水位关系可能相差较大。设计洪水流量的选择是根据某一频率的洪峰流量来确定的。频率的大小视工程的重要性而定，特别重要的地区可取1% ~0.33%；重要地区可取2% ~1%；一般重要地区可取5% ~2%；一般地区可取10% ~5%。

2. 中水河槽的整治

中水河槽的整治，对国民经济而言，虽然缺乏明确的目的性，但对水流和河道的平顺，对主流和河槽的稳定，却起着很大作用。从河道演变理论可知，强烈的造床作用总是在大水和中水时进行的，如果能控制中水河槽，就能控制住整个河道演变过程，枯水和洪水河槽就不可能发生很大的变化。因此，整治好中水河槽，对国民经济中某些主要部门如防洪、航运和引水等，是带有根本性利益的。

中水河槽的设计流量和设计水位。由于中水河槽主要是在造床流量作用下形成的，其治理相当于是在造床流量条件下进行的河槽治理，其设计流量和设计水位的确定也即为造床流量及水位的确定。一般情况下，平滩流量接近造床流量，可直接采用平滩条件下的流量和水位作为中水河槽的设计流量和设计水位。

3. 枯水河槽的整治

枯水河槽的整治主要是为了航运。但航道在枯水期之所以妨碍航运，往往是由洪水期或中水期造成的。也就是说，在洪水期或中水期已孕育了妨碍航运的问题，在枯水期予以暴露。因此，要解决枯水期的航运问题，有时须从整治洪水（或中水）河槽人手。

以解决航运问题为目的的枯水河槽治理，主要在于保证航深。因而，确定设计枯水位是关键性的问题。确定这一水位的方法有两种，一种是由长系列、日平均水位的某一水位保证率来确定。保证率的大小，视航道的等级而定，一般采用90% ~95%。另一种是采用多年平均枯水位或历年最枯水位为枯水河槽的设计水位,而后根据其水位,求出相应的流量,即为枯水设计流量。另外,在河道整治中,常常需要以设计枯水位为界,来确定整治措施是采取护脚工程还是护坡工程。

在某一具体情况,究竟应该以整治哪一种河槽为主,应根据整治的目的、河道特性及整治条件等进行具体分析研究确定。

三、河道整治主要措施

河床整治作为一种工程技术手段,其目的在于控制河床演变的发展方向,使之有利于人类的经济活动。正确的河床整治工程必须建立在对河床演变的正确理解及掌握的基础之上,进行河床整治工程的难点不在于建筑物本身,而在于整治建筑物所激起的河床演变是否朝预期的方向发展。

(一)顺直型河段的整治

顺直型河段的演变特点是交错边滩在水流作用下,不断平行下移,滩槽易位,主流则随边滩位移而变化。所以,主流、深槽和浅滩位置难以稳定下来,对防洪、航运、港埠和引水都不利。因此说,顺直的单一河型并非稳定河型,那种希望把天然河道整治成顺直渠槽的做法,从稳定河势的角度来看,并不可取,也难实现。对于顺直型河段的河势控制,要着重研究边滩移动规律,当河势向有利方向发展时,因势利导,及时将边滩控制稳定下来。边滩稳定以后,在横向环流的作用下,河湾将继续发展,边滩也进一步淤长,当基本形成具有适度弯曲的连续河湾时,再将凹岸一侧守护起来,这样整个河段的河势也就会稳定下来。综上所述,顺直型河段的整治的基本原则是固定边滩,使其不向下游移动,从而达到整个顺直型河段处于稳定状态的目的。

固定边滩的工程措施,多采用淹没式丁坝群,坝顶高程均在枯水位以下,且一般为正挑式或上挑式,这样有利于坝挡落淤,促使边滩的淤长。在多泥沙河道上,也可采用编篱杩槎等简易措施或其他促淤设施,防冲落淤。当边滩个数较多时,施工程序应从最下游的边滩开始,以后视下游各边滩的变化情况逐步进行整治。

(二)蜿蜒型河段的整治

蜿蜒型河段是冲积平原河流最常见的一种河型。就航运而言,随着河曲的不断发展,弯道曲率半径过小和中心角过大,通视距离不够,船队转向受到限制,操纵困难,容易撞击河岸或上下船队可能因避让不及而造成海事。这种弯道的进出口,由于水深变化急剧,水流湍急,流态紊乱,航行甚为困难。除这些不利因素外,这种弯道的曲折系数大,航行里程长,时间久,降低了船舶的周转率,同时还增加了航标的维护费用,反之,弯道曲率半径过大,中心角过小,对航行也有不利之处。在这种弯道的凹岸深槽内,可能出现心滩,使枯水航道迂回曲折,不利航行。过渡段的长短对航运条件也有影响:过短,则在过渡段上会出现上下深槽交错的浅滩;过长,则会出现复杂浅滩,两者都对航行不利。凹岸的冲刷面是构成河道演变的关键,在整治时,这便是主要的着眼处。因此,蜿蜒型河段的整治,根据河段形势可分为两大类:一为稳定现状,防止其向不利的方向发展;一为改变现状,使其朝有利的方向发展。

稳定现状措施,主要是当河湾发展至适当弯曲的河段时,对弯道凹岸应加以保护,以防止弯道的继续恶化。只要弯道的凹岸稳定了,过渡段也可随之稳定。其主要采用的是护岸工程,改变现状措施主要是因势利导,通过裁弯工程将迂回曲折的河道改变为有适度弯曲度的连续河湾,再将河势稳定下来,获得防洪、航运和满足沿河国民经济建设需要的综合效益。

人工裁弯引河开挖断面的设计原则是:在保证引河能够及时冲开,以满足国民经济各部门的要求,特别是航运部门要求的前提下,力求土方量最少,设计内容应包括引河河底高程和横断面尺寸。

(三)分汊型河段的整治

分汊型河段一般在其上下游均有节点控制,其演变特征主要表现为主、支汊的交替兴衰,但周期较长,长江中下游分汊河段主、支汊易位短者四五十年,长则一百多年。因此,相对来讲这类河道的河势也是比较稳定的。对于分汊河段的整治,首先应稳定上游河势,利用工程措施调整水流,至于本河段的河势控制,则应根据河势发展趋势和国民经济建设的需要,或采用工程措施,稳定主、支汊分流比,或采用堵汊并流,塞支强干等各种方案。当汊道分流对沿岸国民经济各部门都有利,河势也比较稳定时,可采用护岸及鱼嘴工程将汊道进出口和江心洲固定下来。分汊河段的整治,应根据航行上的需要进行,整治前在充分分析研究其水流泥沙特性和演变规律的基础上,提出整治措施和方案。每一个具体分汊河段的水流泥沙特性和演变规律都不尽相同,因而整治的原则和方法也应具体制定。

对分汊河段的整治,从实际出发,对不同的汊道采取不同的整治方法。在实践中,整治汊道的一般原则为:

(1)当通航汊道流量足够时,宜稳定流量分配,保持分汊现象。

(2)当通航汊道来沙较多或流量不足时,可部分堵塞非通航汊道,改变汊道之间的分流比、分沙比。

(3)当通航汊道处于淤积、衰退状态,而非通航汊道却处于稳定、发展状态时,可考虑开辟非通航汊道。

(4)通航汊道内的浅滩,可按单一河槽浅滩整治的原则和方法进行整治。当通航汊道流量增大,应考虑流量增大后对浅滩的影响,往往需采取一些相应的整治措施。

(四)游荡型河段的整治

多沙游荡型河段的整治必须采取综合措施,包括在泥沙来源区进行水土保持、支流治理和在干支流上修建水库。与此同时,在下游进行河道整治,把宽浅散乱的河道整治成较规顺、稳定的河道。此外,还应在滩区采取生物措施和工程措施相结合的办法,防止水流漫滩后,滩面串沟或洼地夺流,引起河势大的变化。整治的目的主要是防洪,其次是保证引水及滩地利用等。

游荡型河段在自然情况下整治的主要任务是控制河势,控制河势的措施主要是护岸、护滩工程,此外还涉及到堤防工程。控制河势最主要的目的是控制主流,固定险工,以保护堤岸。为此,必须修建护岸工程。由于游荡型河段主流摆动频繁且缺乏已定的规律性,难以估计其顶冲部位,一般是根据汛后变化了的河势,实地查勘,运用以往经验来预估可能发生的变化,然后确定需要护岸的部位。河势的控制、险工位置的固定,除有赖于护岸工程外,还与滩地能否得到保护有关。护岸、护滩工程,一方面能直接保护岸滩免受冲刷,另一方面通过对险工的保护还能达到控制河势导引主流的目的。故修建在险工处的护岸、护滩工程在黄河上又叫控导工程。

游荡型河段上的控导工程,因工程型式的不同,其控制作用也各异,大致可分为平顺型、凸出型和凹入型三类。平顺型险工的特点是外形比较平顺,这类险工易受上游河势的影响,不能很好地控制河势;凸出型险工的特点是外形比较显著地凸出河中,这类险工有显著挑流作用,能将主流挑向对岸预定的部位,但主流顶冲险工后,由于险工外形凸出,出水方向就不稳定,不能很好地控制河势;凹入型险工的特点是,外形为凹入的弧形(如弯道的凹岸),这类险工能经常靠流,且靠流范围长,变化小,水流经过险工后,出水方向颇为稳定,能顺着凹岸弧线平顺地流出,既能迎托水流,又能导引水流,在控制河势方面比平顺型和凸出型都好。

控导工程用于固岸保滩,可以看成堤防工程的前卫,因为岸滩位移堤防前沿,因此布置控导工程时必须综观全局,上下游呼应,左右岸兼顾,作为整体来统一考虑,才能受到预期的效果。

护滩工程还需与滩区治理结合起来,这是因为在护滩工程生效、流路相对稳定的条件下,滩区将出现较大的横比降,并形成众多的串沟与堤河。为此,应该采取的工程措施是,有计划地在滩区放淤,消灭串沟及堤河,使滩槽能基本上做到同步抬升。

(五)浅滩的整治

天然河道上往往存在着许多浅滩,水深很浅,影响船舶通行,严重阻碍航运事业的发展。因此,必须对这些阻碍航运的浅滩进行整治。

平原河流的沙质浅滩,是水流与河床相互作用的产物,是河床形成、发展变化的一种主要形式。沙质浅滩的整治,不是企图消灭浅滩,而是为了改善浅滩的通航条件。

从浅滩成因和演变中得知,在水流与河床这一对矛盾中,水流(指挟沙水流)是矛盾的主要方面。浅滩的形成和演变主要是由取得支配地位的水流决定的,亦即主要由来水来沙条件所决定。河床一般处于被动地位。因此,在浅滩整治中,应从整治水流入手。水流整治好了,河床便有可能向着所要求的方向发展。

由于沙质浅滩的床沙粒径较小,相应地其起动流速亦较小。整治后,浅滩流速虽将有所增加,但仍小于航行允许流速,不至于影响船舶的航行。

不同的河流和浅滩特性,整治原则应有所区别。中小河流沙质浅滩的整治,是以筑坝为主,束窄河床,集中水流冲刷航槽,导引泥沙进入坝田,以加高、加大边滩,促使不良过渡段向优良过渡段的方向发展。只有在河床难以冲刷的部位,才辅以疏浚。大河沙质浅滩的整治,由于情况复杂,筑坝工程量大,涉及面广,现阶段一般仍采用疏浚的方法来改善通航条件,但在掌握了浅滩的演变规律以后,也可布置整治建筑物进行整治。而且,为了稳定挖槽,巩固和发展疏浚效果,适当地辅以整治建筑物也是必要的。湖区浅滩的整治,通常亦以疏浚为主,但在水文条件比较复杂的河口,湖口浅滩,以及壅水期长、顶托严重的浅滩,则宜采取疏浚与整治相结合的方法进行。

如果浅滩河床由卵石或黏土等难以冲刷的土质组成,则其整治原则应以疏浚为主,筑坝防淤为辅。因为,对于该类浅滩,单独采用整治工程冲刷航槽,势必使浅滩流速大于航行允许流速,造成船舶航行困难,甚至无法航行。

由于浅滩状况错综复杂，即使是同一类型浅滩，在不同的河流上或者在不同的河床组成情况下，其整治原则与方法可能是不同的。因此，在实际工作中，应根据浅滩的河床质和施工机具设备，分别采取单一的或综合的整治措施。

在采取整治措施，固定上、下边滩或堵塞非通航汊道时，应注意着重研究对岸或通航汊道沿岸的岸线是否会遭到冲刷，是否与防洪有矛盾。必要时，应采取适当的护岸措施，加以保护。

浅滩整治主要是为了改善浅滩河段通航条件而进行的局部河段的河道整治。主要措施：一是修建整治建筑物（如丁坝），束窄水流，固定上边滩和下边滩，堵塞汊口，稳定和调正岸线，保证航道尺寸；二是疏浚措施，用挖泥船浚深拓宽航道，维护航道尺寸。

第六节　综合利用水库

具有多功能的水库，称为综合利用水库。一般说来，水库都是综合利用的，实际上很少或几乎没有单一功能的水库。这是因为只有综合利用水库，才能经济有效地开发利用水资源，达到一水多用、一库多利，尽量发挥工程综合效益的目的。综合利用既是进行水库设计、开发水资源的一个根本原则，也是水库运用操作的一项基本策略原则。

一、综合利用水库规划基本概念

（一）综合利用任务和顺序的确定

1.水库可能担负的综合利用任务

水库可能担负的综合利用任务，大致包括防洪、发电、灌溉、航运、供水、养殖、旅游及改善环境等许多方面。它们都需要一定的库容，以达到各自调节流量的特定目的。有些部门间所需的库容，可以在一定程度上结合共用（如防洪与兴利、发电和下游灌溉、航运），而有些则不能结合（如坝上引水与发电用水）。

各用水部门在水头要求上也有互相适应或互相矛盾的情况。如筑坝抬高水位，使水电站落差增大、自流灌溉控制面积增大、上游航深增加，航线也缩短，同时由于水库调节性能增加，使枯水期通航流量、发电流量也增加，这些都是互相适应的一面。但另一方面，由于灌溉、航运的需要，可能限制水库消落深度，使调节性能降低，对发电不利；电站日调节时下游的不稳定水流，又可能增加航运困难；防洪与兴利要求之间的矛盾更多。因此，从经济意义来看，为了最大限度地发挥水库的综合经济效益，无论在规划设计中或运行调度中都应着重研究如何协调各用水部门的要求，研究有关参数（如库容、供水量等），以便更好地发挥和实现水库的综合利用。

2.确定设计工程的综合利用任务及其顺序主要依据的原则

（1）要符合《中华人民共和国水法》的要求。《中华人民共和国水法》第二十条规定：“开发、利用水资源，应当坚持兴利与除害相结合，兼顾上下游、左右岸和有关地区之间的利益，充分发挥水资源的综合效益，并服从防洪的总体安排。”

（2）以流域综合规划、专业规划的安排为基础论证确定。在流域的综合规划与专业规划中，对流域治理开发任务已进行了研究，并在总体规划中对如何实现这些任务作出了一定的安排。在设计本工程时，就应当以规划安排的任务为基础，做进一步调查、研究、分析、论证后确定。

(3)要依据社会经济发展的需要。针对提出建设本工程的社会经济发展需要，来确定应承担的任务及其主次。

(4)本工程的地形地质、气象水文、社会经济、环境影响等具体情况，是确定本工程承担任务的可能条件。

根据以上原则，在具体确定本工程应承担的任务及其主次时，可考虑以下方面：

(1)应当从社会经济可持续发展的需要出发，尽可能多地考虑水资源综合利用的各个方面，进行分析论证。

(2)防洪是一项社会公益性事业，应当大力支持。从需要与可能出发，各水利枢纽应根据自身的条件合理承担一定的防洪库容，同时尽可能做到防洪与兴利相结合。以防洪为主的综合利用水库，防洪库容根据需要确定，同时要为发挥兴利效益创造较好的条件。以发电、灌溉等兴利任务为主的水利枢纽，防洪库容安排以少影响基本的兴利效益为原则，并采取合理可行的调度措施促使防洪兴利在库容上较好地相互结合。

(3)各项兴利任务的安排及其次序，按社会经济发展的需求确定。根据《中华人民共和国水法》的规定，对于城乡供水的需求，应给予优先考虑。

(二)综合利用水库特征水位与特征库容

1. 水库特征水位

水库特征水位是指水库工程为完成不同任务在不同时期和各种水文情况下，需控制达到或允许消落到的各种库水位。水库特征水位主要有正常蓄水位、死水位、防洪限制水位、防洪高水位、设计洪水位、校核洪水位等。在多沙河流上水库可设排沙运用水位。

1)正常蓄水位

水库在正常运用情况下，为满足兴利要求应在开始供水时蓄到的高水位为正常蓄水位，又称正常高水位、兴利水位，或设计蓄水位。它决定水库的规模、效益和调节方式，也在很大程度上决定水工建筑物的尺寸、型式和水库的淹没损失，是水库最重要的一项特征水位。当采用无闸门控制的泄洪建筑物时，它与泄洪堰顶高程相同；当采用有闸门控制的泄洪建筑物时，它是闸门关闭时允许长期维持的最高蓄水位，也是挡水建筑物稳定计算的主要依据。

正常蓄水位的选择要考虑众多的因素，主要有国民经济各部门的需求、坝址及水库地形地质条件、库区淹没损失、环境影响、上游梯级衔接、当前的技术水平、工程量、工程投资、工程效益、经济分析结果等。

2)死水位

水库在正常运用情况下，允许消落到的最低水位称死水位，又称设计低水位。日调节水库在枯水季节因电站调峰需要，可在 24 h 内有一次消落到死水位。年调节水库一般在设计枯水年供水期末才消落到死水位。多年调节水库只在多年的枯水段末才消落到死水位。水库正常蓄水位与死水位之间的变幅称水库消落深度。

死水位选择主要考虑综合利用(发电、灌溉、航运、养殖、环境等)要求、水库淤积、工程量、投资、经济分析结果等。

3）防洪限制水位

水库在汛期允许兴利蓄水的上限水位称防洪限制水位，也是水库在汛期防洪运用时的起调水位。防洪限制水位的拟定，关系到防洪和兴利的结合问题，具体研究时要兼顾两方面的需要。如汛期内不同时段的洪水特性有明显差别时，可考虑分期采用不同的防洪限制水位。

4）防洪高水位

水库遇到下游防护对象的设计标准洪水时，在坝前达到的最高水位称防洪高水位。只有当水库承担下游防洪任务时，才需确定这一水位。此水位可采用相应下游防洪标准的各种典型设计洪水，按拟定的防洪调度方式，自防洪限制水位开始进行水库调洪计算求得。

5）设计洪水位

水库遇到大坝的设计标准洪水时，在坝前达到的最高水位称设计洪水位。它是水库在正常运用设计情况下允许达到的最高洪水位，也是挡水建筑物稳定计算的主要依据。设计洪水位可采用相应大坝设计标准的各种典型洪水，按拟定的调洪方式，进行调洪计算求得。

6）校核洪水位

水库遇到大坝的校核标准洪水时，在坝前达到的最高水位称校核洪水位。它是水库在非常运用校核情况下，允许临时达到的最高洪水位，是确定大坝顶高及进行大坝安全校核的主要依据。此水位可采用相应大坝校核标准的各种典型洪水，按拟定的调洪方式，进行调洪计算求得。

7）排沙运用水位

在多沙河流上的水库，为保持一定调节库容，减少库尾淹没损失，降低对上游梯级电站尾水水位影响，常需设置排沙运用水位。运行方式一般为汛期按一定量级入库流量，降低到排沙运用水位运行，或采用汛期均按此水位运行。

以上各项水库特征水位的相互关系一般如图 4-2 所示。该图是相应于防洪库容和兴利库容部分结合的情况。

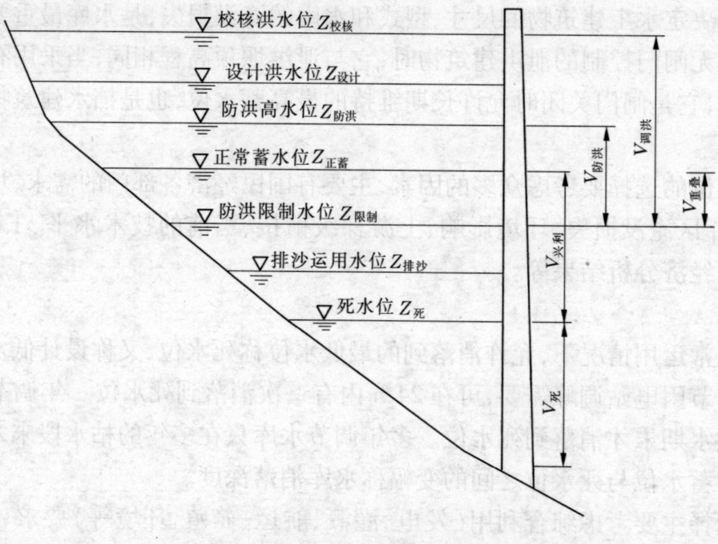

图 4-2　水库特征水位与特征库容示意

2. 水库特征库容

水库特征库容是指相应于水库各特征水位以下或两种特征水位之间的水库容积。水库的主要特征库容有死库容、兴利库容(调节库容)、防洪库容、调洪库容、重叠库容、总库容等。水库库容的计算,通常先在河道地形图(一般采用万分之一或五万分之一地形图)上,量算坝址以上若干条等高线的水库面积,据以绘制水库水位和水库面积关系曲线,称水库面积曲线;然后由两相邻等高线平均库面积乘以两线高差,即为该段库容,据以绘制库区水位和水库容积关系曲线,称水库库容曲线。

1)死库容

死水位以下的水库容积为死库容,又称垫底库容。一般用于容纳水库淤沙、抬高坝前水位和库区水深。在正常运用中不调节径流,也不放空。只有因特殊原因,如排沙、水工建筑物检修和战备情况时,才考虑泄放这部分容积。

2)兴利库容

兴利库容即调节库容,是正常蓄水位至死水位之间的水库容积。用以调节径流,按兴利(发电)要求提供水库的供水量或水电站的流量。

3)防洪库容

防洪高水位至防洪限制水位之间的水库容积,用以控制洪水,满足水库下游防护对象的防洪要求。当汛期各时段分别拟定不同的防洪限制水位时,这一库容指其中最低的防洪限制水位至防洪高水位之间的水库容积。

4)调洪库容

校核洪水位至防洪限制水位之间的水库容积即调洪库容,用于保证下游防洪安全(指其中的防洪库容部分)及对校核洪水调洪削峰,保证大坝安全。当汛期各时段分别拟定不同的防洪限制水位时,这一库容指其中最低的防洪限制水位至校核洪水位之间的水库容积。

5)重叠库容

防洪库容与兴利库容重叠部分的库容即重叠库容。此库容在汛期腾空作为防洪库容或调洪库容的一部分,汛后充蓄,作为兴利库容的一部分,以增加供水期的保证供水量或水电站的保证出力。

6)总库容

校核洪水位以下的水库容积即总库容。它是一项表示水库工程规模的代表性指标,可作为划分水库工程等别及建筑物等级,确定工程安全标准的重要依据。

以上所述各项库容,均为坝前水位水平线以下或两特征水位水平线之间的水库容积,常称为静库容。在水库运用中,特别是洪水期的调洪过程中,库区水面线呈抛物线形状,这时实际水面线以下、库尾和坝址之间的水库容积,称为动库容。实际水面线与坝前水位水平线之间的容积,称为楔形库容。

二、综合利用水库防洪与兴利的结合

承担防洪任务的综合利用水库,应当通过水力计算研究防洪库容与兴利库容,如何做到合理地结合(即研究防洪高水位、正常蓄水位、防洪限制水位、死水位的合理位置),以发挥水库最大的综合效益。以下通过水库调度图来说明防洪与兴利结合的形式。

(一)关于水库调度图的概念

(1)在进行综合利用水库水力计算时,依据实测的水文资料系列作为设计依据,即采用"时历法"进行调节计算,水文系列一般不应少于30年,不足部分需插补延长,根据这一水文系列预估水库未来的水文情势。当水库处于实际运行阶段,在没有长期预报条件下,未来水文情势是不知道的。因此,为了能合理进行水库调节,在安全可靠基础上充分利用水资源,在运行期间需要一个运筹水库蓄、放水的客观准则,这就是应用水库调度图的出发点。

(2)利用调度图进行水库调度,始于20世纪20年代,由苏联学者A·A·莫罗佐夫提出,至今仍被广泛应用。它是采用历史实测径流资料进行调节计算,偏安全地决定各种调度方案的适用范围,即对于同一决策(如保证供水或加大、降低供水),以各自相应设计保证率的水文情况各种可能出现的水库水位的包线为所求的调度线,并由它们组成调度图。根据调度图进行水库调度,能够达到:①遭遇设计枯水年时,水库按保证运行方式工作,能保证各用水户正常需水量和水位的要求;②遭遇平、丰水年时,水库可按加大供水方式进行,能较合理地加大对各用户的供水量;③遭遇特枯水年时,水库按降低供水方式工作,能较合理地减少各用水户的供水量,以减轻各用户正常效益和效能的损失;④在汛期遭遇设计洪水或校核标准洪水时,能保证大坝安全度汛,或遭遇下游防洪标准洪水,能满足防护地区的防洪要求。

(3)水库调度图由几条水位(或蓄水量)过程线组成(见图4-3),有防破坏调度线、防弃水调度线、防洪调度线等,这些调度线把调度图划分成几个调度区。当水库水位(或蓄水量)落在某区时,就按该区所规定数量来放水。例如:第①区为正常供水区,可按正常用水量供水,对于发电水库,则以保证出力工作;第③区为最大供水区,可按最大供水放水或装机容量工作;第②区为加大供水区,供水量介于第①区和第③区之间,对于发电则以加大出力发电;第④区为防洪限制区,当水库水位落在该区时,必须按水库设计所规定的防洪要求进行放水;第⑤区为降低供水区,水库供水量应缩减,它一般见于设计保证率以外的特枯年份,正常供水允许破坏,但尽量均匀地降低供水量。

(4)综合利用水库调度图的绘制,还应注意以下几点:①防洪、兴利相结合的调度图绘制,应着重研究防洪与兴利调度的分界线,分界线以上水库按防洪要求控制运用,分界线以下水库按兴利要求控制运用。②当水库具有两个或两个以上并重的兴利任务,或当次要任务的用水量所占比重较大时,应绘制两级或多级调节的水库调度图,由有关调度线组成不同的调度区。③当水库内灌溉引水位高于死水位时,可视情况绘制满足灌溉季节用水要求的水位限制线。④当航运与其他用水要求有矛盾时,可视情况另辟航运调度区。如航运要求的下泄量不大于某一流量时,可在加大供水区绘制航运调度线。⑤当下游河道有防凌要求时,应根据冰凌期对泄量的要求,绘制保证防凌要求的调配线。⑥当旅游、改善水质、养殖等方面对水深、水面面积、泄水过程等有要求时,可视情况绘制控制水位调度线或规定必要的调度规则。

(二)综合利用水库防洪兴利结合的形式

(1)防洪库容与兴利库容不结合,如图4-4所示,防洪限制水位和正常蓄水位重合,防洪库容置于兴利库容之上。这种形式适用于洪水发生无明显时间界限,防洪库容在汛后

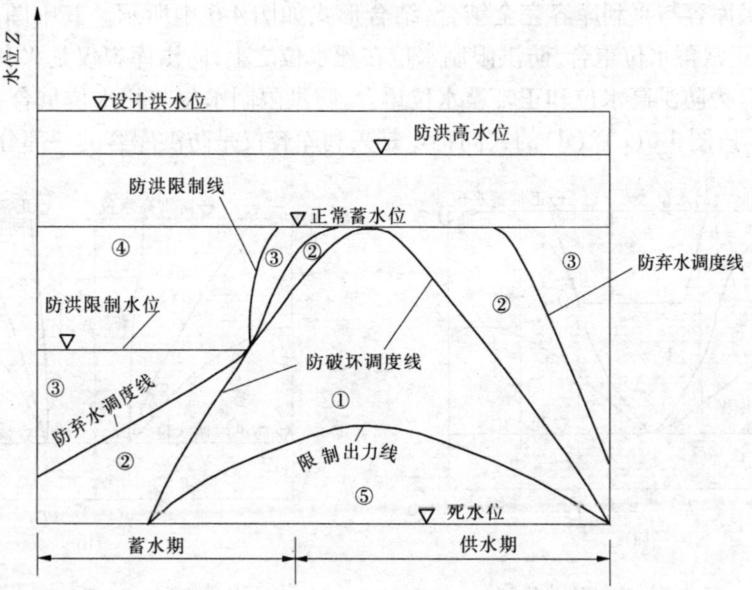

图 4-3　年调节水库调度示意

无法充蓄的情况。

防洪库容和兴利库容完全分开的形式,其特点是在水库运行的全部时间内,水库均预留有满足防洪需要的库容。水库因兴利而在正常蓄水位以下蓄水的时间和蓄水位以及蓄水方式等,均不影响水库的防洪能力,防洪和兴利各有其专用库容,调度方式互不干扰,水库调度方式简便、安全。其主要缺点是水库的库容没有得到更充分的利用。

(2)防洪库容与兴利库容部分结合,如图 4-5 所示,防洪限制水位在正常蓄水位与死水位之间,防洪高水位在正常蓄水位之上。正常蓄水位至防洪限制水位之间的库容为防洪兴利共用库容,亦称重叠库容。这种形式适用于洪水发生有一定规律、防洪库容在汛末能可靠地充蓄一部分的情况。

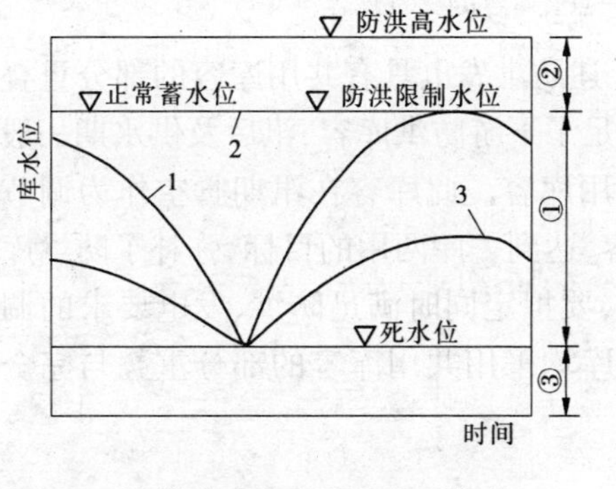

图 4-4　防洪库容和兴利库容不结合

1—防破坏线;2—防洪调度线;3—限制供水线

①—兴利库容;②—防洪库容;

③—死库容

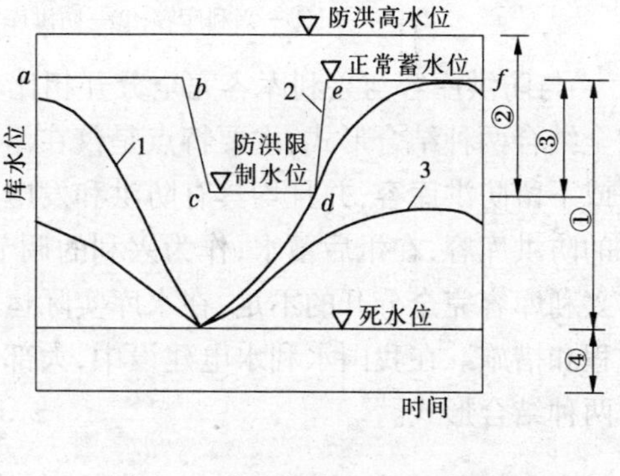

图 4-5　防洪库容和兴利库容部分结合

1—防破坏线;2—防洪调度线;3—限制供水线

①—兴利库容;②—防洪库容;

③—重叠库容;④—死库容

(3)防洪库容与兴利库容完全结合，结合形式如图4-6中所示。其中图4-6(a)为防洪高水位与正常蓄水位重合，防洪限制水位在死水位之上，防洪库容仅是兴利库容的一部分；图4-6(b)为防洪高水位和正常蓄水位重合，防洪限制水位与死水位重合，防洪库容与兴利库容相等；图4-6(c)、(d)的共同特点是兴利库容仅是防洪库容的一部分。

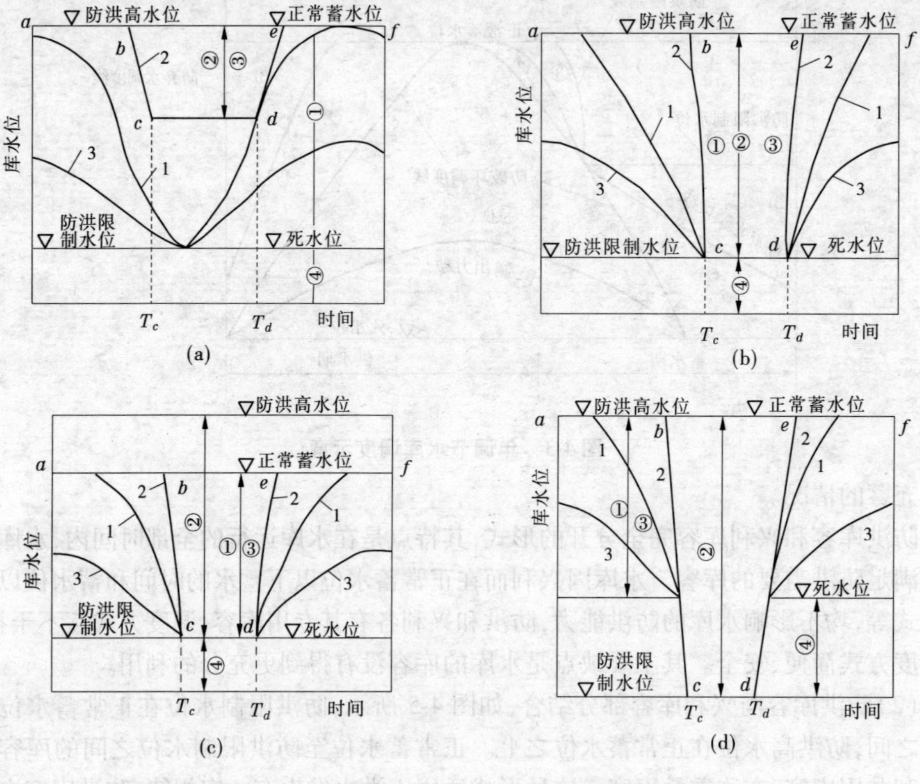

图4-6　防洪库容和兴利库容完全重叠

1—防破坏线；2—防洪调度线；3—限制供水线

①—兴利库容；②—防洪库容；③—重叠库容；④—死库容

与防洪库容与兴利库容完全分开相比较，上述防洪发电具有共用库容的部分重叠与完全结合两种结合形式，主要特点是仅在汛期留足了下游防洪库容，汛后及供水期一般少留或不留防洪库容，并且均具有防洪和发电的共用库容。此库容在汛期腾空作为调节洪水的防洪库容，在汛后蓄水，作为兴利的调节库容，达到一库两用的目标，弥补了防洪库容与兴利库容完全分开的不足，在水库实际运行中，要拟定同时满足防洪、发电要求的调度规程和措施。在我国水利水电建设中，大部分水库均采用共用库容的部分重叠与完全结合两种结合形式。

三、水库回水计算

(一)计算目的

水库兴建后，库区沿程水位壅高，并因流速变缓、水流挟沙能力下降、泥沙淤积逐年加重并向上游及坝前伸展，更抬高了水库的沿程水位，因此需进行建库后未淤积情况和淤积一定年限后的库区回水水面线计算，计算的目的如下：

（1）提供不同淹没标准的库区沿程天然洪水位及回水位，以确定淹没范围和淹没损失，据以拟定库区迁移防护方案，以及为研究上游梯级水库的布置方案提供资料。

（2）提供库区相应防洪、航运、供水、灌溉等工程设计要求的洪、枯水位高程。

（二）计算方法

根据《水利工程水利计算规范》（SL 104—95）规定，回水计算一般按分段恒定流方法进行。

1. 计算断面的选取

回水计算所用库区横断面，应尽可能为实测大断面。断面的选取应考虑以下要求：

（1）沿河城镇、工矿企业、大支流入口及水文站等处，应选为计算断面。

（2）每一计算河段内水面线应尽可能具有同一坡降，计算河段内断面面积、形状、河床糙率及水力因素等无急剧变化。

（3）每一计算河段上下游水位差不宜过大，对库区尾部和有重要淹没对象的河段应适当加密计算断面。

2. 推算条件的确定

水库回水计算需要的推算条件为起始水位、设计流量、沿程流量分配。

当水库调洪库容较小时，一般采用敞泄方式调节洪水，一次洪水过程的最高库水位和入库洪水洪峰流量几乎同时出现，因而可采用设计标准的洪峰流量和相应最高坝前水位这种极限情况推求库区沿程洪水位。

当调洪库容较大，调洪时间较长时，应分别推算设计标准下可能形成沿程最高水位的几种库水位与来量配合的回水水面线，一般可分别推算下面几种情况的回水水面线，然后取其上包线。

（1）来水为某一标准洪水的洪峰流量，坝前水位为相应于这时的调洪水位。

（2）坝前水位为某一标准洪水的调洪最高水位，来水为相应于这时的入库流量。

（3）坝前水位为正常蓄水位与此时相应标准洪水的洪峰流量的回水线。

回水推算所采用的流量，应由水文计算方面根据所要求的标准提供。如果库区较长，有较大支流加入，还应进行库区流量的分配，以考虑流量的沿程变化。

推算干、支流回水曲线所采用的洪水流量，应考虑不同组合，选取偏于安全的数值。

3. 回水计算采用的糙率

《水利工程水利计算规范》（SL 104—95）规定，糙率的确定应根据实测水文资料或可靠的调查洪水水面线加以率定。

当根据水文资料率定时，以库区各水文断面的水位流量资料为依据，按照库区地形资料（横断面、纵断面）采用与推算水面线相同的方法，试算求出符合各水文断面水位流量的各河段相应糙率，经分析后加以采用。

当根据调查洪水的水面线率定时，方法基本相同，但由于调查洪水的水面线存在较大误差，反推出的糙率各河段可能差别较大，应进行合理性分析，也可以在较长河段采用一个综合糙率，库尾段采用的糙率应尽量与反推求出的数值一致。

(三)回水推算成果合理性分析

在设计阶段,回水推算成果缺乏实测资料验证。《水利工程水利计算规范》(SL 104—95)规定,应对回水推算成果进行合理性分析。除对基本资料及设计条件进行综合检查外,还应根据回水推算成果,点绘水面线(距坝址里程与水面高程关系线),分析各种坝前水位及库区流量组合条件下的回水曲线变化趋势的合理性。

第五章　工程总体设计

第一节　工程等级划分及标准

一、水利水电工程等别划分

水利水电工程的等别根据其工程规模、效益及在国民经济中的重要性，划分为五等，按表5-1确定。

(1)水利水电工程等别的划分依据包括水库总库容、防洪、治涝、灌溉、供水、发电等指标。对综合利用的水利水电工程，如按各综合利用项目的分等指标确定的等别不同时，其工程等别应按其中最高等别确定。

表5-1　水利水电工程分等指标

工程等别	工程规模	水库总库容（亿 m^3）	防洪		治涝	灌溉	供水	发电
			保护城镇及工矿企业的重要性	保护农田（万亩）	治涝面积（万亩）	灌溉面积（万亩）	供水对象重要性	装机容量（万kW）
Ⅰ	大(1)型	≥10	特别重要	≥500	≥200	≥150	特别重要	≥120
Ⅱ	大(2)型	10～1.0	重要	500～100	200～60	150～50	重要	120～30
Ⅲ	中型	1.0～0.10	中等	100～30	60～15	50～5	中等	30～5
Ⅳ	小(1)型	0.10～0.01	一般	30～5	15～3	5～0.5	一般	5～1
Ⅴ	小(2)型	0.01～0.001		<5	<3	<0.5		<1

注：1. 水库总库容指水库最高水位以下的静库容。

2. 治涝面积和灌溉面积均指设计面积。

(2)平原区拦河水闸工程的等别，应根据其过闸流量，按表5-2确定。

表5-2　拦河水闸工程分等指标

工程等别	工程规模	过闸流量（m^3/s）
Ⅰ	大(1)型	≥5 000
Ⅱ	大(2)型	5 000～1 000
Ⅲ	中型	1 000～100
Ⅳ	小(1)型	100～20
Ⅴ	小(2)型	<20

(3)灌溉、排水泵站的等别,应根据其装机流量与装机功率,按表 5-3 确定。工业、城镇供水泵站的等别,应根据其供水对象的重要性,按表 5-1 确定。

表 5-3　灌溉、排水泵站分等指标

工程等别	工程规模	分等指标	
		装机流量(m^3/s)	装机功率(万 kW)
Ⅰ	大(1)型	≥200	≥3
Ⅱ	大(2)型	200~50	3~1
Ⅲ	中型	50~10	1~0.1
Ⅳ	小(1)型	10~2	0.1~0.01
Ⅴ	小(2)型	<2	<0.01

注:1. 装机流量、装机功率是指包括备用机组在内的单站指标。

2. 当泵站按分等指标分属两个不同等别时,其等别按其中高的等别确定。

3. 由多级或多座泵站联合组成的泵站系统工程的等别,可按其系统的指标确定。

(4)引水枢纽工程等别应根据引水流量的大小,按表 5-4 确定。

表 5-4　引水枢纽工程分等指标

工程等别	Ⅰ	Ⅱ	Ⅲ	Ⅳ	Ⅴ
规模	大(1)型	大(2)型	中型	小(1)型	小(2)型
引水流量(m^3/s)	>200	200~50	50~10	10~2	<2

二、工程永久(临时)建筑物级别划分

(一)永久性水工建筑物级别

(1)水利水电工程永久性水工建筑物的级别,应根据其所在工程的等别和建筑物的重要性,划分为五级,按表 5-5 确定。

表 5-5　永久性水工建筑物级别

工程等别	主要建筑物	次要建筑物
Ⅰ	1	3
Ⅱ	2	3
Ⅲ	3	4
Ⅳ	4	5
Ⅴ	5	5

(2)失事后损失巨大或影响十分严重的水利水电工程的 2~5 级主要永久性水工建筑物,经过论证并报主管部门批准,可提高一级;失事后造成损失不大的水利水电工程的 1~4 级主要永久性水工建筑物,经过论证并报主管部门批准,可降低一级。

(3)水库大坝按表 5-5 规定为 2 级、3 级的永久性水工建筑物,如坝高超过表 5-6 指标,其级别可提高一级,但洪水标准可不提高。

表 5-6　水库大坝提级指标

级别	坝型	坝高(m)
2	土石坝	90
	混凝土坝、浆砌石坝	130
3	土石坝	70
	混凝土坝、浆砌石坝	100

水电枢纽工程 2 级土石坝坝高超过 100 m、混凝土坝或浆砌石坝坝高超过 150 m,3 级土石坝坝高超过 80 m、混凝土坝或浆砌石坝坝高超过 120 m 时,大坝的级别相应提高 1 级,洪水设计标准宜相应提高,但抗震设计标准不提高。

(4)当永久性水工建筑物基础的工程地质条件复杂或采用新型结构时,对 2 ~5 级建筑物可提高一级设计,但洪水标准不予提高。

(二)城市防洪建筑物级别

城市防洪建筑物级别根据《城市防洪工程设计规范》(CJJ 50—92)确定。应按城市等别及其在工程中的作用和重要性划分为四级,可按表 5-7 确定。

表 5-7　防洪建筑物级别

城市等别	永久性建筑物级别		临时性建筑物级别
	主要建筑物	次要建筑物	
一	1	3	4
二	2	3	4
三	3	4	4
四	4	4	

注:1. 主要建筑物是指失事后使城市遭受严重灾害并造成重大经济损失的建筑物,例如堤防、防洪闸等。

2. 次要建筑物是指失事后不致造成城市灾害或者造成经济损失不大的建筑物,例如丁坝、护坡、谷坊。

3. 临时性建筑物是指防洪工程施工期间使用的建筑物,例如施工围堰等。

(三)堤防工程的级别

堤防工程的级别,应按《堤防工程设计规范》(GB 50286—98)确定。堤防工程的防洪标准主要由防护对象的防洪要求而定。堤防工程的级别根据堤防工程的防洪标准确定,见表 5-8。

表 5-8　堤防工程的级别

防洪标准(重现期(年))	≥100	<100,且≥50	<50,且≥30	<30,且≥20	<20,且≥10
堤防工程的级别	1	2	3	4	5

穿堤水工建筑物的级别,按所在堤防工程的级别和与建筑物规模相应的级别高者确定。

(四)其他水工建筑物级别

(1)灌溉渠道或排水沟的级别应根据灌溉或排水流量的大小,按表5-9确定。对灌排结合的渠道工程,当按灌溉流量和排水流量分属两个不同工程级别时,应按其中较高的级别确定。

表5-9　灌排渠沟工程分级指标

工程级别	1	2	3	4	5
灌溉流量(m^3/s)	>300	300~100	100~20	20~5	<5
排水流量(m^3/s)	>500	500~200	200~50	50~10	<10

(2)水闸、渡槽、倒虹吸、涵洞、跌水与陡坡等灌排建筑物的级别,应根据过水流量的大小,按表5-10确定。

表5-10　灌排建筑物分级指标

工程级别	1	2	3	4	5
过水流量(m^3/s)	>300	300~100	100~20	20~5	<5

(3)在防洪堤上修建的引水、提水工程及其他灌排建筑物,或在挡潮堤上修建的排水工程,其级别不得低于防洪堤或挡潮堤的级别。

(4)倒虹吸、涵洞等灌排建筑物与公路或铁路交叉布置时,其级别不得低于公路或铁路的级别。

(五)临时性水工建筑物级别

(1)水利水电工程施工期使用的临时性挡水和泄水建筑物的级别,应根据保护对象的重要性、失事后果、使用年限和临时性建筑物规模,按表5-11确定。

表5-11　临时性水工建筑物级别

级别	保护对象	失事后果	使用年限(年)	临时性水工建筑物规模	
				高度(m)	库容(亿m^3)
3	有特殊要求的1级永久性水工建筑物	淹没重要城镇、工矿企业、交通干线或推迟总工期及第一台(批)机组发电,造成重大灾害和损失	>3	>50	>1.0
4	1、2级永久性水工建筑物	淹没一般城镇、工矿企业或影响工程总工期及第一台(批)机组发电而造成较大经济损失	3~1.5	50~15	1.0~0.1
5	3、4级永久性水工建筑物	淹没基坑,但对总工期及第一台(批)机组发电影响不大,经济损失较小	<1.5	<15	<0.1

(2)当临时性水工建筑物根据表5-11指标分属不同级别时，其级别应按其中最高级别确定。但对3级临时性水工建筑物，符合该级别规定的指标不得少于两项。

(3)利用临时性水工建筑物挡水发电、通航时，经过技术经济论证，3级以下临时性水工建筑物的级别可提高一级。

三、水利水电工程洪水标准

(一)一般规定

(1)水利水电工程永久性水工建筑物的洪水标准，应按山区、丘陵区和平原、滨海区分别确定。

(2)当山区、丘陵区的水利水电工程永久性水工建筑物的挡水高底低于15 m，且上下游最大水头差小于10 m时，其洪水标准宜按平原、滨海区标准确定；当平原区、滨海区的水利水电工程永久性水工建筑物的挡水高度高于15 m，且上下游最大水头差大于10 m时，其洪水标准宜按山区、丘陵区标准确定。

(3)江河采取梯级开发方式，在确定各梯级水利水电工程的永久性水工建筑物的设计洪水与校核洪水标准时，还应结合江河治理和开发利用规划，统筹研究，相互协调。

(二)山区、丘陵区水利水电工程的永久性水工建筑物

(1)山区、丘陵区水利水电工程永久性水工建筑物的洪水标准，应按表5-12确定。

表5-12 山区、丘陵区水利水电工程永久性水工建筑物的洪水标准(重现期(年))

项目		水工建筑物级别				
		1	2	3	4	5
设计		1 000～500	500～100	100～50	50～30	30～20
校核	土石坝	可能最大洪水(PMF)或10 000～5 000	5 000～2 000	2 000～1 000	1 000～300	300～200
	混凝土坝、浆砌石坝	5 000～2 000	2 000～1 000	1 000～500	500～200	200～100

(2)对土石坝，如失事下游将造成特别重大灾害时，1级建筑物的校核洪水标准，应取可能最大洪水(PMF)或重现期10 000年标准；2～4级建筑物的校核洪水标准可提高一级。

(3)对混凝土坝、浆砌石坝，如洪水漫顶将造成极严重的损失时，1级建筑物的校核洪水标准经过专门论证并报主管部门批准，可取可能最大洪水(PMF)或重现期10 000年标准。

(4)山区、丘陵区水利水电工程的永久性泄水建筑物消能防冲设计的洪水标准，可低于泄水建筑物的洪水标准，根据泄水建筑物的级别按表5-13确定，并应考虑在低于消能防冲设计洪水标准时可能出现的不利情况。对超过消能设计标准的洪水，容许消能防冲建筑物出现局部破坏，但必须不危及挡水建筑物及其他主要建筑物的安全，且易于修复，不致长期影响工程运行。

表 5-13　山区、丘陵区水利水电工程消能防冲建筑物洪水标准

永久性泄水建筑物级别	1	2	3	4	5
洪水重现期(年)	100	50	30	20	10

(5)水电站厂房的洪水标准,应根据其级别,按表 5-14 的规定确定。河床式水电站厂房挡水部分的洪水标准,应与工程的主要挡水建筑物的洪水标准相一致。水电站厂房的副厂房、主变压器场、开关站、进厂交通等的洪水标准,可按表 5-14 确定。

(6)抽水蓄能电站的上、下调节池,若容积较小,失事后对下游的危害不大,且修复较容易,其水工建筑物的洪水标准可根据其级别,按表 5-14 的规定确定。

表 5-14　水电站厂房洪水标准(重现期(年))

水电站厂房级别	设计	校核
1	200	1 000
2	200 ~ 100	500
3	100 ~ 50	200
4	50 ~ 30	100
5	30 ~ 20	50

(三)平原区、滨海区水利水电工程永久性水工建筑物

平原区水利水电工程永久性水工建筑物洪水标准,应按表 5-15 确定。

表 5-15　平原区水利水电工程永久性水工建筑物洪水标准(重现期(年))

项目		永久性水工建筑物级别				
		1	2	3	4	5
水库工程	设计	300 ~ 100	100 ~ 50	50 ~ 20	20 ~ 10	10
	校核	2 000 ~ 1 000	1 000 ~ 300	300 ~ 100	100 ~ 50	50 ~ 20
拦河水闸	设计	100 ~ 50	50 ~ 30	30 ~ 20	20 ~ 10	10
	校核	300 ~ 200	200 ~ 100	100 ~ 50	50 ~ 30	30 ~ 20

(四)其他水利工程的永久性水工建筑物

(1)灌溉和治涝工程永久性水工建筑物洪水标准,应根据其级别,按表 5-16 确定。

表 5-16　灌溉和治涝工程永久性水工建筑物洪水标准

永久性水工建筑物级别	1	2	3	4	5
洪水重现期(年)	100 ~ 50	50 ~ 30	30 ~ 20	20 ~ 10	10

注:灌溉和治涝工程永久性水工建筑物的校核洪水标准,可视具体情况和需要研究确定。

(2)供水工程永久性水工建筑物洪水标准,应根据其级别按表 5-17 确定。

表 5-17　供水工程永久性水工建筑物洪水标准(重现期(年))

运用情况	永久性水工建筑物级别			
	1	2	3	4
设计	100～50	50～30	30～20	20～10
校核	300～200	200～100	100～50	50～30

(3)泵站建筑物的洪水标准,应根据其级别,按表 5-18 确定。

表 5-18　泵站建筑物洪水标准(重现期(年))

运用情况	永久性水工建筑物级别				
	1	2	3	4	5
设计	100	50	30	20	10
校核	300	200	100	50	20

(4)堤防工程的洪水标准,应根据江河防洪规划和保护对象的重要性,按照现行国家标准《防洪标准》(GB 50201—94)确定。

对没有整体防洪规划河流的堤防,或不影响整体防洪规划的相对独立的局部堤防,其洪水标准根据保护对象的重要性,按《堤防工程设计规范》(GB 50286—98)确定。

穿堤永久性水工建筑物的洪水标准,应不低于堤防工程洪水标准。

堤防工程上的闸、涵、泵站等建筑物及其他构筑物的设计防洪标准,不应低于堤防工程的防洪标准,并应留有适当的安全裕度。

(五)城、乡防洪标准

城、乡防洪标准按《防洪标准》(GB 50201—94)规范确定。

(1)城市应根据其社会经济地位的重要性或非农业人口的数量分为四个等级。各等级的防洪标准按表 5-19 的规定确定。

表 5-19　城市的等级和防洪标准

等 级	重 要 性	非农业人口(万人)	防洪标准(重现期(年))
Ⅰ	特别重要的城市	≥150	≥200
Ⅱ	重要的城市	150～50	200～100
Ⅲ	中等城市	50～20	100～50
Ⅳ	一般城镇	≤20	50～20

(2)位于滨海地区中等及以上城市,当按表 5-19 的防洪标准确定的设计高潮位低于当地历史最高潮位时,应采用当地历史最高潮位进行校核。

(3)以乡村为主的防护区(简称乡村防护区),应根据其人口或耕地面积分为四个等级,各等级的防洪标准按表 5-20 的规定确定。

表 5-20　乡村防护区的等级和防洪标准

等 级	防护区人口（万人）	防护区耕地面积(万亩)	防洪标准(重现期(年))
Ⅰ	≥150	≥300	100～50
Ⅱ	150～50	300～100	50～30
Ⅲ	50～20	100～30	30～20
Ⅳ	≤20	≤30	20～10

四、水利水电工程抗震设防标准

水工建筑物的工程抗震设防类别应根据其重要性和工程场地基本烈度按表 5-21 的规定确定。

表 5-21　工程抗震设防类别

工程抗震设防类别	建筑物级别	场地基本烈度
甲	1(壅水)	≥6
乙	1(非壅水),2(壅水)	
丙	2(非壅水),3	≥7
丁	4,5	

各类水工建筑物抗震设计的设计烈度或设计地震加速度代表值应按下列规定确定：

(1)一般采用基本烈度作为设计烈度。

(2)工程抗震设防类别为甲类的 1 级壅水建筑物,可根据其遭受强震影响的危害性,在基本烈度基础上提高 1 度作为设计烈度。

(3)对基本烈度为 6 度或 6 度以上、坝高超过 200 m 或水库总库容大于 100 亿 m^3 的大(1)型工程,及基本烈度为 7 度或 7 度以上、坝高超过 150 m 的大(1)型工程,需要做专门的地震危害性分析。其设计地震加速度代表值的概率水准,对壅水建筑物应取基准期 100 年内超越概率 P_{100} 为 0.02,对非壅水建筑物应取基准期 50 年内超越概率 P_{50} 为 0.05。

(4)其他特殊情况需要采用高于基本烈度的设计烈度时,应经主管部门批准。

(5)抗震设计烈度高于 9 度的水工建筑物或高度大于 250 m 的壅水建筑物,应对其抗震设计标准进行专门研究论证,报主管部门审查批准。

(6)当水电枢纽工程受到水库诱发地震影响的烈度大于 6 度时,应进行抗震验算和采取相应的抗震措施。

第二节　工程选址及总体布置

一、水利水电工程建设场址及坝(闸)址、厂(站)址选择原则

工程场址选择是水利水电工程设计重要内容之一。对比各场址方案,需从地形地质、

综合利用、枢纽布置、工程量、施工导流、施工条件、建筑材料、施工工期、环境影响、移民安置、工程投资、工程效益和运行条件等方面,进行各坝址、厂址等工程场址方案的技术经济综合比较论证。

(一)坝址选择

坝址选择是贯穿在水利水电工程各个设计阶段的重要工作,在预定的河段上选择良好的坝址是水利水电工程建设的重要决策步骤之一。应根据坝段的地形地质条件及开发利用要求,首先拟定可能成立的各比较坝址,并通过研究比较确定各坝址的代表坝线、坝型及枢纽布置,经过同等深度的技术经济综合比较后选定工程坝址。

1. 地形条件

地形条件很大程度上制约坝型选择和枢纽建筑物特别是泄洪消能建筑物以及施工导流工程的布置,最终反映到坝址的经济性上。河谷狭窄,地质条件良好,适宜修建拱坝;河谷宽阔,地质条件较好,可以选用重力坝或支墩坝;河谷宽阔、河床覆盖层深厚或地质条件较差,且土石、砂砾等当地材料储量丰富,适于修建土石坝。有利的地形条件,可以使挡水、泄洪消能、发电厂房等建筑物布置各得其所,在很好地满足各建筑物功能性要求的同时,使工程建筑物部分的投资最小,同时可以方便施工布置、减少工期。地形条件是坝址比选的重要条件之一。

2. 地质条件

良好的工程地质与水文地质条件是选择坝址及坝轴线的必要条件,有些情况下甚至起决定性作用。重力坝坝址,首先要求岩石有足够的强度及完整性、均匀性;混凝土拱坝坝址,对岩体的强度及完整性比重力坝要求更高,同时坝肩要具有良好的稳定性。土石坝坝址应查清坝基覆盖层厚度,并注意坝基是否存在可能液化的土层。

应尽量选择横向谷坝址,倾角较陡时,对坝基和两岸防渗及抗滑稳定有利。如坝址河段内可能出露不同的岩层,应尽可能将坝址选择在非可溶性岩石位置,以简化坝址勘探及防渗处理工程量。岩层与河流近乎平行的纵向谷坝址,往往对坝基及两岸防渗不利。另外,坝址选择应尽量避开大型滑坡体,这通常会制约到坝址的成立。坝址地质条件是影响坝址选择的最重要因素。

3. 其他

(1)坝址比选应充分重视枢纽布置条件特别是泄洪建筑物的布置条件及差别。一个良好的坝址,应使枢纽的各个建筑物布置协调,各得其所,特别是泄洪建筑物应有充分的布置场地,使其具有良好的泄洪消能及水流归槽条件。

(2)在河流有通航要求时,坝址比选应考虑地形和水流条件对通航建筑物的影响。

(3)水库区的淹没大小和移民搬迁安置的难度,是坝址比选考虑的重要因素之一。随着社会经济环境的变化,有时候甚至会制约坝址的选择。应尽量选择淹没少,征地少,人口迁移少的优良坝址。

水库对铁路等重要设施的淹没等不利影响制约正常蓄水位选择,同时也会影响坝址的比选。

(4)施工条件也是坝址比选考虑的重要因素之一。应注意施工总布置和运行管理条件的差别,使枢纽运行管理方便。坝址选择还应注意外部交通条件,有时交通条件往往也是坝址取舍的重要条件之一。

(5)坝址的建筑材料分布情况也对坝址比选存在重要影响,不同建筑材料的种类、储量、质量、数量、分布及运距情况,会影响到坝址及相应坝型的选择。

(6)坝址比选时,还要考虑对环境的影响,尽量避开敏感对象。

(7)工程量、工程总投资及动能经济指标,是坝址比选时应考虑的重要经济条件。应选择技术可靠、经济合理的坝址作为工程的选定坝址。

(二)闸址选择

闸址选择应根据水闸的功能、特点和运用要求,综合考虑地形、地质、水流、潮汐、泥沙、冻土、冰情、施工、管理、周围环境等因素,经技术经济比较后选定。

(1)闸址宜选择在地形开阔、岸坡稳定、岩土坚实和地下水水位较低的地点。闸址宜优先选用地质条件良好的天然地基,尽量避免采用人工处理地基。

(2)节制闸或泄洪闸闸址宜选择在河道顺直、河势相对稳定的河段,经技术经济比较后也可选择在弯曲河段裁弯取直的新开河道上。

(3)进水闸、分水闸或分洪闸闸址宜选择在河岸基本稳定的顺直河段或弯道凹岸顶点稍偏下游处,但分洪闸闸址不宜选择在险工堤段和被保护重要城镇的下游堤段。

(4)排水闸(排涝闸)或泄水闸(退水闸)闸址宜选择在地势低洼、出水通畅处,排水闸(排涝闸)闸址宜选择在靠近主要涝区和容泄区的老堤堤线上。

(5)挡潮闸闸址宜选择在岸线和岸坡稳定的潮汐河口附近,且闸址泓滩冲淤变化较小、上游河道有足够的蓄水容积的地点。

(6)若在多支流汇合口下游河道上建闸,选定的闸址与汇合口之间宜有一定的距离;若在平原河网地区交叉河口附近建闸,选定的闸址宜在距离交叉河口较远处;若在铁路桥或一、二级公路桥附近建闸,选定的闸址与铁路桥或一、二级公路桥的距离不宜太近。

(7)选择闸址应考虑材料来源、对外交通、施工导流、场地布置、基坑排水、施工水电供应等条件。

(8)选择闸址应考虑水闸建成后工程管理维修和防汛抢险等条件。

(9)选择闸址还应考虑:占用农地及拆迁房屋少;尽量利用周围已有公路、航运、动力、通信等公用设施;有利于绿化、净化、美化环境和生态环境保护;有利于开展综合经营。

(三)水电站厂房(泵站)厂址选择

厂址应根据地形、地质、环境条件,结合枢纽工程整体布局等因素,经技术经济比较后选定。

(1)厂址及其上下游衔接应选择相对优越的地形、地质、水文条件,还必须与枢纽其他建筑物相互协调。厂房一般选在坝之后,或选在河床不易淤积、河岸顺直、无滑坡的河岸旁。河道较宽的水电站厂房与泄水建筑物可分两侧布置,厂房一般选在主要对外交通一侧;河道较窄,厂房与泄水建筑物可成空间重叠布置。厂房、变电设备及开关站等必须离溢洪射流有一定的距离,否则必须采取相应的防护措施,以免雾化水流影响安全运行。

(2)厂房位置宜避开冲沟口和崩塌体,对可能发生的山洪淤积、泥石流或崩塌体等应采取相应的防御措施;厂房位于高陡坡下时,对边坡稳定要有充分的论证,并应设有安全保护措施及排水。

(3)引水式电站的厂房远离大坝,厂址往往在高陡坡下,并往往在高陡坡上设置调压井,厂房与调压井之间山体必须稳定,渗水性应小。

(4)河床式厂房进水口应注意避免泥沙的淤积和磨蚀、漂浮污物的堵塞和冰凌的壅阻。

(5)地下厂房宜布置在地质构造简单、岩体完整坚硬、上覆岩层厚度适宜、地下水微弱以及山坡稳定的地段;洞室位置宜避开较大断层、节理裂隙发育区、破碎带以及高地应力区,如不可避免,应有专门论证;主要交通在设计洪水标准条件下应保证畅通;在校核洪水标准条件下,应保证进出厂人行交通不致阻断;穿过泄水雾化区地段宜采取适当的保护措施。

(6)地下厂房洞口位置,宜避开风化严重或有较大断层通过的高陡边坡地带;应避开滑坡、危崖、山崩及其他软弱面形成的坍滑体。

(7)地下厂房主洞室的纵轴线走向,宜与围岩的主要构造弱面(断层、节理、裂隙、层面等)呈较大的夹角。同时,应注意次要构造面对洞室稳定的不利影响;在高地应力地区,洞室纵轴线走向与最大主应力水平投影方向的夹角宜采用较小角度。

(8)地下厂房洞室群各洞室顶部以上的岩体厚或傍山洞室靠边坡一侧的岩体厚度,应根据岩体完整性程度、风化程度、地应力大小、地下水活动情况、洞室规模及施工条件等因素综合分析确定。主洞室岩体厚度不宜小于洞室开挖宽度的2倍。

(9)地下厂房洞室群各洞室之间的岩体应保持足够的厚度,其厚度应根据地质条件、洞室规模及施工方法等因素综合分析确定,不宜小于相邻洞室的平均开挖宽度的1~1.5倍。上、下层洞室之间岩体厚度,不宜小于小洞室开挖宽度的1~2倍。

(10)水电站厂房应少占或不占用农田,应保护天然植被,保护环境,保护文物。

二、水利水电工程主要建筑物基本型式及选择

水工建筑物基本型式的选择,要根据确定的工程等别、建筑物级别及相应的洪水标准经多方案比较后选定;建筑物基本型式、场址及枢纽布置三者之间要相联系、相协调;建筑物基本型式要满足工程既定的功能和运行需要,有足够的强度、稳定性与耐久性,无过大的沉降和变形,渗漏不超过允许标准,不发生渗流破坏,便于施工和管理;做到既技术先进、安全可靠,又经济合理、节省;建筑物基本型式还要随新理论、新技术、新材料与新施工方法的发展而不断创新等。水利水电工程主要建筑物有:挡水建筑物,泄水建筑物,引水建筑物,输(排)水渠系及交叉建筑物,发电厂房(泵站)及开关站(变电站、换流站),通航、过木及过鱼建筑物和堤防及河道整治建筑物等。

(一)挡水建筑物

(1)挡水建筑物主要有土石坝、重力坝、拱坝、挡水闸等型式。

挡水建筑物的结构型式、体型尺寸,要根据地形地质、枢纽布置、坝型适应性、泄洪消能、防冲护岸、施工导流、施工条件、施工工期、建筑材料、工程投资和运行条件等因素,经技术经济综合比较论证后选定;对材质要求也应有具体的规定,对筑坝材料的特性、配合比、物理力学性质、掺合料等应进行室内试验及现场碾压试验,并对各种筑坝材料的施工条件和经济效益进行比较论证。

(2)挡水建筑物地基如有特殊地质问题,如深厚覆盖层、强透水地层、高边坡以及有深层抗滑稳定或坝肩稳定问题时,对其基础处理方案应进行专门论证。

(3)对于体型较为复杂的大型挡水建筑物,其设计计算应以一种方法为主,并辅以其他方法和结构模型试验,进行对比验证。对于高拱坝,应特别重视坝肩稳定分析。对修建在强地震区的高挡水建筑物应进行抗震动力分析,必要时应进行动力试验。

(二)泄水建筑物

(1)混凝土坝的坝身泄水孔和坝顶溢洪道、土石坝的坝下埋管以及大型水闸等泄水建筑物与挡水建筑物结合,同时起挡水建筑物作用,其方案选择和设计计算应与挡水建筑物统一研究。

(2)一般大中型工程的泄水建筑物(条件简单的中型工程除外)均应进行整体水力学模型试验,必要时还应进行断面模型试验,以验证其泄流能力和泄洪消能等水力学条件,论证工程布置的合理性;对于条件复杂的大型工程,泄水建筑物的结构计算应以一种方法为主,辅以其他计算方法,必要时应进行结构模型试验加以验证。

(三)引水建筑物

引水建筑物是指自水库或河、湖等引水用于发电的水工建筑物,一般包括进水口、引水道、调压井、压力钢管、岔管等,有的还设有沉沙池。初步设计阶段应选定取水口位置,引水隧洞或管道的线路、根数以及各建筑的型式和主要尺寸。对大型工程(包括抽水蓄能电站)的进水口、调压井等建筑物应进行必要的水工模型试验。

(四)输(排)水渠系及交叉建筑物

输(排)水渠系及交叉建筑物是指灌溉、治涝、城镇及工业供水等工程用于输水、排水的渠系及交叉建筑物,包括进水口、渠道、管道、隧洞、涵洞、渡槽、倒虹吸等。大型输水建筑物应进行必要的水工模型试验;渠系如设调蓄水池(包括旁引水库或蓄涝水池)应作专门论证研究,大型的调蓄水池应作专项设计。

(五)发电厂房(泵房)及开关站(变电站)

发电厂房(泵房)及开关站(变电站)包括水电站的发电厂房和开关站、供水工程进口泵站的泵房和变电站等。发电厂房和泵房的工程布置和结构设计有很多相似之处;抽水蓄能电站的厂房兼具发电和抽水的功能,其工程布置与常规电站厂房相似,特点是机组安装高程较低,且一般多为地下厂房,厂房的防渗排水设计更为重要。

(六)通航、过木及过鱼建筑物

通航、过木及过鱼建筑物包括船闸、升船机、筏道、鱼道等,一般均为枢纽工程的一个组成部分,在枢纽扩建、改建时也可列为单项工程。此类工程的设计应参照交通部、林业部、农业部的有关规范进行,对其标准、要求还应征得有关部门的同意;重要的通航建筑物应进行必要的水工和泥沙模型试验。

(七)堤防及河道整治建筑物

堤防及河道整治建筑物包括新建堤防、新开河道以及堤防加固、险工防护、整流导流、裁弯取直等,设计内容应参照挡水及泄水建筑物的有关要求,对于重要的河道整治工程应进行水工和泥沙模型试验。

三、水利水电工程总布置应考虑的主要因素

合理安排枢纽中各个水工建筑物的相互位置称为枢纽布置。枢纽布置要因地制宜，既要满足枢纽的各项任务和功能的要求，又要适合枢纽区的自然条件，便于施工和导流，有利于节省投资和缩短工期。水利水电枢纽一般都有挡水、泄水和电站等建筑物，应协调好各建筑物的位置关系。

对选定的坝型、坝轴线，需对各种可行的枢纽布置方案进行比选研究，对地形地质条件、建筑物布置、水力学条件、工程量、施工导流、施工条件、施工工期、施工占地、工程投资和运行条件等方面，结合必要的试验研究成果，经综合比较论证后选定枢纽布置方案。

（一）枢纽布置设计的一般原则

（1）应满足各个建筑物在布置上的要求，保证其在任何工作条件下都能正常工作。

要尽量避免枢纽中各建筑物运行中的互相干扰。如对有船闸的枢纽工程，应将船闸与溢流坝和电站尽量分开布置，特别在溢流坝泄水时，引航道不致产生过大的横向流速，以使船不偏航而顺利驶入闸室，下游出口必要时应设导墙，使引航道与溢流坝或水电站厂房隔开。当厂房与溢流坝相邻时，两者之间一般应设足够长的导流墙，以防止泄洪对厂房及其尾水的影响；应注意厂房、变电设备及开关站等需离泄洪射流一定距离，以免雾化水流影响安全运行；土石坝泄水和引水建筑物进、出口附近的坝坡和岸坡，应有可靠的防护措施，出口应采取妥善的消能措施，并使消能后的水流离开坝脚一定距离，避免水流冲刷和回流淘刷等。

（2）枢纽中各建筑物应尽可能紧凑布置，在满足功能要求前提下，减少工程投资，方便运行管理。

如大流量、高水头、窄河谷的水利水电枢纽，泄水建筑物与坝后式电站厂房的布置矛盾十分突出，此时可研究比选泄水建筑物与电站厂房重叠布置方案，如新安江的厂顶溢流布置，乌江渡、漫湾的厂前挑流布置方案，此种布置非常紧凑，工程量及投资较省，经济效益较明显。又如都江堰根据“深淘滩、低作堰”治水六字诀采用鱼嘴分水、宝瓶口正面引水与飞河堰侧面排沙，枢纽建筑物组成合理，布置紧凑，起到了分水、泄洪、引水和排沙的作用，运行至今已有2 200多年，收到了良好的社会效益和经济效益。

（3）尽量使一个建筑物发挥多种用途或临时建筑物和永久建筑物相结合布置，充分发挥综合效益。

如在峡谷河段筑坝，一般采用隧洞导流，将临时性的导流洞封堵改建为永久泄洪隧洞是减少泄洪洞工程量、节约投资的合理措施。在我国导流洞改建为龙抬头无压泄洪洞的有刘家峡、碧口、石头河和紫坪铺等，导流洞改建为有压隧洞的有响洪甸、南水、冯家山等，还有小浪底导流洞改建成孔板泄洪洞。在中小水头情况下也有泄洪洞与发电洞和发电与灌溉隧洞合一布置等型式。

（4）在满足建筑物强度和稳定的条件下，枢纽布置应考虑降低枢纽总造价和年运行费用。

例如，为了提高重力坝稳定性，常将坝的上游面做成倾向上游（坡度不宜过缓），利用坝面上水重来提高坝的抗滑稳定性；重力坝坝体内各部位应力各不相同，为了节约与合理

使用水泥，坝体按不同部位分区，采用不同强度等级的混凝土；拱坝泄洪建筑物方式与布置宜首先研究采用坝身泄洪的可行性，以求经济；优化拱坝水平拱圈布置降低总造价，黄河拉西瓦拱坝坝高 250 m，用优化方法求得抛物线、椭圆和对数螺旋线等 6 种拱形的最优布置，并从中选定了对数螺旋线水平拱圈布置，与传统设计相比，有效节省了混凝土和基岩开挖。

(5)枢纽布置要做到施工方便，工期短，造价低。

如坝轴线直线布置(拱坝除外)，坝体工程量最小。在高山峡谷河流拐弯较大河段，把坝布置在弯道上，利用河弯凸岸布置泄水建筑物和引水发电系统，枢纽布置相对简单，减轻或避免了大坝与泄水、发电建筑物在施工和运行中的相互干扰，可缩短工期，降低造价和提高效益。三峡水利枢纽需在河床中布置大型溢洪坝、水电站厂房和通航建筑物，坝址之所以选在河谷较宽的三斗坪，原因之一是便于施工，且可借助江中中堡岛有利于分期导流。土石坝在坝址附近选择接近水库正常蓄水位的马鞍形垭口修岸边溢洪道，既节省工程量又便于施工和运用管理。

(6)尽可能使枢纽中的部分建筑物早期投产，提前发挥效益(如提前蓄水，早期发电或灌溉)。

例如，碾压混凝土坝施工工艺简单，可采用大型机械，大仓面浇筑混凝土，能缩短工期，提前投产，及早发挥效益，坑口坝、龙门滩坝、天生桥二级工期均提前一年。施工导流问题和工期也是选择布置方案的主要因素之一，有时为了缩短工期，提前发电，将厂房布置在河滩一侧以简化导流。目前，用重力坝底部设置多孔数、大孔径的导流底孔，取代坝体留导流缺口已成发展趋势，采取边蓄水、边施工措施以争取提前发电、防洪、供水、灌溉等综合利用效益，尽量缩短建设周期。如 1980 ~ 2000 年间建设的岩滩、水口、武强溪、三峡等高重力坝大型水电站，首批机组发电周期一般都在工程截流后 4 ~ 6 年。

(7)枢纽的外观应与周围环境相协调，在可能条件下注意美观。

建成一座水利水电枢纽，便造就一个水库环境，赋予水利水电枢纽环境功能。水库景观的好与坏，其实是对水库进行开发的部分结果。它涉及水利工程、环境、水土保持、生物、生态和美学诸多方面，所以需要进行必要的设计。水利水电雄伟的建筑物实际是非常丰富的科技和人文教育的大课堂。保护库区自然植被、生态体系和树种，使人获得回归自然的感受。水库形成宽阔的平静水面，是一种难得的景观资源，可以开展生产、生活、业余活动等，如航运、养鱼、亲水、戏水、钓鱼、划船、游船、露营、赏花、运动、散步、休息等，营造宜人的生存环境，使之成为旅游胜地。

(二)枢纽布置方案选择考虑的主要因素

影响枢纽布置方案选择的因素主要有地形地质条件、水资源综合利用、建筑物布置、水力学条件、工程量、施工条件、施工工期、工程投资和运行条件等方面，经过综合分析上述影响因素后，可选出技术经济综合指标较优的枢纽布置方案。

1. 地形地质条件

对选定坝址及坝型，枢纽布置方案间的差别主要体现在泄洪建筑物、引水发电系统、通航建筑物型式选择及布置方面，而地形地质条件对枢纽布置影响较大。

对高混凝土重力坝而言，当河床宽度合适时，可将泄洪及引水发电系统布置在不同坝段，使其均布置在河床内；当在狭窄河谷中建造高重力坝或拱坝时，一般将河床坝段用于泄洪设施，而引水发电系统则需采用隧洞引水布置方案，厂房则采用地下式或岸边式。对土石坝而言，应根据泄洪规模大小及地形条件，研究比选采用岸边式开敞溢洪道、全部采用泄洪洞或其组合方式。

地质条件对引水发电布置及泄洪建筑物布置选择有着重大影响。当采用隧洞引水发电时，根据地形条件，一般将引水发电系统布置在凸岸较为合理，但如果凸岸围岩质量及成洞条件较差、而凹岸岩石质量良好，则放在凹岸可能也是较好的选择。

2. 建筑物布置及泄洪消能条件

不同的枢纽布置方案，建筑物的型式和布置不同，泄洪建筑物、发电厂房及下游消能防冲设计难度也存在一定差别。应充分考虑溢洪道、泄洪洞之间，地下厂房、地面厂房、坝后厂房、岸边厂房、溢流厂房之间，设置调压室与不需设置调压室等方面的技术难度、施工难度、运行可靠性、投资等方面差别对枢纽布置方案比选的影响。

3. 运行管理条件

枢纽布置应考虑运行管理条件的差别。如发电、通航、泄洪等有无干扰，建筑物检查维修是否方便，闸门及启闭设备是否便于控制运用，对外交通是否便利等。

4. 工程量及工程投资

一个好的枢纽布置方案，应是以最少的工程量及投资，达到满足各种开发任务及确保工程安全运行的要求。工程量、工程总投资、单位千瓦投资、单位电能投资等经济指标，是枢纽布置方案的重要比选因素。

上述各项，有些是可以定量计算的，有些则是无法定量的，因此枢纽布置方案的选定是一项复杂而细致的工作，必须在充分掌握可靠资料的基础上，进行全面论证、具体分析、综合比较，以选择出合理的枢纽布置方案。

第六章　水工建筑物

第一节　土石坝

土石坝是指由土、石料等当地材料建成的坝，是历史最为悠久的一种坝型。碾压土石坝有三种基本型式：①均质坝；②土质防渗体分区坝；③非土质材料防渗体坝。近年来，颇为广泛应用的是混凝土面板堆石坝，混凝土面板堆石坝属于土石坝的范畴，是指用堆石或砂砾石分层碾压填筑成坝体，并用混凝土面板作防渗体的坝的统称。

土石坝按其高度可分为低坝、中坝和高坝，高度在 30 m 以下为低坝，高度在 30 ~ 70 m 为中坝，高度在 70 m 以上为高坝。

一、土石坝筑坝材料选择与填筑标准

(一)土石坝的筑坝材料选择

1. 筑坝土石料选择应遵循的原则

(1)具有或经过加工处理后具有与其使用目的相适应的工程性质，并具有长期稳定性。

(2)就地、就近取材，减少弃料，少占或不占农田，并优先考虑枢纽建筑物开挖料的利用。

(3)便于开采、运输和压实。

2. 土石坝各种筑坝材料的选择标准

1)防渗土料

防渗土料应满足以下要求：

(1)渗透系数，均质坝不大于 1×10^{-4} cm/s，心墙和斜墙不大于 1×10^{-5} cm/s。

(2)水溶盐含量(指易溶盐和中溶盐，按质量计)不大于 3%。

(3)有机质含量(按质量计)：均质坝不大于 5%，心墙和斜墙不大于 2%，超过此规定需进行论证。

(4)有较好的塑性和渗透稳定性。

(5)浸水与失水时体积变化小。

2)坝壳料

坝壳料主要用来保持坝体的稳定，应具有比较高的强度。下游坝壳的水下部位以及上游坝壳的水位变动区内则要求具有良好的排水性能。砂、砾石、卵石、碎石、漂石等无黏性土料以及料场开采的石料和由枢纽建筑物中开挖的石渣料，均可用做坝壳材料，但应根据其性质配置于坝壳的不同部位。均匀中、细砂及粉砂可用于中、低坝壳的干燥区，但地震区不宜采用。

3)反滤料、过渡层料及排水体材料

反滤料、过渡层料及排水体材料应符合下列要求：①质地致密，抗水性和抗风化性能满足工程运用条件的要求；②具有要求的级配；③具有要求的透水性；④反滤料和排水体料中粒径小于0.075 mm的颗粒含量应不超过5%。

(二)土石坝各种筑坝材料的填筑标准

填筑标准应根据以下因素综合研究确定：①坝的级别、高度、坝型和坝的不同部位；②土石料的压实特性和采用的压实机具；③坝料的填筑干密度和含水率与力学性质的关系，以及设计对土石料力学性质的要求；④土料的天然干密度、天然含水率，以及土料进行干燥或湿润处理的程度；⑤当地气候条件对施工的影响；⑥设计地震烈度及其他动荷载作用；⑦坝基土的强度和压缩性；⑧不同填筑标准对造价和施工难易程度的影响。

(1)含砾和不含砾的黏性土的填筑标准应以压实度和最优含水率作为设计控制指标。1、2级坝和高坝的压实度应为98%～100%，3级中、低坝及3级以下的中坝压实度应为96%～98%。

(2)砂砾石和砂的填筑标准应以相对密度为设计控制指标。砂砾石的相对密度不应低于0.75，砂的相对密度不应低于0.70。对于地震区，无黏性土压实要求，在浸润线以上的坝壳料相对密度不低于0.75；浸润线以下的坝壳料的相对密度根据设计烈度大小选用0.75～0.85。

(3)堆石的填筑标准宜用孔隙率作为设计控制指标。

(4)黏性土的施工填筑含水率应根据土料性质、填筑部位、气候条件和施工机械等情况，控制在最优含水率－2%～＋3%偏差范围以内。

(三)面板堆石坝各种筑坝材料的选择标准

(1)主堆石区宜采用硬岩堆石料或砂砾料填筑。枢纽建筑物开挖石料符合主堆石区或下游堆石区质量要求者，也可分别用于主堆石区或下游堆石区。

(2)下游堆石区在坝体底部下游水位以下部分，应采用能自由排水的、抗风化能力较强的石料填筑；下游水位以上部分，可以使用与主堆石区相同的材料。

(3)过渡区细石料要求级配连续，最大粒径不宜超过300 mm，压实后应具有低压缩性和高抗剪强度，并具有自由排水性能。

(4)高坝垫层料应具有连续级配，最大粒径为80～100 mm，粒径小于5 mm的颗粒含量宜为30%～50%，粒径小于0.075 mm的颗粒含量宜少于8%。压实后应具有内部渗透稳定性、低压缩性、高抗剪强度，并应具有良好的施工特性。

(5)混凝土面板上游铺盖区材料宜采用粉土、粉细砂、粉煤灰或其他材料。上游盖重区可以采用渣料。

(6)下游护坡可采用干砌块石，或由堆石体内选取超径大石，运至下游坡面，以大头向外的方式码放。

(7)坝体内如设置竖向和水平向排水体时，应选用耐风化的岩石或砾石，并具有良好的排水能力。

(四)面板堆石坝各种筑坝材料的填筑标准

各区坝料填筑标准可根据经验初步确定，其值可在表6-1范围内选用。设计应同时规定孔隙率(或相对密度)、坝料级配范围和碾压参数。设计干密度可用孔隙率和岩石密度换算。

表 6-1 堆石坝料填筑标准

料物或分区	孔隙率(%)	相对密度
垫层料	15~20	
过渡层细堆石料	18~22	
主堆石区堆石料	20~25	
下游区堆石料	23~28	
砂砾石料		0.75~0.85

二、碾压土石坝坝体结构设计

(一)坝体材料分区

坝体材料分区设计应根据就地取材和挖填平衡原则,经技术经济比较确定。均质碾压土石坝分为坝体、排水体、反滤层和护坡等区。土质防渗体分区宜分为防渗体、反滤层、过渡层、坝壳、排水体和护坡等区。面板堆石坝从上游向下游宜分为垫层区、过渡区、主堆石区、下游堆石区;在周边缝下游侧设置特殊垫层区;100 m 以上高坝,宜在面板上游面低部位设置上游铺盖区及盖重区。

(二)坝体坝坡的选择

1. 碾压土石坝坝体坝坡的选择

坝坡应根据坝型、坝高、坝的等级、坝体和坝基材料的性质、坝所承受的荷载以及施工和运用条件等因素,参照已建坝的经验,先初拟坝坡,最终应经稳定计算确定。中、低高度的均质坝,其平均坡度约为1:3。土质防渗体的心墙坝,当下游坝壳采用堆石时,常用坝坡为1:1.5~1:2.5,采用土料时,常用坝坡为1:2.0~1:3.0;上游坝壳采用堆石时,常用坝坡为1:1.7~1:2.7,采用土料时,常用坝坡为1:2.5~1:3.5。斜墙坝的下游坝坡坡度可参照上述数值选用,取值宜偏陡,上游坝坡则可适当放缓。

2. 面板堆石坝坝体坝坡的选择

当筑坝材料为硬岩堆石料时,上、下游坝坡可采用1:1.3~1:1.4,软岩堆石体的坝坡宜适当放缓;当用质量良好的天然砂砾石料筑坝时,上、下游坝坡可采用1:1.5~1:1.6。下游坝坡上设有道路时,道路之间的实际坝坡可以比上述规定的坝坡值略陡,但平均坝坡应满足上述要求。高坝的下游坝坡可用干砌石、大块石堆砌或摆石砌护,并使坝体具有良好的外观。施工期垫层区的上游坝坡应及时做好固坡处理。可视具体情况选用碾压砂浆、喷乳化沥青、喷混凝土或砂浆等固坡措施。

(三)坝体防渗体的选择

在土石坝中,土质防渗体是应用最为广泛的防渗结构。所谓防渗体,是指这部分土体比坝壳其他部分更不透水,它的作用是控制坝体内浸润线的位置,并保持渗流稳定。土质防渗体断面尺寸应根据下列因素研究确定:①防渗土料的质量,如允许渗透比降、塑性、抗裂性能等;②防渗土料的数量和施工难易程度;③防渗体下面坝基的性质及处理措施;④防渗土料与坝壳材料单价比值;⑤设计地震烈度为 8 度、9 度地区适当加厚。

土石坝的土质防渗体典型剖面图见图 6-1。

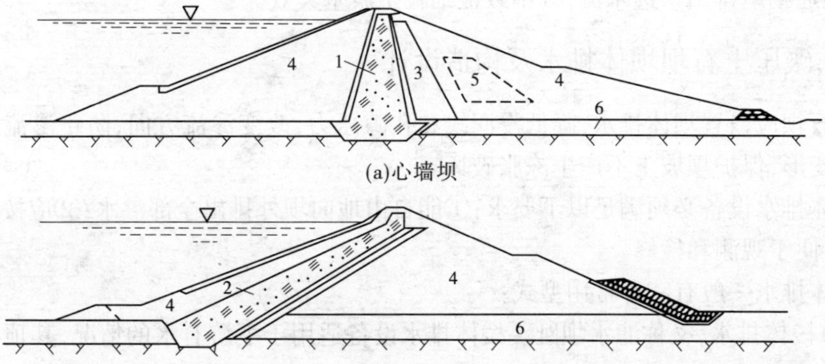

(a)心墙坝

(b)斜墙坝

图 6-1　土石坝的土质防渗体典型剖面

1—心墙;2—斜墙;3—过渡层;4—砂砾料;5—任意料;6—河床砂砾料

土质防渗体断面应满足渗透比降、下游浸润线和渗透流量的要求。应自上而下逐渐加厚,顶部的水平宽度不宜小于 3 m;底部厚度,斜墙不宜小于水头的 1/5,心墙不宜小于水头的 1/4。

土质防渗体顶部在正常蓄水位或设计洪水位以上的超高,应按表 6-2 的规定取值。非常运用条件下,防渗体顶部不应低于非常运用条件的静水位,并应核算风浪爬高的影响。当防渗体顶部设有稳定、坚固、不透水且与防渗体紧密接合的防浪墙时,可将防渗体顶部高程放宽至正常运用的静水位以上即可。并且,防渗体顶部高程的确定应考虑竣工后的沉降超高。

表 6-2　正常运用情况下防渗体顶部超高　　(单位:m)

防渗体结构型式	超高	防渗体结构型式	超高
斜墙	0.80 ~ 0.60	心墙	0.60 ~ 0.30

土质防渗体顶部和土质斜墙上游应设保护层。保护层厚度(包括上游护坡垫层)应不小于该地区的冻结和干燥深度,还应满足施工机械的需要。斜墙上游保护层的填筑标准应和坝体相同,其坝坡应满足稳定要求。

(四)反滤层与过渡层设计

反滤的作用是滤土排水,防止水工建筑物在渗流逸出处遭受管涌、流土等渗流变形的破坏以及不同土层界面处的接触冲刷。对下游侧具有承压水的土层,还可起压重作用。在土质防渗体(包括心墙、斜墙、铺盖和截水槽等)与坝壳或坝基透水层之间,以及下游渗流出逸处,如不满足反滤要求,均必须设置反滤层。在分区坝坝壳内各土层之间,坝壳与透水坝基的接触部位均应尽量满足反滤原则。

过渡层的作用是避免在刚度相差较大的两种土料之间产生急剧变化的变形和应力。

反滤层可以起过渡层的作用,而过渡层却不一定能满足反滤要求。在分区坝的防渗体与坝壳之间,根据需要与土料情况可以只设置反滤层,也可同时设置反滤层和过渡层。

坝的反滤层必须符合下列要求:①使被保护的土不发生渗透变形;②渗透性大于被保护土,能通畅地排出渗透水流;③不致被细粒土淤塞失效。

三、碾压土石坝坝体排水及构造设计

土石坝应设置坝体排水,降低浸润线和孔隙压力,改变渗流方向,防止渗流出逸处产生渗透变形,保护坝坡土不产生冻胀破坏。

坝体排水设备必须满足以下要求:①能自由地向坝外排出全部渗水;②应按反滤要求设计;③便于观测和检修。

坝体排水一般有三种常用型式:

(1)棱体排水,又称滤水坝趾。棱体排水设备适用于下游有水的情况,其顶部高程应超出下游最高水位,超出的高度对1、2级坝不小于1.0 m,对3、4、5级坝不小于0.5 m,并应大于波浪沿坡面的爬高;棱体顶部高程应保证坝体浸润线距坝坡面的距离大于该地区的冻结深度;棱体顶部宽度应根据施工条件及检查观测需要确定,但不得小于1.0 m;应尽量避免在坝体上游坡脚处出现锐角。

(2)贴坡式排水,又称表面排水。贴坡排水层的顶部高程应高于坝体浸润线出逸点,超过的高度应使坝体浸润线在该地区的冻结深度以下,1、2级坝不小于2.0 m,3、4、5级坝不小于1.5 m,并应超过波浪沿坡面的爬高;底脚应设置排水沟或排水体;材料应满足防浪护坡的要求。

(3)坝内排水。坝内排水又分为竖式排水和水平排水。其中竖式排水包括直立排水、上昂式排水、下昂式排水等;水平排水包括坝体不同高程的水平排水层、褥垫式排水(坝底部水平排水层)、网状排水带、排水管等。

四、碾压土石坝渗流及坝坡稳定计算

(一)渗流计算

1.渗流计算的目的与内容

渗流计算是为了确定经济可靠的坝型、合理的结构尺寸以及适宜的防渗排水设施。

渗流计算的内容:①确定坝体浸润线及其下游出逸点的位置,绘制坝体及坝基内的等势线分布图或流网图;②确定坝体与坝基渗流量;③确定坝坡出逸段与下游坝基表面的出逸比降,以及不同土层之间的渗透比降;④确定库水位降落时上游坝坡的浸润线位置或孔隙压力;⑤确定坝肩的等势线、渗流量和渗透比降。

2.渗流计算水位组合

渗流计算水位组合包括:①上游正常水位与下游相应的最低水位;②上游设计洪水位与下游相应的水位;③上游校核洪水位与下游的相应水位;④库水位降落时上游坝坡稳定最不利的情况。

3.渗流计算的基本假定

(1)土体中渗流流速不大且处于层流状态,渗流服从达西定律,即平均流速 v 等于渗

透系数 k 与渗透比降 i 的乘积，即 $v = ki$。

（2）渗流流量满足连续方程，任一过流段进口断面流量等于出口断面流量。

4. 渗流计算的方法

渗流计算通常有公式计算、数值解法、绘制流网和模拟试验等。以往公式计算使用比较广泛，近年来随着用电子计算机解有限元法的数值解法的发展，已编制了二维、三维稳定或不稳定渗流计算的程序，适用于均质或非均质的各种复杂边界条件的渗流计算，已基本取代了公式计算。对1、2级坝和高坝应采用数值法计算确定渗流场的各种渗流因素。其他情况可用公式计算。

对于宽广河谷中的土石坝，一般采用二维渗流分析就可满足要求。对狭窄河谷中的高坝或坝肩绕流影响坝体渗流较大者，应用三维渗流计算。对复杂的地质情况，为验算数值计算成果，用模拟试验进行核对，是必要的。

坝体分层碾压，天然土层的分层沉积，都可使坝体坝基土层有各向异性，因此在渗流计算中要考虑渗透系数的各向异性。采用渗透系数，为安全计，计算渗透流量时用大值平均值，计算水位降落浸润线时用其小值平均值。

5. 绘制流网

流网主要遵循达西定律及拉普拉斯方程式。它是由流线和等势线所组成的网格状图形，两者相互正交，相邻等势线与流线网格的边长比为1，即每个网格绘制成正方形。流线代表水质点流动轨迹线，等势线表示势能的等值线，在同一根等势线上各点的测压管水面是齐平的，相邻等势线间的水头损失相等，各流线间通过的流量相等。在同一土层内，流线、等势线应是连续光滑的曲线。若渗流穿越两层土交界，其渗透系数分别为 k_1、k_2，而在每层土内为各向同性，则渗流在两土层交界面将产生折射，如图6-2所示。

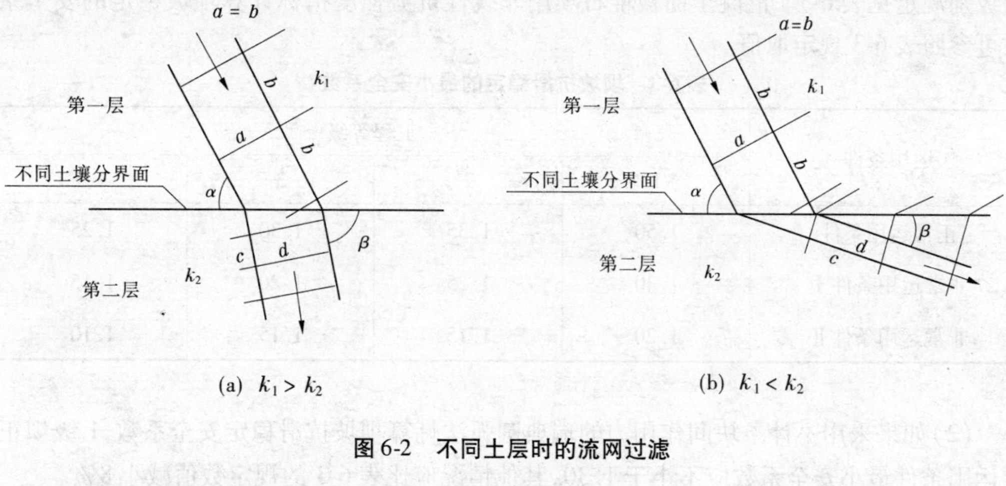

图6-2 不同土层时的流网过滤

折射角与渗透系数 k_1、k_2 之间的关系如下：

$$\frac{k_1}{k_2} = \frac{\tan\beta}{\tan\alpha} \tag{6-1}$$

式中 α、β——第一层土和第二层土内流线与土层界面的交角。

6. 渗透稳定计算

渗透稳定计算的任务是判明土的渗透变形。通过渗流计算所获得的渗透比降等数据判明坝体、坝基及下游渗流出逸段是否存在渗透变形问题。为防渗、坝体内排水措施，铺设反滤或加盖重等处理措施提供依据。

渗透变形可分为流土、管涌、接触冲刷或接触流失等。流土是在渗流作用下土体整体浮动或流失；管涌是在渗流作用下无黏性土中的细粒在孔隙中移动、流失；接触冲刷或接触流失，前者是指渗流沿两种不同土层接触面流动时，沿接触面带走细颗粒，产生接触冲刷；后者是渗流方向垂直于两相邻的不同土层，将渗透系数小的土层的细粒土带入渗透系数大的土层中，形成接触流失。渗透变形的判别方法应按《水利水电工程地质勘察规范》(GB 50287—99)附录 M 的规定执行。

坝体、坝基渗透出逸比降应小于材料的允许渗透比降，否则应采取防渗、坝体排水、铺设反滤层或盖重等工程措施，确保工程渗透稳定安全。

黏性土及无黏性土的允许渗透比降的确定方法参照《水利水电工程地质勘察规范》(GB 50287—99)附录 M 的规定。

(二)坝坡稳定计算

1. 计算工况

土石坝在施工、建设、蓄水和库水位降落的各个时期不同荷载下，应分别计算其稳定性。控制稳定的有施工期(包括竣工时)、稳定渗流期、水库水位降落期和正常运用遇地震四种工况，应计算的内容如下：①施工期的上、下游坝坡；②稳定渗流期的上、下游坝坡；③水库水位降落期的上游坝坡；④正常运用遇地震的上、下游坝坡。

2. 计算方法与安全系数

(1)如果采用计条块间作用力的计算方法，坝坡稳定的抗滑稳定的安全系数，根据坝的级别规定见表 6-3。混凝土面板堆石坝用非线性抗剪强度指标计算坝坡稳定的安全系数可参照表 6-3 规定取值。

表 6-3　坝坡抗滑稳定的最小安全系数

运用条件	工程等级			
	1	2	3	4、5
正常运用条件	1.50	1.35	1.30	1.25
非常运用条件Ⅰ	1.30	1.25	1.20	1.15
非常运用条件Ⅱ	1.20	1.15	1.15	1.10

(2)如果采用不计条块间作用力的瑞典圆弧法计算坝坡抗滑稳定安全系数，1 级坝正常运用条件最小安全系数应不小于 1.30，其他情况应比表 6-3 的规定数值减小 8%。

(3)当采用滑楔法进行稳定计算时，若假定滑楔之间作用力平行于坡面和滑底斜面的平均坡度，安全系数应符合表 6-3 的规定；若假定滑楔之间作用力为水平方向，安全系数应符合(2)中的规定。

五、土石坝地基处理原则及主要方法

(一)坝基处理的一般原则

土石坝底面积大,坝基应力较小,坝身具有一定适应变形的能力,坝身断面分区和材料选择也具有灵活性。因此,土石坝对天然地基强度和变形的要求,以及处理后所达到的标准,可略低于重力坝。但是做在土基上的土石坝坝基的承载力、强度、变形和抗渗能力等则远不如重力坝坝基,因此对土石坝坝基处理丝毫马虎不得。

土石坝坝基(包括坝头,下同)处理应满足渗流控制(包括渗透稳定和控制渗流量)、静力和动力稳定、允许沉降量和不均匀沉降量等方面要求,保证坝的安全运行。处理的标准与要求应根据具体情况在设计中确定。竣工后的坝顶沉降量不宜大于坝高的1%。

坝基中遇到下列情况时,必须慎重研究和处理:①深厚砂砾石层;②软黏土;③湿陷性黄土;④疏松砂及少黏性土;⑤喀斯特(岩溶)地貌;⑥有断层、破碎带、透水性强或有软弱夹层的岩石;⑦含有大量可溶盐类的岩石和土;⑧透水坝基下游坝脚处有连续的透水性较差的覆盖层;⑨矿区井、洞。

有关岩石地基的处理请参阅《碾压式土石坝设计规范》(SL 274—2001)6.3 及本章第二节的相关内容。

(二)砂砾石坝基的渗流控制

砂砾石坝基应查明砂砾石的平面和空间分布情况,以及级配、密度、渗透系数、允许渗透比降等物理力学指标。在地震区还应了解标准贯入击数、剪切波速、动特性指标等。

1. *砂砾石坝基渗流控制的型式*

(1)垂直防渗:①明挖回填截水槽;②防渗墙;③灌浆帷幕;④上述两种或两种以上型式的组合。

(2)上游防渗铺盖。

(3)下游排水设备及盖重:①水平排水垫层;②反滤排水沟;③排水减压井;④下游透水盖重;⑤反滤排水沟及排水减压井的组合。

2. *砂砾石坝基渗流控制的一般原则*

(1)应根据坝高、坝型、水库的用途及坝基地质条件,选择几种可能的方案进行比选,择优确定。

(2)砂砾石的渗流控制,不外是上铺、中截、下排,以及各项措施的综合应用。中截一般是比较彻底的方法,而上铺和下排往往是两者需结合在一起,单独使用一项不能完全解决问题。

(3)砂砾石层做了混凝土防渗墙后,其下部的基岩一般不需再进行灌浆。但对强透水带或岩溶地区仍需灌浆处理。

(4)砂砾石层深度在 15 m 以内,宜选用明挖回填黏土截水槽;深度在 80 m 以内可采用混凝土防渗墙;超过 80 m,可采用灌浆帷幕。

3. *截水槽或混凝土防渗墙*

1)*截水槽*

截水槽应尽可能把砂、砾石透水层全部截断。采用与坝体防渗体相同的土料填筑,压实度不低于坝体同类土料，底宽应根据回填土料的允许渗透比降、土料与接触面抗冲刷的允许渗透比降和施工条件确定。

2）混凝土防渗墙

混凝土防渗墙设计原则详见《碾压式土石坝设计规范》（SL 274—2001）6.2.8 条。

4. 砂砾石坝基灌浆帷幕

（1）帷幕灌浆前宜先按可灌比（M）判别其可灌性。可灌比 M 可按下式计算：

$$M = D_{15}/d_{85} \tag{6-2}$$

式中 D_{15}——受灌地层中小于该粒径的土重占总土重的 15%，mm；

d_{85}——灌注材料中小于该粒径的土重占总土重的 85%，mm。

当 $M>15$ 时，可灌水泥浆；当 $M>10$ 时，可灌水泥黏土浆。也可在粒状材料灌浆后，再灌化学灌浆材料。

（2）帷幕厚度 T 可按下式计算：

$$T = H/J \tag{6-3}$$

式中 H——最大设计水头，m；

J——帷幕的允许比降，对一般的水泥黏土浆，可采用 3 ~ 4。

根据灌浆帷幕厚度确定排数，孔、排距宜通过试验确定，初步可选用 2 ~ 3 m。

（3）帷幕的深度。帷幕的底部深入相对不透水层宜不小于 5.0 m，若相对不透水层较深，可根据渗流分析，并结合工程类比确定。

（4）灌浆方法宜用套阀花管法。

5. 水平铺盖

用黏性土筑成，设于上游坝基，与土石坝防渗体相连，以延长坝基渗径，使渗透比降不超过允许值。

铺盖填筑土料其渗透系数应小于坝基砂砾石层的 1/100，并应小于 1×10^{-5} cm/s。其上游端厚度为 0.5 ~ 1.0 m，下游端厚度 h 取决于渗透比降 $i=\Delta H/h$（ΔH 为铺盖下游端的上下水头差），要求 i 不大于铺盖土的允许比降。在采用一般壤土修筑铺盖时，其下游端厚度为 $H/6$ ~ $H/8$，同时不小于 2.5 m。

铺盖长度应能保证提供足够的渗径，控制平均比降不超过允许值，一般采用 $6H$ ~ $8H$，且不小于 $5H$。有效长度 L_e 取决于铺盖与砂砾覆盖层厚以及两者的渗透系数，可按式（6-4）计算。

$$L_e = \sqrt{2\frac{k_f}{k_b}\cdot T\cdot t_1} \tag{6-4}$$

式中 L_e——铺盖有效长度，m；

k_f、k_b——坝基砂砾石和铺盖渗透系数，cm/s；

T、t_1——坝基砂砾石层厚及铺盖下游端厚，m。

铺盖与坝基砂砾石之间必须满足反滤过渡要求。填筑铺盖前应将基础整平、压实。利用天然土层做铺盖时，应查明天然土层及下卧砂砾石层的分布、厚度、级配、渗透系数和允许渗透比降等情况，论证天然铺盖的渗透性，并核算层间关系是否满足反滤要求。必要时可辅以人工压实、补充填土。

6. 下游排水设备及盖重

坝基中的渗透水流有可能引起坝下游地层的渗透变形或沼泽化，或使坝体浸润线过高时，宜设置坝基排水设施。坝基排水设施应根据地质及坝体排水按下述情况选用：

(1)透水性均匀的单层结构坝基以及上层渗透系数大于下层的双层结构坝基，可采用水平排水垫层，也可在坝脚处结合贴坡排水体做反滤排水沟。

(2)当表层为不太厚的弱透水层，其下部的透水层较浅且透水性较均匀时，宜将表层土挖穿做反滤排水暗沟，或在坝脚做反滤排水沟。当表层土太厚时，宜采用减压井深入强透水层。减压井设计要求见《碾压式土石坝设计规范》(SL 274—2001)6.2.17 条。

(3)坝基反滤排水沟、水平排水垫层及反滤排水暗沟断面均应由计算或试验确定，并做好反滤。

(4)下游坝脚渗流出逸处，若地表相对不透水层不足以抵抗剩余水头，可采用透水盖重。透水盖重的延伸长度和厚度由计算或试验确定。

透水盖重层的厚度 t 可按式(6-5)计算：

$$t = \frac{kJ_{a-x}t_1\gamma_w - (G_s - 1)(1 - n_1)t_1\gamma_w}{\gamma} \tag{6-5}$$

式中 J_{a-x}——表层土在坝下游坡脚点 a 至 a 以下范围 x 点的渗透比降，可按表层土上下表面的水头差除以表层土层厚度 t_1 得出(见图 6-3)；

G_s——表层土的土粒比重；

n_1——表层土的孔隙率；

k——安全系数，取 1.5~2.0；

t_1——表层土的厚度；

γ——透水盖重层的重度，水上用湿重度，水下用浮重度；

γ_w——水的重度。

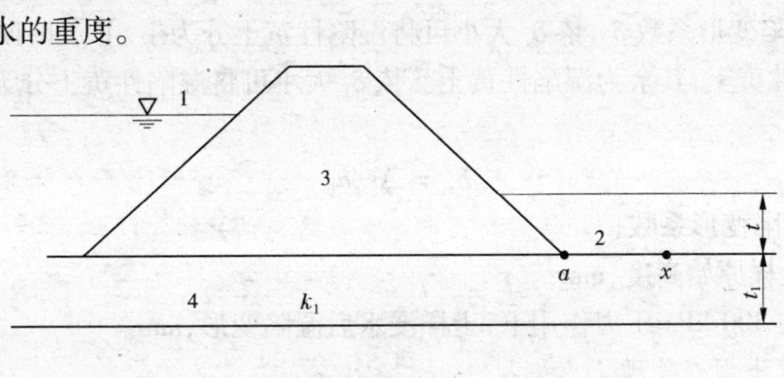

图 6-3 坝基结构示意

1—上游库水位；2—透水盖重层；3—坝体；4—坝基表层弱透水层；5—坝基下层强透水层

(三)易液化土、软黏土和湿陷性土黄土坝基处理

1. 易液化土

地震区土石坝坝基中有松散的饱和的无黏性土或少黏性土，在地震力作用下，体积有压密趋势，由于历时很短，来不及固结排水，造成孔隙水压力急剧上升，使有效应力大幅度

减小,甚至为零,从而导致无黏性土或少黏性土的抗剪强度瞬间大幅减少或趋近于零,这就是所谓液化现象。最终使土体发生剪切破坏,坝基失稳。

对地震区坝基中可能发生液化的无黏性土或少黏性土应按《水利水电工程地质勘察规范》(GB 50287—99)进行地震液化可能性评价。

对易液化土层可优先采取挖除、换土;浅层易液化土层采取加密措施,或表面振动加密;深层易液化土层宜采用振冲、强夯等方法加密,还可结合振冲处理设置砂石桩,加强坝基排水,以及采取盖重、围封等防护措施。

2. 软黏土

软黏土是指天然含水量大于液限,孔隙比大于 1 的黏性土。其抗剪强度低,压缩性高,透水性小,灵敏度高,力学性能差。

软黏土不宜做坝基,应尽可能避免在软黏土地基上筑坝。避不开时,采取处理措施后,可修建低均质坝或心墙坝。

软黏土坝基的处理措施:当厚度较大、分布较广时,可打砂井、插塑料排水带、铺排水垫层;设镇压台、铺垫土工合成材料;加荷预压、真空预压;振冲置换,以及控制施工速度等措施处理。

在软黏土地基上筑坝应加强现场孔隙水压力和变形监测。

3. 湿陷性黄土

1)湿陷性黄土及分类

天然黄土遇水后,其钙质胶结物被溶解软化,颗粒之间的黏结力遭到破坏,强度显著降低,土体产生明显沉陷变形。具有遇水沉陷特性的黄土称为湿陷性黄土。湿陷性黄土坝基应进行处理,否则蓄水后将由于坝基湿陷使坝体开裂甚至塌滑,引起大坝失事。

取坝基原状黄土,在实验室 300 kPa 压力作用下,测定浸水后的附加湿陷 Δs,按式(6-6)计算湿陷变形系数 δ_s,依 δ_s 大小可将湿陷性黄土分为Ⅰ、Ⅱ、Ⅲ、Ⅳ四类,Ⅰ类 $\delta_s = 0.01$ 为非湿陷性黄土,其余为湿陷性黄土。依 δ_s 大小可将湿陷性黄土分为弱、中、强湿陷性三个类别。

$$\delta_s = \Delta s / h_0 \qquad (6\text{-}6)$$

式中 δ_s——湿陷变形系数;

h_0——土样原始高度,mm;

Δs——在 300 kPa 压力作用下,土样浸水后湿陷变形,mm。

2)湿陷性黄土坝基处理

湿陷性黄土坝基处理常用的方法有:开挖回填、表面重锤夯实、预先浸水处理及强力夯实等。

(1)开挖回填是将坝基湿陷性黄土全部或部分挖除,然后以含水量接近于最优含水量的土料回填,并分层压实。

(2)表面重锤夯实是将 1.8 ~ 3.2 t 重的夯锤提升到一定高度再自由落下,重复夯打坝基,增加黄土密实度,消除其湿陷性。一般夯实厚度能达到 1 ~ 1.5 m。

(3)预先浸水法能处理强或中等湿陷而厚度又较大的黄土地基。在坝体填筑前,将待处理的坝基(上、下游处理范围宜超出上、下游坝脚一定范围)划分条块,沿其四周筑小土埂，灌水对湿陷性黄土层进行预先浸泡，使在坝体施工前及施工过程中消除大部分湿陷性，保证水库蓄水后的第二次湿陷变形在工程允许范围内。

(4)强力夯实法。采用重锤（一般有10 t、15 t、20 t、30 t等几种）以比较大的落距（一般为10～40 m）强力夯击湿陷性黄土坝基，以提高其干密度、消除其湿陷性。

夯击影响深度D与夯击能量E的经验关系可按下式计算：

$$D = m\sqrt{E} = m\sqrt{QH} \tag{6-7}$$

式中 D——强夯加固影响深度，m；

Q——锤重，t；

H——落距，m；

m——经验系数，对黄土可取$m = 0.55$。

夯击点的间距、排列、夯击遍数、每遍击数和每遍间歇时间等施工参数先按工程类比法初步拟定，再由现场试验确定。

对黄土中的陷穴、动物巢穴、窑洞、墓坑等必须查明，并进行处理。

第二节 重力坝

重力坝在水压力及其他荷载作用下，主要依靠坝体自重产生的抗滑力来满足稳定要求，同时依靠坝体自重产生的压应力来抵消由于水压力所引起的拉应力以满足强度要求。重力坝的基本剖面呈三角形，筑坝材料为混凝土或浆砌石。重力坝按结构型式可分为实体重力坝、宽缝重力坝、空腹重力坝和预应力重力坝；按泄水条件可分为溢流坝和非溢流坝。

一、重力坝布置、设计基本要求及安全标准

(一)重力坝布置

坝体布置应结合枢纽布置全面考虑。根据综合利用要求，合理解决泄洪、发电、灌溉、航运、供水、过木、过鱼等建筑物的布置，避免相互干扰。一般首先考虑泄洪建筑物的布置，使其下泄水流不致冲淘坝基和其他建筑物的基础，并使其流态和冲淤不致影响其他建筑物的使用。还应妥善解决排沙、冲淤以及岸坡防护等问题。位于洪水流量大而狭窄河道上的高坝枢纽布置，可选用厂房顶溢流式、厂前挑流式、坝内式或地下式厂房等。两岸坝接头可通过技术经济比较选用混凝土坝或土石坝。

碾压混凝土重力坝的枢纽布置宜采用引水式或地下式厂房。若采用坝后式厂房，可根据坝高将引、输水管道水平布置在坝体下部或上部的常态混凝土区内，后者宜采用背管式布置。

(二)重力坝设计基本要求

(1)重力坝水平截面中间1/3的宽度范围是“截面核心”。当合力作用线位于“截面核心”内时，上下游边缘的垂直正应力均为正值，即压应力；当合力作用线位于“截面核心”之外时，靠近合力一侧的边缘上垂直正应力为压应力，远离合力一侧边缘的垂直正应力为拉应力。重力坝设计一般不允许出现拉应力，因而重力坝通常不存在倾覆问题。

(2)应进行坝址、坝线、枢纽布置及主要建筑物型式的选择，根据综合利用要求，确定坝体上各建筑物（如泄洪、发电、灌溉、航运、供水、过木、过鱼、导流和交通等）的规模、布置、结构型式和主要尺寸并提出坝基处理、温度控制和主要施工方法的初步方案。

(3)应认真分析研究和掌握建坝地区的各项基本资料（包括水文、泥沙、地形、地质、地震烈度、试验、综合利用要求和施工、运用情况以及坝址上下游河流规划要求等）。

(4)必须重视坝体防洪安全设计。

(5)应重视坝基处理、泄洪消能、降低或放空库水的设计以及在地震区的坝的抗震设计，做到安全可靠。

(6)应认真考虑施工条件，如施工导流和度汛、温度控制、浇筑设备和交通运输等。应力求节约三材，简化坝体结构。在有条件的部位，应尽量采用预制构件。

(7)在不断总结实践经验和科学试验的基础上，积极慎重地采用新技术，使设计不断创新，有所前进。

（三）重力坝设计安全标准

1. 单一安全系数法

(1)重力坝坝基面坝踵、坝趾的垂直应力应符合下列要求：运用期在各种荷载组合下（地震荷载除外），坝踵垂直应力不应出现拉应力，坝趾垂直应力应小于坝基容许压应力；在地震荷载作用下，坝踵、坝趾的垂直应力应符合《水工建筑物抗震设计规范》（SL 203—97）的要求；施工期坝趾垂直应力允许有小于0.1 MPa 的拉应力。

(2)重力坝坝体应力应符合下列要求：运用期坝体上游面的垂直应力不出现拉应力（计扬压力）；坝体最大主压应力，不应大于混凝土的允许压应力值；在地震情况下，坝体上游面的应力控制标准应符合《水工建筑物抗震设计规范》（SL 203—97）的要求；施工期坝体任何截面上的主压应力不应大于混凝土的允许压应力，在坝体的下游面，允许有不大于0.2 MPa 的主拉应力。

(3)混凝土的允许应力应按混凝土的极限强度除以相应的安全系数确定。

坝体混凝土抗压安全系数，基本组合不应小于4.0；特殊组合（不含地震情况）不应小于3.5。

当局部混凝土有抗拉要求时，抗拉安全系数不应小于4.0。在地震情况下，坝体的结构安全应符合《水工建筑物抗震设计规范》（SL 203—97）的要求。

(4)坝基抗滑稳定安全系数。

抗滑稳定分析的目的是核算坝体沿坝基面或沿地基深层软弱结构面抗滑稳定的安全度。位于均匀岩基上的混凝土重力坝沿坝基面的失稳机理是，首先在坝踵处基岩和胶结面出现微裂松弛区，随后在坝趾处基岩和胶结面出现局部区域的剪切屈服，进而屈服范围逐渐增大并向上游延伸，最后，形成滑动通道，导致大坝的整体失稳。

沿坝基面的抗滑稳定分析，以一个坝段或取单宽作为计算单元。当坝基内不存在可能导致深层滑动的软弱面时，应按抗剪断强度公式计算；对中型工程中的中、低坝，也可按抗剪强度公式计算。

坝体抗滑稳定安全系数不应小于以下规定数值：

(1)当利用抗剪断公式计算时，安全系数不分级别，基本荷载组合时采用3.0；特殊荷载组合(1)采用2.5;特殊荷载组合(2)不小于2.3。

(2)按抗剪断强度公式计算的坝基面抗滑稳定安全系数 K' 值不应小于表6-4的规定。

表6-4　坝基面抗滑稳定安全系数 K'

荷载组合		坝的级别		
		1	2	3
基本组合		1.10	1.05	1.05
特殊组合	(1)	1.05	1.00	1.00
	(2)	1.00	1.00	1.00

2. 分项系数极限状态法

1)承载能力极限状态表达式

(1)当结构或结构构件出现下列状态之一时,即认为超过了承载能力极限状态:①失去刚体平衡;②超过材料强度而破坏,或因过度的塑性变形而不适于继续承载;③结构或构件丧失弹性稳定;④结构转变为机动体系;⑤土石结构或地基、围岩产生渗透失稳等。此时结构是不安全的。

按承载能力极限状态设计时,应考虑基本组合与偶然组合两种作用效应组合。基本组合为持久状况或短暂状况下,永久作用与可变作用的效应组合。偶然组合为偶然状况下,永久作用、可变作用与一种偶然作用的效应组合。

(2)对基本组合,应采用下列极限状态设计表达式:

$$\gamma_0 \psi S(\gamma_G G_K, \gamma_Q Q_K, a_K) \leqslant \frac{1}{\gamma_{d1}} R\left(\frac{f_K}{\gamma_m}, a_K\right) \tag{6-8}$$

式中　γ_0——结构重要性系数,对应于结构安全级别为Ⅰ、Ⅱ、Ⅲ级的结构及构件,可分别取用1.1、1.0、0.9;

ψ——设计状况系数,对应于持久状况、短暂状况、偶然状况,可分别取用1.0、0.95、0.85;

$S(\cdot)$——作用效应函数;

$R(\cdot)$——结构及构件抗力函数;

γ_G——永久作用分项系数;

γ_Q——可变作用分项系数;

G_K——永久作用标准值;

Q_K——可变作用标准值;

a_K——几何参数的标准值(可作为定值处理);

f_K——材料性能的标准值;

γ_m——材料性能分项系数;

γ_{d1}——基本组合结构系数。

混凝土重力坝的作用分项系数见表6-5,材料性能分项系数见表6-6,基本组合结构系数见表6-7。

表 6-5　混凝土重力坝作用分项系数

序号	作用类型	分项系数
1	自重	1.0
2	水压力 ①静水压力 ②动水压力：时均压力、离心力、冲击力、脉动压力	 1.0 1.05、1.1、1.1、1.3
3	扬压力 ①渗透压力 ②浮托力 ③扬压力（有抽排） ④残余扬压力（有抽排）	 1.1～1.2 1.0 1.1（主排水孔之前） 1.2（主排水孔之后）
4	淤沙压力	1.2
5	浪压力	1.2

注：其他作用分项系数见《水工建筑物荷载设计规范》（DL 5077—1997）。

表 6-6　混凝土重力坝材料性能分项系数

序号	材料性能		分项系数	备注
1	抗剪断强度			
	①混凝土/基岩	摩擦系数 f'_R	1.3	
		黏聚力 c'_R	3.0	
	②混凝土/混凝土	摩擦系数 f'_c	1.3	包括常态混凝土和碾压混凝土层面
		黏聚力 c'_c	3.0	
	③基岩/基岩	摩擦系数 f'_d	1.4	
		黏聚力 c'_d	3.2	
	④软弱结构面	摩擦系数 f'_d	1.5	
		黏聚力 c'_d	3.4	
2	混凝土强度	抗压强度 f_c	1.5	

（3）对偶然组合，应采用下列极限状态设计表达式：

$$\gamma_0 \psi S(\gamma_G G_K, \gamma_Q Q_K, A_K, a_K) \leqslant \frac{1}{\gamma_{d2}} R\left(\frac{f_K}{\gamma_m}, a_K\right) \tag{6-9}$$

式中　A_K——偶然作用代表值；

γ_{d2}——偶然组合结构系数，见表 6-7。

表 6-7　混凝土重力坝结构系数

序号	项目	组合类型	结构系数	备注
1	抗滑稳定极限状态设计式	基本组合 偶然组合	1.2 1.2	包括建基面、层面、深层滑动面
2	混凝土抗压极限状态设计式	基本组合 偶然组合	1.8 1.8	

2)正常使用极限状态表达式

按正常使用极限状态设计时,应考虑短期组合及长期组合两种作用效应组合。短期组合为持久状况或短暂状况下,可变作用的短期效应与永久作用效应的组合;长期组合为持久状况下,可变作用的长期效应与永久作用效应的组合。

(1)正常使用极限状态作用效应的短期组合采用以下设计表达式:

$$\gamma_0 S_s(G_K, Q_K, f_K, a_K) \leqslant C_1/\gamma_{d3} \tag{6-10}$$

(2)正常使用极限状态作用效应的长期组合采用以下设计表达式:

$$\gamma_0 S_l(G_K, \rho Q_K, f_K, a_K) \leqslant C_2/\gamma_{d4} \tag{6-11}$$

式中 C_1、C_2——结构的功能限值;

$S_s(\cdot)$、$S_l(\cdot)$——作用效应的短期组合、长期组合时的效应函数;

γ_{d3}、γ_{d4}——正常使用极限状态短期组合、长期组合时的结构系数;

ρ——可变作用标准值的长期组合系数,本规范取 $\rho=1$。

3)坝基抗滑稳定控制标准

坝基抗滑稳定控制标准为:

$$\gamma_0 \psi S(\cdot) \leqslant R(\cdot)/1.2$$

$$\gamma_0 \psi \sum P_R \leqslant (f'_R \sum W_R + c'_R A_R)/1.2 \tag{6-12}$$

式中 $\sum P_R$——坝基面上全部切向作用之和,kN;

f'_R——坝基面抗剪断摩擦系数;

c'_R——坝基面抗剪断黏聚力,kPa。

核算坝基面抗滑稳定极限状态时,应按材料的标准值和作用的标准值或代表值分别计算基本组合和偶然组合。

4)坝体及坝基应力控制标准

(1)坝趾压应力控制标准:

$$\gamma_0 \psi S(\cdot) \leqslant R(\cdot)/1.8$$

或

$$\gamma_0 \psi \left(\frac{\sum W_R}{A_R} - \frac{\sum M_R T_R}{J_R} \right)(1 + m_2^2) \leqslant R(\cdot)/1.8 \tag{6-13}$$

式中 $\sum W_R$——坝基面上全部法向作用之和,kN,向下为正;

$\sum M_R$——全部作用对坝基面形心的力矩之和,kN·m,逆时针方向为正;

A_R—坝基面的面积,m^2;

J_R——坝基面对形心轴的惯性矩,m^4;

T_R——坝基面形心轴到下游面的距离,m;

m_2——坝体下游坡度;

$R(\cdot)$——混凝土或基岩抗压强度,kPa。

核算坝趾抗压强度时,应按材料的标准值和作用的标准值或代表值分别计算基本组合和偶然组合。

(2)坝体上、下游面拉应力控制标准。

基本组合时,坝踵垂直应力不出现拉应力(计扬压力),坝体上游面的垂直应力不出现拉应力(计扬压力);短期组合下游坝面的垂直拉应力不大于 100 kPa。

采用有限元法计算混凝土重力坝上游垂直应力(计扬压力)时,坝基上游面拉应力区宽度宜小于坝底宽度的 0.07 倍(垂直拉应力分布宽度/坝底面宽度) 或坝踵至帷幕中心线的距离。

采用有限元法计算计扬压力时,坝体上游面拉应力区宽度宜小于计算截面宽度的 0.07 倍或计算截面上游面至排水孔 (管) 中心线的距离。

二、重力坝坝体结构及构造设计

(一)坝顶高程

坝顶(或坝顶上游防浪墙顶)应不低于水库静水位,其高度由下式确定:

$$\Delta h = 2h_1 + h_0 + h_c \tag{6-14}$$

式中 Δh——坝顶距水库静水位的高度,m;

$2h_1$——浪高,m;

h_0——波浪中心线至水库静水位高度,m;

h_c——安全超高,m,按表 6-8 采用。

表 6-8 安全超高 h_c (单位:m)

荷载组合	坝的级别		
	1	2	3
基本组合(正常运用)	0.7	0.5	0.4
特殊组合(非常运用)	0.5	0.4	0.3

非溢流坝段的坝顶宽度应根据设备布置、运行、检修、施工和交通等需要确定,并应满足抗震、特大洪水时抢护等要求。

溢流坝坝顶应结合闸门、启闭设备布置、操作检修、交通和观测等要求设置坝顶工作桥、交通桥。

(二)廊道

坝内应根据下列要求设置廊道及竖井:①进行帷幕灌浆;②设置坝基排水孔;③集中排除坝体和坝基的渗水;④监测坝体的工作状态,安装观测设备并进行观测;⑤检查和维修坝身的排水管;⑥运行操作(闸门操作廊道等)、坝内通风和铺设风、水、电管路;⑦施工中坝体冷却和纵、横缝灌浆;⑧坝内交通运输及其他要求。

高、中坝内必须设置基础灌浆廊道,兼作灌浆、排水和检查之用。

(三)坝体分缝

横缝间距可为 15 ~20 m,超过 24 m 或小于 12 m 时,应作论证。纵缝间距宜为 15 ~30 m。浇筑层厚度,应根据容许温差,通过计算确定,在基础部位,宜采用层厚 1.5 ~2.0 m。

横缝可为伸缩缝或沉陷缝。

(四)止水和排水

重力坝横缝的上游面、溢流面、下游面最高尾水位以下及坝内廊道和孔洞穿过分缝处的四周等部位应布置止水设施。

高坝上游面附近的横缝止水应采用两道止水片,其间设一道沥青或采取经论证的其他措施。中、低坝的横缝止水可适当简化。

在上游面防渗层下游应设置铅直或近乎铅直的排水管系。排水管应通至纵向排水廊道,其上部应通至上层廊道或坝顶(或溢流面以下),以便于检修。排水管可采用拔管、钻孔或预制无砂混凝土管,管距可为 2 ~ 3 m,内径可为 15 ~25 cm。

(五)大坝混凝土材料及分区

常态混凝土重力坝应根据不同部位和不同条件进行分区,分区情况见图 6-4。

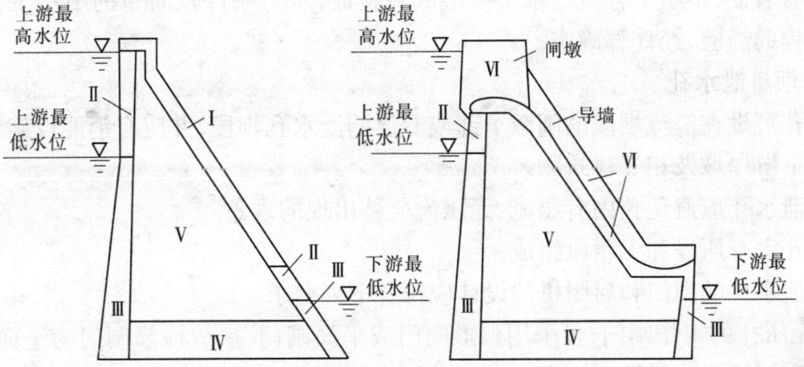

图 6-4 坝体混凝土分区

Ⅰ区—上、下游水位以上坝体外部表面混凝土;Ⅱ区—上、下游水位变化区的坝体外部表面混凝土;Ⅲ区—上、下游最低水位以下坝体外部表面混凝土;Ⅳ区—坝体基础混凝土;Ⅴ区—坝体内部混凝土;Ⅵ区—抗冲刷部位的混凝土(如溢流面、泄流孔、导墙和闸墩等)

根据大坝混凝土耐久性要求,混凝土的水灰比应不大于表 6-9 所列数值。

表 6-9 混凝土最大水灰比

气候分区	大坝混凝土分区					
	Ⅰ	Ⅱ	Ⅲ	Ⅳ	Ⅴ	Ⅵ
严寒和寒冷地区	0.55	0.45	0.50	0.50	0.65	0.45
温和地区	0.60	0.50	0.55	0.55	0.65	0.45

(六)非溢流坝段

混凝土重力坝一般以材料力学法和刚体极限平衡法计算成果作为确定坝体断面的依据。

非溢流坝段的基本断面呈三角形,其顶点宜位于正常蓄水位(或防洪高水位)附近。基本断面上部设坝顶结构。

常态混凝土实体重力坝非溢流坝段的上游面可为铅直面、斜面或折面。

三、重力坝坝身泄水建筑物型式

混凝土重力坝泄水、泄洪建筑物型式主要分为溢流坝段及坝身泄水孔两大类,坝身泄水口包括有压孔及无压孔两种型式。

(一)溢流坝段

溢流坝段的堰面曲线，当采用开敞式溢流孔时可采用幂曲线；当设有胸墙时，可采用孔口泄流的抛物线。经过数值模拟优化论证和试验验证，也可采用其他堰面曲线。

溢流坝的反弧段应结合下游消能型式选择不同的消能设施。

闸墩的型式和尺寸应满足布置、水流条件和结构上的要求。当采用平面闸门时，闸墩在门槽处应有足够的厚度。

溢流坝的堰面曲线、闸墩、门槽、坝面压力、泄流能力和反弧半径等，大型工程应经水工模型试验验证，中型工程宜经水工模型试验验证，水力条件较简单的中型工程，则可参照类似工程的经验，经计算确定。

(二)坝身泄水孔

泄水孔可设在溢流坝段的闸墩下部或专设的泄水孔坝段，并应有消能设施，使下泄水流不冲刷下游岸坡及相邻建筑物。

坝身泄水孔应避免孔内有压流、无压流交替出现的现象。

无压孔由有压段和无压段组成。

坝身泄水孔的闸门和启闭机的设计应符合下列要求：

(1)无压孔的工作闸门，可采用弧形闸门或平面闸门，事故检修闸门为平面闸门。弧形闸门的启闭机室一般设于坝内，对于中坝也可设于坝顶；平面闸门的启闭机室一般设于坝顶。位于坝内的启闭机室应考虑通风、防潮、采暖设施。

(2)有压孔的工作闸门设在出口端，可采用弧形闸门、平面闸门、锥形阀或其他型式的门、阀。当有压孔不设钢衬时，非汛期宜用事故检修闸门挡水。

四、重力坝泄水建筑物消能防冲结构设计

(一)消能防冲结构设计

泄水建筑物的消能防冲设计应满足下列要求：

(1)坝体泄洪消能防冲设施应根据坝高、坝基及下游河床和两岸地形地质条件，下游河道水深变化情况，结合过木、排冰、排漂等要求合理选择。当采用挑流消能时，挑流水舌应不影响其他建筑物的安全和运行，必要时，设置导墙或采取其他措施。

(2)消能设施应做到消能效果良好，结构可靠，防止空蚀和磨损，防止淘刷坝基和岸坡，保证坝体及有关建筑物的安全。

(3)选定的消能形式应能在宣泄设计洪水及其以下各级洪水流量时，具有良好的消能效果，对超过消能防冲设计标准的洪水，允许消能防冲建筑物出现不危及挡水建筑物安全，不影响枢纽长期运行并易于修复的局部损坏。

(4)淹没于水下的消能设施(消力池、消力戽等)，应为运行期的排水检修提供条件。

挑流消能适用于坚硬岩石上的高、中坝，低坝需经论证才能选用。

底流消能适用于中、低坝或基岩较软弱的河道，高坝采用底流消能需经论证。

面流消能适用于水头较小的中、低坝，下游水位稳定，尾水较深，河床和两岸在一定范围内有较高抗冲能力的顺直河道。

消力戽消能适用于尾水较深(大于跃后水深),且下游河床和两岸有一定抗冲能力的河道。

联合消能适用于高、中坝,泄洪量大、河床相对狭窄、下游地质条件较差或单一消能型式经济合理性差的情况。联合消能应经水工模型试验验证。

(二)高速水流区的防空蚀设计

泄水建筑物的高速水流区,应注意下列部位或区域发生空蚀破坏的可能性:①进口、闸门槽、弯曲段、水流边界突变(不连续或不规则)处;②反弧段及其附近;③差动式鼻坎、窄缝式鼻坎、扭曲式鼻坎、分流墩;④溢流坝面上和泄水孔流速大于20 m/s的区域。

五、重力坝基础处理原则和主要方法

(一)基础处理原则及一般规定

(1)混凝土重力坝的基础经处理后应满足下列要求:①具有足够的强度,以承受坝体的压力;②具有足够的整体性和均匀性,以满足坝基抗滑稳定和减少不均匀沉陷;③具有足够的抗渗性,以满足渗透稳定,控制渗流量;④具有足够的耐久性,以防止岩体性质在水的长期作用下发生恶化。

(2)坝基处理设计应综合考虑基础与其上部结构之间的相互关系,必要时可采取措施,调整上部结构的型式,使上部结构与其基础工作条件协调。

(3)坝基处理设计时,应同时考虑坝基和两岸坝接头部位的工程地质、水文地质条件对建筑物运行的影响,研究坝基变形、渗透和坝肩边坡稳定情况,尤应考虑施工或蓄水对稳定和渗透带来的变化,必要时应采取相应的处理措施。

(4)岩溶地区的坝基处理设计,应认真查清其在坝区的分布范围及特点、水文地质条件及裂隙中充填物,非岩溶岩石的封闭条件。对岩溶发育,情况复杂的基础,应进行专门的处理设计。

(二)基础处理主要方法

重力坝基础处理的措施,通常有不宜利用岩体的挖除、建基面的形状控制、抗剪齿槽、坝基固结灌浆、接触灌浆、基础防渗排水、软弱层带的混凝土置换处理(包括用混凝土置换、高压水泥灌浆等)、预应力锚固等。

1. 坝基开挖

混凝土重力坝的建基面应根据大坝稳定、坝基应力、岩体物理力学性质、岩体类别、基础变形和稳定性、上部结构对基础的要求、基础加固处理效果及施工工艺、工期和费用等技术经济比较确定。

当坝高超过100 m时,可建在新鲜、微风化或弱风化下部基岩上;坝高100~50 m时,可建在微风化至弱风化中部基岩上;坝高小于50 m时,可建在弱风化中部至上部基岩上。

基础中存在的局部工程地质缺陷,例如表层夹泥裂隙、强风化区、断层破碎带、节理密集带及岩溶充填物等均应结合基础开挖予以挖除。

2. 坝基固结灌浆

坝基岩体裂隙发育,且具有可灌性时,应在坝基范围内进行固结灌浆,并应根据坝基应力及地质条件,向坝基外上、下游及宽缝重力坝的宽缝部位适当扩大灌浆范围;防渗帷幕上游的坝基宜进行固结灌浆;断层破碎带及其两侧影响带应适当加强固结灌浆。

固结灌浆孔的孔深应根据坝高和开挖以后的地质条件采用5～8 m;局部地区及坝基应力较大的高坝基础,必要时可适当加深,帷幕上游区宜根据帷幕深度采用8～15 m。

3. 坝基防渗帷幕和排水

坝基的防渗帷幕和排水设计,应以坝区的工程地质、水文地质条件和灌浆试验资料为依据,结合水库功能、坝高综合考虑防渗和排水的相互作用,经分析研究确定帷幕和排水的设置。

防渗帷幕应符合下列要求:

(1)减少坝基和绕坝渗漏,防止其对坝基及两岸边坡稳定产生不利影响。

(2)防止在坝基软弱结构面、断层破碎带、岩体裂隙充填物以及抗渗性能差的岩层中产生渗透破坏。

(3)在帷幕和坝基排水的共同作用下,使坝基面渗透压力和坝基渗漏量降至允许值以内。

(4)具有连续性和耐久性。

岩体相对隔水层的透水率(q)根据不同坝高可采用下列标准:坝高在100 m以上,q为1～3 Lu;坝高为50～100 m,q为3～5 Lu;坝高在50 m以下,q为5 Lu。

防渗帷幕布置和深度,当坝基下存在可靠的相对隔水层时,防渗帷幕一般应伸入到该岩层内3～5 m。

排水孔宜设置在基础灌浆廊道的帷幕下游侧,以充分降低坝基渗透压力并排除渗水,但应注意防止渗透变形。尾水位较高的坝,可在主排水幕下游坝基面上设置由纵、横向廊道组成的副排水系统,采取抽排措施。当高尾水位历时较久时,还应在坝趾增设一道防渗帷幕。主排水幕可设一排,副排水幕视坝高可设1～3排。主排水孔的孔距可为2～3 m,副排水孔的孔距可为3～5 m。

主排水孔深为帷幕深的0.4～0.6倍;坝高50 m以上的坝基主排水孔深,不宜小于10 m。当坝基内存在裂隙承压水层、深层透水区时,除加强防渗措施外,排水孔宜穿过此部位。副排水孔深可为6～12 m。

在岸坡坝段的坝体内应设置横向排水廊道,并向岸坡内钻排水孔和设置专门的排水设施,使渗水靠近基础面排至坝体外,必要时可在岸坡山体内设置排水隧洞,并钻设排水孔。

当排水孔的孔壁有塌落危险或排水孔穿过软弱结构面、夹泥裂隙时,应采取相应的保护措施,如孔内设滤层等。

4. 断层破碎带和软弱结构面处理

(1)坝基范围内的断层破碎带或软弱结构面,应根据其所在部位、埋藏深度、产状、宽度、组成物性质以及有关试验资料,研究其对上部结构的影响,结合施工条件进行专门处理。在地震设计烈度为8度以上的区域,其处理要求应适当提高。低坝的断层破碎带处理要求,可适当降低。

(2)倾角较陡的断层破碎带,可用下述方法处理:

①坝基范围内单独出露的断层破碎带,其组成物质主要为坚硬构造岩,对基础的强度

和压缩变形影响不大时,可将断层破碎带及其两侧风化岩体适当挖除。

②断层破碎带规模不大,但其组成物质以软弱的构造岩为主,且对基础的强度和压缩变形有一定影响时,可用混凝土塞加固,塞深可采用1.0~1.5倍断层破碎带的宽度或根据计算确定。

贯穿坝基上、下游的纵向断层破碎带的处理,宜在上、下游坝基外适当扩挖。

③断层破碎带的规模较大,或为断层交汇带,影响范围较广,且其组成物质主要是软弱构造岩,并对基础的强度和压缩变形有较大的影响时,必须进行专门的处理设计。

(3)提高深层缓倾角软弱结构面稳定性的处理方法有:①提高软弱结构面抗剪能力;②增加尾岩抗力;③提高软弱结构面抗剪能力与增加尾岩抗力相结合。

(4)根据软弱结构面埋深不同可分别采用混凝土置换、混凝土深齿墙、混凝土塞等措施,增加软弱结构面抗剪能力;必要时也可采用抗滑桩、预应力锚索、化学灌浆等措施,保证沿软弱结构面的抗滑稳定。当采用规模较大的混凝土塞、大齿墙或混凝土洞塞进行缓倾角软弱结构面的处理时,应制定相应的温度控制等施工措施,并进行接触灌浆。

(5)伸入水库区内的断层破碎带或软弱结构面,有可能造成渗漏通道并使地质条件恶化时,应进行专门的防渗处理。

当断层破碎带规模较大、倾角较陡时,可用防渗墙处理。当断层破碎带或软弱结构面内微裂隙较多或蓄水运行后的坝基发现有未处理好的断层破碎带或节理密集带发生泥化,用水泥灌浆难以达到预期效果时,可用超细水泥灌浆或化学灌浆。

5.岩溶地区的防渗处理

防渗处理的方式有防渗帷幕灌浆和防渗墙两类,应根据溶洞的规模、溶缝透水性程度等条件选定。对存在岩溶洞穴或具有强透水性的溶缝,可采用混凝土防渗墙或高压灌浆填塞等措施处理。当坝基帷幕轴线上存在连通上、下游的岩溶洞穴或强透水性的溶缝,且埋藏较深不宜明挖时,可采取逐层洞挖,逐个回填混凝土形成连续防渗墙,也可采用槽式洞挖后回填混凝土形成防渗墙。

6.提高坝基抗滑稳定性的工程措施

为了提高坝体的抗滑稳定性,常采用的工程措施有:①利用水重,将坝的上游面做成倾向上游,利用坝面上的水重来提高坝的抗滑稳定性;②利用有利的开挖轮廓线;③设置齿墙;④抽水措施,降低坝基浮托力;⑤加固地基;⑥横缝灌浆;⑦预加应力措施等。

第三节　拱　坝

拱坝指固接于基岩的空间壳体结构,在平面上呈拱向上游的拱形,其拱冠剖面呈竖直或向上游凸出的曲线形,坝体结构既有拱作用又有梁作用,其所受水平荷载一部分通过拱的作用压向两岸,另一部分通过竖直梁的作用传到坝底基岩。坝体的稳定主要依靠两岸拱端的反力作用,并不全靠坝体自重来维持。拱坝按坝面曲率分为单曲拱坝、双曲拱坝、变曲率拱坝。单曲拱坝指水平截面呈曲线形,竖向悬臂梁截面不弯曲的拱坝。双曲拱坝指水平截面和竖向截面均呈曲线形的拱坝。变曲率拱坝是由抛物线、椭圆、双曲线、多心圆、对数螺线、统一二次曲线或其他变曲率的水平拱圈所组成的拱坝。

一、拱坝布置、设计基本要求及安全标准

(一)拱坝布置

拱坝布置设计包括坝线选择、平面布置、拱坝体型选择、泄洪建筑物布置及引水发电建筑物布置等有关内容。

1. 拱坝布置的一般规定

拱坝宜修建在河谷较狭窄、地质条件较好的坝址上,坝轴线应选在河谷两岸较厚实的山体上。

拱坝的布置应根据地形、地质、水文等自然条件及枢纽的综合利用等要求,进行全面技术经济比较,选择最优方案,并且应符合下列要求:①泄洪方式的选择,应根据泄洪量大小,结合工程具体情况确定。除有明显合适的岸边泄洪通道外,宜首先研究采用拱坝坝身泄洪的可行性。②与拱坝相邻的其他建筑物布置,应分析研究其对拱坝应力及拱座稳定的影响。③应分析研究拱坝两岸山体存在不利结构面、缓倾角节理、软弱夹层和下游临空面等因素对拱坝布置的影响,以及采用拱座加固措施的可行性。④应分析研究施工导流、工程施工等对拱坝布置的影响。

最终选定的1、2级拱坝布置方案,应进行水工模型试验;3级拱坝必要时也应进行水工模型试验。

拱坝设计应进行优化,在满足坝体应力、拱座稳定的条件下,选择最优体型。

2. 拱坝体型选择

拱坝体型应根据坝址河谷形状、地质条件、拱座稳定、坝体应力、泄洪布置以及施工条件等因素进行选择。

河谷的形状特征常用坝顶高程处的河谷宽度 L 与最大坝高 H 的比值,即宽高比 L/H 来表示。一般情况下,$L/H<1.5$ 的河谷称为V形河谷,L/H 等于 1.5 ~ 3.0 的河谷称为梯形河谷,L/H 等于 3.0 ~ 4.5 的河谷称为U形河谷。拱坝的厚薄程度常用拱坝最大坝高处的坝底厚度 T 与坝高 H 之比来表征。$T/H<0.2$ 的拱坝称为薄拱坝,T/H 等于 0.2 ~ 0.35 的拱坝称为中厚拱坝,$T/H>0.35$ 的拱坝称为厚拱坝。

根据坝址河谷形状选择拱坝体型时,应符合下列要求:①V形河谷,可选用双曲拱坝;②U形河谷,可选用单曲拱坝;③介于V形和U形之间的梯形河谷,可选用单曲拱坝或者双曲拱坝;④当坝址河谷对称性较差时,坝体的水平拱可设计成不对称的拱,或采用其他措施;⑤当坝址河谷形状不规则或河床有局部深槽时,宜设计成有垫座的拱坝。

当地质、地形条件不利时,选择拱坝体型应符合下列要求:①可采用两端拱圈呈扁平状、拱端推力偏向山体深部的变曲率拱坝;②可采用拱端逐渐加厚的变厚度拱或设垫座的拱坝;③当坝址两岸上部基岩较差或地形较开阔时,可设置重力墩或推力墩与拱坝连接。

拱坝体型设计应符合下列要求:①必要时采用坝体应力变化平缓的变厚度、变曲率拱;②水平拱圈最大中心角应根据稳定、应力、工程量等因素,选为75°~110°,拱端内弧面的切线与利用岩面等高线的夹角不应小于30°,若夹角小于30°,应专门研究拱座的稳定性,调整坝体作用于拱座上的各种作用力的合力方向;③合理设计垂直悬臂梁断面,在满足施工期自重拉应力控制标准及坝表孔布置的要求下,可选取较大的下游面倒悬度

（水平比垂直），悬臂梁上游面倒悬度不宜大于0.3∶1。

根据坝体应力、拱座稳定及工程具体条件，可采用抛物线、椭圆、双曲线、多心圆、对数螺线、统一二次曲线等变曲率拱型。

（二）拱坝设计基本要求

（1）应充分掌握建坝地区的各项基本资料（包括水文气象、泥沙、地形、地质、地震、建筑材料、施工条件、运行要求、环境保护，以及坝址上下游梯级衔接要求等），特别是坝区的工程地质和水文地质条件。

（2）应优选枢纽布置和拱坝布置，根据坝址地形、地质、水文等自然条件及枢纽的综合利用等要求，进行全面技术经济比较，选择最优方案。

（3）应认真分析拱坝的稳定和应力，合理选择拱坝建基面和拱坝体型，做好基础处理设计。拱座岩体应具有足够的稳定性。拱坝体型设计应使坝体应力分布尽可能均匀，最大压应力应不大于坝体混凝土的允许压应力，最大拉应力不超过允许拉应力。

（4）应重视高拱坝的泄洪消能及雾化影响研究。泄洪消能布置应尽可能减少对拱坝坝肩、坝基稳定的不利影响，并保证工程安全；应做好坝体防洪安全设计和泄洪消能防冲设计，并注意研究薄拱坝坝身泄洪产生的结构问题。

（5）应做好高地震区拱坝的抗震防震设计，研究降低或放空库水的设施。

（6）应提出对坝体混凝土质量和温度控制的要求，并应考虑坝体浇筑和接缝灌浆顺序、施工蓄水过程中坝体自身的稳定和应力以及度汛问题。应力求简化坝体结构，方便施工。

（7）应合理布置安全监测系统，认真做好安全监测设计。

（8）应在不断总结实践经验和进行科学试验的基础上，积极运用新技术、新材料。

（三）拱坝设计安全标准

1.单一安全系数法

1）拱坝应力控制标准

拱坝应力分析应以拱梁分载法或有限元法计算成果，作为衡量强度安全的主要标准。

用拱梁分载法计算时，坝体的主压应力和主拉应力应符合下列应力控制指标的规定：

（1）容许压应力：混凝土的容许压应力等于混凝土的极限抗压强度除以安全系数。混凝土极限抗压强度，指90 d龄期15 cm立方体的强度，保证率为80%。对于基本荷载组合，1、2级拱坝的安全系数采用4.0，3级拱坝的安全系数采用3.5；对于非地震情况特殊荷载组合，1、2级拱坝的安全系数采用3.5，3级拱坝的安全系数采用3.0。

（2）容许拉应力：在保持拱座稳定的条件下，通过调整坝的体型来减少坝体拉应力的作用范围和数值。对于基本荷载组合，拉应力不得大于1.2 MPa；对于非地震情况特殊荷载组合，拉应力不得大于1.5 MPa。

用有限元法计算时，应补充计算“有限元等效应力”。按“有限元等效应力”求得坝体主拉应力和主压应力。容许压应力规定与用拱梁分载法计算时的规定相同，容许拉应力规定具体如下：对于基本荷载组合，拉应力不得大于1.5 MPa；对于非地震情况特殊荷载组合，拉应力不得大于2.0 MPa。超过上述指标时，应调整坝的体型，减少坝体拉应力的作用范围和数值。

拱坝应力分析除研究运行期外，还应验算施工期的坝体应力和抗倾覆稳定性。

在坝体横缝灌浆以前，按单独坝段分别进行验算时，坝体最大拉应力不得大于 0.5 MPa，并要求在坝体自重单独作用下，合力作用点落在坝体厚度中间的 2/3 范围内。

坝体横缝灌浆前遭遇施工洪水时，坝体抗倾覆稳定安全系数不得小于 1.2。

地震区的拱坝应力分析及其控制指标，可参照《水工建筑物抗震设计规范》(SL 203—97)的规定执行。当拱坝设有重力墩时，重力墩的应力和稳定分析，应符合《混凝土重力坝设计规范》(SL 319—2005)的规定。

2)坝肩抗滑稳定控制标准

采用刚体极限平衡法进行抗滑稳定分析时，1、2 级拱坝及高拱坝，应按抗剪断公式计算，其他可按抗剪断或抗剪进行计算，相应安全系数应符合表 6-10 的规定。

表 6-10 抗滑稳定安全系数

荷载组合		建筑物级别		
		1	2	3
按抗剪断公式	基本	3.50	3.25	3.00
	特殊(非地震)	3.00	2.75	2.50
按抗剪公式	基本	—	—	1.30
	特殊(非地震)	—	—	1.10

拱座抗滑稳定分析应按空间问题计算可能滑动块体抗滑稳定安全系数。拱座无特定的滑裂面或作初步估算时，可简化为平面问题进行核算。此时如个别断面的安全系数不满足表 6-10 的要求，可根据具体情况确定采取处理措施的必要性。必要时，可分析滑裂面上的局部(点)安全系数，研究可能进入破坏状态的区域、范围及过程。

2. 分项系数极限状态法

1)混凝土拱坝应力控制标准

拱坝应力按分项系数极限状态表达式进行控制，无论是拱梁分载法或有限元法，拱坝应力都应满足下列表达式要求：

$$\gamma_0 \psi S(\cdot) \leqslant \frac{1}{\gamma_d} R(\cdot) \tag{6-15}$$

此外，持久状况、基本组合情况下，采用拱梁分载法计算时，坝体最大拉应力不得大于 1.2 MPa；采用有限元法计算时，经等效处理后的坝体最大拉应力不得大于 1.5 MPa。短暂状况、基本组合情况下，未封拱坝段最大拉应力不宜大于 0.5 MPa。如不能满足上述要求，应采取各种可行措施，降低坝体拉应力。

如仅有坝面个别点的拉应力不能满足要求，则应研究坝体可能开裂的范围，评价裂缝的稳定性和对坝体的影响，任何情况下开裂不能扩展到坝体上游帷幕线。

对于 200 m 以上的高坝，其拉应力控制标准应作专门研究。地震情况下拱坝应力分析及其应力控制指标，应符合《水工建筑物抗震设计规范》(DL 5073—2000)的有关规定和要求。

2)抗滑稳定控制标准

用刚体极限平衡法分析拱座稳定时,1、2 级拱坝及高拱坝应满足承载能力极限状态设计表达式,即式(6-16),其他则应满足承载能力极限状态设计表达式,即式(6-16)或式(6-17)。

$$\gamma_0\psi\sum T \leqslant \frac{1}{\gamma_{d1}}\left(\frac{\sum f_1 N}{\gamma_{m1f}} + \frac{\sum C_1 A}{\gamma_{m1c}}\right) \tag{6-16}$$

$$\gamma_0\psi\sum T \leqslant \frac{1}{\gamma_{d2}}\frac{\sum f_2 N}{\gamma_{m2f}} \tag{6-17}$$

式中 γ_0——结构重要性系数,对应于安全级别为 1、2、3 级的建筑物,分别取 1.1、1.0、0.9;

ψ——设计状况系数,对应于持久状况、短暂状况、偶然状况,分别取 1.00、0.95、0.85;

T——沿滑动方向的滑动力,1×10^3 kN;

f_1——抗剪断摩擦系数;

N——垂直于滑动方向的法向力,1×10^3 kN;

C_1——抗剪断凝聚力,MPa;

A——滑裂面的面积,m^2;

f_2——抗剪摩擦系数;

γ_{d1}、γ_{d2}——两种计算情况的结构系数;

γ_{m1f}、γ_{m1c}、γ_{m2f}——两种表达式的材料性能分项系数。

式(6-16)中的抗剪断强度参数,应按材料的峰值强度平均值采用。

式(6-17)中的抗剪强度参数,应按下述特性采用:

(1)对脆性破坏的材料,采用比例极限;

(2)对塑性或脆塑性破坏的材料,采用屈服强度;

(3)对已经剪切错断过的材料,采用残余强度。

采用式(6-16)、式(6-17)进行计算时,相应的分项系数应满足表 6-11 的规定。

表 6-11 抗滑稳定分项系数

按公式(6-16)	γ_{m1f}	2.4
	γ_{m1c}	3.0
	γ_{d1}	1.2
按公式(6-17)	γ_{m2f}	1.2
	γ_{d2}	1.1

注:有关地震组合情况下的各项分项系数应按《水工建筑物抗震设计规范》(DL 5073—2000)规定执行。

二、拱坝坝体结构及构造设计

(一)坝顶布置

坝顶高程应不低于校核洪水位。

非溢流段坝顶宽度应根据剖面设计，满足运行、交通要求确定，但不宜小于3 m。

溢流坝段应结合溢流方式，布置坝顶工作桥、交通桥，其尺寸必须满足泄流、设备布置、运行操作、交通和监测检修等要求。

（二）横缝、纵缝与接缝灌浆

1. 横缝和纵缝布置的原则

为便于施工期间混凝土散热和降低收缩应力，防止混凝土产生裂缝，需要分段浇筑，各段之间设有收缩缝，收缩缝有横缝和纵缝两类。横缝是半径向或近于半径向的，间距一般取15～20 m。横缝底部缝面与地基面的夹角不得小于60°，并宜接近正交。对厚度大于40 m的拱坝，可考虑设置纵缝。当施工有可靠的温控措施和足够的混凝土浇筑能力时，可不受此限制。

2. 接缝灌浆

横缝和纵缝都必须进行接缝灌浆。灌浆时坝体温度应降到设计规定值，缝的张开度不宜小于0.5 mm。缝两侧坝体混凝土龄期，在采取有效措施后，不宜小于4个月。灌浆浆液结石达到预期强度后，坝体方能挡水受力。

（三）坝内廊道及交通

拱坝坝内廊道设置应兼顾基础灌浆、排水、安全监测、检查维修、运行操作和坝内交通等多种用途。坝内应设置基础灌浆廊道，对于中、低高度的薄拱坝，也可不设廊道。廊道与坝内其他孔洞门的净距离不宜过小，应通过应力分析确定。

（四）坝体止水和排水

横缝上游面、校核尾水位以下的横缝下游面、溢流面以及陡坡段坝体与边坡接触面等部位，均应设置止水片。止水片应根据其重要性、作用水头、检修条件等因素确定止水材料和布置型式。横缝止水或基础止水必须与坝基妥善连接，止水片埋入基岩深度宜为30～50 cm，必要时止水槽混凝土与基岩之间插锚筋连接。

廊道排水系统应由排水管与各层廊道排水沟组成。坝身宜设置竖向排水管，管距宜为2.5～3.5 m，排水管内径宜为15～20 cm，应与廊道分层连通。廊道底面高于校核尾水位时，可采用自流排水；廊道底面低于校核尾水位时，应设集水井并由水泵抽排。

（五）坝体混凝土及分区设计

（1）坝体混凝土可根据应力分布情况或其他要求，设置不同的混凝土分区。坝体混凝土标号分区设计应以强度为主要控制指标，混凝土的其他性能指标应视坝体不同部位的要求作校验，必要时可提高局部混凝土的性能指标，设不同标号分区。

（2）高拱坝拱冠与拱端坝体应力相差较大时可设不同标号区。坝体厚度小于20 m时，混凝土标号不宜分区。同一层混凝土标号分区最小宽度不宜小于2.0 m。

（3）坝体混凝土应满足强度、热学、抗渗、抗冻、抗冲刷、抗侵蚀、抗化学反应破坏等物理力学性能和耐久性要求。未经专门论证，坝体混凝土不得使用碱活性骨料。

（4）根据坝体承受水压力作用的时间，用90 d龄期的试件测定抗渗等级。对于中、低坝，其混凝土抗渗等级不低于W6；对于高坝，其混凝土抗渗等级不低于W8。对承受侵蚀水作用的建筑物，其抗渗等级应进行专门的试验论证。

（5）大坝混凝土抗冻等级，应根据气候分区、冻融循环次数、表面局部小气候条件、水分饱和程度、所在部位的重要性和检修难易程度等因素进行选择。

(6)抗冻混凝土必须外加引气剂,其水泥、掺合料、外加剂的品种和数量,水胶比、配合比及含气量应通过试验确定。

(7)混凝土最大水胶比不应大于表6-12所列规定值。在环境水有侵蚀性情况下,应选择抗侵蚀性能较好的水泥。

表6-12　混凝土最大水胶比

气候分区	混凝土部位				
	水上	水位变化区	水下	基础	抗冲
严寒和寒冷地区	0.50	0.45	0.50	0.50	0.45
温和地区	0.55	0.50	0.50	0.50	0.45

(六)拱座稳定分析

抗滑稳定分析中的滑动体边界,常由若干个滑裂面和临空面组成。滑裂面为岩体内的各种结构面,尤其是软弱结构面;临空面为地表或软弱结构面。滑裂面应在工程地质勘测的基础上,经过研究得出最可能的滑动破坏形式之后确定。拱座稳定分析所需的岩石力学指标(包括抗压、抗剪、抗拉强度、变形模量、泊松比和渗透系数等),应通过取样进行原位或室内试验取得。1、2级拱坝,对影响拱座稳定的主要结构面,应通过原位试验取得。结合岩体实际情况、蓄水后可能的变化以及所采取的工程处理措施,并参照类似工程的经验,由设计、地质、试验人员共同研究确定。

三、拱坝坝身泄水建筑物型式

拱坝泄水、泄洪建筑物分为坝身(表孔、中孔、深孔)式、岸边式和隧洞式三大类。常用的拱坝坝身孔口泄流方式有坝顶泄流、坝身孔口泄流、坝面泄流、坝肩滑雪道泄流、坝后厂顶溢流(厂前挑流)等。坝身式泄水建筑物按其进水口所处部位和水力学特性等因素,可分为表孔、浅孔、中孔、深孔和底孔等型式。拱坝泄水建筑物宜优先考虑采用坝身孔口泄洪方式。

坝身表孔和浅孔可设计为坝顶挑流或跌流,也可设计为沿坝面或滑雪道泄流。表孔设置胸墙且胸墙起挡水作用时,应按浅孔设计。表孔的堰面曲线宜采用幂曲线,浅孔的堰面曲线宜采用抛物线。

深式泄水孔(包括中孔、深孔和底孔)宜设计成有压孔。对于厚拱坝也可设计成短有压孔接无压孔,但应避免无压孔内出现明、满流交替现象。无压孔在平面上宜作直线布置,其出口宜高出下游水位,并应防止在孔内出现水跃。深式泄水孔应在进口处设置事故检修门。

在满足混凝土分层分块及细部构造要求和方便施工的前提下,坝身泄水孔可采用非径向布置、有压段中心线适当偏转等结构措施。采用挑流或跌流消能方式时,出口段可采用扩散、收缩(宽尾墩、窄缝坎等)、差动、斜切或扭曲等结构措施。

四、拱坝消能防冲结构设计

泄水建筑物的下游应设置相应的消能防冲设施，避免过坝水流对下游河床冲刷危及枢纽建筑物和岸坡的安全。通常采用的消能方式有挑流、跌流、底流、戽流等，应结合坝高、河床和两岸地形、地质条件、河道水深、水位变化情况，并考虑过船、过木、排沙、排污等因素综合研究确定。

长期淹没于水下的消能防冲设施（如消力池、水垫塘、消力戽、短护坦、二道坝等），应提供检查及维修的方便条件。拱坝泄洪宜采用多种泄水建筑物相结合的布置型式。坝身式泄水建筑物，宜采用挑流、跌流消能方式。深式泄水孔也可采用底流、戽流消能方式。多种坝身泄水孔联合运行时，宜采用同高程孔口泄流左右对冲消能，或不同高程孔口泄流上下对冲消能，或高孔跌流配合低孔的底流、面流消能等组合消能方式。

(1)挑流消能。挑流消能方式适用于坚硬基岩上的高、中坝。拱坝挑流消能设计应对各级流量工况进行水力计算，包括估算水舌挑射距离、范围以及最大冲坑深度等，鼻坎的设置高程应能保证自由挑流。

(2)跌流消能设计。下游宜设置水垫塘，应对各级流量进行水力计算，估算水舌抛射距离、范围和最大冲坑深度等。

(3)人工水垫塘设计。应对各级流量进行水力计算，估算水垫塘的长度、宽度、深度和动水压力等，并应通过水工模型试验验证。水垫塘末端必要时可设置二道坝且应具备检查维修的条件。水垫塘两岸边坡应采取防护措施以防止泄洪雾化的影响。

(4)底流消能。适用于坝体下游有软弱基岩、下游水位流量关系较稳定的河道。设计应对各级流量进行水力计算，确定护坦高程、长度、边墙或导墙顶高程及尾水淹没度等。有排冰或排漂要求时，不宜采用底流消能。

1、2 级拱坝或高坝以及有水流向心集中情况者，其护坦长度、边墙高度及消能工的体型尺寸和位置等，应经水工模型试验验证。

(5)戽流消能。适用于坝体下游尾水较深，且下游河床和两岸有一定的抗冲能力的情况。其设计应根据各级流量选择适当的戽半径、戽底高程、戽唇挑角和坎高等，并经水工模型试验确定。

(6)防冲护岸措施消能工（消力池、水垫塘等）。下游河道的流速仍然较大或流态较建坝前恶化时，应研究确定可能被冲刷的河段范围，并采取相应的防冲护岸措施。

(7)对于泄水和消能建筑物，应注意因高速水流发生空蚀破坏的问题。应严格控制高速水流过流面的不平整度，对于明流泄水建筑物，流速大于 35 m/s 时应采取掺气减蚀措施。在多泥沙河流上，泄水建筑物应考虑挟沙水流磨损，以及推移质的跳跃冲击与空蚀的联合作用。

(8)拱坝挑流、跌流消能，特别是高拱坝空中对冲消能的泄洪雾化问题，应进行专门研究，确定雾化范围和强度分布。应充分研究泄洪雾化对枢纽建筑物、下游两岸山体、电气设备、输电线路、交通道路和各种洞口等的不利影响，必要时应采取相应的防护措施。

五、拱坝基础处理原则和主要方法

（一）基础处理原则及一般规定

（1）拱坝基础处理后应达到下列要求：①具有足够的强度和刚度。②满足拱座抗滑稳定和拱坝整体稳定。③具有抗渗性、渗透稳定性。④具有在水长期作用下的耐久性。⑤建基面平顺，避免不利的应力分布。

（2）基础处理设计应根据坝址地质条件和基岩的物理力学性质，通过拱坝结构分析和稳定分析，兼顾相邻建筑物的布置，施工技术等因素，选择安全、经济和有效的处理方案。

（3）岩溶地区的基础处理，宜选择有效的勘测、试验手段，查明基础范围溶蚀、洞穴、暗河系统、连通管道以及地下水位等基本情况，经分析论证，选择有效的处理方案。

（4）基础处理的措施，通常有不宜利用岩体的挖除、建基面的形状控制、设置相关连接建筑物（如垫座、推力墩、重力墩等）、坝基固结灌浆、接触灌浆、基础防渗排水、软弱层带的混凝土置换处理（包括用混凝土置换、高压水泥灌浆等）、预应力锚固等。

（5）基础处理设计应明确施工质量控制和检测方法。

（6）应进行坝肩上、下游边坡稳定分析，并采取适当的支护措施。

（二）基础处理主要方法

1. 坝基开挖

（1）根据坝址具体地质情况，结合坝高，选择新鲜及微风化或弱风化中、下部的基岩作为建基面。高坝应开挖至Ⅱ类岩体，局部可开挖至Ⅲ类岩体。中低坝可适当放宽。拱坝建基面宜开挖成径向面，如图 6-5 所示。如拱端厚度较大而使开挖量过多或考虑开挖后边坡的稳定要求，也可采用非全径向开挖，非径向角 $\alpha \leqslant 30°$，非径向面与拱坝中心线的夹角 $\beta \geqslant 10°$。

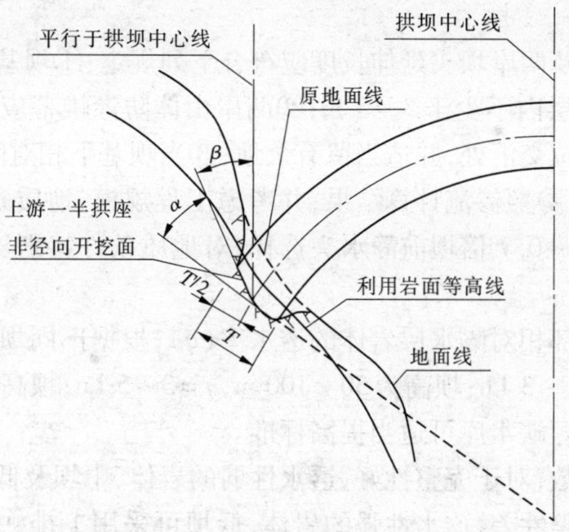

图 6-5　拱座利用岩面形状示意

（2）基岩面的起伏差应小于 0.3～0.5 m。拱座基岩面的等高线与拱端内弧切线的夹角不宜小于 30°。

(3)坝基开挖设计应对控制爆破提出要求,并在现场试验和施工过程中不断对爆破参数进行调整,以减轻开挖爆破引起的建基面岩体的破坏。

(4)坝址位于高地应力地区时,应对初始地应力场及基坑开挖的二次应力场,结合基岩岩性进行研究分析,避免开挖过程中因应力释放严重破坏基岩岩体。坝基开挖爆破设计宜采用预裂爆破的方式。

(5)应对开挖后的坝基地质条件进行复核和补充评价,进一步落实基础处理方案。

2. 固结灌浆和接触灌浆

一般要求对拱坝坝基进行全面的固结灌浆,断层破碎带及其两侧影响带,应加强固结灌浆。固结灌浆孔的孔距、排距一般为2~4 m,固结灌浆孔的孔深,宜采用5~8 m。固结灌浆孔宜布置成梅花形。灌浆孔方向应根据主要裂隙产状,穿过较多的裂隙。灌浆压力在保证不掀动岩石的情况下,宜采用较大值,一般为0.2~0.4 MPa,有混凝土盖重时,可取0.3~0.7 MPa。

对于坝体与陡于50°~60°的岸坡间和上游侧的坝基接触面以及基岩中所有槽、井、洞等回填混凝土的顶部,均需进行接触灌浆,以提高接触面的强度,减少渗漏。接触灌浆应在坝体混凝土浇筑到一定高度、混凝土充分收缩、钻排水孔之前进行。有条件时,可利用帷幕灌浆孔与部分固结灌浆孔进行接触灌浆。

3. 防渗帷幕

防渗帷幕应符合下列基本要求:①减少坝基渗漏量和绕坝渗漏量,减小坝基渗流对坝基及两岸边坡稳定的不利影响;②防止坝基软弱夹层、断层破碎带、岩体裂隙充填物等软弱层带可能产生的渗透破坏;③在帷幕和坝基排水的共同作用下,控制坝基渗透压力在允许值以内;④具有可靠的连续性和足够的耐久性。

坝基和两岸的防渗帷幕宜采用水泥灌浆;在水泥灌浆达不到设计防渗要求时,可采用化学材料补充灌浆,但应防止污染环境。帷幕线的位置应布置在压应力区,且靠近上游面。

防渗帷幕的深度及两岸坝头延伸长度应符合下列规定:①坝基下存在相对隔水层时,防渗帷幕应伸入该岩层内不少于3~5 m;②两岸山体防渗帷幕应延伸到相对隔水层,或正常蓄水位与地下水位交汇处,并适当留有余地;③当坝基下相对隔水层埋藏较深或分布无规律时,帷幕深度可参照渗流计算结果,并考虑工程规模、地质条件、地基的渗透性、排水条件等因素,按0.3~0.7倍坝前静水头选择,对地质条件特别复杂地段的帷幕深度应进行专门论证。

防渗帷幕及其下部相对隔水层岩体的透水率(q),根据不同坝高可采用下列标准:坝高在100 m以上,$q=1\sim3$ Lu;坝高为50~100 m,$q=3\sim5$ Lu;坝高在50 m以下,$q\leqslant5$ Lu。抽水蓄能电站或水源短缺水库可适当提高标准。

帷幕灌浆孔的排数,对于完整性好,透水性弱的岩体,中坝及低坝可采用1排,高坝可采用1~2排;对于完整性差,透水性强的岩体,低坝可采用1排,中坝可采用1~2排,高坝可采用2~3排。当帷幕由主副帷幕组合而成时,副帷幕孔深可取主帷幕孔深的1/2。

帷幕孔距宜采用1.5~3.0 m,排距应略小于孔距。软弱层带部位可适当加密孔距。帷幕钻孔方向宜倾向上游,顶角宜在0°~15°选择,宜穿过岩层的主要裂隙和层理面。

帷幕灌浆顶段的灌浆压力不宜小于1.5倍的坝前静水头;孔底段不应小于2倍的坝前静水头,但不宜大于6.0 MPa,且不得抬动岩体。

4.坝基排水

正常情况下,防渗帷幕的下游应布置坝基排水,设1排主排水孔,必要时加设1~3排辅助排水孔。

主排水幕排水孔的孔距宜采用2~3 m,副排水幕排水孔的孔距宜采用3~5 m。主排水孔孔深宜为帷幕孔深的0.4~0.6倍;坝高50 m以上的坝基主排水孔孔深不应小于10 m,副排水孔孔深宜为主排水孔孔深的0.7倍。

排水孔的开孔位置与帷幕下游侧的距离不宜小于2 m。对高坝以及两岸地形较陡、地质条件较复杂的中坝,宜在两岸布置多层纵横向排水平洞。

当排水孔的孔壁不稳定或排水孔穿过软弱层带区时,应采取孔壁保护措施。排水孔应在其相应部位的接触灌浆、固结灌浆、帷幕灌浆等完成后钻孔。

5.断层破碎带、软弱夹层的处理

(1)对于坝基范围内的断层破碎带或软弱夹层,应根据其产状、宽度、充填物性质、所在部位和有关的试验资料,分析研究其对坝体和地基的应力、变形、稳定与渗漏的影响,并结合施工条件,采用适当的方法进行处理。

(2)一般情况下,位于坝肩部位的断层破碎带比位于河床部位的断层破碎带对拱坝的安全影响大;缓倾角比陡倾角断层的危害性严重;位于坝趾附近的断层破碎带比位于坝踵附近的断层破碎带对坝体应力和稳定更为不利;断层破碎带宽度愈大,对应力和稳定的影响也愈严重。软弱层带的处理应根据其特性、规模、位置及对拱坝的危害程度等因素,选择高压固结灌浆、化学灌浆、断层塞、混凝土置换、抗剪(抗滑)或传力混凝土结构、锚固等处理措施或综合处理措施。对特殊的地基,还需进行专门的研究。

(3)对倾角较陡的一定规模的软弱层带,宜采用以下处理措施:

①断层组成物为胶结良好、质地坚硬的角砾岩、片状岩、碎块岩等构造岩,对整个坝基的传力、稳定和变形的影响较小时,可将表层较破碎的部分挖除,进行混凝土塞局部置换处理,如有必要可对两侧及深层岩体进行高压固结灌浆。

②断层组成物为糜棱岩、断层泥等软弱构造岩,对整个坝基的强度、稳定和变形有较明显影响时,可采用挖除断层物质,回填混凝土(即置换法)、高压水泥灌浆、高喷冲洗灌浆等处理方法,必要时可增加化学灌浆处理(如环氧类浆材)。高坝的处理方案应根据坝高、断层部位、产状、性质和规模等,通过相应的计算或模型试验进行论证;中、低坝可参照其他工程的经验,综合研究后确定。

③采用置换法处理断层破碎带,开挖时应注意减少对完好岩体的损伤,开挖后应及时回填混凝土,应加强置换混凝土与基岩结合面的回填灌浆、接触灌浆及围岩固结灌浆。当混凝土回填规模较大时,应制定相应的温度控制、固结灌浆、接触灌浆与观测等措施。

(4)对倾角较平缓的断层破碎带或软弱夹层,应根据其埋藏深浅和力学参数以及对坝体应力、坝基变形和抗滑稳定性的影响程度,可采用抗剪(抗滑)混凝土结构、锚固及局部加强防渗排水等处理措施。

(5)当坝基内的软弱层带有可能成为坝基渗漏通道时,应根据断层破碎带或软弱夹层的具体情况、作用水头、库水侵蚀性等因素，进行专门的防渗处理（如高压冲洗置换处理、防渗井塞等）。

(6)对于局部裂隙构造发育的岩体，可采用加强固结灌浆、高压固结灌浆的处理措施。

(7)两岸拱座岩体内存在断层破碎带、层间错动等软弱结构面，影响拱座稳定安全时，必须对两岸拱座基岩采取相应的加固处理措施（如抗滑键、传力墙和高压固结灌浆等）。1、2级拱坝或高坝工程的处理方案，应通过有限元分析或模型试验论证。

(8)两岸岩体内的顺坡向断层破碎带、节理密集带或软弱夹层，受到库水、地下水、泄洪雾化及泄洪水流冲刷等反复作用后，引发岩体滑塌而危及大坝或其他建筑物的安全时，必须采取相应的防护措施。

第四节　水工隧洞

水工隧洞包括发电引水隧洞、尾水隧洞、灌溉和供水隧洞、泄洪隧洞、排沙隧洞、施工导流隧洞等。

一、水工隧洞洞线选择与进、出口布置

(一)水工隧洞设计原则

(1)水工隧洞的级别按现行《防洪标准》(GB 50201—94)和《水利水电枢纽工程等级划分及洪水标准》(SL 252—2000)的规定执行。

地质条件特别复杂、水头和流速特别高以及失事后将会造成严重损失的隧洞，可提高一级（最高不高于1级隧洞）。

低水头、低流速、失事后不致造成严重损失的隧洞，可降低一级。

(2)水工隧洞设计应满足工程总体规划和环境及水土保持要求。

(二)水工隧洞洞线的选择

(1)水工隧洞的线路应根据隧洞的用途，综合考虑地形、地质、水力学、施工、运行、沿线建筑物、枢纽布置及对周围环境的影响等因素，通过技术经济比较选定。

(2)在满足枢纽布置要求的条件下，洞线应选在线路短、沿线地质构造简单、岩体完整稳定、上覆岩层厚度适中、水文地质条件有利及施工交通方便的地区。

(3)洞线布置宜避免相邻建筑物的不利影响。避免相邻建筑物的不利影响是水工隧洞设计实践中多年来遵循的原则。

(4)洞线布置应根据隧洞区岩层及主要地质构造的分布特性，满足下列要求：

①洞线与岩层层面、构造断裂面及主要软弱带走向宜有较大的交角。对整体块状结构岩体及厚层并胶结紧密、岩石坚硬完整的岩体，交角不宜小于30°；对薄层岩体，特别是层间结合疏松的陡倾角薄岩层，交角不宜小于45°。

②隧洞所通过地段有较大地质构造（如断层及其影响带、裂隙卸荷带、软弱构造、不整合带）时，洞线布置应根据不利构造及其组合对隧洞围岩稳定的影响程度，并考虑施工、运行、工期、投资等各种因素，通过可行方案的技术经济比较确定。

③选择洞线时应对不同洞段可能出现的局部不稳定岩体进行分析、预测，采取适宜的工程措施，保证所选洞线顺利施工。

(5)隧洞沿线遇有断裂构造、不利构造面、软弱带、蚀变带、膨胀岩等时，应充分考虑地下水活动的影响，注意围岩的稳定条件。洞线宜避开可能造成地表水强补给的冲沟。

(6)在高地应力区，水工隧洞的轴线方向宜与最大水平地应力方向有较小交角。

(7)水工隧洞垂直和侧向最小覆盖厚度，应根据地质条件、隧洞断面形状及尺寸、施工成洞条件、内水压力、支护(衬砌)型式、围岩渗透特性等因素综合分析决定。

隧洞(有压、无压)进、出口和无压隧洞洞身，在采取了合理的施工方法和工程措施可保证施工期及运行期安全时，对垂直及侧向最小覆盖厚度不作具体规定。

有压隧洞洞身的垂直和侧向覆盖厚度(不包括覆盖层)，当围岩较完整，无不利结构面，采用混凝土或钢筋混凝土衬砌时，可按不小于0.4倍内水压力水头控制；无衬砌或采用锚喷衬砌时，可按不小于1.0倍内水压力水头控制。

有压隧洞洞身的垂直及侧向最小覆盖厚度应保证围岩不产生渗透失稳和水力劈裂。对高水头有压隧洞洞身，在初步设计和技施设计阶段宜通过工程类比和有限元分析，复核垂直及侧向最小覆盖厚度，满足不发生渗透失稳和水力劈裂的要求。

(8)相邻两隧洞间的岩体厚度，应根据布置需要、地质条件、围岩承受的内水压力、围岩的应力和变形、隧洞横断面尺寸和形状、施工方法和运行情况(如一洞有水临洞无水)等因素综合分析决定。岩体厚度不宜小于2.0倍开挖洞径(或洞宽)。岩体较好时，经分析岩体厚度可适当减小，但不应小于1.0倍开挖洞径(或洞宽)。应保证运行期围岩不发生渗透失稳和水力劈裂。

(9)经论证必须穿过坝基、坝肩或其他建筑物基础的水工隧洞，与建筑物基础之间的围岩应有足够的厚度，满足建筑物基础和隧洞对应力、应变、稳定和渗透的要求。不能满足要求时，应采取必要的工程措施，保证施工运行安全。

(10)洞线遇有沟谷时，应根据地形、地质、水文及施工条件进行绕沟或跨沟方案的技术经济比较。当采用跨沟方案时，应合理选择跨沟位置。对跨沟建筑物基础、隧洞的连接部位及洞脸边坡，应加强工程措施。

(11)沿河傍山地段的土洞，洞线应向山里侧内移，避免产生偏压，防止水流冲刷山体影响洞身稳定。

(12)洞线在平面上宜布置为直线。如需要设置弯段，应符合下列要求：

①对于流速小于20 m/s的无压隧洞，弯曲半径不宜小于5.0倍洞径(或洞宽)，转角不宜大于60°。对于流速小于20 m/s的有压隧洞，可适当降低要求，但弯曲半径不应小于3.0倍洞径(或洞宽)，转角不宜大于60°。

②高流速无压隧洞不应设置曲线段。高流速有压隧洞设置曲线段时，其弯曲半径和转角宜通过试验确定。

③应在弯段的首尾设置直线段，其长度不宜小于5.0倍洞径(或洞宽)。

(13)洞身段设置竖向曲线时，对高流速隧洞(有压或无压)，其型式和竖向曲线半径应通过试验确定。低流速有压隧洞的竖向曲线半径不宜小于5.0倍的洞径(或洞宽)，低流速无压隧洞可适当降低要求。

(14)水工隧洞设置平面或竖向曲线时其弯曲半径还应考虑施工方法和大型施工设备的要求。

(15)洞身段的纵坡应根据运用要求、上下游衔接、沿线建筑物的底部高程以及施工和检修条件等综合分析决定。

(16)布置在多泥沙河流上的排沙隧洞,其平面和竖向的转弯曲线、转弯角度、纵坡坡度均应通过水工模型试验确定。

(17)长隧洞需设置施工支洞时,支洞的数目及长度应根据隧洞沿线地形地质条件、施工方法、对外交通情况,并有利于均衡各段隧洞的工程量及工期的要求分析决定。地质条件较差时,应研究施工支洞对主洞的影响。

(18)布置水工隧洞时应考虑临时占地、永久占地、植被破坏和恢复、施工污染、运行期地下水位变化等对环境的影响和水土保持的要求。尽可能做到使原自然环境破坏较少,较易恢复且环境投资最小。

(三)进、出口布置

(1)进、出口布置,应根据枢纽总体布置要求、地形地质条件,使水流顺畅、进流均匀、出流平稳,满足使用功能和运行安全的要求,并应考虑闸门、拦污清淤设备的设置及对外交通。

(2)进、出口宜选在地质构造简单、岩体完整、风化覆盖层较浅的地区,避开不良地质构造和容易发生崩塌、泥石流、危岩失稳、滑坡的地区。

(3)进、出口布置应充分考虑水工隧洞的布置。在地形地质条件较复杂的地区,应通过技术经济论证,选择最佳布置方案。

(4)进、出口洞脸和两侧边坡宜避免高边坡开挖。无法避免时,应分析开挖后的稳定性,采取相应的加固措施。

(5)进、出口应有必要的清坡范围,并采取适当的工程措施,防止覆盖层、坡积物、松动岩块等在风力、地面径流、水位变化等自然因素作用下滚落,影响其正常运行。

(6)土洞洞口应选在山坡稳定、土质条件较好处,不宜布置在卸荷带上。土洞洞口的设计边坡,应视土质和开挖高度通过边坡稳定分析确定。

(7)土洞洞口与渡槽、岩洞等建筑物连接处应设永久缝。在寒冷地区,应结合防冻要求加深洞口基础埋深,基底标高应符合《水工建筑物抗冻设计规范》(SL 211—1998)的规定。

(8)有压泄水隧洞的出口洞段体型设计应符合下列要求:

①若隧洞沿程体型无急剧变化,则出口段断面面积宜收缩为洞身断面的85%~90%。若沿程体型变化较大,洞内水流条件差,出口段断面宜收缩为洞身断面的80%~85%。收缩方式宜采用洞顶压坡的型式,对重要的隧洞工程宜进行水工模型试验验证。

②出口洞段的底坡宜平缓,侧向扩散宜平顺,应与下游水流良好衔接。采用突扩或底部跌落的出口时,应经过水工模型试验验证。当出口邻近主河道(主流)时,宜采用适当的出流导向措施,防止与主流对冲。

(9)泄水隧洞的出口,应根据地形地质和水力学条件,运行方式,下游水深和变幅,下游河床的抗冲能力,水流衔接、消能防冲要求以及对相邻建筑物的影响,通过技术经济比较选择适宜的消能防冲措施。

泄洪洞的出口宜采用挑流或底流消能，当条件允许时也可采用其他消能方式。采用挑流消能时，应注意减少泄水产生的雾化、泥化、溅水对其他建筑物的影响。

(10)布置泄水隧洞时，应根据可能出现的泄洪运行工况，充分研究泄水隧洞出口的位置、水流流态、冲淤范围和对相邻建筑物的影响，并宜通过技术经济比较和水工模型试验验证确定合理方案。

(11)对有压隧洞排水补气、充水排气和无压隧洞水面线以上的通气以及其他需要通气的洞段，应估算通气面积，并留有余地。

(12)一般洞身段围岩厚度较厚，但进、出口则较薄，为增大围岩厚度而将进、出口位置向内移动会增加明挖工作量，延长施工时间。一般情况下，进、出口顶部岩体厚度不宜小于1倍洞径(或洞宽)。

二、水工隧洞断面型式及尺寸

(一)横断面型式

(1)隧洞的横断面形状应根据隧洞的用途、水力学、工程地质与水文地质、衬砌工作条件以及地应力情况、施工方法等因素，通过技术经济分析确定。

(2)有压隧洞宜采用圆形断面。在围岩稳定性较好，内、外水压力不大时，可采用便于施工的其他断面形状。

无压隧洞地质条件较好时宜采用圆拱直墙式断面。地质条件较差时，可选用圆形或马蹄形断面。

(3)高地应力区采用非圆形断面时，断面的高宽比与地应力条件相适应。

(4)对发电与泄洪、导流与发电或导流与泄洪等共同的多用途隧洞，断面形状应经技术经济比较后确定，必要时宜通过水工模型试验验证。

(5)较长隧洞可采用多种断面形状和衬砌型式，但不宜过多过密。不同断面或衬砌型式之间应设置过渡段，过渡段的边界应采用平缓曲线，并便于施工。

(二)横断面尺寸

(1)水电站、抽水蓄能电站或泵站输水隧洞(引水及尾水洞)的断面尺寸，应进行经济断面论证。

(2)灌溉隧洞的横断面尺寸，应根据隧洞的进、出口高程和加大流量确定。

(3)泄洪隧洞的横断面尺寸，应在各种可能运行条件下均能满足规定的泄流能力要求，并应通过技术经济比较确定。

(4)导流隧洞的横断面尺寸，应根据导流流量的要求，结合进口高程、围堰的高度、出口水流衔接以及过木、通航、过冰、施工要求等，通过技术经济比较确定。

(5)多用途隧洞的横断面尺寸，除应满足各自的运行要求外，共用部分应通过技术经济比较确定。

(6)横断面的最小尺寸除应满足运行要求外，还应符合施工要求。圆形断面的内径不宜小于1.8 m；非圆形断面的高度不宜小于1.8 m，宽度不宜小于1.5 m。采用掘进机、架钻台车、钢模台车等较大型设备施工时，断面尺寸应通过技术经济分析确定。

(7)在低流速无压隧洞中,若通气条件良好,在恒定流情况下,洞内水面线以上的空间不宜小于隧洞断面面积的15%,且高度不应小于400 mm;在非恒定流条件下,若计算中已考虑了涌波,上述数值允许适当减小。对较长的隧洞和不衬砌或锚喷衬砌的隧洞,上述数值可适当增加。

(8)高流速无压隧洞的横断面尺寸宜通过试验确定,并宜考虑掺气的影响。在掺气水面线以上的空间,宜为断面面积的15% ~25%。当采用圆拱直墙形断面时,水面线不宜超过直墙范围。当水流有冲击波时,应将冲击波波峰限制在直墙范围内。

第五节 溢洪道

溢洪道是一种最常见的泄水建筑物,用于宣泄规划库容所不能容纳的洪水,防止洪水漫溢坝顶,保证大坝安全。溢洪道分为正常溢洪道和非常溢洪道,正常溢洪道在布置和运用上又分为主溢洪道和副溢洪道。

一、溢洪道的布置原则

(一)一般规定

溢洪道型式选择与具体布置,须结合具体的水文、地形、地质、施工等条件及运用要求,通过技术经济论证选定。

河岸式溢洪道布置包括进水渠、控制段、泄槽、消能防冲设施及出水渠。

溢洪道布置应结合枢纽总体布置全面考虑,避免泄洪、发电、航运及灌溉等建筑物在布置上的相互干扰,并适当注意景观。

溢洪道布置应合理选择泄洪消能布置和型式,出口水流应与下游河道平顺连接,避免下泄水流对坝址下游河床和岸坡的严重淘刷、冲刷以及河道的淤积,保证枢纽其他建筑物的正常运行。

当具备合适的地形、地质条件时,经技术经济比较论证,溢洪道可布置为正常溢洪道和非常溢洪道。正常溢洪道的泄洪能力,不应小于设计洪水标准下所要求的泄量。非常溢洪道宣泄超过设计情况的洪水,其启用标准应根据工程等级、枢纽布置、坝型、洪水特性及标准、库容特性及对下游的影响等因素确定。

正常溢洪道和非常溢洪道宜分开布置,如采用集中布置,需充分论证。非常溢洪道宜采用开敞式,经论证亦可采用自溃坝式。控制段以下结构结合地形、地质条件可适当简化。

溢洪道的位置应选择有利的地形和地质条件布置在岸边或垭口,并宜避免开挖而形成高边坡。对于河谷狭窄的枢纽,应重视泄洪消能布置和型式的合理选择,避免下泄水流对河床和岸坡的严重冲刷以及河道的淤积,保证其他建筑物的正常运行。当两岸坝肩山势陡峻而布置上又需要较大的溢流前缘宽度时,可采用侧槽式或其他型式的进口。溢洪道应布置在稳定的地基上,并应充分注意建库后水文地质条件的变化对建筑物及边坡稳定的不利影响。当溢洪道靠近坝肩布置时,其布置及泄流不得影响坝肩及岸坡的稳定。在土石坝枢纽中,当溢洪道靠近坝肩时,与大坝连接的接头、导墙、泄槽边墙等必须安全可靠。

溢洪道进、出口的布置，应使水流顺畅。溢洪道的闸门启闭设备及基础抽排水设备，应设置备用电源，保证供电可靠。

（二）进水渠

进水渠的布置应遵循的原则有：①选择有利的地形、地质条件；②在选择轴线方向时，应使进水顺畅；③进水渠较长时，宜在控制段之前设置渐变段，其长度视流速等条件确定，不宜小于2倍堰前水深；④渠道需转弯时，轴线的转弯半径不宜小于4倍渠底宽度，弯道至控制堰（闸）之间宜有长度不小于2倍堰上水头的直线段。

进水渠底宽顺水流方向收缩时，进水渠首、末端底宽之比宜为1.5～3，在与控制段连接处应与溢流前缘等宽。底板宜为平底或不大的反坡。

进水渠的直立式导墙的平面弧线曲率半径不宜小于2倍渠道底宽。导墙顺水流方向的长度宜大于堰前水深的2倍，导墙墙顶高程应高于泄洪时最高库水位。

（三）控制段

控制段设计应包括控制泄量的堰（闸）及两侧连接建筑物。控制堰（闸）轴线的选定，应满足下列要求：①统筹考虑进水渠、泄槽、消能防冲设施及出水渠的总体布置要求；②建筑物对地基的强度、稳定性、抗渗性及耐久性的要求；③便于对外交通和两侧建筑物的布置；④当控制堰（闸）靠近坝肩时，应与大坝布置协调一致；⑤便于防渗系统的布置，堰（闸）与两岸（或大坝）的止水、防渗排水系统应形成整体。

堰型可选用开敞式或带胸墙孔口式的实用堰、宽顶堰、驼峰堰等型式。开敞式溢流堰有较大的超泄能力，宜优先选用。

闸墩的型式和尺寸应满足闸门（包括门槽）、交通桥和工作桥的布置、水流条件、结构及运行检修等要求。

控制段的闸墩、胸墙或岸墙的顶部高程，在宣泄校核洪水位时不应低于校核洪水位加安全超高值；挡水时应不低于设计洪水位或正常蓄水位加波浪的计算高度和安全超高值。

（四）泄槽

在选择泄槽轴线时，宜采用直线。当必须设置弯道时，弯道宜设置在流速较小、水流比较平稳、底坡较缓且无变化的部位。

泄量大、流速高的泄槽，弯道参数宜通过水工模型试验确定。泄槽的纵坡、平面及横断面布置，应根据地形、地质条件及水力条件等进行经济技术比较确定。

（五）消能防冲设施

河岸式溢洪道可采用挑流消能或底流消能，亦可采用面流、戽流或其他消能型式。

挑流消能可用于岩石地基的高、中水头枢纽。溢洪道挑流消能设施的平面型式可采用等宽式、扩散式、收缩式。挑流鼻坎可选用连续式、差动式和各种异型鼻坎等。当采用挑流消能时，应慎重考虑挑射水流的雾化和多泥沙河流的泥雾对枢纽其他建筑物及岸坡的安全和正常运行的影响。

底流消能可用于各种地基，或设有船闸、鱼道等对流态有严格要求的枢纽。底流消能设施可采用平底式、斜坡式、扩散式、收缩式等消力池及各种型式的辅助消能工，必要时可设多级消力池，并应注意泥沙磨蚀问题。

面流消能可用于下游尾水大于跃后水深且水位变幅不大，河床及两岸在一定范围内有较高的抗冲能力，或有排冰要求的枢纽。

消力戽或戽式消能工可用于下游水深大于跃后水深，下游河床从两岸有一定抗冲能力的枢纽，有排泄漂浮物要求时不宜采用。消力戽下游宜设置导墙。

（六）出水渠

当溢洪道下泄水流经消能后不能直接泄入河道而造成危害时，应设置出水渠。选择出水渠线路应经济合理，其轴线方向应顺应下游河势。出水渠宽度应使水流不过分集中，并应防止折冲水流对河岸有危害性的冲刷。

二、进水渠、控制段、泄槽、消能防冲等结构设计

（一）一般规定

溢洪道的结构设计，应根据布置、水力设计、地基及运用条件，结合防渗、排水、止水及锚固等工程措施，在满足安全、耐久的前提下，选用经济合理的结构型式和尺寸。

大体积混凝土的抗压强度可采用 90 d 龄期抗压强度值；其余部位混凝土抗压强度可采用 28 d 龄期抗压强度值。混凝土耐久性（抗渗、抗冻、抗腐蚀、抗冲刷等）指标取值按《水工混凝土结构设计规范》（SL/T 191—96）中有关规定执行。

溢洪道混凝土与地基接触面、地基内岩体之间、地基内软弱夹层层面的抗剪断强度 c'、f' 的取值，可按有关规定选用；对于大、中型溢洪道可行性研究报告以后各设计阶段，应根据野外及室内试验成果分析确定。

溢洪道的混凝土结构应考虑温度应力的影响，并根据当地的气候条件、结构特点、地基约束等因素，采取必要的结构措施和施工措施。

（二）进水渠衬护

进水渠渠底需要衬护时，可采用混凝土护面、浆砌块石或干砌块石等。底板衬护厚度可按构造要求确定，混凝土衬砌厚度可取 30 cm，必要时还要进行抗渗和抗浮稳定验算。

（三）控制段设计

控制段结构设计应包括：①结构型式选择和布置；②荷载计算及其组合；③稳定计算；④结构计算；⑤细部设计；⑥提出材料强度、抗冻、抗渗等指标及施工要求，特别是混凝土施工温度控制要求。

1. 控制段结构型式与布置

控制堰（闸）的结构型式，可采用分离式或整体式。分离式适用于岩性比较均匀的地基，整体式适用于地基均匀性较差的情况。分离式底板，必要时应设置垂直水流向的纵缝，缝的位置和间距应根据地基、结构、气候和施工等条件确定。

2. 作用在控制段上的荷载及其组合

控制段结构设计分基本荷载和特殊荷载，荷载组合应分为基本组合和特殊组合。基本组合由基本荷载组成；特殊组合由基本荷载和一种或几种特殊荷载组成。根据各种荷载实际出现的可能性，选择最不利的情况进行计算。

3. 控制段的结构计算

控制阶段的稳定分析可采用刚体极限平衡法。闸室基底应力及实用堰堰体应力分析

可采用材料力学法,重要工程或受力条件复杂时可采用有限元法。

(1)堰(闸)基底面的抗滑稳定安全系数 K,按抗剪断强度公式计算,其数值参见表6-13。

表6-13 堰(闸)基底面抗滑稳定安全系数 K

荷载组合		抗剪断强度公式计算的安全系数 K
基本组合		3.0
特殊组合	(1)	2.5
	(2)	2.3

当堰(闸)地基内存在不利的软弱结构面时,抗滑稳定需作专门研究。当堰(闸)承受双向(顺水流和垂直水流方向)荷载时,还应验算其最不利荷载组合方向的抗滑稳定性。

(2)堰(闸)基底面上的铅直正应力。当运用期在各种荷载组合情况下,基底面上的最大铅直正应力应小于基岩的容许应力,计入扬压力时最小铅直正应力应大于零。地质情况下可允许出现不大于0.1 MPa的铅直拉应力。

施工期基底面上最大铅直正应力,应小于基岩的容许压力,基底面下游端的最小铅直正应力可容许有不大于0.1 MPa的拉应力。

(四)泄槽底板

泄槽底板的厚度,应考虑溢洪道的规模及其与拦河坝的相对位置、沿线的工程地质和水文地质条件、水力特性、气候条件、水流中挟沙情况等因素,并根据类似工程经验进行类比确定。泄槽底板的厚度不应小于0.3 m。泄槽底板可采取防渗、排水、止水、锚固等必要的工程措施。泄槽底板在消力池最高水位以下的部分,应按消力池护坦设计。

(五)消力池护坦

消力池护坦应进行抗浮稳定复核。对设有消力齿、消力墩或尾槛的护坦,还应进行抗倾及抗滑稳定复核。采用抽排降压的护坦应复核地基的渗透稳定。必要时,应考虑排水设施局部或全部失效,作为校核情况复核护坦的稳定。

三、地基及边坡处理设计

(一)地基处理

溢洪道地基处理,应结合建筑物的结构和运用特点,满足各部位对承载能力、抗滑稳定、地基变形、渗流控制、抗冲及耐久性的要求。

地基处理方案,应根据工程重要性、地质条件、施工条件和运用特点等因素,通过技术经济比较确定。当地基为软弱岩石或存在规模较大、性状差的断层破碎带、软弱夹层、岩溶等缺陷时,应进行专门处理设计。

(二)边坡处理

溢洪道的边坡必须保持稳定,对可能失稳的边坡应采取适当的处理措施。对地质条件复杂的高边坡应进行专门的研究及监测。对易风化掉块、易软化或抗冲能力低的稳定边坡也应进行相应的防护。

地基及边坡处理，还应重视防渗排水设施的设计。设计排水设施应因地制宜、合理布设、便于检修，保证排水通畅。

第六节　水　闸

水闸是一种利用闸门挡水和泄水的低水头水工建筑物，多建于河道、渠系及水库、湖泊岸边。水闸按其所承担的任务，可分为节制闸、进水闸、分洪闸、排水闸、挡潮闸和冲沙闸等。水闸一般由闸室、上游连接段和下游连接段三部分组成。

一、水闸枢纽、闸室布置原则

（一）枢纽布置

（1）水闸枢纽布置应根据闸址地形、地质、水流等条件，以及该枢纽中各建筑物的功能、特点、运用要求等，合理安排好水闸与枢纽其他建筑物的相对位置，做到紧凑合理、协调美观，组成整体效益最大的有机联合体，以充分发挥水闸枢纽工程的作用。

（2）节制闸或泄洪闸的轴线宜与河道中心线正交。一般要求节制闸或泄洪闸上、下游河道的直线段长度不宜小于5倍水闸进口处水面宽度。位于弯曲河段的泄洪闸，宜将其布置在河道深泓部位，以保证其通畅泄洪。

（3）进水闸或分水闸的中心线与河道或渠道中心线的交角不宜超过30°。位于弯曲河段的进水闸和分水闸，宜布置在靠近河道深泓的岸边。分洪闸的中心线宜正对河道主流方向。

（4）排水闸或泄水闸的中心线与河（渠）道中心线的交角不宜超过60°，其下游引河（渠）宜短而直，下游引河（渠）轴线方向宜避开建闸地区的常年大风向。

（5）滨湖水闸的轴线宜尽量与来水方向正交。

（6）水闸一般居中布置，船闸、水电站或泵站等其他建筑物原则上宜靠岸布置。船闸、泵站或水电站与水闸相对位置的确定，除应注意解决其自身安全运行问题外，还应以不影响水闸通畅泄水为原则。

（7）河道有通航要求时，可设置1～2孔通航孔（兼作泄水孔）。通航孔一般设在河道的一侧或两侧，且不宜紧靠泵站或水电站太近。

（8）河道有过木要求，可设置过木孔或在岸边设过木道。过木孔宜设在河道主流集中的位置，采用下卧式弧形闸门。过木孔或岸边过木道不宜紧靠泵站或水电站布置。

（9）河道有过鱼要求时，为了满足过鱼要求，可结合岸墙、翼墙的布置设置鱼道。鱼道下泄水流宜与河道水流斜交，出口不宜紧靠泄洪闸。

（10）枢纽有发电要求时，可结合岸墙、翼墙的布置设置小型水力发电机组或在边闸孔内设置可移式发电装置。

（二）闸室布置

（1）水闸闸室布置应根据水闸挡水、泄水条件和运行要求，结合考虑地形地质等因素，做到结构安全可靠、布置紧凑合理、施工方便、运用灵活、经济美观。闸室结构有开敞式、胸墙式、涵洞式和双层式等。

(2)整体式闸室结构是在闸墩中间设顺水流向永久缝(沉降缝、伸缩缝),将多孔水闸分成若干闸段,每个闸段一般由2～4个完整的闸孔组成。分离式闸室结构是在闸室底板上设顺水流向永久缝(沉降缝、伸缩缝),将多孔水闸分为若干闸段,每个闸段呈倒T形或倒Π形。开敞式闸室结构可根据地基条件及受力情况等选用整体式或分离式,而涵洞式和双层式闸室结构不宜采用分离式。

(3)闸顶高程应根据挡水和泄水两种运用情况确定。不应低于水闸正常蓄水位(或最高挡水位)加波浪计算高度与相应安全超高值之和,且不应低于设计洪水位(或校核洪水位)与相应安全超高值之和。上述两种情况下的安全保证条件应同时得到满足。

(4)为了多泄(引)水、多冲沙,节制闸、泄洪闸、进水闸或冲沙闸闸槛高程宜与河(渠)底齐平;多泥沙河流上的进水闸,以及分洪闸、分水闸,闸槛高程可比河(渠)底略高,排水闸(排涝闸)、泄水闸或挡潮闸(往往兼有排涝闸作用)在满足排水、泄水条件下,闸槛高程应尽量低些。

(5)闸孔总净宽必须根据在允许的单宽流量条件下,能安全通过设计和校核流量的要求确定,一般要略大于计算值(超过计算值3%～5%为宜),以留有余地。同时,还要求闸室总宽度大体上与上、下游河道宽度相适应。闸孔孔宽一般选用8～12 m,对于多孔水闸,闸孔孔数少于8孔时,宜采用单数孔。当闸孔孔数超过8孔时,采用单数孔或双数孔都是可行的。

(6)闸室底板必须具有足够的整体性、坚固性、抗渗性和耐久性。闸室底板顺水流向长度通常与闸墩长度相等,当需要调整闸室的重心位置或需利用上游水重以增加闸室的抗滑稳定性时,闸室底板顺水流向长度可向闸墩上游端或下游端略加长。多孔水闸的闸室底板,必须设置若干道顺水流向的永久缝,岩基上闸室分段长度最大不宜大于20 m,而土基上闸室分段长度可加大至35 m。

(7)闸墩通常是实体的,其纵向刚度很大,上游墩头一般做成半圆形,下游墩头宜做成流线型。弧形闸门的闸墩,可采用较小的厚度。平面闸门的闸墩厚度,往往受门槽的深度控制,其最小厚度主要是根据结构强度和刚度的需要确定。工作闸门门槽应设在闸墩水流较平顺部位。

(8)由闸门控制泄水的水闸宜采用弧形闸门。当永久缝设置在闸室底板上时,宜采用平面闸门。受涌浪或风浪冲击力较大的挡潮闸宜采用平面闸门,且闸门的面板宜布置在迎潮位置。对于有排冰、过木要求的水闸宜采用下沉式闸门或舌瓣闸门。多泥沙河流上的水闸不宜采用下卧式弧形闸门。有通航要求或地震区有抗震要求的水闸,宜采用升卧式平面闸门或双扉式平面闸门。露顶式闸门顶部应在可能出现的最高挡水位以上应有0.3～0.5 m的超高。常用的闸门启闭机主要采用卷扬式、螺杆式和液压式三种。

(9)闸室顶部设置胸墙结构,一般都是布置在闸门的上游侧。胸墙一般采用板式结构,直接支承在闸墩上。

(10)松软地基上的水闸结构选型布置还应符合下列条件:①闸室结构布置均匀、质量轻、整体性强、刚度大。②相邻分部工程的基底压力差小。③选用耐久、能适应较大不均匀沉降的止水型式和材料。④适当增加底板长度和埋置深度。

二、水闸防渗排水、消能防冲及两岸连接布置与设计

(一)防渗排水布置

(1)水闸防渗排水布置应根据闸基地质条件和水闸上、下游水位差等因素,结合闸室、消能防冲和两岸连接布置进行综合分析确定。其设计内容涉及渗透压力计算,抗渗稳定性验算,反滤设计、防渗帷幕及排水孔设计和永久缝止水设计等。

(2)当闸基为中壤土、轻壤土或重砂壤土时,闸室上游宜设置钢筋混凝土或黏土铺盖,或土工膜防渗铺盖,闸室下游护坦底部应设反滤层。当闸基为较薄的壤土层,其下卧层为深厚的相对透水层时,应验算覆盖土层抗渗、抗浮的稳定性。必要时,可在闸室下游设置深入相对透水层的排水井或排水沟,并采取防止被淤堵的措施。

(3)当闸基为粉土、粉细砂、轻砂壤土或轻粉质砂壤土时,闸室上游宜采用铺盖和垂直防渗体相结合的布置型式。垂直防渗体宜布置在闸室底板的上游端。在地震区粉细砂地基上,闸室底板下布置的垂直防渗体宜构成四周封闭的型式。且在渗流出口处必须设置级配良好的滤层。

(4)当闸基为较薄的砂性土层或砂砾石层,其下卧层为深厚的相对不透水层时,闸室底板上游端宜设置截水槽或防渗墙,闸室下游渗流出口处应设滤层。当闸基砂砾石层较厚时,闸室上游可采用铺盖和悬挂式防渗墙相结合的布置型式,闸室下游渗流出口处应设滤层。当闸基为粒径较大的砂砾石层或粗砾夹卵石层时,闸室底板上游端宜设置深齿墙或深防渗墙,闸室下游渗流出口处应设滤层。

(5)当闸基为薄层黏性土和砂性土互层时,铺盖前端宜加设一道垂直防渗体,闸室下游宜设排水沟或排水浅井,并采取防止被淤堵的措施。当闸基为岩石地基时,可根据防渗需要在闸室底板上游端设水泥灌浆帷幕,其后设排水孔。

(6)水闸的防渗排水设计应根据闸基地质情况、闸基和两侧轮廓线布置及上、下游水位条件等进行,其内容应包括:①渗透压力计算;②抗渗稳定性验算;③反滤层设计;④防渗帷幕及排水孔设计;⑤永久缝止水设计。

排水沟断面尺寸应根据透水层厚度合理确定,沟内应按滤层结构要求铺设导渗层。排水井的井深和井距应根据透水层埋藏深度及厚度合理确定,井管内径不宜小于0.2 m。滤水管的开孔率应满足出水量要求,管外应设滤层。侧向防渗排水布置应根据上、下游水位、墙体材料和墙后土质以及地下水位变化等情况综合考虑,并应与闸基的防渗排水布置相适应。承受双向水头的水闸,其防渗排水布置应以水位差较大的一向为主,合理选择双向布置型式。

(二)消能防冲布置

(1)水闸消能防冲布置应根据闸基地质情况、水力条件以及闸门控制运用方式等因素,进行综合分析确定。

(2)水闸闸下宜采用底流式消能。当闸下尾水深度小于跃后水深时,可采用下挖式消力池消能。当闸下尾水深度略小于跃后水深时,可采用突槛式消力池消能。当闸下尾水深度远小于跃后水深,且计算消力池深度又较深时,可采用下挖式消力池与突槛式消力池相结合的综合式消力池消能。当水闸上、下游水位差较大,且尾水深度较浅时,宜采用

二级或多级消力池消能。当水闸闸下尾水深度较深，且变化较小，河床及岸坡抗冲能力较强时，可采用面流式消能。当水闸承受水头较高，且闸下河床及岸坡为坚硬岩体时，可采用挑流式消能。

(3)在夹有较大砾石的多泥沙河流上的水闸，不宜设消力池，可采用抗冲耐磨的斜坡护坦与下游河道连接，末端应设防冲墙。在高速水流部位，还应采取抗冲磨与抗空蚀的措施。

(4)水闸上、下游护坡和上游护底工程布置，应根据水流流态、河床土质抗冲能力等因素确定。护坡长度应大于护底（海漫）长度。护坡、护底下面均应设垫层。必要时，上游护底首端宜增设防冲槽（或防冲墙）。

（三）两岸连接布置

(1)水闸两岸连接应能保证岸坡稳定，改善水闸进、出水流条件，提高泄流能力和消能防冲效果，满足侧向防渗需要，减轻闸室底板边荷载影响，且有利于环境绿化等。

(2)水闸两岸连接宜采用直墙式结构；当水闸上、下游水位差不大时，也可采用斜坡式结构。在坚实或中等坚实的地基上，岸墙和翼墙可采用重力式或扶壁式结构；在松软地基上，宜采用空箱式结构。

(3)当闸室两侧需设置岸墙时，若闸室在闸墩中间设缝分段，岸墙宜与边闸墩分开；若闸室在闸底板上设缝分段，岸墙可兼作边闸墩，并可做成空箱式。对于闸孔孔数较少、不设永久缝的非开敞式闸室结构，也可以边闸墩代替岸墙。

(4)上、下游翼墙宜与闸室及两岸岸坡平顺连接。上游翼墙的平面布置宜采用圆弧形或椭圆弧形，下游翼墙的平面布置宜采用圆弧与直线组合形或折线形。在坚硬的黏性土和岩石地基上，上、下游翼墙可采用扭曲面与岸坡连接的型式。

(5)上游翼墙顺水流向的投影长度应大于或等于铺盖长度。下游翼墙的平均扩散角每侧宜采用7°～12°，其顺水流向的投影长度应大于或等于消力池长度。在有侧向防渗要求的条件下，上、下游翼墙的墙顶高程应分别高于上、下游最不利的运用水位。

(6)翼墙分段长度应根据结构和地基条件确定。建筑在坚实或中等坚实地基上的翼墙分段长度可用15～20 m；建筑在松软地基或回填土上的翼墙分段长度可适当减短。

第七节　堤防及渠系建筑物

一、堤线布置及堤型选择

（一）堤线布置

(1)堤线布置应根据防洪规划，地形、地质条件，河流或海岸线变迁，结合现有及拟建建筑物的位置、施工条件、已有工程状况以及征地拆迁、文物保护、行政区划等因素，经过技术经济比较后综合分析确定。

(2)堤线布置应遵循下列原则：

①河堤堤线应与河势流向相适应，并与大洪水的主流线大致平行。一个河段两岸堤防的间距或一岸高地一岸堤防之间的距离应大致相等，不宜突然放大或缩小。

②堤线应力求平顺,各堤段平缓连接,不得采用折线或急弯。

③堤防工程应尽可能利用现有堤防和有利地形,修筑在土质较好、比较稳定的滩岸上,留有适当宽度的滩地,尽可能避开软弱地基、深水地带、古河道、强透水地基。

④堤线应布置在占压耕地、拆迁房屋等建筑物少的地带,避开文物遗址,利于防汛抢险和工程管理。

⑤湖堤、海堤应尽可能避开强风或暴潮正面袭击。

(3)海涂围堤、河口堤防及其他重要堤段的堤线布置应与地区经济社会发展规划相协调,并应分析论证对生态环境和社会经济的影响。

(二)河堤堤距的确定

(1)新建河堤的堤距应根据流域防洪规划分河段确定,上下游、左右岸应统筹兼顾。

(2)河堤堤距应根据河道的地形、地质条件,水文泥沙特性,河床演变特点,冲淤变化规律,不同堤距的技术经济指标,综合权衡有关自然因素和社会因素后分析确定。

(3)在确定河堤堤距时,应根据社会经济发展的要求,现有水文资料系列的局限性,滩区长期的滞洪、淤积作用及生态环境保护等,并留有一定的余地。

(4)受山嘴、矶头或其他建筑物及构筑物等影响,排洪能力明显小于上、下游的窄河段,应采取展宽堤距或清除障碍的措施。

(三)堤型选择

(1)堤防工程的型式应按照因地制宜、就地取材的原则,根据堤段所在的地理位置、重要程度、堤址地质、筑堤材料、水流及风浪特性、施工条件、运用和管理要求、环境景观、工程造价等因素,经过技术经济比较,综合分析确定。

(2)根据筑堤材料,可选择土堤、石堤、混凝土或钢筋混凝土防洪墙,以及分区填筑的混合材料堤等;根据堤身断面型式,可选择斜坡式堤、直墙式堤或直斜复合式堤等;根据防渗体设计,可选择均质土堤、斜墙式或心墙式土堤等。

(3)同一堤线的各堤段可根据具体条件采用不同的堤型。在不同堤型的连接段处应做好连接处理,必要时应设过渡段。

二、堤岸防护

(一)一般规定

(1)堤岸受风浪、水流、潮汐作用可能发生冲刷破坏的堤段,应采取防护措施。堤岸防护工程的设计应统筹兼顾、合理布局,并宜采用工程措施与生物措施相结合的防护方法。

(2)根据风浪、水流、潮汐、船行波作用,地质、地形、施工条件,运用要求等因素,堤岸防护工程可选用:①坡式护岸;②坝式护岸;③墙式护岸;④其他防护型式。

(3)堤岸防护工程的结构、材料应符合下列要求:①坚固耐久,抗冲刷、抗磨损性能强;②适应河床变形能力强;③便于施工、修复、加固;④就地取材,经济合理;⑤堤岸防护长度,应根据风浪、水流、潮汐及堤岸崩塌趋势等分析确定。

(4)堤岸顶部的防护范围,应符合:①险工段的坝式护岸顶部应超过设计洪水位0.5 m及以上;②堤前有窄滩的防护工程顶部应与滩面相平或略高于滩面。

(5)堤岸防护工程的护脚延伸范围应符合下列规定:①在深泓逼岸段应延伸至深泓线,并应满足河床最大冲刷深度的要求;②在水流平顺段可护至坡度为1:3~1:4的缓坡河床处;③堤岸防护工程的护脚工程顶部平台应高于枯水位0.5~1.0 m。

(6)堤岸防护工程与堤身防护工程应连接良好。

(7)防冲及稳定加固储备的石方量,应根据河床可能冲刷的深度、岸床土质情况、防汛抢险需要及已建工程经验确定。

(二)坡式护岸

坡式护岸的上部护坡的结构型式,应符合有关规定。下部护脚部分的结构型式应根据岸坡情况、水流条件和材料来源,采用抛石、石笼、沉排、土工织物枕、模袋混凝土块体、钢筋混凝土块体、混合型式等,经技术经济比较选定。

(三)坝式护岸

坝式护岸布置可选用丁坝、顺坝及丁坝与顺坝相结合的Γ字形坝等型式。

坝式护岸按结构材料、坝高及与水流、潮流流向关系,可选用透水、不透水,淹没、非淹没,上挑、正挑、下挑等型式。

坝式护岸工程应按治理要求依堤岸修建。丁坝坝头的位置应在规划的治导线上,并宜成组布置。顺坝应沿治导线布置。

(四)墙式护岸

对河道狭窄、堤外无滩易受水流冲刷、保护对象重要、受地形条件或已建建筑物限制的塌岸堤段宜采用墙式护岸。

墙式护岸的结构型式,临水侧可采用自立式、陡坡式,背水侧可采用直立式、斜坡式、折线式、卸荷台阶式等型式。墙体结构材料可采用钢筋混凝土、混凝土、浆砌石等,断面尺寸及墙基嵌入堤岸坡脚的深度应根据具体情况及堤身和堤岸整体稳定计算分析确定。在水流冲刷严重的堤段,应加强护基措施。

墙式护岸在墙后与岸坡之间可回填砂砾石。墙体应设置排水孔,排水孔处应设置反滤层。在风浪冲刷严重的堤段,墙后回填体的顶面应采取防冲措施。

(五)其他防护型式

采用桩式护岸维护陡岸的稳定、保护堤脚不受强烈水流的淘刷、促淤保堤。

具有卵石及砂卵石河床的中、小型河流在水浅流缓处可采用杩槎坝。

有条件的岸、滩应采取植树、植草等生物防护措施,可设置防浪林台、防浪林带、草皮护坡等。

三、引水枢纽工程的布置、设计基本要求

(一)概述

低水头引水枢纽又称渠首工程,主要用于灌溉、发电及工业用水等。在有航运、漂木和渔业等要求时,引水枢纽要考虑船闸、筏道和鱼道等工程设施。

1.引水枢纽的分类

引水枢纽的建筑物主要有坝(或拦河闸)、进水闸、冲沙闸、沉沙池及上下游整治工程等。引水枢纽可分为无坝引水及有坝引水两类。

(1)无坝引水。按引水地点河段平面形状，分为弯道引水和顺直段引水；按引水口多少，分为一首制和多首制。

(2)有坝引水。按引水口位置不同，分为侧面引水、正面引水及底面引水(底格栏栅式)；按冲沙方式不同，分为冲沙槽式和冲沙廊道式；按引水要求不同，分为一岸引水和两岸引水。

2. 引水枢纽总体布置的设计要求

(1)做好河源水文泥沙分析，以满足灌溉、防洪、发电及其他用水要求。

(2)坝(或拦河闸)、进水闸和冲沙闸的布置要协调，引水设计高程适宜，多泥沙河流上采取有效的防沙措施，以免引起渠道淤积，影响渠道正常输水。

(3)严寒地区或有防漂要求的渠首应采取措施防止漂浮物、冰凌进入渠道。

(4)因地制宜地修建枢纽上、下游河道整治工程，以稳定河槽，保证渠首引水顺畅。

(5)有综合利用要求的枢纽，要保持各建筑物互不干扰，运行正常，以发挥最大的经济效益。

(6)管理运用灵活、方便。

(二)无坝引水的布置型式

无坝引水多用于大江大河或水量比较充沛的河流，要求分流比一般小于50%。布置型式常用的有以下几种。

1. 有导流堤的无坝引水

在河道水面宽阔或水面坡降较陡的不稳定河段上，引水量较大时，可顺水流方向修建能控制入渠流量的导流堤，导流堤宜与水流成10°~20°的夹角，其下游端与冲沙闸相接。导流堤与岸边形成引水道。进水闸布置在近乎正面引水位置，与冲沙闸成小于90°的夹角。冲沙闸排泄多余水量，并冲刷进水闸前的泥沙。

2. 弯道无坝引水

在多泥沙河流上无坝引水，要选择位于主流靠岸、河道冲淤变化幅度较小的弯道段，利用弯道环流作用，凹岸引水，凸岸排沙。

3. 引水渠式无坝引水

当河岸土质较差，易被水流冲刷变形时，进水闸应布置在距河岸较远处，并在引渠末端按正面引水，侧面排沙原则布置进水闸和冲沙闸，一般冲沙闸与引水渠轴线夹角成30°~60°。

4. 多首制无坝引水

在不稳定的多沙河流上，有的采用多首制无坝引水，若一个引水口被淤塞，可由其他引水口引水，洪水时能引入较大流量，引洪淤灌。这种布置型式由于工程简陋，淤积比较严重，清淤量大，故采用者较少。

(三)有坝(闸)引水的布置型式

1. 侧面引水

(1)直线冲沙槽式。直线冲沙槽取水枢纽由溢流坝、进水闸、沉沙槽、冲沙闸、导水墙等组成。进水闸位于溢流坝一端或两端的河岸上，冲沙闸宜紧靠进水闸布置，在冲沙闸和溢流坝连接处布设导水墙，在冲沙闸和进水闸前设置沉沙槽。正面排沙，侧面引水。

(2)弧形冲沙槽式。这是将直线冲沙槽改为向外弯曲的弧形冲沙槽，锐角引水，冲沙闸与坝轴线成10°~20°夹角(倾向河心)。弧形冲沙槽最显著的特点是将侧向引水反向的弯曲环流流态改变为正向的弯曲环流,形成凹岸引水、凸岸排沙。实践表明,其引水防沙效果良好。

(3)冲沙廊道式。冲沙廊道适用于河道水量丰沛的多泥沙河流或拦河坝的上下游水位差较大的河段,以便有足够的水量和水头用以表层引水,底部廊道冲沙,其分流比一般小于50%。

2. 正面引水

(1)在河道中正面引水式。河道水流与引水口方向一致,上层水流入渠(正面引水),含沙浓度较大的底层水流通过冲沙槽下泄(正面排沙),这种布置型式其防沙效果良好。

(2)引渠式。当河道狭窄,岸边不适于布置进水闸和冲沙闸时,可采用引渠或引水隧洞把水引至下游开阔一些的地方,正面设进水闸,侧面设冲沙闸。

(3)人工弯道式。利用河势和有利地形,人为地做成弯道形式的引渠(发挥横向环流作用),以便凹岸引水、凸岸排沙。人工弯道布置在引水渠首段,在弯道末端布置进水闸和冲沙闸。

3. 底面引水

底面引水是指底栏栅式引水(又叫跌落式引水口),即在溢流堰顶铺设栏栅,水流透过栅孔跌落于坝内廊道,并经进水闸流入渠道。这种型式适用于砂砾和漂石多、河道比降大的山溪性河流上的中小型引水工程。

(四)设计基本要求

1. 无坝引水

(1)渠首引水口位置的选择应符合下列规定:①河、湖枯水期水位能满足引水设计流量的要求;②应避免靠近支流汇流处;③位于河岸较坚实、河槽较稳定、断面较匀称的顺直河段,或位于主流靠岸、河道冲淤变化幅度较小的弯道段凹岸顶点下游处。

(2)渠首引水比宜小于50%,多泥沙河流上的宜小于30%。

(3)引水渠道的引水角宜取30°~60°,引水口前沿宽度不宜小于进水口宽度的2倍。

2. 有坝引水

(1)侧面引水、正面排沙的有坝(闸)引水渠首设计应符合下列规定:

①进水闸宜采用锐角进水方式,其前缘线宜与溢流坝坝轴延长线成70°~75°夹角。

②冲沙闸前缘线宜与河道主流方向垂直,其底板高程宜低于进水闸闸槛高程,且不高于多年平均枯水位时的河床平均高程。

③进水闸前的拦沙坎断面宜为Γ形,坎顶高程宜比设计水位时的河床平均高程高0.5~1.0 m。

④冲水闸前沉沙槽长度宜为进水闸宽度的1.3倍或比进水闸长5~10 m;冲沙槽槽底坡降宜大于渠首所在河段河道底部平均坡降。

(2)人工弯道式正向引水渠首布置。人工弯道宜布置在引水渠首端,其中心线宜与河道上泄洪闸的中心线成40°~45°夹角。弯道的曲率半径可取水面宽度的5~6倍,长度不宜小于弯道曲率半径的1~1.4倍。弯道底部坡降宜缓于河道底部平均坡降。

(3)底栏栅式引水渠首。溢流堰堰顶高程宜高于河床多年平均高程1.0~1.5 m,底栏栅坡度宜取 1/10 ~ 1/5。

四、泵站枢纽布置

泵站的总体布置应根据站址的地形、地质、水流、泥沙、供电、环境等条件,结合整个水利枢纽或供水系统布局、综合利用要求、机组型式等,做到布局合理、有利施工、运行安全、管理方便、少占耕地、美观协调。

泵站的总体布置应包括泵房,进、出水建筑物,专用变电站,其他枢纽建筑物和工程管理用房,职工住房,内外交通、通信以及其他维护管理设施的布置。

(一)灌溉泵站枢纽布置

1. 站址选择

(1)地形适于建泵站,有利于泵站枢纽布置和出水池能有效控制整个灌区。

(2)水源有保证,水质要适于灌溉。

(3)地质条件较好,适于建泵站。

(4)电力灌溉泵站应尽量靠近电源,以节省输电线路投资。

(5)交通运输方便,便于运输、管理及综合利用。

(6)应注意已有水工建筑物、码头、桥梁以及长远水利规划对本站的影响。

2. 枢纽布置时应考虑的问题

(1)必须服从地区治理规划要求,根据站址情况,并参考已建泵站的经验,通过方案比较确定布置方案。

(2)要有良好的水流条件,引水、进水流态要平稳,避免产生回流、死水区和水流旋涡。

(3)从多泥沙河流上取水的泵站,应设置有效的沉沙、冲沙或排沙设施。

(4)对于运行时水源有冰凌的泵站,应采取有效的防冰、导冰设施。

(5)尽量减少开挖,不占或少占农田,在深挖方地带修建泵站,应合理确定泵房的开挖深度。

(6)尽可能满足综合利用的要求,如排灌结合、抽水与自流结合、泵站与交通结合等。

(二)排水泵站枢纽布置

1. 站址选择

(1)站址应选在排水区的低处或外河水位较低处,充分利用原有排水系统,以便减少挖渠土方及挖压面积和减少提水扬程。

(2)以河流作为容泄区的排水站,出水口位置要选在河床稳定的地段,尽量避开迎溜、岸崩或淤积严重的地方。

(3)站址应选在地质条件较好之处,尽可能避开淤泥软土、粉细砂层、废河道、水潭及深沟等。

(4)站址要充分考虑具备自排的条件,尽可能使自排与抽排相合。

(5)其他要求与灌溉泵站相同,如应接近电源,交通方便,考虑对现有建筑物的影响及长远水利工程建设对本站的影响等。

2. 枢纽布置型式

(1)分建式。泵房与排水闸分开布置,当汛期外江水位较高时,不能利用原排水闸排涝,由泵站提排,泵站进、出水流均采用正向布置。这种进水型式其水流条件良好,适用于已有排水闸的情况。

(2)合建式。泵房设于排水闸两侧,并列布置,拦河建造。当内河水位高于外河时开启闸门自流排水;当内河水位低于外河水位需排水时,则关闭闸门,由泵站提排。此种布置适于具有自排条件的情况。新建的中、小型泵站多数采用该型式。

(三)排、灌、航结合泵站枢纽布置

排、灌结合泵站在站址选择时必须考虑排、灌任务的要求,在枢纽布置时除满足抽水排、灌要求外,还要考虑是否能结合自流排、灌和通航,以达到一站多用的目的。

1.引水、泄水同一轴线布置

在排涝流量大于灌溉流量时,为了保证排水顺畅,使引渠、前池、进水池、出水池、泄水涵洞位于同一轴线上,并垂直于河堤。有时由于灌溉渠道布置上的原因,或受地形或其他建筑物的限制,泵站轴线也可布置成与河堤平行的型式。这两种型式的主要优点是能够创造良好的水流条件,排、灌引水调度自如,矛盾较少;其缺点是水工建筑物较多,需要3~4座水闸,土建投资较高,占用土地较多。

2.泄水、引水二洞合一

这种型式属于合建式,泵房后的出水建筑物由压力水箱及穿堤涵洞组成。在压力水箱底板下设一底洞,前端与穿堤涵洞相连,末端与进水池相通。在压力水箱出口设两层闸门(或只设一道闸门),上闸门封闭压力水箱,下闸门封闭底洞。这种型式的特点是在排涝时穿堤涵洞为泄水涵洞,在灌溉时为引水涵洞,因而使破堤建筑物减少,布置紧凑,管理方便,投资减少。但其缺点是灌溉引水时,前池及进水池为反向进水,流态较差,必须采取改善措施。另外,由于闸门过多,漏水较多,维修工作量大。

3.双向流道泵站布置

在泵房内设置双向进、出水流道,以取代泵房外设置的若干建筑物,进行排、灌结合,由于双向流道型式节省了进水闸、排水闸等一系列水工建筑物,简化了枢纽布置,降低了工程造价,方便管理,因而已在一些大中型泵站中采用。

4.灌、排、航结合泵站枢纽布置型式

在圩垸湖区,内河与外河往往有通航要求。当外河潮水位较高时,可直接引水自流灌溉,而在枯水低潮时,则抽引外河水入内河或渠道进行灌溉。排涝时可在外河低潮时,开闸自流排涝,而在汛期高潮时,则抽排入外河。这种布置型式具有自引自排、抽引抽排、通航、过鱼、公路交通及发电等多种功能,适用于中小型抽水枢纽工程。但要妥善处理各种建筑物的关系和矛盾,保证其正常发挥主要功能。

(四)工业和城市生活用水泵站枢纽

1.站址选择

(1)泵站站址应根据用户或城镇建设的总体规划、泵站规模、运行特点和综合利用要求,考虑地形、地质、水源、电源、枢纽布置、对外交通、占地、拆迁、施工、管理因素以及扩建的可能性,经技术经济比较选定。

(2)泵站站址应选择在城镇、工矿区上游,河床稳定,水源可靠,水质良好,取水有保证的河段。

(3)高扬程、长距离供水泵站应根据地形、供水区规划、机型等因素确定泵站级数。

(4)梯级泵站站址应根据总功率最小的原则,结合各站站址地形、地质条件,经综合比较选定。

2. 枢纽布置型式

1)岸边式

当河道岸边坡度较陡,主流靠近河岸,并有一定水深,水位变幅不太大时,宜采用岸边式布置。

(1)合建式。进水建筑物与泵房合建在一起,设在岸边,河水经进水室入吸水室,然后由水泵抽送至水厂或用户。这种型式布置紧凑,占地面积小,运行管理方便,因而被广泛采用。

(2)分建式。当岸边地质条件较差或进水室水深大时,进水建筑物与泵房分开建筑,进水闸设于岸边,泵房建在岸内,但不宜过远,以免吸水管过长。这种型式土建结构简单,施工容易,但吸水管路较长,水头损失大。

2)引水式

由河流或湖泊取水时,当岸边地形坡度较缓,为减少出水压力管道长度或出水池建在过高的填方上常采用引水式布置。在引水口设进水闸,水流出闸后经引渠入泵站前池,再由泵站抽水到出水池。这种布置型式泵站建在挖方地带,应合理确定泵房的开挖深度以节省投资和满足运行要求。

3)其他型式泵站

(1)竖井式。当水源水位变化幅度在10 m以上,且水位涨落速度大于2 m/h,水流流速又较大时,宜采用竖井式泵站。

(2)缆车式。当水源水位变化幅度在10 m以上,水位涨落速度小于或等于2 m/h,每台泵车日最大取水量为40 000~60 000 m^3 时,可采用缆车式泵站。

(3)浮船式。当水源水位变化幅度在10 m以上,水位涨落速度小于或等于2 m/h,水流流速又较小时,可采用浮船式泵站。

(4)潜没式。当水源水位变化幅度在15 m以上,洪水期较短,含沙量不大时,可采用潜没式泵站。

(五)设计基本要求

(1)在具有部分自排条件的地点建排水泵站,泵站宜与排水闸合建;当建站地点已建有排水闸时,排水泵站宜与排水闸分建。排水泵站宜采用正向进水和正向出水的方式。

(2)灌排结合泵站,当水位变化幅度不大或扬程较低时,可采用双向流道的泵房布置型式;当水位变化幅度较大或扬程较高时,可采用单向流道的泵房布置型式,另建配套涵闸,其过流能力应与泵站机组抽水能力相适应。

(3)引水式泵站在引渠首部设进水闸,泵房位置以及引渠和出水道长度,应根据地形、地质、水流、泥沙等条件,经技术经济比较确定。

(4)岸边式泵站其进水建筑物前缘宜与岸边齐平或稍向水源凸出。

(5)由渠道取水的灌溉泵站,宜在渠道取水口下游设节制闸。

五、渠线选择

渠道选线是关系到工程合理开发、安全输水及降低工程造价等的关键问题，应综合考虑地形、地质、施工条件和挖填平衡及便于管理养护等方面，进行合理选择。一般应遵循的原则如下：

(1)渠道选线一般要求在满足输水任务的前提下，使工程量小而造价低。对于各级灌溉渠道，选择在各自控制范围内地势较高的地带，干渠、支渠宜沿等高线或分水岭布置，以争取最大的自流灌溉面积。对于排水沟道，应尽可能布置在排水区的洼线，以争取最大的排水效果。

(2)干渠穿过地形起伏较大的不平坦地区或丘陵地区时，其线路可大致沿等高线布置，尽量避免深挖和高填。

(3)渠线宜短而直，并有利于机耕，避免穿越村庄，渠线穿越铁路、公路、河流、沟渠时应尽量正交，避免将弯线部分布置在建筑物上。

(4)渠道通过山地、丘陵时，通过技术经济比较，可采用隧洞方案，以缩短渠道长度和减少建筑物数量。为了降低跨河(沟)建筑物的高度并使其具有适宜的过河位置，可通过方案比较采用绕线或渡槽的方案。

(5)干渠应避免通过沼泽地、地形破碎地带、风化破碎的岩层、可能产生滑坡及其他地质不良的地段。

(6)渠道上的水电站位置，应尽可能布置在工厂、城镇附近的有利地形处，并使渠线落差集中。动力渠道要求能量损失最小。航运渠道要有较缓的纵坡，并使船闸数目最少、线路最短，施工条件较好，又尽可能地减少交叉建筑物等。

(7)为适应地形变化，渠道需要采用弯道时，弯道半径应在可能范围内选择较大值。

4 级及 4 级以上土渠的弯道曲率半径应大于该弯道段水面宽度的 5 倍，受条件限制不能满足上述要求时，应采取防护措施。石渠或刚性渠道的弯道曲率半径不应小于水面宽度的 2.5 倍。

衬砌的大型渠道，为了使水流平顺，在弯道处可将凹岸渠底抬高，使渠底具有横比降。

第八节　水电站建筑物

一、水电站厂房布置

(一)水电站厂房的作用和组成

1. 电站厂房的作用

水电站厂房是水电站主要建筑物之一。厂房中安装水轮机、水轮发电机和各种辅助设备。水轮发电机发出的电能，经变压器、开关站等输入电网送往用户。所以说，水电站厂房是水(水工)、机(机械)、电(电气)的综合体，又是运行人员进行生产活动的场所。水电站厂房的作用是满足主、辅设备及其联络的线、缆和管道布置的要求与安装、运行、维修的需要；为运行人员创造良好的工作条件；以美观的建筑造型协调与美化自然环境。

2. 水电站厂房的组成

从设备布置、运行要求的空间划分为：

(1)主厂房。布置水电站的主要动力设备(水轮发电机组)和各种辅助设备的主机室，及组装、检修设备的装配场(安装间)。

(2)副厂房。布置控制设备、电气设备和辅助设备，是水电站的运行、控制、监视、通信、试验、管理和运行人员工作的场所。

(3)主变压器场。装设主变压器的地方。电能经过主变压器升高到规定的电压后引到开关站。

(4)开关站(高压配电装置)。装设高压开关、高压母线和保护措施等高压电气设备的场所，高压输电线由此将电能输往用电地区，要求占地面积较大。

(二)水电站厂房的类型

水电站按机组工作特性可分为常规水电站和抽水蓄能电站；按其布置型式，可分为地面式厂房(包括河床式、坝后式、岸边式)、地下式厂房和其他型式厂房(包括坝内式、溢流式、厂前挑越式及抽水蓄能厂房)。

1. 地面式厂房

1)河床式厂房

当水头较低，单机容量又较大时，电站厂房与整个挡水建筑物连成一体。厂房本身起挡水作用，称为河床式厂房。长江干流上的葛洲坝水利枢纽的厂房，是目前我国装机容量最大的河床式厂房。这种型式的厂房，机组安装高程较低，基础开挖量较大，要特别重视泥沙、防污、抗滑稳定和使地基应力分布均匀等问题。

2)坝后式厂房

水电站水头较高，建坝挡水，厂房紧靠坝址布置的厂房，称为坝后式厂房。它又可分为下列几类：

(1)坝后式明厂房。厂房在大坝的下游，不起挡水作用，发电引水经过坝式进水口沿着坝身压力管道引入厂房。适用于中、高水头的情况。

(2)溢流式厂房。当河谷狭窄、泄洪量大、机组台数多、地质条件较差、不能采用地下式厂房而又得保证有一定宽度的溢流坝段时，把坝顶溢流段与厂房结合在一起，构成联合建筑物，称为溢流式厂房。这种型式的厂房其结构要求能抵抗高速水流的荷载，溢流面的施工要求平滑，使泄洪时不致发生振动和气蚀。

(3)挑越式厂房。当在峡谷处建高坝，高水头大流量，泄洪时高速水流挑越过厂房顶，水舌射落到下游河床中，称为挑越式厂房。这种型式的厂房在泄洪开始时和终结前，有小股流量水舌撞击厂房顶部，但时间短，荷载不大，不构成对厂房安全的威胁。

3)岸边式厂房

靠筑坝取得水头的电站，枢纽布置中在河岸内布置引水道，将厂房设在与坝有一定距离的岸边，或者在引水式或混合式水电站中，引水道较长，厂房布置在离拦河坝相当远的岸边，这类厂房称为岸边式厂房，又称为河岸式厂房或引水式厂房。

2. 地下式厂房

受地形、地质条件的限制，在地面上没有合适位置建造地面式厂房，而在地下有良好的地质条件,可将厂房布置在地下山岩中,称为地下式厂房。

地下厂房以厂房在引水道上的位置划分为首部式、中部式、尾部式;以厂房的埋藏方式划分为地下式、窑洞式、半地下式。

3. 坝内式厂房

当洪水量很大,河谷狭窄,在坝轴线上不容易布置水电站厂房和溢洪道,而在岸边建造地面式厂房或采用地下式厂房开挖量很大时,可以考虑将厂房布置在混凝土坝、宽缝重力坝或拱坝的内腔,而在坝顶设溢洪道,称为坝内式厂房。

(三)水电站厂房布置

1. 地面厂房布置

1)厂区布置

电站厂区主要包括主厂房、副厂房、主变压器场、高压开关站和对外交通线等。厂区总体布置是确定它们的相互位置,并与电站枢纽中其他建筑物的布置协调一致,使整个枢纽布局经济合理。

厂房位置应根据地形、地质、环境条件,结合整个枢纽的工程布局进行研究。妥善解决厂房和其他建筑物(包括泄洪、排沙、通航、过木、过鱼等)布置及运用的相互协调,避免干扰;并考虑厂区消防、排水及检修的必要条件;少占或不占用农田,保护天然植被,保护环境,保护文物;做好总体规划及主要建筑物的建筑艺术处理,美化环境;统筹安排运行管理所必需的生产生活辅助设施。

厂房位置宜避开冲沟和崩塌体,对可能发生大的山洪淤积、泥石流和崩塌体等应采取相应可靠的防御措施。主变压器及开关站位置应结合安装检修、运输消防通道、进线、防火防爆等要求确定。

厂区防洪及排水系统应保证主厂房、副厂房和主变压器场及开关站在设防水位条件下不受淹没。厂区内交通应根据近期和远景规模,全面规划,统筹安排,并应满足机电设备重件、大件的运输及运行方便的要求。

2)厂房内部布置

厂房内部布置应根据水电站规模、厂房形式、机电设备、环境特点、土建设计等情况合理确定和分配各部分的尺寸及空间。

主机间的长度和宽度应综合考虑机组台数、水轮机过流部件、发电机及风道尺寸、起重机吊运方式、进水阀及调速器位置、厂房结构要求、运行维护和厂内交通等因素。

主厂房安装间面积可按一台机组扩大性检修的需要确定。缺乏资料时,安装间长度可取1.25~1.5倍机组段长度。安装间可布置于主厂房的一端、两端或中间段。

2. 地下厂房布置

地下厂房主洞室及附属洞室宜布置在地质构造简单、岩体完整坚硬、上覆岩层厚度适宜、地下水活动微弱以及山坡稳定的地段。洞室位置宜避开较大断层、节理裂隙发育区、破碎带以及高地应力区。地下厂房洞口位置,宜避开风化严重或有较大断层通过的高边坡地带,应避开滑坡、危崖、山崩及其他软弱面形成的塌滑体。地下厂房主洞室的纵轴线走向,宜与围岩的主要构造软弱面(断层、节理、裂隙、层面等)呈较大的夹角。同时,应注意次要构造面对洞室稳定的不利影响。在高地应力地区,洞室纵轴线走向与最大应力水平投影方向的夹角宜采用较小角度。

地下厂房主洞室顶部岩体厚度不宜小于洞室开挖宽度的 2 倍。地下厂房洞室群各洞室之间的岩体应保持足够的厚度,不宜小于相邻洞室的平均开挖宽度 1 ~1.5 倍。上、下层洞室之间岩石厚度不宜小于小洞室开挖宽度的 1 ~2 倍。

副厂房应按集中与分散相结合、地面与地下相结合、管理运行方便的原则布置。主变压器及开关站布置应根据地形、地质、洞室群规模及电气设计等综合比较选定。

交通运输洞宽度及高度应满足设备运输要求,地下厂房至少应有两个通往地面的安全出口。

当多条尾水管汇入一条尾水洞时,尾水管汇入尾水洞的水流折角宜大于 90°;尾水管出流应满足机组运行稳定要求;尾水洞的布置及其断面尺寸应根据下游尾水位变化幅度、工程地质、机组调节保证等因素经技术经济比较确定;尾水管扩散段之间应保留维持围岩稳定需要的岩体厚度,宜选择窄高型的尾水管;在尾水管末端宜设尾水闸门。当采用一机一洞时,尾水洞长度较短且其出口设有检修闸门,则尾水管末端可不设尾水闸门。

通风系统除必须专门设置通风洞外,宜充分利用交通运输洞、出线洞、无压尾水洞以及主厂房天棚吊顶上方空间附属洞室兼作风道或排风道之用。通风系统设计与防火设计相协调。通风系统的通风机宜远离主、副厂房布置(如布置在洞口或单独的洞室内),当布置在主、副厂房内或其临近地方时,应有防止噪音的有效措施。地下厂房、主变压器及高压开关站等洞室的防渗、排水、防潮问题需认真研究,并采取相应措施。

二、水电站进水建筑物布置及设计

(一)进水口类型

(1)进水口按照水流条件可分为开敞式进水口、浅孔式进水口、深孔式进水口。

开敞式进水口适用于明渠引水式电站,进水口前缘水位变化幅度小。主要特点是进水口范围内的水流为无压流,进水口后面一般连接无压引水建筑物,故也称做无压进水口。

浅孔式进水口是淹没于水下不深的进水口。进水口充满水流,没有自由水面,属于有压进水口。但浅孔式进水口因闸前水较浅,进口底板接近库底,防沙等问题较为突出。

深孔式进水口是高坝大库中的水电站进水口。孔口淹没深度大,进口底板距库底远。

(2)按照进水口位置和引水管道布置可分为坝式进水口、岸式进水口和塔式进水口。

坝式进水口是坝体结构的组成部分,其布置应与坝型和坝体结构相适应。

岸式进水口按其结构特点和闸门位置可分为岸塔式、竖井式和岸坡式。

塔式进水口是独立于坝体和岸边之外的塔形结构,根据需要可设计成单孔引水或周围多层多孔引水。高地震区不宜设置塔式进水口。

(二)进水口布置

在各级水位下,进水口应水流平顺、流态平稳、进流匀称和尽量减少水头损失,并按运行需要引进所需流量或中断进水。进水口应避免产生贯通式漏斗旋涡。否则,应采取消涡措施。进水口所需的设备应齐全,闸门和启闭机应操纵灵活可靠,充水、通气和交通设施应畅通无阻。

多泥沙河流上的进水口,应设置有效的防沙措施,防止泥沙淤堵进水口,避免推移质进入引水系统。多污物河流上的进水口,应设置有效的导污、排污和清污措施,防止大量污物汇集于进水口前缘堵塞拦污栅,影响电站运行。严冬地区的进水口,应有必要的防冰措施。进水口应具备可靠的电源和良好的交通条件,以便于施工和管理。进水口应与枢纽其他建筑物的布置相协调,并便于和发电引水系统的其他建筑物相衔接。

(三)开敞式进水口布置及孔口尺寸拟定

1.开敞式进水口布置

开敞式进水口常设在河道主流比较集中、河床稳定、河岸坚固的河段上,防止因主流左右摆动而影响取水。进水口中心线与河道水流交角最好为30°~45°,交角太大水流条件不好。应尽量避开不良地质地段和高边坡地段。

从防沙考虑,应充分利用河流弯道的环流作用,将进水口设在凹岸,引进河流表层清水,将底沙挟带到凸岸,以减轻泥沙对进水口的威胁,减少入渠泥沙,同时避免回流引起漂浮物的堆积。进水口位置应设在弯道顶点以下水最深、单宽流量最大、环流作用最强的地方。

2.开敞式进水口的尺寸拟定

一般情况下,进水口底板顶面的高程可比闸前河床平均高程至少高出1.0 m,具体可视河道含沙量的多少而定,以便引水防沙。与后接的总干渠底部高程相同或稍高。

开敞式进水口应根据确定的过闸流量、上下游水位、闸孔型式以及闸底板高程等,利用水力学公式首先确定孔口总宽度,然后拟定闸孔数及孔口尺寸。

(四)深孔式进水口高程选择及尺寸拟定

深孔式进水口高程选择时,应考虑在水库最低运行水位下有一定的淹没深度,以免产生旋涡而吸入空气和漂浮物,引起振动和噪音,减少引用流量,降低水轮机的出力。进口底板高程应在水库设计淤沙高程以上,以免堵塞进水口。进口高程应考虑综合利用的要求,如满足灌溉、渔业、航运、供水等要求。

1.进口高程的选择

进口底板高程,通常应在水库设计淤沙高程以上0.5~1.0 m。当设有冲沙设备时,应根据排沙条件决定。

进口顶部高程,避免进水口前出现吸气贯通漏斗和旋涡,并要有足够的临界淹没深度;避免压力管道出现负压,进口闸门顶部在水库最低水位下要有一定的安全距离。

2.进水口尺寸拟定

(1)进口段横断面一般为矩形,可为单孔或双孔。进口流速不宜太大,一般控制在1.5 m/s左右。进水口拦污栅的平均过栅流速一般取0.8~1.0 m/s。

进口曲线形状必须适合于水流收缩状态,以免在曲线段处形成负压区。进口段顶板曲线目前常用1/4椭圆曲线,少数工程采用双曲线。坝式进水口顶板常做成斜坡,以便于施工,当水电站引用流量及流速不大时,也可做成圆弧曲线。进口两侧边墙的轮廓曲线,可用椭圆曲线、圆弧曲线或直线。

(2)闸门段是进口段和渐变段的连接段,是安装闸门和启闭设备的部分。闸门段通常设计成横断面为矩形的水平段,其高度一般等于和稍大于引水道直径 D,宽度一般等于或稍小于引水道直径 D,但整个闸门段过水断面常取后接的引水道面积的1.1倍左右。闸门段的长度取决于整套闸门的布置需要。

(3)渐变段是矩形闸门段到圆形压力引水道的过渡段,常采用在四角过渡,圆弧的中心位置和圆角半径 r 均按直线规律变化。渐变段长度,根据经验一般为压力引水道直径的1.5~2.0倍。收缩角一般不超过10°,以6°~8°为宜,收缩斜率不大于1:5~1:8。坝式进水口的渐变段长度一般取引水道直径的1.0~1.5倍。

(4)通气孔。引水管道在进行充水或放空过程中,闸门后需要排气和补气,特别在动水关闭时,问题更为突出,为此应紧靠闸门后顶部设置通气孔。

三、水电站压力管道布置及设计

(一)压力管道的功能和类型及其材料要求

1. 压力管道的功能

压力管道是从水库或引水道末端的前池或调压室,将水在有压的状态下引入水轮机的输水管。它是集中了水电站全部和大部分水头的输水管道。其特点是:坡度陡;承受电站最大水头,且受水锤动水压力;靠近厂房,因此它的安全性和经济性受到特别的重视。压力管道的主要荷载是内水压力,管道内径 D(m)和水压 H(m)及其乘积 H_D 值是标志压力管道规模及其技术难度的最重要特征值。H_D 值也与该管道所提供的装机容量 N_g(kW)直接有关。

2. 压力管道的型式

压力管道型式分为明管、地下埋管、坝内埋管、钢衬钢筋混凝土管和设置在坝下游面的钢衬钢筋混凝土管(也称为坝后背管)。

3. 管道材料要求

钢管(钢衬)所用钢材的性能及技术要求必须符合国家现行有关标准的规定。钢管的管壁、支承环、岔管加强构件等主要受力构件应使用镇静钢。此外,还应具有良好的焊接性能,焊缝强度不低于原材。钢的弹性模量 E 可取 2.06×10^5 N/mm²,泊松比 μ 可取0.3,线膨胀系数 α_s 可取 1.2×10^5/℃,重度 γ_s 可取 7.85×10^5 N/mm³。

(二)压力管道的布置

1. 一般规定

管道线路应符合枢纽总体布置要求,并考虑地形、地质、水力学、施工及运行等条件,经技术经济比较后确定。管道条数应根据机组台数、管线长短、地形和地质条件、机组安装的分期、制作安装和运输条件、电站的运行方式及其在电力系统中的地位等因素,经技术经济比较后确定。管径应根据技术经济比较确定。管道顶部至少应在最低压力线以下2 m。

明管、坝内埋管以及水轮机前不设进水阀的地下埋管,应在管道首端设置快速闸阀和必要的检修设施。地下埋管若自取水口至钢管道前的引水道较长,或钢管内压较大而埋深不大时,应在首端设事故闸阀,钢管宜设过流保护装置。快速闸阀或事故闸阀必须有远方(中央控制室)和就地操作装置,操作装置必须有可靠电源。紧靠快速闸阀和事故闸阀下游必须设置通气孔(井)。充水阀出水水流不得封堵通气口。通气孔上端应设在启闭室之外，孔口高于该处可能发生的最高水位，孔口通到坝顶时应有防护设施。管道进口处应设充水阀或旁通充水管。

2. 明管的布置

明管管线应避开可能产生滑坡或崩塌的地段，为避免钢管发生意外事故危及电站设备和人员的安全，应设置事故排水和防冲设施，明管底部至少应高出其下部地面 0.6 m。明管宜采用分段式布置。分段式明管转弯处宜设置镇墩，其间钢管用支墩支承，两镇墩间设置伸缩节，伸缩节宜设在镇墩下游侧。当直线管段超过 150 m 时，宜在中间加设镇墩。钢管穿过主厂房上游墙处，宜设软垫层。

支墩间距应通过钢管应力分析，并考虑安装条件、支墩型式和地基条件等因素确定。支座型式可按管径等因素选择鞍型滑动支座、平面滑动支座、滚动滑动支座、摇摆支座等。管道沿线应布置排水沟并应在钢管下设置横向排水沟。

3. 地下埋管布置

地下埋管线路应选择地形、地质条件相对优良的地段，且尽可能避开成洞条件差、活动断层、滑坡、地下水位高和涌水量很大的地段。洞井型式（平洞、斜井、竖井）及坡度，应根据布置要求、工程地质条件和施工因素等选用。长度和高差过大的斜井和竖井，可布置中间平段。

地下埋管宜减少主管条数。对于埋置较深的钢管，若外水压力较大应采取防渗、排水设施，并监测地下水位变化。排水设施必须安全可靠，便于检修。地下埋管的起始位置应根据内水压力和地质条件，并结合工程布置的具体情况确定。

4. 坝内埋管及钢衬钢筋混凝土管布置

坝内埋管的平面位置宜位于坝段中央，其布置应考虑钢管对坝体稳定和应力的影响及施工的干扰。坝内埋管在穿越厂坝分缝处应考虑厂坝间不均匀变形等因素的影响，并采取适当的技术措施。

钢衬钢筋混凝土管适用于布置在坝后式厂房混凝土坝下游面的管道及引水式电站沿地面布置的管道等。混凝土坝下游面钢衬钢筋混凝土管（也称坝后背管）的平面位置宜位于坝段的中央，对于拱坝宜沿径向布置。

（三）压力管道水力计算

水力计算应包括水头损失计算和水锤压力计算。

1. 水头损失计算

压力管道和附属设备的水头损失，主要进行因摩擦引起的沿程水头损失及进水口段、渐缩段、渐扩段、弯管、岔管及阀门等引起的局部水头损失的计算。

2. 水锤压力计算

水锤压力计算应与机组转速变化计算配合进行，提供计算成果应包括正常工况最高压力线、特殊工况最高压力线、最低压力线。

（四）压力管道结构分析

压力钢管是按材料的允许应力设计的，因而要求钢管在任何条件下产生的最大应力不得超过管材的允许应力。允许应力用钢材屈服强度 σ_s 的百分数表示，为安全计，焊接钢管还应乘以焊缝系数 ϕ。

镇墩、支墩的地基应坚实、稳定，宜设置在岩基上。地基应力最大值不超过地基的允许承载力。

地下埋管结构分析应考虑钢管、混凝土衬砌、围岩共同承受内水压力，并考虑三者之间存在缝隙，混凝土衬砌承受山岩压力及传递围岩压力。地下埋管的外水压力、钢管与混凝土间的接缝灌浆压力、未凝固混凝土及管道放空时产生的负压，应全部由钢管（或管内设临时支撑）承担。

坝内埋管承受内水压力，应视为钢管、钢筋和混凝土组成的多层管共同承受内水压力，在最大内水压力作用下，钢管外围坝体混凝土不应出现贯穿性裂缝，并计及钢管与混凝土间的施工缝隙和温度缝隙影响。

钢衬钢筋混凝土管应按联合承载结构设计，由钢衬与外包钢筋混凝土共同承受内水压力。在正常工况最高压力作用下，总安全系数 K 不小于2.0，在特殊工况最高压力作用下，总安全系数 K 不小于1.6。

（五）岔管

1. 岔管的布置

岔管布置应结合地形地质条件，与主管线路布置、水电站厂房布置协调一致，布置方案应通过技术经济比较确定，并符合下列原则：①结构合理，安全可靠，不产生较大的应力集中和变形；②水流平顺，水头损失小，减少涡流和振动；③分岔后流速宜逐步加快；④制作、运输、安装方便；⑤经济合理。

对重要水电站的岔管宜进行水力学模型试验。

2. 岔管的结构型式及构造要求

岔管的主要结构型式有月牙肋岔管、三梁岔管、球形岔管、贴边岔管、无梁岔管。

岔管的构造应满足主、支（或柱管）管间的连接，除贴边岔管外，应使相贯线为平面曲线。主、支锥管长度及分节，在满足结构布置和水流流态要求下，宜布置紧凑。月牙肋岔管当肋宽比大于0.3时宜设置导流板。无梁岔管、球形岔管内部应设置导流板。大型岔管宜按变厚设计。

3. 高压钢筋混凝土岔管

高压钢筋混凝土岔管宜布置在Ⅰ、Ⅱ类围岩地段。Ⅲ类围岩地段需经论证后方可布置高压钢筋混凝土岔管。Ⅳ、Ⅴ类围岩地段不得布置高压钢筋混凝土岔管。

高压钢筋混凝土岔管及其前后一定范围的洞段，必须满足最小覆盖厚度、水力劈裂、渗透稳定的要求。

（六）压力管道构造要求

1. 一般规定

管壁最小厚度（包括壁厚裕量），除满足结构强度要求外，还需考虑制造工艺、安装、运输等要求，保证必需的刚度。压力管道的最小厚度 t 应大于等于 $(D/800+4)$ mm，且管壁最小厚度不宜小于6 mm。钢管厚度变化处宜保持内径不变。管壁厚度级差宜取2 mm。弯管段相邻管节转角不宜大于10°。直径改变的渐变圆锥管，锥顶角不宜大于7°。

2. 明钢管构造要求

分段式明钢管的支座应保证钢管轴向能自由伸缩并能防止横向滑脱。寒冷地区的明钢管,应有防止结冰的可靠措施,还应防止冰块流入管内。在寒冷地区,墩底应深埋至冻土线以下,镇墩应采取措施,保证镇墩的稳定性和整体性。伸缩节应能满足轴向、径向和角变位的要求,并应有足够的刚度。钢管上应设置进人孔,进人孔间距约为 150 m、直径不得小于 450 mm。进人孔内侧宜设导流板。

3. 地下埋管构造要求

钢管与围岩间回填的混凝土应均匀密实,阻水环和加劲环附近必须加强振捣,混凝土强度等级不应低于 C15,必要时可研究在混凝土中加入膨胀性掺合料的可能性。

地下埋管(包括岔管)可采取下列灌浆措施:平洞倾斜角小于 45°的缓斜井应对顶拱进行回填灌浆。钢管与混凝土间宜进行接触灌浆。地下埋管宜进行围岩固结灌浆。钢管壁上灌浆口宜预留,且进行保护,灌浆后必须严密封堵。灌浆过程中,应进行变形或应力监测。

若钢管与混凝土衬砌段连接,在钢管起始端必须设置阻水环,并且对混凝土衬砌末端配置过渡钢筋。若围岩渗透性较强,还应在钢管起始端做环状防渗帷幕及排水措施。外水压力较大时,地下埋管应建立可靠的排水系统。钢管末端有闸阀的情况下,一定长度内(由计算分析确定)应设置止推环。在钢管与厂房边墙相交段宜设置软垫层。

4. 坝内埋管构造要求

坝内埋管的施工可在坝体内预留钢管槽内进行。槽的两侧应预留键槽和采取灌浆措施,或采用键槽和插槽。纵坡台阶打毛。两侧槽壁应预埋固定钢管的埋件。

坝体纵缝在穿越钢管处应与管轴线垂直。钢管与坝体混凝土间应进行接触灌浆,灌浆压力宜用 0.2 N/mm^2。预留灌浆孔周围的钢管壁应加强,灌浆后必须严密封堵。钢管起始端必须设置埋入坝体混凝土的阻水环,并应设置排水设施。

5. 钢衬钢筋混凝土管构造要求

钢衬钢筋混凝土管横截面外轮廓多采用方圆形,也有采用多边形。钢衬钢筋混凝土管中的环向受力钢筋,可采用Ⅱ级或Ⅲ级钢筋,选用的钢衬材料的屈服点宜与钢筋的强度标准值相近。

管道环向受力钢筋宜适当多布置于接近混凝土外表面。最外层钢筋的布置与管道外轮廓一致。管道中钢筋的连接宜采用对接方法。环向钢筋的接头应与钢衬纵缝错开,锚距小于 80 cm。管道混凝土的厚度可根据便于钢筋的布置和混凝土施工等因素确定。

第九节　水工金属结构

一、闸门的布置、选型

(一)闸门的布置

闸门应布置在水流较平顺的部位,应尽量避免门前横向流和旋涡、门后淹没出流和回流等对闸门运行的不利影响。

闸门布置在进水口时尚应避免闸孔和门槽顶部同时过水。此外,还应注意以下诸方面:

(1)相邻两道闸门之间或闸门与拦污栅之间的最小净距应满足门槽混凝土强度与抗渗、启闭机布置与运行、闸门安装与维修和水力学条件等因素的要求，且一般不宜小于1.5 m。

(2)溢洪道工作闸门的上游侧，宜设置检修闸门，对于重要工程，必要时也可设置事故闸门。若水库水位每年有足够的连续时间低于闸门底槛并能满足检修要求，可不设检修闸门。

(3)在泄水孔工作闸门的上游侧，应设置事故闸门，对高水头长泄水孔的闸门，还应研究在事故闸门前设置检修闸门的必要性。

(4)当泄水隧洞有弯道时，工作闸门尚宜布置在弯道下游水流平稳的直段上。

(5)排沙孔闸门，宜设置在进口段，且宜采用上游面板和上游止水的结构型式。

(6)当电站机组或压力钢管要求闸门做快速事故保护时，在其进水口设置快速闸门和检修闸门；引水式电站除在压力管道进口处设快速闸门外，宜在长引水道进口处设置事故闸门；河床式水电站的进水口如机组有可靠的防飞逸装置，只需设置事故闸门和检修闸门。

(二)闸门的选型

闸门型式的选择，应根据下列因素综合考虑确定。

首先，考虑水利枢纽对闸门运行的要求：

(1)需用闸门控制泄水的水闸宜采用弧形闸门。

(2)有排污、排冰、过木等要求的水闸，宜采用下沉式闸门、舌瓣闸门等。

(3)当采用分离式底板时，宜采用平面闸门。

(4)泵站出口应选择可靠的断流方式，可选用拍门或平面快速闸门，在出口还应设事故闸门或检修闸门。

(5)当闸门孔口尺寸较大且操作水头大于50 m时，宜选用弧形闸门。

(6)为降低启闭机排架高度，提高水闸的整体抗震性能，可采用升卧式闸门或双扉平面闸门，若选用升卧式闸门，需考虑闸门的检修条件。

(7)为简化消能设施，提高泄流能力，降低启闭力，在泄水建筑物出口处，可采用平置式或斜置式锥形阀，但要注意喷射水雾对附近建筑物的影响和阀的检修条件。

此外，闸门运行中的泥沙和漂浮物的情况、所选启闭机型式、抓梁型式、制造、安装、运输等因素都是影响闸门型式的因素。

二、启闭设备的选型

(一)启闭机的类型

启闭机的类型有固定式启闭机和移动式启闭机。固定式启闭机包括卷扬式启闭机、螺杆式启闭机、液压启闭机等；移动式启闭机包括门式启闭机、台式启闭机、桥式启闭机和移动式电动葫芦等。

(二)启闭机的选型

启闭机的选型应根据水工布置、闸门型式、操作运行要求、孔数等，经全面的经济技术指标论证选定。对不同用途的闸门在选择启闭机时可遵循下列原则：

(1)泄水系统工作闸门的启闭机一般选用固定式启闭机或液压式启闭机并采用一门一机布置。但若闸门操作运行方式和启闭时间允许,也可选用移动式启闭机。

(2)多孔泄水系统的事故、检修闸门的启闭机,一般选用移动式启闭机。

(3)挡潮闸、水闸工作闸门启闭机,一般采用一门一机布置以便能迅速启闭闸门。

(4)电站机组进水口和泵站出口有快速关闭要求的闸门,其启闭机选型应根据工程布置、闸门的启闭荷载等要求进行全面的技术经济比较,选用卷扬式启闭机或液压式启闭机。

(5)电站机组多孔尾水管检修闸门的启闭机一般采用移动式启闭机。

(6)对于需要分节装拆的闸门或分节启闭的叠梁闸门,应选用移动式启闭机操作。

(7)对于水闸的检修闸门通常选用移动式电动葫芦进行操作。

第七章　施工组织设计及工程投资

第一节　施工导截流

一、施工导流基本概念

在河流上修建水工建筑物,大多要求干地施工,因此在水工建筑物施工期间,需要截断或部分截断原河流,用围堰形成建筑物施工的基坑,河水通过临时或特定的泄水建筑物导泄至下游河道,这就是施工导流。广义上说,可以概括为采取“导、截、拦、蓄、泄”等工程措施来解决施工和水流蓄泄之间的矛盾,避免水流对水工建筑物施工的不利影响,把河水全部或部分地导向下游或拦蓄起来,以保证水工建筑物的干地施工和施工期不影响或尽可能少影响水资源的综合利用。

按照工程建设期间挡水建筑物随时间的变化,通常把导流分为前期导流、中期导流和后期导流。把坝体具备挡水条件以前围堰挡水期间的导流称为前期导流;把坝体具备挡水条件后至临时泄水建筑物封堵或下闸以前的导流称为中期导流;把导流临时泄水建筑物部分或全部封堵或下闸后的导流称为后期导流。

施工导流是水利水电枢纽总体设计的重要组成部分,是选定枢纽坝址、枢纽布置方案、枢纽建筑物型式、施工程序和施工总进度的重要因素。合理的施工导流,可以加快施工进度,降低工程造价。

施工导流设计的主要任务是:在充分分析研究水文、地形、地质、枢纽布置及施工条件等基本资料的前提下,确定导流标准及导流方式;确定导流建筑物布置,进行导流挡水建筑物和泄水建筑物设计;截流设计;各期度汛设计;基坑排水设计;施工期通航、排冰、临时泄水建筑物封堵及蓄水期对下游供水设计。

二、施工导流基本方式

施工导流可划分为分期围堰导流和断流围堰导流(一次拦断河床围堰)两种基本方式。

按导流泄水建筑物型式的不同,分期围堰导流又可分为束窄河床导流、底孔导流、缺口或梳齿导流、厂房导流等方式;断流围堰导流可分为明渠导流、隧洞导流、涵洞导流等。

(一)分期围堰导流

1.分期围堰导流概念

分期围堰(亦称分段围堰)导流,就是用围堰将水工建筑物分段、分期围护起来进行施工,河水通过束窄后的河床,或河床内前期建成的临时及永久泄水建筑物导泄至基坑下游。其主要特点是拦河水工建筑物须分段分期围护施工，导流泄水建筑物位于河床之内。

2. 分期围堰导流适合条件

分期围堰导流一般适用于河床较宽的坝址，当河床覆盖层薄或具有浅滩、河心洲、礁岛等可利用时，对分期围堰导流更为有利。就拦河枢纽结构型式而言，分期围堰导流多用于混凝土坝(闸)或混凝土坝与土石坝结合的拦河枢纽。

3. 分期围堰导流的一般程序

分期围堰导流，一般分两期导流的工程居多，也有分三期、四期导流的工程。

对于二期导流的工程，其导流程序一般为：一期先围可形成中后期导流泄水建筑物的坝体一侧，形成一期基坑，被围堰束窄的另一侧河床过流，河床束窄程度一般控制在40% ~60%；二期围另一侧坝体，拆除一期围堰，一期基坑已形成的导流泄水建筑物过流，常用的导流方式有底孔导流(坝体内设临时导流底孔或利用永久底孔)、底孔结合坝体缺口导流、梳齿导流等。

对于洪、枯流量悬殊，洪水集中在汛期，而汛期较短的河流，中后期导流也常采用坝体过水导流方式，即汛期底孔结合坝面过水，坝体停工，汛后流量变小，坝体露出水面，枯水期继续坝体施工。

(二)断流围堰导流

1. 断流围堰导流的概念

断流围堰导流常称为全段围堰导流，就是在河床主体工程的上下游各建一道拦河围堰，使河水经河床以外的临时泄水道或永久泄水建筑物下泄，主体工程建成或接近建成时，再将临时泄水道封堵的导流方式。其主要特点是将河床内拦河水工建筑物一次整体围护施工，导流泄水建筑物位于河床之外。

2. 断流围堰导流常用型式和适用情况

断流围堰隧洞导流方式：适用于河谷狭窄、河岸地势高，且具备成洞地质条件的坝址。隧洞断面尺寸和数量视河流水文特性、岩石完整情况以及围堰运行条件等因素确定。当隧洞导流过程中适用几个施工阶段时，应根据控制阶段的洪水标准进行设计。隧洞完成导流任务后，将其封堵。

断流围堰明渠导流方式：适用于河流流量较大、河床一侧有较宽台地、垭口或古河道的坝址。后期河床建筑物基本完成后，用围堰将明渠拦断，修建明渠部位的永久建筑物。明渠导流一般有利于施工期通航、过木、排冰。

三、施工导流标准

导流设计标准是选择导流设计流量进行施工导流设计的标准。导流设计流量是选择导流方案，设计导流建筑物的主要依据。

(一)导流建筑物级别划分

根据水利水电工程施工组织设计规范，导流建筑物根据其保护对象、失事后果、使用年限和工程规模划分为 3 ~5 级，具体按表 7-1 确定。

表 7-1　导流建筑物级别划分

级别	保护对象	失事后果	使用年限（年）	导流建筑物规模	
				高度（m）	库容（亿 m^3）
3	有特殊要求的1级永久性水工建筑物	淹没重要城镇、工矿企业、交通干线或推迟总工期及第一台（批）机组发电，造成重大灾害和损失	>3	>50	>1.0
4	1、2级永久性水工建筑物	淹没一般城镇、工矿企业或影响工程总工期及第一台（批）机组发电而造成较大经济损失	3~1.5	50~15	1.0~0.1
5	3、4级永久性水工建筑物	淹没基坑，但对总工期及第一台（批）机组发电影响不大，经济损失较小	<1.5	<15	<0.1

注：1. 导流建筑物包括挡水建筑物和泄水建筑物，两者级别相同。

2. 表中指标均按导流阶段（分期）划分。

3. 有、无特殊要求的永久性水工建筑物均是针对施工期而言的，有特殊要求的1级永久性水工建筑物是指施工期不应过水的土石坝及其他有特殊要求的永久性水工建筑物。

4. 使用年限是指导流建筑物每一导流分期的工作年限，两个或两个以上导流分期共用的导流建筑物，如分期导流一期、二期共用的纵向围堰，其使用年限不能叠加计算。

5. 导流建筑物规模一栏中，围堰高度指挡水围堰最大高度，库容指堰前设计水位所拦蓄的水量，两者应同时满足。

在确定导流建筑等级时应注意以下问题：

（1）当导流建筑物根据表7-1中指标分属不同级别时，应以其中最高级别为准。但列为3级导流建筑物时，至少应有两项指标符合要求。

（2）规模巨大且在国民经济中占有特殊地位的水利水电工程，其导流建筑物的级别和设计洪水标准，经充分论证后报上级批准。

（3）应根据不同的导流分期按表7-1划分导流建筑物级别；同一导流分期中的各导流建筑物的级别，应根据其不同作用划分；各导流建筑物的洪水标准应相同，一般以主要挡水建筑物的洪水标准为准。

（4）确定过水围堰级别时，表7-1中的各项指标是以过水围堰挡水期情况作为衡量依据。

（5）当导流建筑物与永久建筑物结合时，结合部分结构设计应采用永久建筑物级别标准；但导流设计级别仍按表7-1规定执行。

（6）利用围堰挡水发电时，围堰级别可提高一级，但必须经过技术经济论证。

（7）当4、5级导流建筑物地基地质条件非常复杂，或工程具有特殊要求必须采用新型结构，或失事后淹没重要厂矿、城镇时，其结构设计级别可以提高一级，但设计洪水标准不提高。

(8)确定导流建筑物级别的因素复杂,当按表 7-1 和上述各条规定所确定的级别不合理时,可根据工程具体条件和施工导流阶段的不同要求,经过充分论证,可予以提高或降低。

(二)导流建筑物设计洪水标准选择

导流建筑物设计洪水标准应根据建筑物的类型和级别在表 7-2 规定幅度内选择。在下述情况下,导流建筑物洪水标准可用表 7-2 中的上限值:

(1)河流水文实测资料系列较短(小于 20 年),或工程处于暴雨中心区。

(2)采用新型围堰结构型式。

(3)处于关键施工阶段,失事后可能导致严重后果。

(4)工程规模、投资和技术难度采用上限值与下限值相差不大。

(5)在导流建筑物级别划分中属于本级别上限。

表 7-2　导流建筑物洪水标准划分

导流建筑物类型	导流建筑物级别		
	3	4	5
	洪水重现期(年)		
土石结构	50 ~ 20	20 ~ 10	10 ~ 5
混凝土、浆砌石结构	20 ~ 10	10 ~ 5	5 ~ 3

过水围堰的挡水标准应结合水文特点、施工工期、挡水时段,经技术经济比较后在重现期 3 ~ 20 年范围内选定,当水文系列不小于 30 年时,也可根据实测流量资料分析选用;过水围堰过水时的设计洪水标准根据过水围堰的级别和表 7-2 选定,当水文系列不小于 30 年时,也可按实测典型年资料分析并通过水力学计算或水工模型试验选用。

(三)坝体施工期临时度汛洪水标准选择

当坝体填筑高程超过围堰堰顶高程时,坝体临时度汛洪水标准应根据坝型及坝前拦洪库容按表 7-3 规定执行。

表 7-3　坝体施工期临时度汛洪水标准

坝型	拦洪库容(亿 m^3)		
	≥1.0	1.0 ~ 0.1	<0.1
	洪水重现期(年)		
土石坝	≥100	100 ~ 50	50 ~ 20
混凝土坝、浆砌石坝	≥50	50 ~ 20	20 ~ 10

(四)导流泄水建筑物封堵后坝体度汛洪水标准选择

导流泄水建筑物封堵后,如永久泄洪建筑物尚未具备设计泄洪能力,坝体度汛洪水标准应分析坝体施工和运行要求后按表 7-4 规定执行。汛前坝体上升高度应满足拦洪要求,帷幕灌浆及接缝灌浆高程应能满足蓄水要求。

表 7-4　导流泄水建筑物封堵后坝体度汛洪水标准

大坝类型		大坝级别		
		1	2	3
		洪水重现期(年)		
混凝土坝、浆砌石坝	设计	200 ~ 100	100 ~ 50	50 ~ 20
	校核	500 ~ 200	200 ~ 100	100 ~ 50
土石坝	设计	500 ~ 200	200 ~ 100	100 ~ 50
	校核	1 000 ~ 500	500 ~ 200	200 ~ 100

(五)封堵工程施工期间的导流设计标准及水库初期蓄水标准

(1)封堵工程在施工阶段的导流设计洪水标准,可根据工程重要性、失事后果等因素在该时段 5 ~ 20 年重现期范围内选定。

(2)封堵下闸的设计流量可用封堵时段 5 ~ 10 年重现期的月或旬平均流量,或按实测水文统计资料分析确定。

(3)水库施工期蓄水标准应根据发电、灌溉、通航、供水等要求和大坝安全加高值等因素分析确定,蓄水保证率宜为 75% ~ 85%。蓄水过程中,应满足下游必须的供水要求。

(六)截流标准的选择

截流标准可采用截流时段重现期 5 ~ 10 年的月或旬平均流量,也可用其他方法分析确定。

四、导流建筑物

导流建筑物包括导流泄水建筑物和挡水建筑物。导流泄水临时建筑物主要有导流明渠、导流隧洞、导流涵洞、坝体临时底孔、坝体缺口、坝体梳齿等;挡水临时建筑物主要是围堰。下面仅介绍围堰的一些基础知识。

(一)围堰型式及其适用条件

围堰形式主要有土石围堰、混凝土围堰、钢板桩格型围堰、浆砌石围堰、木笼围堰、竹笼围堰、草土围堰等。

土石围堰能充分利用当地材料,对基础适应性强,施工简便,造价一般较低,应优先选用。土石围堰用做纵向围堰占据河床宽度较大,坡脚流速较高时,防护难度较大。

混凝土围堰宜建在岩石地基上,适用于纵向围堰和横向过水围堰。碾压混凝土围堰施工简便,可缩短工期,造价一般较低,在有条件时优先采用。

钢板桩格型围堰最高挡水水头不宜大于 30 m。

浆砌石、木笼、竹笼、草土等围堰型式,应用地区特点较强,可用于当地料源丰富、施工单位经验较多的工程,围堰高度均不宜太高。

(二)围堰型式选择原则

(1)堰体运行必须安全可靠,满足稳定、防渗和抗冲要求。

(2)结构简单、施工方便、在预定施工期内修筑到需要的断面及高程,能满足施工进度要求。

(3)堰基易于处理,堰体便于与岸坡或已有建筑物连接。

(4)堰体材料宜充分利用当地材料及开挖渣料。

(5)具有良好的技术经济指标。

(6)适应防汛抢险要求。

(三)围堰断面设计要求

1.不过水围堰堰顶高程的确定

(1)不过水围堰堰顶高程不低于设计洪水的静水位与波浪高度及堰顶安全加高值之和,其堰顶安全加高不低于表7-5的规定值。

表7-5 不过水围堰堰顶安全加高下限值 (单位:m)

围堰型式	围堰级别	
	3	4~5
土石围堰	0.7	0.5
混凝土围堰、浆砌石围堰	0.4	0.3

(2)土石围堰防渗体顶部在设计洪水静水位以上的加高值:斜墙式防渗体为0.6~0.8 m;心墙式防渗体为0.3~0.6 m。

2.过水围堰堰顶高程的确定

过水围堰堰顶高程应按静水位加波浪高度确定,不另加堰顶安全加高值。

五、河道截流

(一)截流方式

河道截流方式主要有:戗堤法、定向爆破法、建闸法、浮运结构法。绝大多数工程采用戗堤法截流,其他截流方式很少采用。

戗堤法按物料抛投方式不同,分为立堵和平堵两种基本方式;按戗堤数量不同,又分为单戗、双戗和多戗截流。

(二)截流方式选择

选择截流方式应充分分析水力学参数、施工条件和截流难度、抛投物数量和性质,并进行技术经济比较。

(1)单戗立堵截流简单易行,辅助设备少,当截流落差不超过3.5 m时,宜优先选择。但其龙口水流能量相对较大,流速较高,需制备重大抛投物料相对较多。

(2)双戗和多戗立堵截流,可分担总落差,改善截流难度,适用于截流流量较大,且落差大于3.5 m的情况。

(3)当河水较深、戗堤过高时,为防止立堵截流过程中堤头发生突然坍塌,可采用先平堵垫底,后立堵合龙的平立堵结合方案。有架设浮桥或栈桥条件时,应对平堵截流方案与平立堵结合截流方案进行比较。平堵截流虽然建桥费用较高,但其截流水力条件较好。

(4)在特殊条件下,经技术经济论证,亦可采用定向爆破法、建闸法、浮运结构法等截流方式。

(三)截流设计的原则

(1)河道截流前,泄水道内围堰或其他障碍物应予清除。

(2)戗堤轴线应根据河床和两岸地形、地质、交通条件、主流流向、通航、过木要求等因素综合分析选定，戗堤宜为围堰堰体组成部分。

(3)确定龙口宽度及位置应考虑龙口工程最小并保证预进占段裹头不致遭冲刷破坏，选择在河床水深较浅、覆盖层较薄或基岩部位。

(4)若龙口段河床覆盖层抗冲能力低，可预先在龙口抛石或抛铅丝笼护底，增大糙率和抗冲能力，减少合龙工作量，降低截流难度。

(5)截流抛投材料选择原则是预进占段填料尽可能利用开挖渣料和当地天然料；龙口段抛投的大块石、石串或混凝土四面体等人工制备材料数量，应慎重研究确定；截流备料总量应根据截流料物堆存、运输条件、可能流失量及戗堤沉陷等因素综合分析，并留适当的备用量。

(6)戗堤抛投物应有较强的透水能力，且易于起吊运输。

(7)重要截流工程的截流设计，应通过水工模型试验验证并提出截流期间相应的观测设施。

六、基坑排水

(一)初期排水

围堰合龙闭气后，排除基坑积水期间的排水称之为初期排水。

初期排水量包括基坑积水、排水期渗水和降水等。

确定基坑初期排水强度时，应根据不同围堰型式及基坑边坡对渗透稳定的要求确定基坑水位下降速度。

(二)经常性排水

初期排水后，为保持基坑内工程干地施工而进行的排水，称之为经常性排水。

经常性排水由进入基坑的渗水、降水和施工弃水等组成。

确定经常性排水强度时，排水量计算应按两种组合考虑，以排水量大者选择设备，两种组合为：①渗水+降水；②渗水+施工弃水。

经常性排水的降水量按抽水时段最大日降水量在当天抽干计算。

第二节　主体工程施工方法

一、主体工程施工概要

主体工程施工主要包括挡水建筑物、泄水建筑物、引水建筑物、电站厂房等的土建工程及金属结构和机电设备安装工程的施工。

主体工程施工主要研究各单项工程施工方案及其施工程序、工艺、布置，以及单项工程施工进度及强度分析、资源配置等。

研究主体工程施工是为了正确选择水工枢纽布置和建筑物型式，保证工程质量与施工安全，论证施工总进度的合理性和可行性，并为编制工程概算提供需求的资料。

进行施工方案选择应遵循以下原则：

(1)能保证工程质量和施工安全,辅助工程量及施工附加量小,施工成本低,施工工期短。

(2)先后作业之间、土建工程与机电安装之间、各道工序协调均衡,干扰较小。

(3)施工强度和施工设备、材料、劳动力等资源需求较均衡。

(4)技术先进、可靠。

二、土石方明挖

(一)岩土开挖级别

我国水利水电工程将岩土分为土与岩石两大类。除冻土外,土类级别按土石十六级分类法的前四级划分;岩石级别按土石十六级分类法的Ⅴ~ⅩⅥ级划分。

岩土开挖级别对开挖单价、材料、设备、劳动力的数量均有较大影响,工程设计中应根据实际地质条件,按重度、可钻性和抗压强度等慎重选定。

(二)坝基开挖顺序与开挖方法

(1)土石方开挖应自上而下分层进行。两岸水上部分的坝基开挖宜在截流前完成或基本完成。水上水下分界高程可根据地形、地质、开挖时段和水文条件等因素分析确定。

(2)采用常规梯段爆破开挖接近建基面时,在梯段爆破孔的底部及建基面之间应预留保护层。

(3)地基保护层以上石方开挖,宜采取延长药包、梯段爆破,若开挖面无天然梯段,可逐步创造梯段爆破条件。

(4)设计边坡轮廓面开挖,应采取防震措施,如预留保护层、控制爆破等。

(5)若地基开挖的地形、地质和开挖层厚度有条件布置坑道,在满足地基预裂要求的条件下可考虑采用辐射孔爆破。

(6)水工建筑物岩石基础部位开挖不应采用集中药包法进行爆破。

(三)高边坡开挖原则

(1)采取自上而下的施工程序;

(2)避免二次削坡;

(3)采用预裂爆破或光面爆破;

(4)对有支护要求的高边坡每层开挖后及时支护;

(5)坡顶设截水沟。

(四)出渣道路布置原则

(1)主体工程土石方明挖出渣道路的布置应根据开挖方式、施工进度、运输强度、渣场位置、车型和地形条件等统一规划。

(2)进入基坑的出渣道路有困难时,最大纵坡可视运输设备性能、纵坡长度等具体情况酌情加大,但不宜大于15%。

(3)能满足工程后期需要,不占压建筑物部位;不占压或少占压深挖部位。

(4)短、平、直,减少平面交叉。

(5)行车密度大的道路宜设置双车道或循环线,设置单车道时应设置错车道。

三、地基处理

地基处理属隐蔽性工程,应根据水工建筑物对地基的要求,认真分析地质条件,进行技术经济比较,选择技术可行、效果可靠、工期较短、经济合理的施工方案。地基处理主要包括断层处理、基础的固结灌浆和帷幕灌浆、防渗墙施工等。

(一)基岩灌浆

(1)帷幕灌浆施工场地面积除满足布置制浆系统、灌浆设备外,还应考虑必要时补强灌浆的需要。具备条件的工程帷幕灌浆宜在廊道内进行。

(2)固结灌浆可在基岩表层或岩层有混凝土盖重的情况下进行,有盖重的坝基固结灌浆,应在混凝土达到要求强度后进行。

(3)基础灌浆一般按照先固结、后帷幕的顺序进行。帷幕灌浆宜按分序逐渐加密的方式施工。

(二)防渗墙施工

(1)防渗墙施工平台的高程应高于施工时段设计最高水位 2 m 以上。平台的平面尺寸应满足造孔、清渣、混凝土浇筑和交通要求。

(2)防渗墙槽孔长度应综合分析地层特性、槽孔深浅、造孔机具性能、工期要求和混凝土生产能力等因素确定,可为 5 ~ 9 m。深槽段、槽壁易塌段宜取小值。

(3)防渗墙施工所用土料的质量和数量应满足造孔和清孔的要求,一般制浆土料的黏粒含量宜在 50% 以上,塑性指数不小于 20,含沙量小于 5%。

四、碾压式土石坝施工

碾压式土坝、黏土心墙、黏土斜墙坝施工受降雨环境影响大,施工组织设计应认真分析工程所在地区气象台(站)的长期观测资料。统计降水、气温、蒸发等各种气象要素不同量级出现的天数,确定对各种坝料施工影响程度。

(一)料场规划原则

(1)料物物理力学性质符合坝体用料要求,质地较均一。

(2)储量相对集中,料层厚,总储量能满足坝体填筑需用量。

(3)有一定的备用料区保留部分近料场作为坝体合龙和抢拦洪高程用。

(4)按坝体不同部位合理使用各种不同的料场,减少坝料加工。

(5)料场剥离层薄,便于开采,获得率较高。

(6)采集工作面开阔、料物运距较短,附近有足够的废料堆场。

(7)不占或少占耕地、林场,特别要注意环保要求。

(二)坝料上坝运输

坝料上坝方式主要有:自卸汽车直接上坝、皮带运送上坝、窄轨机车运送上坝或其组合方式。坝料上坝运输方式应根据运输量,开采、运输设备型号,运距和运费,地形条件以及临建工程量等资料,通过技术经济比较后选定。

(三)坝料填筑

(1)土质防渗体应与其上、下游反滤料及坝壳部分平起填筑。

(2)垫层料与部分坝壳料均宜平起填筑，当反滤料或垫层料施工滞后于堆石棱体时，应预留施工场地。

(3)土石料用自卸汽车运输上坝时，宜采用进占法卸料，压实设备类型可根据土石料性质等因素选择，铺料厚度应根据土石料性质和压实设备性能通过现场试验或工程类比法确定。

(4)石料填筑应在碾压前对铺料洒水。冰冻期填筑时不应加水，但应适当减小铺料厚度和增加碾压遍数。

(5)土料宜安排在少雨季节施工。

(6)当日平均气温低于 0 ℃时，黏性土应按低温季节施工考虑；当日平均气温低于 -10 ℃时，不宜填筑土料，否则应进行技术经济论证。

五、混凝土施工

混凝土施工包括混凝土运输、浇筑、养护和温度控制措施等环节。混凝土工程施工组织设计主要包括：混凝土施工方案的选择，单项工程、分部工程施工进度分析，施工设备选型配套，垂直运输设备及水平运输线路布置，混凝土温度控制措施的确定等。

(一)混凝土施工方案选择原则

(1)混凝土生产、运输、浇筑、温控措施等各施工环节衔接合理。

(2)施工机械化程度符合工程实际，保证工程质量，加快工程进度和节约工程投资。

(3)施工工艺先进，设备配套合理，综合生产效率高。

(4)运输过程中的中转环节少、运距短，温控措施简易、可靠。

(5)初期、中期、后期浇筑强度协调平衡。

(6)混凝土施工与金属结构、机电安装之间干扰少。

混凝土浇筑程序、各期浇筑部位和高程应与供料线路、起吊设备布置和机电安装进度相协调，并符合相邻块高差及温控防裂等有关规定。各期工程形象进度应能适应截流、拦洪度汛、封孔蓄水等要求。

(二)混凝土浇筑设备选择原则

(1)混凝土起吊设备数量可根据月高峰浇筑强度、吊罐容量、设备小时循环次数、可供浇筑的仓面数和辅助吊运工作量等经计算或用工程类比法确定，其中辅助吊运工作量可按吊运混凝土当量时间的百分比计算。一般可在下列范围内取值：重力坝为 10% ~ 20%；轻型坝为 20% ~30%；厂房为 30% ~50%。

(2)混凝土起吊设备的小时循环次数根据设备运行速度、取料点至卸料点的水平及垂直运输距离、设备配套情况、施工管理水平和工人技术熟练程度分析计算或用工程类比法确定。

(3)每个浇筑仓的混凝土运输和浇筑设备生产能力，应能满足在前一层混凝土初凝前其上一层混凝土浇筑完毕。例如，用平浇法浇筑混凝土时，设备生产能力应能确保在混凝土初凝期内将整个仓面覆盖浇筑完毕。

(三)温控与低温季节浇筑混凝土

(1)大体积混凝土施工应进行温度控制设计，采用有效的温度控制措施以满足温控防裂要求。有条件时宜用系统分析方法确定各种措施的最优组合。

(2)低温季节混凝土施工必要性应根据总进度及技术经济比较论证后确定。在低温季节进行混凝土施工时,应做好保温防冻措施。

(3)低温季节混凝土施工气温标准:当日平均气温连续5 d稳定在5 ℃以下或最低气温连续5 d稳定在 -3 ℃以下时,应按低温季节进行混凝土施工。

(4)低温季节混凝土施工保温防冻措施:①混凝土浇筑温度:大坝不宜低于5 ℃,厂房不宜低于10 ℃;②在负温的基岩或老混凝土面上筑浇时,应将基岩或老混凝土加热至正温,加热深度应不小于10 cm,并要求上下温差不超过15~20 ℃;③采用保温模板,且在整个低温期间不拆除;④掺加气剂,掺气量通过试验确定;⑤混凝土拌和时间应较常温季节适当延长,具体延长时间宜经试验确定;⑥当日平均气温低于 -10 ℃时,应在暖棚内浇筑;⑦混凝土允许受冻的成熟度不应小于1 800 ℃·h。

六、地下工程施工

(一)围岩分类

地下工程的围岩类别及产状构造特征是选择地下工程施工方法及参数的主要依据。围岩类别按《水利水电工程地质勘察规范》(GB 50287—99)划分为Ⅰ~Ⅴ类。

(二)地下工程施工方法

地下工程一般采用钻爆法施工。较长的岩石隧洞,在符合一定条件情况下,可研究硬岩掘进机施工的合理性;处于松软地层的长隧洞,根据地质、水文等条件可选用盾构掘进机,例如,从河底非岩石地层穿越的隧洞。

(三)钻爆法施工开挖方法的选择

(1)用钻爆法开挖隧洞时,施工方法应根据断面尺寸、围岩类别、设备性能、施工技术水平,并进行经济比较后选定,条件许可应优先选用全断面开挖,圆形隧洞选用分部开挖时,应尽量避免扩挖底角。跨度大于12 m的洞室宜先挖导洞,分部分层扩挖。

(2)竖井开挖宜从井底出渣,如无条件从井底出渣时,可全断面自上而下开挖;竖井井下有通道且断面较大时,可用导井法开挖,即先将导井贯通,再自上而下扩挖,通过导井溜渣至井底运出;导井可采用爬罐法、吊罐法、天井钻机或反井钻机施工。

(3)倾角小于30°的斜井宜自上而下开挖;倾角为30°~45°的斜井可自上而下开挖,若自下而上开挖,需有扒渣、溜渣措施;倾角大于45°的斜井宜采用自下而上先挖导井、再自上而下扩挖或自下而上全断面开挖。

(四)施工支洞布置

(1)施工支洞的选择应根据地形、地质条件、结构型式及布置、施工方法和施工进度的要求等综合研究确定。采用钻爆法施工时,施工支洞间距不宜超过3 km。

(2)平洞支洞轴线与主洞轴线交角不宜小于40°,且应在交叉口设置不小于20 m的平段。平洞支洞纵坡:有轨运输纵坡不超过2%;无轨运输纵坡不超过9%,相应限制坡长150 m;局部最大纵坡不宜大于14%。

(3)斜井支洞的倾角不宜大于25°,井身纵断面不宜变坡与转弯,下水平段长度不宜小于20 m。

(4)竖井一般设在隧洞的一侧,与隧洞之间应留有一定距离。

第三节　施工总布置

一、施工总布置与设计依据

施工总布置就是根据工程特点和施工条件,研究解决施工期间所需的施工工厂、交通道路、仓库、房屋、动力、给水排水管线以及其他施工设施的布置问题。施工总布置的成果需要标识在一定比例尺的施工区地形图上,构成施工总布置图。

施工总布置应充分掌握和综合分析枢纽布置、主体建筑物规模、型式、特点、施工条件和工程所在地区社会、经济、自然条件等因素;合理确定并统筹规划布置为工程施工服务的各种临时设施;妥善处理施工场地内外关系;为保证工程施工质量、加快施工进度、提高经济效益创造条件。

二、施工总布置的原则

施工总布置方案应遵循因地制宜、因时制宜、有利生产、方便生活、易于管理、安全可靠、经济合理、符合环境保护的原则,经全面系统比较论证后选定。

施工总布置方案比较应定性分析以下方面的问题:

(1)布置方案能否充分发挥施工工厂的生产能力;能否满足施工总进度和施工强度的要求。

(2)施工设施、站场、临时建筑物的协调和干扰情况。

(3)施工分区的合理性。

(4)应研究当地现有企业为工程施工服务的可能性和合理性。

主要施工工厂设施和临时设施的布置应考虑施工期洪水的影响,防洪标准根据工程规模、工期长短、河流水文特性等情况,分析不同标准洪水对其危害程度,在5~20年重现期范围内酌情采用。高于或低于上述标准,应有充分论证。

施工总布置场地选择,应优先考虑利用弃渣场地、滩地等非生产性用地,尽量少占农田。

第四节　施工总进度

一、编制施工总进度的原则

(1)遵守基本建设程序;

(2)采用国内平均先进施工水平合理安排工期;

(3)资源(人力、物资和资金等)均衡分配;

(4)单项工程施工进度与施工总进度相互协调,各项目施工程序前后兼顾、衔接合理、干扰少、施工均衡;

(5)在保证工程施工质量、总工期的前提下,充分发挥投资效益。

施工总进度应突出主、次关键工程(关键线路上的工程)、重要工程;明确开工、截流、蓄水、首台机组发电和工程完工日期。

二、施工总进度计划表示形式

施工总进度的表示形式主要有:

(1)横道图:具有简单、直观等优点。

(2)网络图:能表示各工序之间的逻辑关系,可从大量工程项目中表示控制总工期的关键路线,便于反馈、优化。

(3)斜线图:易于体现流水作业,如隧洞施工。

三、工程建设期的划分

工程建设期可划分为四个阶段,即工程筹建期、工程准备期、主体工程施工期和工程完建期。

(1)工程筹建期:工程正式开工前由业主单位负责筹建对外交通、施工用电、通信、征地、移民以及招标、评标、签约等工作,为承包单位进场开工创造条件所需的时间。

(2)工程准备期:准备工程开工起至关键线路上的主体工程开工或一期截流闭气前的工期;一般包括,"四通一平"、导流工程、临时房屋和施工工厂设施建设等。

(3)主体工程施工期:自关键线路上的主体工程开工或一期截流闭气后开始,至第一台机组发电或工程开始发挥效益为止的工期。

(4)工程完建期:自水电站第一台机组投入运行或工程开始受益起,至工程竣工止的工期。

编制施工总进度时,工程施工总工期应为后三项工期之和。工程建设相邻两个阶段的工作可交叉进行。

第五节 工程投资概(估)算

一、工程分类和工程概(估)算组成

(一)工程分类

水利工程按工程性质划分为两大类,具体划分如下:

- 水利工程
  - 枢纽工程
    - 水库
    - 水电站
    - 其他大型独立建筑物
  - 引水工程及河道工程
    - 供水工程
    - 灌溉工程
    - 河湖整治工程
    - 堤防工程

(二)水利工程、水电工程概算构成

(1)水利工程概算由工程部分、移民和环境两部分构成。具体划分如下：

- 水利工程概算
  - 工程部分
    - 建筑工程
    - 机电设备及安装工程
    - 金属结构设备及安装工程
    - 施工临时工程
    - 独立费用
  - 移民和环境
    - 移民征地补偿
    - 水土保持工程
    - 环境保护工程

(2)水电工程概算由枢纽工程、建设征地和移民安置补偿、独立费用三部分构成。具体划分如下：

- 水电工程概算
  - 枢纽工程
    - 施工辅助工程
    - 建筑工程
    - 环境保护和水土保持工程
    - 机电设备及安装工程
    - 金属结构设备及安装工程
  - 建设征地和移民安置补偿
    - 农村部分
    - 城市集镇部分
    - 专业项目
    - 库底清理
    - 环境保护和水土保持
  - 独立费用
    - 项目建设管理费
    - 生产准备费
    - 科研勘测设计费
    - 其他税费

二、费用构成与投资的几个基本概念

(一)水利工程费用组成内容

水利工程费用组成内容如下：

- 建设项目费用
  - 工程费
    - 建筑及安装工程费
    - 设备费
  - 独立费用
    - 建设管理费
    - 生产准备费
    - 科研勘测设计费
    - 建设及施工场地征用费
    - 其他
  - 预备费
  - 建设期融资利息

(二)水电工程费用组成内容

水电工程费用组成内容如下：

建设项目费用
- 枢纽工程费用
- 建设征地和移民安置补偿费用
- 独立费用
- 基本预备费
- 价差预备费
- 建设期贷款利息

(三)水利、水电建筑工程单价的组成

建筑工程单价由直接费(人工费、材料费、机械使用费等)、间接费、税金、利润组成。

(四)工程静态投资

1. 水电工程静态投资的构成

枢纽建筑物、建设征地和移民安置、独立费用和基本预备费之和构成工程静态投资。

2. 水利工程静态总投资的构成

工程部分静态总投资和移民环境静态总投资二者之和构成工程静态总投资。

工程部分静态总投资由建筑工程、机电设备及安装工程、金属结构设备及安装工程、施工临时工程、独立费用和基本预备费构成。

移民环境静态总投资由工程措施费、林草措施费、封育治理措施费、独立费用和基本预备费构成。

(五)工程总投资

工程静态投资、价差预备费、建设期贷款利息之和构成工程总投资。价差预备费、建设期贷款利息为工程动态投资费。

三、工程概(估)算编制依据与步骤

(一)编制依据

(1)国家和上级主管部门以及省、自治区、直辖市颁发的有关法令法规、制度、规程。

(2)水利、水电工程设计概(估)算编制规定。

(3)水利、水电工程概算定额和有关行业主管部门颁发的定额。

(4)水利、水电工程设计工程量计算规定。

(5)水利工程初步设计、水电工程可行性研究报告及图纸。

(6)有关合同协议及资金筹措方案。

(7)其他。

水利工程移民和环境部分划分的各级项目执行《水利工程建设征地移民补偿投资概(估)算编制规定》、《水利工程环境保护设计概(估)算编制规定》和《水土保持工程概(估)算编制规定》。

(二)概(估)算编制步骤

概(估)算编制按以下步骤进行：

(1)了解、掌握工程情况，熟悉工程相关图纸资料，对工程建设条件进行调查研究，并收集有关资料。

(2)编写概算编制大纲,确定编制原则和依据。

(3)根据编制大纲、工程设计文件等合理划分工程项目。

(4)编制基础单价、各项工程单价。

(5)编制各分部工程概算。

(6)编制分年度投资、资金流量等。

(7)编制总概算和相应编制说明等。

第八章 征地移民

第一节 征地移民概论

一、征地移民的概念

移民按其主观意愿可分为自愿移民和非自愿移民。自愿移民是指人们因自身原因被生存、发展的条件所致,自发地、自觉自愿地采取迁移的行为。如美国历史上的淘金者、石油开发者和我国20世纪80年代沿海特区开发引发的南下潮等。非自愿移民是指由于各种不可抗拒的外力因素(如战争、自然灾害)或由于兴建工程项目或为了生态保护而导致的人口被迫迁移。非自愿移民又分为难民和工程移民两类。难民是因战争、自然灾害或政治、文化、社会等原因产生的人口迁移。近几年,还出现了许多为了生态保护而迁移的生态移民。

因工程建设引起的征地移民按工程建设的类别不同,可分为水利水电工程建设征地移民、交通工程移民、城建移民及其他工程移民。本书所指"征地移民"为"水利水电工程建设征地移民",是指为了水利水电工程建设征地所涉及的需要进行必须搬迁、补偿和安置的农村、城镇居民,属非自愿移民。这类征地移民因蓄水发电、灌溉、防洪等开发利用水资源所兴建水库、水电站等水利水电工程,丧失了原有居住条件或土地资源,需要按照国家有关征地移民法规进行安置,以恢复其原有生产生活水平。

新中国成立50多年来,水利水电工程建设取得了举世瞩目的成就,由此而涉及的移民安置数量也是空前的。中国水利水电工程建设征地移民问题在中央政府和地方政府的高度重视下,经过广大移民干部群众的艰苦努力和项目法人的积极参与,使得这些水利水电工程建设征地移民得到了基本妥善的安置,保障了水利水电事业的长足发展。

二、移民安置工作概述

(一)移民安置任务内容

移民安置规划应当对农村移民安置、城镇和集镇迁建、工矿企业迁建、专项设施迁建或者复建、防护工程建设、水库水域开发利用、水库移民后期扶持措施、征地补偿和移民安置资金概(估)算等做出安排。移民安置就是落实移民安置规划,动员移民迁出建设征地范围,并按照国家实行开发性移民方针,采取前期补偿、补助与后期扶持相结合的办法,使移民生活达到或者超过原有水平。

(二)移民工作的管理体制和职责

水利水电工程移民安置工作实行政府领导、分级管理、县为基础、项目法人参与的管理体制。

政府负责制贯穿移民工作的全过程。中央人民政府负责审批核准水电项目的同时审批移民安置规划,并负责工程的竣工验收(含检查移民专项验收成果)。地方人民政府在项目核准后,负责移民安置的实施工作。项目法人负责移民前期工作的申报和筹集支付移民资金,委托中介机构对移民项目进行监督评估。

政府分级管理的分工为:县级以上地方人民政府负责本行政区域内大中型水利水电工程移民安置工作的组织和领导;省、自治区、直辖市人民政府规定的移民管理机构,负责本行政区域内大中型水利水电工程移民安置工作的管理和监督;国务院水利水电工程移民行政管理机构(以下简称国务院移民管理机构)负责全国大中型水利水电工程移民安置工作的管理和监督。

(三)移民工作的组织形式

水利水电工程移民工作组织形式是由政府移民管理机构、项目法人和协助单位三方面的机构共同完成的。

1.政府移民管理机构

水利水电工程建设征地移民的政府管理机构可分为国家级移民管理机构和地方级移民管理机构。

国家级移民管理机构主要负责国家移民政策制定,审核大型水利水电工程移民安置规划,监督检查、协调界河工程的移民安置实施计划。负责水利水电项目征地移民的国家级单位有国家发展和改革委员会、财政部、水利部、国家能源局。

地方级移民管理机构由省(自治区、直辖市)、地(市)、县三级组成。各省、自治区、直辖市有移民任务的都设有水库移民机构,它们代表本级人民政府负责管理各自辖区内的移民工作任务,对本行政区移民安置工作总负责;县级移民主管部门是移民实施的主要责任单位。

2.项目法人

承担移民前期工作的组织,申报移民安置规划、补偿费用概算和项目核准,拨付移民经费,配合地方政府的移民安置实施工作,配合移民安置工作阶段性验收。

3.设计单位等协助单位

受项目法人或移民机构委托进行移民安置规划设计、移民监理、监督评估和专项工程实施。业务之间的组织和协调工作通过委托方完成。

目前,除地方政府行政体系的监督指导和审计检查外,水利水电工程移民安置实施工作还采用移民综合监理和监督评估两种社会监督形式。承担单位都为有资质的中介机构(设计单位)。移民综合监理指对移民搬迁和安置实施过程中的进度、投资、质量进行现场全过程监督,并以监理报告形式向共同的委托方反馈意见,由上级移民机构督促移民实施主管部门对监理中发现的问题予以改正;移民监测评估则是阶段性对移民安置效果进行测评,以监测评估报告形式反映不同阶段发现的问题,报共同的委托方。

(四)移民工作的主要步骤

水利水电工程移民安置工作一般分为三个步骤:

第一为项目前期阶段。主要工作内容包括水库淹没损失和社会经济状况调查、移民安置规划大纲、移民安置规划和补偿费用概算编制等。此阶段工作主要由项目法人委托,地方政府配合,设计单位完成。

为保障移民的知情权和参与权，由地方政府负责，对征地影响的实物指标要征得移民本人的签字认可，并张榜公示。移民安置规划大纲和移民安置规划在编制过程中要分别征求移民和移民安置区的意见，得到有关各级政府的确认。

移民安置规划大纲的审批和移民安置规划通过审核是水电项目核准的必要条件。

第二为项目实施阶段。主要工作内容包括移民实施计划编制、移民搬迁安置、移民监理、监督评估和移民专项验收工作。这一阶段的工作由地方政府及其移民主管部门负责。

在水利水电项目核准后，地方政府要与项目法人根据审批移民安置规划签订移民安置任务实施协议，规定项目任务要求和移民资金额度。移民安置规划实施后由省级人民政府或移民机构组织进行阶段性验收。

移民实施计划编制、移民监理和监督评估工作由项目法人会同移民主管部门委托有资质的设计单位承担，县级人民政府和移民机构根据审批的移民安置规划具体组织实施移民搬迁安置工作。移民专项验收工作分阶段由地方政府或移民机构组织完成。

第三为移民后期扶持阶段。主要工作内容包括移民后期扶持人口申报、移民后期扶持规划编制和实施、移民安置效果评估等。移民后期扶持工作由地方政府负责，以县为基础，分级管理，有关单位配合。

第二节　移民安置依据的法规政策

经过50多年水库移民的实践，目前，国家已制定了一套行之有效的法规和政策作为水利水电建设征地移民安置工作的依据。这些法规政策涉及社会、政治、经济、文化等各个领域，内容广泛，大致可分为四部分。

一、基本法律

移民安置所依据的基本法律有《中华人民共和国宪法》、《中华人民共和国土地管理法》(以下简称《土地管理法》)、《中华人民共和国农村土地承包法》、《中华人民共和国物权法》、《中华人民共和国民族区域自治法》、《中华人民共和国环境保护法》和《中华人民共和国文物保护法》等。这些法律都由全国人民代表大会全体会议或者常务委员会通过，具有最高的权威。

(一)《中华人民共和国宪法》

《中华人民共和国宪法》中与移民有关的条款，规定了土地、矿藏、水流、森林、山岭、草原、荒地、滩涂等权属问题。明确规定“城市土地属于国家所有。农村和城市郊区的土地，除法律规定属于国家的以外，都属于集体所有；宅基地、自留地、自留山，由个人使用，也属集体所有”；“中华人民共和国公民的住宅不受侵犯”；“国家为了公共利益的需要，可以依照法律规定对土地实行征用”；“国家保护公民的合法收入、储蓄、房屋和其他财产的所有权”。

(二)《中华人民共和国土地管理法》

《中华人民共和国土地管理法》是征地移民法规体系中最根本的法规，涉及征地移民部分主要是征用土地补偿补助标准和征地管理程序。其有关征地移民的主要条款有：国家实行土地用途管理制度、耕地保护、建设用地审批权限、征用土地补偿补助标准、国家实行基本农田保护制度、临时使用土地期限等。

(三)《中华人民共和国农村土地承包法》

第三条　国家实行农村土地承包经营制度。农村土地承包采取农村集体经济组织内部的家庭承包方式，不宜采取家庭承包方式的荒山、荒沟、荒丘、荒滩等农村土地，可以采取招标、拍卖、公开协商等方式承包。

第十六条　承包地被依法征用、占用的，有权依法获得相应的补偿。

第二十条　耕地的承包期为三十年。草地的承包期为三十年至五十年。林地的承包期为三十年至七十年；特殊林木的林地承包期，经国务院林业行政主管部门批准可以延长。

第五十条　土地承包经营权通过招标、拍卖、公开协商等方式取得的，该承包人死亡，其应得的承包收益，依照继承法的规定继承；在承包期内，其继承人可以继续承包。

(四)《中华人民共和国水法》

《中华人民共和国水法》第二十九条对征地移民有明确规定。

(五)《中华人民共和国文物保护法》

《中华人民共和国文物保护法》中有关条款规定："进行大型基本建设工程，建设单位应当事先报请省、自治区、直辖市人民政府文物行政部门组织从事考古发掘的单位在工程范围内有可能埋藏文物的地方进行考古调查、勘探。考古调查、勘探中发现文物的，由省、自治区、直辖市人民政府文物行政部门根据文物保护的要求会同建设单位共同商定保护措施；遇有重要发现的，由省、自治区、直辖市人民政府文物行政部门及时报国务院文物行政部门处理。"

"建设工程选址，应当尽可能避开不可移动文物；因特殊情况不能避开的，对文物保护单位应当尽可能实施原址保护。实施原址保护的，建设单位应当事先确定保护措施，根据文物保护单位的级别报相应的文物行政部门批准，并将保护措施列入可行性研究报告或者设计任务书。无法实施原址保护，必须迁移异地保护或者拆除的，应当报省、自治区、直辖市人民政府批准；迁移或者拆除省级文物保护单位的，批准前须征得国务院文物行政部门同意。全国重点文物保护单位不得拆除；需要迁移的，须由省、自治区、直辖市人民政府报国务院批准；依照前款规定拆除的国有不可移动文物中具有收藏价值的壁画、雕塑、建筑构件等，由文物行政部门指定的文物收藏单位收藏。"

二、移民专用法规

征地移民最重要的专门法规是《大中型水利水电工程建设征地补偿和移民安置条例》(以下简称《移民条例》)。条例共 8 章 63 条，从保护移民合法权益、维护社会稳定的原则出发，明确了移民工作管理体制，强化了移民安置规划的法律地位，特别是对征收耕地的土地补偿费和安置补助费标准、移民安置的程序和方式、水库移民后期扶持制度以及移民工作的监督管理等问题作了比较全面的规定，加大了补偿力度。

三、技术规程规范

国家发展和改革委员会以 2007 年第 42 号公告发布的《水电工程建设征地移民安置规划设计规范》(DL/T 5064—2007)、《水电工程建设征地处理范围界定规范》(DL/T

5376—2007)、《水电工程建设征地实物指标调查规范》(DL/T 5377—2007)、《水电工程农村移民安置规划设计规范》(DL/T 5378—2007)、《水电工程移民专业项目规划设计规范》(DL/T 5379—2007)、《水电工程移民安置城镇迁建规划设计规范》(DL/T 5380—2007)、《水电工程水库库底清理设计规范》(DL/T 5381—2007)、《水电工程建设征地移民安置补偿费用概(估)算编制规范》(DL/T 5382—2007)等 8 个规范。

《水利水电工程建设征地移民安置规划设计规范》(SL 290—2008)及其附属规程规范《水利水电工程建设征地实物指标调查规范》、《水利水电工程建设征地农村移民安置规划设计报告编制规程》和《水利水电工程建设征地移民补偿投资概算编制规定》。

另外,还有与征地移民关系密切的其他行业(包括交通、水利、城建等)发布的行业技术规范。如《村镇规划标准》(GB 50188—93)、《公路工程技术标准》(JTGB 01—2003)、《城市用地分类与规划建设用地标准》(JTB 01—88)。

四、政策文件

除法律外,国务院还发布了征地补偿有关政策文件,主要有《国务院关于完善大中型水库移民后期扶持政策的意见》、《国家计委关于印发水电工程建设征地移民工作暂行管理办法的通知》、《关于水利水电工程建设用地有关问题的通知》(国土资源部、国家经贸委、水利部联合发布的国土资发[2001]355 号)、《国务院关于深化改革严格土地管理的决定》(国发[2004]28 号)、《关于完善征地补偿安置制度的指导意见》、《国务院关于加强土地调控有关问题的通知》(国发[2006]31 号)、《南水北调工程建设征地补偿和移民安置暂行办法》、《国务院办公厅转发劳动保障部关于做好被征地农民就业培训和社会保障工作指导意见的通知》(国办发[2006]29 号)等,这些文件都有较强的针对性,也是移民工作的重要依据。

其他移民工作依据法规政策还有各省(区)制定的有关移民工作法规和政策文件。例如,各省区市实施《中华人民共和国土地管理法》办法、《广西壮族自治区人民政府办公厅印发岩滩水电站库区移民安置问题会议纪要的通知》(桂政办[1991]54 号)、《贵州省人民政府办公厅关于调整我省大中型水电工程移民房屋补偿标准的通知》(黔府办发[2005]77 号)等文件。它们都是由有立法权的地方人民代表大会及其常务委员会制定的水利水电工程移民地方性法规和各省级人民政府在移民安置过程中制定发布的政策文件,是该地区进行水利水电工程移民的重要法律政策依据。

以上这些法律、法规、政策,构成了中国水电工程移民安置法律法规政策的基本框架。其中《移民条例》为移民安置工作的核心法规,是大中型水电水利工程征地补偿和移民安置的政策性导则。

第三节 移民前期工作程序

一、移民安置规划设计概述

移民安置规划设计是水利水电工程项目设计的重要组成部分,移民安置规划是开展移民安置实施工作的基础依据。水利水电工程移民安置规划设计的主要任务是:确定建设征地处理范围,调查工程建设征地实物指标,研究移民安置对地区社会经济的影响,参与工程建设方案的论证,提出移民安置总体规划,进行农村移民安置、城市集镇迁建、专业项目处理、库底清理、移民安置区环境保护和水土保持的规划设计,提出水库水域开发利用和水库移民后期扶持措施,编制建设征地移民安置补偿费用概(估)算。

要重视高科技技术手段在移民安置规划设计中的应用。在实物指标调查方面,远红外线测量仪等仪器的应用提高了土地、房屋面积测量的精确度。在设计方面,电子计算机的普及应用大大提高了设计人员的工作效率和准确率。3S、CAD 技术大大缩短了设计图纸完成的时间,同时也保证了设计质量。在防护工程、交通工程、通信工程、市政工程建设方面出现的新技术、新工艺,也在移民安置规划设计中得到应用。

二、水利工程移民前期工作主要内容和工作深度

(一)项目建议书阶段

(1)初步确定水库淹没处理设计洪水标准;初步确定泥沙淤积年限;初步进行水库洪水回水计算。

(2)初步确定水库淹没影响处理范围,包括水库淹没范围,浸没、塌岸、滑坡及其他影响范围。

(3)初步查明水库淹没主要实物,对工程规模有制约作用的淹没影响实物应重点调查其数量、分布范围及高程。

(4)初步进行建设项目所涉及的水库淹没区和移民安置区的经济社会调查;评价水库淹没对涉及地区经济社会的影响。

(5)参与工程建设规模和方案论证。

(6)初步确定移民安置规划设计水平年、人口自然增长率等有关设计参数。

(7)农村以行政村为单位计算生产安置人口和搬迁安置人口,以乡(镇)为单位调查移民安置区环境容量,拟定移民安置去向,编制农村移民安置初步规划。

(8)初步确定城镇、集镇人口和用地规模,拟定迁建方式,初选迁建新址,提出迁建方案。

(9)提出工业企业和专业项目处理原则,拟定处理方案。

(10)对重要的淹没影响对象,初步分析防护可行性,提出处理意见。

(11)确定建设征地移民补偿投资估算编制依据和原则,估算水库淹没影响处理补偿投资,编制年度投资计划。

(12)编制水库征地移民安置规划设计篇章或专题报告。

(二)可行性研究报告阶段

(1)可行性研究报告阶段的建设征地移民安置规划设计工作包括移民安置规划大纲编制及移民安置规划设计。移民安置规划大纲应在确定工程建设征地范围,完成实物调查以及移民区、移民安置区经济社会情况和资源环境承载能力调查的基础上编制。依据批准的移民安置规划大纲开展移民安置规划设计。

(2)确定水库淹没处理设计洪水标准;确定泥沙淤积年限,进行水库洪水回水计算;分析计算风浪爬高值及船行波影响。

(3)根据水库回水计算成果及水库塌岸、浸没、滑坡及其他影响的预测成果，确定水库淹没影响处理范围。

(4)查明各项淹没影响实物，编制实物调查报告。

(5)进行建设项目所涉及的水库淹没区和移民安置区的经济社会调查；评价水库淹没对涉及地区经济社会的影响。

(6)对工程设计方案比选提出推荐意见。

(7)基本确定移民安置规划设计水平年、人口自然增长率等有关设计参数。

(8)农村以村民小组为单位计算生产安置人口和搬迁安置人口，以行政村为单位分析移民安置区环境容量，确定生产安置标准，明确移民安置去向；选定集中居民点新址，基本查明新址工程地质和水文地质条件，确定居民点人口规模、建设用地规模和基础设施建设标准，进行居民点典型勘测设计，编制农村移民安置规划。

(9)选定城镇、集镇迁建新址，确定城镇、集镇人口、用地规模和基础设施建设标准，进行城镇、集镇新址地形图测绘和水文地质、工程地质勘察。编制城镇迁建规划和集镇建设规划。

(10)提出工业企业处理方案。

(11)进行专业项目恢复改建规划设计。

(12)对具备防护条件的重要淹没影响对象，确定防护方案，提出可行性研究报告。

(13)提出库底清理技术要求，编制库底清理规划。

(14)提出移民后期扶持措施。

(15)根据国家和省级人民政府的有关规定，分析确定补偿补助标准和单价。编制征地移民补偿投资估算和年度投资计划。

(16)编制征地移民安置规划设计专题报告或篇章。

(三)初步设计阶段

(1)复核水库设计洪水回水计算成果。结合本设计阶段的塌岸、浸没、滑坡等地质勘察成果，复核库区居民迁移、土地征收及其他受影响的范围。

(2)对因范围变化引起的实物变化进行补充调查。必要时，可全面复核水库淹没影响实物。

(3)进行农村集中居民点新址地形图测绘和水文地质、工程地质勘察；对城镇、集镇新址进行水文地质、工程地质详勘。

(4)农村移民以村民小组为单位复核移民安置区环境容量，落实移民安置去向。进行生产开发设计，完成农村居民点基础设施设计，编制农村移民安置规划设计文件。

(5)复核集镇建设规划，进行集镇基础设施设计；编制城镇详细规划报告，进行城镇道路及竖向工程等重点项目设计。

(6)复核工业企业处理方案。

(7)进行专业项目恢复改建设计。

(8)进行防护工程初步设计。

(9)提出水库水域开发利用规划。

(10)进行水库库底清理设计。

(11)编制移民后期扶持规划。

(12)编制征地移民补偿投资概算。

(13)编制征地移民迁建进度和年度投资计划。

(14)编制工程建设征地移民安置规划设计专题报告。

三、水电工程移民前期工作主要内容和工作深度

(一)预可行性研究报告阶段

(1)初步拟定建设征地处理范围。

(2)初步调查分析主要实物指标。

(3)研究提出对枢纽工程初选方案具有制约性的对象及其控制高程、范围和数量。

(4)初步研究建设征地移民对地区社会经济的影响。

(5)初步分析移民数量和移民安置环境容量,分析移民安置的条件,研究提出移民安置的去向,初拟移民安置方案。

(6)提出城市集镇和专业项目处理初步方案。

(7)初步分析预测移民安置环境保护和水土保持问题,初拟移民安置环境保护、水土保持对策和措施。

(8)估算建设征地移民安置补偿费用。

(9)编制建设征地移民安置初步规划报告。

(二)可行性研究报告阶段

(1)分析预测建设征地移民安置任务以及对地区社会经济的影响,从建设征地移民安置角度对工程设计方案比选提出推荐意见。

(2)确定建设征地处理范围。

(3)查明建设征地处理范围内的实物指标,提出实物指标调查报告。

(4)拟定移民安置目标、标准,确定移民安置任务,分析移民安置环境容量,选定移民安置区,确定移民安置去向,提出主要影响对象的处理方式,进行移民生活水平评价预测,编制移民安置总体规划,并在此基础上,编制移民安置规划大纲。

(5)确定农村移民安置方案,选择农村移民安置居民点新址,开展农村移民搬迁和生产安置规划设计,明确移民后期扶持措施,提出相应项目的设计文件。

(6)选定城市集镇迁建新址,确定建设规模,编制城市集镇迁建规划或处理规划,提出城市集镇迁建基础设施工程初步设计文件。

(7)确定各专业项目处理方案,进行专业项目处理设计,提出设计文件。

(8)确定库底清理的范围、对象和清理标准,拟定清理措施,提出设计文件。

(9)明确移民安置区环境保护和水土保持的要求,进行移民安置区环境保护和水土保持设计,提出设计文件。

(10)研究移民安置项目分布和实施外部条件,拟定移民安置项目实施顺序、管理方案、进度安排,提出实施组织设计文件。

(11)提出移民后期扶持措施。

(12)分析确定补偿实物指标,编制建设征地移民安置补偿费用概算。

(13)编制移民安置规划报告。

四、移民安置规划编制的程序

(1)省级人民政府应当发布通告,禁止在工程占地和淹没区新增建设项目和迁入人口,并对实物调查工作做出安排。

(2)工程占地和淹没区实物调查,调查结果经调查者和被调查者签字认可并公示后,由有关地方人民政府签署意见。

(3)根据工程占地和淹没区实物调查结果以及移民区、移民安置区经济社会情况和资源环境承载能力编制移民安置规划大纲。编制移民安置规划大纲应当广泛听取移民和移民安置区居民的意见;必要时,应当采取听证的方式。按照审批权限由省、自治区、直辖市人民政府或者国务院移民管理机构审批;在审批前应当征求移民区和移民安置区县级以上地方人民政府的意见。

(4)根据经批准的移民安置规划大纲编制移民安置规划。经批准的移民安置规划大纲是编制移民安置规划的基本依据,应当严格执行,不得随意调整或者修改;确需调整或者修改的,应当报原批准机关批准。

编制移民安置规划应当以资源环境承载能力为基础,遵循本地安置与异地安置、集中安置与分散安置、政府安置与移民自找门路安置相结合的原则。编制移民安置规划应当尊重少数民族的生产、生活方式和风俗习惯。移民安置规划应当与国民经济和社会发展规划以及土地利用总体规划、城市总体规划、村庄和集镇规划相衔接。编制移民安置规划大纲应当广泛听取移民和移民安置区居民的意见;必要时,应当采取听证的方式。经批准的移民安置规划大纲是编制移民安置规划的基本依据,应当严格执行,不得随意调整或者修改;确需调整或者修改的,应当报原批准机关批准。

(5)大中型水利水电工程的移民安置规划,按照审批权限经省、自治区、直辖市人民政府移民管理机构或者国务院移民管理机构审核后,由项目法人或者项目主管部门报项目审批或者核准部门,与可行性研究报告或者项目申请报告一并审批或者核准。审核移民安置规划,应当征求本级人民政府有关部门以及移民区和移民安置区县级以上地方人民政府的意见。

第四节 建设征地范围

水利水电工程征地范围分为:枢纽工程坝区(或称枢纽工程建设区)和其他水利工程用地区(包括江河防洪工程、引(供)水系统工程、堤防工程等),水库淹没区、水库影响区等若干部分。

一、工程征地范围

(一)工程征地范围分类

(1)枢纽工程坝区(或称为枢纽工程建设区)征地范围包括修筑拦河坝等水工建筑物的施工建筑区和枢纽运行管理区,以及对外交通设施、储运库等。其中按占地的用途,可分为枢纽建筑物、料场、堆(弃)渣场、作业场(含辅助企业)、道路、其他设施以及工程建设管理区与枢纽永久管理区等所占用的土地。

(2)其他水利工程用地范围包括工程用地、运行管理用地和施工临时用地。按照工程总布置图及施工总布置图确定堤防、人工河道、渠道(含渡槽)、灌排泵站、输水管道、蓄滞洪区安全建设、水闸及上游壅水淹没区等工程项目的工程永久用地和施工临时用地的范围。

(3)对于受水闸壅水引起的淹没损失及大型渠系上的水塘、小型水库,其范围参照水库淹没设计洪水标准确定,必要时需考虑回水淹没及泥沙淤积影响。对堤圩内的渍水淹没而设置的缓排调蓄区(蓄涝区),可按有关排涝标准确定其范围。修建其他水利工程可能引起的浸没、塌岸、滑坡,应根据地质资料分析确定其范围。

(二)工程征地范围界定

枢纽工程坝区(或称为枢纽工程建设区)征地范围应在综合考虑地质、施工、水工和移民安置等因素的基础上,按照工程施工组织设计的施工总布置图和施工用地规划范围图确定,并考虑施工开挖受爆破影响区的范围。

施工用地按使用性质划分为工程永久用地和施工临时用地。

二、水库淹没影响处理范围

(一)水库淹没影响处理范围分类

水库淹没影响处理范围包括水库淹没区和因水库蓄水而引起的影响区。

1.水库淹没区

水库淹没区指正常蓄水位以下的经常淹没区,正常蓄水位以上受水库洪水回水和风浪、船行波、冰塞壅水等临时淹没区。

2.水库蓄水引起的影响区

水库蓄水引起的影响区包括水库蓄水引起的浸没、塌岸、滑坡等地质灾害区域,以及其他受水库蓄水影响的地区。可以由以下影响区(范围)组成:

(1)浸没影响范围。指由于水库的蓄水改变了库区地下水的排泄基准面,造成库岸地下水位壅高,当库岸比较低平、地面高程与水库正常蓄水位相差不大时,地下水位会接近地面甚至溢出地表,从而引起周边土地沼泽化,导致农田的减产、房屋地基变形或倒塌等现象的范围,称之为浸没范围。

(2)塌岸影响区主要是指水库库周的土质岸坡在水库蓄水与运行过程中,受风浪、航行波浪冲击和水流的侵蚀,使土壤风化速度加快,岩土抗剪强度减弱及水位涨落引起地下水动力压力变化而造成库岸再造、变形坍塌的地段,从而危及耕地、建筑物、居民点的稳定安全,以致必须扩大征地和移民范围的地区。

(3)滑坡影响区主要指水库库周的岩质岸坡所产生的变形破坏,这些变形破坏多表现为滑坡或崩塌体、危岩体,在水库蓄水与运行过程中,这些滑坡或崩塌体、危岩体很有可能复活,危及耕地、建筑物、居民点的稳定安全,以致必须扩大征地和移民范围的区域。

(4)孤岛影响区是指水库形成后将原有陆地中的一些山地、山峰变成四面环水的孤岛。

（5）水库蓄水引起的其他影响区还包括库周邻谷可溶岩洼地出现库水倒灌、滞洪内涝而造成的影响范围；水库蓄水后，失去生产、生活条件的库边地段；引水式电站水库坝址下游河道脱水影响地段。

（二）水库淹没范围的界定

1. 水库淹没设计洪水标准

水库淹没回水计算所采用的设计洪水标准，应根据淹没对象的重要性、水库调节性能及运用方式等进行分析论证。在安全、经济和考虑原有防洪标准的原则下，因地制宜在表8-1所列设计洪水标准范围内选择。如果所选标准需要高于表8-1所列范围，应作专门论证，以阐明其经济合理性。

表8-1　不同淹没对象设计洪水标准

淹没对象	洪水标准（%）	重现期（年）
耕地、园地、牧区牧草地	50～20	2～5
林地、草地	正常蓄水位	—
农村居民点、一般城镇和一般工矿区	10～5	10～20
中等城市、中等工矿区	5～2	20～50
重要城市、重要工矿区	2～1	50～100

注：牧区牧草地是指牧区、农牧区以畜牧业为主的人工草地。

表中未列的林地，采用正常蓄水位；非牧区的草地及荒山、荒坡可按正常蓄水位；其他淹没对象如铁路、公路、电力及电信线路、文物古迹、水利设施等，其设计洪水标准按照相关专业规范的规定确定。

2. 水库淹没区

水库淹没区按照取水库正常蓄水位以下的区域，水库正常蓄水位以上受水库洪水回水、风浪和船行波、冰塞壅水，坝前回水不显著地段安全超高区域等淹没的区域外包线确定。

水库设计洪水回水临时淹没范围的确定，以坝址以上天然洪水与建库后设计的汛期和非汛期同一频率洪水回水位组成外包线的沿程回水高程为依据。若汛期降低水库水位运行，坝前段回水位低于正常蓄水位，应采用正常蓄水位高程。

水库回水尖灭点，以回水水面线不高于同频率天然洪水水面线0.3 m范围内的断面确定；水库淹没处理终点位置，一般可采取尖灭点水位水平延伸至天然河道多年平均流量的相应水面线相交处确定。

水库设计洪水回水位的确定，还应根据河流输沙量的大小、水库运行方式、上游有无调节水库以及受淹对象的重要程度，考虑20～30年的泥沙淤积影响。

3. 风浪影响区

风浪影响区包括库岸受风浪和船行波爬高影响的地区。对库面开阔、吹程较长的水库，视库岸地质地形、居民点和农田分布等情况，在正常蓄水位的基础上，考虑风浪爬高的影响。其影响范围按正常蓄水位滞留时段出现的5～10年一遇风速计算的浪高值确定。

船行波爬高影响，按有关专业规范计算确定。

冰塞壅水区按冰花大量出现时的水库平均水位、平均入库流量及通过的冰花量，结合河段封河期、开河期计算的壅水曲线确定。

4. 浸没影响范围

浸没影响范围应根据水文地质勘测成果和不同经济对象允许的地下水埋藏深度，会同有关部门综合调查研究合理确定。

5. 滑坡、塌岸影响

滑坡、塌岸影响应根据地质勘察和地面附着物受影响程度合理确定。对可能发生塌岸、滑坡的地段，应查明其工程地质及水文地质条件，在考虑库水位涨落规律的基础上，预测初期(5～10年)和最终可能达到的坍滑范围，研究是否采取处理措施。

6. 孤岛范围

孤岛范围需根据孤岛面积大小、使用情况、生产生活条件和对外交通、电力等连接的难易程度加以综合分析确定。

7. 其他

水库蓄水引起的其他影响区应根据影响原因和地面附着物受影响程度合理确定。

三、建设征地移民界线

居民迁移和土地征用界线，应综合上述水库经常淹没、临时淹没以及浸没、塌岸、滑坡等影响范围的具体情况，遵循安全、经济，便于生产、生活的原则，全面分析论证确定。在回水影响不显著的坝前段，应计算风浪爬高、船行波浪高，取两者中的大值作为居民迁移和土地征用界限；不计算风浪爬高和船行波浪高时，居民迁移和土地征用界线可高于正常蓄水位0.5～1.0 m。

第五节　实物调查

一、有关专业术语

(1)实物，也称实物指标，是指建设征地处理范围内的人口、土地、建筑物、构筑物、其他附着物、矿产资源、文物古迹、具有社会人文性和民族习俗性的建筑、景区、场所等的数量、质量、权属和其他属性等。

(2)实物调查，也称实物指标调查，是指应用特定的方式和方法，对实物或实物指标的类别、数量、质量、权属和其他有关属性进行测量和考察，包括全面调查、抽样调查、典型调查和个案调查等形式。实物调查主要包括以下要素：明确的调查目的、具体的调查对象、科学的调查方法、满足规定要求的调查效果。

(3)全面调查，是指对调查对象(总体)的全部单位和对象所进行的逐一的、无遗漏的专门调查。这种调查方式从理论上讲，可以取得调查总体全面的、原始和可靠的数据，能够全面地反映客观事物。

在实物调查时，要求调查人员在现场对人口逐户造册登记、房屋逐幢丈量、土地按地类地形图实地核实，企业和专业项目逐一调查其实物数量、质量指标和其主要技术经济指标、等级和规模等。

(4)抽样调查，是指在总体调查中按随机原则抽取一定数目的单位(样本)进行调查，用所得的样本数据推断总体的专门调查。抽样调查是按照科学的原理和计算，从若干单位组成的事物总体中，抽取部分样本单位来进行调查、观察，用所得到的调查标志的数据以代表总体，推算总体。在水利工程项目建议书和水电工程预可行性研究报告阶段，对房屋的调查就是采用抽样调查方法的。抽样调查的主要特点：一是它以数目有限、能够代表总体的调查单位组成的“样本”来代表和说明总体；二是按照随机原则即同等可能性原则抽取调查单位。总体中每个单位都有同等被抽取的机会，以保证被抽取的单位在总体中均匀分布，具有充分代表性，排除了人为因素；三是抽取的样本单位组成一个样本总体，用这个代表团来代表总体。因此，可以用样本的指标数值去推断总体的指标数值；四是抽样调查产生抽样误差(即代表型误差)，抽样平均误差可以计算出来，并且可以在调查前将它控制在一定范围之内。

抽样调查中的总体是指由调查对象的全部单位所构成的集合体，而从总体中随机选取出部分单位作为一个抽样总体进行调查，这个抽样总体通常称为样本。

在水利水电工程征地实物调查和社会经济调查中，广泛运用了抽样调查方法。抽样的样本数量应满足实物调查技术标准的要求。

(5)典型调查，是指在被调查对象中有意识地选取少数具有代表性的典型单位进行周密系统的调查，以认识调查对象的总体情况。典型调查的主要特点：一是，典型调查法是一种定性调查，通过对个别事物的性质、状态的调查和分析，来认识它所代表的同类事物和现象的方法，典型调查的结果，可以大体上估计总体，但不能严格推断总体。二是，典型调查是根据调查者的主观判断，选择少数具有代表性的单位进行调查，调查单位的代表性如何，取决于调查者的业务水平、判断能力，特别是在选择调查单位之前对总体情况的理解程度。对总体情况熟悉，则典型的代表性就高；反之，代表性就低。三是，典型调查是一种面对面的直接调查，比普查和抽样调查更深入、更细致。四是，典型调查方便、灵活，节省人力、物力。

典型调查的单位是根据所要调查的问题、目的和任务有意识选择出来的少数具有代表性的单位，所调查的资料应能满足研究问题的需要。利用典型调查可以搜集全面调查和其他非全面调查无法取得的资料，可以验证全面调查数字的真实性。

(6)个案调查，是指对某个特定的社会单位作深入细致的调查研究的一种调查方法。个案调查的主要特点：一是，对特点对象的调查研究比典型调查更具体、深入、细致。这一特点主要表现在纵向上，即对调查对象要作历史的研究，进行较详细的过程分析，具体而深入地解剖个案的全貌，并作追踪调查，以掌握其发展变化的情况和规律。二是，个案调查的目的主要不是用来说明它所能代表的同类事物，而是为了了解、认识个案本身，因此个案调查研究不需要考虑代表性。三是，个案调查研究的时间安排、活动安排均有弹性。

单一的个案调查研究，反映的是个案自身的特征值。但如果总体中各类型都有个案覆盖，那么，这种个案调查就变成了典型调查或者抽样调查，如果对总体的所有个体作个案调查研究，这时就是全面调查了。

(7)调查细则(大纲)，是指由设计单位依据有关征地移民技术标准和征地移民区实际情况，编制完成的用以规范实物调查工作的技术文件。调查细则的内容应包含工程项目概况、建设征地范围的确定、调查依据、调查内容和项目、调查方法、计量标准、调查精度、组织形式、进度计划、成果汇总、成果公示和确认要求等内容。

(8)地类地形图，是指为了实物调查的需要，专门施测的以反映工程征地范围内土地利用现状为主、地形为辅的地图。该地图除满足地形测量的技术要求外，还应准确表示各种地类的图版、行政界线、主要建(构)筑物、线性地物，其比例尺一般为1∶2 000或1∶5 000。

二、社会经济调查

(一)社会经济调查的内容

社会经济调查包括对移民区和移民安置区的资源、社会、经济和发展等进行的调查，主要有国土、水、气候和生物资源，人口、民族、文化、教育、卫生、宗教等，地方财政收入、国民收入与人民生活收入水平，农副产品和地方建材价格，产业结构、资源利用，地方经济和社会发展计划、规划，政策、法规等。主要内容包括：

(1)国民经济和社会发展统计资料。包括县(区、旗)的统计年鉴、农村抽样调查资料，乡(镇)、村民委员会、农村集体经济组织农业生产统计年报和农村经济统计年报以及其他有关的国民经济统计资料。

(2)资源性资料。包括县(区、旗)、乡(镇)、村民委员会、农村集体经济组织的人口、土地、林业、牧业、渔业、矿业、水利电力等现状资料和人口普查、土地详查、林业资源调查、农业普查、后备资源调查等方面的资料。

(3)发展规划、计划资料。包括五年计划、十年规划和远景目标规划资料，农业、林业、牧业、水利、电力、交通、邮电、通信、文教、卫生等发展计划、区划、规划等方面的资料。

(4)政策性资料。包括有关土地征收征用及移民搬迁安置补偿标准的政策法规、规定等方面的资料。

(5)物价资料。包括农副产品、林产品、建筑材料价格、运输价格、燃料价格和人工工资等方面的资料。

(6)基础设施状况资料。包括供电、给排水、交通、文化、教育、卫生等方面的资料。

(7)民族风情与生产生活习惯等资料。

(8)村民委员会或农村集体经济组织抽样调查资料。包括人口及构成，民族构成，风俗习惯，就业情况，主要生产资料情况，农业生产情况，收入及构成，基础设施情况等方面的资料。

(9)农户抽样调查资料。包括家庭户的家庭成员(性别、民族、出生年月、职业、受教育程度)，承包土地面积、播种情况、产量、成本，劳务输出和收入，家畜、家禽的拥有量、出栏、收入、成本等情况，农副产品加工、建筑、运输、服务等行业的经营情况，家庭收入、支出，社会关系，家庭财产、物资等方面的资料。

(10)其他相关资料。

(二)在不同设计阶段相应社会经济调查的方法

对于上述社会经济调查内容，在不同设计阶段应分别开展工作。

水利工程项目建议书阶段和水电工程预可行性研究报告阶段，社会经济调查以收集现有资料为主，移民区以县（市、区）、乡（镇）、村为单位调查；移民安置区以县（市、区）、乡（镇）为单位调查。一般不开展村民委员会或农村集体经济组织抽样调查、农户抽样调查。

可行性研究报告阶段，移民区应以村、组为单位，收集资料并进行村民委员会或农村集体经济组织抽样调查、农户抽样调查；移民安置区以乡（镇）、村为单位，收集资料并进行村民委员会或农村集体经济组织抽样调查。

农户抽样调查的样本数，移民区可取移民总户数的5%～8%；移民安置区可取所在行政村原有居民总户数的2%～3%。

三、实物调查内容

实物调查，主要是查明征地范围内各种涉及对象的种类和数量，为计算工程建设用地造成的损失、论证工程规模、进行工程方案比选、研究工程建设对地区经济影响、编制移民安置规划设计、计算征地移民补偿投资（费用）及为移民实施提供详实可靠的基础资料。实物指标调查内容包括征地范围内的农村、城镇、集镇、企业和专业项目等各类实物指标。

（一）农村、城镇、集镇和专业项目范围界定

根据征地移民技术标准的有关要求，农村、城市集镇、专业项目（含企业）范围的界定原则如下。

1. 农村部分

农村部分包括以从事大农业（农业、林业、牧业、渔业）为主的村民委员会、农村集体经济组织、农户和个体经营的农、林、牧、渔场，城镇、集镇驻地所辖的郊区农村，以及分散在农村的个体工商户和行政事业单位。

2. 城镇、集镇部分

城镇、集镇是指县级以上（含县级）政府驻地，其范围以建成区范围为界。

集镇是指县城以外的建制镇，乡级人民政府驻地、经县级以上人民政府确认由集市发展而成的作为农村一定区域经济、文化和生活服务中心的非建制镇，其范围以建成区范围为界。

城镇的建成区范围为该城市集镇行政区内实际已成片开发建设且水、电、路三项主要基础设施所覆盖的区域。

3. 专业项目（含企业）部分

专业项目是指独立于城市集镇之外的大中型企业、乡级以上的事业单位（含国有农、林、牧、渔场）、交通（铁路、公路、航运）、水利水电、电力、通信、广播电视、水文（气象）站、文物古迹、矿产资源、军事设施、测量标志、标识性构筑设施、宗教设施、风景名胜设施等。

（二）农村部分调查内容

农村调查包括人口、房屋及附属建筑物、土地、零星树木、农村小型专项设施、农副业设施与文化宗教设施及其他。

1. 人口调查

人口调查主要是指搬迁安置人口的调查。包括居民迁移红线（居民迁移线）内纳入

调查范围的人口、红线外受水利水电工程建设影响丧失基本生产生活条件必须搬迁的人口等,人口按户别划分为农业户人口和非农业户人口两类。

对居民迁移红线(居民迁移线)内人口调查要求为:

(1)居住在调查范围内,有住房和户籍的人口计为调查人口。

(2)长期居住在调查范围内,有户籍和生产资料的无住房人口。

(3)上述家庭中超计划出生人口和已婚入的无户籍人口计为调查人口。

(4)暂时不在调查范围内居住,但有户籍、住房在调查范围内的人口,如升学后户口留在原籍的学生、外出打工人员等。

(5)在调查范围内有住房和生产资料,户口临时转出的义务兵、学生、劳改劳教人员。

(6)户籍在调查搬迁范围内,但无产权房屋和生产资料,且居住在搬迁范围外的人口,不作为调查人口。

(7)户籍在调查范围内,未注销户籍的死亡人口,不作为调查人口。

2. 房屋及附属建筑物调查

1)房屋分类

房屋可以按产权、用途、结构进行分类。

(1)按产权分为公房和私房。

(2)按用途分为正房、杂房、烤烟房、蚕房及田房等。

田房是指农民建筑在田边,在农忙季节临时居住的房屋。

(3)结构分类。各类房屋按承重结构和建筑用材分为土木结构房屋、框架结构房屋、砖混结构房屋、砖木结构房屋、木结构房屋、窑洞和其他结构房屋。当房屋结构难以分辨时,应视其使用的主要建材(特别是承重构筑物)而确定。

2)房屋建筑面积计算标准

房屋建筑面积是指房屋外墙(柱)勒脚以上各层的外围水平投影面积,包括阳台、挑廊、地下室、室外楼梯等,且具有上盖,结构牢固,层高 2.0 m 以上(含 2.0 m)的永久性建筑物。除参照《房产测量规范》(GB/T 17986.1—2000)中的规定外,考虑农村房屋的实际情况,房屋建筑面积计算标准按如下标准计算:

(1)房屋建筑面积按房屋勒脚以上外墙的边缘所围的建筑水平投影面积(不以屋檐或滴水线为界)计算,以 m^2 为单位,取至 0.01 m^2。

(2)楼层面积计算。楼层层高(房屋正面楼板至屋面与墙体的接触点的距离)$H \geqslant 2.0$ m,楼板、四壁、门窗完整者,按该层的整层面积计算。对于不规则的楼层,分不同情况计入楼层面积。

(3)屋内的天井,无柱的屋檐、雨篷、遮盖体以及室外简易无基础的楼梯均不计入房屋面积。有基础的楼梯计算其一半面积。

(4)没有柱子的室外走廊不计算面积;有柱子的,以外柱所围面积的一半计算,并计入该幢房屋面积。

(5)封闭的室外阳台计算其全部面积,不封闭的计算其一半面积。

(6)在建房屋面积,按房产部门批准的计划建筑面积统计。

3)房屋室内装修调查

在房屋调查的同时,应该对房屋内的装修,分客厅、卧室、厨房、卫生间分别进行调查,调查的项目应根据建设征地地区的实际,可包括天花板、地面、厨卫、门窗、灯饰、墙面等。具体调查标准应根据移民区省级有关规定执行。

4)附属建筑物调查

对附属建筑及设施,包括炉灶、晒场(地坪)、厕(粪)池、晒台、围墙、门楼、水池、水井、水柜、地窖、天井(包括水泥、鹅卵石和土质天井)、沼气池、有线电视、卫星天线、电话、坟墓等,在房屋调查的同时按结构、材料和规格逐项进行登记。

3. 土地调查

土地调查按《土地利用现状分类标准》(GB/T 21010—2007)分类执行,土地利用现状分类采用一级、二级两个层次的分类体系。

土地利用现状分类和编码如表 8-2 所示。

表 8-2 土地利用现状分类和编码

类别编码	类别名称	
01	耕地	指种植农作物的土地,包括熟地、新开发、复垦、整理地、休闲地(含轮歇地、轮作地);以种植农作物(含蔬菜)为主,间有零星果树、桑树或其他树木的土地;平均每年能保证收获一季的已垦滩地和海涂。耕地中包括南方宽度小于 1.0 m,北方宽度小于 2.0 m 固定的沟、渠、路和地坎(埂);临时种植药材、草皮、花卉、苗木等的耕地,以及其他临时改变用途的耕地
011	水田	指用于种植水稻、莲藕等水生农作物的耕地,包括实行水生、旱生农作物轮种的耕地
012	水浇地	指有水源保证和灌溉设施,在一般年景能正常灌溉,种植旱生农作物的耕地,包括种植蔬菜等的非工厂化的大棚用地
013	旱地	指无灌溉设施,主要靠天然降水种植旱生农作物的耕地,包括没有灌溉设施,仅靠引洪淤灌的耕地
02	园地	指种植以采集果、叶、根、茎、汁等为主的集约经营的多年生木本和草本作物,覆盖度大于 50% 和每亩株数大于合理株数 70% 的土地,包括用于育苗的土地
021	果园	指种植果树的园地
022	茶园	指种植茶树的园地
023	其他园地	指种植桑树、橡胶、可可、咖啡、油棕、胡椒、药材等其他多年生作物的园地
03	林地	指生长乔木、竹类、灌木的土地,及沿海生长红树林的土地。包括迹地,不包括居民点内部的绿化林木用地、铁路、公路征地范围内的林木,以及河流、沟渠的护堤林
031	有林地	指树木郁闭度≥20% 的乔木林地,包括红树林地和竹林地
032	灌木林地	指灌木覆盖度≥40% 的林地
033	其他林地	包括疏林地(指树木郁闭度 10% ~19% 的疏林地)、未成林地、迹地、苗圃等林地

续表 8-2

类别编码	类别名称
04	草地　指以生长草本植物为主的土地
041	天然牧草地　指以天然草本植物为主,用于放牧或割草的草地
042	人工牧草地　指人工种植牧草的草地
043	其他草地　指树木郁闭度小于 10%,表层为土质,以生长草本植物为主,不用于畜牧业的草地
05	商服用地　指主要用于商业、服务业的土地
051	批发零售用地　指主要用于商品批发、零售的用地。包括商场、商店、超市、各类批发(零售)市场、加油站等及其附属的小型仓库、车间、工厂等的用地
052	住宿餐饮用地　指主要用于提供住宿、餐饮服务的用地。包括宾馆、酒店、饭店、旅馆、招待所、度假村、餐厅、酒吧等
053	商务金融用地　指企业、服务业等办公用地,以及经营性的办公场所用地。包括写字楼、商业性办公场所、金融活动场所和企业厂区外独立的办公场所等用地
054	其他商服用地　指上述用地以外的其他商业、服务业用地。包括洗车场、洗染店、废旧物资回收站、维修网点、照相馆、理发美容店、洗浴场所等用地
06	工矿仓储用地　指主要用于工业生产、采矿、物资存放场所的土地
061	工业用地　指工业生产及直接为工业生产服务的附属设施用地
062	采矿用地　指采矿、采石、采砂(沙)场、盐田、砖瓦窑等地面生产用地及尾矿堆放地
063	仓储用地　指用于物资储备、中转的场所用地
07	住宅用地　指主要用于人们生活居住的房基地及其附属设施的土地
071	城镇住宅用地　指城镇用于生活居住的各类房屋用地及其附属设施用地。包括普通住宅、公寓、别墅等用地
072	农村宅基地　指农村用于生活居住的宅基地
08	公共管理与公共服务用地　指用于机关团体、新闻出版、科教文卫、风景名胜、公共设施等的土地
081	机关团体用地　指用于党政机关、社会团体、群众自治组织等的用地
082	新闻出版用地　指用于广播电台、电视台、电影厂、报社、杂志社、通信社、出版社等的用地
083	科教用地　指用于各类教育,独立的科研、勘测、设计、技术推广、科普等的用地
084	医卫慈善用地　指用于医疗保健、卫生防疫、急救康复、医检药检、福利救助等的用地
085	文体娱乐用地　指用于各类文化、体育、娱乐及公共广场等的用地
086	公共设施用地　指用于城乡基础设施的用地。包括 - 给排水、供电、供热、供气、邮政、电信、消防、环卫、公用设施维修等用地
087	公园与绿地　指城镇、村庄内部的公园、动物园、植物园、街心花园和用于休憩及美化环境的绿化用地
088	风景名胜设施用地　指风景名胜(包括名胜古迹、旅游景点、革命遗址等)景点及管理机构的建筑用地。景区内的其他用地按现状归入相应地类

续表 8-2

类别编码	类别名称
09	特殊用地　指用于军事设施、涉外、宗教、监教、殡葬等的土地
091	军事设施用地　指直接用于军事目的的设施用地
092	使领馆用地　指用于外国政府及国际组织驻华使领馆、办事处等的用地
093	监教场所用地　指用于监狱、看守所、劳改场、劳教所、戒毒所等的建筑用地
094	宗教用地　指专门用于宗教活动的庙宇、寺院、道观、教堂等宗教自用地
095	殡葬用地　指陵园、墓地、殡葬场所用地
10	交通运输用地　指用于运输通行的地面线路、场站等的土地。包括民用机场、港口、码头、地面运输管道和各种道路用地
101	铁路用地　指用于铁道线路、轻轨、场站的用地。包括设计内的路堤、路堑、道沟、桥梁、林木等用地
102	公路用地　指用于国道、省道、县道和乡道的用地。包括设计内的路堤、路堑、道沟、桥梁、汽车停靠站、林木及直接为其服务的附属用地
103	街巷用地　指用于城镇、村庄内部公用道路(含立交桥)及行道树的用地。包括公共停车场、汽车客货运输站点及停车场等用地
104	农村道路　指公路用地以外的南方宽度≥1.0 m、北方宽度≥2.0 m 的村间、田间道路(含机耕道)
105	机场用地　指用于民用机场的用地
106	港口码头用地　指用于人工修建的客运、货运、捕捞及工作船舶停靠的场所及其附属建筑物的用地,不包括常水位以下部分
107	管道运输用地　指用于运输煤炭、石油、天然气等管道及其相应附属设施的地上部分用地
11	水域及水利设施用地　指陆地水域、海涂、沟渠、水工建筑物等用地。不包括滞洪区和已垦滩涂中的耕地、园地、林地、居民点、道路等用地
111	河流水面　指天然形成或人工开挖河流常水位岸线之间的水面,不包括被堤坝拦截后形成的水库水面
112	湖泊水面　指天然形成的积水区常水位岸线所围成的水面
113	水库水面　指人工拦截汇集而成的总库容≥10 万 m^3 的水库正常蓄水位岸线所围成的水面
114	坑塘水面　指人工开挖或天然形成的蓄水量<10 万 m^3 的坑塘常水位岸线所围成的水面
115	沿海滩涂　指沿海大潮高潮位与低潮位之间的潮浸地带。包括海岛的沿海滩涂,不包括已利用的滩涂
116	内陆滩涂　指河流、湖泊常水位至洪水位间的滩地;时令湖、河洪水位以下的滩地;水库、坑塘的正常蓄水位与洪水位间的滩地。包括海岛的内陆滩地,不包括已利用的滩地
117	沟渠　指人工修建,南方宽度≥1.0 m、北方宽度≥2.0 m 用于引、排、灌的渠道,包括渠槽、渠堤、取土坑、护堤林
118	水工建筑物用地　指人工修建的闸、坝、堤路林、水电厂房、扬水站等常水位岸线以上的建筑物用地
119	冰川及永久积雪　指表层被冰雪常年覆盖的土地

续表 8-2

类别编码	类别名称
12	其他土地　指上述地类以外的其他类型的土地
121	空闲地　指城镇、村庄、工矿内部尚未利用的土地
122	设施农用地　指直接用于经营性养殖的畜禽舍、工厂化作物栽培或水产养殖的生产设施用地及其相应附属用地，农村宅基地以外的晾晒场等农业设施用地
123	田坎　主要指耕地中南方宽度≥1.0 m、北方宽度≥2.0 m 的地坎
124	盐碱地　指表层盐碱聚集，生长天然耐盐植物的土地
125	沼泽地　指经常积水或渍水，一般生长沼生、湿生植物的土地
126	沙地　指表层为沙覆盖、基本无植被的土地。不包括滩涂中的沙地
127	裸地　指表层为土质，基本无植被覆盖的土地，或表层为岩石、石砾，其覆盖面积≥70%的土地

土地利用现状分类与《中华人民共和国土地管理法》三大类土地对照见表 8-3。

表 8-3　三大类土地对照

三大类	土地利用现状分类			
	一级类		二级类	
	类别编码	类别名称	类别编码	类别名称
农用地	01	耕地	011	水田
			012	水浇地
			013	旱地
	02	园地	021	果园
			022	茶园
			023	其他园地
	03	林地	031	有林地
			032	灌木林地
			033	其他林地
	04	草地	041	天然牧草地
			042	人工牧草地
	10	交通运输用地	104	农村道路
	11	水域及水利设施用地	114	坑塘水面
			117	沟渠
	12	其他土地	122	设施农用地
			123	田坎

续表 8-3

三大类	土地利用现状分类			
	一级类		二级类	
	类别编码	类别名称	类别编码	类别名称
建设用地	05	商服用地	051	批发零售用地
			052	住宿餐饮用地
			053	商务金融用地
			054	其他商服用地
	06	工矿仓储用地	061	工业用地
			062	采矿用地
			063	仓储用地
	07	住宅用地	071	城镇住宅用地
			072	农村宅用地
	08	公共管理与公共服务用地	081	机关团体用地
			082	新闻出版用地
			083	科教用地
			084	医卫慈善用地
			085	文体娱乐用地
			086	公共设施用地
			087	公园与绿地
			088	风景名胜设施用地
	09	特殊用地	091	军事设施用地
			092	使领馆用地
			093	监教场所用地
			094	宗教用地
			095	殡葬用地
	10	交通运输用地	101	铁路用地
			102	公路用地
			103	街巷用地
			105	机场用地
			106	港口码头用地
			107	管道运输用地
	11	水域及水利设施用地	113	水库水面
			118	水工建筑物用地
	12	其他土地	121	空闲地

续表 8-3

三大类	土地利用现状分类			
	一级类		二级类	
	类别编码	类别名称	类别编码	类别名称
未利用地	04	草地	043	其他草地
	11	水域及水利设施用地	111	河流水面
			112	湖泊水面
			115	沿海滩涂
			116	内陆滩涂
			119	冰川及永久积雪
	12	其他土地	124	盐碱地
			125	沼泽地
			126	沙地
			127	裸地

实际工作中,应结合工程建设征(占)区的具体情况和各省对土地补偿政策要求,在此基础上适当增减分类。

4. 零星树木

零星树木是指调查范围内单幅土地植株面积小于规定的面积且零星分布的树木,按用途分为果树、经济树、用材树、景观树四大类,必要时对各类树木按品种进行细分,还可进一步分为成树和幼树。

5. 农村小型专项设施

农村小型专项设施包括乡级以下农村集体(或单位)、个人投资或管护的小型农田水利设施、供水设施、小型水电站、10 kV 等级以下的输配电设施、交通设施、广播电视设施、电信设施等。调查内容包括工程名称、权属、建成年月、规模、效益(收益)、结构类型、所在高程、固定资产投资等。

6. 农副业设施和文化宗教设施

农副业设施调查内容包括水车、水磨、水碓、水碾、石灰窑、砖瓦窑等;应调查其规模、结构、产值、利润、从业人员等。个人所有文化宗教设施包括祠堂、经堂、神堂等。

7. 文化、教育、卫生、服务设施调查

文化、教育、卫生、服务设施应包括文化活动站点、小学校、幼儿园、卫生所、兽医站、商业网点等。

8. 其他

其他应包括坟墓调查、居民点基础设施调查、个体工商户调查等,根据征地移民区的实际情况确定。

(三)城镇、集镇部分调查内容

城镇、集镇的调查内容包括:基本情况调查和工程建设征(占)地实物调查。实物调查内容，包括用地、人口、房屋及附属设施、零星林（果）木、机关事业单位、工商企业、基础设施、镇外单位等调查。

1.基本情况调查

（1）性质及功能：城镇、集镇的分类（城镇、建制镇、非建制镇），在区域中的地位和作用。同时收集城镇、集镇的发展规划资料。

（2）高程范围：街道的最低、最高高程及主要街道的高程范围、红线宽度、车行道宽度、路面材料等。

（3）规模：行政范围、占地面积（建成区面积）、总人口及其分类（常住人口、通勤人口和流动人口）、近年人口变化情况、房屋总面积及分类面积等。

（4）文化教育卫生设施：学校、医院、图书馆、影剧院、文化站等的座数及规模。

（5）基础设施：包括道路、供水、排水、供电、邮电通信、广播电视、广场、公园等。

（6）对外交通：对外交通的方式、等级等。

（7）防洪：防洪工程及其防洪标准、历史洪水位及相应频率、淹没范围、历时等。

（8）其他：包括区域自然条件、地质灾害影响、防震、防空、社会经济现状和发展情况等。

2.用地调查

根据《土地利用现状分类》（GB/T 21010—2007），城镇、集镇建设用地可分为商服用地、工业仓储用地、住宅用地、公共管理与公共服务用地、特殊用地、交通运输用地、水域和其他用地等。建成区内若有耕（园）地，按农村土地的调查方法进行调查。

3.人口调查

人口包括居民、机关单位集体户、工商企业集体户人口和寄住人口。按户口性质分为农业人口和非农业人口。人口的调查对象为：

（1）应以长期居住的房屋为基础，以户口簿、房产证为依据进行调查登记。无户籍的超计划出生人口，户口临时转出需回原籍的义务兵、学生、劳改劳教人员，在提交乡级以上人民政府相关证明材料后，可纳入人口调查登记。

（2）有户籍、无房产的租房常住户，可纳入人口调查登记。

（3）无户籍但与上述家庭户主常住的配偶、子女及父母，在查明原户口所在地情况，提交乡级以上人民政府相关证明材料后，可按寄住人口登记。

（4）具有住房产权的常住无户籍人口在查明原户口所在地情况，提交乡级以上人民政府相关证明材料后，可纳入人口调查登记。

（5）无户籍但居住在调查范围内的机关、企事业单位正式职工、合同工，在查明原户口所在地情况，提交乡级以上人民政府相关证明材料后，可纳入人口调查登记。

（6）无户籍、无房产的流动人口和有户籍、无房产且无租住地的空挂户不应列入人口调查。

（7）寄宿学生登记为寄住人口。

4.房屋和附属设施调查

房屋调查应区分权属、用途、结构。按权属可分为居民私房、机关及企事业单位公房等。

居民房屋包括独户居民房屋和单元楼居民房屋,按用途可分为主房、杂房。居民临街商业门面房应区分有无营业执照单独调查登记。机关、企事业单位房屋按用途可分为住宅、工商业用房、办公用房、文化体育场馆、仓库和其他用房等。

房屋结构可分为框架结构房屋、砖混结构房屋、砖木结构房屋、木结构房屋、土木结构房屋、其他结构房屋等,与农村调查相关内容相同。

房屋建筑面积测量应按国家标准《房产测量规范》(GB/T 17986.1—2000)的有关规定执行。

在房屋调查时,应对不同结构房屋的内外装饰作调查。

附属设施及其他包括围墙、门楼、地坪、水井、水池、水塔、独立的烟囱、绿化地及花坛、零星果(树)木、电话、空调等,并分别调查其结构、规格、数量。有中央空调、电梯等特殊设施设备的参照工商企业的方法单独调查。

5. 机关事业单位调查

机关调查包括名称、所在地、隶属关系、人数、房屋面积等。

对于具备法人资格、属营利性经营组织、实行独立核算的事业单位,调查内容与企业相同。

非营利性事业单位调查包括单位名称、所在地点、主管部门、隶属关系、占地面积、职工户口在单位的人数、设施设备、各类房屋及附属建筑物、零星树木等情况。

文化、卫生、教育单位应单列。学校还应调查在校生人数。

6. 企业调查

企业调查内容包括名称、所在地、隶属关系、经济成分、业务范围、经营方式、从业人数、集体户口人数、房屋面积,注册资金,近年年税金、年利润、年工资总额,固定资产原值,设备和设施名称、规模或型号、数量等,并调查设备和设施是否可搬迁。

7. 基础设施调查

基础设施调查包括道路、广场调查,供电工程调查,给水工程调查,排水工程调查,电信、广播电视工程调查,燃气及供热工程调查,其他工程调查等。

8. 其他调查

其他调查根据征地移民区情况确定。

(四)专业项目(含企业)调查内容

1. 企业调查

企业调查包括基本情况调查和实物调查。

基本情况调查包括企业名称、所在地点、行业分类、隶属关系、经济成分、建设日期、设计规模、高程范围、占地面积;全厂员工人数及户口在厂人数,各类房屋结构与面积,主要设施设备名称、结构、数量;固定资产、近年年产值,年利税、年工资总额;主要产品种类及产量,原材料、原材料来源地,并收集厂区平面布置图(标有高程)、设计文件等,实物应包括人口、房屋、设施、设备等。

对主要生产车间在征(占)地范围内的企业,其征(占)地范围外的实物也应调查并予以注明;对主要生产车间在征(占)地范围外的企业,只登记征(占)地范围内的实物。

分散在厂区范围外但在征(占)地范围内的住宅、办公用房等按城镇、集镇房屋调查方法进行调查。

调查员工人数时，应根据劳动合同、工资报表等资料调查统计正式工、合同工、临时工人数。户口在居委会的人口应纳入户籍所在地统一调查。

房屋按用途可分为生产用房和生活办公用房。生产用房按结构可分为排架、刚架、框架、砖混、砖木、土木等；生活办公用房可按城镇、集镇房屋调查内容进行调查。房屋调查的内容还包括房屋名称、层数、用途、结构、建筑面积等。房屋建筑面积技术标准执行城镇、集镇房屋调查要求。

附属设施按城镇、集镇房屋调查内容进行调查。

工业企业设施包括基础设施和专用设施。其中基础设施包括供水、排水、供电、电信、广播电视、各种道路、场地以及绿化设施等；专用设施包括各种管线、井巷工程及池、窖、炉座、机座、窑、烟囱等。企业设施应调查其结构、规格尺寸、数量，并根据账本填写固定资产原值。在调查厂区内基础设施的同时，应调查其厂区对外连接的专用（拥有所有权）道路、电力、电信、供水工程等。工业企业设备应按车间分类逐台调查其名称、购置年月、规格、型号、数量，并根据固定资产明细账统计其固定资产原值。

工业企业其他项目调查，主要包括实物形态的流动资产调查和厂区面积调查。实物形态的流动资产包括原材料、低值易耗品、半成品、在制品、辅助材料等，应分类调查其规格、数量。

2. 交通运输设施

1）铁路设施

铁路调查包括路段名称、长度、起止地点、等级、标准、设计运输能力、竣工及投入使用年月、主管部门、营运状况（国家营运线或厂矿、地方专用线）、使用现状；路轨类型（标准轨、宽轨、窄轨）、占地面积、每千米造价；车站和机务段名称、等级、房屋（包括仓库）、设备；其他建筑物、构筑物名称、规模、结构、数量等。

2）公路设施

（1）分类及划分标准。公路分为高速公路、一级公路、二级公路、三级公路和四级公路，等级外的公路分为汽车便道、机耕道和人行道。桥涵分为特大桥、大桥、中桥、小桥、涵洞等。

（2）调查内容。包括路段名称、长度、起止地点、线路等级、占地面积、每千米原造价、隶属关系（国道、省道、县、乡，或单位专用道）、建设时间、路基和路面最低最高高程、路（桥）面宽度、路面材料、交通流量，涉及桥涵座数、宽度、长度、结构、荷载标准，公路和桥梁防洪标准。公路道班的占地面积、人数、房屋、附属建筑物、零星树木和其他建（构）筑物类别、结构、数量等。

3）航运设施

航运设施包括港口、码头、航道、集材场、中转站等。航道、港口按等级和规模分类。

（1）航道：调查内容主要有名称、等级，导航设施的名称、规格及数量等。

（2）港口：调查内容主要有名称、等级、规模、年吞吐量、码头货场、生产用装卸机械、固定资产等，连接公路、用途（客运、货运、汽渡）、水位运行范围、型式（直立、斜坡）、结构材料（浆砌石、混凝土）、靠泊能力、引道长度和宽度等。

3. 水利水电设施

水利水电设施包括水电站、水库、坝塘、提水站、闸坝、渠道、防洪堤等及其配套设施。按规模分为大、中、小型三类。调查内容主要包括名称、地点及位置、主管部门、建成年月，工程特性、工程规模、效益，主要建筑物名称、数量、布置、型式、结构、规格、占地面积，防洪标准，受益区情况，主要建筑物所在地高程，管理人员数量等；主要设备及配套设施情况，固定资产投资等。

4. 电力设施

电力设施包括10 kV以上输电线路和变电设施（变电站、供电所等）。线路按电压等级进行划分，变电站按规模分为大、中、小型，同时按电压等级进行划分。调查内容主要包括输电线路、变（供）电设施的名称、地点、线路起止地点及长度、高程分布情况、电压等级、导线型号和截面积、主管部门、建成年月，供电范围，建筑物结构和建筑面积，构筑物名称、结构及数量、占地面积，主要设备及配套的输电线路，运行管理职工及家属人数，固定资产投资等。

5. 电信设施

电信设施包括线路和设施、设备等，按通信方式分为有线通信和无线通信两类。

线路调查内容主要包括线路名称、权属关系、等级、起止地点、建成年月、每杆对数、杆质、线质及线径、架空（埋设）电缆、光缆长度与容量、占地面积等。

设施包括无线通信基站、信号塔等，调查内容包括名称、权属关系、等级、规模、地点、建成年月、结构类型、数量（工程量）、占地面积等。

设备调查的项目主要有名称、型号、容量、数量等。

6. 广播电视设施

广播电视设施包括线路、接收站、转播站等，按传送方式分为有线和无线两类。调查内容主要包括名称、权属关系，线路名称、长度、起止地点、杆质、线材及线径、架空（埋设）电缆长度与容量、占地面积，主要设备名称、结构及数量、固定资产投资等。

7. 水文（气象）站

水文（气象）站调查内容主要包括名称、权属关系、主管部门、所在河流、等级、地点、高程、测设项目、建成年月、房屋面积及其他建筑物名称、数量，通信线路、给排水、供电、自建道路和各种管线工程设施、占地面积，职工及家属人数，主要设备，以及不可搬迁的物资等。

8. 文物古迹

地上文物主要包括文物古迹名称、所在位置、地名、文物年代、建筑型式、结构、规模、数量、价值、占地面积、地面高程、保护级别等。

地下文物主要包括名称、所在位置、地名、文物年代、埋藏深度、面积、规模、保护级别等。

9. 矿产资源

调查内容主要包括名称、所在地理位置、矿藏种类、品位、储量、厂址及作业点地面高程、矿藏埋藏深度及矿层分布高程、开采计划和开采程度、开采设施和相应投资，以及建设征地对矿藏开采的影响等。

10. 其他调查

其他项目是指军事设施、监狱和劳改(教)农场、测量标志、标识性构筑设施、公共宗教设施、风景名胜设施、管道、管线等。

调查内容有项目名称(编号)、权属关系、类别、等级、规模、规格、数量、地点、分布高程、占地面积、建成年月、投资等。

四、实物调查方法

(一)农村实物调查方法

1. 人口调查方法

项目建议书阶段和预可行性研究报告阶段,以村民小组为单位,以统计年报、户籍登记资料为基础进行登记,调查人员现场核对。

可行性研究报告阶段以户为单位进行全面调查。调查人员会同项目业主、地方政府及村、组负责人,现场以户为单位逐人调查登记造册。调查人员应查验被调查户的房屋产权证、户口簿、土地承包册等。户籍不在调查范围内的已婚入人口,应查验结婚证、身份证后予以登记;对超计划出生的无户籍人口,应在出具出生证明或乡级人民政府证明后予以登记。调查结果经调查人和被调查人签字认可,并经公示复核后逐级签署意见。

2. 房屋及附属建筑物调查方法

项目建议书阶段和预可行性研究报告阶段,选取典型村(组)、典型农户调查其不同结构房屋面积,以不同结构的人均房屋面积推算调查范围内的各种结构房屋面积。房屋面积调查典型村(组)、典型农户样本,应不低于总数的25%。

可行性研究报告阶段,应现场逐户(栋)进行房屋面积及附属设施测量登记造册,逐级汇总。调查结果经调查人和被调查人签字认可,并经公示复核后逐级签署意见。

3. 土地调查方法

项目建议书阶段和预可行性研究报告阶段,对于工程建设征地范围内的耕地、园地和林地等各类土地面积,应用不小于1:10 000比例尺地形图、林相图或遥感成果,按地类界和乡村行政区划进行量算,并以统计年报、土地详查资料和实地典型调查进行校核,落实土地权属。对正常蓄水位选择有控制作用的土地调查,宜采用不小于1:5 000比例尺的地类地形图或遥感成果进行量算。

可行性研究报告阶段,应用不小于1:5 000比例尺地类地形图,实地测量土地征收和居民迁移界线,设置标志,现场逐地块查清各类土地权属,以村民小组为单位,量算各类土地面积。调查结果经调查人和被调查人签字认可,并经公示复核后逐级签署意见。

4. 零星树木调查

项目建议书和预可行性研究报告阶段,采用典型调查推算,也可用类比分析推算,或者不计列零星树木数量,而在补偿投资(费用)中估列费用。

可行性研究报告阶段,应逐户逐棵登记。调查结果经调查人和被调查人签字认可,并经公示复核后逐级签署意见。

5. 农村小型专项设施调查

项目建议书和预可行性研究报告阶段，一般可通过当地县（区、旗）、乡（镇）及其有关部门收集现有资料，必要时，对主要项目进行实地调查核实。

可行性研究报告阶段，在县（区、旗）、乡（镇）及其有关部门提供的现有各工程设计、竣工验收、统计等资料的基础上，实地逐项核实，调查结果经调查人和被调查人签字认可，并经公示复核后逐级签署意见。

6. 农副业设施和文化宗教设施调查

项目建议书和预可行性研究报告阶段，一般可通过当地县（区、旗）、乡（镇）村民委员会和有关部门调查了解并收集资料。

可行性研究报告阶段，实地逐项调查，调查结果经调查人和被调查人签字认可，并经公示复核后逐级签署意见。

7. 文化、教育、卫生、服务设施调查

项目建议书和预可行性研究报告阶段，一般可通过当地县（区、旗）、乡（镇）和有关部门调查了解并收集资料。

可行性研究报告阶段，实地逐项调查，调查结果经调查人和被调查人签字认可，并逐级签署意见。

8. 其他调查

项目建议书和预可行性研究报告阶段，根据征地移民区实际情况收集相关资料。

可行性研究报告阶段，实地逐项调查，调查结果经调查人和被调查人签字认可，逐级签署意见。

（二）城镇、集镇实物调查方法

1. 基本情况调查方法

项目建议书和预可行性研究报告阶段，主要通过收集资料和向有关部门了解情况、收集资料，并进行必要的核实。

可行性研究报告阶段，需对收集的资料和了解的情况进行全面核实。

2. 用地调查方法

项目建议书和预可行性研究报告阶段，在收集规划及建成区建设用地等基本资料的基础上，持不小于1:10 000比例尺地形图调查核实，量算征（占）用的建成区面积。

可行性研究报告阶段，在规划及建成区建设用地等基本资料的基础上，持不小于1:5 000比例尺的地类地形图现场查勘调绘，分类量算征（占）用的建成区面积。

3. 人口调查方法

项目建议书和预可行性研究报告阶段，人口调查应以常住的房屋为基础，根据公安派出所提供的户口情况，以居委会或村为单元调查统计。

可行性研究报告阶段，现场以户、单位为基本单位逐人全面调查登记有关情况。调查结果经调查人和被调查人签字认可，并经公示复核后逐级签署意见。

4. 房屋和附属设施调查方法

项目建议书和预可行性研究报告阶段，房屋调查可直接采用房产证登记其建筑面积；附属构筑物由户主或单位申报，调查人员可现场重点抽样复核；对房产证未覆盖的房屋可采用遥感成果、地图量算或进行现场调查。

可行性研究报告阶段，房屋调查应逐户（单位）现场测量建筑面积，也可采用经过验证符合国家建筑面积测量规定和本规范规定的无争议的房产证登记，杂房、附属构筑物调查应现场逐处丈量或清点。调查结果经调查人和被调查人签字认可，并经公示复核后逐级签署意见。

5. 机关事业单位调查方法

项目建议书和预可行性研究报告阶段，主要通过收集资料和向有关部门了解情况、收集资料，并进行必要的核实。

可行性研究报告阶段，向机关事业单位和有关部门收集平面布置图、有关工程的设计、竣工资料，统计报表、固定资产账簿等相关资料，会同相关部门现场全面逐项调查、核实，法人（单位）和调查者签字（盖章）认可。

6. 企业调查方法

项目建议书和预可行性研究报告阶段，主要通过收集资料和向有关部门了解情况、收集资料，并进行必要的核实。

可行性研究报告阶段，向企业收集平面布置图、有关工程的设计、竣工资料，统计报表、固定资产账簿、统计报表、完税等相关资料，会同相关部门现场全面逐项调查、核实，企业法人（单位）和调查者签字（盖章）认可。

7. 基础设施调查方法

项目建议书和预可行性研究报告阶段，基础设施调查以收集资料为主，辅以现场复核主要项目和指标。

可行性研究报告阶段，应在收集资料的基础上现场逐项核实，调查结果需经调查组、被调查者以及城镇、集镇当地政府签字认可。

8. 其他调查

项目建议书和预可行性研究报告阶段，以收集资料为主，辅以现场复核主要项目和指标。

可行性研究报告阶段，逐项调查并经调查组和被调查者签字认可。

（三）专业项目调查方法

项目建议书和预可行性研究报告阶段，向相关部门收集项目资料，分析确定，必要时现场复核。

可行性研究报告阶段，逐项调查，调查结果需经调查组、产权人签字认可。

五、调查精度要求

不同设计阶段主要实物指标调查的精度，是指在实物调查成果反映实物实际情况的程度，即实物调查结果与实物实际情况的符合程度。一定范围的实物调查结束后，需要对该范围的调查精度进行检查。一般，选取该范围的15%～25%进行第二次调查，将第二次调查的结果和第一次调查的结果进行对比，计算误差或精度，误差必须在允许误差范围内，否则应扩大第二次调查的范围直至返工调查。

各设计阶段的主要实物调查精度，应满足表8-4的要求。

表 8-4　征地移民主要实物指标调查允许误差

项目	项目建议书和预可行性研究报告阶段	可行性研究报告阶段
人口	±10	±3
房屋	±10	±3
耕地、园地	±10	±3
林地、牧草地、未利用地	±15	±5

第六节　移民安置

一、移民安置规划设计概述

移民安置规划是水利水电工程建设征地移民规划设计的核心，是搞好移民安置工作的基础。移民安置规划包括农村移民安置规划、城镇和集镇迁建规划、企业迁建规划、专项迁建(改建、复建)规划、水库库区防护工程设计、水库水域开发利用规划和水库库底清理设计、编制征地移民补偿投资(费用)概(估)算、实施总进度与年度计划等内容。

农村移民安置规划是征地移民规划设计的重要组成部分，是移民安置规划的重点和难点。农村移民安置除需房屋重建和基础配套建设外，由于其赖以生存的生产资料——土地的淹没或占用，还需要为移民提供可替代的土地资源或提供其他新的就业机会。妥善解决农村移民安置问题，保证农村移民安居乐业，不仅能保护地区经济的发展和生态环境的改善，同时也是工程建设顺利进行和提高工程整体效益的关键因素之一。

城镇、集镇、专业项目、企业的移民安置，在其房屋重建和基础设施配套后，移民原有的生产、生活条件得到恢复或保留，仍可从事原有职业，不存在重新就业问题，其移民安置规划只涉及搬迁(或恢复)规划。

(一)移民安置的指导思想和原则

农村移民安置的指导思想是贯彻开发性移民方针，采取前期补偿、补助与后期生产扶持的办法，因地制宜，合理开发当地资源，通过多渠道、多产业、多形式、多方法妥善安置移民，逐步形成移民安置区多元化的合理产业结构，使移民生产有出路、生活有保障、劳力有安排，使移民的生活达到或者超过原有水平。

水利水电工程建设征地补偿和移民安置应遵循的基本原则如下：

(1)以人为本，保障移民的合法权益，满足移民生存与发展的需求。

(2)顾全大局，服从国家整体安排，兼顾国家、集体、个人利益。

(3)节约利用土地，合理规划工程占地，控制移民规模。

(4)可持续发展与资源综合开发利用、生态环境保护相协调。

(5)因地制宜，统筹规划。

(二)有关专业术语

1. 规划设计基准年

规划设计基准年是指编制规划设计的当年。

2. 规划设计水平年

规划设计水平年是指征地移民搬迁结束年份,对于水库是指水库下闸蓄水的年份。分期蓄水的水库,应以分期蓄水的年份,分别作为规划设计水平年。

3. 移民安置规划目标

移民安置规划目标是指规划设计水平年农村移民应达到的主要预期目标。一般根据农村移民原有生活水平及收入构成,结合安置区的资源情况及其开发条件和社会经济发展计划,具体分析拟定。对于分期移民的工程,要制定分期目标值。一般由农村移民人均资源(主要为耕(园)地)占有量、人均年纯收入、人均粮食拥有量、居民点基础和公用设施应达到的基本指标(用地标准、供水、供电、内部道路和对外交通)及其他定量指标反映。

4. 人口自然增长率

人口自然增长率是指一定时期内人口自然增长数(出生人数减死亡人数)与该时期内平均人口数之比,通常以年为单位计算,用千分比来表示,计算公式为:

$$\text{人口自然增长率} = \frac{\text{年内出生人数} - \text{年内死亡人数}}{\text{年平均人口数}} \times 1\,000‰ = \text{人口出生率} - \text{人口死亡率} \tag{8-1}$$

增长率是指某年内由人口的自然增长和净迁移导致的人口增长(或减少)占人口总数的百分比。增长率考虑到了影响人口变动的所有因素(出生、死亡和迁移)。增长率容易与出生率混淆。增长率包括自然增长率和净迁移率,用于计算城镇、集镇的人口规模。

$$\text{增长率} = \text{自然增长率} + \text{净迁移率} \tag{8-2}$$

净迁移率(即通常所指的机械增长率)是指一个地区人口的迁入与迁出对该地区人口的净影响,用该地区某一年每1 000人对应的增加人数和减少人数来表示。

$$\text{净迁移率} = \frac{\text{迁入人数} - \text{迁出人数}}{\text{该区域总人口}} \times 1\,000‰ \tag{8-3}$$

5. 生产安置人口

生产安置人口是指其土地被列入水利水电工程建设征收范围而失去主要生产资料及其生活出路后,需要重新开辟生产门路的农业人口。

6. 搬迁安置人口

搬迁安置人口是指由于水利水电工程建设征地而导致必须拆迁的房屋内所居住的人口,也称生活安置人口。具体包括:

(1)征地范围区内房屋居住的人口。

(2)失去生产生活条件、占地不占房影响人口。失去生产生活条件是指由于各种原因,如生产用地距离较远、交通条件明显恶化或必须随周边搬迁等造成生产生活极不方便而必须改变居住地的农村人口;本处所指的占地不占房影响人口是指工程征占地后,附近(生产半径范围内)不具备恢复生产条件而不得不搬迁他地进行生产安置的人口。

(3)城镇搬迁新址占地范围内居住的必须搬迁人口。

(4)照顾少数民族风俗习惯而必须搬迁的人口。

7. 环境容量

环境容量是指一个地区在一定生产力、经济条件、生活水平和环境质量条件下所能承受的人口数量。

8. 移民安置环境容量

移民安置环境容量是指为保证移民安置区的自然环境、社会和经济的可持续发展，在一定的生产力、一定的生活水平、环境质量和社会条件下，所能安置的移民数量。

二、农村移民安置规划设计

农村移民安置规划设计的主要任务是在调查、分析和落实移民安置区环境容量的基础上，确定移民安置方式和安置地点；进行生产安置、居民点建设及基础设施规划设计；提出农村移民安置实施与管理意见。

农村移民安置规划设计应包括确定移民安置人口规模、进行移民安置区环境容量调查分析、编制移民安置规划、提出移民生产安置、居民点及基础设施工程设计等内容。

（一）移民安置人口的确定

移民安置人口是移民安置规划设计最重要的依据，包括生产安置人口和搬迁安置人口。

1. 生产安置人口

生产安置人口应以其主要收入来源受征地影响程度为基础计算确定。对以耕（园）地为主要生活来源者，按涉及村、组被征用的耕（园）地数量，除以该村、组征地前平均每人占有的耕（园）地计算，其计算公式为：

$$K = \frac{S}{S'/K'} \tag{8-4}$$

式中 K——涉及村、组规划设计基准年的生产安置人口，人；

S——涉及村、组规划设计基准年被征收的耕（园）地面积，亩；

K'——涉及村、组规划设计基准年农业人口的数量，人；

S'——涉及村、组规划设计基准年实有耕（园）地的数量，亩；

S'/K'——村、组规划设计基准年农业人均耕（园）地，亩/人。

对于以草地为主要生活来源的牧民、以养殖水面为主要生活来源的渔民或以经济林地为主要生活来源者，可参照上述方法计算。

生产安置人口的计算，应考虑土地质量因素、统计年鉴土地面积与标准亩面积差别。土地质量因素是同类型耕地地力不同的差异和不同类型耕地的差异，通过抽样调查，分析拟定修正系数，对涉及村、组被征地面积进行修正，计算生产安置人口。统计年鉴土地面积与标准亩面积差异（即统计上报土地面积与实际面积的差异）的处理，可取若干个村或整组的耕地被征用的调查面积与统计年鉴面积对比，分析确定其修正系数，对涉及村、组的被征地面积进行修正，计算生产安置人口。

规划设计水平年的生产安置人口，应根据国家和省、自治区、直辖市人民政府控制人口增长的人口自然增长率和工程项目的规划设计水平年进行推算。

2. 搬迁安置人口

搬迁安置人口根据其人口构成、实物指标调查成果和移民安置规划方案分析确定。规划设计水平年的搬迁安置人口，应根据国家和省、自治区、直辖市人民政府控制人口增长的人口自然增长率(城镇、集镇人口计算中还应考虑人口机械增长率)和工程项目的规划设计水平年进行推算。

(二)环境容量分析

移民安置环境容量的分析是农村移民安置规划的主要工作之一。移民安置环境容量分析应根据地方政府初步提出的移民安置方案和移民人均占有基本生产资料或人均资源占有量为基础进行分析。在基本生产资料中应以土地为依托,水资源和其他资源作为辅助指标进行分析,如移民人均占有耕地、林地、草地、养殖水面等,确保每个从事农业生产安置的移民占有一定数量和质量的可开发利用的土地,满足移民安置规划目标的实现。必要时可分析水资源容量、第二、第三产业安置容量等。

移民安置环境容量分析基本方法:收集和调查初拟移民安置区土地利用现状,查清可用于安置移民的耕(园)地和宜农荒地的数量;根据地区经济发展有关指标如人均耕地、耕地亩产量、人均拥有粮食、人均经济收入等,分析当地可安置移民的数量;如初拟移民安置区环境容量不能满足安置移民的要求,扩大移民安置区进行分析;在进行移民安置环境容量分析时,应考虑宜农荒地的开发成本、建设征地区与安置区的生产方式和生活习惯差异、民族文化以及移民的意愿等诸多因素;对于有第二、第三产业移民安置意向的项目,应调查分析第二、第三产业的现状、从业人员及其构成、发展方向等,分析可安置的移民数量。

(三)生产安置规划

为贯彻开发性移民方针,妥善安置移民的生产、生活,使移民的生活水平达到或者超过原有水平,并为其搬迁后的发展创造条件,必须编制农村移民生产安置规划。移民生产安置规划应根据移民安置区环境容量、生产开发条件、经济效益、移民拟开发生产项目、生产技能和移民意愿、安置区现有基础设施和生产安置投资等因素综合分析、论证,合理确定移民安置方式,拟定移民生产开发项目,进行生产安置规划。

1. 农村移民生产安置一般采用下列方式

(1)以土地安置的方式。必须分配一份可利用土地给移民经营,应保证在正常年景移民经营的土地收入不低于搬迁前的收入水平。

(2)非土地安置的方式。安排移民从事非农业的生产,移民以非农生产经营收入为主要经济来源,应保证其收入不低于搬迁前的水平。具有一定非农生产技能或有经商、办企业能力的移民宜选择这种安置方式。

(3)以土地与非土地相结合的安置方式。分配一定面积的土地给移民经营,同时安排部分移民劳动力从事非农业的生产。即以亦农、亦工或从事第三产业的办法安置移民。在人多地少,市场经济比较发育的地区宜选择这种安置方式。

(4)一次性补偿安置。将征地补偿补助费直接兑付给被征用土地的村民小组,由其自行安置本单位移民。适用于征用的耕(园)地数量较少(不超过该村民小组现有耕(园)地数量的10%)并且征收后的人均耕(园)地数量仍大于1.0亩的村民小组。

(5)自谋职业或投亲靠友。移民根据自身的特长或社会关系,自愿选择放弃政府提供的安置地,自己寻找安置出路的方式。

2. 移民生产安置规划的主要内容与方法

根据确定的移民安置方案,分析移民安置可利用和开发的各种资源,拟定移民生产开发项目,确定各个安置项目的开发布局、生产规模、开发利用的方式及其安置的移民数量。

(1)现有耕(园)地的所有权调整和使用权流转。调查移民安置区可以进行土地所有权的调整和使用权的流转的耕(园)地数量、质量、开发利用方式及其分布,按相应的移民生产安置标准,分析计算可安置的移民数量。

(2)开垦可耕地。调查落实移民安置区宜农荒地的土质、分布、数量和开发利用条件及方式,按照国家有关林业和水土保持的规定,提出可开垦荒地的数量、发展耕(园)地的技术要求和数量,分析计算可安置的移民数量。

(3)改造中、低产田。调查移民安置区中、低产田的面积、质量、分布,提出改造中、低产田的技术标准,分析计算可安置的移民数量。

(4)开发和改造经济林。调查移民安置区适宜开发和改造经济林土地的面积、分布和开发利用条件,按照国家有关林业和水土保持的规定,提出开发和改造经济林的技术标准、规模和数量,分析计算可安置的移民数量。

(5)开发和改造用材林。调查移民安置区适宜开发林种、林地的土质、分布、数量和开发利用条件,按照国家有关林业和水土保持的各项政策、规定,提出开发和改造用材林的技术标准、规模和数量,按相应的移民生产安置标准分析计算可安置的移民数量。

(6)第二、第三产业安置。应对项目的资源、交通、市场情况、技术要求以及移民的素质等进行可行性论证,拟定生产项目、经营规模和效益,分析可安置移民数量。

为保证移民上述规划生产开发项目效益的正常发挥,需要规划相应的配套设施,如农田水利、交通工程等。拟定配套政策和措施,如土地的调整与流转、移民优惠政策等。对确定的移民生产安置规划进行经济分析,预测规划设计水平年移民的生产生活水平,对农村移民安置规划进行评价。分析移民对安置区原居民的影响,提出消除这种影响的措施及方案。

(四)农村移民居民点规划

农村移民居民点规划的主要内容有居民点选址、新址工程和水文地质勘察;拟定居民点人口和用地规模、建设用地标准、面积及其类型;对居民点内部道路、给排水、电力、电信等公用设施进行规划;进行住宅和公共建筑平面布置规划和竖向规划;对居民住房进行典型设计;计算工程量,计算居民点建设投资。

(1)按居民点迁移距离远近和行政隶属关系可分为:①后靠:即利用本村、组库边剩余土地进行安置的方式;②近迁:即出村组在本乡内调拨土地进行安置的方式;③远迁:即本村、本乡移民环境容量不能满足安置移民要求,必须迁到资源相对丰富、开发潜力大的外乡、外县或外省安置的方式。

(2)农村移民居民点选址,应结合生产安置规划和安置区村镇总体规划,本着方便生产、有利生活、安全、经济、合理的原则,在合适的耕作半径范围内和充分听取移民意愿的基础上确定。农村居民点新址选择应满足以下条件:①尽可能位于生产安置项目区内,耕作半径适宜;②对外交通方便,通风日照条件较好的区域;③人畜饮水条件较好，水质和水量满足要求；④地质稳定，避开浸没、塌岸、滑坡、泥石流、山洪、发震断裂带等自然灾害影响的地段和地下采空区，尽量避免选择在基本农田保护区、自然保护区、有开采价值的地下资源区域；⑤水库后靠移民居民点新址必须设置在居民迁移线以上或设计防洪水位以上安全的地点；⑥节约用地，尽可能不占或少占耕地；⑦尊重少数民族风俗习惯。

(3)居民点建设的人口规模为规划到该居民点的搬迁安置的人口。

(4)农村移民居民点规划设计。农村移民居民点的各项规划标准，在规划设计基准年人均水平的基础上，参照《村镇规划标准》(GB 50188—93)分析确定。居民点平面布局合理，避免大挖大填和出现高边坡，协调新址与原有居民点的布局，尽量避免新址拆迁移民。按照确定的居民点规划标准，进行相应的规划设计。对较大的移民安置点，应进行必要的新址工程和水文地质勘察。

三、城镇、集镇迁建规划

城镇、集镇迁建规划主要内容包括集镇和城镇迁建方案的确定、人口规模、用地规模及分类、新址选择、集镇公共建筑和公用工程设施规模、城镇新址公共设施和市政公用设施的规模、功能分区、道路、对外交通和竖向规划等。

(1)受影响集镇和城镇的迁建方案，应根据其征地影响程度、征地后其区域经济中心的变化、交通网络、行政区划的调整以及地方政府的意见，综合分析确定。按规定履行报批手续。

(2)城镇、集镇新址，应选择在地理位置适宜、能发挥其原有功能、地形相对平坦、地质稳定、防洪安全、交通方便、水源可靠、便于排水的地点，并为远期发展留有余地。城镇、集镇新址的选择应进行必要的水文地质和工程地质勘察。按规定履行报批手续。

(3)城镇、集镇迁建的人口规模，以规划设计基准年相应的人口(包括原址征地影响的人口、新址征占留居人口、随迁人口等)基数和确定的增长率计算确定。集镇新址公共建筑和公用工程设施规模、城镇新址公共设施和市政公用设施的规模，应考虑通勤人口和流动人口。远期人口规模，应按城镇、集镇的地位、性质和可能的经济发展目标合理预测，另行计列，供拟定远期用地规模参考。

(4)城镇、集镇迁建应贯彻节约用地，少占耕地，多利用劣地、荒地的原则。人均建设用地指标应根据原址的用地情况和人口规模，新址的地形、地质条件，参照国家和省(自治区、直辖市)的有关规定合理确定。

(5)城镇、集镇迁建新址的道路、对外交通，集镇的公共建筑与公用工程设施，以及城镇的公共设施与市政公用设施的规划设计，所采用的各项技术标准和指标，应结合原址的状况，参照相关专业的技术标准确定。

(6)城镇、集镇迁建新址应根据用地范围，调查用地范围内的各项实物指标。对新址征地影响人口，应纳入新址规划，并提出其生产安置规划。

四、企业处理规划

企业的处理，应根据受淹程度，结合地区经济产业结构、产品结构调整、职工安置、技术改造及环境保护要求,按技术可行、经济合理的原则,提出防护、迁建或其他处理方案。

(1)企业迁建新址,应根据其淹没影响程度和企业生产的特征、地质、地形、交通、水源等条件以及环境保护的要求合理选定。企业迁建用地,原则上按其原有占地面积控制,在规划中应注意节约用地、尽量少占耕地、多利用荒地或劣地。

(2)企业迁建应按"原规模、原标准、恢复原有生产能力"的原则进行规划设计,其主要内容包括选址论证、生产规模、厂(矿)区布置、土建工程和工艺流程设计、实施进度、投资概(估)算、分年投资计划及经济分析等,并提出规划设计书及图纸。

(3)企业迁建补偿投资,应以资产评估为基础,结合迁建规划设计计算。因提高标准、扩大规模、进行技术改造以及转产所需增加的投资,不列入水利水电工程补偿投资。对确定关、停、并、转等其他处理方案的企业,应结合固定资产和实物形态的流动资产的资产评估成果,合理计算补偿投资。

(4)受影响的企业资产评估参照国家有关规定进行。国有资产重估价值,根据资产原值、净值、新旧程度、重置成本、获利能力等因素和《国有资产评估管理办法》规定的资产评估方法评定。国有资产评估范围包括固定资产、流动资产、无形资产和其他资产,征地移民涉及的资产评估主要是企业的固定资产和实物形态的流动资产。国有资产评估方法包括:①收益现值法;②重置成本法;③现行市价法;④清算价格法;⑤国务院国有资产管理行政主管部门规定的其他评估方法。征地拆迁影响的企业资产评估,采用重置成本法。

(5)重置成本法是现时条件下被评估资产全新状态的重置成本减去该项资产的实体性贬值、功能性贬值和经济性贬值,估算资产价值的方法。实体性贬值是由于使用磨损和自然损耗造成的贬值;功能性贬值是由于技术相对落后造成的贬值;经济性贬值是由于外部经济环境变化引起的贬值。

五、专业项目恢复改建和防护工程

(一)专业项目恢复改建规划

(1)专业项目处理包括受影响的铁路、公路、航运、电力、电信、广播电视、军事、水利水电设施(包括取水工程、水文站),测量永久标志,农、林、牧、渔场,文物古迹,风景名胜区,自然保护区等。所有专业项目的恢复改建,均应按"原规模,原标准(等级),恢复原功能"的原则进行规划设计,所需投资列入水利水电工程补偿投资。因扩大规模,提高标准(等级)或改变功能需要增加的投资,由有关单位自行解决,不列入水利水电工程补偿投资。

(2)铁路、公路、航运、电力、电信、广播电视等设施,需要恢复的,应根据受影响程度,按"原规模、原标准(等级)、恢复原功能"的原则,选定经济合理的复建方案。属于地方性的基础设施,可结合库区农村移民安置、城镇及集镇迁建,统筹规划,提出经济合理的复建方案。不需要或难以恢复的,应根据其影响的情况,给予合理补偿。

(3)国营或具有企业法人资格的农、林、牧、渔场,应根据其受影响程度,按原规模、原标准选定迁建方案。无条件迁建恢复的,给予合理补偿,对其原有职工提出就业安置方案。

(4)县级以上单位管理的水电站、抽水站、水库、闸坝、渠道、取水工程、水文站、测量永久标志等设施,应根据其受影响的程度和具体情况,提出经济合理的复建方案。不需要或难以恢复的,给予合理补偿。

(5)水利水电工程影响的文物古迹,应根据其保护级别、影响程度,经省、自治区、直辖市人民政府及其以上文物行政部门鉴定后,由工程设计单位和文物管理单位共同提出保护、发掘、迁移、拆除、防护等处理措施,并按有关程序审查后,其处理投资列入建设工程概算中。

(6)风景名胜区、自然保护区等,应根据其受影响程度、保护级别,提出保护或其他处理措施。

(7)对影响具有开采价值的重要矿藏,应查明影响程度,提出处理措施。

(8)水库的库周交通恢复,应根据淹没影响程度和库周居民点分布的具体情况,按照有利生产、方便生活、经济合理的原则,提出库周交通恢复方案。

(二)防护工程设计

在水库临时淹没、浅水淹没或水库影响区,如有大片农田、人口密集的村庄、城镇、集镇、企业、铁路、公路、文物等重要淹没对象,具备防护条件、技术经济合理的,应采取防护措施。

防护工程按如下标准进行设计:

(1)防护工程等级标准,应根据《水利水电工程等级划分及洪水标准》(SL 252—2000)的规定选定。需要提高或降低标准的均应加以论证。

(2)洪水标准,应按表8-1的要求,合理选用。

(3)排涝标准,应按防护对象的性质和重要性进行选择。集镇、农田和农村居民点可采用5~10年一遇暴雨;城镇及大中型企业等重要防护对象,应适当提高标准。暴雨历时和排涝时间应根据防护对象可能承受淹没的状况分析确定。

(4)防浸(没)标准,应根据水文地质条件,水库运用方式和防护对象的耐浸能力,综合分析确定不同防护对象允许地下水位的临界深度值。

(5)其他设计标准,包括安全超高及安全系数等,应根据相应专业技术标准(规范)选定。

根据水库淹没影响程度、防护对象,合理选择防护工程的布置方式和结构型式,做好工程设计。

六、水库库底清理

为保证水库运行安全,保护库周及下游人群健康,并为水库水域开发利用创造条件,在水库蓄水前必须进行库底清理。

(一)清理范围和对象

水库库底清理应分为一般清理和特殊清理两部分。清理的范围与对象,应根据水库运行方式和水库综合利用的要求,按表8-5的规定确定。

表 8-5　水库库底清理范围与对象

清理类别	清理范围	清理对象
一般清理	居民迁移线以下库区	卫生清理：包括传染源与污染物如医院、卫生所、屠宰场、兽医站、厕所、粪坑（池）、畜厩、污水池、坟墓、有毒物质、垃圾等，以及地面上各种易漂浮的物质的清理
	居民迁移线以下至死水位（含极限死水位）以下 3 m 库区	各种建筑物、构筑物清理：包括各类房屋、附属建筑物、大中型桥梁、各种线杆、砖（石、混凝土）墙体、坝（闸）、水井、烟囱、高碑坊以及地下建筑物（地窖、隧道、井巷、人防工程）等清理
	正常蓄水位（加 0.5～1.0 m）以下库区	林地清理：包括各种林地、迹地的清理
特殊清理	指选定的水产养殖场、捕捞场、游泳场、水上运动场、航道、港口、码头、泊位、供水工程取水口、疗养区等所在区域	根据开发利用的不同要求，确定清理对象

（二）清理调查

库底清理调查应根据拟定的清理范围，调查各类清理对象的分布情况及其工作量。调查内容包括：

（1）拆除的建筑物与构筑物的类型与数量。

（2）库区及库周疫情调查。

（3）传染源、污染源的类型和数量。

（4）需清理的各种林地、迹地面积、蓄积量和零星树木数量。

（5）浅水区、消落区洼地、沼泽化浸没区的分布及面积，各种易漂浮物质的分布及清理量。

（6）泥炭层的分布面积、厚度、储量及清理工作量。

（7）特殊清理对象的各种工作量。

（三）建筑物拆除与清理

建筑物拆除与清理应符合如下要求：

（1）清理范围内的各种建筑物、构筑物应拆除，并推倒推平，对易漂浮的废旧材料应就地烧毁。

（2）清理范围内的各种基础设施和古建筑及残垣等地面建筑物，凡妨碍水库运行安全和开发利用的必须拆除，设备和旧料应运出库外。残留的较大的障碍物要炸除，其残留高度一般不得超过地面 0.5 m。对确难清除的较大障碍物，应设置蓄水后可见的明显标志，并在水库区地形图上注明其位置与标高。

（3）水库消落区的各种地下建筑物，应结合水库区地质情况和水库水域利用要求，采取填塞、封堵、覆盖或其他措施进行处理。

(四)卫生清理

卫生清理应符合如下要求:

(1)卫生清理应在地方卫生防疫部门的指导下进行。

(2)库区内的污染源及污染物应进行卫生清除、消毒。

(3)库区内的企业积存的废水,应按规定方式排放。有毒废渣运至库外填埋或掩埋。

(4)库区内具有严重生物性或传染性的污染源,应提出清理、消毒的方案。

(5)库区内经营、储存农药、化肥的仓库、油库等具有严重化学性的污染源,应进行去毒、中和处理,必须达到土壤卫生标准。对埋葬15年以上的坟墓,是否迁移,视当地习俗处理。

(6)凡埋葬结核、麻风、破伤风等传染病死亡者的坟墓和炭疽病、布鲁氏菌病等病死牲畜掩埋场地,应按卫生防疫部门的要求特殊处理。

(7)有钉螺存在的库区周边,其水深不到1.5 m的范围内,应在当地血防部门指导下,提出专门处理方案。

(五)林木清理

林木清理应符合下列要求:

(1)森林及零星树木,应砍伐并清理外运,残留树桩不得高出地面0.3 m。

(2)迹地及林木(含竹木)砍伐残余的枝桠、枯木、灌木林(丛)等易漂浮的物质,在水库蓄水前应就地烧毁或采取防漂措施。

(3)农作物秸秆等易漂浮物,在水库蓄水前应就地烧毁或采取防漂措施。

(六)特殊清理

对需特殊清理的项目应符合有关行业的技术要求,其中对具有供水(饮用水)任务的水库,其清理范围除水库区外还应考虑水质保护的要求。其清理应根据清理范围内的污染源分布、污染物性质、污染程度及传染病源等环境状况,提出特定的清理措施和防止污染方案。

对抽水蓄能电站上下水库(池)清理,应研究影响水质的库盘土壤、地质及覆盖物的理化、生物特征及气温条件,提出特定的库底清理措施。

一般清理,根据清库工作量和清理措施,计算所需投资,列入水利水电工程补偿投资。特殊清理所需投资,由有关部门自行承担。

第七节　征地移民补偿投资(费用)概(估)算

一、有关专业术语

(1)建设征地移民安置补偿投资(费用)概算,是根据国家现行建设征地移民安置政策、技术经济政策、实物指标调查成果、移民安置规划设计文件,以及建设征地和移民安置所在地区建设条件编制的以货币表现的建设征地移民安置费用额度的技术经济文件,是建设征地移民规划设计的重要内容,是水利水电工程设计概算的重要组成部分。经批准的建设征地移民安置补偿费用概算是签订移民安置协议、编制移民安置实施规划或计划、组织实施移民安置工作、进行移民安置验收的基础依据。

(2)基础单价,是编制工程概预算的基本依据。基础单价包括人工预算单价,材料预算价格,施工用电、用风、用水的价格,施工机械台班(时)费,自行采备的砂石料价格等。建设征地移民安置补偿费用概算,除要编制公路、桥梁、居民点或城市集镇场地平整、基础设施等工程概算外,还需要编制土地征收、房屋拆迁、居民迁移等补偿补助概算。编制公路、桥梁、居民点或城市集镇场地平整、基础设施等移民工程概算时,应按照有关行业概算编制规定,编制人工预算单价,材料预算价格,施工用电、用风、用水的价格,施工机械台班(时)费,自行采备的砂石料价格等基础价格。编制土地征收、房屋拆迁、居民迁移等补偿补助概算时,需要编制耕地的设计亩产值、林地的设计蓄积量、主要建材预算价格、人工预算单价、安置地普工的日工资、安置地建筑技术工的日工资、搬迁设计中涉及的主要运输工具的运输价格等基础价格。

(3)单价,是指以价格形式表示的完成单位工程量所耗用的全部费用。单价由"量、价、费"三要素组成。

(4)基本预备费,主要是指在建设征地移民安置设计及补偿费用概(估)算内难以预料的项目费用。费用内容包括经批准的设计变更增加的费用、一般自然灾害造成的损失、预防自然灾害所采取的措施费用和其他难以预料的项目费用等。

(5)价差预备费,是指建设项目在建设期间由于材料、设备价格和人工费、其他各种费用标准等变化引起工程造价显著变化的预测预留费用。

二、概(估)算编制原则和依据

(一)概(估)算编制原则

(1)以建设征地实物指标为基础,结合移民安置迁建规划设计进行编制。

(2)征地移民补偿、补助标准必须执行国家及省、自治区、直辖市的有关法规。法规未作规定的项目,可按征地移民技术标准规定并结合建设项目所在地的具体情况分析确定。

(3)安置农村移民的居民点,迁建的城镇、集镇新址,复建或改建的专业项目(含企业和防护工程),以规划设计成果为基础,按"原规模、原标准(等级)、恢复原功能"列入补偿投资(费用)概(估)算。结合迁建、复建、改建、防护以及企业技术改造、转产等原因提高标准或扩大规模所增加的投资,不列入补偿投资(费用)概(估)算。

(4)不需要或难以恢复、改建的淹没对象,可给予拆卸、运输费和合理补偿。

(5)利用水库水域发展养殖、航运、旅游、疗养、水上运动以及库周绿化等兴利事业,按照"谁经营、谁出钱"的原则,所需投资由兴办这些产业的部门自己承担。

(6)补偿投资(费用)概(估)算,应按枢纽工程概(估)算编制相同的价格水平编制。

(7)分年投资应根据分期分年移民工程的进度计划确定。

(二)概(估)算编制依据

编制主要依据包括:

(1)《大中型水利水电工程建设征地补偿和移民安置条例》、《水电工程建设征地移民安置规划设计规范》、《水电工程建设征地移民安置补偿费用概(估)算编制规范》、《水利水电工程建设征地移民安置规划设计规范》、《水利水电工程建设征地移民投资概(估)算编制规定》,以及国家有关部门和有关省、自治区、直辖市颁发的法律、法规、法令、制度、技术标准等。

(2)建设征地移民项目划分及费用构成。

(3)同阶段的主体工程项目设计文件。

(4)同阶段实物调查和移民安置规划工作成果。

(5)相关工程量计算、定额等计价依据及规定。

(6)有关合同、协议、承诺或确认文件、资金筹措方案。

(7)其他。

三、补偿投资(费用)概(估)算项目划分

补偿投资(费用)概(估)算项目划分为农村部分、城镇及集镇部分、专业项目、库底清理、独立费用和预备费等。水电工程的补偿费用概(估)算项目中还包括环境保护和水土保持项目。

(一)农村部分

农村部分包括征地补偿补助、房屋及附属建筑物、居民点基础设施建设、农副业设施、小型水利水电设施、工商企业、文化教育和医疗卫生等单位、搬迁补助、其他补偿、过渡期补助。

(二)城镇、集镇部分

城镇、集镇部分包括房屋及附属建筑物、新址征地、基础设施建设、搬迁补助、工商企业、行政事业单位、其他补偿。

(三)专业项目(含企业、防护工程)

专业项目包括铁路工程、公路工程、库周交通工程、电信工程、输变电工程、广播电视工程、航运工程、水利水电工程、国有农(林、牧、渔)场、文物古迹、企业、防护工程和其他项目等。

(四)库底清理

库底清理包括建筑物清理、卫生清理、林地与迹地清理及其他清理等。

(五)环境保护和水土保持

环境保护和水土保持是指移民安置区的环境保护和水土保持措施,包括水土保持、水环境保护、陆生动植物保护、生活垃圾处理、人群健康保护、环境监测、水土保持监测以及其他项目等。在水利行业的概(估)算编制标准中,环境保护和水土保持项目与征地移民项目是分别独立的项目,因此水利行业的征地移民补偿投资概(估)算中不包括环境保护和水土保持项目。

(六)独立费用和预备费

详细内容见后文。

四、费用构成

征地移民补偿投资(费用)由补偿补助费用、工程建设费用、独立费用、预备费等四部

分构成。

补偿补助费用是指对建设征地及其影响范围内土地、房屋及附属建筑物、青苗和林木、设施和设备、搬迁、迁建过程的停产以及其他方面的补偿、补助。包括土地补偿费和安置补助费、划拨用地补偿费、征用土地补偿费、房屋及附属建筑物补偿费、青苗补偿费、林木补偿费、农副业及个人所有文化设施补偿费、搬迁补偿费、停产损失费、其他补偿补助费等。

工程建设费包括基础设施工程、专业项目和库底清理等项目的建筑工程费、设备及安装费和工程建设其他费，按项目类型和规模，根据相应行业和地区的有关规定按照不重不漏的原则计列费用。

水利行业的独立费用包括其他费用和有关税费。其他费用包括前期工作费、综合勘测设计科研费、实施管理费、实施机构开办费、技术培训费、监督评估费和咨询服务费等费用；有关税费包括耕地占用税、耕地开垦费、森林植被恢复费等。

水电行业的独立费用包括项目建设管理费、移民安置实施阶段科研和综合设计（综合设代）费以及其他税费等。项目建设管理费包括工程前期费、建设单位管理费、移民安置规划配合工作费、建设征地移民安置管理费、移民安置监督评估费、咨询服务费、项目技术经济评审费等；移民安置实施阶段科研和综合设计（综合设代）费，是指移民安置实施阶段为解决项目建设征地移民安置的技术问题而进行必要的科学研究、试验以及统筹协调移民安置规划的后续设计，把关农村居民点、迁建集镇、迁建城市、专业项目等移民安置项目的技术接口，设计文件汇总和派驻综合设代、进行综合设计交底所发生的费用；其他税费是指根据国家和项目所在省、自治区、直辖市的政策法规的规定需要缴纳的费用，包括耕地占用税、耕地开垦费、森林植被恢复费、工程建设质量监督费和其他税费等。

预备费应包括基本预备费和价差预备费两项费用。

五、投资概（估）算编制基本方法

（一）农村部分补偿费

1. 征收土地补偿费和安置补助费

1）耕地土地补偿费和安置补助费

耕地土地补偿费和安置补助费之和按下式计算：

耕地土地补偿费和安置补助费之和 = 耕地设计亩产值 × 补偿标准倍数　　　　(8-5)

耕地设计亩产值一般用编制概算时可收集到的最近的国民经济统计资料中前三年平均年亩产量计及一定的产量增长和概算编制确定的价格水平期的物价计算。

补偿标准倍数按照《大中型水利水电工程建设征地补偿和移民安置条例》规定取值。

2）除耕地外的其他土地补偿费和安置补助费

除耕地外的其他土地补偿费和安置补助费，按照《大中型水利水电工程建设征地补偿和移民安置条例》和有关省、自治区、直辖市颁布的有关规定计算。

征收土地的土地补偿费和安置补助费，应确保使需要安置的移民保持原有生活水平。

2. 房屋及附属建筑物补偿费

按照不同结构类型、质量标准的重建价格编制房屋及附属建筑物补偿单价。可选择征地区域几种主要类型的房屋，进行建筑设计，按当地建筑定额及工料价格，计算其造价，并以此为按重置全价计算补偿费的依据。原住窑洞在安置区不能复建的，可按当地居民基本的住房标准计列补偿费。房屋及附属建筑物补偿费，按照补偿概算实物指标中各类房屋结构的面积、附属建筑物数量和相应的补偿单价计算。

3. 农副业设施补偿费

农副业设施补偿费按原有设施状况、规模和标准计算。

4. 农村小型水利电力设施补偿费

对农村的小型水电站、抽水泵站、排涝泵站、灌溉渠道、输变电工程、水库、水塘等设施，按原有规模和标准，结合移民安置规划，扣除可利用的设备材料后计算。

5. 农村居民点建设投资

农村居民点建设投资包括移民新居民点的新址建设用地费和基础设施投资。基础设施投资包括场地平整及挡墙护坡、供水、供电、村庄道路、排水等设施，采用规划设计成果。

6. 移民搬迁费

移民搬迁费包括移民个人或集体在搬迁时的车船运输、食宿、医药、误工、物资损失和临时住房补贴，一般按迁移距离、物资数量、运输方式和时间等情况分项计算。

7. 其他补偿费

其他补偿费包括零星果木、树木补偿及坟墓迁移补偿费和其他必要的补助。

（二）城镇、集镇部分补偿费

（1）新址征地和场地平整费。包括新址征地及地面附着物补偿、新址移民拆迁、场地平整、挡护工程及临建工程等项目，按规划设计工程量进行计算。

（2）道路、对外交通复建费。包括镇外连接道路、码头（渡口）工程，镇内主支街（巷）道等项目，按规划设计进行计算。

（3）集镇公共建筑和公用工程设施复建费、城镇公共设施和市政公用设施复建费。包括新址供水、排水、防洪、供电、电信、广播电视、环卫、农贸市场、消防等项目，本着“原规模、原标准”的原则，按照迁建规划设计成果分项计算。

（4）居民迁移补偿费。包括居民个人所有的各类房屋及附属建筑物补偿、搬迁运输费和其他费用。

（5）企业补偿费，分搬迁安置补偿费或货币补偿处理费两类计算。

搬迁安置补偿费包括设施设备处理补偿费、物资处理补偿费、停产损失补助费和其他费用等，根据规划设计成果计列。①设施设备处理补偿费包括设施处理补偿费和设备处理补偿费。设施处理补偿费分为设施建设费和设施补偿费。设施建设费根据迁建规划设计成果的工程量和相应单价计算；设施补偿费为搬迁前仍使用但无法或难以迁建的设施的补偿费，按照搬迁地的重置价格计算。设备处理补偿费包括可搬迁利用设备补偿费和不可搬迁利用设备补偿费。可搬迁利用设备补偿费根据设备的拆卸、运输、安装、调试等费用计算；不可搬迁利用设备补偿费按照重置价格计算。②物资处理补偿费，分为物资运输费和物资损失费。物资运输费包括物资的装卸、运杂等费用，根据纳入运输物资的数量和相应单价计算。物资损失费,根据运输物资的特点测算物资损失数量,分析相应单价计算。③停产损失补助费,根据规划的停产期和分析的工资、利润损失计算。④其他费用,按照企业所属行业规定计算。有企业处理规划设计的,按照企业处理规划设计成果计列。需要将企业房屋及附属建筑物的补偿费计列到企业的处理费的,应在计算农村移民房屋及附属建筑物补偿费时扣除企业的房屋及附属建筑物实物指标,企业的房屋及附属建筑物补偿费的计算方法同房屋及附属建筑物补偿费。

货币补偿处理费,根据补偿评估的结果计列。

(6)行政事业单位迁建补偿费,包括房屋及附属建筑物补偿费、设施设备处理补偿费、物资处理补偿费等。房屋及附属建筑物补偿费按照补偿概算实物指标中分类数量和相应的补偿单价计算;设施设备处理补偿费、物资处理补偿费按照企业补偿费的计算方法计算。

(三)专业项目补偿费

铁路、公路、电信、广播电视线路、航运设施、水利水电设施、企业、防护工程、库周交通恢复复建投资及文物古迹处理费,本着“原规模、原标准”的原则,按照迁建规划设计成果分项计算。

国营农、林、牧、渔场补偿,军事设施、风景名胜区、自然保护区、水文站、测量永久标志等项目处理,根据其受影响实物指标和规划设计成果计列。

(四)库底清理

库底清理费用包括建筑物清理费、卫生清理费、林木清理费、坟墓清理费、其他清理费、其他费用等。建筑物清理费、卫生清理费、林木清理费、坟墓清理费、其他清理费等按照同阶段库底清理设计的设计工程量与相应单价计算。其他费用按有关规定计算。

(五)环境保护和水土保持费用

水电工程建设征地移民安置补偿费用概(估)算中的项目。

环境保护和水土保持费用包括环境保护费用和水土保持费用。

环境保护费用包括环境保护措施费、环境监测费、仪器及安装费、临时措施费、独立费用等,按同阶段环境保护设计的成果计列。

水土保持费用包括工程措施费、植物措施费、施工临时工程费、独立费用、基本预备费等。按照同阶段水土保持设计的计列。

(六)独立费用

1.水电行业独立费用计算

独立费用包括项目建设管理费、移民安置实施阶段科研和综合设计费、其他税费等。建设征地移民安置补偿项目费用由农村部分补偿费用、城镇及集镇部分补偿费用、专业项目处理补偿费用、库底清理费用、环境保护和水土保持费用组成。

项目建设管理费包括建设单位管理费、移民安置规划配合工作费、实施管理费、移民技术培训费、移民安置监督评估费、咨询服务费、项目技术经济评估审查费等。

移民安置实施阶段科研和综合设计(综合设代)费包括科研试验费、综合设计(综合设代)费。

其他税费包括耕地占用税、耕地开垦费、森林植被恢复费、新菜地开发建设基金等。

2. 水利行业独立费用计算

1) 其他费用

其他费用包括前期工作费、科研勘测设计费、实施管理费、实施机构开办费、技术培训费、监督评估费、咨询服务费。

2) 有关税费

有关税费包括耕地占用税、森林植被恢复费、耕地开垦费。

(七)预备费

1. 基本预备费

水利行业,基本预备费按农村部分、城镇和集镇部分、专业项目(工业企业、防护工程)、库底清理、其他费用等七部分费用之和乘以费率计列。可行性研究报告阶段基本预备费费率取12%;项目建议书阶段基本预备费费率取15%;初步设计阶段基本预备费费率取8%;技施设计阶段基本预备费费率取5%。

水电行业,基本预备费为按照农村部分补偿费用、城镇和集镇部分补偿费用、专业项目处理补偿费用、库底清理费用、环境保护和水土保持费用、独立费用分别乘以相应费率计算。预可行性研究报告阶段,基本预备费费率统一采用20%;可行性研究报告阶段,按照各项目费用分别取值计算后,统一合计基本预备费,各项目不单独计列基本预备费。其中,农村部分补偿费用、城镇和集镇部分补偿费用、库底清理费用、独立费用等部分的基本预备费按5%的费率取值计算,专业项目处理补偿费用、环境保护和水土保持费用等部分的基本预备费,执行相应行业的规定取值计算。

2. 价差预备费

价差预备费以分年度的静态投资(包括分年度支付的有关税费)为计算基数,按照枢纽工程概算编制所采用的价差预备费率计算。

第九章　水土保持

第一节　水土流失及其防治

一、基本概念

（一）水土流失与土壤侵蚀

水土流失是指水土资源的破坏与损失，包括水损失与土壤侵蚀、山洪和泥石流等。

土壤侵蚀是指土壤及其母质在外营力的作用下，被分散、剥离、搬运和沉积的全过程。

（二）土壤保持与水土保持

土壤保持是指土壤或土地资源的保护、改良与合理利用。

水土保持是指水土资源的保护、改良与合理利用。

（三）土壤侵蚀模数、输沙模数和输移比

土壤侵蚀模数是指单位面积和单位时间段内的土壤侵蚀量，其单位名称采用$t/(km^2 \cdot a)$。

输沙模数是指某一粒径范围内的泥沙在单位面积、单位时间内通过河流某一断面的泥沙量，单位采用 $t/(km^2 \cdot a)$。

输移比是指输沙模数与土壤侵蚀模数的比值。

（四）土壤流失量与容许流失量

土壤流失量是指单位面积和单位时间段内的土壤流失量（指水蚀），不包括沉积量，一般采用小区观测法获取，单位为 $t/(km^2 \cdot a)$。美国土壤通用流失方程指水蚀中的面蚀部分（含细沟侵蚀）。

容许流失量是指在长时期内能保持土壤肥力和维持生产力基本稳定的最大流失量。实际上就是成土速率与侵蚀速率相等时的土壤流失量。

（五）土壤侵蚀程度与土壤侵蚀强度

土壤侵蚀程度是指土壤受侵蚀后所达到的不同阶段，或者说明当前的状态。通常用侵蚀土壤剖面加以判断。

土壤侵蚀强度是指土壤在外营力作用下，单位面积、单位时间段内被剥蚀并发生位移的侵蚀量。通常用侵蚀模数表达。实际是反映了土壤可能的侵蚀量。

侵蚀强度大并不意味着侵蚀程度严重，侵蚀强度小也不意味着侵蚀程度小。如黄土高原侵蚀强度大但程度并不严重，而云贵高原侵蚀强度小，但侵蚀程度相当严重。

（六）水力侵蚀与风力侵蚀

水力侵蚀简称水蚀，是指土壤、土体或其他地面组成物质在降水、地表径流、地下径流作用下，被破坏、搬运和沉积的过程。

风力侵蚀简称风蚀，是指在气流的冲击下，土粒、沙粒或岩石碎屑脱离地表，被搬运和沉积的过程。

（七）重力侵蚀和混合侵蚀

重力侵蚀是指地面岩体或土体物质在重力作用下失去平衡而产生位移的过程。

混合侵蚀是指山区沟道（或坡面）松散固体物质在水力和重力共同作用下而发生的水、土（石）、气混合流（亦称超饱和固体径流），通常称为泥石流。

（八）冻融侵蚀和其他侵蚀（冰川侵蚀等）

冻融侵蚀是指在高寒地区由于寒冻和热融交替进行，使土体和松散物质发生蠕动、滑塌、泥流等的过程。

其他侵蚀包括：在冰川作用下形成的侵蚀称为冰川侵蚀；河流、海潮冲刷形成的侵蚀称为河岸侵蚀和海岸侵蚀等。

（九）正常侵蚀与加速侵蚀

正常侵蚀是指在自然状态且没有人类干扰的情况下，由自然因素引起的地表侵蚀（可能在人类出现以前或以后）。

加速侵蚀是指由于人类活动加剧和扩大了某些自然因素的作用或突发性自然因素变化而引起的地表土壤破坏和移动的过程。

（十）古代侵蚀和现代侵蚀

古代侵蚀是指人类尚未出现的史前，由于地质运动和海陆变迁引起地表物质的搬运和移动，实质是一种地质侵蚀。

现代侵蚀是指人类出现后，受人类活动影响而产生的土壤侵蚀现象。

无论是古代还是现代，只要没有人类直接或间接的影响，而出现侵蚀速率大于成土速率的侵蚀（如地震、火山等），都称为地质侵蚀。

人类大规模的生产建设活动造成的土壤加速侵蚀，称为现代加速侵蚀。

（十一）地面径流与水损失

地面径流是指当降水强度大于入渗强度，或亚表层有隔水层时，地表形成积水并汇集，以坡面水流形式向低处移动，称为地面径流。地面径流最终汇入河流。地面径流是造成水力侵蚀，特别是沟蚀的主要营力。

水损失是指由于人类活动而导致局地正常水循环遭受破坏，而使水分以径流、蒸散、渗漏等形式而损失，从而导致干旱、洪水等灾害的一种水土流失形式。如城市地面硬化后，入渗量减小，地面径流加剧造成的水损失，对城市地下水位、城市排水、防洪产生负面的影响。

（十二）水土流失防治责任范围、项目建设区和直接影响区

水土流失防治责任范围是项目建设单位依法应承担水土流失防治义务的区域，由项目建设区和直接影响区组成。

项目建设区是指开发建设项目建设征地、占地、使用及管辖的地域。

直接影响区是指在项目建设过程中可能对项目建设区以外造成水土流失危害的地域。

（十三）水土流失治理度和植被覆盖率

水土流失治理度是指某一区域或流域内水土流失治理面积占水土流失总面积的百分比。

植被覆盖率是指某一区域或流域内林草面积（林分郁闭度 >20% 的面积、灌草覆盖度 >40% 的面积）占区域或流域总面积的百分比。

二、我国土壤侵蚀类型及其分区

土壤侵蚀分类是为了查明土壤侵蚀现状，分析其产生的原因，掌握其今后发生发展的潜在危险性，以便于因害设防进行综合防治。根据土壤侵蚀发生的条件、形式及其发生的地形地貌部位，在采取综合措施防治土壤侵蚀的同时，因地制宜地合理利用土地，使其发挥最大的社会、经济、生态等方面的效益。

（一）土壤侵蚀类型和形式

1. 土壤侵蚀类型

土壤侵蚀类型是指不同的侵蚀外营力（具体表现为降水、风、重力、冻融、冰川等）作用于不同类型地表所形成的侵蚀类别和形态。按外营力性质可将土壤侵蚀类型划分为水力侵蚀、风力侵蚀、重力侵蚀、冻融侵蚀、混合侵蚀（泥石流）和人为侵蚀等。

2. 土壤侵蚀形式

土壤侵蚀类型又可根据侵蚀发生的外部形态，分为不同的形式，如水力侵蚀类型可分为溅蚀、面蚀、沟蚀等。实际上不同的土壤侵蚀形式之间往往互为因果，它们相互作用、相互制约、相互影响，有着极为密切的关系。

1）水力侵蚀（水蚀）形式

（1）溅蚀（Splash Erosion）。当裸露坡面受到雨滴打击时，土壤颗粒被溅起，溅起的土粒落回坡面时，下坡方向比上坡方向落得多，因而土粒呈向下坡方向移动的趋势，加之分散地面薄层漫流的形成和影响，土粒随之流失，这种现象称为溅蚀。

（2）面蚀（Surface Erosion）。是指由于分散的地表径流冲刷坡面表层土粒的侵蚀形式。坡耕地上呈薄层状剥蚀称层状面蚀，也叫片蚀；荒草地上呈鳞片状剥蚀的称为鳞片状面蚀；石多土薄的土地因面蚀而使土越来越少，砂砾越来越多的称为砂砾化面蚀；分散的细小股流冲刷形成的面蚀称为细沟状面蚀（细沟深小于 20 cm）。

（3）沟蚀（Gully Erosion）。是指由小股流汇集成的地表径流（股流或沟槽流）冲刷破坏土壤及其母质，形成切入地表以下沟壑的土壤侵蚀形式。或者说细沟蚀进一步加深、加宽、加长，当沟深超过 20 cm 时，即变成沟蚀。沟蚀形成的沟壑称为侵蚀沟。根据沟蚀程度及表现的形态，沟蚀可以分为浅沟侵蚀和切沟侵蚀等不同类型。沟蚀虽不如面蚀涉及面广，但其侵蚀量大，速度快，且把完整的坡面切割成沟壑密布、面积零散的小块坡地，使耕地面积减小，对农业生产的危害亦十分严重。

2）风力侵蚀形式

由于风速和地表组成物质的大小及质量不同，风力对土、沙、石粒的吹移搬运有吹扬、跃移和滚动三种形式。

（1）吹扬。是指粒径小于 0.1 mm 的沙粒和黏粒（其质量极小）被风卷扬至高空，随风运行的风蚀形式。

（2）跃移。是指粒径为 0.25 ~ 0.5 mm 的中细沙粒，在风力冲击下脱离地表，升到离地面 10 cm 高度后，受到比在地表处较大的水平风力及本身的重力影响时，而使沙粒沿着两者的合力方向急速下降，返回地表，并以较大的能量撞击地表，使一些较大的沙粒向前移动，如此反复的风蚀形式。

(3)滚动。是指粒径为0.5～2 mm的较大颗粒，不易被风吹离地表，沿沙面滚动或滑动的风蚀形式。

在上述三种移动方式中，以跃移为主要方式。从重黏土到细沙的各类土壤，一般跃移占55%～72%，滚动占7%～25%，吹扬占3%～28%。

3)重力侵蚀形式

重力侵蚀是在地球引力作用下产生的一种块体移动。根据其形态可分为泻溜、崩塌、滑坡、崩岗等。

(1)泻溜。是指崖壁、陡坡上的岩体因干湿、冷热、冻融交替而破碎产生的岩屑，在重力的作用下，沿坡面向下滚落或滑落的现象。

(2)崩塌。是指斜坡岩土的剪应力大于抗剪强度，岩土的剪切破裂面上发生明显位移，即向临空方向突然倾倒，岩土破裂，顺坡翻滚而下的现象。

(3)滑坡。是指斜坡岩体或土体在重力的作用下，沿某一特定的组合面而产生的整体滑动现象。

4)冻融侵蚀形式

冻融侵蚀在我国主要发生在青藏高原等高寒地区，其侵蚀形式主要有地表土体和松散物质发生蠕动、滑塌和泥流等现象。

5)人为侵蚀形式

人为侵蚀实际上就是人为加速侵蚀，是人们不合理地利用自然资源和经济开发中造成的新的土壤侵蚀现象。如开矿、采石、修路、建房及工程建设等扰动地表、弃土弃渣产生的泥沙流失。

事实上，侵蚀营力是相互作用的，只是在特定的条件下某一侵蚀营力起了主导作用。如滑坡往往是由于地震或降雨诱发产生的，而滑动力是重力。由于侵蚀营力复杂多样，以及地质、土壤、地形、植物覆盖和土地利用等因素的影响，使不同类型的土壤侵蚀表现出多种不同的外部形式、发展程度和不同的潜在危险性。

(二)土壤侵蚀影响因素

影响土壤侵蚀的因素十分复杂，归纳起来分为自然因素和人为因素两类。

自然因素包括地质、地貌(地形)、气候、土壤和植被，是土壤侵蚀发生、发展的潜在条件，各种因素交互作用、相互影响、相互制约。地质因素对土壤侵蚀起着支配性和控制性作用；地貌因素是地质运动的结果，特别是第四纪地貌对土壤侵蚀起着决定性作用，地质、地貌(地形)、气候、植被因子共同作用于土壤，形成了现代土壤侵蚀的基本类型与形式。自从地球出现生物，特别是植物参与了成土过程，植被一直作为土壤形成的决定性因子，没有植被就没有土壤，土壤侵蚀也就不存在，存在的仅是岩壳风化与运动。

人为因素主要是指人类生产活动对自然因素的再塑，并通过自然因素影响土壤侵蚀。自从人类在地球上出现以来，就不断以自己的各种活动对自然界施加影响，正常侵蚀的自然过程受到人为活动的干扰和越来越剧烈的影响，使土壤侵蚀现象由自然侵蚀状态转化为加速侵蚀状态。当今世界，土壤侵蚀问题越来越突出，并不是由于自然因素的突变，而主要是人类不合理的生产活动导致的。人为因素对土壤侵蚀影响的根源是比较复杂的,既有社会历史发展原因,又有现代不合理生产经营活动等方面的影响。

对于现代土壤侵蚀过程而言,气候、地形、土壤、地质和植被等自然因素是产生侵蚀的基础和潜在因素,而人为不合理活动是造成加速侵蚀的主导因素。

(三)我国土壤侵蚀类型分区

根据我国各地的自然条件特点和人类生产生活方式的不同,形成了许多具有不同特点的土壤侵蚀类型区。

按照我国地形特点和自然界某一外营力在较大区域里起主导作用的原则(发生学原则),把全国区分为3个一级土壤侵蚀类型区,即水力侵蚀类型区、风力侵蚀类型区、冻融侵蚀类型区。一级类型区下又以地质、地貌、土壤为依据(形态学原则)划分二级类型区,共分为9个二级类型区。

1. 水力侵蚀类型区

水力侵蚀类型区包括西北黄土高原、东北黑土区(低山丘陵和漫岗丘陵区)、北方土石山区、南方红壤丘陵、西南土石山区5个二级类型区。该区域(包括高原、山地、丘陵及其附近的平原)是我国工农业生产的主要地区,认识并掌握其自然概况及土壤侵蚀特征,因地制宜地防治土壤侵蚀是极为重要的。

2. 风力侵蚀类型区

风力侵蚀类型区包括三北戈壁沙漠及沙地风沙区和沿河环湖滨海平原风沙区2个二级类型区。

三北戈壁沙漠及沙地风沙区主要分布在我国西北、华北、东北西部,包括新疆、青海、甘肃、宁夏、内蒙古、陕西等省、自治区的沙漠及沙漠周围地区。

沿河环湖滨海平原风沙区包括山东黄泛平原区、鄱阳湖滨湖沙山和福建、海南等滨海风沙区。

此外,年降水量为300~400 mm的地区,为风力侵蚀与水力侵蚀交错地带,水蚀与风蚀并存,农业与牧业交错,是生态环境极为脆弱的地区,防治这一地区的侵蚀,对控制沙漠南移具有重要意义。

3. 冻融侵蚀类型区

冻融侵蚀类型区包括北方冻融侵蚀区和青藏高原冰川侵蚀区2个二级类型区。北方冻融侵蚀区主要分布在东北大兴安岭、新疆天山山地,青藏高原冰川侵蚀区主要分布在我国西部青藏高原。

三、我国土壤侵蚀分级

土壤侵蚀分类分级标准主要针对水蚀与风蚀。

我国土壤侵蚀强度分级,是以年平均侵蚀模数为判别指标。根据土壤平均侵蚀模数或平均流失厚度将土壤侵蚀强度分成微度、轻度、中度、强烈、极强烈和剧烈六级。

(一)水力侵蚀强度分级

水力侵蚀强度主要是以平均侵蚀模数或平均流失厚度作为分级标准,土壤水力侵蚀强度分级标准见表9-1。

表 9-1　土壤水力侵蚀强度分级标准

级　别	平均侵蚀模数(t/(km² · a))	平均流失厚度(mm/a)
微　度	<200,500,1 000	<0.15,0.37,0.74
轻　度	200,500,1 000~2 500	0.15,0.37,0.74~1.9
中　度	2 500~5 000	1.9~3.7
强　烈	5 000~8 000	3.7~5.9
极强烈	8 000~15 000	5.9~11.1
剧　烈	>15 000	>11.1

注:本表中流失厚度是按土壤干密度 1.35 g/cm^3 折算,各地可按当地土壤干密度计算。

为了明确土壤侵蚀治理的目标,根据水蚀地区侵蚀速率与成土速率相差较大的情况,确定5个二级类型区的土壤容许流失量,如表9-2所示。

表 9-2　各侵蚀类型区土壤容许流失量

类　型　区	土壤容许流失量(t/(km² · a))
西北黄土高原区	1 000
东北黑土区	200
北方土石山区	200
南方红壤丘陵区	500
西南土石山区	500

当缺少实测及调查侵蚀模数资料时,在经过分析后,可以运用有关侵蚀方式(面蚀、沟蚀)的指标进行分级,各分级的侵蚀模数与土壤水力侵蚀强度分级相同。土壤侵蚀强度面蚀(片蚀)分级指标见表9-3,土壤侵蚀强度沟蚀分级指标见表9-4。

表 9-3　面蚀(片蚀)分级指标

地类		地面坡度 5°~8°	8°~15°	15°~25°	25°~35°	>35°
非耕地林草覆盖度(%)	60~75	轻度	轻度	轻度	轻度	中度
	45~60	轻度	轻度	轻度	中度	强烈
	30~45	轻度	轻度	中度	强烈	极强烈
	<30	轻度	中度	强烈	极强烈	剧烈
坡耕地		轻度	中度	强烈	极强烈	剧烈

表 9-4 沟蚀分级指标

沟谷占坡面面积比(%)	<10	10 ~ 25	25 ~ 35	35 ~ 50	>50
沟壑密度(km/km^2)	1 ~ 2	2 ~ 3	3 ~ 5	5 ~ 7	>7
强度分级	轻度	中度	强烈	极强烈	剧烈

(二)重力侵蚀强度分级

重力侵蚀强度分级是根据崩塌面积占坡面面积比(%)确定的,具体指标见表 9-5。

表 9-5 重力侵蚀强度分级指标

崩塌面积占坡面面积比(%)	<10	10 ~ 15	15 ~ 20	20 ~ 30	>30
强度分级	轻度	中度	强烈	极强烈	剧烈

(三)风蚀强度分级标准

日平均风速大于或等于 5 m/s,全年累计 30 d 以上,且多年平均降水量小于 300 mm 的沙质土壤地区,应定为风蚀区。但南方及沿海的有关风蚀区,如江西鄱阳湖滨湖地区、滨海地区、福建东山等,则不在此限值之内。风蚀强度分级标准详见表 9-6。

表 9-6 风蚀强度分级标准

级 别	床面形态(地形形态)	植被覆盖度(%)(非流沙面积)	风蚀厚度(mm/a)	侵蚀模数($t/(km^2 \cdot a)$)
微度	固定沙丘、沙地和滩地	>70	<2	<200
轻度	固定沙丘、半固定沙丘、沙地	70 ~ 50	2 ~ 10	200 ~ 2 500
中度	半固定沙丘、沙地	50 ~ 30	10 ~ 25	2 500 ~ 5 000
强烈	半固定沙丘、流动沙丘、沙地	30 ~ 10	25 ~ 50	5 000 ~ 8 000
极强烈	流动沙丘、沙地	<10	50 ~ 100	8 000 ~ 1 5000
剧烈	大片流动沙丘	<10	>100	>15 000

四、水土流失防治

(一)水土流失防治及其工作内容

水土流失防治即水土保持,是指对自然因素和人为活动造成水土流失所采取的预防和治理措施。通过水土保持,保护、改良和合理利用水土资源,减少水土流失,减轻水、旱、风沙灾害,改善生态环境,促进社会经济可持续发展。水土保持是山区发展的生命线,是国民经济和社会发展的基础,是国土整治、江河治理的根本,是我们必须长期坚持的一项基本国策。国家对水土保持实行预防为主,全面规划,综合防治,因地制宜,加强管理,注重效益的方针。

现阶段我国水土保持的主要工作内容：一是预防监督，坚持“预防为主，保护优先”的方针，通过强化执法，有效控制人为造成的新的水土流失，并通过全国性、多层次的水土流失监测网络，监测、预报全国及重点地区的水土流失状况和生态环境情况，并予以公告，为国家制定水土流失治理方略提供科学依据；二是综合治理，在经济比重大、人口密集、水土流失治理任务紧迫的区域，按以小流域为单元综合治理的技术路线，加强以小型水利水土保持工程为建设重点的综合治理；三是生态修复，在地广人稀、降雨条件适宜、水土流失相对较轻的地区，实施水土保持生态修复工程，通过封育保护、转变农牧业生产方式，减少人类活动对生态环境的破坏，实现生态系统的自我修复。

1. 水土保持预防监督

预防监督是对现有的水土流失与水土保持进行调查、监测与管理，其目的是预防人为造成的新的水土流失的产生和扩大，巩固治理成果，保护和合理利用水土资源。预防监督工作应坚持“预防为主，保护优先”的方针，通过强化执法，有效控制人为造成的新的水土流失。水土保持预防监督开展的工作重点：一是法规体系建设；二是监督执法体系建设；三是防治水土流失的技术体系标准建设。

2. 水土保持综合治理（流域综合治理）

水土保持综合治理是以大中流域（或区域）为框架，以小流域（或小片区）为单元，采取农业（农艺）、林牧（林草）、工程等综合措施，对水土流失地区实施治理，以减少水土流失，合理利用和保护水土资源。我国水土保持综合治理的主要工作内容：一是国家和各级地方人民政府组织开展水土保持规划，有计划地对水力侵蚀地区和风力侵蚀地区实施治理，制定政策积极鼓励水土流失地区的农业集体经济组织和农民对水土流失进行治理；二是县级以上人民政府对水土流失地区建设的水土保持设施和种植的林草组织进行检查验收，对水土保持设施、试验场地、种植的林草和其他治理成果实施管护；三是组织开展水土保持试验研究。

3. 水土保持生态修复

水土保持生态修复是在水土流失地区，充分利用大自然的生态自我修复功能，以防治水土流失的重要措施。主要是在地广人稀、降雨条件适宜的地区，通过封禁、封育、转变农牧业生产方式，控制人们对大自然的过度干扰、索取和破坏，依靠生态系统的自我修复能力，提高植被覆盖率，减轻水土流失。

（二）水土保持生态建设工程技术措施

水土保持生态建设工程技术措施（或称为水土流失综合治理技术措施）可分为以下三类措施：工程措施、生物措施（或植物措施、林草措施）和耕作措施（或农业技术措施、农艺措施）。《水土保持综合治理技术规范》（GB/T 16453.1～16453.6—1996）从治理角度分为六大类措施，即坡耕地治理技术、荒地治理技术、沟壑治理技术、小型蓄排引水工程技术、风沙治理技术、崩岗治理技术。

1. 工程措施类型及其作用

水土保持生态建设工程措施一般可分坡面治理工程、山沟治理工程、山洪排导工程和小型蓄水用水工程。

1) 坡面治理工程

坡面治理工程主要包括梯田、拦水沟埂、水平沟、水平阶、鱼鳞坑、水窖(旱井)、蓄水池、沉沙凼、山坡截水沟、坡面排水沟或渠系、稳定山坡的挡土墙及其他斜坡防护工程。《水土保持综合治理技术规范》(GB/T 16453.1~16453.6—1996)将山坡截水沟、水窖(旱井)、蓄水池等归入小型蓄排引水工程。

梯田、拦水沟埂、水平沟、水平阶、鱼鳞坑等工程的作用就是通过改变小地形的方法,防止坡面水土流失,将雨水及融雪水就地拦蓄、就地入渗,减少或防止形成坡面径流,使之渗入土壤,以增加林、草、农作物可利用的土壤水。

水窖(旱井)、蓄水池等工程是将拦截的地面径流汇入贮水建筑物,供生产生活使用。

山坡截水沟、坡面排水沟或渠系工程的作用主要是将地面径流排导进入沟渠河流或引入贮水建筑物,其有助于控制侵蚀、防涝(南方),也有助于控制滑坡、崩岗等重力侵蚀。

稳定山坡的挡土墙及其他斜坡防护工程主要布设在滑坡、崩塌等重力侵蚀地区,控制重力侵蚀。

2) 山沟治理工程

山沟治理工程主要包括沟头防护工程、谷坊工程、拦沙坝、淤地坝、沟道护岸工程等。

山沟治理工程的作用在于抬高侵蚀基准,减缓沟床纵坡,防止沟头前进,控制沟底下切和沟岸扩张;同时具有调节洪峰流量,减少山洪、泥石流危害的作用。谷坊工程还可为林草措施创造条件。淤地坝则可变荒沟为良田,也是基本农田建设的重要组成部分。

一个流域内由治沟骨干工程(大型缓洪淤地坝)、淤地坝、格子坝、护岸护滩、引洪漫地组成的完整坝系工程,在我国黄土高原不仅是最为有效的水土保持措施,也是改变黄土高原农业生产条件和提高土地利用率与生产力的一项重要措施。

淤地坝工程实际上类似于小(2)型水库。所不同的是,淤地坝的库容由拦泥库容、滞洪库容和安全超高库容组成。淤地坝由坝体、溢洪道和放水建筑物组成,通过蓄引结合、蓄洪排清、轮蓄轮种、生产坝和蓄水坝结合等多种方法,使泥沙淤积成良田,并有效利用地表水资源。

3) 山洪排导工程

山洪排导工程主要有排洪沟、导流堤等。

山洪排导工程的作用主要是防止山洪、泥石流危害沟口冲积锥上的房屋、工矿企业等。

4) 小型蓄水用水工程

小型蓄水用水工程主要包括小水库、塘坝、引洪漫地淤滩造田、引水上山、人字闸等。

小型蓄水用水工程的主要作用在于将坡地径流及地下潜流拦蓄起来,一方面减少水土流失危害,另一方面可解决农村人畜用水问题、灌溉农田,提高作物产量。较大的河流通过截引洪水淤漫造地,提高土地资源利用率。

5) 风沙治理工程

风沙治理工程主要包括固沙沙障和引水拉沙造地。

固沙沙障主要用于风沙地区开发建设项目水土保持,以及为保护该地区重要工程、建筑设施、绿洲等而对流动沙丘和半流动沙丘采取的固沙措施。主要有铺草沙障、秸秆沙障、卵石沙障、黏土沙障等。固沙沙障也是为植被建设创造条件的重要措施。我国宁夏中卫地区的包兰铁路沙坡头段防护采取固沙沙障措施，是我国最早也是最成功的固沙典范。

引水拉沙造地是在有水源条件的风沙地区，应用引水（抽水）拉沙造地的工程措施，该工程源于陕西省榆林地区。配套的工程有引水渠、蓄水池、围埂、冲沙壕、排水口。

2. 林草措施类型及其作用

根据 GB/T 16453.2—1996 和 GB/T 16453.5—1996，水土保持林草措施包括水土保持造林、水土保持种草、封育治理、固沙造林、固沙种草。从水土保持林种划分可分为水源涵养林、水土保持林、农田防护林、防风固沙林。从生态工程角度可分为林业生态工程、林草复合生态工程、农林复合生态工程等。

1）水土保持造林

水土保持造林包括坡面防蚀林、护坡薪炭林、护坡用材林、护坡放牧林、护坡经济林、梯田地坎造林、水流调节林、护岸护滩林等。

水土保持林是以调节地表径流，控制水土流失，保障山区、丘陵区农、林、牧、副、渔等生产用地，水利设施，以及沟壑、河川的水土条件为经营目的森林。

2）水源涵养林

水源涵养林是以涵养水源、调节河川径流、消减洪峰、改善水质为目的而经营和营造的森林。包括天然林经营、次生林改造、疏林地改造、人工林营造等。

3）水土保持种草

水土保持种草是以控制水土流失为主要目的，兼顾畜牧业发展的人工种草措施。包括人工刈割草地、护坡种草、天然草地人工改良等。

4）封育治理

封育治理是在有水土流失的荒坡、疏林地、天然草地上采取的封禁、抚育与治理相结合的措施，实现林草植被的恢复，防治水土流失。可分为封山育林和封坡（场）育草。

5）防风固沙造林

防风固沙造林主要包括防风固沙基干林带、农田防护林网、沿海岸线防风林带、风口造林、片状固沙造林。

防风固沙造林是在风蚀和风沙地区，通过各种措施改良土地后，进行人工造林，目的是控制风蚀和风沙危害。

6）固沙种草

固沙种草是在林带已基本控制风蚀和流沙移动的沙地上进行大面积人工种草。目的是进一步控制风蚀与风沙危害。

7）农林复合生态工程

农林复合生态工程是指在同一土地管理单元上，人为地将多年生木本植物（乔木、灌木和竹类）与其他栽培植物（农作物、药用植物、经济植物、真菌等）或动物，在空间上按一定的结构和时序结合起来的一种复合生态工程。在水土流失地区采取此种水土保持措施，不仅能够控制水土流失、改善生态环境，而且能够建立长期稳定、高效的生态系统。水土流失地区此类措施可称为水土保持复合生态工程。

8)生态修复

生态修复在学术界包括生态恢复、重建和改建,其内涵大体上可以理解为通过外界力量使受损(开挖、占压、污染、全球气候变化、自然灾害等)的生态系统得到恢复、重建或改建。其外延可理解为环境生态修复工程、生态重建、生态工程建设和生态自我修复。

水土保持生态修复主要做法有:封山禁牧、轮牧、休牧,改放牧为舍饲养畜,保障生态用水,促进植被恢复。同时,加快这些地区的基本农田、水利基础设施建设,改善农村生产生活条件,发展集约高效农牧业,增加农民的经济收入,实现"小开发,大保护";发展沼气和以电代柴,实施生态移民,确保农牧民安居乐业和社会稳定,为生态修复创造条件,促进大面积生态修复。

3. 耕作(农艺)措施类型及其作用

耕作措施即保水保土耕作法,也称水土保持农艺措施,是在坡耕地(或风蚀地区耕地)上通过农田耕作技术,保持水土的措施。广泛适用于我国水蚀地区和水蚀风蚀交错区。主要有改变微地形、增加地面覆盖、增加土壤入渗和提高土壤抗蚀力。目的是保水保土,减轻土壤侵蚀,提高作物产量。

(1)第一类耕作法是通过耕作改变坡耕地的微地形,使之能容蓄雨水,既便于耕作,又减轻水土流失,提高作物产量。主要措施有等高耕作、沟垄耕作、掏钵种植、休闲地水平犁沟、抗旱丰产沟等。

(2)第二类耕作法是通过增加地面植被覆盖(包括活地被,如牧草;死地被,如秸秆、残茬等),控制水蚀风蚀的一种水土保持措施。主要措施有草田轮作、间作、套种带状种植、合理密植、休闲地种绿肥、残茬覆盖、秸秆覆盖、覆膜种植、沙田、少耕免耕等。国外称为覆盖耕作技术。

(3)第三类耕作法是通过增施有机肥、深耕改土、培肥地力等改变土壤物理化学性质的措施,增加土壤入渗和提高土壤抗蚀力,以减轻土壤冲刷的水土保持措施,主要包括深耕、松土、增施有机肥、留茬播种等。

以上每一种水土保持耕作措施可能同时具有几种功能,分类时是根据其主要功能进行的,如少耕免耕既有增加地面覆盖的作用,同时也有改变土壤物理化学性质的作用。

(三)开发建设项目水土保持措施类型和作用

开发建设项目水土保持措施大类上分为预防管理与治理措施。

1. 预防管理措施

预防管理措施主要是通过对主体工程水土保持评价(对主体工程方案比选的评价、施工组织设计的评价、主体工程中具有水土保持功能的项目评价)提出水土保持优化设计建议,在设计各阶段对主体工程设计提出水土保持约束性要求,并进行水土保持工程设计;将水土保持内容纳入工程招标投标中,在工程施工中实施水土保持工程监理,做好水土保持监测,水行政主管部门严格按照水土保持法律法规的要求,加强执法监督,控制施工过程中的水土流失;在竣工验收之前,必须首先对水土保持设施进行验收。

2. 治理措施

根据《开发建设项目水土保持技术规范》(GB 50433—2008),开发建设项目水土保持措施包括拦渣工程、斜坡防护工程、土地整治工程、防洪排导工程、降水蓄渗工程、临时防治工程、植被建设工程、防风固沙工程等8类。

(1)拦渣工程是指对开发建设活动产生的弃土、弃渣采取的拦挡保护措施,目的是控制由于弃渣造成的水土流失。

(2)斜坡防护工程是指对开发建设项目建设生产活动过程中形成的各边坡采取的防护措施,目的是防止坡面水流冲刷和重力侵蚀。

(3)土地整治工程是指对开发建设项目扰动和损坏的土地恢复到可利用状态而采取的工程措施。

(4)防洪排导工程是指开发建设项目在建设和生产活动过程中为了防治水土流失所采取的各种防洪与排导工程。

(5)降水蓄渗工程主要是指项目在建设和生产过程中对地面径流进行蓄排引用所采取的措施。这对北方干旱半干旱地区尤为重要。

(6)临时防护工程是指对开发建设项目的开挖面、人工堆垫边坡、土石渣临时堆放地等进行临时防护的工程,目的是控制施工过程中的水土流失。

(7)植被建设工程是指在防治责任范围内对各类可绿化的面积采取的植物防护或恢复措施,包括各类扰动面、挖损面、堆垫面及边坡的人工植被建设或封育恢复措施。

(8)防风固沙工程是指在风沙区实施的防风固沙措施。

第二节　水土保持规划设计

一、水土保持技术标准

水土保持作为生态建设的主体,是一项融社会、经济、环境为一体的系统工程,其技术标准体系建设十分重要。由于水土保持是一门新兴学科,学科体系尚须进一步完善,技术标准体系建设也在不断推进。随着我国生态建设进程的加快,国家对生态建设项目规划设计、施工、监测、监督、单项工程验收及项目竣工验收等要求越来越严格,很多新的技术标准和规范需要不断完善和制定。目前,在实际工作中首先须引用水土保持现有的技术标准和规范;其次应参照水利行业及其他相关行业的标准和规范。

(一)重要标准的主要内容

1.《水土保持综合治理规划通则》(GB/T 15772—1995)

本标准规定了编制水土保持综合治理规划的任务、内容、程序、方法、成果整理等的基本要求。本标准是在水土保持生态建设项目实施基本建设程序管理之前颁布的标准,应用时必须与水土保持前期工作暂行规定结合使用。

本标准规定规划的任务以治理为主:一是在综合调查的基础上,调整土地利用结构和农村产业结构,因地制宜地提出各项水土保持防治措施配置及技术要求;二是分析各项措施所需的劳工、物资和经费,在规划期内(小面积3~5年,大面积5~10年)安排好治理进度,预测规划实施后的效益,提出规范实施的保障措施。土地利用规划是水土保持各项措施规划的基础。

2.《水土保持综合治理技术规范》(GB/T 16453.1 ~16453.6—1996)

本标准包括了坡耕地治理、荒地治理、沟壑治理、风沙治理、崩岗治理和小型蓄引用水工程6个技术标准,主要是规定各项治理的具体措施及设计、施工、验收的技术要求。

3.《水土保持综合治理效益计算方法》(GB/T 15774—1995)

本标准确定了水土保持治理效益的综合指标体系,规定了水土保持综合治理效益计算的原则、内容和方法。适用于水蚀地区和水蚀、风蚀交错地区小流域水土保持综合治理的效益计算,同时在大、中流域和不同范围行政单元(如省、地、县、乡、村)的水土保持综合治理效益计算中也可采用。本标准将水土保持效益分为基础效益(保水保土效益)、经济效益、社会效益和生态效益四类,分别提出了相应的计算方法。

该标准规定的水土保持效益计算方法主要适用于水蚀与水蚀、风蚀交错地区小流域综合治理的效益计算,同时在大、中流域和不同范围行政单元的水土保持综合治理效益计算中也可采用。

4.《水土保持综合治理验收规范》(GB/T 15772—1995)

本标准规定了水土保持工程验收的分类、各类验收的条件、组织、内容、程序、成果要求、成果评价和建立技术档案。适用于以小流域为单元的水土保持综合治理验收。大、中流域或县以上大面积重点治理区,以小流域为单元的治理区可参照使用。该标准规定:水土保持林、防风固沙林、农田防护林网当年造林成活率应达到80%以上。

5.《开发建设项目水土保持技术规范》(GB 50433—2008)

本规范适用于建设或生产过程中可能引起水土流失的开发建设项目的水土流失防治。

本规范规定了开发建设项目水土流失防治任务及责任范围,水土流失防治应达到的目标;水土保持各设计阶段任务;水土保持方案主要编制内容、水土保持初步设计专章内容以及拦渣工程、斜坡防护工程、土地整治工程、防洪排导工程、降水蓄渗工程、临时防治工程、植被建设工程、防风固沙工程等的技术要求。

6.《水土保持监测技术规程》(SL 277—2002)

本规程为水利行业标准,规定了水土保持监测网络的职责和任务,监测站网布设原则和选址要求;宏观区域、中小流域和开发建设项目的监测项目和监测方法;遥感监测、地面观测和调查等不同监测方法的使用范围、内容、技术要求,以及监测数据处理、资料整编和质量保证的方法;不同开发建设项目水土流失监测的监测项目、监测时段确定和监测方法。

7.《水土保持治沟骨干工程技术规范》(SL 289—2003)和《水坠坝设计规范》(SL 302—2004)

《水土保持治沟骨干工程技术规范》(SL 289—2003)为水利行业标准,适用于黄河流域水土流失严重地区的水土保持治沟骨干工程的建设及管理运用,其他流域可参照使用。本规范主要包括总则、规划设计、施工管理三部分,明确骨干工程定义及作用、建设规模、建设要求、等级划分及设计标准、建设程序,规定了骨干工程规划、水文计算、各设计阶段的要求,以及施工和管理方面的技术要求。《水坠坝设计规范》(SL 302—2004)是针对水坠坝(水力冲填坝),即是利用水力和重力将高位土场土料冲拌成一定浓度的泥浆,引流到坝面，经脱水固结形成土坝的设计规范。

（二）强制性标准及条文

（1）《开发建设项目水土保持技术规范》（GB 50433—2008）强制性标准及条文共13条72款，具体见技术规范。

（2）《开发建设项目水土流失防治标准》（GB 50434—2008）强制性标准及条文共1条3款，具体见防治标准。

（3）《水土保持治沟骨干工程技术规范》（SL 289—2003）强制性标准及条文共14条8款，具体见技术规范。

二、水土保持前期工作

（一）水土保持生态建设工程

1. 前期工作程序

2000年5月水利部印发了《水土保持前期工作暂行规定》（水保[2000]187号），2006年水利部颁发了《水土保持规划编制规程》（SL 335—2006），2008年水利部水利水电规划设计总院组织编制了《水土保持工程项目建议书编制规程》（报批稿）、《水土保持工程可行性研究报告编制规程》（报批稿）、《水土保持工程初步设计报告编制规程》（报批稿），本书以上述编制规程为依据。

水土保持前期工作划分为规划、项目建议书、可行性研究、初步设计四个阶段。第一步是编制水土保持规划，按《中华人民共和国水土保持法》的规定，该规划须经县级以上人民政府批准后指导今后一定时期内的水土保持生态建设工作，规划中确定的重点地区和重点建设项目应成为下阶段工程立项的依据。第二步是在规划指导下，根据项目的轻重缓急，提出建议立项的工程项目，编制项目建议书。当项目建议书被批准后，即视为项目已立项。第三步是开展项目的可行性研究工作，编制可行性研究报告，该报告一经批准，则工程项目正式立项。第四步是完成水土保持初步设计，经有关部门审批后，列入年度计划拨款兴建。

2. 各阶段的内容与深度要求

1）规划阶段

生态建设规划的重点是拟定水土流失防治方向，提出各类型区防治措施的总体布局方案和主要防治措施，对近远期防治进度提出指导性意见。规划一般是以省、地、县为单位编制，有的以江河流域、支流或特定区域为单位进行编制。《水土保持规划编制规程》（SL 335—2006）中对规划的时限做了明确规定，即省级以上规划为10～20年，最长不超过30年；地、县级规划为10年。规划编制应研究近期和远期两个水平年，近期水平年为5～10年，远期水平年10～20年，并以近期为重点。水平年应与国民经济计划及长远规划的时段尽可能一致。

规划阶段应对规划区域的基本情况做宏观说明；重点研究和论证治理开发方向、任务和目标。因地制宜地提出防治措施，按照水土流失类型分区分类指导，拟定防治进度，明确近期安排，估算工程量和投资，预测规划实施后的综合效益并进行经济评价，提出优先实施的项目、排序、规划实施的组织管理措施。

2）项目建议书阶段

项目建议书应根据国民经济和社会发展规划与地区经济发展规划的总要求，在经批准的区域综合规划、江河流域（河段）规划、水土保持规划等相关规划的基础上，明确现状水平年和设计水平年，对项目所在行政区域的自然条件、社会经济条件、水土保持基本情况进行必要的调查，充分论证项目建设的必要性；提出建设任务、目标和规模，基本选定项目区，并对项目区的工程建设条件进行必要的调查，在可靠的资料基础上，提出项目建设的总体方案，进行典型设计，估算工程投资；评价项目建设的可行性和合理性。

3）可行性研究阶段

可行性研究阶段重点是论述项目建设的必要性，确定项目建设任务和主次顺序；确定建设目标和规模，选定项目区，明确重点建设小流域（或片区），对水土保持单项工程应明确建设规模；明确现状水平年和设计水平年，查明并分析项目区自然条件、社会经济技术条件、水土流失及其防治状况等基本建设条件；水土保持单项工程涉及工程地质问题的，应查明主要工程地质条件；提出水土流失防治分区，确定工程总体布局。根据建设规模和分区，选择一定数量的典型小流域进行措施设计，并推算措施数量；对单项工程应确定位置，并初步明确工程型式及主要技术指标；估算工程量，基本确定施工组织形式、施工方法和要求、总工期及进度安排；初步确定水土保持监测方案；基本确定技术支持方案；明确管理机构，提出项目建设管理模式和运行管护方式；估算工程投资，提出资金筹措方案；分析主要经济评价指标，评价项目的国民经济合理性和可行性。对利用外资项目，还应提出融资方案并评价项目的财务可行性。可行性研究的工作范围应与项目建议书基本保持一致。

4）初步设计阶段

初步设计是针对综合治理的各条小流域或小片区（相当于小流域）、单项工程做具体设计，指导施工。其工作范围已具体到施工地块、工点，其工作范围也由可行性研究的区域范围细化到具体的小流域。

初步设计阶段重点是复核项目建设任务和规模；查明小流域（或片区）自然、社会经济、水土流失的基本情况；水土保持工程措施应确定工程的等级、设计标准及工程布置，做出相应设计；水土保持林草措施应按立地条件类型选定树种、草种，并做出相应典型设计；封禁治理等措施应根据立地条件类型和植被类型分别做出典型设计；确定施工布置方案、条件、组织形式和方法，做出进度安排；提出工程的组织管理方式和监督管理办法；编制初步设计概算，明确资金筹措方案；明确工程的经济效益、生态效益和社会效益。

初步设计阶段水土保持措施现状图和总体布置图要有一定的精度，一般在农区图的比例尺为1∶5 000～1∶10 000，林区为1∶2.5万，牧业（风沙草原区）为1∶5万～1∶10万。

（二）开发建设项目水土保持

1. 前期工作管理程序

1）开发建设项目水土保持方案报告制度

根据《中华人民共和国水土保持法》、《中华人民共和国环境影响评价法》、《中华人民共和国水土保持法实施办法》、《建设项目环境保护管理条例》的规定，凡在生产建设过程中可能引起水土流失的开发建设项目必须编制水土保持方案，防治其造成的水土流失。

包括在山区、丘陵区、风沙区，以及在县级以上人民政府划分并公告的水土流失重点预防保护区、重点监督区和重点治理区的各类开发建设项目。

原国家发展计划委员会、环保局、水利部根据法律法规的规定，于1994年制定了《开发建设项目水土保持方案审批管理办法》，调整了建设项目立项审批的程序，首先由水行政主管部门审批水土保持方案，其次由环境保护主管部门审批环境影响报告，最后由计划主管部门审批项目的立项。管理办法中明确在开发建设项目的可行性研究阶段报批水土保持方案。2003年9月施行的《中华人民共和国环境影响评价法》第十七条又进一步明确规定："涉及水土保持的建设项目，还必须有经水行政主管部门审查同意的水土保持方案。"

2）编制水土保持方案的资质规定

为保证水土保持方案编制的质量，根据水土保持法等法律法规的规定和水利部《关于将水土保持方案编制资质移交中国水土保持学会管理的通知》（水保[2008]329号），中国水土保持学会预防监督专业委员会具体承担资格证书的申请受理、审查、颁发、延续、变更等管理工作。该资格证书分为甲、乙、丙三级，中国水土保持学会预防监督专业委员会承担甲级资格证书的申请受理、延续及变更的审查、日常检查等具体管理工作；省级水土保持学会受中国水土保持学会委托承担甲级资格证书的初审和乙、丙级资格证书的申请受理、延续及变更的审查、日常检查等具体管理工作。没有省级水土保持学会的省（自治区、直辖市），其乙、丙级资格证书的具体管理工作由中国水土保持学会预防监督专业委员会承担。

持甲级资格证书的单位，可承担各级立项的生产建设项目水土保持方案的编制工作；持乙级资格证书的单位，可承担所在省级行政区省级及以下立项的生产建设项目水土保持方案的编制工作；持丙级资格证书的单位，可承担所在省级行政区市级及以下立项的生产建设项目水土保持方案的编制工作。

3）水利工程水土保持技术文件编制

根据《水利工程水土保持技术文件编制指导意见》（水总局科[2005]3号）的规定，水利工程项目前期工作应根据工程性质、任务、规模、水土流失的影响程度等编制相应的水土保持技术文件（见表9-7）。

表9-7　水利工程项目前期工作水土保持技术文件编制要求

设计阶段	项目建议书		可行性研究		初步设计	
	主体工程	移民安置	主体工程	移民安置	主体工程	移民安置
一般	水土保持章节		水土保持方案报告书	水土保持章节	水土保持专章	水土保持篇章
规模较大	水土保持专项报告		水土保持方案报告书	水土保持章节	水土保持专章	水土保持方案报告书

2. 各阶段内主要内容

1）项目建议书阶段

简要说明项目区水土流失现状与环境状况；预防监督与治理状况；明确水土流失防治责任；初步分析项目建设过程中可能产生的水土流失影响；提出水土流失防治总体要求，

初拟水土流失防治措施体系及总体布局，提出下一阶段要解决的问题；确定水土保持投资估算的原则和依据，估算水土保持投资。

2）可行性研究阶段

开展相应深度的勘测与调查以及必要的试验研究；从水土保持角度论证主体工程设计方案的合理性及制约因素；对主体工程的选址（选线）、总体布置、施工组织、施工工艺等比选方案进行水土保持分析评价，对主体工程提出优化设计要求和推荐意见；估算弃土（石、渣）量及其流向，分析土石方平衡，初步提出分类堆放及综合利用的途径；基本确定水土流失防治责任范围、水土流失防治分区及水土流失防治目标等；分析工程建设过程中可能引起水土流失的环节、因素，定量预测水力侵蚀、风力侵蚀量及分布，定性分析引发重力侵蚀、泥石流等的可能性；定性分析开发建设所造成的水土流失危害类型及程度；确定水土流失防治措施总体布局，按防治工程分类进行典型设计并明确工程设计标准，估算工程量；对主要防治工程的类型、布置进行比选，基本确定防治方案；初步拟定水土保持工程施工组织设计；基本确定水土保持监测内容、项目、方法、时段、频次，初步选定地面监测的点位，估算所需的人工和物耗；编制水土保持工程投资估算，估算防治措施的分项投资及总投资，分析水土保持效益，定量分析水土流失防治效果；拟定水土流失防治工作的保障措施。

3）初步设计阶段

开展相应深度的勘测与调查；分区（段）复核土石方平衡情况及弃土（石、渣）场、取料场的布置；复核水土流失防治责任范围、水土流失防治分区和水土保持措施总体布局；在项目划分的基础上进行水土流失防治措施的设计，说明施工方法和质量要求，进一步细化施工组织设计；编制水土保持监测设计及实施计划；编制水土保持投资概算。

4）施工图阶段

进行水土流失防治单项工程的施工图设计；计算工程量，编制工程预算。

三、水土保持综合调查

（一）综合调查

1. 调查的目的

水土保持综合调查的目的是通过综合调查，了解规划与设计范围内的自然条件、自然资源、社会经济情况、水土流失特点、水土保持现状（成就、经验和问题），作为进行水土保持规划与设计的依据，使水土保持规划与设计能符合客观实际，更好地按照自然规律和社会经济规律办事，有利于实施，达到预期的目标和效益。

大面积水土保持规划应通过综合调查进行区划，划分类型区；根据各区的不同特点，分别采取不同的生产发展方向和防治措施布局。

2. 调查前的准备

调查前应制定统一的调查提纲和相应的调查表格，围绕编制水土保持规划与设计的需要，安排综合调查的项目和内容。调查时间较长、参加单位人员较多的，根据需要，在调查前应组织培训，使全体调查人员明确调查的目的、要求、内容和方法。

3. 调查的主要内容

(1)自然条件。包括影响水土流失的主要自然因素,如地质、地貌、降雨、土壤、植被等和影响农业生产的其他气象因素,如温度、日照、风、霜、雹等。

(2)自然资源。包括土地资源、水资源、生物资源、光热资源、矿藏资源等。水土资源评价包括各类土地的面积,土壤的质地、结构、肥力等情况;土地适宜性评价;水资源的分布和数量,地下水开发利用的经验和问题以及进一步开发利用的潜力和途径。

(3)社会经济。包括人口密度与土地利用现状,农村劳力及其使用情况,农、林、牧、副、渔等各业生产的历史、现状、前景以及经验和问题;人民经济收入、文化水平和生活条件的主要问题。

(4)水土流失及其防治现状。包括水土流失的类型、强度、程度、分布和潜在危险;水土流失对当地及其下游国民经济建设、人民生活等各方面的危害;水土流失的发展过程,引起和加剧水土流失的主要自然因素和人为因素;在人为因素中要区分历史上遗留下来的问题和新出现的两类问题;各项治理措施的数量、质量、效益,开展水土保持的主要过程和经验教训。

4. 调查的要求

大、中流域(或省、地、县)的水土保持综合调查,应根据有关资料,将调查范围划分为若干不同的类型区,在每一类型区内各选一条有代表性的小流域调查,结合各类型区的普查,得出大面积的综合调查成果。

在大面积水土保持规划的综合调查中,要充分运用有关科研和业务部门的专业调查成果或区划成果。对有关部门所做的大范围的地貌、土壤(地面组成物质)、植物、气象、农业、林业、畜牧业等已有的专业调查或专业区划成果,应经过分析,吸取其与水土保持规划有关的内容。在综合调查初期,就应索取上述有关成果,或邀请地理、地质、土壤、植物、气象、农业、林业、畜牧业各有关部门人员参加,在调查过程中对其已有成果进行验证和补充。

小流域的水土保持综合调查,应对流域内的主要分水岭、干沟和主要支沟、坡、沟和分乡、村地进行现场调查。

5. 综合调查成果

综合调查成果文字报告,包括综合调查总报告和各专项调查报告、附表和附图以及照片、录像和录音。

(二)土地利用调查

1. 调查的目的

调查的目的是通过了解土地利用情况,弄清规划设计范围内土地利用结构状况以及与农业生产结构的关系,查清与水土流失有关的不合理的土地利用问题,研究解决问题的途径和方法,使水土保持规划与设计符合客观实际,更好地按照自然规律和社会经济规律办事,有利于实施,达到预期的目标和效益。

土地利用调查成果,是水土保持规划与设计的重要组成部分,土地利用调查可与水土保持综合调查一并进行,小流域水土保持设计中土地利用调查要求详尽。

2. 调查前的准备

调查前应根据规划与设计要求，制定统一的调查提纲和相应的调查表格，围绕编制水土保持规划与设计的需要，安排综合调查的项目和内容。调查时间较长、参加单位人员较多的，根据需要，在调查前应组织培训，使全体调查人员明确调查的目的、要求、内容和方法。

3. 调查的主要内容

（1）土地利用现状。包括各类土地的数量和位置，耕地（含粮食用地与经济作物用地）；林地（含有林地，即林分郁闭度 >20%；疏林地、灌木林地、未成林造林地、苗圃、非耕地上的经济林地）、园地（果园、茶园等）；牧草地（含天然草地、改良草地和人工草地）；水域（含天然水面与人工水面）；未利用地（荒坡、荒沟、荒滩、荒沙以及难利用地，如石沟床、沙漠等）；交通用地（公路、铁路、农村道路等）、居民点及工矿用地（村庄、道路、矿区、城镇等）。

（2）土地生产力。包括农地粮食单位面积产量；经济林与果园的果品单位面积产量；天然草地的单位面积产草量和载畜量。

（3）土地利用现状评价。评价现有各类土地利用情况是否合理，指出不合理的具体情况（数量、范围与位置）和问题的关键、根源所在。

（4）土地资源评价。小面积规划与大面积规划各有不同要求。在小面积规划中通过土地详查，了解不同地块的完整程度、地面坡度、土层厚度、土壤侵蚀强度、有机质含量、砾石（砂砾）含量、pH 值、有无灌溉条件等因素，将土地分为六级。等级高的作为农、林、果、牧用地都适宜；等级低的一般不宜作农地。可依次作为经济林或人工草地和人工林地；等级最低的一般是难利用土地。根据上述原则将土地资源不同的适宜性列表，供规划与设计选用。

（三）土壤侵蚀遥感普查

遥感（Remote Sensing）是一门通过传感器“遥远”地采集目标对象的数据，并通过对数据的分析来获取有关地物目标信息的科学与技术。遥感以飞机、卫星或其他飞行器作为运载工具，以电磁能检测和度量目标性质。

遥感技术是进行流域调查的有效手段，借助卫星遥感影像，我们可以通过目视分析和人机交互等方法准确勾画流域界线，分析水系组成、流域地形地貌特征等情况；还可以进行流域面积、河流长度、河网密度等的分析量算。在流域调查的基础上制作各种专题地图，如坡度图、切割度图等，作为分析流域水土流失的重要资料。借助水文资料，可以模拟流域水文动态，进行水土流失冲刷试验，为工程施工提供参考。

借助微波辐射仪可以监测土壤含水量；利用高分辨率遥感影像可以很快地分析出河流泥沙来源、河流冲刷、冲淤情况，为河道整治、水土保持提供第一手现势性强的资料。

对于土壤侵蚀造成的水土流失，我们可以通过建立遥感信息模型的方法进行分析。如土壤侵蚀量模型就是一种综合数学、物理学、地学等学科知识，利用遥感、地理信息系统（GIS）技术对土壤侵蚀的物理过程进行研究与分析而建立起来的成因与统计相结合的模型。该类模型通过从遥感影像上提取坡度、沟谷密度、植被覆盖度、水文因子、土质因子等信息来估算侵蚀量。

《水土保持监测技术规程》(SL 277—2002)规定了遥感监测内容:一是土壤侵蚀因子,包括植被、地形和地面组成物质等影响土壤侵蚀的自然因子,以及开矿、修路、陡坡开荒、过度放牧和滥伐等人为活动;二是土壤侵蚀状况,包括类型、强度、分布及其危害等;三是水土流失防治现状,包括水土保持措施的数量和质量。

利用遥感(RS)技术、全球定位系统(GPS)技术和地理信息系统(GIS)技术可以进行水土流失动态监测。我们借助这些先进的技术,可以估算水土资源流失量、分析水土流失的空间分布、水土流失的严重程度、流失范围,进而分析造成水土流失的原因,推断在不同地点应采取的相应工程措施。集 RS 技术现势性强和多时相的特点、GPS 技术实时定位功能及 GIS 的快速数据处理和分析能力于一体,对重点水土流失地区进行全天候动态监测。

随着全球对地观测系统(EOS)的建立和高分辨率卫星遥感数据日益广泛的应用,遥感必将在国民经济建设、社会发展、资源环境管理等各个方面发挥越来越重要的作用。

四、水土保持规划设计

(一)水土保持生态建设工程规划设计要则

1. 基本原则

(1)预防为主原则。坚持预防为主,强化预防监督,按划分的重点预防保护区、重点监督区和重点治理区,实施分区防治。

(2)综合治理原则。对于水土流失重点治理区,应以重点水系为依托,以小流域为单元,因地制宜,因宜设防,科学配置各项水土保持措施。

(3)生态经济效益兼顾原则。坚持经济效益、生态效益和社会效益相结合,治理保护与开发利用相结合,近期利益与长远利益相结合。

(4)可持续发展原则。根据区域的社会经济条件和发展方向,因地制宜地调整土地利用结构和农村产业结构,合理安排各项水土保持措施,实现可持续发展。

(5)多渠道筹措资金原则。水土保持所需经费采取国家、地方、农民等多渠道筹措资金的原则。

2. 防治目标

防治目标包括预防保护与监测管理、水土流失综合治理以及科技示范与推广等,大面积规划设计的目标或分区确定。

3. 水土流失防治分区

大面积区域水土保持规划、设计中的水土流失防治分区(或称为水土保持分区)应根据水土流失重点防治分区与水土流失类型分区相结合的原则进行。小流域规划设计根据水土流失类型与强度分区,同时应充分考虑小地貌形态变化与土地利用结构。

(1)水土流失重点防治分区。全国各地大部分水土流失地区的省(直辖市、自治区)、地(市、盟、自治洲)、县(旗、自治县)已进行了水土流失重点防治区的划分(简称“三区”划分)。在实际规划设计中对于已进行“三区”划分,并进行了政府公告的地区,可不重新划分,尽量利用已有的水土保持分区成果,但应根据规划设计要求与新的变化,进行比较详细的调查,补充有关资料。在没有进行“三区”划分的地区,应在综合调查的基础上,根据水土流失的类型、强度和主要治理方向,进行水土流失重点防治分区,确定规划设计范围内的水土保持重点预防保护区、重点监督区和重点治理区,提出分区的防治对策和主要措施,并论述各区的位置、范围、面积、水土流失现状等。

(2)水土流失类型区的划分。水土保持规划应根据项目区内的水土流失特点,进行水土流失类型区的划分。在水土保持综合调查的基础上,根据规划范围内各地不同的自然条件、自然资源、社会经济和水土流失特点,将水土流失类型、强度相同或相近的划分为同一水土流失类型区,以便指导规划与实施。全国性或大江大河规划水土流失类型区的一级水土流失类型区应与目前的分区保持基本一致,亚区应保持县级行政区的完整性;县级规划水土流失类型区一般应保持乡(镇)界线的完整性,亚区应保持村级界线的完整性。

(3)分区命名规定。分区命名应以大中地貌或区域、水土流失类型、强度和三区划分结合,如太行山东麓低山丘陵区轻中度水蚀重点治理区、晋陕豫交界矿区强度人为水土流失重点监督区、六盘山天然林区轻度水蚀重点保护区等。

4. 治理措施总体布局与配置

水土保持生态建设规划设计的基础是土地利用的调整、水土流失类型及防治措施,大部分措施是以地块(小班)为单位进行布局和配置的。

(1)土地利用结构调整。应根据当地农业生产结构及产业结构调整、生态建设的要求等,充分运用当地已有的土地利用规划,通过调整对规划设计区内土地资源进行评价,确定农村各业用地,并配置相应的水土保持措施;小流域初步设计还应把农村各业用地落实到地块(小班)上,配置相应的措施。

(2)治理措施体系。根据防治目标、工程规模、水土流失防治分区、土地利用结构调整确定的农村各业用地比例,确定不同土地利用类型的水土保持措施,确定治理的措施体系。

(3)治理措施配置。基本原则是在不同的土地类型上分别配置相应的治理措施:根据需要在上述治理措施中配置小型水利水保工程,以利最大限度地控制水土流失与主体措施的稳固;在各类沟道配置各项治沟措施,做到治坡与治沟、工程与林草紧密结合,综合治理。

初步设计阶段的措施设计应参考《水土保持综合治理技术规范》(GB/T 16453.1 ~ 16453.6—1996)。

5. 预防保护规划设计

根据预防保护的对象、重要性及潜在水土流失的强度确定预防保护规划的原则,划定预防保护规划的范围。通过调查、规划与设计确定预防保护区的位置、范围、数量;预防保护区期初的人口、植被组成、森林覆盖率、林草覆盖率、水土保持现状,以及控制或达到的目标。落实的技术性与政策性措施,包括制定相关的规章制度、明确管理机构、水土保持“三区”公告发布以及采取的封禁管护、抚育更新、监督、监测等具体措施。

6. 监督管理规划与设计

按照重点监督区的划分条件,确定重点监督区,说明重点监督区域及项目的名称、位置、范围;重点监督区期初的人口、水土流失与水土保持现状、土壤侵蚀量、开发建设项目和其他人为不合理活动的数量、人为水土流失造成的危害等，同时说明期末应控制或达到的目标。落实的技术性与政策性措施，包括针对监督区制定的相关规章制度、明确管理机构、水土保持“三区”公告发布以及说明水土保持方案的编制、报批制度与“三同时”制度，监督、监测、管理等措施的具体规划设计。

7. 水土保持监测规划

水土保持监测是水土流失预防、监督和治理工作的基础。水土保持监测规划设计的内容包括：监测站点名称、布设、数量及分期建设进度；监测站点的运行、维护与管理机制与责任者；水土流失因子观测、水土流失量的测定、水土流失灾害及水土保持效益监测的内容与观测要点等。

8. 科技示范推广

阐述该规划设计区域内开展科技示范推广的意义、作用等，充分说明开展科技示范推广的必要性。确定开发建设区示范工程和综合治理开发示范工程的名称、位置、数量、示范内容及分期实施进度。在规划的示范区内，说明拟重点推广项目在该规划区以前的推广应用情况，提出需要进行的重点推广项目及内容。

对示范区及示范区内的示范推广项目进行规划设计，主要包括技术依托单位、科技人员、教育培训、推广应用机制等。分别计算各示范区建设需要的资金以及示范推广所带来的效益。

（二）开发建设项目水土保持工程设计要则

本书以开发建设项目水土保持方案编制的技术要则为主，其余阶段设计要则参见《开发建设项目水土保持技术规范》（GB 50433—2008）。

1. 编制原则

（1）“谁造成水土流失，谁负责治理”的原则。

（2）水土保持工程与主体工程同时设计、同时施工、同时投产使用的“三同时”原则。

（3）预防优先，突出临时防护的原则。坚持强化施工组织设计与管理，注重临时防护措施。

（4）生态效益优先，约束主体工程设计，综合防治，突出重点的原则。

2. 防治目标

防治目标是项目区原有水土流失和新增水土流失得到有效控制和基本治理，生态得到最大限度保护，环境得到明显改善，水土保持设施安全有效，6 项防治指标达到《开发建设项目水土流失防治标准》（GB 50434—2008）的要求。

（1）水土流失总治理度。是指在项目建设区内，水土流失治理达标面积占水土流失总面积的百分比。

（2）土壤流失控制比。是指在项目建设区内，容许土壤流失量与治理后的平均土壤流失强度之比。

（3）拦渣率。是指在项目建设区内，采取措施实际拦挡的弃土（石、渣）量与工程弃土（石、渣）总量的百分比。

（4）扰动土地整治率。是指在项目建设区内，扰动土地整治面积占扰动土地总面积的百分比。

(5)林草植被恢复率。是指在项目建设区内,林草类植被面积占可恢复林草植被(在目前经济、技术条件下适宜于恢复林草植被)面积的百分比。

(6)林草覆盖率。是指在项目建设区内,林草类植被面积占项目建设区面积的百分比。

3. 主体工程水土保持分析与评价

分析主体工程是否满足《开发建设项目水土保持技术规范》(GB 50433—2008)中第三章基本规定的要求;明确主体工程建设是否存在水土保持制约因素;通过分析评价主体工程的选线、选址、总体布置、施工方法与工艺、土石料场选址、弃土(石、渣)场选址、占地类型及面积等,从水土保持角度提出或认定推荐方案,并提出土石方调配的合理化建议;弃土(石、渣)场不符合水土保持要求的,提出新的场址;对主体工程中具有水土保持功能的项目进行分析评价,不满足水土保持要求的应提出要求或在方案中进行补充设计。

4. 水土流失调查与预测

分析建设项目施工工艺、采挖及齐土齐渣的特点,调查项目区自然环境和上地利用、经济发展方向和水平等社会经济状况,了解项目区发展规划,重点对土壤侵蚀类型、侵蚀强度和水土流失现状及防治情况进行调查。在主体工程设计功能的基础上,做出水土流失预测,为确定重点防治区域、重点防治时段和监测地段提供依据。

5. 防治责任范围及分区

根据“谁开发谁保护,谁造成水土流失,谁负责治理”的原则,通过现场查勘和调查,根据主体工程设计,经分析预测后确定水土流失防治责任范围,包括项目建设区和直接影响区。

在确定的防治责任范围内,依据主体工程布局、施工扰动特点、建设时序、地貌特征、自然属性、水土流失影响等进行水土流失防治分区,以便于进行分区分类设计。

6. 防治措施布局

在划分水土流失防治分区的基础上,根据确定的水土流失防治目标,并据此确定防治重点,提出水土保持措施的总体布局。

根据编制原则、水土流失防治目标及分区,制定分区防治措施体系。措施体系可分为水力侵蚀、风力侵蚀、重力侵蚀、泥石流等四大防治体系,此外还有水蚀风蚀交错区的防治体系以及其他防治体系。

在同一个开发建设项目中,各类防治措施体系可能交叉存在,应按照水土流失类型分区确定相应的措施体系。

7. 分区防治措施设计

根据确定的水土保持措施体系,落实各水土流失防治分区的水土保持措施,做出典型设计。

(1)拦渣工程。应在弃土(石、渣)场比选优化的基础上,根据弃土(石、渣)组成、数量、占地面积及其类型、防洪安全、地形地貌、水土流失及其危害、运渣道路、土地整治与利用等情况确定拦渣工程型式,做出设计。

(2)斜坡防护工程。选定工程型式和布置,进行稳定复合计算,确定典型断面。

(3)土地整治工程。明确水土保持土地整治的任务,基本确定覆土工艺、排蓄水措施设计及绿化工程。注意与移民安置区的土地复耕区别开来。

(4)防洪排导工程。基本选定工程型式,线路布设,按照有关规定确定防洪标准,进行水文计算,并确定断面设计。在设计过程中,应对洪水计算成果进行合理性分析。泥石流排导和停淤等工程应合理确定防治标准,基本确定工程布置,选定防治工程型式与断面。

(5)降水蓄渗工程。主要针对北方干旱半干旱地区以及西南土石山区。应根据地形条件,对产生径流的坡面采取适宜的蓄水整地工程,对径流汇集的坡面采取适宜的径流拦蓄工程。专用于植被绿化的引水、蓄水、灌溉工程应结合项目的供水排水工程布置。

(6)临时防护措施。基本确定临时道路、临时渣场、临时建筑物及施工场的临时防护措施,并做出典型设计。

(7)植被建设工程。基本明确防治责任范围内可恢复植被的面积,对暂难恢复植被的面积应分析原因,划分土地类型,初步确定树种和草种选择方案,做出典型设计。

(8)防风固沙工程。选定沙障类型、沙障材料、铺设规格、铺设工艺。

8. 水土保持监测

水土保持监测项目一般应包括:影响水土流失的主要因子、水土流失量及其危害变化以及方案实施后效益等方面的监测。

水土保持监测应包括建设期和生产运行期的监测。

(三)水土保持工程概(估)算编制

1. 主要编制依据

(1)《水土保持工程概(估)算编制规定》(水利部水总[2003]67 号):①水土保持生态建设工程概(估)算编制规定;②开发建设项目水土保持工程概(估)算编制规定。

(2)《水土保持工程概算定额》(水利部水总[2003]67 号)。

(3)《水土保持工程施工机械台时费定额》(水利部水总[2003]67 号)。

(4)《工程勘察设计收费标准》(国家发展计划委员会、建设部计价格[2002]10 号)。

2. 水土保持生态建设工程概(估)算编制规定

(1)项目划分:第一部分工程措施,第二部分林草措施,第三部分封育治理措施,第四部分独立费用。

(2)费用构成:由工程措施、林草措施和封育治理措施由直接费、间接费、企业利润和税金组成。

(3)独立费用:由建设管理费、工程建设监理费、科研勘测设计费、征地及淹没补偿费、水土流失监测费及工程质量监督费组成。

(4)预备费:由基本预备费和价差预备费组成。

(5)工程总投资:为工程措施投资、林草措施投资、封育治理措施投资、独立费用、预备费之和。

3. 开发建设项目水土保持工程概(估)算编制规定

(1)项目划分:第一部分工程措施,第二部分植物措施,第三部分施工临时工程,第四部分独立费用。

(2)费用构成:由工程措施及植物措施由直接工程费、间接费、企业利润和税金组成。

(3)独立费用:由建设管理费、工程建设监理费、科研勘测设计费、水土流失监测费及工程质量监督费组成。

(4)预备费:由基本预备费和价差预备费组成。

(5)工程概(估)算总投资:为工程措施投资、植物措施投资、施工临时工程投资、独立费用、预备费、水土保持设施补偿费之和。

4. 开发建设项目水土保持概(估)算与水土保持生态建设概(估)算的区别

(1)项目划分,两编制规定项目划分都为四部分,但因工程特点不同,项目划分有所不同。

(2)费用构成,两编制规定工程单价费用构成不同。

(3)独立费用中的建设管理费、水土流失监测费的内容及标准不同。

(4)人工工资及基础单价编制方法和计算标准:①人工工资计算方法及标准不同;②材料预算价格编制方法基本相同,但采购及保管费率不同;③电、水、风单价计算方法不同。

(5)水土保持生态建设增加了征地及淹没补偿费。

(四)水土保持工程效益分析

为了规范水土保持综合治理效益的计算方法,1995 年 12 月国家技术监督局批准发布了《水土保持综合治理效益计算方法》(GB/T 15774—1995)。

1. 效益分类

该标准将多种水土保持效益分为基础效益、经济效益、社会效益和生态效益。

(1)基础效益。主要指保水保土,包括增加土壤入渗、拦蓄地表径流、减轻土壤侵蚀、拦蓄坡沟泥沙。

(2)经济效益。经济效益分为直接经济效益和间接经济效益。直接经济效益具体项目是:增加粮食、果品、饲草、枝条、木材,相应增加的各项收入,增加的收入超过投入的资金,投入的资金可以定期收回;间接经济效益是在直接经济效益的基础上,经过加工转化,进一步产生的经济效益。如基本农田增产后,促进陡坡地退耕,改广种薄收为少种高产多收,节约出的土地和劳工,直接经济效益的产品经过就地一次性加工转化后提高的产值,计算其间接经济效益。

(3)社会效益。以生态效益和经济效益为基础,通过治理活动使农民的物质生活和文化生活水平都得到提高,从而在一定程度上提高人口素质或人口生活质量,达到小流域治理的最根本目的,在此意义上可以认为,社会效益反映了小流域治理的总体作用。社会效益由于对农民的物质生活的改善和科技文化水平的提高,促进了保护和改善生态环境意识的增强,使人们能在新的认识水平上和较好的文化、经济基础上发展小流域农、林、牧、副等产业,取得更好的生态效益和经济效益。

(4)生态效益。包括减少洪水流量,增加常水流量,改善土壤物理化学性质,提高土壤肥力,改善贴地层的温度、湿度、风力,提高地面林草被覆程度,促进野生动物繁殖。

2. 指标体系

《水土保持综合治理效益计算方法》(GB/T 15774—1995)中规定的指标体系如表 9-8 所示 。

表 9-8 水土保持综合治理效益分类与计算内容

效益分类	计算内容	计算具体项目
基础效益	保水(一) 增加土壤入渗	1. 改变微地形,增加土壤入渗 2. 增加地面植被,增加土壤入渗 3. 改良土壤性质,增加土壤入渗
	保水(二) 拦蓄地表径流	1. 坡面小型蓄水工程拦蓄地表径流 2. "四旁"小型蓄水工程拦蓄地表径流 3. 沟底谷坊坝库工程拦蓄地表径流
	保土(一) 减轻土壤侵蚀(面蚀)	1. 改变微地形,减轻面蚀 2. 增加地面植被,减轻面蚀 3. 改良土壤性质,减轻面蚀
	保土(二) 减轻土壤侵蚀(沟蚀)	1. 制止沟头前进,减轻沟蚀 2. 制止沟底下切,减轻沟蚀 3. 制止沟岸扩张,减轻沟蚀
	保土(三) 拦蓄坡沟泥沙	1. 坡面小型蓄水工程拦蓄泥沙 2. "四旁"小型蓄水工程拦蓄泥沙 3. 沟底谷坊坝库工程拦蓄泥沙
经济效益	直接经济效益	1. 增产粮食、果品、饲草、枝条、木材 2. 上述增产各类产品相应增加经济收入 3. 增加的收入超过投入的资金(产投比) 4. 投入的资金可以定期收回(回收年限)
	间接经济效益	1. 各类产品就地加工转化增值 2. 种基本农田比种坡耕地节约土地和劳工 3. 人工种草养畜比天然牧场节约土地
社会效益	减轻自然灾害	1. 保护土地不遭沟蚀破坏与石化、沙化 2. 减轻下游洪涝灾害 3. 减轻下游泥沙危害 4. 减轻风蚀与风沙危害 5. 减轻干旱对农业生产的威胁 6. 减轻滑坡、泥石流的危害
	促进社会进步	1. 改善农业基础设施,提高土地生产率 2. 剩余劳力有用武之地,提高劳动生产率 3. 调整土地利用结构,合理利用土地 4. 调整农村生产结构,适应市场经济 5. 提高环境容量,缓解人地矛盾 6. 促进良性循环,制止恶性循环 7. 促进脱贫致富奔小康
生态效益	水圈生态效益	1. 减少洪水流量 2. 增加常水流量
	土圈生态效益	1. 改善土壤物理化学性质 2. 提高土壤肥力
	气圈生态效益	1. 改善贴地层的温度、湿度 2. 改善贴地层的风力
	生物圈生态效益	1. 提高地面林草被覆程度 2. 促进野生动物繁殖

第三节　水土保持管理

一、水土保持法律法规

(一)法律法规体系

水土保持法律法规体系由五个层次的内容组成。第一层次是法律,即由全国人民代表大会及其常委会通过的法律,如《中华人民共和国水土保持法》;第二层次是行政法规,即由国务院制定或者批准颁布的法规,如《中华人民共和国水土保持法实施条例》;第三层次是地方性法规,即由省级人民代表大会及其常委会制定颁布的,或者是由省、自治区的人民政府所在地的市和经国务院批准的较大市的人民代表大会及其常委会制定,并报省、自治区、直辖市人大常委会批准后施行的规范性文件,如各省、自治区、直辖市颁布的实施中华人民共和国水土保持法办法;第四层次是规章,即由国务院各部委,省级人民政府及省、自治区、直辖市人民政府所在地的市和经国务院批准的较大市的人民政府制定颁布的规章;第五层次是规范性文件,即由各级水行政主管部门及有关部门颁发的相关文件。

(二)水土保持法及其实施条例主要内容

《中华人民共和国水土保持法》于1991年6月29日全国七届人大第20次常委会审议通过,以国家主席令第49号颁布实施。1993年8月1日国务院令第120号又公布了《中华人民共和国水土保持法实施条例》,并从公布之日起施行。

《中华人民共和国水土保持法》共有6章42条,包括总则、预防、治理、监督、法律责任及附则。《中华人民共和国水土保持法实施条例》共6章35条,同样包括总则、预防、治理、监督、法律责任及附则。主要内容概括如下。

1. 规定了水土保持的法律概念

《中华人民共和国水土保持法》第二条:“本法所称水土保持,是指对自然因素和人为活动造成水土流失所采取的预防和治理措施。”因此,水土保持至少包括四层含义:自然水土流失的预防、自然水土流失的治理、人为水土流失的预防、人为水土流失的治理。

2. 确立“预防为主”的水土保持工作方针

《中华人民共和国水土保持法》第四条规定:“国家对水土保持工作实行预防为主,全面规划,综合防治,因地制宜,加强管理,注重效益的方针。”其核心内容是“预防为主”,改变了过去“防治并重”的工作方针。

3. 明确了各级人民政府对水土保持工作的职责

《中华人民共和国水土保持法》第五条:“国务院和地方人民政府应当将水土保持工作列为重要职责,采取措施做好水土流失防治工作。”

《中华人民共和国水土保持法实施条例》第三条进一步规定:水土流失防治区的地方人民政府应当实行水土流失防治目标责任制。

4. 规定了人为水土流失的防治责任

《中华人民共和国水土保持法》总则第八条规定:“从事可能引起水土流失的生产建

设活动的单位和个人,必须采取措施保护水土资源,并负责治理因生产建设活动造成的水土流失。”确定了人为水土流失防治的两条基本原则:谁开发谁保护,谁造成水土流失谁负责治理。也就是两条基本责任,一是保护责任,二是治理责任。这一规定是《中华人民共和国水土保持法》的主要条款。

5. 确定了开发建设项目水土保持管理基本制度

(1)水土保持“三同时”制度。《中华人民共和国水土保持法》第十九条规定:“建设项目中的水土保持设施,必须与主体工程同时设计、同时施工、同时投产使用。建设工程竣工验收时,应当同时验收水土保持设施,并有水行政主管部门参加。”《中华人民共和国水土保持法实施条例》第十四条规定:“建设工程中的水土保持设施竣工验收,应当有水行政主管部门参加并签署意见。水土保持设施经验收不合格的,建设工程不得投产使用。”

(2)水土保持设施补偿制度。《中华人民共和国水土保持法实施条例》第二十一条规定:“任何单位和个人不得破坏或者侵占水土保持设施,企业事业单位在建设和生产过程中损坏水土保持设施的,应当给予补偿。”

6. 规定了水土保持规划的法律地位

《中华人民共和国水土保持法》第七条规定:“国务院和县级以上地方人民政府的水行政主管部门,应当在调查评价水土资源的基础上,会同有关部门编制水土保持规划。水土保持规划须经同级人民政府批准。县级以上地方人民政府批准的水土保持规划,须报上一级人民政府水行政主管部门备案。水土保持规划的修改,须经原批准机关批准。县级以上人民政府应当将水土保持规划确定的任务,纳入国民经济和社会发展计划,安排专项资金,并组织实施。”

7. 确定了水土流失分区防治战略

《中华人民共和国水土保持法》第七条规定:“县级以上人民政府应当依据水土流失的具体情况,划定水土流失重点防治区,进行重点防治。”

《中华人民共和国水土保持法实施条例》第六条规定:“水土流失重点防治区按国家、省、县三级划分,具体范围由县级以上人民政府水行政主管部门提出,报同级人民政府批准并公告。水土流失重点防治区可以分为重点预防保护区、重点监督区和重点治理区。”

8. 确立了水行政主管部门和水土保持机构的执法主体地位

《中华人民共和国水土保持法》第六条规定:“国务院水行政主管部门主管全国的水土保持工作。县级以上地方人民政府水行政主管部门,主管本辖区的水土保持工作。”

《中华人民共和国水土保持法实施条例》第四条规定:“地方人民政府根据当地实际情况设立的水土保持机构,可以行使《中华人民共和国水土保持法》和本条例规定的水行政主管部门对水土保持工作的职权。”

《中华人民共和国水土保持法实施条例》第二十五条规定:“县级以上地方人民政府水行政主管部门及其所属的水土保持监督管理机构,应当对《中华人民共和国水土保持法》和本条例的执行情况实施监督检查。水土保持监督人员依法执行公务时,应当持有县级以上人民政府颁发的水土保持监督检查证件。”

9.明确了水土流失综合治理的技术路线

(1)在水力侵蚀地区实施小流域综合治理。《中华人民共和国水土保持法》第二十二条规定:“在水力侵蚀地区,应当以天然沟壑及其两侧山坡地形成的小流域为单元,实行全面规划,综合治理,建立水土流失综合防治体系。”

(2)在风力侵蚀地区实施防沙治沙。《中华人民共和国水土保持法》第二十二条规定:“在风力侵蚀地区,应当采取开发水源、引水拉沙、植树种草、设置人工沙障和网格林带等措施,建立防风固沙防护体系,控制风沙危害。”

10.确立了水土保持监测的法律地位

《中华人民共和国水土保持法》第二十九条规定:“国务院水行政主管部门建立水土保持监测网络,对全国水土流失动态进行监测预报,并予以公告。”

《中华人民共和国水土保持法实施条例》第六条规定:“水土保持预防监督中的重点治理区划分为重点监督区、重点预防保护区、重点治理区。”第二十二条规定:“《中华人民共和国水土保持法》第二十九条所称水土保持监测网络,是指全国水上保持监测中心,人江大河流域水土保持中心站,省、自治区、直辖市水土保持监测站以及省、自治区、直辖市重点防治区水土保持监测分站。”第二十三条规定:“国务院水行政主管部门和省、自治区、直辖市人民政府水行政主管部门应当定期分别公告水土保持监测情况。”

11.明确了有关水土保持优惠政策

《中华人民共和国水土保持法》第二十五条规定:“水土流失地区的集体所有的土地承包给个人使用的,应当将治理水土流失的责任列入承包合同。”《中华人民共和国水土保持法实施条例》第十八条规定:“实行承包治理的,发包方和承包方应当签订承包治理合同。在承包期间,承包方经发包方同意,可以将承包治理合同转让给第三者。”《中华人民共和国水土保持法》第二十六条规定:“国家保护承包治理合同当事人的合法权益。在承包治理合同有效期内,承包人死亡时,继承人可以依照承包治理合同的约定继续承包。”

荒山、荒沟、荒丘、荒滩可以由农业集体经济组织、农民个人或者联户承包水土流失的治理。对荒山、荒沟、荒丘、荒滩水土流失的治理实行承包的,应当按照谁承包治理谁受益的原则,签订水土保持承包治理合同。承包治理所种植的林木及其果实,归承包者所有,因承包治理而新增加的土地,由承包者使用。《中华人民共和国水土保持法实施条例》第十八条规定:“荒山、荒沟、荒丘、荒滩的水土流失,可以由农业个人、联户或者专业队承包治理,也可以由企业事业单位或者个人投资投劳入股治理。”

二、水土保持监督管理

(一)水土保持监督

水土保持监督属行政监督范畴,是水行政主管部门及其所属的水土保持监督管理机构按照水土保持法律、法规规定的权限、程序和方式,对有关公民、法人和其他组织的水土保持行为活动的合法性、有效性进行的监察督导。

(二)水土保持监督执法的内容

(1)对农业生产的监督。根据《中华人民共和国水土保持法》第十四条和第十五条的规定。对在禁垦坡度(25°)以上陡坡地开垦种植农作物的要坚决制止;对水土保持法施行前已在禁垦陡坡地上开垦种植农作物的,要监督开垦者,按计划逐步退耕还林还草,恢复植被,对于退耕确有困难的,要修建梯田后方可耕种;开垦禁垦坡度以下、5°以上荒坡地的单位和个人,必须经水土保持监督管理部门批准。

(2)对采伐林木和造林的监督。根据《中华人民共和国水土保持法》第十六条和第十七条的规定:采伐区水土保持措施由水行政主管部门和林业行政主管部门监督实施。监督内容包括:林木采伐方案应有水土保持方案,并抄送水行政主管部门备案;采伐区和集材道应有水土流失防治措施;采伐迹地应按水土保持方案及时完成更新造林任务;水源涵养林、水土保持林、防风固沙林等防护林是抚育和更新性质的采伐。对在5°以上坡地上整地造林,抚育幼林,垦复油茶、油桐等经济林木,应监督其是否采取水土保持措施。

(3)对开发建设项目的监督。根据《中华人民共和国水土保持法》第十八条、第十九条和第二十条的规定:水土保持监督部门有权对交通、水工程、工矿企业以及资源开发活动等活动进行监督。首先,通过审批水土保持方案,保证水土保持方案制定得科学、合理,同时生产建设单位和个人接受国家的水土保持监督管理。其次,监督水土保持方案的实施,监督建设单位按照方案实施的进度安排落实资金、监理、管理和其他保证措施,确保方案的落实。最后,通过验收保证水土保持设施的质量和数量。

(4)对从事挖药材、养柞蚕、烧木炭、烧砖瓦等副业生产的活动在多方面可能诱导或直接产生水土流失,因此必须加强监督检查。

(5)对水土保持设施的监督管护,是防止水土保持设施遭受破坏,巩固治理成果的重要保证。

(6)对取土、挖砂、采石、开垦坡荒地等生产活动的监督。

(7)对崩塌滑坡危险区和泥石流易发区的监督。在崩塌滑坡危险区和泥石流易发区禁止取土、挖砂、采石。崩塌滑坡危险区和泥石流易发区的范围,由县级以上地方人民政府划定并公告。

(三)水土保持监督管理体系

全国水土保持监督管理体系包括水土保持法律法规体系、水土保持监督执法体系、预防监督技术支持体系、水土保持监测网络信息系统建设。

三、水土保持监测

为了进一步贯彻水土保持法有关水土保持监测的规定,2000年1月31日水利部公布了《水土保持生态环境监测网络管理办法》(水利部令第12号),对水土保持监测工作做出了规定。主要内容如下:

(1)水利部统一管理全国的水土保持生态环境监测工作,负责制定有关规章、规程和技术标准,组织全国水土保持生态环境监测、国内外技术与交流,发布全国水土保持公告。

(2)全国水土保持生态环境监测站网由水利部水土保持生态环境监测中心、大江大河(长江、黄河、海河、淮河、珠江、松花江及辽河、太湖等)流域水土保持生态环境监测中心站、省级水土保持生态环境监测总站、省级重点防治区监测分站四级组成。省级重点防护区监测分站,根据全国及省级水土保持生态环境监测规划,设立相应监测点。国家负责

一、二级监测机构的建设和管理，省（自治区、直辖市）负责三、四级及监测点的建设和管理。

（3）水土保持生态环境监测工作，应由具有水土保持生态环境监测资格证书的单位承担，从事水土保持生态环境监测的专业技术人员须经专门技术培训，具体管理办法由水利部制定。

（4）省级以上水土保持生态环境监测机构的主要职责是：编制水土保持生态环境监测规划和实施计划；建立水土保持生态环境监测信息网，承担并完成水土保持生态环境监测任务，负责对监测工作的技术指导、技术培训和质量保证；开展监测技术、监测方法的研究及国内外科技合作和交流；负责汇总和管理监测数据，对下级监测成果进行鉴定和质量认证，及时掌握和预报水土流失动态；编制水土保持生态环境监测报告。

水利部水土保持生态环境监测中心对全国水土保持生态环境监测工作实施具体管理。负责拟定水土保持生态环境监测技术规范、标准，组织对全国性、重点区域、重大开发建设项目的水土保持监测，负责对监测仪器、设备的质量和技术认证，承担对申报水上保持生态环境监测资质单位的考核、验证工作。

大江大河流域水土保持生态环境监测中心站参与国家水土保持生态环境监测、管理和协调工作，负责组织和开展跨省际区域、对生态环境有较大影响的开发建设项目的监测工作。

（5）省级水土保持生态环境监测总站负责对重点防治区监测分站的管理，承担国家及省级开发建设项目水土保持设施的验收监测工作。

省级重点防治区监测分站的主要职责：按国家、流域及省级水土保持生态环境监测规划和计划，对列入国家省级水土流失重点预防保护区、重点治理区、重点监督区的水土保持动态变化进行监测、汇总和管理监测数据，编制监测报告。

监测点的主要职责：按有关技术规程对监测区域进行长期定位观测，整编监测数据，编报监测报告。

（6）开发建设项目的专项监测点，依据批准的水土保持方案，对建设和生产过程中的水土流失进行监测。

四、水土保持验收

（一）水土保持生态建设验收

根据《水土保持综合治理验收规范》的规定，水土保持工程的验收一般有单项措施验收、年度验收和竣工验收三类。

各类水土保持措施的检查多采取抽样验收的方法。表9-9为国家规定的水土保持小流域综合治理阶段和竣工验收抽样数量要求。

（二）开发建设项目水土保持工程设施验收

根据《中华人民共和国水土保持法》、《中华人民共和国水土保持法实施条例》和《建设项目环境保护管理条例》的有关规定，开发建设项目的水土保持设施必须与主体工程同时设计、同时施工、同时投产使用。因此，开发建设项目水土保持设施的竣工验收属建设项目竣工验收的重要组成部分，水土保持设施验收不合格，环境保护验收将不能通过，主体工程则无法验收和投入使用。为规范验收工作，水利部颁布了《开发建设项目水土保持设施验收技术规程》(SL 387—2007)。

表 9-9　水土保持治理措施验收抽样比例规定

治理措施	验收面积或座数	抽样比例(%)	
		阶段验收	竣工验收
梯田、梯地	$<10\ hm^2$	7	5
	$10\sim40\ hm^2$	5	3
	$>40\ hm^2$	3	2
造林、种草	$<10\ hm^2$	7	5
	$10\sim40\ hm^2$	5	3
	$>40\ hm^2$	3	2
封禁治理	$40\sim150\ hm^2$	7	5
	$>150\ hm^2$	5	3
保土耕作		7	5
截水沟		20	10
水　窖		10	5
蓄水池		100	50
塘　坝		100	100
引洪漫地		100	50
沟头防护		30	20
谷　坊	<100 座	12	10
	>100 座	10	7
淤地坝		100	100
拦沙坝		100	100

根据本规程规定，水土保持设施符合下列条件的，方可通过行政验收：

(1)建设项目水土保持方案的审批手续完备，水土保持工程管理、设计、施工、监理、监测、专项财务等建档资料齐全。

(2)水土保持设施按批准的水土保持方案及其设计文件的要求建成，符合水土保持的要求。

(3)扰动土地整治率、水土流失总治理度、水土流失控制比、拦渣率、林草植被恢复率、林草覆盖率等指标达到了批准的水土保持方案的要求及国家和地方的有关技术标准。

(4)水土保持设施具备正常运行条件，且能持续、安全、有效运转，符合交付使用要求，水土保持设施的管理、维护措施已得到落实。

在开发建设项目土建工程完成后，应当及时开展水土保持设施的验收工作。建设单位应当依据批复的水土保持方案报告书、设计文件的内容和工程量，对水土保持设施完成情况进行检查，提交水土保持方案实施工作总结报告和水土保持设施竣工验收技术报告。

国务院水行政主管部门负责验收的开发建设项目，应当先进行技术评估。技术评估由具有水土保持生态建设咨询评估资质的机构承担。承担技术评估的机构，应当组织水土保持、水工、植物、财务经济等方面的专家，依据批准的水土保持方案、批复文件和水土保持验收规程规范对水土保持设施进行评估，并提交评估报告。

第十章 环境影响评价及水资源保护

第一节 环境现状调查、预测及评价

一、环境现状调查及评价

（一）基本要求

环境现状调查应明确调查范围、调查方法、调查的内容。应根据工程特点和工程所在地区的环境特征，结合各单项环境要素评价的工作等级，确定调查工作的范围和内容；应收集现有资料，进行现场调查和测试；对重点环境要素应进行全面、详细的调查；对水环境、环境空气、声环境质量现状应有定量的数据并进行分析和评价；生态影响应根据评价工作等级进行定量或定性分析和评价。

环境影响评价划分为三个工作等级。一级评价内容全面、详细，二级较全面、详细，三级较简略。各环境要素的评价工作等级执行《环境影响评价技术导则总纲》的有关规定。

（二）调查范围

环境现状调查范围包括工程所在区域和影响涉及区域，包括工程施工区、淹没区、移民安置区、渣料场区以及工程上下游影响的河段、湖泊、湿地、河口区等；供水工程应包括水源区、输水沿线区和受水区。

环境现状调查范围应与评价范围相适应。各环境要素及因子的调查和评价范围应根据工程所在区域和影响区域的环境特征，结合评价工作等级确定。

（三）调查方法

环境现状调查的方法主要有收集资料法、现场调查监测法和遥感遥测法。

(1)收集资料法：收集项目区现有的和工程设计其他相关专业调查的有关资料、监测数据、分析报告及图件。水利水电工程影响涉及范围广，收集资料法可节省时间、人力，能充分利用当地已有环境调查、研究、监测的成果，应首先采用此方法。

(2)现场调查监测法：该方法主要用于监测环境质量（水、生态、大气、噪声），以直接获取第一手数据和资料。现有资料不能满足要求时，应到实地对环境要素进行调查和测试。

(3)遥感遥测法：是目前较先进和发展中的环境调查方法，适合于大尺度的区域生态、地形地貌、植被及土地利用等方面的环境现状调查，可从整体上掌握或了解评价区域的环境特征。

各单项环境要素调查的具体方法，应按相应的单项环境影响评价技术导则规定执行。

（四）调查内容

地形地貌与地质调查：包括工程及影响区域的地形特征、地貌类型；水文地质、工程地质条件，地层、岩性、地质构造、地震烈度、岩体稳定、渗漏情况、矿产资源等。重点收集和调查与岩体稳定、渗漏、浸没、诱发地震等有关的地质资料。

气候与气象的调查：包括工程及影响区域的气温、降水量、蒸发量、湿度、日照，风速、风向、雾日、无霜期和主要灾害性天气等。

水文、泥沙调查：包括工程及影响区域的水资源状况、利用和保护状况，工程所在河段集水面积、水位、流量、含沙量、输沙量等。

水环境调查：包括工程所在河段的水功能区划、水环境功能区划，水质、水温，水源地，主要入河排污口，废水排放量及污染物类别，使用农药、化肥的种类及数量，地下水水质状况及污染源。

大气环境调查：包括危害环境空气质量的主要污染物及其来源、环境空气质量现状。

声环境调查：包括工程噪声源种类、噪声级水平和声环境敏感目标。声环境敏感目标的调查应确定敏感目标位置与噪声源的距离。

土壤调查：包括土壤类型、理化性质、土壤潜育化、沼泽化、盐碱化及地下水水位状况。

水土流失调查包括水土流失类型、量级、成因及危害等。

陆生生物及其生态状况调查：包括植物区系、植被类型及分布；野生动物区系、种类及分布；珍稀动植物类型、种群规模、习性、生境、保护级别及保护状况等；受工程影响的自然保护区的类型、级别、范围、功能分区及主要保护对象。生态完整性评价应调查自然系统生产能力和稳定状况。

水生生物及其生态状况调查：包括工程影响水域的浮游动植物、底栖生物、高等水生植物的种类、数量、分布；鱼类区系组成、种类、产卵场；珍稀水生生物种类、种群规模、习性、种群结构、生境、保护级别及保护状况等；受工程影响的自然保护区的类型、级别、范围、功能分区及主要保护对象状况。

社会经济调查：包括人口、民族、宗教，国内生产总值，工、农、林、牧、副、渔业情况，人均收入，土地利用现状等。

人群健康调查：包括医疗卫生条件，自然疫源性疾病、虫媒传染病、介水传染病、地方病等。

景观与文物调查：包括风景名胜区、自然保护区、疗养区、温泉；具有纪念意义和历史价值的建筑物、遗址、古墓葬、古建筑、石窟、石刻等文物的位置、保护级别及保护状况。

（五）生态状况和环境现状评价

生态状况和环境现状评价与环境影响预测和评价密切相关，是分析和确定环境影响性质、程度的重要依据。

在环境现状调查基础上，应根据有关标准分析和评价工程及影响区域的环境特征、质量状况和主要环境问题。生态状况评价应包括区域生态完整性评价、自然资源状况、敏感生态问题评价等。根据工程及影响区域的环境功能和相应环境质量标准进行水环境、环境空气质量、声环境等的环境质量评价。

在环境现状评价的基础上，分析工程所在流域或工程涉及区域的生态和环境主要问题。主要环境问题包括洪涝灾害、生态恶化、水土流失、地质灾害、水污染、环境空气污染、噪声污染及其对社会经济发展的制约，对人民生命财产安全及人群健康的危害等。

(六)环境质量标准

环境质量标准是为了保障人群健康和社会物质财富、维护生态平衡而对环境中有害物质和因素所做的限制性规定,是一定时期内衡量环境状况优劣的尺度和进行环境规划、评价及管理的依据。常用的环境质量评价标准主要有:

(1)水环境质量标准:《地表水环境质量标准》(GB 3838—2002)、《农业灌溉水质标准》(GB 5084—92)、《生活饮用水卫生标准》(GB 5749—86)、《渔业水质标准》(GB 11607—89)、《地下水质量标准》(GB/T 14848—93)等。

(2)大气环境质量标准:《环境空气质量标准》(GB 3095—1996)。该标准将环境空气质量分为三级。

(3)声环境质量标准:《城市区域环境噪声标准》(GB 3096—93)、《建筑施工场界噪声限值》(GB 12523—90)。

(4)土壤环境质量标准:《土壤环境质量标准》(GB 15618—1995)。

工程环境影响评价采用的环境标准应根据评价区水、气、声、土等的使用目的、功能要求和保护目标确定。

二、环境影响识别

(一)工程分析

水利水电工程对环境产生影响的作用因素很多,可能受水利水电工程影响的环境要素也很多。为减少预测评价的盲目性,提高评价的可靠性和针对性,工程分析是对项目的建设活动与环境的关系进行初步分析,确定工程对环境的作用因素或影响源,分析工程作用因素与受影响的环境要素之间的关系,为环境影响识别奠定基础。工程分析不同于影响预测评价,工程分析总体上是个宏观的定性分析。

工程分析需建立工程建设活动与环境要素之间的联系,如根据施工组织设计中有关施工场地布置、导流和截流方式、施工交通、施工进度安排等情况,分析并确定施工活动可能产生的影响源及其与环境的关系,分析施工废水排放与环境的关系,确定施工废水来源、排放量、排放位置、排放去向,分析废水中污染物质类别和浓度,对受纳水体的环境功能的影响等。工程分析属问题层面分析,只有找到问题之所在,才能有针对性地开展评价工作。

水利水电工程对环境的作用因素或影响源一般具有类型多、分布广的特点,工程分析的重点是对环境影响强度大、历时长、范围广的作用因素,要关注对环境敏感区的影响。敏感区主要指自然遗产、重点保护文物、自然保护区、风景名胜区、水源保护区以及其他重要设施所在区域。工程分析的对象主要有施工、淹没占地、移民安置、工程运行等。施工方面主要分析各类施工活动与环境的关系。水库淹没和工程占地直接造成生态破坏和损失,属长期的不可逆影响,应根据淹没、占地的范围和对象分析其与环境的关系。移民安置应分析集镇迁建、安置点建设、道路建设、专项复建、土地开发、工矿企业复建等与土地利用、植被、动物栖息地及社会经济的关系。工程运行应分析工程调度运行和建筑物阻隔与水文、泥沙情势及水生生物等的关系。

（二）环境影响识别与筛选

环境影响识别是环境影响评价工作中十分重要的环节，在识别过程中应全面列出可能受工程影响的环境要素及环境因子，识别工程对环境要素及环境因子的影响性质和程度。环境影响识别不同于环境影响预测评价，它主要是判断工程对环境的作用因素是否可能对环境要素产生影响。影响识别是在工程分析和环境现状调查的基础上，定性地说明环境影响性质（有利与不利、可逆与不可逆）、影响程度和可能的影响范围。

评价因子筛选是在环境影响识别基础上，通过比较分析确定受工程影响的环境要素及相关因子，并进一步确定重点环境要素及相关因子的过程。评价因子筛选的目的是突出评价工作的重点，使工程环境影响预测和评价及环境保护措施更具针对性。

评价因子筛选应根据环境要素受影响的性质和程度，分为重点评价环境要素和一般评价环境要素。重点环境要素应做全面、详细、深入的评价，一般环境要素可进行局部、较简单的评价。在编制环境影响报告书时，常对重点环境要素及相关因子列专题进行评价。

环境影响识别与筛选可选用专家判断法、矩阵法和其他定性分析方法。专家判断法主要依靠经验丰富的专家用定性的方法识别评价因子和评价重点。矩阵法按行、列排出需进行识别与筛选的环境要素及因子，工程对环境的作用因素、影响源，识别影响性质和程度。横轴表示水文、气候、水质、生物、土壤、社会经济等要素；纵轴表示作用因素、影响区域、影响时段等。采用矩阵法可直观地判别工程作用因素对环境要素及因子的影响性质和程度（见表10-1）。

三、环境影响预测和评价

（一）环境影响预测和评价应符合的原则

（1）客观性原则。即影响预测评价应客观、公正、科学。

（2）系统性原则。即将工程涉及的流域（区域）作为一个系统进行预测。

（3）重点性原则。即预测评价要突出重点。

（4）实用性原则。即预测方法应有针对性和实用性。

（二）环境影响预测和评价的内容与要求

1.水文、泥沙

水利水电工程因拦蓄、调度等改变了河道的天然状态，因而对河道乃至流域内的水文、泥沙情势造成影响。水文、泥沙情势与水利调度有很大关系，水利调度是运用水利工程的蓄、泄和挡水等功能，对江河水流在时间、空间上按需要进行重新分配或调节江河湖泊水位。

水文、泥沙情势的变化是导致工程运行期间生态与环境影响的原动力。水文情势的变化将会对航运、环境地质、水温、水质、流速、流态、局地气候、土地资源、水生生物、陆生生物、河道冲淤、供水、灌溉、移民等造成一系列影响，工程建设应预测水文、泥沙情势变化，评价对环境的影响。水库工程应预测评价库区、坝下游及河口的水位、流量、流速和泥沙冲淤变化及对环境的影响。灌溉、供水工程应预测评价水源区、输水沿线区、调蓄水域和受水区水文、泥沙情势变化及对环境的影响。多沙河流供水工程应预测评价泥沙淤积的环境影响。河道整治工程应预测评价工程兴建后河道流速、流向和泥沙冲淤变化对环境的影响。

表 10-1　××工程环境影响识别矩阵

作用因素与影响区域		环境要素																				
		局地气候		水文		水质		环境地质		土壤环境		水生生物		陆生生物		景观	文物	声环境	环境空气	弃渣	人群健康	
		温度	湿度	水位	流量	有机质	有害物质	诱发地震	库岸稳定	盐碱化	土壤侵蚀	鱼类	珍稀生物	森林	珍稀生物						自然疫源病	介水传染病
施工期	对外交通																					
	占地																					
	主体建筑物施工																					
	机械施工开挖																					
	弃渣																					
	淹没占地																					
	移民安置																					
运行期	大坝阻隔																					
	水文情势																					
影响区域	工程上游区																					
	淹没区																					
	移民安置区																					
	施工区																					
	工程下游区																					

注：影响性质或程度可用＋＋＋、＋＋、＋、－－－、－－、－表示。

预测水文情势变化范围、主要特征和参数应全面考虑工程环境影响涉及的环境因子。丰水期主要预测不同频率洪水流量及过程的变化，枯水期主要预测特枯流量、枯水期平均流量变化。泥沙主要分析输沙率、含沙量和库区、河道冲淤变化等。

2. 局地气候

大型水库工程建设，使水体面积、体积、形状等改变，水陆之间水热条件、空气动力特征发生变化，应预测工程对水体上空及周边陆地气温、湿度、风、降水、雾等的影响。评价局地气候改变对农业生态、交通航运和生活环境的影响。

对气温的影响，主要预测年平均气温、最低月平均气温、最高月平均气温、年极端最高气温、年极端最低气温的变化。对降水的影响，主要预测年降水量和各季（月）降水量的变化。对风速的影响，主要预测水体上风岸与下风岸年、月平均风速和瞬时最大风速的变化。对湿度的影响主要预测年、月湿度的变化。对雾的影响，主要预测雾的类型及雾日变化。

3. 水环境

水环境预测评价是在现状评价的基础上，通过适当的模式进行预测计算，分析工程施工和生产运行对水环境可能造成的影响，为制定水资源保护和水污染防治措施提供科学依据。

水库工程应预测对库区及坝下游水体稀释扩散能力、水质、水体富营养化的影响。库岸有重大污染源或城镇分布时应对岸边污染带宽度、长度等进行预测。

梯级开发工程应预测对下一级工程水质的影响。

供水工程应预测对引水口、输水沿线、调蓄水体水质的影响。供水工程河渠平交应预测河流污染物对输水水质的影响。

灌溉工程应预测灌区回归水对受纳水体水质的影响及对灌区地下水水质的影响，主要评价项目为氮、磷、盐分等。

移民安置区应预测第二、第三产业发展和城镇迁建居民生产和生活废污水量、主要污染物及对水质的影响。

工程施工区应预测生产和生活废污水量、主要污染物及对水质的影响。主要是预测基础开挖、砂石骨料冲洗、混凝土养护等对悬浮物、pH 值的影响，施工人员生活污水、粪便排放对水质的影响。

河湖整治、清淤工程应预测底泥清运、处置对水质的影响。底泥对水质的影响可从泥沙粒径、沉积物中污染物、水体 pH 值、氧化还原条件变化等方面进行分析。

水温影响应预测水库水温结构、水温垂向分布、下泄水温及其对农作物、鱼类等的影响。

工程对河口地区水质影响可分析工程建设后入海径流量变化，预测对盐度和营养物质、泥沙等环境因子的影响。

4. 环境地质

水利水电工程的建设，改变了自然界原有的岩土力学平衡，在这些潜伏着灾害地质隐患的区域就会加剧或引发地质灾害的发生。由水利水电工程所引发的环境地质几乎包括了自然界中存在的所有灾害地质的类型，比较常见或影响较大的有水库诱发地震、浸没、淤积与冲刷、坍塌与滑坡、渗漏、水质污染、土壤盐渍化等。

大型水库应分析诱发地震的可能性、地震类型、发震地点、发震强度。库岸和边坡稳定影响应预测水库蓄水后地下水动力学特征改变、岩体稳定性变差，可能发生滑坡、崩塌的类型、分布及其对环境的影响。水库渗漏、浸没影响应分析周围地质构造、地貌、地下水位、渗漏通道、渗漏量预测渗漏、浸没程度及对环境的影响。灌溉、供水工程抽取地下水，应分析对地下水位、地面沉降的影响。

5. 土壤环境、土地资源、水土流失

土壤环境影响主要预测工程对土壤环境的改变及其对农业、社会、经济带来的有利与不利影响，主要有工程对土壤改良、土壤潜育化、沼泽化、次生盐碱化、土地沙化等的影响。

土地资源是指人类可以利用的土地，是人类的重要生产资料，它包括质量和数量两个方面，质量即土地的生产能力。土地资源影响应预测工程对土地资源数量和质量、土地利用方式、人均占有耕地的影响。工程淹没、占地、移民安置应预测对土地资源及其利用的影响。

水土流失的影响应预测工程开挖、土石料开采等施工活动扰动地貌、损坏土地和植被的面积,工程弃渣数量及分布,对原有水土保持植物和工程设施的损坏造成水土流失的面积、流失总量。河道整治、清淤工程应预测底泥堆放或利用对农田的影响,底泥堆放和利用应预测疏浚量、堆积量,底泥中污染物成分按《农用污泥中污染物控制标准》(GB 4284—84)规定评价。

6. 生态

生态系统的核心是生物,生物有生产的能力,可以为受到干扰的区域自然系统提供修补,以维持系统平衡。从评价角度划分,生态系统可分为陆生生态系统和水生生态系统。

陆生生态影响评价的主要内容有生态系统完整性、运行特点和生态功能评价;工程影响区野生动物区系、种类、数量及分布影响评价;珍稀濒危动植物种群规模、种群结构、生境条件影响评价;对自然保护区的影响评价。

生态完整性评价应判定工程区现状与受影响后生态质量的优劣,主要以工程影响区生物生产力、区域自然系统的稳定状况判定。

生物生产力可用绿色植物生长量或生物现存量(生物量)度量。植被是陆生生态系统中最重要、最敏感的自然要素,对生态系统变化及稳定起决定性作用,植被净生产力是指绿色植物在单位面积、单位时间内所累积的有机物数量,它直接反映植物群落在自然环境条件下的生产能力,也是生态环境现状质量评价的重要参数。自然系统稳定性可用恢复稳定性和阻抗稳定性度量,也可用景观系统内各种拼块优势度值进行综合分析。

陆生植物影响应预测对珍稀、濒危和特有植物、古树名木种类、数量、分布范围的影响,珍稀、濒危植物应根据国家和地方重点保护野生植物名录确定。陆生动物影响应预测陆生动物淹没死亡或迁徙,栖息地丧失、缩小或扩大,种群结构或区系组成发生变化,觅食地或迁移路线发生变化。珍稀濒危动物应根据国家、地方颁布的重点保护野生动物名录确定。

自然保护区的影响应说明工程位置与自然保护区的距离,工程影响范围与核心区、缓冲区、实验区的关系,受影响的动植物种类等。

水利水电工程对水生生态影响主要是由于工程引起水文情势变化、河流纵向连续性和横向连通性降低、水流及水温条件变化,造成水生生物阻隔、迫迁、增殖、伤害、分布变化和病源生物扩散等,对水生生物种群、结构产生影响。

水生生物影响应预测对浮游植物、浮游动物、底栖生物、高等水生植物、重要经济鱼类及其他水生动物,珍稀、濒危、特有水生生物种类及分布的影响。

湿地影响应预测对河滩、湖滨、沼泽、海涂等生态环境以及物种多样性的影响。自然保护区影响应预测对保护对象、保护范围等的影响。

7. 大气环境、声环境、固体废物

大气环境影响应预测施工产生的粉尘、扬尘和机械与车辆燃油、生活燃煤产生的污染物对环境空气质量的影响。工程施工对环境空气质量的影响主要是由于机械燃油、施工土石方开挖、爆破、混凝土拌和、砂石料粉碎、筛分、施工生活区燃煤以及车辆运输等施工活动产生,污染源主要有粉尘和扬尘,尾气污染物主要有二氧化硫(SO_2)、一氧化碳(CO)、二氧化氮(NO_2)和烃类等。环境空气质量应按《环境空气质量标准》(GB 3095—1996)规定评价。

施工活动产生的噪声包括以下类型:固定、连续式的钻孔和施工机械设备的噪声;短时、定时的爆破的噪声；流动噪声。声环境影响应预测施工机械运行、砂石料加工、爆破、机动车辆等产生的噪声强度、时间及对环境的影响。根据施工设备选型情况，采用类比工程实测数据或查阅相关手册，确定主要施工机械设备、车辆的噪声源强。施工场界的噪声应按《建筑施工场界噪声限值》（GB 12523—90）规定控制。工程施工位于城市区域，环境噪声应按《城市区域环境噪声标准》（GB 3096—93）规定执行。

固体废物影响应预测施工产生的弃渣、生活垃圾对环境的影响。工程固体废物主要有施工场地清理、开挖、土石料开采的弃渣和施工区生活垃圾。固体废物应根据施工方式、工程量、施工人数，预测评价处理、处置方式对环境的影响。

8. 人群健康

人群健康影响应预测工程建设引起的自然疫源性疾病、介水传染病、虫媒传染病、地方病等疾病流行的影响。移民安置区应预测流行病和地方病对移民和当地居民健康的影响。工程施工区应预测流行病、地方病对施工人员健康的影响。

工程建设使水环境、局地气候、某些传媒生物、地球化学特征等环境卫生条件变化，会导致流行病、地方病，影响人群健康。常见自然疫源性疾病有血吸虫病、钩端螺旋体病、流行性出血热、肺吸虫病、斑疹伤寒，预测内容应包括生物群落变化、病原体宿主和媒介的改变、疾病传播方式与感染方式及流行的特征。介水传染病常见的有传染性肝炎、痢疾、伤寒和副伤寒、霍乱和副霍乱等，与水源和水环境关系密切。虫媒传染病常见的有疟疾、丝虫病、流行性乙型脑炎等，预测内容应包括水环境变化、疾病流行的因素、传染源、传播途径及流行特征。地方病主要有地方性甲状腺肿、地方性克汀病、地方性氟中毒、克山病、大骨节病等，应根据居民生活环境和当地地球环境化学元素过多、过少，预测地方病发生和流行特征。

移民迁建和施工人员流动，使疾病传染源迁移、交叉感染，会造成疾病流行，应根据移民安置和施工人员情况、工程所在地环境状况，针对有关疾病进行预测评价。

9. 景观与文物

景观包括自然景观和人文景观。景观影响应预测对风景名胜区、自然保护区、疗养区、温泉等的影响。文物影响应预测工程对遗存在社会上或埋藏在地下的历史文化遗物，包括具有纪念意义和历史价值的建筑物、遗址、纪念物或具有历史、艺术、科学价值的古文化遗址、古墓葬、古建筑、石窟寺、石刻等的影响。

工程施工、水库淹没都会影响景观。工程建设后水面扩大和水工建筑物又会形成新景观。工程建设涉及国家级或地方级的风景名胜应进行重点预测评价。

文物影响应根据文物保护的级别、位置、范围，预测影响的性质和程度。

10. 移民影响

移民影响应预测移民环境容量和移民生产条件、生活质量及环境状况。移民安置对土地资源、陆生生物、人群健康等影响预测，应符合上述规定。水库淹没涉及城镇、集镇、工矿企业和基础设施，应预测迁建对环境的影响。水库淹没涉及交通道路、通信线路等专业项目设施，应预测复建、改建对环境的影响。

移民环境容量分析，主要根据移民安置规划，分析区域资源蕴藏量及开发利用状况、生产技术水平与经济状况、环境质量现状、安置一定数量移民是否超过环境承载能力。

城镇、集镇迁建影响,应对迁建后环境质量改变和出现新的环境问题进行预测。

专业项目设施复建、改建对环境的影响预测应包括复建、改建中造成的植被破坏、水土流失及对居民生产和生活的影响。

11. 社会、经济

社会、经济影响应综合分析工程对流域、区域社会、经济可持续发展的作用和影响。防洪工程应分析保障社会、经济发展和人民生命财产安全,减少洪灾带来的污染扩散、生态破坏、疾病流行等。水电工程应分析提供清洁能源,促进社会、经济发展的作用。灌溉工程应分析对改善农业生产条件、提高农业生产力的作用。供水工程应分析增加城市工业、生活用水,对提高工业生产水平、改善居民生活质量的作用和影响。

第二节　环保措施及环境监测管理

一、环境保护对策措施

(一) 制定环境保护对策措施的基本要求

环境保护对策措施是根据环境影响报告书(表)预测评价结论,针对工程造成不利影响的对象、范围、时段、程度,根据环境保护目标要求,提出预防、减免、恢复、补偿、管理、监测等对策措施。

制定环境保护措施应进行经济技术论证,选择技术先进、经济合理、便于实施、保护和改善环境效果好的措施。环境保护对策措施应包括:保护的对象、目标;措施的内容;设施的规模及工艺;实施部位和时间、实施的保证措施、预期效果的分析等。

科学合理的对策措施可以促进工程开发任务落实,发挥更大的社会、经济、环境效益,使不利影响得到消除或减缓。

对策措施的制定应有针对性和可操作性,为下阶段环境保护设计和环境管理提供依据。根据《建设项目环境保护管理条例》规定,建设项目环境影响报告书应提出“环境保护措施及其经济、技术论证”。对采用的环境保护生物措施和工程措施,应进行经济合理性、技术可行性的分析论证。

各项环境保护对策措施应有相应的环境保护投资,即减免工程环境不利影响和满足工程功能要求采取的环境保护措施、环境监测措施所需的投资,以及对难以恢复、保护的环境影响对象采取的替代措施或给予合理补偿的投资。环境保护投资应作为工程估算总投资的组成部分。

环境保护投资估算的项目分为环境保护措施投资、环境监测措施投资、仪器设备及安装投资、环境保护临时措施投资和独立费用等。独立费用包括建设管理费、环境监理费、科研勘测设计咨询费、工程质量监督费等。

(二) 环境保护措施

1. 水环境保护措施

应根据水功能区划及水环境功能区划提出区域水污染防治、施工污染控制等措施。工程造成水域纳污能力减小,并对社会经济造成不利影响时,应提出减免和补偿措施。下泄水温影响下游农业生产和鱼类繁殖、生长,应提出水库分层取水及水温恢复措施。

水质保护措施主要有污染防治措施和水质管理措施。污染防治措施主要是对混凝土搅拌站、混凝土养护、车辆机械冲洗等排放的污水和施工、运行期生活污水的处理措施。应根据规定的污水排放标准,对施工机械采用相应的处理设备,需建污水处理工程时,应确定其位置、规模及工艺流程。水质管理应提出水质保护的管理机构、人员、职责等要求,并对水源地水质管理和工程所在流域水质管理提出建议。

供水工程应参照有关水源地安全保障技术要求划分水源保护区并提出水源地保护措施。

2.环境空气质量控制措施

应对生产、生活设施和运输车辆等排放的废气、粉尘、扬尘提出控制和净化措施;制定环境空气监测管理计划。

施工区生活锅炉应采用除尘净化装置;施工车辆安装尾气净化器,采用无铅汽油等优质能源;施工区及交通道路结合景观绿化;对路面进行适时洒水;水泥等粉状建筑材料的运输和堆放应有遮盖,防止泄漏。

3.噪声控制措施

应对施工建筑材料的开采、土石方开挖、施工附属工厂、机械、交通运输车辆等释放的噪声提出控制噪声要求;对生活区、办公区布局提出调整意见;对敏感点采取设立声屏障、隔音减噪等措施;制定噪声监控计划。

施工噪声的控制可选用隔声、消声设施,设置声屏障和栽种绿化带。砂石料加工系统的噪声控制可选用隔声材料修建生产车间,墙内装多孔吸声材料。施工用大型车辆可安装消声器。当敏感点与噪声源较近时,可采用声屏障,提出声屏障规格、材料及噪声衰减量的要求。绿化林带应具有防噪、防尘、水土保持、改善生态环境等功能。对产生强噪声的施工机械作业时间及场地布置应作出规定。

4.施工固体废物处理措施

施工固体废物处理包括弃渣处置和施工人员生活垃圾、粪便处置等。施工中弃渣的处置,可用于坑洼回填、修筑道路或造田,土地平整后可植树造林。堆放弃渣应选择荒山、荒地,减少破坏植被,并设置排水沟、挡渣墙,防治水土流失。

施工区生活垃圾应及时清理。在城镇施工可送入垃圾场集中处理。施工区修建公厕和化粪池,对粪便分散或集中处理,注意环境卫生。

5.生态保护措施

珍稀、濒危植物或其他有保护价值的植物受到不利影响时,应提出工程防护、移栽、引种繁殖栽培、种质库保存和管理等措施。工程施工损坏植被,应提出植被恢复与绿化措施。

珍稀、濒危陆生动物和有保护价值的陆生动物的栖息地受到破坏或生境条件改变时,应提出预留迁徙通道或建立新栖息地等保护及管理措施。工程影响野生脊椎动物的栖息地、危及种群生存时,应提出设置迁徙通道,建立栅拦、宣传牌保护与禁猎、捕杀管理措施。

受工程影响的地带性天然植被、区域特有种、国家重点保护的珍稀、濒危植物和古树名木应有就地保护、移栽引种繁殖、种质库保存等措施。必要时可根据自然生态条件及当地行政主管部门规定和公众要求，经科学论证提出建立自然保护区、珍稀植物保护区和古树名木的单株保护对策措施。

珍稀、濒危水生生物和有保护价值的水生生物的种群、数量、栖息地、洄游通道受到不利影响，应提出栖息地保护、设立保护区等保护与管理措施。工程影响鱼类产卵繁殖、洄游，可提出优化水库调度方案，设置过鱼设施、人工繁殖放流站等措施，并说明设站位置、规模、繁殖的种群类型、数量和技术要求。

6. 土壤环境保护措施

工程引起土壤潜育化、沼泽化、盐碱化、土地沙化，应提出工程、生物治理和管理措施。土壤潜育化、沼泽化、盐碱化可采用工程措施、生物措施进行治理。工程措施主要是完善灌排渠系；生物措施主要是水旱轮作、调整作物品种等。

清淤底泥对土壤造成污染，应采取工程、管理措施。清淤底泥农用，应采取排水、监测措施，底泥中污染物应按《农用污泥中污染物控制标准》(GB 4284—84)规定控制。

7. 人群健康保护措施

人群健康保护措施包括卫生清理、疾病预防、治疗、检疫、疫情控制与管理，病媒体的灭杀及其滋生地的改造，饮用水源地的防护与监测，生活垃圾及粪便的处置，医疗保健、卫生防疫机构的健全与完善等。

卫生清理包括库底和施工场地卫生清理，主要对象为一般污染源、传染性污染源等。

病媒体的灭杀及其滋生地的改造措施主要有消灭血吸虫中间宿主——钉螺、防蚊灭蚊、灭鼠等。

施工区医疗卫生措施有：设置卫生防疫机构，建立施工人员防疫检疫制度，健全工区医疗急救设施，加强施工区环境卫生管理。

8. 文物保护

水利水电工程对重要文物古迹、文化遗产造成影响时应根据对象和影响程度提出采取防护、加固、避让、迁移、复制、录相保存、发掘等措施。

9. 景观保护

工程对景观产生影响时，应提出补偿、防护和减免措施。工程建筑物应与周围景观相协调，符合环境美学观点。工程涉及风景名胜区，制定的保护措施应符合《风景名胜区管理暂行条例》规定。

10. 取水设施保护措施

工程对取水设施等造成不利影响时，应提出补偿、防护措施。

11. 水土保持措施

工程建设造成水土流失时，应采取工程、植物和管理措施，保护水土资源。因地制宜地采取拦渣工程、斜坡防护工程、土地整治工程、防洪排导工程、降水渗蓄工程、临时防护工程、植被建设工程、防风固沙工程等措施。

工程水土保持方案的编制及防治措施技术的确定，应按《开发建设项目水土保持技术规范》(GB 50433—2008)的规定执行。

二、环境监测和管理

(一)环境监测

1. 环境监测任务

应根据环境影响评价和环境管理要求,制定施工期和运行期环境监测计划,对有关环境要素及因子进行动态监测。

对突发性环境事件,如洪水、污染事故、滑坡、诱发地震、疾病暴发流行等,应进行跟踪调查。在重要区域还可建立自动监测站、预警预报及跟踪监测系统。

2. 监测站、点布设

环境监测站、点布设应针对施工期和运行期受影响的主要环境要素及因子设置。监测站、点应具有代表性,并尽可能利用已有监测站、点。监测站建设规模和仪器设备应根据所承担的监测和管理任务确定。各级监测站人员配置应以专业技术人员为主,由化学、物理、生态、卫生等专业人员组成。建站规模及仪器设备应按《全国环境监测仪器设备管理规定》配置。

监测范围应与工程影响区域相适应。监测调查位置与频率应根据监测调查数据的代表性、生态环境质量的变化和环境影响评价要求确定。监测方法与技术要求必须符合国家现行的有关环境监测技术规范和环境监测标准分析方法,对其中缺少的项目可选用国内外惯用的方法。监测成果应在原始监测数据基础上进行审查、校核、综合分析后整理编印,并提交管理部门。

环境监测项目、点位和频率,应根据受影响的主要环境要素及因子确定。按影响范围、程度、性质确定重点与监测调查项目。重点监测调查项目应增加监测点(断面)、监测频次。监测调查数据应合理、可靠,有可比性。对监测数据中的异常值要进行分析处理。

(二)环境管理和环境监理

1. 环境管理

环境管理应列为工程管理的组成部分,并贯穿工程施工期与运行期。环境管理的任务应包括:环境保护政策、法规的执行;环境管理计划的编制;环境保护措施的实施管理;提出环境监理内容及要求;环境质量分析与评价以及环境保护科研和技术管理等。环境管理体制及管理机构和人员设置应根据工程管理体制与环境管理任务确定。大型工程宜建立环境管理信息系统。

环境管理系统的运行程序可采用环境管理工作流程图,表示环境管理系统的层次结构,各层次的管理职责和管理任务,使环境管理工作有计划地进行。环境管理信息系统由输入/输出系统、数据库系统、查询检索系统、维护系统、评价和决策系统等组成。数据存储内容应包括自然环境监测调查信息、社会环境调查信息、生态环境调查信息、环境管理信息和环境法规标准等。

2. 环境监理

为进一步落实建设项目监理制,保证建设项目环境保护“三同时”,国家实施建设项目环境监理制度。环境监理不仅是建设项目环境保护的一项重要内容,也是工程监理的重要组成部分。目前,大中型水利水电工程都要求开展环境监理工作,并按有关规定设置人员，保证监理经费。

环境监理的依据主要有国家环保政策、法规及合同标书，环境影响报告书中的相关内容，环境保护设计，有关环境保护的条款以及环境保护管理办法，环境保护工作实施细则等。

环境监理在我国大中型水利水电工程建设中属一项新的工作，因此有关环境监理的职责、规程、机构等尚处于试行中。一般来讲，环境监理工程师的主要任务是：

（1）对工程实施过程中可能出现的环境问题，事先采取措施进行防范，以达到减少环境污染、保护生态环境的目的。

（2）对涉及环境保护工作的各部门、各环节的工作进行及时的监督、检查和协调。

（3）作为独立、公正的第三方，参与工程建设环保工作的全过程；参与工程中重大环境问题的决策，参加工程的环境验收，为有关部门改进工作提供科学依据。

（4）促进环保工作向更规范化方向发展，促使更好地完成防治环境污染和生态破坏的任务。

三、自然保护区和风景名胜区的保护及管理

（一）自然保护区

自然保护区是指对有代表性的自然生态系统、珍稀濒危野生动植物物种的天然集中分布区、有特殊意义的自然遗迹等保护对象所在的陆地、陆地水体或者海域，依法划出一定面积予以特殊保护和管理的区域。为了加强自然保护区的建设和管理，国务院以167号令颁布了《中华人民共和国自然保护区条例》，自1994年12月1日起施行。

国家对自然保护区实行综合管理与分部门管理相结合的管理体制。国务院环境保护行政主管部门负责全国自然保护区的综合管理。

国务院林业、农业、地质矿产、水利、海洋等有关行政主管部门在各自的职责范围内，主管有关的自然保护区。县级以上地方人民政府负责自然保护区管理部门的设置和职责，由省、自治区、直辖市人民政府根据当地具体情况确定。

自然保护区分为国家级自然保护区和地方级自然保护区。在国内外有典型意义、在科学上有重大国际影响或者有特殊科学研究价值的自然保护区，列为国家级自然保护区。对国家级自然保护区以外的其他具有典型意义或者有重要科学研究价值的自然保护区列为地方级自然保护区。地方级自然保护区可以分级管理，具体办法由国务院有关自然保护区行政主管部门或者省、自治区、直辖市人民政府根据实际情况规定，报国务院环境保护行政主管部门备案。

自然保护区的范围和界线由批准建立自然保护区的人民政府确定，并标明区界，予以公告。确定自然保护区的范围和界线，应当兼顾保护对象的完整性和适度性，以及当地经济建设和居民生产、生活的需要。

自然保护区的撤销及其性质、范围、界线的调整或者改变，应当经原批准建立自然保护区的人民政府批准。任何单位和个人，不得擅自移动自然保护区的界标。

自然保护区可以分为核心区、缓冲区和实验区。自然保护区内保存完好的天然状态的生态系统以及珍稀、濒危动植物的集中分布地，应当划为核心区，禁止任何单位和个人

进入;除依照规定经批准外,也不允许进入从事科学研究活动。核心区外围可以划定一定面积的缓冲区,只准进入从事科学研究观测活动。缓冲区外围划为实验区,可以进入从事科学试验、教学实习、参观考察、旅游,以及驯化和繁殖珍稀、濒危野生动植物等活动。

原批准建立自然保护区的人民政府认为必要时,可以在自然保护区的外围划定一定面积的外围保护地带。

国家级自然保护区,由其所在地的省、自治区、直辖市人民政府有关自然保护区行政主管部门或者国务院有关自然保护区行政主管部门管理。地方级自然保护区,由其所在地的县级以上地方人民政府有关自然保护区行政主管部门管理。

禁止在自然保护区内进行砍伐、放牧、狩猎、捕捞、采药、开垦、烧荒、开矿、采石、捞沙等活动,但是法律、行政法规另有规定的除外。

禁止任何人进入自然保护区的核心区。因科学研究的需要,必须进入核心区从事科学研究观测、调查活动的,应当事先向自然保护区管理机构提交申请和活动计划,并经省级以上人民政府有关自然保护区行政主管部门批准。其中,进入国家级自然保护区核心区的,必须经国务院有关自然保护区行政主管部门批准。

禁止在自然保护区的缓冲区开展旅游和生产经营活动。在自然保护区的核心区和缓冲区内,不得建设任何生产设施。在自然保护区的实验区内,不得建设污染环境、破坏资源或者景观的生产设施;建设其他项目,其污染物排放不得超过国家和地方规定的污染物排放标准。在自然保护区的实验区内已经建成的设施,其污染物排放超过国家和地方规定的排放标准的,应当限期治理;造成损害的,必须采取补救措施。在自然保护区的外围保护地带建设的项目,不得损害自然保护区内的环境质量;已造成损害的,应当限期治理。限期治理决定由法律、法规规定的机关作出,被限期治理的企业事业单位必须按期完成治理任务。

(二)风景名胜区

(1)风景名胜区。凡具有观赏、文化或科学价值,自然景物、人文景物比较集中,环境优美,具有一定规模和范围,可供人们游览、休息或进行科学、文化活动的地区为风景名胜区。为了加强对风景名胜区的管理,更好地保护、利用和开发风景名胜资源,国务院于1985年6月7日颁布了《中华人民共和国风景名胜区管理暂行条例》。

(2)风景名胜区按其景物的观赏、文化、科学价值和环境质量、规模大小、游览条件等,划分为三级:市、县级风景名胜区,由市、县主管部门组织有关部门提出风景名胜资源调查评价报告,报市、县人民政府审定公布;省级风景名胜区,由市、县人民政府提出风景名胜资源调查评价报告,报省、自治区、直辖市人民政府审定公布;国家重点风景名胜区,由省、自治区、直辖市人民政府提出风景名胜资源调查评价报告,报国务院审定公布。

风景名胜区依法设立人民政府,全面负责风景名胜区的保护、利用、规划和建设。风景名胜区没有设立人民政府的,应当设立管理机构,在所属人民政府领导下,主持风景名胜区的管理工作。

(3)风景名胜区的土地任何单位和个人都不得侵占。风景名胜区内的一切景物和自然环境,必须严格保护,不得破坏或随意改变。在风景名胜区及其外围保护地带内的各项建设,都应当与景观相协调,不得建设破坏景观、污染环境、妨碍游览的设施。在游人集中的游览区内，不得建设宾馆、招待所以及休养、疗养机构。在珍贵景物周围和重要景点上，除必须的保护和附属设施外，不得增建其他工程设施。

对风景名胜区内的重要景物、文物古迹、古树名木，都应当进行调查、鉴定，并制定保护措施，组织实施。

第三节 水资源保护

根据《中华人民共和国水法》，水行政主管部门负责拟定国家重要江河、湖泊的水功能区划，核定水域的纳污能力，提出水域的限制排污总量意见，对水功能区的水质状况进行监测。水资源保护的重要基础和依据是水功能区划，根据不同区域对水资源开发利用和保护的要求，对不同水体进行功能认定，将规划水域按照不同功能要求划分为不同类型的水功能区，依据水功能区划确定的水质目标和水量要求，再从分析规划水域水体纳污能力入手，拟定各规划水平年规划水域纳污总量控制方案，并提出了实施控制方案的对策措施，指导和规范水资源的开发、利用活动，为水行政主管部门进行水资源管理提供依据，为实现水资源的可持续利用奠定基础。

一、水功能区划分

(一)目的和意义

水是重要的自然资源，水功能是水资源对人类生存和经济社会发展所具有的不同属性的价值和作用。随着我国经济社会的迅速发展、人口的增长、人民生活水平和城市化水平的提高，对水的需求愈来愈多，水资源短缺和水污染日益严重，并已成为经济社会可持续发展的制约因素。水资源的保护必须从以往孤立的、被动的防治，转为综合的、主动的控制，在注重水资源开发利用的同时，更要重视水资源的节约和保护，通过水资源优化配置提高用水的效率，实现水资源的综合治理、合理开发，优化配置、高效利用，强化节约、有效保护。

水功能区是为满足水资源合理开发、利用、节约和保护的需求，根据水资源的自然条件和开发利用现状，按照流域综合规划、水资源保护和经济社会发展要求，依其主导功能划定范围并执行相应水环境质量标准的水域。

水功能区划分的目的是科学合理地在相应水域划定具有特定功能、满足水资源合理开发利用和保护要求并能够发挥最佳效益的区域，确定各水域的主导功能及功能顺序，确定水域功能不遭破坏的水资源保护目标，为水资源保护提供措施安排和监督管理的依据，保障各功能区水资源保护目标的实现，实现水资源的可持续利用。因此，水功能区划是全面贯彻《中华人民共和国水法》，加强水资源保护，履行水利部“三定”方案的职责的重要举措，对实现以水资源的可持续利用保障经济社会可持续发展战略目标具有重要意义。

(二)水功能区划分体系

遵照水功能区划的指导思想和原则，通过对各类型水功能内涵、指标的深入研究，综合取舍，我国水功能区划分采用两级分区(见图10-1)，即一级水功能区和二级水功能区。一级水功能区分四类，即保护区、保留区、开发利用区、缓冲区；二级水功能区分七类，即饮用水源区、工业用水区、农业用水区、渔业用水区、景观娱乐用水区、过渡区、排污控制区。水功能一级区划是宏观上解决水资源开发利用与保护的问题，主要协调地区间用水关系，长远上考虑可持续发展的需求；水功能二级区划主要协调用水部门之间的关系。一级功能区划分对二级功能区划分具有宏观指导作用。

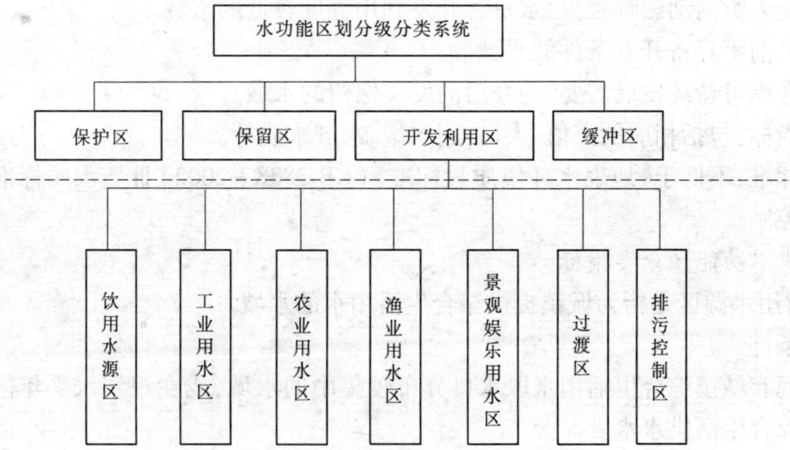

图 10-1　水功能区划分级分类体系

1. 一级水功能区分类及划分指标

(1)保护区是指对水资源保护、自然生态系统及珍稀濒危物种的保护具有重要意义，需划定进行保护的水域。

划分条件：

——国家级和省级自然保护区范围内的水域或具有典型生态保护意义的自然生境内的水域。

——已建和拟建(规划水平年内建设)跨流域、跨区域的调水工程水源(包括线路)和国家重要水源地水域。

——重要河流的源头河段应划定一定范围水域以涵养和保护水源。

划区指标：包括集水面积、水量、调(供)水量、保护级别等。

(2)缓冲区是指为协调省际间、用水矛盾突出的地区间用水关系，以及与海洋功能区衔接而划定的水域。

划区条件：

——跨省、自治区、直辖市行政区域边界的水域。

——用水矛盾突出的地区之间的水域。

——入海口与海洋功能区交接的水域。

划区指标：省界断面水域，用水矛盾突出的水域。

水质标准：根据实际需要执行相关水质标准或按现状水质控制。

(3)开发利用区是指为满足工农业生产、城镇生活、渔业、游乐等功能需求而划定的水域。

区划条件：取水口集中，取水量达到区划指标值的水域。

划区指标：包括相应的产值、人口、用水量、排污量、水域水质等。

水质标准：按二级水功能区划类别执行相应的水质标准。

(4)保留区是指目前水资源开发利用程度不高，为今后水资源可持续利用保留的水域。

划区条件：

——受人类活动影响较少，水资源开发利用程度较低的水域。

——目前不具备开发条件的水域。

——考虑可持续发展需要，为今后的发展保留的水域。

划区指标：包括相应的产值、人口、用水量、水域水质等。

水质标准：不低于《地表水环境质量标准》(GB 3838—2002)Ⅲ类水质标准或按现状水质类别控制。

2. 二级水功能区分类指标

(1)饮用水源区是指为城镇提供综合生活用水的水域。

划区条件：

——现有城镇综合生活用水取水口分布较集中的水域，或在规划水平年内为城镇发展设置的综合生活供水水域。

——每个用水户取水量不小于取水许可实施细则规定的取水限额。

划区指标：包括相应的人口、取水总量、取水口分布等。

水质标准：根据水质现状执行《地表水环境质量标准》(GB 3838—2002)Ⅱ～Ⅲ类水质标准。

(2)工业用水区是指为满足工业用水需求划定的水域。

划区条件：

——现有的工业用水取水口分布较集中的水域，或在规划水平年内需设置的工业用水供水水域。

——每个用水户取水量不小于取水许可实施细则规定的取水限额。

划区指标：包括工业产值、取水总量、取水口分布等。

水质标准：执行《地表水环境质量标准》(GB 3838—2002)Ⅳ类标准。

(3)农业用水区是指为满足农业灌溉用水划定的水域。

划区条件：

——现有的农业灌溉用水取水口分布较集中的水域，或在规划水平年内需设置的农业灌溉用水供水水域。

——每个用水户取水量不小于取水许可实施细则规定的取水限额。

划区指标：包括灌区面积、取水总量、取水口分布等。

水质标准：执行《农田灌溉水质标准》(GB 5084—2005)，并参照《地表水环境质量标准》(GB 3838—2002)Ⅴ类标准。

(4)渔业用水区：是指为满足鱼、虾、蟹等水生生物养殖需求的水域。

划区条件：

——天然的或天然水域中人工营造的鱼、虾、蟹等水生生物养殖场。

——天然的鱼、虾、蟹、贝等水生生物的重要产卵场、索饵场、越冬场及主要洄游通道涉及的水域。

划区指标:包括渔业生产条件、产量、产值等。

水质标准:执行《渔业水质标准》(GB 11607—89),并参照《地表水环境质量标准》(GB 3838—2002)Ⅱ~Ⅲ类标准。

(5)景观娱乐用水区指以满足景观、疗养、度假和娱乐需要为目的的江河湖库等水域。

划区条件:

——休闲、娱乐、度假所涉及的水域和水上运动场需要的水域。

——风景名胜区所涉及的水域。

划区指标:包括景观娱乐功能需求、水域规模等。

水质标准:执行《地表水环境质量标准》(GB 3838—2002)Ⅲ~Ⅳ类标准。

(6)过渡区是指为满足水质目标有较大差异的相邻水功能区间水质状况过渡衔接而划定的水域。

划区条件:

——下游水质要求高于上游水质要求。

——有双向水流,且水质要求不同的相邻功能区之间。

划区指标:包括水质与水量。

水质标准:按出流断面水质达到相邻功能区的水质目标要求选择相应的控制标准。

(7)排污控制区是指生活、生产污废水排污口比较集中的水域,且所接纳的污废水对水环境不产生重大不利影响。

划区条件:

——接纳污废水中污染物为可稀释降解的。

——水域的稀释自净能力较强,其水文、生态特性适宜于作为排污区。

划区指标:包括污染物类型、排污量、排污口分布等。

水质标准:按排污控制区出流断面的水质状况达到相邻水功能区的水质控制标准。

二、水功能区纳污能力及污染物总量控制

(一)基本概念

(1)水环境容量是在水体使用功能不受破坏条件下,水体受纳污染物的最大数量。通常是指在水资源利用区域内,按给定的水质目标和设计水量、水质条件的情况下,水体所能容纳污染物的最大量称为水环境容量。

水环境容量由稀释容量和自净容量两部分组成,分别反映污染物在水体中迁移转化的物理稀释与自然净化的作用。有稀释水量,就存在稀释容量;有生物化学作用使污染物浓度降低,就存在自净容量。稀释容量主要反映水体的物理作用;自净容量主要反映水体的生物化学作用。

(2)水域纳污能力是在水资源利用区内,对确定的水域在满足功能要求的前提下,按给定的水域水质目标值、设计水量、排污口位置及排污方式情况,水体所能容纳的污染物总量。保护区和保留区的水质目标原则上是维持现状水质不变。在设计水量不变的情况下,保护区和保留区的纳污能力与其现状污染负荷相同,可直接采用现状入河污染物量作

为其纳污能力。

(3)排污削减量。排污削减量是基于某个规划水平年污染排放量计算的。就某功能区而言,排污削减量是指该功能区某个规划水平年排污量与该水平年污染物排放控制量的差。就某排污口而言,排放削减量是指该排污口某个规划水平年排污量与该水平年污染物排放控制量的差。

(4)污染物排放总量控制。污染总量控制方案是指在一定水体功能和水质控制标准要求下,根据江(河)段、水域的水体纳污能力和技术经济的可能性,按不同水平年对污染物的控制排放量所做出的分配。它是水资源保护规划的核心工作,是逐步实现水资源保护目标控制的直接对象。

提出不同水平年各功能区污染物控制排放量,需要考虑各江(河)段、水域的水资源特性和水质污染特点,以及近期和远期水资源的需求和水质污染趋势,进行技术经济可行性分析;同时需要将流域作为一个统一的系统,在干支流、上下游、左右岸、地区之间、社会各部门之间进行反复的协调,最后提出一个经多方认可、统筹兼顾、可行的水污染总量控制分配方案。

(二)控制量与削减量

(1)以水功能区为单元,将规划水平年的污染物入河量与纳污能力相比较,如果污染物入河量超过水功能区的纳污能力,需要计算入河削减量和相应的排放削减量;反之,制定入河控制量和排放控制量。

(2)水功能区规划水平年的污染物入河量与相应的纳污能力之差,即为该水功能区规划水平年的污染物入河削减量。

当水功能区规划水平年的污染物入河量预测结果小于纳污能力时,为有效控制污染物入河量,应制定水功能区污染物入河控制量。制定入河控制量时,应考虑水功能区水域的水质状况、水资源可利用量、经济与社会发展现状及未来人口增长和经济社会发展对水资源的需求等。

(3)水功能区规划水平年的污染物入河削减量除以入河系数,即可得到功能区的排放削减量。水功能区排放削减量等于水功能区所对应的陆域范围内各污染源在规划水平年的污染物排放削减量之和。按照核定的该水域纳污能力,向环境保护行政主管部门提出该水域的限制排污总量的意见。

水功能区规划水平年的污染物入河控制量除以入河系数,即可得到功能区的排放控制量。

(4)将污染物排放削减量分配到各主要污染源时,主要应考虑各污染源现状排污量及其对水功能区水体污染物的“贡献”率,综合考虑各污染源目前的治理现状、治理能力、治理水平以及应采取的治理措施等因素。

将污染物排放控制量分配到各主要污染源,应根据各污染源的现状排污量,企业的生产规模、经济效益及其所生产的产品对经济建设和人民生活的重要性等因素进行综合考虑。按国家规定应予关停的企业不再分配其排放控制量。根据产业布局应予限产或限制发展的企业,在分配排放控制量时也应予以相应的限制。

三、水源地保护区划分及保护对策措施

（一）水源地保护区划分

建立饮用水源保护区是水源保护的基本要求和基础工作。水源地保护区包括一定的水域和陆域，地表水供水水源地范围的划分应按照城市规划的总体要求，并兼顾不同水域的水质现状和发展趋势，以及各地区对水质、水量的近期和远期需求，保证在规划设计的水文条件和污染负荷下，供应所需水量时，保护区的水质能达到相应的标准。地下水供水水源地范围的划分应根据水源地所处地理位置、水文地质条件、供水的数量、开采方式和污染源的分布划定。

地表水源，分河流、湖泊（水库）两种类型。集中式供水的饮用水的水源地，应按照不同的水质标准和防护要求，分级划分水源保护区。饮用水的水源保护区一般划分为一级保护区和二级保护区，必要时可增设准保护区。各级保护区应有明确的地理界线。在饮用水地表水源取水口附近划定一定的水域和陆域作为饮用水地表水源一级保护区。在一级保护区外划定一定的水域和陆域作为饮用水地表水源二级保护区。

（二）水质目标

地表水一级保护区的水质标准不得低于国家规定的《地面水环境质量标准》（GB 3838—2002）Ⅱ类标准，并须符合国家规定的《生活饮用水卫生标准》（GB 5749—85）的要求。二级保护区的水质标准不得低于国家规定的《地面水环境质量标准》（GB 3838—2002）Ⅲ类标准，并应保证一级保护区的水质能满足规定的标准。准保护区的水质标准应保证二级保护区的水质能满足规定的标准。

地下水一级保护区的水质标准不得低于国家规定的《地下水质量标准》（GB/T 14848—93）Ⅲ类标准，二级保护区的水质标准不得低于国家规定的《地下水质量标准》（GB/T 14848—93）Ⅳ类标准，并应保证一级保护区的水质能满足规定的标准。准保护区的水质标准应保证二级保护区的水质能满足规定的标准。

（三）污染物排放控制

按照有关规定，饮用水水源地应该严格保护，不得直接向作为饮用水水源地的水体排放污染物。对于入水源地（河、湖、库）支流水质实行目标管理，即各入河（湖、库）支流在入河前达到规定的水质标准（地面水Ⅱ类或Ⅲ类标准）。如果入河支流在饮用水水源地规划范围内，或确实因为在一定时期尚不能完全避免向饮用水水源地排污，应考虑利用计算纳污能力的方法，进行污染物削减量计算。需要指出的是，一级保护区内严禁排污，所进行的纳污能力分析及污染物削减量计算，是在二级保护区及准保护区开展的。

（四）水源地保护对策措施

根据水源保护区的防护要求和污染物总量控制的要求，限期治理工业污染源，重视治理生活污染源；对分级划分的饮用水水源保护区，根据《饮用水水源保护区污染防治管理规定》实行分级防护。饮用水水源保护区的设置和污染防治应纳入当地的社会经济发展规划和水污染防治规划。跨地区的饮用水水源保护区的设置和污染防治应纳入有关流域、区域、城市的社会经济发展规划和水污染防治规划。

1. 水源地保护工程措施

(1)隔离防护工程。一般在水源保护区内进行,包括物理隔离和生物隔离两类。物理隔离工程主要采用简易围网、钢筋混凝土围网和铁栅栏等对水源保护区进行机械围护;生物隔离工程根据各地的具体情况选择适宜的林草植被营造防护林。

(2)水源地上游地区的污染防治。对上游人口较多的重点乡镇,应修建污水收集与处理工程,防止污水流入水源地。对重点污染源应限期治理或关、停或搬迁。严格控制化肥、农药施用量及其污染,利用生物治虫害来削减农药施用量;采用高效长效低毒性新型农药;改进耕作制度,科学施用化肥及农药。

(3)实施水土保持和面源污染工程,防治水土流失造成泥沙对水库、湖泊的淤积,并减少氮、磷等营养素的流入量。

(4)建设生态县、镇、村。加强水源地所在地的城镇(村)生态与环境的综合整治规划,加强人畜粪便无害化、资源化处理与处置,发展农家沼气池处理粪便,回收沼气,综合利用沼渣与沼液。不得在水源保护区设立垃圾堆放场、转运场及填埋场,对已存在并已危害水源地的垃圾场应及时清除处理。

(5)进行生态修复和生物治污工程。对生态环境破坏较为严重的湖库型水源地,可在适宜地段营造水源涵养林、修建前置库、生物隔离带、河岸生态防护、利用人工湿地进行水质生物净化处理。

(6)严格控制水源地保护区进行采矿业或其他工业新项目的建设。限制在水源地保护区兴建度假村、游乐园、疗养院及居住小区。

(7)严格控制网箱养鱼,避免鱼饵及排泄物污染水体水质。

2. 水源地监测管理措施

建立水源地监测和预警系统,及时反映水源地水质水量安全状况,发现水源地安全风险。编制水源地应急预案,提高水源地管理和决策能力,避免因突发性事件和灾害等造成水源地供水事故。

完善相关水资源和水源地保护管理的法规条例及办法,通过法律手段对水源地进行严格管理。成立相应机构,搞好协调,统一管理。推行总量控制与排污许可证制度;建立健全水源保护的法律、法规;倡导水源地保护公众参与和监督;建立城市饮用水源保护目标责任制和定量考核管理办法;注重科技创新,为饮用水源保护与管理提供技术支持。

第十一章　经济评价

建设项目经济评价主要是指在项目决策前的可行性研究和评估中，采用现代经济分析方法，对拟建项目计算期（包括建设期、运行初期和正常运行期）内投入产出诸多经济因素进行调查、预测、研究、计算和论证，以对项目选定方案的经济合理性作出全面的分析和评价。其评价的结论是项目决策的重要依据。

项目经济评价一般包括国民经济评价和财务评价等基本内容。国民经济评价是从国家整体角度分析、计算项目对国民经济的净贡献，据此判别项目的经济合理性。财务评价是在国家现行财税制度和价格体系的条件下，从项目财务核算单位的角度分析计算项目的财务盈利能力、清偿能力和生存能力，据以判别项目的财务可行性。考虑到国民经济评价时采用的影子价格是在财务价格的基础上进行调整的，因此水电建设项目一般可先进行财务评价，后进行国民经济评价；对于水利建设项目，以国民经济评价为主，但必须重视财务评价。对于社会经济效益很大，而财务收入很少甚至无财务收入的项目（如防洪），也应进行财务分析计算，以提出维持项目正常运行需由国家补贴的资金数额及需采取的优惠措施及有关政策。

第一节　国民经济评价

一、概述

国民经济评价是采用费用和效益分析的方法，运用影子价格、影子汇率、影子工资和社会折现率等国民经济评价参数，从国民经济角度考察投资项目所耗费的社会资源和对社会的贡献，以评价投资项目的经济合理性。在项目的经济评价中，一般说来，那些对国民经济有较大影响的项目或者投入、产出财务价格明显不合理的项目就必须进行国民经济评价。特别是对能源、交通基础设施，农、林、水利等非工业项目更要强调国民经济评价，因为这类项目往往是国民经济的基础，不完全以盈利为目标，但对国民经济其他部门影响较大，有明显的外部效果，有时有些产出物的财务价格又不能反映对社会的真实贡献。另外，对于某些国际金融组织如世界银行、亚洲开发银行贷款项目和某些政府贷款项目（如日元政府贷款项目）均要按要求进行国民经济评价。因此，对于水利水电建设项目来说一般都应进行国民经济评价。

（一）国民经济评价与财务评价的区别与联系

国民经济评价与财务评价是项目经济评价的两个层次，它们之间既有区别又有联系。国民经济评价与财务评价的共同之处在于：首先，它们都是经济评价，都是要寻求以最小的投入获得最大的产出，都采用现金流量分析的方法，通过编制基本报表计算净现值、内部收益率等指标；其次，评价的基础相同，两者都是在完成产出物需求预测、工程地址及型式选择、技术路线和技术方案论证、投资估算和资金筹措等基础上进行的。国民经济评价与财务评价的区别主要有：

(1)评价角度不同。国民经济评价是从国家整体的角度考察项目需要国家付出的代价和对国家的贡献，评价投资项目的经济合理性；财务评价是从财务角度考察项目货币收支、盈利状况和借款清偿能力，并从项目的经营者、投资者和债权人角度进行分析评价。

(2)项目费用、效益的含义和范围划分不同。国民经济评价根据项目给国家带来的效益和项目消耗国家资源的多少，来考察项目的效益和费用。国家给项目的补贴、项目向国家上交的税金及国内借款的利息，均视为转移支付，不作为项目的效益和费用。另外，国民经济评价不仅要计算项目的直接效益和直接费用，而且要计算项目的间接效益和间接费用，即外部效果。财务评价则是根据项目的实际收支情况，确定项目的效益和直接费用。

(3)评价采用的价格不同。国民经济评价中对投入物和产出物采用影子价格；财务评价采用财务价格。

(4)主要参数不同。国民经济评价采用国家统一测定的影子汇率和社会折现率等；财务评价采用国家公布的汇率和行业基准收益率或银行贷款利率。

(5)主要评价指标不同。国民经济评价和财务评价在主要评价指标、主要评价报表上也有不同，其比较情况可见表11-1。

表11-1　国民经济评价与财务评价对比

项　目	国民经济评价	财务评价
评价角度	全社会或整个国民经济	项目核算单位
计算范围	直接效益和直接费用及比较明显的间接效益和间接费用。属于国民经济内部转移支付的利润、税金、贷款利息等不计入项目的费用和效益	直接效益和直接费用。利润、税金、贷款利息等计入项目的费用效益
价格	影子价格	财务价格
评价标准	社会折现率	部门或行业的基准收益率
主要评价指标	经济内部收益率 经济净现值 经济效益费用比	盈利项目{单价(上网电价,源水水价) 投资回收期 贷款偿还期} 公益项目{产品成本,价格 补贴办法,优惠措施}
主要报表	国民经济效益费用流量表	总成本费用表 利润表 损益表 财务现金流量表 资产负债表 资金来源与运用表 借款还本付息计算表

(二)经济评价的方法

在进行项目的经济评价,分析计算项目在经济寿命期(或计算期)内各年发生的费用和效益时,按是否考虑资金的时间价值可以分为静态分析法和动态分析法两类,即把不考虑资金时间价值的方法称为静态经济分析法,把考虑资金时间价值的方法称为动态经济分析法。目前,项目的经济评价采用动态分析与静态分析相结合的方法,以动态分析法为主,同时也不排除采用静态分析法,计算静态指标。

动态经济分析中常用的名词如下:

(1)资金的时间价值。货币如果作为储藏手段保存起来,不论经过多长时间,仍为同名量货币,金额不变。但货币如果作为社会生产资金参与再生产过程,就会带来利润,即得到增值。货币的这种增值现象一般称为货币的时间价值,或称为资金的时间价值。所以,资金具有时间价值并不意味着资金本身能够增值,而是因为资金代表着一定量的物化劳动,并在生产和流通中与劳动力相结合,才产生增值。

资金时间价值的理论具有广泛的实用性。在项目经济评价中,根据这一原理,可以将不同时间的费用或效益折算为同一时间点的等值费用或效益并进行方案优选,有利于有效地利用资金,发挥投资的经济效益。

(2)资金流量。由于资金具有时间价值,一定量的资金必须赋予相应的时间,才能表达其确切的量的概念。在建设项目的经济评价中,要求将其计算期内所发生的费用和效益,按各自发生的时间顺序排列,即表达为具有明确时间概念的资金过程就称为资金流量。流出项目以货币表示的价值量称为资金流出量,记为负值;流入项目以货币表示的价值量称为资金流入量,记为正值;同一时间上的资金流入量与流出量的代数和称为净资金流量。资金流出量、资金流入量及净资金流量统称为资金流量。

水利水电建设项目的资金流入量包括销售收入(国民经济评价则为工程效益,还包括间接效益)、回收固定资产余值和回收流动资金等;资金流出量包括固定资产投资、流动资金、经营成本和销售税金(国民经济评价中还包括间接费用,但不包括税金)等。

(3)计算期。项目计算期是可行性研究阶段为进行动态经济分析所设定的期限,包括建设期和生产经营期(或称运行初期及正常运行期),一般以年为单位。建设期是指项目资金正式投入工程开始,至项目基本建成开始投产所需的时间,具体年限根据项目实施计划确定。生产经营期可分为投产期(或称运行初期)及达产期(或称正常运行期)两个阶段。投产期是指项目投入生产,但生产能力尚未达到设计能力的过渡阶段,达产期是指生产经营达到设计预期水平后的时期。水利水电建设项目的计算期包括建设期、运行初期和正常运行期。正常运行期可根据项目的经济寿命和具体情况,按以下规定研究确定:

防洪、治涝、灌溉、城/镇供水等工程	30~50年
大、中型水电站	40~50年
机电排灌站、小型水电站	15~25年

项目计算期不宜定得太长,特别是新财务制度规定折旧年限缩短后,一般以不影响经济评价结论为原则。通常对于建设工期长、发挥效益持久或在正常运行期内效益不断增长的水利水电建设项目,以采用较长的生产期较为合理;如果以替代方案费用作为评价水

利水电建设项目的效益,可以采用较短的计算期。

(4)基准年与基准点。基准年是资金流量过程中,不计资金的时间价值的基本年度。一般可选计算期内的任何一年作为基准年,均不影响评价结论,通常以建设开始的第一年作为基准年。水利水电建设项目经济评价中还规定资金时间价值计算的基准点应定在建设期的第一年年初,投入物和产出物的资金流量除当年借款利息外,均按年末结算。

(5)折算率与折算值。折算率是指项目计算期内预期的资金增值与原有资金之比,是对资金时间价值的估量。建设项目经济评价中采用的折算率有社会折现率和基准收益率。社会折现率代表社会资金被占用应获得的最低收益率,它在国民经济评价中,用做不同年份资金价值换算的折算率。社会折现率要根据国民经济发展多种因素综合测定,根据我国国民经济运行实际情况、投资收益水平、资金供求状况、资金机会成本以及国家宏观调控等因素综合分析确定。社会折现率在国民经济评价中作为计算经济净现值的折现率,并作为经济内部收益率的判别标准。财务基准收益率是项目财务内部收益率指标的基准和判据,也是财务上是否可行的最低要求,也用做计算财务净现值的折算率。在项目的财务评价中,如果有行业发布的本行业基准收益率,即应以其作为项目的基准收益率;如果没有行业规定,则由项目评价人员设定。设定时可参考本行业一定时期的平均收益水平并考虑项目的风险因素确定;也可按项目占用的资金成本加一定风险系数确定。资本金收益率可采用投资者最低的期望收益率。

折算值是指把资金流量按一定折算率折算到某一时间点上的数值,按时间点不同可分为现值、终值和等额年值三种。现值是指发生或折算为某一特定时间序列起点的效益或费用的价值量,在项目经济评价中指折算到基准年初(即基准点)的货币价值量,通常用 P 表示现值。终值是指发生或折算到某一特定时间序列终点的效益或费用的价值量,也可称为未来值或将来值。在项目经济评价中指折算到计算期终(即年末)的货币价值量,通常用 F 表示终值。等额年值是指发生或折算至某一特定时间序列各年年末的等额序列,在项目经济评价中,有时把现值或终值折算为计算期内各年年末的等额年值,以便于说明项目多年年均情况。等额年值常用 A 表示。

(6)资金的时间价值。利息是占用资金所付出的代价或放弃使用资金所获得的报酬。所以,银行的付息反映了资金的时间价值的增值情况。银行计息有单利法和复利法两种形式,单利法只对本金计息,而复利法是把前期所得本利和作为本金,再全部投入流通过程继续增值,它表达了资金运动的客观规律,可以完全体现资金的时间价值。所以,在项目经济评价中不用单利法而采用复利法进行计算。

二、国民经济评价中费用和效益

国民经济评价中费用和效益识别的基本原则是:凡项目对国民经济所作的贡献,均计为项目的效益;凡国民经济为项目付出的代价,均计为费用。在考察项目的效益与费用时,应按“有、无分析法”即有项目和无项目两种情况的费用和效益,再计算其增量,并遵循效益和费用计算范围对应的原则进行操作。

国民经济的费用和效益可分为直接费用和直接效益、间接费用和间接效益两类。

(一)直接费用

项目的直接费用主要指国家为满足项目投入(包括固定资产投资、年运行费用及流动资金)的需要而付出的代价。这些投入物用影子价格计算的经济价值即为项目的直接费用。水利水电建设项目中的枢纽工程或河道整治、灌溉引水系统工程的投资、配套工程投资、淹没处占地补偿投资、年运行费用、流动资金等均为项目的直接费用。对于国民经济内部各部门之间的转移支付,如项目财务评价中的税金、国内贷款利息和补贴等均不能计为国民经济评价中的费用或效益,因为它们并不造成资源的实际消耗或增加,但国外借款利息的支付产生了国内资源向国外的转移,则必须计为项目的费用。

(二)直接效益

项目的直接效益主要指项目的产出物,包括物质产品或服务的经济价值。不增加产出的项目,其效益表现为投入的节约,即释放到社会上的资源的经济价值。水利水电项目各功能的直接效益,可根据各功能特点和掌握资料的差异,选择相应的计算方法。

1.水利水电项目主要功能直接效益的计算方法

(1)防洪效益。应按有、无项目对比,该项目可减免的洪灾损失和可增加的土地开发利用价值计算。其中,可减免的洪灾损失,可采用实际年系列法、频率曲线法等方法计算。

(2)治涝效益。应按该项目可减免的涝灾损失计算,具体可根据涝区特点和资料情况,选用涝灾频率法或内涝积水量法或雨量涝灾相关法等方法计算。

(3)灌溉效益。应按该项目向农、林、牧等提供灌溉用水可获得的效益计算,具体可采用分摊系数法、影子水价法和缺水损失法等计算。

(4)城镇供水效益。应按该项目向城镇工矿企业和居民提供生产、生活用水可获得的效益计算,具体可采用最优等效替代法、缺水损失法、影子水价法、分摊系数法等计算。

(5)水力发电效益。应按该项目向电网或用户提供的容量和电量所获得的效益计算,可采用最优等效替代法和影子电价法等方法计算。

(6)抽水蓄能电站效益。指该项目在电力系统中的调峰填谷及运行灵活所产生的效益,主要包括提供可靠的峰荷容量、电量转换、调频、旋转备用、调相、快速跟踪负荷及提高系统可靠性等效益,可概括为容量、电量和动态效益。其计算方法应以替代方案法为主,有条件时也可采用投入产出法计算。

(7)航运效益。应按该项目提供或改善通航条件所获得的效益计算,具体可采用对比法或最优等效替代法计算。

2.水利水电项目各功能效益计算途径

水利水电项目各功能效益,按资料和特点不同,通常可以用下述三种途径进行计算:

(1)增加收益法。即分析计算水利水电工程兴建后可增加的实物产品产量或经济效益,作为该工程或功能的效益。如灌溉、城镇供水、水力发电和航运等一般采用这种途径来估算效益。

(2)减免损失法。即以水利水电工程兴建后可以减免的国民经济损失作为该工程或功能的效益,它虽然不是工程本身的收益,但对国家或社会来讲,减免损失同样是一种收益。目前,防洪、治涝工程一般用这种途径来估算效益。

(3)替代工程费用法。即以最优等效替代措施的费用(包括投资和运行费)作为工程的效益，当国民经济发展目标已定时，均可用这种途径来估算效益。

水利水电工程效益计算，除采用货币进行定量计算外，对一些难以用货币表示的效益应当用实物指标表示，不能用实物指标表示的效益也可用文字加以定性叙述。

3. 水利水电项目效益计算应遵循的原则

水利水电项目效益比较复杂，为使计算的效益值能满足项目经济评价的要求，效益计算时应遵循以下原则：

(1)按有、无项目对比可获得的直接效益和间接效益计算。“有项目”是指水利水电项目建设后，在该项目影响范围内将要发生的变化；“无项目”是指不建设水利水电项目时，在项目影响范围内可能发生的情况。有、无项目对比中，要注意分析、预测“无项目”时，该拟建项目影响范围内社会、经济等发展变化的趋势，使计算出的项目效益能真正体现该项目对国民经济所作的贡献。

(2)为反映水文现象的随机性、应采用系列法或频率法计算各功能的多年平均效益，作为项目经济评价指标计算的基础。由于水利水电工程效益受水文现象随机性的影响很大，如防洪效益在遇到大洪水年份时，效益很大，干旱年份就无防洪效益；发电效益遇丰水年则发电量多，效益大，遇枯水年则发电量就小，效益也小；灌溉效益遇干旱年份效益就大，风调雨顺年份，灌溉效益就小。因此，水利水电项目的效益除采用多年平均效益这个指标来表示外，为了弥补多年平均的概念有时不能全面反映水利水电项目的作用，还要计算设计年及特大洪(涝)年或特大旱年的效益，作为综合经济分析的依据，供项目决策研究。

(3)要考虑水利水电工程效益随时间发生变化的特点，一般要求预测一个平均的经济增长率，据以估算项目在计算期的效益，如防洪保护区内工农业生产随国民经济发展而增长，在遭遇同一频率洪水条件下，将来的防洪效益远比现在为大等。对项目计算期内可能减少的效益，经分析确定后，要从计算期效益中扣除(扣除时要注意这部分效益发生变化的时间，在相应的时间段扣除)。

(4)要分析计算项目的负效益。水利水电建设项目有时会对社会、经济、环境造成不利影响，首先应采取补救措施，将其补救费用计入项目投资；难以采取措施补救或采取措施后仍不能消除全部不利影响时，应计算其全部或部分负效益。

(5)效益计算的范围要与费用计算的范围相同，即应遵循费用与效益计算口径对应一致的原则。

(6)对运行初期和运行期各年的效益，要根据项目建设进度、投产计划和配套程度合理计算。

(7)对综合利用水利水电建设项目，除分别计算各功能的效益外，还要计算项目的整体效益。

(三)间接费用

间接费用又称外部费用，是指国民经济为项目付出了代价，而项目本身并不实际支付的费用。例如，项目建设造成的环境污染和生态的破坏。

(四)间接效益

间接效益又称外部效益，是指项目对国民经济作了贡献，而项目本身并未得到的那部分效益。例如，在河流上游建设水利水电工程后，河流下游水电站增加的出力和电量。

在项目评价中，只有同时符合以下两个条件的费用或效益才能称做外部费用或外部效益：

(1)项目将对与其并无直接关联的其他项目或消耗者产生影响(产生费用或效益)。

(2)这种费用或效益在财务报表(如财务现金流量表)中并没有得到反映，或者没有将其价值量化。

外部费用和外部效益通常只计算一次相关效果，不应连续计算。为了减少计量上的困难，首先应力求明确项目的"边界"。一般情况下可扩大项目的范围，特别是一些相互关联的项目可以合在一起视为同一项目(联合体)捆起来进行评价，这样可使外部费用和效益转化为直接费用和效益。

三、评价指标及评价准则

国民经济盈利能力分析以经济内部收益率为主要评价指标。根据项目特点和实际需要，也可计算经济净现值和经济效益费用比等指标。产品出口创汇及替代进口节汇的项目，要计算经济外汇净现值、经济换汇成本和经济节汇成本等指标。此外，还要对难以量化的外部效果进行定性分析。

(一)经济内部效益率(*EIRR*)

在项目经济评价中，能使某方案的经济净现值等于零时的折现率。它是项目内在取得报酬的能力，是国民经济评价的主要指标。其计算式为：

$$\sum_{t=1}^{n}\left[(B-C)_t(1+EIRR)^{-t}\right]=0 \tag{11-1}$$

式中 B——项目效益；

C——项目费用；

$(B-C)_t$——第 t 年项目获得的净效益；

n——计算期，以年计；

t——年份序号；

$EIRR$——经济内部收益率。

当经济内部收益率等于或大于社会折现率时，说明项目占用的费用对国民经济的净贡献能力达到了或超过了国家要求的水平，项目是经济合理和可以接受的。对于经济内部收益率小于社会折现率的项目，一般来说，应当予以放弃。采用经济内部收益率指标便于与其他建设项目的盈利能力进行比较。在建设资金没有限定的情况下优选项目规模，还应分析差额投资经济内部收益率(参见方案比较方法)。

(二)经济净现值(*ENPV*)

用社会折现率将项目计算期内各年效益与费用的差值(即各年的净效益值)折算到基准年初的现值和。它反映了项目的投资对国民经济的净贡献。其计算式为：

$$ENPV=\sum_{t=1}^{n}\left[(B-C)_t(1+i_s)^{-t}\right] \tag{11-2}$$

式中 $ENPV$——经济净现值；

i_s——社会折现率；

其他符号含义同前。

当经济净现值 $ENPV=0$ 时，说明项目占用投资对国民经济所做的净贡献，正好达到社会折现率的要求；当经济净现值 $ENPV>0$ 时，说明国家为项目付出代价后，既得到满足社会折现率要求的净贡献，同时还得到了超额的社会效益；当经济净现值 $ENPV<0$ 时，说明国家为项目付出的代价对国民经济的净贡献达不到社会折现率的要求。所以，经济净现值是反映建设项目对国民经济净贡献的绝对指标，通常经济净现值大于或等于零的项目是经济合理的，也是可以接受的。在进行方案比较时，一般选择经济净现值大于零且最大者为最佳方案。经济净现值也是国民经济盈利能力分析的主要指标，它和财务盈利能力分析中的财务净现值不同，经济净现值应以影子价格、影子工资、影子汇率和社会折现率为参数进行计算，并在效益和费用中计入较明显的间接效益和间接费用。

（三）经济效益费用比（*EBCR*）

建设项目以社会折现率计算的、在计算期内的全部效益现值与全部费用现值的比值称为经济效益费用比。其计算式为：

$$EBCR = \frac{\sum_{t=1}^{n} B_t (1 + i_s)^{-t}}{\sum_{t=1}^{n} C_t (1 + i_s)^{-t}} \tag{11-3}$$

式中 *EBCR*——经济效益费用比（或用 B/C 表示）；

B_t——第 t 年的效益；

C_t——第 t 年的费用；

其他符号含义同前。

经济效益费用比也是水利建设项目国民经济盈利能力分析中的一个主要评价指标，应用十分普遍。如果经济效益费用比等于或大于1.0，即 $EBCR \geqslant 1.0$，则表示该建设项目的产出等于或大于投入，说明项目付出的代价可以得到符合社会折现率的社会盈余或超额的社会盈余，在经济上是合理的，是可以接受的；如果经济效益费用比小于1.0，即 $EBCR<1.0$，则表示该项目的产出小于其投入，该项目对国民经济的净贡献不能满足社会折现率的要求，在经济上是不合理的，应该放弃该项目。如果该项目属于或兼有社会公益性质，对国家或地区发展具有特别重要的意义，考虑到政治效益、社会效益、环境效益和地区经济发展的效益等很难用货币表示，使得这些项目中用货币表示的效益比它实际发挥的效益要小，故除按社会折现率计算经济效益费用比外，可再采用一个较低的折现率进行计算，同时得出两个经济效益费用比值，供项目决策参考。

由于经济效益费用比是一个相对指标，所以在项目不同建设规模的方案比较中，如果无资金限制，还要计算扩大规模的增量经济效益费用比值。其计算公式为：

$$\Delta EBCR = \frac{\sum_{t=1}^{n} \Delta B_t (1 + i_s)^{-t}}{\sum_{t=1}^{n} \Delta C_t (1 + i_s)^{-t}} \tag{11-4}$$

式中 $\Delta EBCR$——增量经济效益费用比（或以 $\Delta B/\Delta C$ 表示）；

ΔB_t——第 t 年的增量效益；

ΔC_t——第 t 年的增量费用；

其他符号含义同前。

选择方案时，可按费用值由小到大依次排列，选择经济效益费用比大于或等于 1.0，增量经济效益费用比也大于和等于 1.0，且投资最大者为最佳方案。如果该项目同时采用经济净现值作为方案比选的指标，则其所选最佳方案与采用经济效益费用比和增量经济效益费用比指标比选结果是一致的。

第二节 财务评价

一、财务评价概念及水利水电项目财务评价的特点

（一）财务评价一般概念

财务评价是在国家现行财税制度和市场价格体系下，分析预测项目的财务效益与费用，计算财务评价指标，考察拟建项目的盈利能力、偿债能力，据以判断项目的财务可行性，是项目决策的重要依据。

1. 盈利性项目财务评价

财务评价是在确定的项目建设方案、投资估价和融资方案的基础上进行财务可行性研究。盈利性项目财务评价的主要内容与步骤如下：

(1) 选取财务评价基础数据与参数，包括主要投入品和产出品财务价格、税率、利率、汇率、计算期、固定资产折旧率、无形资产和递延资产摊销年限、生产负荷及基准收益率等基础数据和参数。

(2) 计算销售（营业）收入，估算成本费用。

(3) 编制财务评价报表，主要有财务现金流量表、损益和利润分配表、资金来源与运用表、借款偿还计划表。

(4) 计算财务评价指标，根据市场预测进行盈利能力分析和偿债能力分析。

(5) 进行不确定性分析，包括敏感性分析和盈亏平衡分析。

(6) 编写财务评价报告。

2. 非盈利性项目财务评价

非盈利性项目的财务评价方法与盈利性项目有所不同，一般不计算项目的产出物单价、财务内部收益率、财务净现值、投资回收期，对使用贷款又有收入的项目，可计算借款偿还期指标；主要是研究提出维持项目正常运行需由国家补贴的资金数额和需要采取的经济优惠措施及有关政策。主要评价内容与指标如下：

(1) 单位功能（或者单位使用效益）投资。该项指标是指建设每单位使用功能所需的投资，如防洪每 1 亿 m^3 防洪库容（或分蓄洪库容）的投资，灌溉每 1 亩灌溉面积的投资，水土保持单位面积治理投资，治污工程每 1 t 污水处理投资。

$$\text{单位功能（或单位使用效益）投资}=\frac{\text{建设投资}}{\text{设计服务能力或设施规模}} \tag{11-5}$$

进行方案比较时，在功能相同的情况下，一般以单位投资较小的方案为优。

(2)单位功能运营成本。该项指标是指项目的年运营费用与年服务总量之比，如治污工程项目处理1 t污水的运营费用，以此考察项目运营期间的财务状况。

$$单位运营成本=\frac{年运营费用}{年服务总量} \tag{11-6}$$

其中，年运营费用=运营直接费用+管理费用+财务费用+折旧费用；年服务总量指拟建项目建设规模中设定的年服务量。

(3)运营和服务收费价格。该项指标是指向服务对象提供每单位服务收取的服务费用，以此评价收费的合理性。评价方法一般是将预测的服务价格与消费者承受能力和支付意愿，以及政府发布的指导价格进行对比。

(4)借款偿还期。一些负债建设且有经营收入的非盈利性项目，应计算借款偿还期，考核项目的偿债能力。

(二)水利项目财务评价特点

(1)水利工程具有防洪、治涝、水力发电、航运、城乡供水、灌溉、水库养殖、水利旅游等多种功能，各功能的作用和财务收入不同，国家采取的投资政策也不同。《水利产业政策》根据水利工程的功能和作用将其划分为两类：甲类为防洪除涝、农田灌排骨干工程、城市防洪、水土保持、水资源保护等以社会效益为主，公益性较强的项目，其建设资金主要从中央和地方预算内资金、水利建设资金及其他可用于水利建设的财政性资金中安排，维护运行管理费由各级财政预算支付；乙类为供水、水力发电、水库养殖、水上旅游及水利综合经营等以经济效益为主，兼有一定社会效益的项目，其建设资金主要通过非财政性的资金渠道筹集，运行维护管理费由企业经营收入支付。

《水利建设项目贷款能力测算暂行规定》按水利建设项目承担的任务划分为公益性、准公益性和经营性三种类别。承担防洪、除涝等任务的为纯公益性项目；城市供水、水力发电等为经营性项目；既有防洪、除涝等公益性任务，又有供水、发电等经营性功能的项目为准公益性水利项目。

(2)进行水利水电项目财务评价时，首先要分析确定项目的功能和作用，采取不同的财务评价内容和指标，主要有以下四种情况：①对水力发电、工业及城市供水等经营性项目，按盈利性项目财务评价的内容和指标进行财务评价；②对防洪、治涝等公益性项目，按非盈利性项目财务评价的要求进行财务分析与评价，主要是提出维持项目正常运行需要由国家补贴的资金数额和需要采取的优惠政策；③对具有多种功能的综合利用水利工程应以项目整体财务评价为主，同时对其中水力发电、供水等具有财务收益的部分，按费用分摊的情况进行财务计算，作为评价的辅助指标；④对跨流域、跨地区调水工程应以项目整体财务评价为主，同时分地区进行供水成本、水价等指标计算。

二、财务评价中的费用构成和综合利用工程费用分摊

(一)费用构成及其估算方法

由于财务评价是从项目核算单位角度，以项目的实际财务支出和收益来判别项目的财务可行性，因此对财务效果的衡量只限于项目的直接费用与直接效益，不计算间接费用

与间接效益。

水利水电建设项目的直接费用包括固定资产投资、建设期利息、流动资金、年运行费和各项应纳的税金。

(1)固定资产投资。水利水电建设项目财务评价的固定资产可直接采用投资概(估)算表中的静态投资与价差预备费之和。

根据资本保全原则,当项目建成投入运行时,固定资产投资和建设期利息形成固定资产、无形资产和递延资产三部分,即:

$$固定资产投资+建设期利息=固定资产价值+无形资产价值+递延资产价值 \tag{11-7}$$

当难以计算无形资产和递延资产时,则:

$$固定资产价值=固定资产投资+建设期利息 \tag{11-8}$$

$$固定资产投资+建设期利息+流动资金=总投资 \tag{11-9}$$

(2)流动资金。水利水电工程流动资金包括维持项目正常运行所需购置燃料、材料、备品、备件和支付职工工资等的周转资金。水利水电工程规划设计中一般采用扩大指标估算法;水电项目按每 1 kW 装机容量 10 ~ 15 元估算。

(3)建设期利息。大型和特大型项目的建设期利息应根据各项水工建筑物和各类设备的投产时间分别计算。对初期运行期较短的水利水电建设项目,其各项的投资利息可计算到建设期末。

利率根据资金来源加权平均计算,按年计息,计复利。国外贷款按协议规定计算,引用外资的汇率按国家规定执行。

当建设期发生其他财务费用(如承诺费等)时,也应计入建设期利息。

(4)年运行费。水利水电项目年运行费(又称经营成本)是指项目总成本费用扣除固定资产投资折旧费、无形资产及递延资产摊销费和利息支出以后的全部费用。简化计算时可按固定资产价值一定比率计算。

(5)税金。水电建设项目的税金包括增值税、销售税金及附加和所得税。增值税为价外税;销售税金及附加,包括城市维护建设税和教育费附加,以增值税税额为计算基数,城市维护建设税根据纳税人所在地区计算,市区为 7%;县城和镇为 5%;农村为 1%;教育费附加为 3%;所得税 = 应纳税所得额 ×33%,应纳税所得额 = 发电销售收入 - 总成本费用 - 销售税金附加。

(二)综合利用水利建设项目费用分摊

许多水利工程,特别是大中型水利工程,一般都是多目标、多用途的综合利用工程,兼有两项以上的任务和多方面的效益;有些水利工程(如跨流域调水工程)不仅有几个受益部门(如灌溉、工业供水、城镇生活供水等),还涉及多个受益地区。因此,对综合利用水利工程的投资和年运行费,通常都要按照合理的原则,采用适当的方法,在各受益部门或地区间进行分摊的分析计算。

1. 费用分摊的目的

(1)为计算各部门的经济评价指标,确定工程合理开发目标和方案提供费用依据。

(2)协调各受益部门或地区的要求,选择确定经济合理的工程规模、技术参数和运用方式。

（3）为编制国家建设规划，安排投资计划，筹措建设资金和年运行费提供参考依据。

（4）为核算和合理确定供水、供电等水利产品的成本和价格提供费用依据。

2. 费用分摊的原则

费用分摊总原则是谁受益，谁承担。一般做法是由主要受益部门或地区分摊水利工程费用；受益小和效益不易定量计算的部门一般可不参加分摊。对于综合利用的大中型水利工程，将其组成部分根据性质分为 4 类，按类采用不同原则，分析计算各受益部门或地区应承担的份额。

（1）专用工程设施。指某受益部门或地区专用的工程和设施。如农田灌溉专用的引水渠首和各级灌排渠系；城镇供水专用的取水建筑物、输配水系统和净水设施；坝后式水电站的厂房和机电设备；航运专用的船闸和停靠船只装卸货物的码头以及专供某一地区的输水渠道等。为一个部门或地区服务的专用工程设施，其费用应由该受益部门或地区承担。

（2）兼用工程设施。指虽然只为某受益部门或地区服务，但兼有各受益部门或地区共用效能的工程和设施。例如，河床式水电站厂房，从作用上看，它是水力发电部门专用的建筑物，但由于它具有挡水的效能，还可节省该段挡水建筑物的费用。对这类工程设施，一般情况下可将费用分为两部分：一部分是代替共用工程的费用，按共用工程对待，由各受益部门共同分担；另一部分是为专用部门服务而增加的补充费用，按专用工程设施对待，由专用受益部门承担。

（3）共用工程设施。指为两个或两个以上受益部门或地区共同使用的工程和设施。如综合利用水利枢纽的拦河闸坝、溢洪道和水库及跨流域调水工程中为两个以上受水区输水的渠道等。这类工程设施的费用相应地由各受益部门或地区共同分摊。通常所说的费用分摊，主要是指这类工程设施的费用分摊。

（4）补偿工程设施。指由于兴建水利工程，某些部门或地区原有资产受到损失，为维护或补偿这些部门或地区的利益而修建的某些工程设施。例如，拦河修建闸坝，为维持江河原有通航、竹木流放、鱼类洄游等效能以及补偿航运、林业和水产等部门受到的损失而修建的通航建筑物（如船闸）、筏道、鱼道等工程设施。就其用途来说，是为某部门或地区专用的，但属补偿性质，其费用不应由该专用部门或地区承担，而应由其他受益部门或地区共同分担。但是，有时受补偿的部门或地区，为了扩大原有资产或提高标准，要求增大补偿工程的规模，由此增加的费用，原则上应按专用工程的费用对待，由受补偿的部门或地区自行承担。

3. 费用分摊的方法

目前，国内外使用和学者们研究过的费用分摊方法有 30 多种，我国水利水电工程规划设计和管理中常用的方法主要有以下几种：

（1）按各功能利用建设项目的某些指标，如水量、库容等比例分摊。

（2）按各功能最优等效替代方案费用现值的比例分摊。

（3）按各功能可获得效益现值的比例分摊。

（4）按“可分离费用 - 剩余效益法”分摊。

（5）当项目各功能的主次关系明显，其主要功能可获得的效益占项目总效益的比例很大时,可由项目主要功能承担大部分费用,次要功能只承担其可分离费用或其专用工程费用。

对特别重要的综合利用水利建设项目,可同时选用2~3种费用分摊方法进行计算,选取较合理的分摊成果。

4.费用分摊成果的合理性检查

对综合利用水利建设项目费用分摊的成果,应从以下几方面进行合理性检查:

(1)各功能分摊的费用应小于该功能可获得的效益。

(2)各功能分摊的费用应小于专为该功能服务而兴建的工程设施的费用或小于其最优等效替代方案的费用。

(3)各功能分摊的费用应公平合理。

三、财务评价中成本费用估算

成本费用是指项目生产经营支出的各种费用。按成本计算范围,分为单位产品成本和总成本费用;按成本与产量的关系,分为固定成本和可变成本;按财务评价的特定要求,分为总成本费用和经营成本。

(一)总成本费用的构成

水利水电项目总成本费用的构成及估算方法,通常采用产品制造成本加企业期间费用估算法(按经济用途分类)和生产要素估算法(按经济性质分类)两种方法。水利水电工程规划中一般采用生产要素估算法估算总成本费用,其构成如图11-1所示。

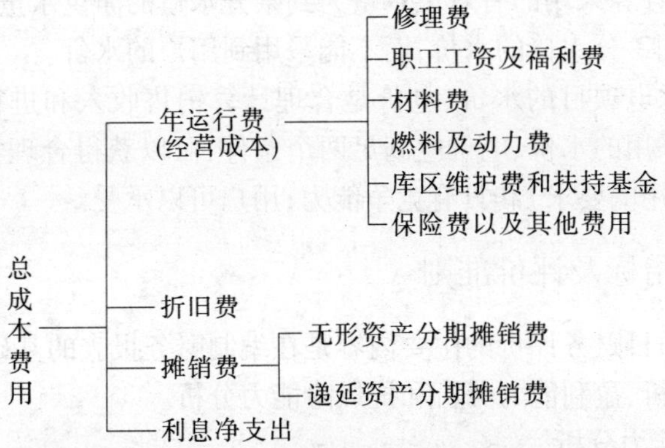

图11-1　水利水电建设项目总成本费用构成

(二)经营成本估算

经营成本又称年运行费,是项目评价特有的概念,用于项目财务评价的现金流量分析。经营成本是指总成本费用扣除固定资产折旧费、无形资产及递延资产摊销费和财务费用后的成本费用。计算公式为:

经营成本=总成本费用-折旧费-无形资产及递延资产摊销费-借款利息　(11-10)

(三)固定成本与可变成本估算

财务评价进行盈亏平衡分析时,需要将总成本费用分解为固定成本和可变成本。固定成本是指不随产品产量及销售量的增减发生变化的各项成本费用,主要包括非生产人员工资、折旧费、无形资产及递延资产摊销费、修理费、办公费、管理费等。可变成本是指随产品产量及销售量增减而成正比例变化的各项费用，主要包括原材料费、燃料费、动力消耗费、包装费和生产人员工资等。

长期借款利息应视为固定成本，短期借款如果用于购置流动资产，可能部分与产品产量、销售量相关，其利息可视为半可变半固定成本，为简化计算，也可视为固定成本。

四、销售收入估算

销售（营业）收入是指销售产品或者提供服务取得的收入。生产多种产品和提供多种服务的，应分别估算各种产品和服务的销售收入。水利水电工程的销售收入主要有电费收入、水费收入和其他收入。

电费收入包括销售电量收入和销售容量收入，目前主要计算销售电量收入，有条件时还应计算销售容量收入。

销售电量收入＝上网电量×上网电价（不含增值税） (11-11)

上网电量＝有效电量×（1－厂用电率）×（1－专用配套输变线损率） (11-12)

销售容量收入＝必需容量×容量价格 (11-13)

水费收入＝供水口净供水量×该供水口水价 (11-14)

为合理计算水利水电工程的销售收入，首先必须合理计算和确定水利水电产品的有效供给量（如上网电量、分水口净供水量等）和与此相对应的电价、水价，即计算采用的有效电量是上网电量，所采用的计算电价应是与之相对应的上网电价，而不是电网的平均电价或到用户的电价；计算采用的有效供水量为到某分水口的净供水量，所采用的计算水价应是与之相对应的同一分水口的水价，而不能采用到用户的水价。

合理确定水利水电项目的水价、电价是合理计算销售收入和进行财务评价的关键。计算销售收入时所采用的水价、电价应满足两个条件：可以获得合理利润（农业灌溉水价应满足补偿成本、费用的要求）和具有竞争能力；用户可以承受。

五、财务评价指标及评价准则

水利水电建设项目财务评价的主要内容是在编制财务报表的基础上进行财务生存能力分析、偿债能力分析、盈利能力分析和抗风险能力分析。

（一）财务生存能力分析

在财务分析辅助表和利润与利润分配表的基础上编制财务计划现金流量表，通过考察项目计算期内的投资、融资和经营活动所重申的各项现金流入和流出，计算净现金流量和累计盈余资金，分析项目是否有足够的净现金流量维持正常运营，以实现财务可持续性。

财务可持续性首先体现在有足够大的经营活动净现金流量，其次各年累计盈余资金不应出现负值。若出现负值，应进行短期借款，同时分析该短期借款的年份长短和数额大小，进一步判断项目的财务生存能力。短期借款应体现在财务计划现金流量表中，其利息计入财务费用。为维持项目正常运营，还应分析短期借款的可靠性。

对于非经营性项目，财务分析主要分析项目的财务生存能力。

（二）偿债能力分析

水利水电项目偿债能力分析主要计算借款偿还期和资产负债率。

1. 借款偿还期

借款偿还期是指以项目投产后获得的可用于还本付息的资金，还清借款本息所需的时间，一般以年为单位表示。这项指标可由借款偿还计划表推算。不足整年的部分可用内插法计算。指标值应能满足贷款机构的期限要求。

借款偿还期的表达式为：

$$I_d = \sum_{t=1}^{P_d} R_t \tag{11-15}$$

式中 I_d——固定资产投资国内借款本金和建设期利息之和；

P_d——固定资产投资国内借款偿还期（从借款开始年计算，当从投产年算起时，应予以注明）；

R_t——第 t 年可用于还款的资金，包括利润、折旧、摊销及其他还款资金。

借款偿还期可由资金来源与运用表及国内借款还本付息计算表直接推算，以年表示。计算公式为：

$$借款偿还期 = 借款偿还后开始出现盈余年份数 - 开始借款年份 + \frac{当年偿还借款额}{当年可用于还款的资金额} \tag{11-16}$$

2. 资产负债率

资产负债率是反映项目各年所面临的财务风险程度及偿债能力的指标。其表达式为：

$$资产负债率 = \frac{负债合计}{资产合计} \times 100\% \tag{11-17}$$

$$资产合计 = 负债合计 + 权益合计 \tag{11-18}$$

式中：权益合计为业主对项目投入的资金以及形成的资本公积金、盈余公积金、未分配的利润。

资产负债率越小，则项目的偿债能力越强。一般要求债务占资产的比例不超过60%～70%。

（三）盈利能力分析

盈利能力分析是项目财务评价的主要内容之一，主要是考察投资的盈利水平，主要计算指标为财务内部收益率、投资回收期，根据项目的实际需要，也可计算财务净现值、投资利润率、投资利税率、资本金利润率等指标。

1. 财务内部收益率（*FIRR*）

财务内部收益率是指项目在整个计算期内各年净现金流量现值累计等于零时的折现率，它是评价项目盈利能力的动态指标。其表达式为：

$$\sum_{t=1}^{n} (CI - CO)_t (1 + FIRR)^{-t} = 0 \tag{11-19}$$

式中 CI——现金流入量；

CO——现金流出量；

$(CI-CO)_t$——第 t 年的净现金流量；

n——计算期年数；

$FIRR$——财务内部收益率。

财务内部收益率可根据财务现金流量表中净现金流量，用试差法计算，也可采用专用软件的财务函数计算。

按分析范围和对象不同，财务内部收益率分为项目财务内部收益率、资本金收益率（即资本金财务内部收益率）和投资各方收益率（即投资各方财务内部收益率）。

（1）项目财务内部收益率，是考察确定项目融资方案前（未计算借款利息）且在所得税前整个项目的盈利能力，供决策者进行项目方案比选和银行金融机构进行信贷决策时参考。由于项目各融资方案的利率不尽相同，所得税税率与享受的优惠政策也可能不同，在计算项目财务内部收益率时，不考虑利息支出和所得税，是为了保持项目方案的可比性。

（2）资本金收益率，是以项目资本金为计算基础，考察所得税税后资本金可能获得的收益水平。

（3）投资各方收益率，是以投资各方出资额为计算基础，考察投资各方可能获得的收益水平。

项目财务内部收益率（$FIRR$）的判别依据，应采用行业发布或者评价人员设定的财务基准收益率（i_c），当 $FIRR \geqslant i_c$ 时，即认为项目的盈利能力能够满足要求。资本金和投资各方收益率应与出资方最低期望收益率对比，判断投资方收益水平。

2. 财务净现值（$FNPV$）

财务净现值是指按设定的折现率 i_c 计算的项目计算期内各年净现金流量的现值之和。计算公式为：

$$FNPV = \sum_{t=1}^{n} (CI - CO)_t (1 + i_c)^{-t} \tag{11-20}$$

式中 CI——现金流入量；

CO——现金流出量；

$(CI-CO)_t$——第 t 年的净现金流量；

n——计算期年数；

i_c——设定的折现率。

财务净现值是评价项目盈利能力的绝对指标，它反映项目在满足按设定折现率要求的盈利之外，获得的超额盈利的现值。财务净现值等于或者大于零，表明项目的盈利能力达到或者超过按设定的折现率计算的盈利水平。一般只计算所得税税前财务净现值。

3. 投资回收期（P_t）

投资回收期是指以项目的净收益偿还项目全部投资所需要的时间，一般以年为单位，并从项目建设起始年算起。若从项目投产年算起，应予以特别注明。其表达式为：

$$\sum_{t=1}^{P_t} (CI - CO)_t = 0 \tag{11-21}$$

式中　$(CI-CO)_t$——第 t 年后净现金流量。

投资回收期可根据现金流量表计算，现金流量表中累计现金流量（所得税税前）由负值变为零时的时点，即为项目的投资回收期。计算公式为：

$$P_t = \text{累计净现金流量开始出现正值的年份数} - 1 + \frac{\text{上年累计净现金流量的绝对值}}{\text{当年净现金流量值}} \quad (11\text{-}22)$$

投资回收期越短，表明项目的盈利能力和抗风险能力越好。投资回收期的判别标准是基准投资回收期，其取值可根据行业水平或者投资者的要求设定。

4. 投资利润率

投资利润率是指项目在计算期内正常生产年份的年利润总额（或年平均利润总额）与项目投入总资金的比例，它是考察单位投资盈利能力的静态指标。将项目投资利润率与同行业平均投资利润率对比，判断项目的获利能力和水平。计算公式为：

$$\text{投资利润率} = \frac{\text{年利润总额或年平均利润总额}}{\text{项目总投资}} \times 100\% \quad (11\text{-}23)$$

式中，年利润总额 = 年产品销售收入 - 年产品销售税金及附加 - 年总成本费用。

5. 投资利税率

投资利税率是指项目达到设计生产能力后的一个正常生产年份的年利税总额与项目总投资的比率。其计算公式为：

$$\text{投资利税率} = \frac{\text{年利税总额（或年平均利税总额）}}{\text{项目总投资}} \times 100\% \quad (11\text{-}24)$$

式中，年利税总额 = 年收入 - 年成本 + 增值税。

6. 资本金利润率

资本金利润率是指项目达到设计生产能力后的一个正常生产年份的年利润总额与资本金的比率，它是反映投入项目的资本金的盈利能力。其计算公式为：

$$\text{资本金利润率} = \frac{\text{年利润总额（或年平均利润总额）}}{\text{资本金}} \times 100\% \quad (11\text{-}25)$$

式中，资本金为国家、企业、个人或外商对该项目实际投入的资本，包括现金、实物、无形资产等，属权益的一部分。

（四）不确定性分析

项目评价所采用的数据大部分来自估算和预测，有一定程度的不确定性。为了分析不确定性因素对经济评价指标的影响，需要进行不确定性分析，估计项目可能存在的风险，考察项目的财务可靠性。根据拟建项目的具体情况，有选择地进行敏感性分析、盈亏平衡分析。

1. 敏感性分析

敏感性分析是通过分析、预测项目主要不确定因素的变化对项目评价指标的影响，找出敏感因素，分析评价指标对该因素的敏感程度，并分析该因素达到临界值时项目的承受能力。一般将产品价格、产品产量（生产负荷）、主要原材料价格、建设投资、建设工期、汇率等作为考察的不确定因素。

2. 盈亏平衡分析

盈亏平衡分析又称平衡点分析，是将成本划分为固定成本和变动成本，假定产销量一致，根据产量、成本、售价和利润四者之间的函数关系，进行预测分析的技术方法。在进行建设项目盈亏平衡分析时，是将产量或者销售量作为不确定因素，求取盈亏平衡时临界点所对应的产量或者销售量。盈亏平衡点越低，表示项目适应市场变化的能力越强，抗风险能力也越强。盈亏平衡点常用生产能力利用率或者产量表示。

六、财务评价是否可行的准则

（一）水力发电、城市供水等经营性项目

水力发电、城市供水等经营性项目财务评价可行需同时满足以下三个条件：

(1)应具有偿债能力。即在经营期内一定可以还清所有借款，包括内资和外资（如所利用外资还贷年限大于经营期，外资部分可不在此列），也就是说，水利水电工程的还本付息年限应对大中型水利水电工程等于或小于25年，对特大水利水电工程等于或小于30年。

(2)应具有盈利能力。即全部投资的财务内部收益率大于或等于本行业的财务基准收益率，资本金财务内部收益率一般应高于全部资金的财务内部收益率。

(3)水价、电价应具有竞争力。即上网电价等于或低于同一供电区同期投产的其他电站；水利工程供水价格等于或低于同期同一供水地区的有其他水源工程（或节水措施）的供水价格。这样该水利水电工程的水价、电价用户或电网、受水区才是可以接受的。

（二）防洪、治涝等公益性水利项目

水利部1991年4月水计字第13号文《关于新建水利工程有关编制经费、用房等问题的通知》规定："新建水利工程申请立项时，必须明确管理体制，管理机构的性质，按国家审定的编制定员标准确定管理人员编制及运行管理费、大修理费、折旧费的经费来源。""必须按国家政策事先明确工程发挥效益后各项收益的标准，并经主管部门认可，以确保工程投产后能维持正常运转。""工程管理单位凡明确为事业单位性质的，应按国家规定上报各级编委和财政部门核定人员编制和事业经费，列入本级政府财政预算，确保管理人员的经费来源。"否则，计划部门不予立项目。因此，防洪、治涝等公益性水利项目财务评价可行的标准之一是工程建成后维持工程正常运行的经费有合理、可靠的来源，同时单位功能（或单位使用效益）投资、单位功能运营成本相对较低。

第三节 资金筹措

一、水利建设项目分类和资金筹集来源

我国《水利产业政策》（国务院1997年10月28日批准颁布实施）对水利建设项目根据其功能和作用划分为两类：甲类为防洪除涝、农田排灌骨干工程、城市防洪、水土保持、水资源保护等以社会效益为主、公益性较强的项目；乙类为供水、水力发电、水库养殖、水上旅游及水利综合经营等以经济效益为主，兼有一定社会效益的项目。

《水利产业政策》规定：甲类项目的建设资金主要从中央和地方预算内资金、水利建设基金及其他可用于水利建设的财政性资金中安排；乙类项目的建设资金主要通过非财政性的资金渠道筹集。

《水利产业政策》还根据作用和范围，将水利建设项目划为中央项目和地方项目两类。中央项目是指跨省（自治区、直辖市）、跨流域的引水及水资源综合利用等对国民经济全局有重大影响的项目；地方项目是指局部受益的防洪除涝、城市防洪、灌溉排水、河道整治、供水、水土保持、水资源保护、中小型水电建设等项目。中央项目由中央和受益者（自治区、直辖市）按受益程度、受益范围、经济实力共同分担；重点水土流失区的治理主要由地方负责，中央适当给予补助；地方和部门受益的其他各类水利工程，按照“谁受益、谁负担”的原则，由受益的地方和部门按受益程度共同投资建设；中央通过多种渠道对少数民族地区和贫困地区的重要水利建设项目给予适当补助。地方项目中的防洪除涝、城市防洪等甲类项目所需项目，由所在地人民政府从地方预算内资金、农业综合开发资金、以工补农资金、水利专项资金等地方资金和贴息贷款中安排，同时要重视利用农业生产经营组织和农业劳动者的资金和劳务投入。

二、水利工程贷款能力测算

（一）贷款能力测算目的与适用范围

水利建设项目贷款能力测算的目的，是根据市场需求合理预测项目的财务收益，测算项目所能承担的贷款额度和所需要的资本金，拟定项目建设资金筹措方案，对项目进行科学合理的财务可行性评价，为国家、地方政府和有关投资者决策提供依据。

贷款能力测算主要适用于发电、供水（调水）等具有财务收益的大型水利建设项目。

（二）贷款能力测算原则

（1）贷款能力测算是水利建设项目财务评价的组成部分，其计算方法和主要参数均按现行规范中财务评价的有关规定和国家现行的财税、价格政策执行。

（2）根据项目财务计算成果分析确定贷款能力测算的必要性：①年销售收入大于年总成本费用的水利建设项目必须进行贷款能力测算；②年销售收入小于年运行费的项目可不测算贷款能力；③年销售收入大于年运行费但小于总成本费用的项目，应在考虑更新改造费用和还贷财务状况等因素的基础上，根据实际情况分析测算项目贷款能力。

（三）贷款能力测算主要内容

（1）进行项目费用估算和综合利用水利工程费用分摊研究。

（2）估算项目总成本费用和年运行费（经营成本）。

（3）拟定水价、电价。

根据（1）～（3）成果拟定贷款能力测算方案进行贷款能力测算，提出不同方案的贷款能力测算成果。

贷款能力测算。其成果包括贷款本金、建设期利息、资本金和其他财务指标。

对于具有供水、发电等财务收益的综合利用水利枢纽工程，应按项目整体进行贷款能力测算和财务评价。

三、水利水电工程资本金及其筹措

(一)投资项目资本金的概念

投资项目资本金,是指在投资项目总投资中,由投资者认缴的出资额。对投资项目来说是非债务性资金,项目法人不承担这部分资金的任何利息和债务;投资者可按其出资的比例依法享有所有者权益,也可转让其出资,但不得以任何方式抽回。在投资项目的总投资中,除项目法人(依托现有企业的扩建及技术改造项目,现有企业法人即为项目法人)从银行或资金市场筹措的债务性资金外,还必须拥有一定比例的资本金。

作为计算资本金基数的总投资,是指投资项目固定资产投资与铺底流动资金之和,以经批准的动态概算为依据。

(二)水利水电项目资本金比例及利率

水利水电项目资本金比例,参照有关行业规定的原则掌握:以水力发电为主的项目,资本金比例不低于20%;城市供水(调水)项目,资本金比例不低于35%;综合利用水利工程项目,资本金比例最少不得低于20%。水利建设项目资本金利润率以不高于中国人民银行近期公布的同期贷款率1~2个百分点为宜。

(三)投资项目资本金的出资方式及相关规定

1. 出资方式及相关规定

投资项目资本金可以用货币出资,也可以用实物、工业产权、非专利技术、土地使用权作价出资。

对作为资本金的实物、工业产权、非专利技术、土地使用权,必须经过有资格的资产评估机构依照法律、法规评估作价。

以工业产权、非专利技术作价出资的比例不得超过投资项目资本金总额的20%,国家对采用高新技术成果有特别规定的除外。

2. 以货币出资的资本金来源

投资以货币方式认缴的资本金,其资金来源有:

(1)各级人民政府的财政预算内资金、国家批准的各种专项基金、“拨改贷”和经营性基本建设基金回收的本息、土地出租收入、国有企业产权转让收入、地方人民政府按国家有关规定收取的各项费用及其他预算外资金。

(2)国家授权的投资机构及企业法人的所有者权益(包括资本金、资本公积金、盈余公积金和未分配利润、股票上市收益资金等)、企业折旧资金以及投资者按照国家规定从资金市场上筹措的资金。

(3)社会个人合法所有的资金。

(4)国家规定的其他可以用做投资项目资本金的资金。

附录　法规及管理条例

中华人民共和国水法

（2002 年 8 月 29 日第九届全国人民代表大会
常务委员会第二十九次会议通过）

第一章　总　则

第一条　为了合理开发、利用、节约和保护水资源，防治水害，实现水资源的可持续利用，适应国民经济和社会发展的需要，制定本法。

第二条　在中华人民共和国领域内开发、利用、节约、保护、管理水资源，防治水害，适用本法。

本法所称水资源，包括地表水和地下水。

第三条　水资源属于国家所有。水资源的所有权由国务院代表国家行使。农村集体经济组织的水塘和由农村集体经济组织修建管理的水库中的水，归各该农村集体经济组织使用。

第四条　开发、利用、节约、保护水资源和防治水害，应当全面规划、统筹兼顾、标本兼治、综合利用、讲求效益，发挥水资源的多种功能，协调好生活、生产经营和生态环境用水。

第五条　县级以上人民政府应当加强水利基础设施建设，并将其纳入本级国民经济和社会发展计划。

第六条　国家鼓励单位和个人依法开发、利用水资源，并保护其合法权益。开发、利用水资源的单位和个人有依法保护水资源的义务。

第七条　国家对水资源依法实行取水许可制度和有偿使用制度。但是，农村集体经济组织及其成员使用本集体经济组织的水塘、水库中的水的除外。国务院水行政主管部门负责全国取水许可制度和水资源有偿使用制度的组织实施。

第八条　国家厉行节约用水，大力推行节约用水措施，推广节约用水新技术、新工艺，发展节水型工业、农业和服务业，建立节水型社会。

各级人民政府应当采取措施，加强对节约用水的管理，建立节约用水技术开发推广体系，培育和发展节约用水产业。

单位和个人有节约用水的义务。

第九条　国家保护水资源，采取有效措施，保护植被，植树种草，涵养水源，防治水土流失和水体污染，改善生态环境。

第十条　国家鼓励和支持开发、利用、节约、保护、管理水资源和防治水害的先进科学技术的研究、推广和应用。

第十一条　在开发、利用、节约、保护、管理水资源和防治水害等方面成绩显著的单位和个人，由人民政府给予奖励。

第十二条　国家对水资源实行流域管理与行政区域管理相结合的管理体制。

国务院水行政主管部门负责全国水资源的统一管理和监督工作。

国务院水行政主管部门在国家确定的重要江河、湖泊设立的流域管理机构（以下简称流域管理机构），在所管辖的范围内行使法律、行政法规规定的和国务院水行政主管部门授予的水资源管理和监督职责。

县级以上地方人民政府水行政主管部门按照规定的权限，负责本行政区域内水资源的统一管理和监督工作。

第十三条　国务院有关部门按照职责分工，负责水资源开发、利用、节约和保护的有关工作。

县级以上地方人民政府有关部门按照职责分工，负责本行政区域内水资源开发、利用、节约和保护的有关工作。

第二章　水资源规划

第十四条　国家制定全国水资源战略规划。

开发、利用、节约、保护水资源和防治水害，应当按照流域、区域统一制定规划。规划分为流域规划和区域规划。流域规划包括流域综合规划和流域专业规划；区域规划包括区域综合规划和区域专业规划。

前款所称综合规划，是指根据经济社会发展需要和水资源开发利用现状编制的开发、利用、节约、保护水资源和防治水害的总体部署。前款所称专业规划，是指防洪、治涝、灌溉、航运、供水、水力发电、竹木流放、渔业、水资源保护、水土保持、防沙治沙、节约用水等规划。

第十五条　流域范围内的区域规划应当服从流域规划，专业规划应当服从综合规划。

流域综合规划和区域综合规划以及与土地利用关系密切的专业规划，应当与国民经济和社会发展规划以及土地利用总体规划、城市总体规划和环境保护规划相协调，兼顾各地区、各行业的需要。

第十六条　制定规划，必须进行水资源综合科学考察和调查评价。水资源综合科学考察和调查评价，由县级以上人民政府水行政主管部门会同同级有关部门组织进行。

县级以上人民政府应当加强水文、水资源信息系统建设。县级以上人民政府水行政主管部门和流域管理机构应当加强对水资源的动态监测。

基本水文资料应当按照国家有关规定予以公开。

第十七条　国家确定的重要江河、湖泊的流域综合规划，由国务院水行政主管部门会同国务院有关部门和有关省、自治区、直辖市人民政府编制，报国务院批准。跨省、自治区、直辖市的其他江河、湖泊的流域综合规划和区域综合规划，由有关流域管理机构会同江河、湖泊所在地的省、自治区、直辖市人民政府水行政主管部门和有关部门编制，分别经有关省、自治区、直辖市人民政府审查提出意见后，报国务院水行政主管部门审核；国务院水行政主管部门征求国务院有关部门意见后，报国务院或者其授权的部门批准。

前款规定以外的其他江河、湖泊的流域综合规划和区域综合规划，由县级以上地方人民政府水行政主管部门会同同级有关部门和有关地方人民政府编制，报本级人民政府或者其授权的部门批准，并报上一级水行政主管部门备案。

专业规划由县级以上人民政府有关部门编制，征求同级其他有关部门意见后，报本级人民政府批准。其中，防洪规划、水土保持规划的编制、批准，依照防洪法、水土保持法的有关规定执行。

第十八条 规划一经批准，必须严格执行。

经批准的规划需要修改时，必须按照规划编制程序经原批准机关批准。

第十九条 建设水工程，必须符合流域综合规划。在国家确定的重要江河、湖泊和跨省、自治区、直辖市的江河、湖泊上建设水工程，其工程可行性研究报告报请批准前，有关流域管理机构应当对水工程的建设是否符合流域综合规划进行审查并签署意见；在其他江河、湖泊上建设水工程，其工程可行性研究报告报请批准前，县级以上地方人民政府水行政主管部门应当按照管理权限对水工程的建设是否符合流域综合规划进行审查并签署意见。水工程建设涉及防洪的，依照防洪法的有关规定执行；涉及其他地区和行业的，建设单位应当事先征求有关地区和部门的意见。

第三章 水资源开发利用

第二十条 开发、利用水资源，应当坚持兴利与除害相结合，兼顾上下游、左右岸和有关地区之间的利益，充分发挥水资源的综合效益，并服从防洪的总体安排。

第二十一条 开发、利用水资源，应当首先满足城乡居民生活用水，并兼顾农业、工业、生态环境用水以及航运等需要。

在干旱和半干旱地区开发、利用水资源，应当充分考虑生态环境用水需要。

第二十二条 跨流域调水，应当进行全面规划和科学论证，统筹兼顾调出和调入流域的用水需要，防止对生态环境造成破坏。

第二十三条 地方各级人民政府应当结合本地区水资源的实际情况，按照地表水与地下水统一调度开发、开源与节流相结合、节流优先和污水处理再利用的原则，合理组织开发、综合利用水资源。

国民经济和社会发展规划以及城市总体规划的编制、重大建设项目的布局，应当与当地水资源条件和防洪要求相适应，并进行科学论证；在水资源不足的地区，应当对城市规模和建设耗水量大的工业、农业和服务业项目加以限制。

第二十四条 在水资源短缺的地区，国家鼓励对雨水和微咸水的收集、开发、利用和对海水的利用、淡化。

第二十五条 地方各级人民政府应当加强对灌溉、排涝、水土保持工作的领导，促进农业生产发展；在容易发生盐碱化和渍害的地区，应当采取措施，控制和降低地下水的水位。

农村集体经济组织或者其成员依法在本集体经济组织所有的集体土地或者承包土地上投资兴建水工程设施的，按照谁投资建设谁管理和谁受益的原则，对水工程设施及其蓄水进行管理和合理使用。

农村集体经济组织修建水库应当经县级以上地方人民政府水行政主管部门批准。

第二十六条 国家鼓励开发、利用水能资源。在水能丰富的河流，应当有计划地进行多目标梯级开发。

建设水力发电站，应当保护生态环境，兼顾防洪、供水、灌溉、航运、竹木流放和渔业等方面的需要。

第二十七条 国家鼓励开发、利用水运资源。在水生生物洄游通道、通航或者竹木流放的河流上修建永久性拦河闸坝，建设单位应当同时修建过鱼、过船、过木设施，或者经国务院授权的部门批准采取其他补救措施，并妥善安排施工和蓄水期间的水生生物保护、航运和竹木流放，所需费用由建设单位承担。

在不通航的河流或者人工水道上修建闸坝后可以通航的，闸坝建设单位应当同时修建过船设施或者预留过船设施位置。

第二十八条 任何单位和个人引水、截（蓄）水、排水，不得损害公共利益和他人的合法权益。

第二十九条 国家对水工程建设移民实行开发性移民的方针，按照前期补偿、补助与后期扶持相结合的原则，妥善安排移民的生产和生活，保护移民的合法权益。

移民安置应当与工程建设同步进行。建设单位应当根据安置地区的环境容量和可持续发展的原则，因地制宜，编制移民安置规划，经依法批准后，由有关地方人民政府组织实施。所需移民经费列入工程建设投资计划。

第四章 水资源、水域和水工程的保护

第三十条 县级以上人民政府水行政主管部门、流域管理机构以及其他有关部门在制定水资源开发、利用规划和调度水资源时，应当注意维持江河的合理流量和湖泊、水库以及地下水的合理水位，维护水体的自然净化能力。

第三十一条 从事水资源开发、利用、节约、保护和防治水害等水事活动，应当遵守经批准的规划；因违反规划造成江河和湖泊水域使用功能降低、地下水超采、地面沉降、水体污染的，应当承担治理责任。

开采矿藏或者建设地下工程，因疏干排水导致地下水水位下降、水源枯竭或者地面塌陷，采矿单位或者建设单位应当采取补救措施；对他人生活和生产造成损失的，依法给予补偿。

第三十二条 国务院水行政主管部门会同国务院环境保护行政主管部门、有关部门和有关省、自治区、直辖市人民政府，按照流域综合规划、水资源保护规划和经济社会发展要求，拟定国家确定的重要江河、湖泊的水功能区划，报国务院批准。跨省、自治区、直辖市的其他江河、湖泊的水功能区划，由有关流域管理机构会同江河、湖泊所在地的省、自治

区、直辖市人民政府水行政主管部门、环境保护行政主管部门和其他有关部门拟定,分别经有关省、自治区、直辖市人民政府审查提出意见后,由国务院水行政主管部门会同国务院环境保护行政主管部门审核,报国务院或者其授权的部门批准。

前款规定以外的其他江河、湖泊的水功能区划,由县级以上地方人民政府水行政主管部门会同同级人民政府环境保护行政主管部门和有关部门拟定,报同级人民政府或者其授权的部门批准,并报上一级水行政主管部门和环境保护行政主管部门备案。

县级以上人民政府水行政主管部门或者流域管理机构应当按照水功能区对水质的要求和水体的自然净化能力,核定该水域的纳污能力,向环境保护行政主管部门提出该水域的限制排污总量意见。

县级以上地方人民政府水行政主管部门和流域管理机构应当对水功能区的水质状况进行监测,发现重点污染物排放总量超过控制指标的,或者水功能区的水质未达到水域使用功能对水质的要求的,应当及时报告有关人民政府采取治理措施,并向环境保护行政主管部门通报。

第三十三条 国家建立饮用水水源保护区制度。省、自治区、直辖市人民政府应当划定饮用水水源保护区,并采取措施,防止水源枯竭和水体污染,保证城乡居民饮用水安全。

第三十四条 禁止在饮用水水源保护区内设置排污口。

在江河、湖泊新建、改建或者扩大排污口,应当经过有管辖权的水行政主管部门或者流域管理机构同意,由环境保护行政主管部门负责对该建设项目的环境影响报告书进行审批。

第三十五条 从事工程建设,占用农业灌溉水源、灌排工程设施,或者对原有灌溉用水、供水水源有不利影响的,建设单位应当采取相应的补救措施;造成损失的,依法给予补偿。

第三十六条 在地下水超采地区,县级以上地方人民政府应当采取措施,严格控制开采地下水。在地下水严重超采地区,经省、自治区、直辖市人民政府批准,可以划定地下水禁止开采或者限制开采区。在沿海地区开采地下水,应当经过科学论证,并采取措施,防止地面沉降和海水入侵。

第三十七条 禁止在江河、湖泊、水库、运河、渠道内弃置、堆放阻碍行洪的物体和种植阻碍行洪的林木及高秆作物。

禁止在河道管理范围内建设妨碍行洪的建筑物、构筑物以及从事影响河势稳定、危害河岸堤防安全和其他妨碍河道行洪的活动。

第三十八条 在河道管理范围内建设桥梁、码头和其他拦河、跨河、临河建筑物、构筑物,铺设跨河管道、电缆,应当符合国家规定的防洪标准和其他有关的技术要求,工程建设方案应当依照防洪法的有关规定报经有关水行政主管部门审查同意。

因建设前款工程设施,需要扩建、改建、拆除或者损坏原有水工程设施的,建设单位应当负担扩建、改建的费用和损失补偿。但是,原有工程设施属于违法工程的除外。

第三十九条 国家实行河道采砂许可制度。河道采砂许可制度实施办法,由国务院规定。

在河道管理范围内采砂,影响河势稳定或者危及堤防安全的,有关县级以上人民政府水行政主管部门应当划定禁采区和规定禁采期,并予以公告。

第四十条 禁止围湖造地。已经围垦的,应当按照国家规定的防洪标准有计划地退地还湖。

禁止围垦河道。确需围垦的,应当经过科学论证,经省、自治区、直辖市人民政府水行政主管部门或者国务院水行政主管部门同意后,报本级人民政府批准。

第四十一条 单位和个人有保护水工程的义务,不得侵占、毁坏堤防、护岸、防汛、水文监测、水文地质监测等工程设施。

第四十二条 县级以上地方人民政府应当采取措施,保障本行政区域内水工程,特别是水坝和堤防的安全,限期消除险情。水行政主管部门应当加强对水工程安全的监督管理。

第四十三条 国家对水工程实施保护。国家所有的水工程应当按照国务院的规定划定工程管理和保护范围。

国务院水行政主管部门或者流域管理机构管理的水工程,由主管部门或者流域管理机构商有关省、自治区、直辖市人民政府划定工程管理和保护范围。

前款规定以外的其他水工程,应当按照省、自治区、直辖市人民政府的规定,划定工程保护范围和保护职责。

在水工程保护范围内,禁止从事影响水工程运行和危害水工程安全的爆破、打井、采石、取土等活动。

第五章 水资源配置和节约使用

第四十四条 国务院发展计划主管部门和国务院水行政主管部门负责全国水资源的宏观调配。全国的和跨省、自治区、直辖市的水中长期供求规划,由国务院水行政主管部门会同有关部门制定,经国务院发展计划主管部门审查批准后执行。地方的水中长期供求规划,由县级以上地方人民政府水行政主管部门会同同级有关部门依据上一级水中长期供求规划和本地区的实际情况制定,经本级人民政府发展计划主管部门审查批准后执行。

水中长期供求规划应当依据水的供求现状、国民经济和社会发展规划、流域规划、区域规划,按照水资源供需协调、综合平衡、保护生态、厉行节约、合理开源的原则制定。

第四十五条 调蓄径流和分配水量,应当依据流域规划和水中长期供求规划,以流域为单元制订水量分配方案。

跨省、自治区、直辖市的水量分配方案和旱情紧急情况下的水量调度预案,由流域管理机构商有关省、自治区、直辖市人民政府制订,报国务院或者其授权的部门批准后执行。其他跨行政区域的水量分配方案和旱情紧急情况下的水量调度预案,由共同的上一级人民政府水行政主管部门商有关地方人民政府制订,报本级人民政府批准后执行。

水量分配方案和旱情紧急情况下的水量调度预案经批准后,有关地方人民政府必须执行。

在不同行政区域之间的边界河流上建设水资源开发、利用项目,应当符合该流域经批准的水量分配方案，由有关县级以上地方人民政府报共同的上一级人民政府水行政主管部门或者有关流域管理机构批准。

第四十六条 县级以上地方人民政府水行政主管部门或者流域管理机构应当根据批准的水量分配方案和年度预测来水量，制定年度水量分配方案和调度计划，实施水量统一调度；有关地方人民政府必须服从。

国家确定的重要江河、湖泊的年度水量分配方案，应当纳入国家的国民经济和社会发展年度计划。

第四十七条 国家对用水实行总量控制和定额管理相结合的制度。

省、自治区、直辖市人民政府有关行业主管部门应当制定本行政区域内行业用水定额，报同级水行政主管部门和质量监督检验行政主管部门审核同意后，由省、自治区、直辖市人民政府公布，并报国务院水行政主管部门和国务院质量监督检验行政主管部门备案。

县级以上地方人民政府发展计划主管部门会同同级水行政主管部门，根据用水定额、经济技术条件以及水量分配方案确定的可供本行政区域使用的水量，制定年度用水计划，对本行政区域内的年度用水实行总量控制。

第四十八条 直接从江河、湖泊或者地下取用水资源的单位和个人，应当按照国家取水许可制度和水资源有偿使用制度的规定，向水行政主管部门或者流域管理机构申请领取取水许可证，并缴纳水资源费，取得取水权。但是，家庭生活和零星散养、圈养畜禽饮用等少量取水的除外。

实施取水许可制度和征收管理水资源费的具体办法，由国务院规定。

第四十九条 用水应当计量，并按照批准的用水计划用水。

用水实行计量收费和超定额累进加价制度。

第五十条 各级人民政府应当推行节水灌溉方式和节水技术，对农业蓄水、输水工程采取必要的防渗漏措施，提高农业用水效率。

第五十一条 工业用水应当采用先进技术、工艺和设备，增加循环用水次数，提高水的重复利用率。

国家逐步淘汰落后的、耗水量高的工艺、设备和产品，具体名录由国务院经济综合主管部门会同国务院水行政主管部门和有关部门制定并公布。生产者、销售者或者生产经营中的使用者应当在规定的时间内停止生产、销售或者使用列入名录的工艺、设备和产品。

第五十二条 城市人民政府应当因地制宜采取有效措施，推广节水型生活用水器具，降低城市供水管网漏失率，提高生活用水效率；加强城市污水集中处理，鼓励使用再生水，提高污水再生利用率。

第五十三条 新建、扩建、改建建设项目，应当制订节水措施方案，配套建设节水设施。节水设施应当与主体工程同时设计、同时施工、同时投产。

供水企业和自建供水设施的单位应当加强供水设施的维护管理，减少水的漏失。

第五十四条 各级人民政府应当积极采取措施，改善城乡居民的饮用水条件。

第五十五条 使用水工程供应的水，应当按照国家规定向供水单位缴纳水费。供水价格应当按照补偿成本、合理收益、优质优价、公平负担的原则确定。具体办法由省级以上人民政府价格主管部门会同同级水行政主管部门或者其他供水行政主管部门依据职权制定。

第六章　水事纠纷处理与执法监督检查

第五十六条　不同行政区域之间发生水事纠纷的，应当协商处理；协商不成的，由上一级人民政府裁决，有关各方必须遵照执行。在水事纠纷解决前，未经各方达成协议或者共同的上一级人民政府批准，在行政区域交界线两侧一定范围内，任何一方不得修建排水、阻水、取水和截（蓄）水工程，不得单方面改变水的现状。

第五十七条　单位之间、个人之间、单位与个人之间发生的水事纠纷，应当协商解决；当事人不愿协商或者协商不成的，可以申请县级以上地方人民政府或者其授权的部门调解，也可以直接向人民法院提起民事诉讼。县级以上地方人民政府或者其授权的部门调解不成的，当事人可以向人民法院提起民事诉讼。

在水事纠纷解决前，当事人不得单方面改变现状。

第五十八条　县级以上人民政府或者其授权的部门在处理水事纠纷时，有权采取临时处置措施，有关各方或者当事人必须服从。

第五十九条　县级以上人民政府水行政主管部门和流域管理机构应当对违反本法的行为加强监督检查并依法进行查处。

水政监督检查人员应当忠于职守，秉公执法。

第六十条　县级以上人民政府水行政主管部门、流域管理机构及其水政监督检查人员履行本法规定的监督检查职责时，有权采取下列措施：

（一）要求被检查单位提供有关文件、证照、资料；

（二）要求被检查单位就执行本法的有关问题作出说明；

（三）进入被检查单位的生产场所进行调查；

（四）责令被检查单位停止违反本法的行为，履行法定义务。

第六十一条　有关单位或者个人对水政监督检查人员的监督检查工作应当给予配合，不得拒绝或者阻碍水政监督检查人员依法执行职务。

第六十二条　水政监督检查人员在履行监督检查职责时，应当向被检查单位或者个人出示执法证件。

第六十三条　县级以上人民政府或者上级水行政主管部门发现本级或者下级水行政主管部门在监督检查工作中有违法或者失职行为的，应当责令其限期改正。

第七章　法律责任

第六十四条　水行政主管部门或者其他有关部门以及水工程管理单位及其工作人员，利用职务上的便利收取他人财物、其他好处或者玩忽职守，对不符合法定条件的单位或者个人核发许可证、签署审查同意意见，不按照水量分配方案分配水量，不按照国家有关规定收取水资源费，不履行监督职责，或者发现违法行为不予查处，造成严重后果，构成犯罪的，对负有责任的主管人员和其他直接责任人员依照刑法的有关规定追究刑事责任；尚不够刑事处罚的，依法给予行政处分。

第六十五条 在河道管理范围内建设妨碍行洪的建筑物、构筑物，或者从事影响河势稳定、危害河岸堤防安全和其他妨碍河道行洪的活动的，由县级以上人民政府水行政主管部门或者流域管理机构依据职权，责令停止违法行为，限期拆除违法建筑物、构筑物，恢复原状；逾期不拆除、不恢复原状的，强行拆除，所需费用由违法单位或者个人负担，并处一万元以上十万元以下的罚款。

未经水行政主管部门或者流域管理机构同意，擅自修建水工程，或者建设桥梁、码头和其他拦河、跨河、临河建筑物、构筑物，铺设跨河管道、电缆，且防洪法未作规定的，由县级以上人民政府水行政主管部门或者流域管理机构依据职权，责令停止违法行为，限期补办有关手续；逾期不补办或者补办未被批准的，责令限期拆除违法建筑物、构筑物；逾期不拆除的，强行拆除，所需费用由违法单位或者个人负担，并处一万元以上十万元以下的罚款。

虽经水行政主管部门或者流域管理机构同意，但未按照要求修建前款所列工程设施的，由县级以上人民政府水行政主管部门或者流域管理机构依据职权，责令限期改正，按照情节轻重，处一万元以上十万元以下的罚款。

第六十六条 有下列行为之一，且防洪法未作规定的，由县级以上人民政府水行政主管部门或者流域管理机构依据职权，责令停止违法行为，限期清除障碍或者采取其他补救措施，处一万元以上五万元以下的罚款：

（一）在江河、湖泊、水库、运河、渠道内弃置、堆放阻碍行洪的物体和种植阻碍行洪的林木及高秆作物的；

（二）围湖造地或者未经批准围垦河道的。

第六十七条 在饮用水水源保护区内设置排污口的，由县级以上地方人民政府责令限期拆除、恢复原状；逾期不拆除、不恢复原状的，强行拆除、恢复原状，并处五万元以上十万元以下的罚款。

未经水行政主管部门或者流域管理机构审查同意，擅自在江河、湖泊新建、改建或者扩大排污口的，由县级以上人民政府水行政主管部门或者流域管理机构依据职权，责令停止违法行为，限期恢复原状，处五万元以上十万元以下的罚款。

第六十八条 生产、销售或者在生产经营中使用国家明令淘汰的落后的、耗水量高的工艺、设备和产品的，由县级以上地方人民政府经济综合主管部门责令停止生产、销售或者使用，处二万元以上十万元以下的罚款。

第六十九条 有下列行为之一的，由县级以上人民政府水行政主管部门或者流域管理机构依据职权，责令停止违法行为，限期采取补救措施，处二万元以上十万元以下的罚款；情节严重的，吊销其取水许可证：

（一）未经批准擅自取水的；

（二）未依照批准的取水许可规定条件取水的。

第七十条 拒不缴纳、拖延缴纳或者拖欠水资源费的，由县级以上人民政府水行政主管部门或者流域管理机构依据职权，责令限期缴纳；逾期不缴纳的，从滞纳之日起按日加收滞纳部分千分之二的滞纳金，并处应缴或者补缴水资源费一倍以上五倍以下的罚款。

第七十一条 建设项目的节水设施没有建成或者没有达到国家规定的要求，擅自投入使用的，由县级以上人民政府有关部门或者流域管理机构依据职权，责令停止使用，限期改正，处五万元以上十万元以下的罚款。

第七十二条 有下列行为之一，构成犯罪的，依照刑法的有关规定追究刑事责任；尚不够刑事处罚，且防洪法未作规定的，由县级以上地方人民政府水行政主管部门或者流域管理机构依据职权，责令停止违法行为，采取补救措施，处一万元以上五万元以下的罚款；违反治安管理处罚条例的，由公安机关依法给予治安管理处罚；给他人造成损失的，依法承担赔偿责任：

（一）侵占、毁坏水工程及堤防、护岸等有关设施，毁坏防汛、水文监测、水文地质监测设施的；

（二）在水工程保护范围内，从事影响水工程运行和危害水工程安全的爆破、打井、采石、取土等活动的。

第七十三条 侵占、盗窃或者抢夺防汛物资，防洪排涝、农田水利、水文监测和测量以及其他水工程设备和器材，贪污或者挪用国家救灾、抢险、防汛、移民安置和补偿及其他水利建设款物，构成犯罪的，依照刑法的有关规定追究刑事责任。

第七十四条 在水事纠纷发生及其处理过程中煽动闹事、结伙斗殴、抢夺或者损坏公私财物、非法限制他人人身自由，构成犯罪的，依照刑法的有关规定追究刑事责任；尚不够刑事处罚的，由公安机关依法给予治安管理处罚。

第七十五条 不同行政区域之间发生水事纠纷，有下列行为之一的，对负有责任的主管人员和其他直接责任人员依法给予行政处分：

（一）拒不执行水量分配方案和水量调度预案的；

（二）拒不服从水量统一调度的；

（三）拒不执行上一级人民政府的裁决的；

（四）在水事纠纷解决前，未经各方达成协议或者上一级人民政府批准，单方面违反本法规定改变水的现状的。

第七十六条 引水、截（蓄）水、排水，损害公共利益或者他人合法权益的，依法承担民事责任。

第七十七条 对违反本法第三十九条有关河道采砂许可制度规定的行政处罚，由国务院规定。

第八章 附 则

第七十八条 中华人民共和国缔结或者参加的与国际或者国境边界河流、湖泊有关的国际条约、协定与中华人民共和国法律有不同规定的，适用国际条约、协定的规定。但是，中华人民共和国声明保留的条款除外。

第七十九条 本法所称水工程，是指在江河、湖泊和地下水源上开发、利用、控制、调配和保护水资源的各类工程。

第八十条 海水的开发、利用、保护和管理,依照有关法律的规定执行。

第八十一条 从事防洪活动,依照防洪法的规定执行。

水污染防治,依照水污染防治法的规定执行。

第八十二条 本法自 2002 年 10 月 1 日起施行。

中华人民共和国防洪法

（中华人民共和国主席令第八十八号,1998 年 1 月 1 日起施行）

第一章　总　则

第一条　为了防治洪水,防御、减轻洪涝灾害,维护人民的生命和财产安全,保障社会主义现代化建设顺利进行,制定本法。

第二条　防洪工作实行全面规划、统筹兼顾、预防为主、综合治理、局部利益服从全局利益的原则。

第三条　防洪工程设施建设,应当纳入国民经济和社会发展计划。

防洪费用按照政府投入同受益者合理承担相结合的原则筹集。

第四条　开发利用和保护水资源,应当服从防洪总体安排,实行兴利与除害相结合的原则。

江河、湖泊治理以及防洪工程设施建设,应当符合流域综合规划,与流域水资源的综合开发相结合。

本法所称综合规划是指开发利用水资源和防治水害的综合规划。

第五条　防洪工作按照流域或者区域实行统一规划、分级实施和流域管理与行政区域管理相结合的制度。

第六条　任何单位和个人都有保护防洪工程设施和依法参加防汛抗洪的义务。

第七条　各级人民政府应当加强对防洪工作的统一领导,组织有关部门、单位,动员社会力量,依靠科技进步,有计划地进行江河、湖泊治理,采取措施加强防洪工程设施建设,巩固、提高防洪能力。

各级人民政府应当组织有关部门、单位,动员社会力量,做好防汛抗洪和洪涝灾害后的恢复与救济工作。

各级人民政府应当对蓄滞洪区予以扶持;蓄滞洪后,应当依照国家规定予以补偿或者救助。

第八条　国务院水行政主管部门在国务院的领导下,负责全国防洪的组织、协调、监督、指导等日常工作。国务院水行政主管部门在国家确定的重要江河、湖泊设立的流域管理机构,在所管辖的范围内行使法律、行政法规规定和国务院水行政主管部门授权的防洪协调和监督管理职责。

国务院建设行政主管部门和其他有关部门在国务院的领导下,按照各自的职责,负责有关的防洪工作。

县级以上地方人民政府水行政主管部门在本级人民政府的领导下,负责本行政区域内防洪的组织、协调、监督、指导等日常工作。县级以上地方人民政府建设行政主管部门和其他有关部门在本级人民政府的领导下,按照各自的职责,负责有关的防洪工作。

第二章 防洪规划

第九条 防洪规划是指为防治某一流域、河段或者区域的洪涝灾害而制定的总体部署,包括国家确定的重要江河、湖泊的流域防洪规划,其他江河、河段、湖泊的防洪规划以及区域防洪规划。

防洪规划应当服从所在流域、区域的综合规划;区域防洪规划应当服从所在流域的流域防洪规划。

防洪规划是江河、湖泊治理和防洪工程设施建设的基本依据。

第十条 国家确定的重要江河、湖泊的防洪规划,由国务院水行政主管部门依据该江河、湖泊的流域综合规划,会同有关部门和有关省、自治区、直辖市人民政府编制,报国务院批准。

其他江河、河段、湖泊的防洪规划或者区域防洪规划,由县级以上地方人民政府水行政主管部门分别依据流域综合规划、区域综合规划,会同有关部门和有关地区编制,报本级人民政府批准,并报上一级人民政府水行政主管部门备案;跨省、自治区、直辖市的江河、河段、湖泊的防洪规划由有关流域管理机构会同江河、河段、湖泊所在地的省、自治区、直辖市人民政府水行政主管部门、有关主管部门拟定,分别经有关省、自治区、直辖市人民政府审查提出意见后,报国务院水行政主管部门批准。

城市防洪规划,由城市人民政府组织水行政主管部门、建设行政主管部门和其他有关部门依据流域防洪规划、上一级人民政府区域防洪规划编制,按照国务院规定的审批程序批准后纳入城市总体规划。

修改防洪规划,应当报经原批准机关批准。

第十一条 编制防洪规划,应当遵循确保重点、兼顾一般,以及防汛和抗旱相结合、工程措施和非工程措施相结合的原则,充分考虑洪涝规律和上下游、左右岸的关系以及国民经济对防洪的要求,并与国土规划和土地利用总体规划相协调。

防洪规划应当确定防护对象、治理目标和任务、防洪措施和实施方案,划定洪泛区、蓄滞洪区和防洪保护区的范围,规定蓄滞洪区的使用原则。

第十二条 受风暴潮威胁的沿海地区的县级以上地方人民政府,应当把防御风暴潮纳入本地区的防洪规划,加强海堤(海塘)、挡潮闸和沿海防护林等防御风暴潮工程体系建设,监督建筑物、构筑物的设计和施工符合防御风暴潮的需要。

第十三条 山洪可能诱发山体滑坡、崩塌和泥石流的地区以及其他山洪多发地区的县级以上地方人民政府,应当组织负责地质矿产管理工作的部门、水行政主管部门和其他有关部门对山体滑坡、崩塌和泥石流隐患进行全面调查,划定重点防治区,采取防治措施。

城市、村镇和其他居民点以及工厂、矿山、铁路和公路干线的布局,应当避开山洪威胁;已经建在受山洪威胁的地方的,应当采取防御措施。

第十四条 平原、洼地、水网圩区、山谷、盆地等易涝地区的有关地方人民政府,应当制定除涝治涝规划,组织有关部门、单位采取相应的治理措施,完善排水系统,发展耐涝农作物种类和品种,开展洪涝、干旱、盐碱综合治理。

城市人民政府应当加强对城区排涝管网、泵站的建设和管理。

第十五条 国务院水行政主管部门应当会同有关部门和省、自治区、直辖市人民政府制定长江、黄河、珠江、辽河、淮河、海河入海河口的整治规划。

在前款入海河口围海造地,应当符合河口整治规划。

第十六条 防洪规划确定的河道整治计划用地和规划建设的堤防用地范围内的土地,经土地管理部门和水行政主管部门会同有关地区核定,报经县级以上人民政府按照国务院规定的权限批准后,可以划定为规划保留区;该规划保留区范围内的土地涉及其他项目用地的,有关土地管理部门和水行政主管部门核定时,应当征求有关部门的意见。

规划保留区依照前款规定划定后,应当公告。

前款规划保留区内不得建设与防洪无关的工矿工程设施;在特殊情况下,国家工矿建设项目确需占用前款规划保留区内的土地的,应当按照国家规定的基本建设程序报请批准,并征求有关水行政主管部门的意见。

防洪规划确定的扩大或者开辟的人工排洪道用地范围内的土地,经省级以上人民政府土地管理部门和水行政主管部门会同有关部门、有关地区核定,报省级以上人民政府按照国务院规定的权限批准后,可以划定为规划保留区,适用前款规定。

第十七条 在江河、湖泊上建设防洪工程和其他水工程、水电站等,应当符合防洪规划的要求;水库应当按照防洪规划的要求留足防洪库容。

前款规定的防洪工程和其他水工程、水电站的可行性研究报告按照国家规定的基本建设程序报请批准时,应当附具有关水行政主管部门签署的符合防洪规划要求的规划同意书。

第三章 治理与防护

第十八条 防治江河洪水,应当蓄泄兼施,充分发挥河道行洪能力和水库、洼淀、湖泊调蓄洪水的功能,加强河道防护,因地制宜地采取定期清淤疏浚等措施,保持行洪畅通。

防治江河洪水,应当保护、扩大流域林草植被,涵养水源,加强流域水土保持综合治理。

第十九条 整治河道和修建控制引导河水流向、保护堤岸等工程,应当兼顾上下游、左右岸的关系,按照规划治导线实施,不得任意改变河水流向。

国家确定的重要江河的规划治导线由流域管理机构拟定,报国务院水行政主管部门批准。

其他江河、河段的规划治导线由县级以上地方人民政府水行政主管部门拟定,报本级人民政府批准;跨省、自治区、直辖市的江河、河段和省、自治区、直辖市之间的省界河道的规划治导线由有关流域管理机构组织江河、河段所在地的省、自治区、直辖市人民政府水行政主管部门拟定,经有关省、自治区、直辖市人民政府审查提出意见后,报国务院水行政主管部门批准。

第二十条 整治河道、湖泊,涉及航道的,应当兼顾航运需要,并事先征求交通主管部门的意见。整治航道,应当符合江河、湖泊防洪安全要求,并事先征求水行政主管部门的意见。

在竹木流放的河流和渔业水域整治河道的，应当兼顾竹木水运和渔业发展的需要，并事先征求林业、渔业行政主管部门的意见。在河道中流放竹木，不得影响行洪和防洪工程设施的安全。

第二十一条 河道、湖泊管理实行按水系统一管理和分级管理相结合的原则，加强防护，确保畅通。

国家确定的重要江河、湖泊的主要河段，跨省、自治区、直辖市的重要河段、湖泊，省、自治区、直辖市之间的省界河道、湖泊以及国（边）界河道、湖泊，由流域管理机构和江河、湖泊所在地的省、自治区、直辖市人民政府水行政主管部门按照国务院水行政主管部门的划定依法实施管理。其他河道、湖泊，由县级以上地方人民政府水行政主管部门按照国务院水行政主管部门或者国务院水行政主管部门授权的机构的划定依法实施管理。

有堤防的河道、湖泊，其管理范围为两岸堤防之间的水域、沙洲、滩地、行洪区和堤防及护堤地；无堤防的河道、湖泊，其管理范围为历史最高洪水位或者设计洪水位之间的水域、沙洲、滩地和行洪区。

流域管理机构直接管理的河道、湖泊管理范围，由流域管理机构会同有关县级以上地方人民政府依照前款规定界定；其他河道、湖泊管理范围，由有关县级以上地方人民政府依照前款规定界定。

第二十二条 河道、湖泊管理范围内的土地和岸线的利用，应当符合行洪、输水的要求。

禁止在河道、湖泊管理范围内建设妨碍行洪的建筑物、构筑物，倾倒垃圾、渣土，从事影响河势稳定、危害河岸堤防安全和其他妨碍河道行洪的活动。

禁止在行洪河道内种植阻碍行洪的林木和高秆作物。

在船舶航行可能危及堤岸安全的河段，应当限定航速。限定航速的标志，由交通主管部门与水行政主管部门商定后设置。

第二十三条 禁止围湖造地。已经围垦的，应当按照国家规定的防洪标准进行治理，有计划地退地还湖。

禁止围垦河道。确需围垦的，应当进行科学论证，经水行政主管部门确认不妨碍行洪、输水后，报省级以上人民政府批准。

第二十四条 对居住在行洪河道内的居民，当地人民政府应当有计划地组织外迁。

第二十五条 护堤护岸的林木，由河道、湖泊管理机构组织营造和管理。护堤护岸林木，不得任意砍伐。采伐护堤护岸林木的，须经河道、湖泊管理机构同意后，依法办理采伐许可手续，并完成规定的更新补种任务。

第二十六条 对壅水、阻水严重的桥梁、引道、码头和其他跨河工程设施，根据防洪标准，有关水行政主管部门可以报请县级以上人民政府按照国务院规定的权限责令建设单位限期改建或者拆除。

第二十七条 建设跨河、穿河、穿堤、临河的桥梁、码头、道路、渡口、管道、缆线、取水、排水等工程设施，应当符合防洪标准、岸线规划、航运要求和其他技术要求，不得危害堤防安全、影响河势稳定、妨碍行洪畅通；其可行性研究报告按照国家规定的基本建设程序报请批准前，其中的工程建设方案应当经有关水行政主管部门根据前述防洪要求审查同意。

前款工程设施需要占用河道、湖泊管理范围内土地，跨越河道、湖泊空间或者穿越河床的，建设单位应当经有关水行政主管部门对该工程设施建设的位置和界限审查批准后，方可依法办理开工手续；安排施工时，应当按照水行政主管部门审查批准的位置和界限进行。

第二十八条 对于河道、湖泊管理范围内依照本法规定建设的工程设施，水行政主管部门有权依法检查；水行政主管部门检查时，被检查者应当如实提供有关的情况和资料。

前款规定的工程设施竣工验收时，应当有水行政主管部门参加。

第四章 防洪区和防洪工程设施的管理

第二十九条 防洪区是指洪水泛滥可能淹及的地区，分为洪泛区、蓄滞洪区和防洪保护区。

洪泛区是指尚无工程设施保护的洪水泛滥所及的地区。

蓄滞洪区是指包括分洪口在内的河堤背水面以外临时贮存洪水的低洼地区及湖泊等。

防洪保护区是指在防洪标准内受防洪工程设施保护的地区。

洪泛区、蓄滞洪区和防洪保护区的范围，在防洪规划或者防御洪水方案中划定，并报请省级以上人民政府按照国务院规定的权限批准后予以公告。

第三十条 各级人民政府应当按照防洪规划对防洪区内的土地利用实行分区管理。

第三十一条 地方各级人民政府应当加强对防洪区安全建设工作的领导，组织有关部门、单位对防洪区内的单位和居民进行防洪教育，普及防洪知识，提高水患意识；按照防洪规划和防御洪水方案建立并完善防洪体系和水文、气象、通信、预警以及洪涝灾害监测系统，提高防御洪水能力；组织防洪区内的单位和居民积极参加防洪工作，因地制宜地采取防洪避洪措施。

第三十二条 洪泛区、蓄滞洪区所在地的省、自治区、直辖市人民政府应当组织有关地区和部门，按照防洪规划的要求，制定洪泛区、蓄滞洪区安全建设计划，控制蓄滞洪区人口增长，对居住在经常使用的蓄滞洪区的居民，有计划地组织外迁，并采取其他必要的安全保护措施。

因蓄滞洪区而直接受益的地区和单位，应当对蓄滞洪区承担国家规定的补偿、救助义务。国务院和有关的省、自治区、直辖市人民政府应当建立对蓄滞洪区的扶持和补偿、救助制度。

国务院和有关的省、自治区、直辖市人民政府可以制定洪泛区、蓄滞洪区安全建设管理办法以及对蓄滞洪区的扶持和补偿、救助办法。

第三十三条 在洪泛区、蓄滞洪区内建设非防洪建设项目，应当就洪水对建设项目可能产生的影响和建设项目对防洪可能产生的影响作出评价，编制洪水影响评价报告，提出防御措施。建设项目可行性研究报告按照国家规定的基本建设程序报请批准时，应当附具有关水行政主管部门审查批准的洪水影响评价报告。

在蓄滞洪区内建设的油田、铁路、公路、矿山、电厂、电信设施和管道，其洪水影响评价报告应当包括建设单位自行安排的防洪避洪方案。建设项目投入生产或者使用时，其防洪工程设施应当经水行政主管部门验收。

在蓄滞洪区内建造房屋应当采用平顶式结构。

第三十四条 大中城市，重要的铁路、公路干线，大型骨干企业，应当列为防洪重点，确保安全。

受洪水威胁的城市、经济开发区、工矿区和国家重要的农业生产基地等，应当重点保护，建设必要的防洪工程设施。

城市建设不得擅自填堵原有河道沟汊、贮水湖塘洼淀和废除原有防洪围堤；确需填堵或者废除的，应当经水行政主管部门审查同意，并报城市人民政府批准。

第三十五条 属于国家所有的防洪工程设施，应当按照经批准的设计，在竣工验收前由县级以上人民政府按照国家规定，划定管理和保护范围。

属于集体所有的防洪工程设施，应当按照省、自治区、直辖市人民政府的规定，划定保护范围。

在防洪工程设施保护范围内，禁止进行爆破、打井、采石、取土等危害防洪工程设施安全的活动。

第三十六条 各级人民政府应当组织有关部门加强对水库大坝的定期检查和监督管理。对未达到设计洪水标准、抗震设防要求或者有严重质量缺陷的险坝，大坝主管部门应当组织有关单位采取除险加固措施，限期消除危险或者重建，有关人民政府应当优先安排所需资金。对可能出现垮坝的水库，应当事先制订应急抢险和居民临时撤离方案。

各级人民政府和有关主管部门应当加强对尾矿坝的监督管理，采取措施，避免因洪水导致垮坝。

第三十七条 任何单位和个人不得破坏、侵占、毁损水库大坝、堤防、水闸、护岸、抽水站、排水渠系等防洪工程和水文、通信设施以及防汛备用的器材、物料等。

第五章　防汛抗洪

第三十八条 防汛抗洪工作实行各级人民政府行政首长负责制，统一指挥、分级分部门负责。

第三十九条 国务院设立国家防汛指挥机构，负责领导、组织全国的防汛抗洪工作，其办事机构设在国务院水行政主管部门。

在国家确定的重要江河、湖泊可以设立由有关省、自治区、直辖市人民政府和该江河、湖泊的流域管理机构负责人等组成的防汛指挥机构，指挥所管辖范围内的防汛抗洪工作，其办事机构设在流域管理机构。

有防汛抗洪任务的县级以上地方人民政府设立由有关部门、当地驻军、人民武装部负责人等组成的防汛指挥机构，在上级防汛指挥机构和本级人民政府的领导下，指挥本地区的防汛抗洪工作，其办事机构设在同级水行政主管部门；必要时，经城市人民政府决定，防汛指挥机构也可以在建设行政主管部门设城市市区办事机构，在防汛指挥机构的统一领导下，负责城市市区的防汛抗洪日常工作。

第四十条 有防汛抗洪任务的县级以上地方人民政府根据流域综合规划、防洪工程实际状况和国家规定的防洪标准，制订防御洪水方案（包括对特大洪水的处置措施）。

长江、黄河、淮河、海河的防御洪水方案，由国家防汛指挥机构制订，报国务院批准；跨省、自治区、直辖市的其他江河的防御洪水方案，由有关流域管理机构会同有关省、自治区、直辖市人民政府制订，报国务院或者国务院授权的有关部门批准。防御洪水方案经批准后，有关地方人民政府必须执行。

各级防汛指挥机构和承担防汛抗洪任务的部门和单位，必须根据防御洪水方案做好防汛抗洪准备工作。

第四十一条 省、自治区、直辖市人民政府防汛指挥机构根据当地的洪水规律，规定汛期起止日期。

当江河、湖泊的水情接近保证水位或者安全流量，水库水位接近设计洪水位，或者防洪工程设施发生重大险情时，有关县级以上人民政府防汛指挥机构可以宣布进入紧急防汛期。

第四十二条 对河道、湖泊范围内阻碍行洪的障碍物，按照谁设障谁清除的原则，由防汛指挥机构责令限期清除；逾期不清除的，由防汛指挥机构组织强行清除，所需费用由设障者承担。

在紧急防汛期，国家防汛指挥机构或者其授权的流域、省、自治区、直辖市防汛指挥机构有权对壅水、阻水严重的桥梁、引道、码头和其他跨河工程设施作出紧急处置。

第四十三条 在汛期，气象、水文、海洋等有关部门应当按照各自的职责，及时向有关防汛指挥机构提供天气、水文等实时信息和风暴潮预报；电信部门应当优先提供防汛抗洪通信的服务；运输、电力、物资材料供应等有关部门应当优先为防汛抗洪服务。

中国人民解放军、中国人民武装警察部队和民兵应当执行国家赋予的抗洪抢险任务。

第四十四条 在汛期，水库、闸坝和其他水工程设施的运用，必须服从有关的防汛指挥机构的调度指挥和监督。

在汛期，水库不得擅自在汛期限制水位以上蓄水，其汛期限制水位以上的防洪库容的运用，必须服从防汛指挥机构的调度指挥和监督。

在凌汛期，有防凌汛任务的江河的上游水库的下泄水量必须征得有关的防汛指挥机构的同意，并接受其监督。

第四十五条 在紧急防汛期，防汛指挥机构根据防汛抗洪的需要，有权在其管辖范围内调用物资、设备、交通运输工具和人力，决定采取取土占地、砍伐林木、清除阻水障碍物和其他必要的紧急措施；必要时，公安、交通等有关部门按照防汛指挥机构的决定，依法实施陆地和水面交通管制。

依照前款规定调用的物资、设备、交通运输工具等，在汛期结束后应当及时归还；造成损坏或者无法归还的，按照国务院有关规定给予适当补偿或者作其他处理。取土占地、砍伐林木的，在汛期结束后依法向有关部门补办手续；有关地方人民政府对取土后的土地组织复垦，对砍伐的林木组织补种。

第四十六条　江河、湖泊水位或者流量达到国家规定的分洪标准，需要启用蓄滞洪区时，国务院，国家防汛指挥机构，流域防汛指挥机构，省、自治区、直辖市人民政府，省、自治区、直辖市防汛指挥机构，按照依法经批准的防御洪水方案中规定的启用条件和批准程序，决定启用蓄滞洪区。依法启用蓄滞洪区，任何单位和个人不得阻拦、拖延；遇到阻拦、拖延时，由有关县级以上地方人民政府强制实施。

第四十七条　发生洪涝灾害后，有关人民政府应当组织有关部门、单位做好灾区的生活供给、卫生防疫、救灾物资供应、治安管理、学校复课、恢复生产和重建家园等救灾工作以及所管辖地区的各项水毁工程设施修复工作。水毁防洪工程设施的修复，应当优先列入有关部门的年度建设计划。

国家鼓励、扶持开展洪水保险。

第六章　保障措施

第四十八条　各级人民政府应当采取措施，提高防洪投入的总体水平。

第四十九条　江河、湖泊的治理和防洪工程设施的建设和维护所需投资，按照事权和财权相统一的原则，分级负责，由中央和地方财政承担。城市防洪工程设施的建设和维护所需投资，由城市人民政府承担。

受洪水威胁地区的油田、管道、铁路、公路、矿山、电力、电信等企业、事业单位应当自筹资金，兴建必要的防洪自保工程。

第五十条　中央财政应当安排资金，用于国家确定的重要江河、湖泊的堤坝遭受特大洪涝灾害时的抗洪抢险和水毁防洪工程修复。省、自治区、直辖市人民政府应当在本级财政预算中安排资金，用于本行政区域内遭受特大洪涝灾害地区的抗洪抢险和水毁防洪工程修复。

第五十一条　国家设立水利建设基金，用于防洪工程和水利工程的维护和建设。具体办法由国务院规定。

受洪水威胁的省、自治区、直辖市为加强本行政区域内防洪工程设施建设，提高防御洪水能力，按照国务院的有关规定，可以规定在防洪保护区范围内征收河道工程修建维护管理费。

第五十二条　有防洪任务的地方各级人民政府应当根据国务院的有关规定，安排一定比例的农村义务工和劳动积累工，用于防洪工程设施的建设、维护。

第五十三条　任何单位和个人不得截留、挪用防洪、救灾资金和物资。

各级人民政府审计机关应当加强对防洪、救灾资金使用情况的审计监督。

第七章　法律责任

第五十四条　违反本法第十七条规定，未经水行政主管部门签署规划同意书，擅自在江河、湖泊上建设防洪工程和其他水工程、水电站的，责令停止违法行为，补办规划同意书手续；违反规划同意书的要求，严重影响防洪的，责令限期拆除；违反规划同意书的要求，影响防洪但尚可采取补救措施的，责令限期采取补救措施，可以处一万元以上十万元以下的罚款。

第五十五条 违反本法第十九条规定，未按照规划治导线整治河道和修建控制引导河水流向、保护堤岸等工程，影响防洪的，责令停止违法行为，恢复原状或者采取其他补救措施，可以处一万元以上十万元以下的罚款。

第五十六条 违反本法第二十二条第二款、第三款规定，有下列行为之一的，责令停止违法行为，排除阻碍或者采取其他补救措施，可以处五万元以下的罚款：

（一）在河道、湖泊管理范围内建设妨碍行洪的建筑物、构筑物的；

（二）在河道、湖泊管理范围内倾倒垃圾、渣土，从事影响河势稳定、危害河岸堤防安全和其他妨碍河道行洪的活动的；

（三）在行洪河道内种植阻碍行洪的林木和高秆作物的。

第五十七条 违反本法第十五条第二款、第二十三条规定，围海造地、围湖造地、围垦河道的，责令停止违法行为，恢复原状或者采取其他补救措施，可以处五万元以下的罚款；既不恢复原状也不采取其他补救措施的，代为恢复原状或者采取其他补救措施，所需费用由违法者承担。

第五十八条 违反本法第二十七条规定，未经水行政主管部门对其工程建设方案审查同意或者未按照有关水行政主管部门审查批准的位置、界限，在河道、湖泊管理范围内从事工程设施建设活动的，责令停止违法行为，补办审查同意或者审查批准手续；工程设施建设严重影响防洪的，责令限期拆除，逾期不拆除的，强行拆除，所需费用由建设单位承担；影响行洪但尚可采取补救措施的，责令限期采取补救措施，可以处一万元以上十万元以下的罚款。

第五十九条 违反本法第三十三条第一款规定，在洪泛区、蓄滞洪区内建设非防洪建设项目，未编制洪水影响评价报告的，责令限期改正；逾期不改正的，处五万元以下的罚款。

违反本法第三十三条第二款规定，防洪工程设施未经验收，即将建设项目投入生产或者使用的，责令停止生产或者使用，限期验收防洪工程设施，可以处五万元以下的罚款。

第六十条 违反本法第三十四条规定，因城市建设擅自填堵原有河道沟叉、贮水湖塘洼淀和废除原有防洪围堤的，城市人民政府应当责令停止违法行为，限期恢复原状或者采取其他补救措施。

第六十一条 违反本法规定，破坏、侵占、毁损堤防、水闸、护岸、抽水站、排水渠系等防洪工程和水文、通信设施以及防汛备用的器材、物料的，责令停止违法行为，采取补救措施，可以处五万元以下的罚款；造成损坏的，依法承担民事责任；应当给予治安管理处罚的，依照治安管理处罚条例的规定处罚；构成犯罪的，依法追究刑事责任。

第六十二条 阻碍、威胁防汛指挥机构、水行政主管部门或者流域管理机构的工作人员依法执行职务，构成犯罪的，依法追究刑事责任；尚不构成犯罪的，应当给予治安管理处罚的，依照治安管理处罚条例的规定处罚。

第六十三条 截留、挪用防洪、救灾资金和物资，构成犯罪的，依法追究刑事责任；尚不构成犯罪的,给予行政处分。

第六十四条 除本法第六十条的规定外,本章规定的行政处罚和行政措施,由县级以上人民政府水行政主管部门决定,或者由流域管理机构按照国务院水行政主管部门规定的权限决定。但是,本法第六十一条、第六十二条规定的治安管理处罚的决定机关,按照治安管理处罚条例的规定执行。

第六十五条 国家工作人员,有下列行为之一,构成犯罪的,依法追究刑事责任;尚不构成犯罪的,给予行政处分:

(一)违反本法第十七条、第十九条、第二十二条第二款、第二十二条第三款、第二十七条或者第三十四条规定,严重影响防洪的;

(二)滥用职权,玩忽职守,徇私舞弊,致使防汛抗洪工作遭受重大损失的;

(三)拒不执行防御洪水方案、防汛抢险指令或者蓄滞洪方案、措施、汛期调度运用计划等防汛调度方案的;

(四)违反本法规定,导致或者加重毗邻地区或者其他单位洪灾损失的。

第八章　附　则

第六十六条 本法自 1998 年 1 月 1 日起施行。

中华人民共和国电力法

（1995年12月28日第八届全国人民代表大会常务委员会第十七次会议通过）

第一章　总　则

第一条　为了保障和促进电力事业的发展，维护电力投资者、经营者和使用者的合法权益；保障电力安全运行，制定本法。

第二条　本法适用于中华人民共和国境内的电力建设、生产、供应和使用活动。

第三条　电力事业应当适应国民经济和社会发展的需要，适当超前发展。国家鼓励、引导国内外的经济组织和个人依法投资开发电源，兴办电力生产企业。电力事业投资，实行谁投资、谁收益的原则。

第四条　电力设施受国家保护。禁止任何单位和个人危害电力设施安全或者非法侵占、使用电能。

第五条　电力建设、生产、供应和使用应当依法保护环境，采用新技术，减少有害物质排放，防治污染和其他公害。国家鼓励和支持利用可再生能源和清洁能源发电。

第六条　国务院电力管理部门负责全国电力事业的监督管理。国务院有关部门在各自的职责范围内负责电力事业的监督管理。县级以上地方人民政府经济综合主管部门是本行政区域内的电力管理部门，负责电力事业的监督管理。县级以上地方人民政府有关部门在各自的职责范围内负责电力事业的监督管理。

第七条　电力建设企业、电力生产企业、电网经营企业依法实行自主经营、自负盈亏，并接受电力管理部门的监督。

第八条　国家帮助和扶持少数民族地区、边远地区和贫困地区发展电力事业。

第九条　国家鼓励在电力建设、生产、供应和使用过程中，采用先进的科学技术和管理方法，对在研究、开发、采用先进的科学技术和管理方法等方面作出显著成绩的单位和个人给予奖励。

第二章　电力建设

第十条　电力发展规划应当根据国民经济和社会发展的需要制定，并纳入国民经济和社会发展计划。电力发展规划，应当体现合理利用能源、电源与电网配套发展、提高经济效益和有利于环境保护的原则。

第十一条　城市电网的建设与改造规划，应当纳入城市总体规划。城市人民政府应当按照规划，安排变电设施用地、输电线路走廊和电缆通道。

任何单位和个人不得非法占用变电设施用地、输电线路走廊和电缆通道。

第十二条 国家通过制定有关政策，支持、促进电力建设。地方人民政府应当根据电力发展规划，因地制宜，采取多种措施开发电源，发展电力建设。

第十三条 电力投资者对其投资形成的电力，享有法定权益。并网运行的，电力投资者有优先使用权；未并网的自备电厂，电力投资者自行支配使用。

第十四条 电力建设项目应当符合电力发展规划，符合国家电力产业政策。电力建设项目不得使用国家明令淘汰的电力设备和技术。

第十五条 输变电工程、调度通信自动化工程等电网配套工程和环境保护工程，应当与发电工程项目同时设计、同时建设、同时验收、同时投入使用。

第十六条 电力建设项目使用土地，应当依照有关法律、行政法规的规定办理；依法征用土地的，应当依法支付土地补偿费和安置补偿费，做好迁移居民的安置工作。电力建设应当贯彻切实保护耕地、节约利用土地的原则。地方人民政府对电力事业依法使用土地和迁移居民，应当予以支持和协助。

第十七条 地方人民政府应当支持电力企业为发电工程建设勘探水源和依法取水、用水。电力企业应当节约用水。

第三章 电力生产与电网管理

第十八条 电力生产与电网运行应当遵循安全、优质、经济的原则。电网运行应当连续、稳定，保证供电可靠性。

第十九条 电力企业应当加强安全生产管理，坚持安全第一、预防为主的方针，建立、健全安全生产责任制度。电力企业应当对电力设施定期进行检修和维护，保证其正常运行。

第二十条 发电燃料供应企业、运输企业和电力生产企业应当依照国务院有关规定或者合同约定供应、运输和接卸燃料。

第二十一条 电网运行实行统一调度、分级管理。任何单位和个人不得非法干预电网调度。

第二十二条 国家提倡电力生产企业与电网、电网与电网并网运行。具有独立法人资格的电力生产企业要求将生产的电力并网运行的，电网经营企业应当接受。并网运行必须符合国家标准或者电力行业标准。并网双方应当按照统一调度、分级管理和平等互利、协商一致的原则，签订并网协议，确定双方的权利和义务；并网双方达不成协议的，由省级以上电力管理部门协调决定。

第二十三条 电网调度管理办法，由国务院依照本法的规定制定。

第四章 电力供应与使用

第二十四条 国家对电力供应和使用，实行安全用电、节约用电、计划用电的管理原则。电力供应与使用办法由国务院依照本法的规定制定。

第二十五条 供电企业在批准的供电营业区内向用户供电。供电营业区的划分，应当考虑电网的结构和供电合理性等因素。一个供电营业区内只设立一个供电营业机构。省、自治区、直辖市范围内的供电营业区的设立、变更,由供电企业提出申请,经省、自治区、直辖市人民政府电力管理部门会同同级有关部门审查批准后,由省、自治区、直辖市人民政府电力管理部门发给供电营业许可证。跨省、自治区、直辖市的供电营业区的设立、变更,由国务院电力管理部门审查批准并发给供电营业许可证。供电营业机构持供电营业许可证向工商行政管理部门申请领取营业执照,方可营业。

第二十六条 供电营业区内的供电营业机构,对本营业区内的用户有按照国家规定供电的义务;不得违反国家规定对其营业区内申请用电的单位和个人拒绝供电。申请新装用电、临时用电、增加用电容量、变更用电和终止用电,应当依照规定的程序办理手续。供电企业应当在其营业场所公告用电的程序、制度和收费标准,并提供用户须知资料。

第二十七条 电力供应与使用双方应当根据平等自愿、协商一致的原则,按照国务院制定的电力供应与使用办法签订供用电合同,确定双方的权利和义务。

第二十八条 供电企业应当保证供给用户的供电质量符合国家标准。对公用供电设施引起的供电质量问题,应当及时处理。用户对供电质量有特殊要求的,供电企业应当根据其必要性和电网的可能,提供相应的电力。

第二十九条 供电企业在发电、供电系统正常的情况下,应当连续向用户供电,不得中断。因供电设施检修、依法限电或者用户违法用电等原因,需要中断供电时,供电企业应当按照国家有关规定事先通知用户。用户对供电企业中断供电有异议的,可以向电力管理部门投诉;受理投诉的电力管理部门应当依法处理。

第三十条 因抢险救灾需要紧急供电时,供电企业必须尽速安排供电,所需供电工程费用和应付电费依照国家有关规定执行。

第三十一条 用户应当安装用电计量装置。用户使用的电力电量,以计量检定机构依法认可的用电计量装置的记录为准。用户受电装置的设计、施工安装和运行管理,应当符合国家标准或者电力行业标准。

第三十二条 用户用电不得危害供电、用电安全和扰乱供电、用电秩序。对危害供电、用电安全和扰乱供电、用电秩序的,供电企业有权制止。

第三十三条 供电企业应当按照国家核准的电价和用电计量装置的记录,向用户计收电费。供电企业查电人员和抄表收费人员进入用户,进行用电安全检查或者抄表收费时,应当出示有关证件。用户应当按照国家核准的电价和用电计量装置的记录,按时缴纳电费;对供电企业查电人员和抄表收费人员依法履行职责,应当提供方便。

第三十四条 供电企业和用户应当遵守国家有关规定,采取有效措施,做好安全用电、节约用电和计划用电工作。

第五章 电价与电费

第三十五条 本法所称电价,是指电力生产企业的上网电价、电网间的互供电价、电网销售电价。电价实行统一政策、统一定价原则,分级管理。

第三十六条 制定电价,应当合理补偿成本,合理确定收益,依法计入税金,坚持公平负担，促进电力建设。

第三十七条 上网电价实行同网同质同价。具体办法和实施步骤由国务院规定。电力生产企业有特殊情况需另行制定上网电价的，具体办法由国务院规定。

第三十八条 跨省、自治区、直辖市电网和省级电网内的上网电价，由电力生产企业和电网经营企业协商提出方案，报国务院物价行政主管部门核准。独立电网内的上网电价，由电力生产企业和电网经营企业协商提出方案，报有管理权的物价行政主管部门核准。地方投资的电力生产企业所生产的电力，属于在省内各地区形成独立电网的或者自发自用的，其电价可以由省、自治区、直辖市人民政府管理。

第三十九条 跨省、自治区、直辖市电网和独立电网之间、省级电网和独立电网之间的互供电价，由双方协商提出方案，报国务院物价行政主管部门或者其授权的部门核准。独立电网与独立电网之间的互供电价，由双方协商提出方案，报有管理权的物价行政主管部门核准。

第四十条 跨省、自治区、直辖市电网和省级电网的销售电价，由电网经营企业提出方案，报国务院物价行政主管部门或者其授权的部门核准。独立电网的销售电价，由电网经营企业提出方案，报有管理权的物价行政主管部门核准。

第四十一条 国家实行分类电价和分时电价。分类标准和分时办法由国务院确定。对同一电网内的同一电压等级、同一用电类别的用户，执行相同的电价标准。

第四十二条 用户用电增容收费标准，由国务院物价行政主管部门会同国务院电力管理部门制定。

第四十三条 任何单位不得超越电价管理权限制定电价。供电企业不得擅自变更电价。

第四十四条 禁止任何单位和个人在电费中加收其他费用；但是，法律、行政法规另有规定的，按照规定执行。地方集资办电在电费中加收费用的，由省、自治区、直辖市人民政府依照国务院有关规定制定办法。禁止供电企业在收取电费时，代收其他费用。

第四十五条 电价的管理办法，由国务院依照本法的规定制定。

第六章 农村电力建设和农业用电

第四十六条 省、自治区、直辖市人民政府应当制定农村电气化发展规划，并将其纳入当地电力发展规划及国民经济和社会发展计划。

第四十七条 国家对农村电气化实行优惠政策，对少数民族地区、边远地区和贫困地区的农村电力建设给予重点扶持。

第四十八条 国家提倡农村开发水能资源，建设中、小型水电站，促进农村电气化。国家鼓励和支持农村利用太阳能、风能、地热能、生物质能和其他能源进行农村电源建设，增加农村电力供应。

第四十九条 县级以上地方人民政府及其经济综合主管部门在安排用电指标时，应当保证农业和农村用电的适当比例，优先保证农村排涝、抗旱和农业季节性生产用电。电力企业应当执行前款的用电安排，不得减少农业和农村用电指标。

第五十条 农业用电价格按照保本、微利的原则确定。农民生活用电与当地城镇居民生活用电应当逐步实行相同的电价。

第五十一条 农业和农村用电管理办法,由国务院依照本法的规定制定。

第七章 电力设施保护

第五十二条 任何单位和个人不得危害发电设施、变电设施和电力线路设施及其有关辅助设施。在电力设施周围进行爆破及其他可能危及电力设施安全的作业的,应当按照国务院有关电力设施保护的规定,经批准并采取确保电力设施安全的措施后,方可进行作业。

第五十三条 电力管理部门应当按照国务院有关电力设施保护的规定,对电力设施保护区设立标志。任何单位和个人不得在依法划定的电力设施保护区内修建可能危及电力设施安全的建筑物、构筑物,不得种植可能危及电力设施安全的植物,不得堆放可能危及电力设施安全的物品。在依法划定电力设施保护区前已经种植的植物妨碍电力设施安全的,应当修剪或者砍伐。

第五十四条 任何单位和个人需要在依法划定的电力设施保护区内进行可能危及电力设施安全的作业时,应当经电力管理部门批准并采取安全措施后,方可进行作业。

第五十五条 电力设施与公用工程、绿化工程和其他工程在新建、改建或者扩建中相互妨碍时,有关单位应当按照国家有关规定协商,达成协议后方可施工。

第八章 监督检查

第五十六条 电力管理部门依法对电力企业和用户执行电力法律、行政法规的情况进行监督检查。

第五十七条 电力管理部门根据工作需要,可以配备电力监督检查人员。电力监督检查人员应当公正廉洁,秉公执法,熟悉电力法律、法规,掌握有关电力专业技术。

第五十八条 电力监督检查人员进行监督检查时,有权向电力企业或者用户了解有关执行电力法律、行政法规的情况,查阅有关资料,并有权进入现场进行检查。电力企业和用户对执行监督检查任务的电力监督检查人员应当提供方便。电力监督检查人员进行监督检查时,应当出示证件。

第九章 法律责任

第五十九条 电力企业或者用户违反供用电合同,给对方造成损失的,应当依法承担赔偿责任。电力企业违反本法第二十八条、第二十九条第一款的规定,未保证供电质量或者未事先通知用户中断供电,给用户造成损失的,应当依法承担赔偿责任。

第六十条 因电力运行事故给用户或者第三人造成损害的,电力企业应当依法承担赔偿责任。电力运行事故由下列原因之一造成的,电力企业不承担赔偿责任:

（一）不可抗力；

（二）用户自身的过错。

因用户或者第三人的过错给电力企业或者其他用户造成损害的，该用户或者第三人应当依法承担赔偿责任。

第六十一条 违反本法第十一条第二款的规定，非法占用变电设施用地、输电线路走廊或者电缆通道的，由县级以上地方人民政府责令限期改正；逾期不改正的，强制清除障碍。

第六十二条 违反本法第十四条规定，电力建设项目不符合电力发展规划、产业政策的，由电力管理部门责令停止建设。违反本法第十四条规定，电力建设项目使用国家明令淘汰的电力设备和技术的，由电力管理部门责令停止使用，没收国家明令淘汰的电力设备，并处五万元以下的罚款。

第六十三条 违反本法第二十五条规定，未经许可，从事供电或者变更供电营业区的，由电力管理部门责令改正，没收违法所得，可以并处违法所得五倍以下的罚款。

第六十四条 违反本法第二十六条、第二十九条规定，拒绝供电或者中断供电的，由电力管理部门责令改正，给予警告；情节严重的，对有关主管人员和直接责任人员给予行政处分。

第六十五条 违反本法第三十二条规定，危害供电、用电安全或者扰乱供电、用电秩序的，由电力管理部门责令改正，给予警告；情节严重或者拒绝改正的，可以中止供电，可以并处五万元以下的罚款。

第六十六条 违反本法第三十三条、第四十三条、第四十四条规定，未按照国家核准的电价和用电计量装置的记录向用户计收电费、超越权限制定电价或者在电费中加收其他费用的，由物价行政主管部门给予警告，责令返还违法收取的费用，可以并处违法收取费用五倍以下的罚款；情节严重的，对有关主管人员和直接责任人员给予行政处分。

第六十七条 违反本法第四十九条第二款规定，减少农业和农村用电指标的，由电力管理部门责令改正；情节严重的，对有关主管人员和直接责任人员给予行政处分；造成损失的，责令赔偿损失。

第六十八条 违反本法第五十二条第二款和第五十四条规定，未经批准或者未采取安全措施在电力设施周围或者在依法划定的电力设施保护区内进行作业，危及电力设施安全的，由电力管理部门责令停止作业、恢复原状并赔偿损失。

第六十九条 违反本法第五十三条规定，在依法划定的电力设施保护区内修建建筑物、构筑物或者种植植物、堆放物品，危及电力设施安全的，由当地人民政府责令强制拆除、砍伐或者清除。

第七十条 有下列行为之一，应当给予治安管理处罚的，由公安机关依照治安管理处罚条例的有关规定予以处罚；构成犯罪的，依法追究刑事责任：

（一）阻碍电力建设或者电力设施抢修，致使电力建设或者电力设施抢修不能正常进行的；

（二）扰乱电力生产企业、变电所、电力调度机构和供电企业的秩序，致使生产、工作和营业不能正常进行的；

（三）殴打、公然侮辱履行职务的查电人员或者抄表收费人员的；

（四）拒绝、阻碍电力监督检查人员依法执行职务的。

第七十一条 盗窃电能的，由电力管理部门责令停止违法行为，追缴电费并处应缴电费五倍以下的罚款；构成犯罪的，依照刑法第一百五十一条或者第一百五十二条的规定追究刑事责任。

第七十二条 盗窃电力设施或者以其他方法破坏电力设施，危害公共安全的，依照刑法第一百零九条或者第一百一十条的规定追究刑事责任。

第七十三条 电力管理部门的工作人员滥用职权、玩忽职守、徇私舞弊，构成犯罪的，依法追究刑事责任；尚不构成犯罪的，依法给予行政处分。

第七十四条 电力企业职工违反规章制度、违章调度或者不服从调度指令，造成重大事故的，比照刑法第一百一十四条的规定追究刑事责任。电力企业职工故意延误电力设施抢修或者抢险救灾供电，造成严重后果的，比照刑法第一百一十四条的规定追究刑事责任。电力企业的管理人员和查电人员、抄表收费人员勒索用户、以电谋私，构成犯罪的，依法追究刑事责任；尚不构成犯罪的，依法给予行政处分。

第十章　附　则

第七十五条 本法自1996年4月1日起施行。

附：刑法有关条款

第一百零九条 破坏电力、煤气或者其他易燃易爆设备，危害公共安全，尚未造成严重后果的，处三年以上十年以下有期徒刑。

第一百一十条 破坏交通工具、交通设备、电力煤气设备、易燃易爆设备造成严重后果的，处十年以上有期徒刑、无期徒刑或者死刑。过失犯前款罪的，处七年以下有期徒刑或者拘役。

第一百一十四条 工厂、矿山、林场、建筑企业或者其他企业、事业单位的职工，由于不服管理、违反规章制度，或者强令工人违章冒险作业，因而发生重大伤亡事故，造成严重后果的，处三年以下有期徒刑或者拘役；情节特别恶劣的，处三年以上七年以下有期徒刑。

第一百五十一条 盗窃、诈骗、抢夺公私财物数额较大的，处五年以下有期徒刑、拘役或者管制。

第一百五十二条 惯窃、惯骗或者盗窃、诈骗、抢夺公私财物数额巨大的，处五年以上十年以下有期徒刑；情节特别严重的，处十年以上有期徒刑或者无期徒刑，可以并处没收财产。

中华人民共和国招标投标法

（1999 年 8 月 30 日第九届全国人民代表大会
常务委员会第十一次会议通过）

第一章　总　则

第一条　为了规范招标投标活动，保护国家利益、社会公共利益和招标投标活动当事人的合法权益，提高经济效益，保证项目质量，制定本法。

第二条　在中华人民共和国境内进行招标投标活动，适用本法。

第三条　在中华人民共和国境内进行下列工程建设项目包括项目的勘察、设计、施工、监理以及与工程建设有关的重要设备、材料等的采购，必须进行招标：

（一）大型基础设施、公用事业等关系社会公共利益、公众安全的项目；

（二）全部或者部分使用国有资金投资或者国家融资的项目；

（三）使用国际组织或者外国政府贷款、援助资金的项目。

前款所列项目的具体范围和规模标准，由国务院发展计划部门会同国务院有关部门制订，报国务院批准。

法律或者国务院对必须进行招标的其他项目的范围有规定的，依照其规定。

第四条　任何单位和个人不得将依法必须进行招标的项目化整为零或者以其他任何方式规避招标。

第五条　招标投标活动应当遵循公开、公平、公正和诚实信用的原则。

第六条　依法必须进行招标的项目，其招标投标活动不受地区或者部门的限制。任何单位和个人不得违法限制或者排斥本地区、本系统以外的法人或者其他组织参加投标，不得以任何方式非法干涉招标投标活动。

第七条　招标投标活动及其当事人应当接受依法实施的监督。

有关行政监督部门依法对招标投标活动实施监督，依法查处招标投标活动中的违法行为。

对招标投标活动的行政监督及有关部门的具体职权划分，由国务院规定。

第二章　招　标

第八条　招标人是依照本法规定提出招标项目、进行招标的法人或者其他组织。

第九条　招标项目按照国家有关规定需要履行项目审批手续的，应当先履行审批手续，取得批准。

招标人应当有进行招标项目的相应资金或者资金来源已经落实，并应当在招标文件中如实载明。

第十条 招标分为公开招标和邀请招标。

公开招标,是指招标人以招标公告的方式邀请不特定的法人或者其他组织投标。

邀请招标,是指招标人以投标邀请书的方式邀请特定的法人或者其他组织投标。

第十一条 国务院发展计划部门确定的国家重点项目和省、自治区、直辖市人民政府确定的地方重点项目不适宜公开招标的,经国务院发展计划部门或者省、自治区、直辖市人民政府批准,可以进行邀请招标。

第十二条 招标人有权自行选择招标代理机构,委托其办理招标事宜。任何单位和个人不得以任何方式为招标人指定招标代理机构。

招标人具有编制招标文件和组织评标能力的,可以自行办理招标事宜。任何单位和个人不得强制其委托招标代理机构办理招标事宜。

依法必须进行招标的项目,招标人自行办理招标事宜的,应当向有关行政监督部门备案。

第十三条 招标代理机构是依法设立、从事招标代理业务并提供相关服务的社会中介组织。

招标代理机构应当具备下列条件:

(一)有从事招标代理业务的营业场所和相应资金;

(二)有能够编制招标文件和组织评标的相应专业力量;

(三)有符合本法第三十七条第三款规定条件、可以作为评标委员会成员人选的技术、经济等方面的专家库。

第十四条 从事工程建设项目招标代理业务的招标代理机构,其资格由国务院或者省、自治区、直辖市人民政府的建设行政主管部门认定。具体办法由国务院建设行政主管部门会同国务院有关部门制定。从事其他招标代理业务的招标代理机构,其资格认定的主管部门由国务院规定。

招标代理机构与行政机关和其他国家机关不得存在隶属关系或者其他利益关系。

第十五条 招标代理机构应当在招标人委托的范围内办理招标事宜,并遵守本法关于招标人的规定。

第十六条 招标人采用公开招标方式的,应当发布招标公告。依法必须进行招标的项目的招标公告,应当通过国家指定的报刊、信息网络或者其他媒介发布。

招标公告应当载明招标人的名称和地址,招标项目的性质、数量、实施地点和时间以及获取招标文件的办法等事项。

第十七条 招标人采用邀请招标方式的,应当向三个以上具备承担招标项目的能力、资信良好的特定的法人或者其他组织发出投标邀请书。

投标邀请书应当载明本法第十六条第二款规定的事项。

第十八条 招标人可以根据招标项目本身的要求,在招标公告或者投标邀请书中,要求潜在投标人提供有关资质证明文件和业绩情况,并对潜在投标人进行资格审查;国家对投标人的资格条件有规定的,依照其规定。

招标人不得以不合理的条件限制或者排斥潜在投标人,不得对潜在投标人实行歧视待遇。

第十九条 招标人应当根据招标项目的特点和需要编制招标文件。招标文件应当包括招标项目的技术要求、对投标人资格审查的标准、投标报价要求和评标标准等所有实质性要求和条件以及拟签订合同的主要条款。

国家对招标项目的技术、标准有规定的，招标人应当按照其规定在招标文件中提出相应要求。

招标项目需要划分标段、确定工期的，招标人应当合理划分标段、确定工期，并在招标文件中载明。

第二十条 招标文件不得要求或者标明特定的生产供应者以及含有倾向或者排斥潜在投标人的其他内容。

第二十一条 招标人根据招标项目的具体情况，可以组织潜在投标人踏勘项目现场。

第二十二条 招标人不得向他人透露已获取招标文件的潜在投标人的名称、数量以及可能影响公平竞争的有关招标投标的其他情况。

招标人设有标底的，标底必须保密。

第二十三条 招标人对已发出的招标文件进行必要的澄清或者修改的，应当在招标文件要求提交投标文件截止时间至少十五日前，以书面形式通知所有招标文件收受人。该澄清或者修改的内容为招标文件的组成部分。

第二十四条 招标人应当确定投标人编制投标文件所需要的合理时间；但是，依法必须进行招标的项目，自招标文件开始发出之日起至投标人提交投标文件截止之日止，最短不得少于二十日。

第三章 投 标

第二十五条 投标人是响应招标、参加投标竞争的法人或者其他组织。

依法招标的科研项目允许个人参加投标的，投标的个人适用本法有关投标人的规定。

第二十六条 投标人应当具备承担招标项目的能力；国家有关规定对投标人资格条件或者招标文件对投标人资格条件有规定的，投标人应当具备规定的资格条件。

第二十七条 投标人应当按照招标文件的要求编制投标文件。投标文件应当对招标文件提出的实质性要求和条件作出响应。

招标项目属于建设施工的，投标文件的内容应当包括拟派出的项目负责人与主要技术人员的简历、业绩和拟用于完成招标项目的机械设备等。

第二十八条 投标人应当在招标文件要求提交投标文件的截止时间前，将投标文件送达投标地点。招标人收到投标文件后，应当签收保存，不得开启。投标人少于三个的，招标人应当依照本法重新招标。

在招标文件要求提交投标文件的截止时间后送达的投标文件，招标人应当拒收。

第二十九条 投标人在招标文件要求提交投标文件的截止时间前，可以补充、修改或者撤回已提交的投标文件，并书面通知招标人。补充、修改的内容为投标文件的组成部分。

第三十条 投标人根据招标文件载明的项目实际情况，拟在中标后将中标项目的部分非主体、非关键性工作进行分包的，应当在投标文件中载明。

第三十一条 两个以上法人或者其他组织可以组成一个联合体，以一个投标人的身份共同投标。

联合体各方均应当具备承担招标项目的相应能力；国家有关规定或者招标文件对投标人资格条件有规定的，联合体各方均应当具备规定的相应资格条件。由同一专业的单位组成的联合体，按照资质等级较低的单位确定资质等级。

联合体各方应当签订共同投标协议，明确约定各方拟承担的工作和责任，并将共同投标协议连同投标文件一并提交招标人。联合体中标的，联合体各方应当共同与招标人签订合同，就中标项目向招标人承担连带责任。

招标人不得强制投标人组成联合体共同投标，不得限制投标人之间的竞争。

第三十二条 投标人不得相互串通投标报价，不得排挤其他投标人的公平竞争，损害招标人或者其他投标人的合法权益。

投标人不得与招标人串通投标，损害国家利益、社会公共利益或者他人的合法权益。

禁止投标人以向招标人或者评标委员会成员行贿的手段谋取中标。

第三十三条 投标人不得以低于成本的报价竞标，也不得以他人名义投标或者以其他方式弄虚作假，骗取中标。

第四章 开标、评标和中标

第三十四条 开标应当在招标文件确定的提交投标文件截止时间的同一时间公开进行；开标地点应当为招标文件中预先确定的地点。

第三十五条 开标由招标人主持，邀请所有投标人参加。

第三十六条 开标时，由投标人或者其推选的代表检查投标文件的密封情况，也可以由招标人委托的公证机构检查并公证；经确认无误后，由工作人员当众拆封，宣读投标人名称、投标价格和投标文件的其他主要内容。

招标人在招标文件要求提交投标文件的截止时间前收到的所有投标文件，开标时都应当当众予以拆封、宣读。

开标过程应当记录，并存档备查。

第三十七条 评标由招标人依法组建的评标委员会负责。

依法必须进行招标的项目，其评标委员会由招标人的代表和有关技术、经济等方面的专家组成，成员人数为五人以上单数，其中技术、经济等方面的专家不得少于成员总数的三分之二。

前款专家应当从事相关领域工作满八年并具有高级职称或者具有同等专业水平，由招标人从国务院有关部门或者省、自治区、直辖市人民政府有关部门提供的专家名册或者招标代理机构的专家库内的相关专业的专家名单中确定；一般招标项目可以采取随机抽取方式，特殊招标项目可以由招标人直接确定。

与投标人有利害关系的人不得进入相关项目的评标委员会；已经进入的应当更换。

评标委员会成员的名单在中标结果确定前应当保密。

第三十八条 招标人应当采取必要的措施,保证评标在严格保密的情况下进行。任何单位和个人不得非法干预、影响评标的过程和结果。

第三十九条 评标委员会可以要求投标人对投标文件中含义不明确的内容作必要的澄清或者说明,但是澄清或者说明不得超出投标文件的范围或者改变投标文件的实质性内容。

第四十条 评标委员会应当按照招标文件确定的评标标准和方法,对投标文件进行评审和比较;设有标底的,应当参考标底。评标委员会完成评标后,应当向招标人提出书面评标报告,并推荐合格的中标候选人。

招标人根据评标委员会提出的书面评标报告和推荐的中标候选人确定中标人。招标人也可以授权评标委员会直接确定中标人。

国务院对特定招标项目的评标有特别规定的,从其规定。

第四十一条 中标人的投标应当符合下列条件之一:

(一)能够最大限度地满足招标文件中规定的各项综合评价标准;

(二)能够满足招标文件的实质性要求,并且经评审的投标价格最低;但是投标价格低于成本的除外。

第四十二条 评标委员会经评审,认为所有投标都不符合招标文件要求的,可以否决所有投标。

依法必须进行招标的项目的所有投标被否决的,招标人应当依照本法重新招标。

第四十三条 在确定中标人前,招标人不得与投标人就投标价格、投标方案等实质性内容进行谈判。

第四十四条 评标委员会成员应当客观、公正地履行职务,遵守职业道德,对所提出的评审意见承担个人责任。

评标委员会成员不得私下接触投标人,不得收受投标人的财物或者其他好处。

评标委员会成员和参与评标的有关工作人员不得透露对投标文件的评审和比较、中标候选人的推荐情况以及与评标有关的其他情况。

第四十五条 中标人确定后,招标人应当向中标人发出中标通知书,并同时将中标结果通知所有未中标的投标人。

中标通知书对招标人和中标人具有法律效力。中标通知书发出后,招标人改变中标结果的,或者中标人放弃中标项目的,应当依法承担法律责任。

第四十六条 招标人和中标人应当自中标通知书发出之日起三十日内,按照招标文件和中标人的投标文件订立书面合同。招标人和中标人不得再行订立背离合同实质性内容的其他协议。

招标文件要求中标人提交履约保证金的,中标人应当提交。

第四十七条 依法必须进行招标的项目,招标人应当自确定中标人之日起十五日内,向有关行政监督部门提交招标投标情况的书面报告。

第四十八条 中标人应当按照合同约定履行义务,完成中标项目。中标人不得向他人转让中标项目,也不得将中标项目肢解后分别向他人转让。

中标人按照合同约定或者经招标人同意,可以将中标项目的部分非主体、非关键性工作分包给他人完成。接受分包的人应当具备相应的资格条件,并不得再次分包。

中标人应当就分包项目向招标人负责,接受分包的人就分包项目承担连带责任。

第五章 法律责任

第四十九条 违反本法规定,必须进行招标的项目而不招标的,将必须进行招标的项目化整为零或者以其他任何方式规避招标的,责令限期改正,可以处项目合同金额千分之五以上千分之十以下的罚款;对全部或者部分使用国有资金的项目,可以暂停项目执行或者暂停资金拨付;对单位直接负责的主管人员和其他直接责任人员依法给予处分。

第五十条 招标代理机构违反本法规定,泄露应当保密的与招标投标活动有关的情况和资料的,或者与招标人、投标人串通损害国家利益、社会公共利益或者他人合法权益的,处五万元以上二十五万元以下的罚款,对单位直接负责的主管人员和其他直接责任人员处单位罚款数额百分之五以上百分之十以下的罚款;有违法所得的,并处没收违法所得;情节严重的,暂停直至取消招标代理资格;构成犯罪的,依法追究刑事责任。给他人造成损失的,依法承担赔偿责任。

前款所列行为影响中标结果的,中标无效。

第五十一条 招标人以不合理的条件限制或者排斥潜在投标人的,对潜在投标人实行歧视待遇的,强制要求投标人组成联合体共同投标的,或者限制投标人之间竞争的,责令改正,可以处一万元以上五万元以下的罚款。

第五十二条 依法必须进行招标的项目的招标人向他人透露已获取招标文件的潜在投标人的名称、数量或者可能影响公平竞争的有关招标投标的其他情况的,或者泄露标底的,给予警告,可以并处一万元以上十万元以下的罚款;对单位直接负责的主管人员和其他直接责任人员依法给予处分;构成犯罪的,依法追究刑事责任。

前款所列行为影响中标结果的,中标无效。

第五十三条 投标人相互串通投标或者与招标人串通投标的,投标人以向招标人或者评标委员会成员行贿的手段谋取中标的,中标无效,处中标项目金额千分之五以上千分之十以下的罚款,对单位直接负责的主管人员和其他直接责任人员处单位罚款数额百分之五以上百分之十以下的罚款;有违法所得的,并处没收违法所得;情节严重的,取消其一年至二年内参加依法必须进行招标的项目的投标资格并予以公告,直至由工商行政管理机关吊销营业执照;构成犯罪的,依法追究刑事责任。给他人造成损失的,依法承担赔偿责任。

第五十四条 投标人以他人名义投标或者以其他方式弄虚作假,骗取中标的,中标无效,给招标人造成损失的,依法承担赔偿责任;构成犯罪的,依法追究刑事责任。

依法必须进行招标的项目的投标人有前款所列行为尚未构成犯罪的,处中标项目金额千分之五以上千分之十以下的罚款,对单位直接负责的主管人员和其他直接责任人员处单位罚款数额百分之五以上百分之十以下的罚款;有违法所得的,并处没收违法所得;情节严重的,取消其一年至三年内参加依法必须进行招标的项目的投标资格并予以公告,直至由工商行政管理机关吊销营业执照。

第五十五条 依法必须进行招标的项目，招标人违反本法规定，与投标人就投标价格、投标方案等实质性内容进行谈判的，给予警告，对单位直接负责的主管人员和其他直接责任人员依法给予处分。

前款所列行为影响中标结果的，中标无效。

第五十六条 评标委员会成员收受投标人的财物或者其他好处的，评标委员会成员或者参加评标的有关工作人员向他人透露对投标文件的评审和比较、中标候选人的推荐以及与评标有关的其他情况的，给予警告，没收收受的财物，可以并处三千元以上五万元以下的罚款，对有所列违法行为的评标委员会成员取消担任评标委员会成员的资格，不得再参加任何依法必须进行招标的项目的评标；构成犯罪的，依法追究刑事责任。

第五十七条 招标人在评标委员会依法推荐的中标候选人以外确定中标人的，依法必须进行招标的项目在所有投标被评标委员会否决后自行确定中标人的，中标无效。责令改正，可以处中标项目金额千分之五以上千分之十以下的罚款；对单位直接负责的主管人员和其他直接责任人员依法给予处分。

第五十八条 中标人将中标项目转让给他人的，将中标项目肢解后分别转让给他人的，违反本法规定将中标项目的部分主体、关键性工作分包给他人的，或者分包人再次分包的，转让、分包无效，处转让、分包项目金额千分之五以上千分之十以下的罚款；有违法所得的，并处没收违法所得；可以责令停业整顿；情节严重的，由工商行政管理机关吊销营业执照。

第五十九条 招标人与中标人不按照招标文件和中标人的投标文件订立合同的，或者招标人、中标人订立背离合同实质性内容的协议的，责令改正；可以处中标项目金额千分之五以上千分之十以下的罚款。

第六十条 中标人不履行与招标人订立的合同的，履约保证金不予退还，给招标人造成的损失超过履约保证金数额的，还应当对超过部分予以赔偿；没有提交履约保证金的，应当对招标人的损失承担赔偿责任。

中标人不按照与招标人订立的合同履行义务，情节严重的，取消其二年至五年内参加依法必须进行招标的项目的投标资格并予以公告，直至由工商行政管理机关吊销营业执照。

因不可抗力不能履行合同的，不适用前两款规定。

第六十一条 本章规定的行政处罚，由国务院规定的有关行政监督部门决定。本法已对实施行政处罚的机关作出规定的除外。

第六十二条 任何单位违反本法规定，限制或者排斥本地区、本系统以外的法人或者其他组织参加投标的，为招标人指定招标代理机构的，强制招标人委托招标代理机构办理招标事宜的，或者以其他方式干涉招标投标活动的，责令改正；对单位直接负责的主管人员和其他直接责任人员依法给予警告、记过、记大过的处分，情节较重的，依法给予降级、撤职、开除的处分。

个人利用职权进行前款违法行为的，依照前款规定追究责任。

第六十三条 对招标投标活动依法负有行政监督职责的国家机关工作人员徇私舞弊、滥用职权或者玩忽职守，构成犯罪的，依法追究刑事责任；不构成犯罪的，依法给予行政处分。

第六十四条 依法必须进行招标的项目违反本法规定，中标无效的，应当依照本法规定的中标条件从其余投标人中重新确定中标人或者依照本法重新进行招标。

第六章 附 则

第六十五条 投标人和其他利害关系人认为招标投标活动不符合本法有关规定的，有权向招标人提出异议或者依法向有关行政监督部门投诉。

第六十六条 涉及国家安全、国家秘密、抢险救灾或者属于利用扶贫资金实行以工代赈、需要使用农民工等特殊情况，不适宜进行招标的项目，按照国家有关规定可以不进行招标。

第六十七条 使用国际组织或者外国政府贷款、援助资金的项目进行招标，贷款方、资金提供方对招标投标的具体条件和程序有不同规定的，可以适用其规定，但违背中华人民共和国的社会公共利益的除外。

第六十八条 本法自 2000 年 1 月 1 日起施行。

建设工程勘察设计管理条例

（2000 年 9 月 25 日国务院令[2000]第 293 号）

第一章　总　则

第一条　为了加强对建设工程勘察、设计活动的管理，保证建设工程勘察、设计质量，保护人民生命和财产安全，制定本条例。

第二条　从事建设工程勘察、设计活动，必须遵守本条例。本条例所称建设工程勘察，是指根据建设工程的要求，查明、分析、评价建设场地的地质地理环境特征和岩土工程条件，编制建设工程勘察文件的活动。本条例所称建设工程设计，是指根据建设工程的要求，对建设工程所需的技术、经济、资源、环境等条件进行综合分析、论证，编制建设工程设计文件的活动。

第三条　建设工程勘察、设计应当与社会、经济发展水平相适应，做到经济效益、社会效益和环境效益相统一。

第四条　从事建设工程勘察、设计活动，应当坚持先勘察、后设计、再施工的原则。

第五条　县级以上人民政府建设行政主管部门和交通、水利等有关部门应当依照本条例的规定，加强对建设工程勘察、设计活动的监督管理。建设工程勘察、设计单位必须依法进行建设工程勘察、设计，严格执行工程建设强制性标准，并对建设工程勘察、设计的质量负责。

第六条　国家鼓励在建设工程勘察、设计活动中采用先进技术、先进工艺、先进设备、新型材料和现代管理方法。

第二章　资质资格管理

第七条　国家对从事建设工程勘察、设计活动的单位，实行资质管理制度。具体办法由国务院建设行政主管部门商国务院有关部门制定。

第八条　建设工程勘察、设计单位应当在其资质等级许可的范围内承揽建设工程勘察、设计业务。禁止建设工程勘察、设计单位超越其资质等级许可的范围或者以其他建设工程勘察、设计单位的名义承揽建设工程勘察、设计业务。禁止建设工程勘察、设计单位允许其他单位或者个人以本单位的名义承揽建设工程勘察、设计业务。

第九条　国家对从事建设工程勘察、设计活动的专业技术人员，实行执业资格注册管理制度。未经注册的建设工程勘察、设计人员，不得以注册执业人员的名义从事建设工程勘察、设计活动。

第十条　建设工程勘察、设计注册执业人员和其他专业技术人员只能受聘于一个建设工程勘察、设计单位;未受聘于建设工程勘察、设计单位的,不得从事建设工程的勘察、设计活动。

第十一条 建设工程勘察、设计单位资质证书和执业人员注册证书,由国务院建设行政主管部门统一制作。

第三章 建设工程勘察设计发包与承包

第十二条 建设工程勘察、设计发包依法实行招标发包或者直接发包。

第十三条 建设工程勘察、设计应当依照《中华人民共和国招标投标法》的规定,实行招标发包。

第十四条 建设工程勘察、设计方案评标,应当以投标人的业绩、信誉和勘察、设计人员的能力以及勘察、设计方案的优劣为依据,进行综合评定。

第十五条 建设工程勘察、设计的招标人应当在评标委员会推荐的候选方案中确定中标方案。但是,建设工程勘察、设计的招标人认为评标委员会推荐的候选方案不能最大限度地满足招标文件规定的要求的,应当依法重新招标。

第十六条 下列建设工程的勘察、设计,经有关主管部门批准,可以直接发包:

(一)采用特定的专利或者专有技术的;

(二)建筑艺术造型有特殊要求的;

(三)国务院规定的其他建设工程的勘察、设计。

第十七条 发包方不得将建设工程勘察、设计业务发包给不具有相应勘察、设计资质等级的建设工程勘察、设计单位。

第十八条 发包方可以将整个建设工程的勘察、设计发包给一个勘察、设计单位;也可以将建设工程的勘察、设计分别发包给几个勘察、设计单位。

第十九条 除建设工程主体部分的勘察、设计外,经发包方书面同意,承包方可以将建设工程其他部分的勘察、设计再分包给其他具有相应资质等级的建设工程勘察、设计单位。

第二十条 建设工程勘察、设计单位不得将所承揽的建设工程勘察、设计转包。

第二十一条 承包方必须在建设工程勘察、设计资质证书规定的资质等级和业务范围内承揽建设工程的勘察、设计业务。

第二十二条 建设工程勘察、设计的发包方与承包方,应当执行国家规定的建设工程勘察、设计程序。

第二十三条 建设工程勘察、设计的发包方与承包方应当签订建设工程勘察、设计合同。

第二十四条 建设工程勘察、设计发包方与承包方应当执行国家有关建设工程勘察费、设计费的管理规定。

第四章　建设工程勘察设计文件的编制与实施

第二十五条　编制建设工程勘察、设计文件，应当以下列规定为依据：

（一）项目批准文件；

（二）城市规划；

（三）工程建设强制性标准；

（四）国家规定的建设工程勘察、设计深度要求。

铁路、交通、水利等专业建设工程，还应当以专业规划的要求为依据。

第二十六条　编制建设工程勘察文件，应当真实、准确，满足建设工程规划、选址、设计、岩土治理和施工的需要。编制方案设计文件，应当满足编制初步设计文件和控制概算的需要。编制初步设计文件，应当满足编制施工招标文件、主要设备材料订货和编制施工图设计文件的需要。编制施工图设计文件，应当满足设备材料采购、非标准设备制作和施工的需要，并注明建设工程合理使用年限。

第二十七条　设计文件中选用的材料、构配件、设备，应当注明其规格、型号、性能等技术指标，其质量要求必须符合国家规定的标准。除有特殊要求的建筑材料、专用设备和工艺生产线等外，设计单位不得指定生产厂、供应商。

第二十八条　建设单位、施工单位、监理单位不得修改建设工程勘察、设计文件；确需修改建设工程勘察、设计文件的，应当由原建设工程勘察、设计单位修改。经原建设工程勘察、设计单位书面同意，建设单位也可以委托其他具有相应资质的建设工程勘察、设计单位修改。修改单位对修改的勘察、设计文件承担相应责任。施工单位、监理单位发现建设工程勘察、设计文件不符合工程建设强制性标准、合同约定的质量要求的，应当报告建设单位，建设单位有权要求建设工程勘察、设计单位对建设工程勘察、设计文件进行补充、修改。建设工程勘察、设计文件内容需要作重大修改的，建设单位应当报经原审批机关批准后，方可修改。

第二十九条　建设工程勘察、设计文件中规定采用的新技术、新材料，可能影响建设工程质量和安全，又没有国家技术标准的，应当由国家认可的检测机构进行试验、论证，出具检测报告，并经国务院有关部门或者省、自治区、直辖市人民政府有关部门组织的建设工程技术专家委员会审定后，方可使用。

第三十条　建设工程勘察、设计单位应当在建设工程施工前，向施工单位和监理单位说明建设工程勘察、设计意图，解释建设工程勘察、设计文件。建设工程勘察、设计单位应当及时解决施工中出现的勘察、设计问题。

第五章　监督管理

第三十一条　国务院建设行政主管部门对全国的建设工程勘察、设计活动实施统一监督管理。国务院铁路、交通、水利等有关部门按照国务院规定的职责分工，负责对全国的有关专业建设工程勘察、设计活动的监督管理。县级以上地方人民政府建设行政主管部门对本行政区域内的建设工程勘察、设计活动实施监督管理。县级以上地方人民政府交通、水利等有关部门在各自的职责范围内，负责对本行政区域内的有关专业建设工程勘察、设计活动的监督管理。

第三十二条 建设工程勘察、设计单位在建设工程勘察、设计资质证书规定的业务范围内跨部门、跨地区承揽勘察、设计业务的，有关地方人民政府及其所属部门不得设置障碍，不得违反国家规定收取任何费用。

第三十三条 县级以上人民政府建设行政主管部门或者交通、水利等有关部门应当对施工图设计文件中涉及公共利益、公众安全、工程建设强制性标准的内容进行审查。施工图设计文件未经审查批准的，不得使用。

第三十四条 任何单位和个人对建设工程勘察、设计活动中的违法行为都有权检举、控告、投诉。

第六章 罚 则

第三十五条 违反本条例第八条规定的，责令停止违法行为，处合同约定的勘察费、设计费1倍以上2倍以下的罚款，有违法所得的，予以没收；可以责令停业整顿，降低资质等级；情节严重的，吊销资质证书。未取得资质证书承揽工程的，予以取缔，依照前款规定处以罚款；有违法所得的，予以没收。以欺骗手段取得资质证书承揽工程的，吊销资质证书，依照本条第一款规定处以罚款；有违法所得的，予以没收。

第三十六条 违反本条例规定，未经注册，擅自以注册建设工程勘察、设计人员的名义从事建设工程勘察、设计活动的，责令停止违法行为，没收违法所得，处违法所得2倍以上5倍以下罚款；给他人造成损失的，依法承担赔偿责任。

第三十七条 违反本条例规定，建设工程勘察、设计注册执业人员和其他专业技术人员未受聘于一个建设工程勘察、设计单位或者同时受聘于两个以上建设工程勘察、设计单位，从事建设工程勘察、设计活动的，责令停止违法行为，没收违法所得，处违法所得2倍以上5倍以下的罚款；情节严重的，可以责令停止执行业务或者吊销资格证书；给他人造成损失的，依法承担赔偿责任。

第三十八条 违反本条例规定，发包方将建设工程勘察、设计业务发包给不具有相应资质等级的建设工程勘察、设计单位的，责令改正，处50万元以上100万元以下的罚款。

第三十九条 违反本条例规定，建设工程勘察、设计单位将所承揽的建设工程勘察、设计转包的，责令改正，没收违法所得，处合同约定的勘察费、设计费25%以上50%以下的罚款，可以责令停业整顿，降低资质等级；情节严重的，吊销资质证书。

第四十条 违反本条例规定，有下列行为之一的，依照《建设工程质量管理条例》第六十三条的规定给予处罚：

（一）勘察单位未按照工程建设强制性标准进行勘察的；

（二）设计单位未根据勘察成果文件进行工程设计的；

（三）设计单位指定建筑材料、建筑构配件的生产厂、供应商的；

（四）设计单位未按照工程建设强制性标准进行设计的。

第四十一条　本条例规定的责令停业整顿、降低资质等级和吊销资质证书、资格证书的行政处罚，由颁发资质证书、资格证书的机关决定；其他行政处罚，由建设行政主管部门或者其他有关部门依据法定职权范围决定。依照本条例规定被吊销资质证书的，由工商行政管理部门吊销其营业执照。

第四十二条　国家机关工作人员在建设工程勘察、设计活动的监督管理工作中玩忽职守、滥用职权、徇私舞弊，构成犯罪的，依法追究刑事责任；尚不构成犯罪的，依法给予行政处分。

第七章　附　则

第四十三条　抢险救灾及其他临时性建筑和农民自建两层以下住宅的勘察、设计活动，不适用本条例。

第四十四条　军事建设工程勘察、设计的管理，按照中央军事委员会的有关规定执行。

第四十五条　本条例自公布之日(2000 年 9 月 25 日)起施行。

建设工程质量管理条例

（2000 年 1 月 30 日国务院令［2000］第 279 号）

第一章　总　则

第一条　为了加强对建设工程质量的管理，保证建设工程质量，保护人民生命和财产安全，根据《中华人民共和国建筑法》，制定本条例。

第二条　凡在中华人民共和国境内从事建设工程的新建、扩建、改建等有关活动及实施对建设工程质量监督管理的，必须遵守本条例。

本条例所称建设工程，是指土木工程、建筑工程、线路管道工程和设备安装工程及装修工程。

第三条　建设单位、勘察单位、设计单位、施工单位、工程监理单位依法对建设工程质量负责。

第四条　县级以上人民政府建设行政主管部门和其他有关部门应当加强对建设工程质量的监督管理。

第五条　从事建设工程活动，必须严格执行基本建设程序，坚持先勘察、后设计、再施工的原则。

县级以上人民政府及其有关部门不得超越权限审批建设项目或者擅自简化基本建设程序。

第六条　国家鼓励采用先进的科学技术和管理方法，提高建设工程质量。

第二章　建设单位的质量责任和义务

第七条　建设单位应当将工程发包给具有相应资质等级的单位。

建设单位不得将建设工程肢解发包。

第八条　建设单位应当依法对工程建设项目的勘察、设计、施工、监理以及与工程建设有关的重要设备、材料等的采购进行招标。

第九条　建设单位必须向有关的勘察、设计、施工、监理等单位提供与建设工程有关的原始资料。

原始资料必须真实、准确、齐全。

第十条　建设工程发包单位不得迫使承包方以低于成本的价格竞标，不得任意压缩合理工程。

建设单位不得明示或者暗示设计或者施工单位违反工程建设强制性标准，降低建设工程质量。

第十一条　建设单位应当将施工图设计文件报县级以上人民政府建设行政主管部门

或者其他有关部门审查。施工图设计文件审查的具体办法，由国务院建设行政主管部门会同国务院其他有关部门制定。

施工图设计文件未经审查批准的，不得使用。

第十二条 实行监理的建设工程，建设单位应当委托具有相应资质等级的工程监理单位进行监理，也可以委托具有工程监理相应资质等级并与被监理工程的施工承包单位没有隶属关系或者其他利害关系的该工程的设计单位进行监理。

下列建设工程必须实行监理：

（一）国家重点建设工程；

（二）大中型公用事业工程；

（三）成片开发建设的住宅小区工程；

（四）利用外国政府或者国际组织贷款、援助资金工程；

（五）国家规定必须实行监理的其他工程。

第十三条 建设单位在领取施工许可证或者开工报告前，应当按照国家有关规定办理工程质量监督手续。

第十四条 按照合同约定，由建设单位采购建筑材料、建筑构配件和设备的，建设单位应当保证建筑材料、建筑构配件和设备符合设计文件和合同要求。

建设单位不得明示或者暗示施工单位使用不合格的建筑材料、建筑构配件和设备。

第十五条 涉及建筑主体和承重结构变动的装修工程，建设单位应当在施工前委托原设计单位或者具有相应资质等级的设计单位提出设计方案；没有设计方案的，不得施工。

房屋建筑使用者在装修过程中，不得擅自变动房屋建筑主体和承重结构。

第十六条 建设单位收到建设工程竣工报告后，应当组织设计、施工、工程监理等有关单位进行竣工验收。

建设工程竣工验收应当具备下列条件：

（一）完成建设工程设计和合同约定的各项内容；

（二）有完整的技术档案和施工管理资料；

（三）有工程使用的主要建筑材料、建筑构配件和设备的进场试验报告；

（四）有勘察、设计、施工、工程监理等单位分别签署的质量合格文件；

（五）有施工单位签署的工程保修书。

建设工程经验收合格的，方可交付使用。

第十七条 建设单位应当严格按照国家有关档案管理的规定，及时收集、整理建设项目各环节的文件资料，建立、健全建设项目档案，并在建设工程竣工验收后，及时向建设行政主管部门或者其他有关部门移交建设项目档案。

第三章　勘察、设计单位的质量责任和义务

第十八条 从事建设工程勘察、设计的单位应当依法取得相应等级的资质证书，并在其资质等级许可的范围内承揽工程。

禁止勘察、设计单位超越其资质等级许可的范围或者以其他勘察、设计单位的名义承揽工程。禁止勘察、设计单位允许其他单位或者个人以本单位的名义承揽工程。

勘察、设计单位不得转包或者违法分包所承揽的工程。

第十九条 勘察、设计单位必须按照工程建设强制性标准进行勘察、设计，并对其勘察、设计的质量负责。

注册建筑师、注册结构工程师等注册执业人员应当在设计文件上签字，对设计文件负责。

第二十条 勘察单位提供的地质、测量、水文等勘察成果必须真实、准确。

第二十一条 设计单位应当根据勘察成果文件进行建设工程设计。

设计文件应当符合国家规定的设计深度要求，注明工程合理使用年限。

第二十二条 设计单位在设计文件中选用的建筑材料、建筑构配件和设备，应当注明规格、型号、性能等技术指标，其质量要求必须符合国家规定的标准。

除有特殊要求的建筑材料、专用设备、工艺生产线等外，设计单位不得指定生产厂、供应商。

第二十三条 设计单位应当就审查合格的施工图设计文件向施工单位作出详细说明。

第二十四条 设计单位应当参与建设工程质量事故分析，并对因设计造成的质量事故，提出相应的技术处理方案。

第四章　施工单位的质量责任和义务

第二十五条 施工单位应当依法取得相应等级的资质证书，并在其资质等级许可的范围内承揽工程。

禁止施工单位超越本单位资质等级许可的业务范围或者以其他施工单位的名义承揽工程。禁止施工单位允许其他单位或者个人以本单位的名义承揽工程。

施工单位不得转包或者分包工程。

第二十六条 施工单位对建设工程的施工质量负责。

施工单位应当建立质量责任制，确定工程项目的项目经理、技术负责人和施工管理负责人。

建设工程实行总承包的，总承包单位应当对全部建设工程负责；建设工程勘察、设计、施工、设备采购的一项或者多项实行总承包的，总承包单位应当对其承包的建设工程或者采购的设备的质量负责。

第二十七条 总承包单位依法将建设工程分包给其他单位的，分包单位应当按照分包合同的约定对其分包工程的质量向总承包单位负责，总承包单位与分包单位对分包工程的质量承担连带责任。

第二十八条 施工单位必须按照工程设计图纸和施工技术标准施工，不得擅自修改工程设计，不得偷工减料。

施工单位在施工过程中发现设计文件和图纸有差错的，应当及时提出意见和建议。

第二十九条 施工单位必须按照工程设计要求、施工技术标准和合同约定,对建筑材料、建筑构配件、设备和商品混凝土进行检验,检验应当有书面记录和专人签字;未经检验或者检验不合格的,不得使用。

第三十条 施工单位必须建立、健全施工质量的检验制度,严格工序管理,做好隐蔽工程的质量检查和记录。隐蔽工程在隐蔽前,施工单位应当通知建设单位和建设工程质量监督机构。

第三十一条 施工人员对涉及结构安全的试块、试件以及有关材料,应当在建设单位或者工程监理单位监督下现场取样,并送具有相应资质等级的质量检测单位进行检测。

第三十二条 施工单位对施工中出现质量问题的建设工程或者竣工验收不合格的建设工程,应当负责返修。

第三十三条 施工单位应当建立、健全教育培训制度,加强对职工的教育培训;未经教育培训或者考核不合格的人员,不得上岗作业。

第五章 工程监理单位的质量责任和义务

第三十四条 工程监理单位应当依法取得相应等级的资质证书,并在其资质等级许可的范围内承担工程监理业务。

禁止工程监理单位超越本单位资质等级许可的范围或者以其他工程监理单位的名义承担工程监理业务。禁止工程监理单位允许其他单位或者个人以本单位的名义承担工程监理业务。

工程监理单位不得转让工程监理业务。

第三十五条 工程监理单位与被监理工程的施工承包单位以及建筑材料、建筑构配件和设备供应单位有隶属关系或者其他利害关系的,不得承担该项建设工程的监理业务。

第三十六条 工程监理单位应当依照法律、法规以及有关技术标准、设计文件和建设工程承包合同,代表建设单位对施工质量实施监理,并对施工质量承担监理责任。

第三十七条 工程监理单位应当选派具备相应资格的总监理工程师和监理工程师进驻施工现场。

未经监理工程师签字,建筑材料、建筑构配件和设备不得在工程上使用或者安装,施工单位不得进行下一道工序的施工。未经总监理工程师签字,建设单位不拨付工程款,不进行竣工验收。

第三十八条 监理工程师应当按照工程监理规范的要求,采取旁站、巡视和平行检验等形式,对建设工程实施监理。

第六章 建设工程质量保修

第三十九条 建设工程实行质量保修制度。

建设工程承包单位在向建设单位提交工程竣工验收报告时,应当向建设单位出具质量保修书。质量保修书中应当明确建设工程的保修范围、保修期限和保修责任等。

第四十条 在正常使用条件下,建设工程的最低保修期限为:

(一)基础设施工程、房屋建筑的地基基础工程和主体结构工程,为设计文件规定的该工程的合理使用年限;

(二)屋面防水工程、有防水要求的卫生间、房间和外墙的防渗漏,为5年;

(三)供热与供冷系统,为2个采暖期、供冷期;

(四)电气管线、给排水管道、设备安装和装修工程,为2年。

其他项目的保修期限由发包方与承包方约定。

建设工程的保修期,自竣工验收合格之日起计算。

第四十一条 建设工程在保修范围和保修期限内发生质量问题的,施工单位应当履行保修义务,并对造成的损失承担赔偿责任。

第四十二条 建设工程在超过合理使用年限后需要继续使用的,产权所有人应当委托具有相应资质等级的勘察、设计单位鉴定,并根据鉴定结果采取加固、维修等措施,重新界定使用期。

第七章 监督管理

第四十三条 国家实行建设工程质量监督管理制度。

国务院建设行政主管部门对全国的建设工程质量实施统一监督管理。国务院铁路、交通、水利等有关部门按照国务院规定的职责分工,负责对全国的有关专业建设工程质量的监督管理。

县级以上地方人民政府建设行政主管部门对本行政区域的建设工程质量实施监督管理。县级以上地方人民政府交通、水利等有关部门在各自的职责范围内,负责对本行政区域内的专业建设工程质量的监督管理。

第四十四条 国务院建设行政主管部门和国务院铁路、交通、水利等有关部门应当加强对有关建设工程质量的法律、法规和强制性标准执行情况的监督检查。

第四十五条 国务院发展计划部门按照国务院规定的职责,组织稽查特派员,对国家出资的重大建设项目实施监督检查。

国务院经济贸易主管部门按照国务院规定的职责,对国家重大技术改造项目实施监督检查。

第四十六条 建设工程质量监督管理,可以由建设行政主管部门或者其他有关部门委托的建设工程质量监督机构具体实施。

从事房屋建筑工程和市政基础设施工程质量监督的机构,必须按照国家有关规定经国务院建设行政主管部门或者省、自治区、直辖市人民政府建设行政主管部门考核;从事专业建设工程质量监督的机构,必须按照国家有关规定经国务院有关部门或者省、自治区、直辖市人民政府有关部门考核。经考核合格后,方可实施质量监督。

第四十七条 县级以上地方人民政府建设行政主管部门和其他有关部门应当加强对有关建设工程质量的法律、法规和强制性标准执行情况的监督检查。

第四十八条 县级以上人民政府建设行政主管部门和其他有关部门履行监督检查职

责时,有权采取下列措施:

(一)要求被检查的单位提供有关工程质量的文件和资料;

(二)进入检查单位的施工现场进行检查;

(三)发现有影响工程质量的问题时,责令改正。

第四十九条 建设单位应当自建设工程竣工验收合格之日起15日内,将建设工程竣工验收报告和规划、公安消防、环保等部门出具的认可文件或者准许使用文件报建设行政主管部门或者其他有关部门备案。

建设行政主管部门或者其他有关部门发现建设单位在竣工验收过程中有违反国家有关建设工程质量管理规定行为的,责令停止使用,重新组织竣工验收。

第五十条 有关单位和个人对县级以上人民政府建设行政主管部门和其他有关部门进行的监督检查应当支持与配合,不得拒绝或者阻碍建设工程质量监督检查人员依法执行职务。

第五十一条 供水、供电、供气、公安消防等部门或者单位不得明示或者暗示建设单位、施工单位购买其指定的生产供应单位的建筑材料、建筑构配件和设备。

第五十二条 建设工程发生质量事故,有关单位应当在24小时内向当地建设行政主管部门和其他有关部门报告。对重大质量事故,事故发生的建设行政主管部门和其他有关部门应当按照事故类别和等级向当地人民政府和上级建设行政主管部门和其他有关部门报告。

特别重大质量事故的调查程序按照国务院有关规定办理。

第五十三条 任何单位和个人对建设工程的质量事故、质量缺陷都有权检举、控告、投诉。

第八章 罚 则

第五十四条 违反本条例规定,建设单位将建设工程发包给不具有相应资质等级的勘察、设计、施工单位或者委托给不具有相应资质等级的工程监理单位的,责令改正,处50万元以上100万元以下的罚款。

第五十五条 违反本条例规定,建设单位将建设工程肢解发包的,责令改正,处工程合同价款百分之零点五以上百分之一以下的罚款;对全部或者部分使用国有资金的项目,并可以暂停项目执行或者暂停资金拨付。

第五十六条 违反本条例规定,建设单位有下列行为之一的,责令改正,处20万元以上50万元以下的罚款:

(一)迫使承包方以低于成本的价格竞标的;

(二)任意压缩合理工期的;

(三)明示或者暗示设计单位或施工单位违反工程建设强制性标准,降低工程质量的;

(四)施工图设计文件未经审查或者审查不合格,擅自施工的;

(五)建设项目必须实行工程监理而未实行工程监理的;

（六）未按照国家规定办理工程质量监督手续的；

（七）明示或者暗示施工单位使用不合格的建筑材料、建筑构配件和设备的；

（八）未按照国家规定将竣工验收报告、有关认可文件或者准许使用文件报送备案的。

第五十七条 违反本条例规定，建设单位未取得施工许可证或者开工报告未经批准，擅自施工的，责令停止施工，限期改正，处工程合同价款百分之一以上百分之二以下的罚款。

第五十八条 违反本条例规定，建设单位有下列行为之一的，责令改正，处工程合同价款百分之二以上百分之四以下的罚款；造成损失的，依法承担赔偿责任；

（一）未组织竣工验收，擅自交付使用的；

（二）验收不合格，擅自交付使用的；

（三）对不合格的建设工程按照合格工程验收的。

第五十九条 违反本条例规定，建设工程竣工验收后，建设单位未向建设行政主管部门或者其他有关部门移交建设项目档案的，责令改正，处 1 万元以上 10 万元以下的罚款。

第六十条 违反本条例规定，勘察、设计、施工、工程监理单位超越本单位资质等级承揽工程的，责令停止违法行为，对勘察、设计单位或者工程监理单位处合同约定的勘察费、设计费或者监理酬金 1 倍以上 2 倍以下的罚款；对施工单位处工程合同价款百分之二以上百分之四以下的罚款；可以责令停业整顿，降低资质等级；情节严重的，吊销资质证书；有违法所得的，予以没收。

未取得资质证书承揽工程的，予以取缔，依照前款规定处以罚款；有违法所得的，予以没收。

以欺骗手段取得资质证书承揽工程的，吊销资质证书，依照本条第一款规定处以罚款；有违法所得的，予以没收。

第六十一条 违反本条例规定，勘察、设计、施工、工程监理单位允许其他单位或者个人以本单位名义承揽工程的，责令改正，没收违法所行，对勘察、设计单位和工程监理单位处合同约定的勘察费、设计费和监理酬金 1 倍以上 2 倍以下的罚款；对施工单位处工程合同价款百分之二以上百分之四以下的罚款；可以责令停业整顿，降低资质等级；情节严重的，吊销资质证书。

第六十二条 违反本条例规定，承包单位将承包的工程转包或者违法分包的，责令改正，没收违法所得，对勘察、设计单位处合同约定的勘察费、设计费百分之二十五以上百分之五十以下的罚款；对施工单位处工程合同价款百分之零点五以上百分之一以下的罚款；可以责令停业整顿，降低资质等级；情节严重的，吊销资质证书。

工程监理单位转让工程监理业务的，责令改正，没收违法所得，处合同约定的监理酬金百分之二十五以上百分之五十以下的罚款；可以责令停业整顿，降低资质等级；情节严重的，吊销资质证书。

第六十三条 违反本条例规定，有下列行为之一的，责令改正，处 10 万元以上 30 万元以下的罚款：

（一）勘察单位未按照工程建设强制性标准进行勘察的；

（二）设计单位未根据勘察成果文件进行工程设计的；

（三）设计单位指定建筑材料、建筑构配件的生产厂、供应商的；

（四）设计单位未按照工程建设强制性标准进行设计的。

有前款所列行为，造成工程质量事故的，责令停业整顿，降低资质等级；情节严重的，吊销资质证书；造成损失的，依法承担赔偿责任。

第六十四条 违反本条例规定，施工单位在施工中偷工减料的，使用不合格的建筑材料、建筑构配件和设备的，或者有不按照工程设计图纸或者施工技术标准施工的其他行为的，责令改正，处工程合同价款百分之二以上百分之四以下的罚款；造成建设工程质量不符合规定的质量标准的，负责返工、修理，并赔偿因此造成的损失；情节严重的，责令停业整顿，降低资质等级或者吊销资质证书。

第六十五条 违反本条例规定，施工单位未对建筑材料、建筑构配件、设备和商品混凝土进行检验，或者未对涉及结构安全的试块、试件以及有关材料取样检测的，责令改正，处10万元以上20万元以下的罚款；情节严重的，责令停业整顿，降低资质等级或者吊销资质证书；造成损失的，依法承担赔偿责任。

第六十六条 违反本条例规定，施工单位不履行保修义务或者拖延履行保修义务的，责令改正，处10万元以上20万元以下的罚款，并对在保修期内因质量缺陷造成的损失承担赔偿责任。

第六十七条 工程监理单位有下列行为之一的，责令改正，处50万元以上100万元以下的罚款，降低资质等级或者吊销资质证书；有违法所得的，予以没收；造成损失的，承担连带赔偿责任：

（一）与建设单位或者施工单位串通，弄虚作假、降低工程质量的；

（二）将不合格的建设工程、建筑材料、建筑构配件和设备按照合格签字的。

第六十八条 违反本条例规定，工程监理单位与被监理工程的施工承包单位以及建筑材料、建筑构配件和设备供应单位有隶属关系或者其他利害关系承担该项建设工程的监理业务的，责令改正，处5万元以上10万元以下的罚款，降低资质等级或者吊销资质证书；有违法所得的，予以没收。

第六十九条 违反本条例规定，涉及建筑主体或者承重结构变动的装修工程，没有设计方案擅自施工的，责令改正，处50万元以上100万元以下的罚款；房屋建筑使用者在装修过程中擅自变动房屋建筑主体和承重结构的，责令改正，处5万元以上10万元以下的罚款。

有前款所列行为，造成损失的，依法承担赔偿责任。

第七十条 发生重大工程质量事故隐瞒不报、谎报或者拖延报告期限的，对直接负责的主管人员和其他责任人员依法给予行政处分。

第七十一条 违反本条例规定，供水、供电、供气、公安消防等部门或者单位明示或者暗示建设单位或者施工单位购买其指定的生产供应单位的建筑材料、建筑构配件和设备的，责令改正。

第七十二条 违反本条例规定，注册建筑师、注册结构工程师、监理工程师等注册执业人员因过错造成质量事故的，责令停止执业1年；造成重大质量事故的，吊销执业资格证书,5 年以内不予注册;情节特别恶劣的,终身不予注册。

第七十三条 依照本条例规定,给予单位罚款处罚的,对单位直接负责的主管人员和其他直接责任人员处单位罚款数额百分之五以上百分之十以下的罚款。

第七十四条 建设单位、设计单位、施工单位、工程监理单位违反国家规定,降低工程质量标准,造成重大安全事故,构成犯罪的,对直接责任人员依法追究刑事责任。

第七十五条 本条例规定的责令停业整顿,降低资质等级和吊销资质证书的行政处罚,由颁发资质证书的机关决定;其他行政处罚,由建设行政主管部门或者其他有关部门依照法定职权决定。

依照本条例规定被吊销资质证书的,由工商行政管理部门吊销其营业执照。

第七十六条 国家机关工作人员在建设工程质量监督管理工作中玩忽职守、滥用职权、徇私舞弊,构成犯罪的,依法追究刑事责任;尚不构成犯罪的,依法给予行政处分。

第七十七条 建设、勘察、设计、施工、工程监理单位的工作人员因调动工作、退休等原因离开该单位后,被发现在该单位工作期间违反国家有关建设工程质量管理规定,造成重大工程质量事故的,仍应当依法追究法律责任。

第九章 附 则

第七十八条 本条例所称肢解发包,是指建设单位将应当由一个承包单位完成的建设工程分解成若干部分发包给不同的承包单位的行为。

本条例所称违法分包,是指下列行为:

(一)总承包单位将建设工程分包给不具备相应资质条件的单位的;

(二)建设工程总承包合同中未有约定,又未经建设单位认可,承包单位将其承包的部分建设工程由其他单位完成的;

(三)施工总承包单位将建设工程主体结构的施工分包给其他单位的;

(四)分包单位将其承包的建设工程再分包的。

本条例所称转包,是指承包单位承包建设工程后,不履行合同约定的责任和义务,将其承包的全部建设工程转给他人或者将其承包的全部建设工程肢解以后以分包的名义分别转给其他单位承包的行为。

第七十九条 本条例规定的罚款和没收的违法所得,必须全部上缴国库。

第八十条 抢险救灾及其他临时性房屋建筑和农民自建低层住宅的建设活动,不适用本条例。

第八十一条 军事建设工程的管理,按照中央军事委员会的有关规定执行。

第八十二条 本条例自发布之日起施行。

附:刑法有关条款

第一百三十七条 建设单位、设计单位、施工单位、工程监理单位违反国家规定,降低工程质量标准,造成重大安全事故的,对直接责任人员处五年以下有期徒刑或者拘役,并处罚金;后果特别严重的,处五年以上十年以下有期徒刑,并处罚金。

中华人民共和国水土保持法

第一章　总　则

第一条　为预防和治理水土流失，保护和合理利用水土资源，减轻水、旱、风沙灾害，改善生态环境，发展生产，特制定本法。

第二条　本法所称水土保持，是指对自然因素和人为活动造成水土流失所采取的预防和治理措施。

第三条　一切单位和个人都有保护水土资源、防治水土流失的义务，并有权对破坏水土资源、造成水土流失的单位和个人进行检举。

第四条　国家对水土保持工作实行预防为主，全面规划，综合防治，因地制宜，加强管理，注重效益的方针。

第五条　国务院和地方人民政府应当将水土保持工作列为重要职责，采取措施做好水土流失防治工作。

第六条　国务院水行政主管部门主管全国的水土保持工作。县级以上地方人民政府水行政主管部门，主管本辖区的水土保持工作。

第七条　国务院和县级以上地方人民政府的水行政主管部门，应当在调查评价水土资源的基础上，会同有关部门编制水土保持规划。水土保持规划须经同级人民政府批准。县级以上地方人民政府批准的水土保持规划，须报上一级人民政府水行政主管部门备案。水土保持规划的修改，须经原批准机关批准。

县级以上人民政府应当将水土保持规划确定的任务，纳入国民经济和社会发展计划，安排专项资金，并组织实施。

县级以上人民政府应当依据水土流失的具体情况，划定水土流失重点防治区，进行重点防治。

第八条　从事可能引起水土流失的生产建设活动的单位和个人，必须采取措施保护水土资源，并负责治理因生产建设活动造成的水土流失。

第九条　各级人民政府应当加强水土保持的宣传教育工作，普及水土保持科学知识。

第十条　国家鼓励开展水土保持科学技术研究，提高水土保持科学技术水平，推广水土保持的先进技术，有计划地培养水土保持的科学技术人才。

第十一条　在防治水土流失工作中成绩显著的单位和个人，由人民政府给予奖励。

第二章　预　防

第十二条　各级人民政府应当组织全民植树造林，鼓励种草，扩大森林覆盖面积，增加植被。

第十三条　各级地方人民政府应当根据当地情况，组织农业集体经济组织和国营农、林、牧场，种植薪炭林和饲草、绿肥植物，有计划地进行封山育林育草、轮封轮牧，防风固沙，保护植被。禁止毁林开荒、烧山开荒和在陡坡地、干旱地区铲草皮、挖树蔸。

第十四条 禁止在二十五度以上陡坡地开垦种植农作物。

省、自治区、直辖市人民政府可以根据本辖区的实际情况，规定小于二十五度的禁止开垦坡度。

禁止开垦的陡坡地的具体范围由当地县级人民政府划定并公告。

本法施行前已在禁止开垦的陡坡地上开垦种植农作物的，应当在建设基本农田的基础上，根据实际情况，逐步退耕，植树种草，恢复植被，或者修建梯田。

第十五条 开垦禁止开垦坡度以下、五度以上的荒坡地，必须经县级人民政府水行政主管部门批准；开垦国有荒坡地，经县级人民政府水行政主管部门批准后，方可向县级以上人民政府申请办理土地开垦手续。

第十六条 采伐林木必须因地制宜地采用合理采伐方式，严格控制皆伐，对采伐区和集材道采取防治水土流失的措施，并在采伐后及时完成更新造林任务。对水源涵养林、水土保持林、防风固沙林等防护林只准进行抚育和更新性质的采伐。

在林区采伐林木的，采伐方案中必须有按照前款规定制定的采伐区水土保持措施。采伐方案经林业行政主管部门批准后，采伐区水土保持措施由水行政主管部门和林业行政主管部门监督实施。

第十七条 在五度以上坡地上整地造林，抚育幼林，垦复油茶、油桐等经济林木，必须采取水土保持措施，防治水土流失。

第十八条 修建铁路、公路和水工程，应当尽量减少破坏植被；废弃的砂、石、土必须运至规定的专门存放地堆放，不得向江河、湖泊、水库和专门存放地以外的沟渠倾倒；在铁路、公路两侧地界以内的山坡地，必须修建护坡或者采取其他土地整治措施；工程竣工后，取土场、开挖面和废弃的砂、石、土存放地的裸露土地，必须植树种草，防治水土流失。

开办矿山企业、电力企业和其他大中型工业企业，排弃的剥离表土、矸石、尾矿、废渣等必须堆放在规定的专门存放地，不得向江河、湖泊、水库和专门存放地以外的沟渠倾倒；因采矿和建设使植被受到破坏的，必须采取措施恢复表土层和植被，防治水土流失。

第十九条 在山区、丘陵区、风沙区修建铁路、公路、水工程，开办矿山企业、电力企业和其他大中型工业企业，在建设项目环境影响报告书中，必须有水行政主管部门同意的水土保持方案。水土保持方案应当按照本法第十八条的规定制定。

在山区、丘陵区、风沙区依照矿产资源法的规定开办乡镇集体矿山企业和个体申请采矿，必须持有县级以上地方人民政府水行政主管部门同意的水土保持方案，方可申请办理采矿批准手续。

建设项目中的水土保持设施，必须与主体工程同时设计、同时施工、同时投产使用。建设工程竣工验收时，应当同时验收水土保持设施，并有水行政主管部门参加。

第二十条 各级地方人民政府应当采取措施，加强对采矿、取土、挖砂、采石等生产活动的管理，防治水土流失。

在崩塌滑坡危险区和泥石流易发区禁止取土、挖砂、采石。崩塌滑坡危险区和泥石流易发区的范围，由县级以上地方人民政府划定并公告。

第三章 治 理

第二十一条 县级以上人民政府应当根据水土保持规划，组织有关行政主管部门和单位有计划地对水土流失进行治理。

第二十二条 在水力侵蚀地区，应当以天然沟壑及其两侧山坡地形成的小流域为单元，实行全面规划，综合治理，建立水土流失综合防治体系。

在风力侵蚀地区，应当采取开发水源、引水拉沙、植树种草、设置人工沙障和网格林带等措施，建立防风固沙防护体系，控制风沙危害。

第二十三条 国家鼓励水土流失地区的农业集体经济组织和农民对水土流失进行治理，并在资金、能源、粮食、税收等方面实行扶持政策，具体办法由国务院规定。

第二十四条 各级地方人民政府应当组织农业集体经济组织和农民，有计划地对禁止开垦坡度以下、五度以上的耕地进行治理，根据不同情况，采取整治排水系统、修建梯田、蓄水保土耕作等水土保持措施。

第二十五条 水土流失地区的集体所有的土地承包给个人使用的，应当将治理水土流失的责任列入承包合同。

第二十六条 荒山、荒沟、荒丘、荒滩可以由农业集体经济组织、农民个人或者联户承包水土流失的治理。

对荒山、荒沟、荒丘、荒滩水土流失的治理实行承包的，应当按照“谁承包治理谁受益”的原则，签订水土保持承包治理合同。

承包治理所种植的林木及其果实，归承包者所有，因承包治理而新增加的土地，由承包者使用。

国家保护承包治理合同当事人的合法权益。在承包治理合同有效期内，承包人死亡时，继承人可以依照承包治理合同的约定继续承包。

第二十七条 企业事业单位在建设和生产过程中必须采取水土保持措施，对造成的水土流失负责治理。本单位无力治理的，由水行政主管部门治理，治理费用由造成水土流失的企业事业单位负担。

建设过程中发生的水土流失防治费用，从基本建设投资中列支；生产过程中发生的水土流失防治费用，从生产费用中列支。

第二十八条 在水土流失地区建设的水土保持设施和种植的林草，由县级以上人民政府组织有关部门检查验收。

对水土保持设施、试验场地、种植的林草和其他治理成果，应当加强管理和保护。

第四章 监 督

第二十九条 国务院水行政主管部门建立水土保持监测网络，对全国水土流失动态进行监测预报，并予以公告。

第三十条 县级以上地方人民政府水行政主管部门的水土保持监督人员，有权对本辖区的水土流失及其防治情况进行现场检查。被检查单位和个人必须如实报告情况，提供必要的工作条件。

第三十一条 地区之间发生的水土流失防治的纠纷，应当协商解决；协商不成的，由上一级人民政府处理。

第五章 法律责任

第三十二条 违反本法第十四条规定，在禁止开垦的陡坡地开垦种植农作物的，由县级人民政府水行政主管部门责令停止开垦、采取补救措施，可以处以罚款。

第三十三条 企业事业单位、农业集体经济组织未经县级人民政府水行政主管部门批准，擅自开垦禁止开垦坡度以下、五度以上的荒坡地的，由县级人民政府水行政主管部门责令停止开垦、采取补救措施，可以处以罚款。

第三十四条 在县级以上地方人民政府划定的崩塌滑坡危险区、泥石流易发区范围内取土、挖砂或者采石的，由县级以上地方人民政府水行政主管部门责令停止上述违法行为，采取补救措施，处以罚款。

第三十五条 在林区采伐林木，不采取水土保持措施，造成严重水土流失的，由水行政主管部门报请县级以上人民政府决定责令限期改正，采取补救措施，处以罚款。

第三十六条 企业事业单位在建设和生产过程中造成水土流失，不进行治理的，可以根据所造成的危害后果处以罚款，或者责令停业治理；对有关责任人员由其所在单位或者上级主管机关给予行政处分。

罚款由县级人民政府水行政主管部门报请县级人民政府决定。责令停业治理由市、县人民政府决定；中央或者省级人民政府直接管辖的企业事业单位的停业治理，须报请国务院或者省级人民政府批准。

个体采矿造成水土流失，不进行治理的，按照前两款的规定处罚。

第三十七条 以暴力、威胁方法阻碍水土保持监督人员依法执行职务的，依法追究刑事责任；拒绝、阻碍水土保持监督人员执行职务未使用暴力、威胁方法的，由公安机关依照治安管理处罚条例的规定处罚。

第三十八条 当事人对行政处罚决定不服的，可以在接到处罚通知之日起十五日内向作出处罚决定的机关的上一级机关申请复议；当事人也可以在接到处罚通知之日起十五日内直接向人民法院起诉。

复议机关应当在接到复议申请之日起六十日内作出复议决定。当事人对复议决定不服的，可以在接到复议决定之日起十五日内向人民法院起诉。复议机关逾期不作出复议决定的，当事人可以在复议期满之日起十五日内向人民法院起诉。

当事人逾期不申请复议也不向人民法院起诉、又不履行处罚决定的，作出处罚决定的机关可以申请人民法院强制执行。

第三十九条 造成水土流失危害的，有责任排除危害，并对直接受到损害的单位和个人赔偿损失。

赔偿责任和赔偿金额的纠纷，可以根据当事人的请求，由水行政主管部门处理；当事人对处理决定不服的，可以向人民法院起诉。当事人也可以直接向人民法院起诉。

由于不可抗拒的自然灾害，并经及时采取合理措施，仍然不能避免造成水土流失危害的，免予承担责任。

第四十条 水土保持监督人员玩忽职守、滥用职权给公共财产、国家和人民利益造成损失的，由其所在单位或者上级主管机关给予行政处分；构成犯罪的，依法追究刑事责任。

第六章 附 则

第四十一条 国务院根据本法制定实施条例。

省、自治区、直辖市人民代表大会常务委员会，可以根据本法和本地区的实际情况制定实施办法。

第四十二条 本法自公布之日起施行。1982 年 6 月 30 日国务院发布的《水土保持工作条例》同时废止。

中华人民共和国水土保持法实施条例

（国务院令第120号，1993年8月1日）

第一章　总　则

第一条　根据《中华人民共和国水土保持法》（以下简称《水土保持法》）的规定，制定本条例。

第二条　一切单位和个人都有权对有下列破坏水土资源、造成水土流失行为之一的单位和个人，向县级以上人民政府水行政主管部门或者其他有关部门进行检举：

（一）违法毁林或者毁草场开荒，破坏植被的；

（二）违法开垦荒坡地的；

（三）向江河、湖泊、水库和专门存放地以外的沟渠倾倒废弃沙、石、土或者尾矿废渣的；

（四）破坏水土保持设施的；

（五）有破坏水土资源、造成水土流失的其他行为的。

第三条　水土流失防治区的地方人民政府应当实行水土流失防治目标责任制。

第四条　地方人民政府根据当地实际情况设立的水土保持机构，可以行使《水土保持法》和本条例规定的水行政主管部门对水土保持工作的职权。

第五条　县级以上人民政府应当将批准的水土保持规划确定的任务，纳入国民经济和社会发展计划，安排专项资金，组织实施，并可以按照有关规定，安排水土流失地区的部分扶贫资金、以工代赈资金和农业发展基金等资金，用于水土保持。

第六条　水土流失重点防治区按国家、省、县三级划分，具体范围由县级以上人民政府水行政主管部门提出，报同级人民政府批准并公告。水土流失重点防治区可以分为重点预防保护区、重点监督区和重点治理区。

第七条　水土流失严重的省、自治区、直辖市，可以根据需要，设置水土保持中等专业学校或者在有关院校开设水土保持专业。中小学的有关课程，应当包含水土保持方面的内容。

第二章　预　防

第八条　山区、丘陵区、风沙区的地方人民政府，对从事挖药材、养柞蚕、烧木炭、烧砖瓦等副业生产的单位和个人，必须根据水土保持的要求，加强管理，采取水土保持措施，防治水土流失和生态环境恶化。

第九条　在水土流失严重、草场少的地区，地方人民政府及其有关主管部门应当采取措施，推行舍饲，改变野外放牧习惯。

第十条　地方人民政府及其有关主管部门应当因地制宜，组织营造薪炭林，发展小水电、风力发电，发展沼气，利用太阳能，推广节能灶。

第十一条 《水土保持法》施行前已在禁止开垦的陡坡地上开垦种植农作物的，应当在平地或者缓坡地建设基本农田，提高单位面积产量，将已开垦的陡坡耕地逐步退耕，植树种草；退耕确有困难的，由县级人民政府限期修成梯田，或者采取其他水土保持措施。

第十二条 依法申请开垦荒坡地的，必须同时提出防治水土流失的措施，报县级人民政府水行政主管部门或者其所属的水土保持监督管理机构批准。

第十三条 在林区采伐林木的，采伐方案中必须有采伐区水土保持措施。林业行政主管部门批准采伐方案后，应当将采伐方案抄送水行政主管部门，共同监督实施采伐区水土保持措施。

第十四条 在山区、丘陵区、风沙区修建铁路、公路、水工程，开办矿山企业、电力企业和其他大中型工业企业，其环境影响报告书中的水土保持方案，必须先经水行政主管部门审查同意。在山区、丘陵区、风沙区依法开办乡镇集体矿山企业和个体申请采矿，必须填写"水土保持方案报告表"，经县级以上地方人民政府水行政主管部门批准后，方可申请办理采矿批准手续。建设工程中的水土保持设施竣工验收，应当有水行政主管部门参加并签署意见。水土保持设施经验收不合格的，建设工程不得投产使用。水土保持方案的具体报批办法，由国务院水行政主管部门会同国务院有关主管部门制定。

第十五条 《水土保持法》施行前已建或者在建并造成水土流失的生产建设项目，生产建设单位必须向县级以上地方人民政府水行政主管部门提出水土流失防治措施。

第三章　治　理

第十六条 县级以上地方人民政府应当组织国有农场、林场、牧场和农业集体经济组织及农民，在禁止开垦坡度以下的坡耕地，按照水土保持规划，修筑水平梯田和蓄水保土工程，整治排水系统，治理水土流失。

第十七条 水土流失地区的集体所有的土地承包给个人使用的，应当将治理水土流失的责任列入承包合同。当地乡、民族乡、镇的人民政府和农业集体经济组织应当监督承包合同的履行。

第十八条 荒山、荒沟、荒丘、荒滩的水土流失，可以由农民个人、联户或者专业队承包治理，也可以由企业事业单位或者个人投资投劳入股治理。实行承包治理的，发包方和承包方应当签订承包治理合同。在承包期内，承包方经发包方同意，可以将承包治理合同转让给第三者。

第十九条 企业事业单位在建设和生产过程中造成水土流失的，应当负责治理。因技术等原因无力自行治理的，可以缴纳防治费，由水行政主管部门组织治理。防治费的收取标准和使用管理办法由省级以上人民政府财政部门、主管物价的部门会同水行政主管部门制定。

第二十条 对水行政主管部门投资营造的水土保持林、水源涵养林和防风固沙林进行抚育和更新性质的采伐时，所提取的育林基金应当用于营造水土保持林、水源涵养林和防风固沙林。

第二十一条　建成的水土保持设施和种植的林草,应当按照国家技术标准进行检查验收;验收合格的,应当建立档案,设立标志,落实管护责任制。任何单位和个人不得破坏或者侵占水土保持设施。企业事业单位在建设和生产过程中损坏水土保持设施的,应当给予补偿。

第四章　监　督

第二十二条　《水土保护法》第二十九条所称水土保持监测网络,是指全国水土保持监测中心,大江大河流域水土保持中心站,省、自治区、直辖市水土保持监测站以及省、自治区、直辖市重点防治区水土保持监测分站。水土保持监测网络的具体管理办法,由国务院水行政主管部门制定。

第二十三条　国务院水行政主管部门和省、自治区、直辖市人民政府水行政主管部门应当定期分别公告水土保持监测情况。公告应当包括下列事项:

(一)水土流失的面积、分布状况和流失程度;

(二)水土流失造成的危害及其发展趋势;

(三)水土流失防治情况及其效益。

第二十四条　有水土流失防治任务的企业事业单位,应当定期向县级以上地方人民政府水行政主管部门通报本单位水土流失防治工作的情况。

第二十五条　县级以上地方人民政府水行政主管部门及其所属的水土保持监督管理机构,应当对《水土保持法》和本条例的执行情况实施监督检查。水土保持监督人员依法执行公务时,应当持有县级以上人民政府颁发的水土保持监督检查证件。

第五章　法律责任

第二十六条　依照《水土保持法》第三十二条的规定处以罚款的,罚款幅度为非法开垦的陡坡地每平方米一元至二元。

第二十七条　依照《水土保持法》第三十三条的规定处以罚款的,罚款幅度为擅自开垦的荒坡地每平方米零点五元至一元。

第二十八条　依照《水土保持法》第三十四条的规定处以罚款的,罚款幅度为五百元以上、五千元以下。

第二十九条　依照《水土保持法》第三十五条的规定处以罚款的,罚款幅度为造成的水土流失面积每平方米二元至五元。

第三十条　依照《水土保持法》第三十六条的规定处以罚款的,罚款幅度为一千元以上、一万元以下。

第三十一条　破坏水土保持设施,尚不够刑事处罚的,由公安机关依照《中华人民共和国治安管理处罚条例》的有关规定予以处罚。

第三十二条　依照《水土保持法》第三十九条第二款的规定,请求水行政主管部门处理赔偿责任和赔偿金额纠纷的,应当提出申请报告。申请报告应当包括下列事项:

（一）当事人的基本情况；

（二）受到水土流失危害的时间、地点、范围；

（三）损失清单；

（四）证据。

第三十三条 由于发生不可抗拒的自然灾害而造成水土流失时，有关单位和个人应当向水行政主管部门报告不可抗拒的自然灾害的种类、程度、时间和已采取的措施等情况，经水行政主管部门查实并作出“不能避免造成水土流失危害”认定的，免予承担责任。

第六章 附 则

第三十四条 本条例由国务院水行政主管部门负责解释。

第三十五条 本条例自发布之日起施行

中华人民共和国环境保护法

（1989年12月26日第七届全国人民代表大会常务委员会第十一次会议通过，
1989年12月26日中华人民共和国主席令第二十二号公布，
自公布之日起施行）

第一章　总　则

第一条　为保护和改善生活环境与生态环境，防治污染和其他公害，保障人体健康，促进社会主义现代化建设的发展，制定本法。

第二条　本法所称环境，是指影响人类生存和发展的各种天然的和经过人工改造的自然因素的总体，包括大气、水、海洋、土地、矿藏、森林、草原、野生生物、自然遗迹、人文遗迹、自然保护区、风景名胜区、城市和乡村等。

第三条　本法适用于中华人民共和国领域和中华人民共和国管辖的其他海域。

第四条　国家制定的环境保护规划必须纳入国民经济和社会发展计划，国家采取有利于环境保护的经济、技术政策和措施，使环境保护工作同经济建设和社会发展相协调。

第五条　国家鼓励环境保护科学教育事业的发展，加强环境保护科学技术的研究和开发，提高环境保护科学技术水平，普及环境保护的科学知识。

第六条　一切单位和个人都有保护环境的义务，并有权对污染和破坏环境的单位和个人进行检举和控告。

第七条　国务院环境保护行政主管部门，对全国环境保护工作实施统一监督管理。

县级以上地方人民政府环境保护行政主管部门，对本辖区的环境保护工作实施统一监督管理。

国家海洋行政主管部门、港务监督、渔政渔港监督、军队环境保护部门和各级公安、交通、铁道、民航管理部门，依照有关法律的规定对环境污染防治实施监督管理。

县级以上人民政府的土地、矿产、林业、农业、水利行政主管部门，依照有关法律的规定对资源的保护实施监督管理。

第八条　对保护环境有显著成绩的单位和个人，由人民政府给予奖励。

第二章　环境监督管理

第九条　国务院环境保护行政主管部门制定国家环境质量标准。

省、自治区、直辖市人民政府对国家环境质量标准中未作规定的项目，可以制定地方环境质量标准，并报国务院环境保护行政主管部门备案。

第十条　国务院环境保护行政主管部门根据国家环境质量标准和国家经济、技术条件，制定国家污染物排放标准。

省、自治区、直辖市人民政府对国家污染物排放标准中未作规定的项目，可以制定地方污染物排放标准;对国家污染物排放标准中已作规定的项目,可以制定严于国家污染物排放标准的地方污染物排放标准。地方污染物排放标准须报国务院环境保护行政主管部门备案。

凡是向已有地方污染物排放标准的区域排放污染物的,应当执行地方污染物排放标准。

第十一条 国务院环境保护行政主管部门建立监测制度,制定监测规范,会同有关部门组织监测网络,加强对环境监测和管理。国务院和省、自治区、直辖市人民政府的环境保护行政主管部门,应当定期发布环境状况公报。

第十二条 县级以上人民政府环境保护行政主管部门,应当会同有关部门对管辖范围内的环境状况进行调查和评价,拟订环境保护规划,经计划部门综合平衡后,报同级人民政府批准实施。

第十三条 建设污染环境的项目,必须遵守国家有关建设项目环境保护管理的规定。

建设项目的环境影响报告书,必须对建设项目产生的污染和对环境的影响作出评价,规定防治措施,经项目主管部门预审并依照规定的程序报环境保护行政主管部门批准。环境影响报告书经批准后,计划部门方可批准建设项目设计任务书。

第十四条 县级以上人民政府环境保护行政主管部门或者其他依照法律规定行使环境监督管理权的部门,有权对管辖范围内的排污单位进行现场检查。被检查的单位应当如实反映情况,提供必要的资料。检查机关应当为被检查的单位保守技术秘密和业务秘密。

第十五条 跨行政区的环境污染和环境破坏的防治工作,由有关地方人民政府协商解决,或者由上级人民政府协调解决,做出决定。

第三章 保护和改善环境

第十六条 地方各级人民政府,应当对本辖区的环境质量负责,采取措施改善环境质量。

第十七条 各级人民政府对具有代表性的各种类型的自然生态系统区域,珍稀、濒危的野生动植物自然分布区域,重要的水源涵养区域,具有重大科学文化价值的地质构造、著名溶洞和化石分布区、冰川、火山、温泉等自然遗迹,以及人文遗迹、古树名木,应当采取措施加以保护,严禁破坏。

第十八条 在国务院、国务院有关主管部门和省、自治区、直辖市人民政府划定的风景名胜区、自然保护区和其他需要特别保护的区域内,不得建设污染环境的工业生产设施;建设其他设施,其污染物排放不得超过规定的排放标准。已经建成的设施,其污染物排放超过规定的排放标准的,限期治理。

第十九条 开发利用自然资源,必须采取措施保护生态环境。

第二十条 各级人民政府应当加强对农业环境的保护,防治土壤污染、土地沙化、盐渍化、贫瘠化、沼泽化、地面沉降和防治植被破坏、水土流失、水源枯竭、种源灭绝以及其他生态失调现象的发生和发展,推广植物病虫害的综合防治,合理使用化肥、农药及植物生长激素。

第二十一条 国务院和沿海地方各级人民政府应当加强对海洋环境的保护。向海洋排放污染物、丢弃废弃物，进行海岸工程建设和海洋石油勘探开发，必须依照法律的规定，防止对海洋环境的污染损害。

第二十二条 制定城市规划，应当确定保护和改善环境的目标和任务。

第二十三条 城乡建设应当结合当地自然环境的特点，保护植被、水域和自然景观，加强城市园林、绿地和风景名胜区的建设。

第四章 防治环境污染和其他公害

第二十四条 产生环境污染和其他公害的单位，必须把环境保护工作纳入计划，建立环境保护责任制度；采取有效措施，防治在生产建设或者其他活动中产生的废气、废水、废渣、粉尘、恶臭气体、放射性物质以及噪声、振动、电磁波辐射等对环境的污染和危害。

第二十五条 新建工业企业和现有工业企业的技术改造，应当采用资源利用率高、污染物排放量少的设备和工艺，采用经济合理的废弃物综合利用技术和污染物处理技术。

第二十六条 建设项目中防治污染的设施，必须与主体工程同时设计、同时施工、同时投产使用。防治污染的设施必须经原审批环境影响报告书的环境保护行政主管部门验收合格后，该建设项目方可投入生产或者使用。

防治污染的设施不得擅自拆除或者闲置，确有必要拆除或者闲置的，必须征得所在地的环境保护行政主管部门同意。

第二十七条 排放污染物的企业事业单位，必须依照国务院环境保护行政主管部门的规定申报登记。

第二十八条 排放污染物超过国家或者地方规定的污染物排放标准的企业事业单位，依照国家规定缴纳超标准排污费，并负责治理。水污染防治法另有规定的，依照水污染防治法的规定执行。

征收的超标准排污费必须用于污染的防治，不得挪作他用，具体使用办法由国务院规定。

第二十九条 对造成环境严重污染的企业事业单位，限期治理。

中央或者省、自治区、直辖市人民政府直接管辖的企业事业单位的限期治理，由省、自治区、直辖市人民政府决定。市、县或者市、县以下人民政府管辖的企业事业单位的限期治理，由市、县人民政府决定。被限期治理的企业事业单位必须如期完成治理任务。

第三十条 禁止引进不符合我国环境保护规定要求的技术和设备。

第三十一条 因发生事故或者其他突发性事件，造成或者可能造成污染事故的单位，必须立即采取措施处理，及时通报可能受到污染危害的单位和居民，并向当地环境保护行政主管部门和有关部门报告，接受调查处理。

可能发生重大污染事故的企业事业单位，应当采取措施，加强防范。

第三十二条 县级以上地方人民政府环境保护行政主管部门，在环境受到严重污染威胁居民生命财产安全时，必须立即向当地人民政府报告，由人民政府采取有效措施，解除或者减轻危害。

第三十三条 生产、储存、运输、销售、使用有毒化学物品和含有放射性物质的物品，必须遵守国家有关规定，防止污染环境。

第三十四条 任何单位不得将产生严重污染的生产设备转移给没有污染防治能力的单位使用。

第五章 法律责任

第三十五条 违反本法规定，有下列行为之一的，环境保护行政主管部门或者其他依照法律规定行使环境监督管理权的部门可以根据不同情节，给予警告或者处以罚款：

（一）拒绝环境保护行政主管部门或者其他依照法律规定行使环境监督管理权的部门现场检查或者在被检查时弄虚作假的。

（二）拒报或者谎报国务院环境保护行政主管部门规定的有关污染物排放申报事项的。

（三）不按国家规定缴纳超标准排污费的。

（四）引进不符合我国环境保护规定要求的技术和设备的。

（五）将产生严重污染的生产设备转移给没有污染防治能力的单位使用的。

第三十六条 建设项目的防治污染设施没有建成或者没有达到国家规定的要求，投入生产或者使用的，由批准该建设项目的环境影响报告书的环境保护行政主管部门责令停止生产或者使用，可以并处罚款。

第三十七条 未经环境保护行政主管部门同意，擅自拆除或者闲置防治污染的设施，污染物排放超过规定的排放标准的，由环境保护行政主管部门责令重新安装使用，并处罚款。

第三十八条 对违反本法规定，造成环境污染事故的企业事业单位，由环境保护行政主管部门或者其他依照法律规定行使环境监督管理权的部门根据所造成的危害后果处以罚款；情节较重的，对有关责任人员由其所在单位或者政府主管机关给予行政处分。

第三十九条 对经限期治理逾期未完成治理任务的企业事业单位，除依照国家规定加收超标准排污费外，可以根据所造成的危害后果处以罚款，或者责令停业、关闭。

前款规定的罚款由环境保护行政主管部门决定。责令停业、关闭，由作出限期治理决定的人民政府决定；责令中央直接管辖的企业事业单位停业、关闭，须报国务院批准。

第四十条 当事人对行政处罚决定不服的，可以在接到处罚通知之日起十五日内，向作出处罚决定的机关的上一级机关申请复议；对复议决定不服的，可以在接到复议决定之日起十五日内，向人民法院起诉。当事人也可以在接到处罚通知之日起十五日内，直接向人民法院起诉。当事人逾期不申请复议，也不向人民法院起诉，又不履行处罚决定的，由作出处罚决定的机关申请人民法院强制执行。

第四十一条 造成环境污染危害的，有责任排除危害，并对直接受到损害的单位或者个人赔偿损失。

赔偿责任和赔偿金额的纠纷，可以根据当事人的请求，由环境保护行政主管部门或者其他依照本法律规定行使环境监督管理权的部门处理;当事人对处理决定不服的,可以向人民法院起诉。当事人也可以直接向人民法院起诉。

完全由于不可抗拒的自然灾害,并经及时采取合理措施,仍然不能避免造成环境污染损害的,免予承担责任。

第四十二条 因环境污染损害赔偿提起诉讼的时效期为三年,从当事人知道或者应当知道受到污染损害时起计算。

第四十三条 违反本法规定,造成重大环境污染事故,导致公私财产重大损失或者人身伤亡的严重后果的,对直接责任人员依法追究刑事责任。

第四十四条 违反本法规定,造成土地、森林、草原、水、矿产、渔业、野生动植物等资源破坏的,依照有关法律的规定承担法律责任。

第四十五条 环境保护监督管理人员滥用职权、玩忽职守、徇私舞弊的,由其所在单位或者上级主管机关给予行政处分;构成犯罪的,依法追究刑事责任。

第六章 附 则

第四十六条 中华人民共和国缔结或者参加的与环境保护有关的国际条约,同中华人民共和国法律有不同规定的,适用国际条约的规定,但中华人民共和国声明保留的条款除外。

第四十七条 本法自公布之日起施行,《中华人民共和国环境保护法(试行)》同时废止。

中华人民共和国环境影响评价法

（2002年10月28日第九届全国人民代表大会常务委员会第三十次会议通过）

第一章　总　则

第一条　为了实施可持续发展战略，预防因规划和建设项目实施后对环境造成不良影响，促进经济、社会和环境的协调发展，制定本法。

第二条　本法所称环境影响评价，是指对规划和建设项目实施后可能造成的环境影响进行分析、预测和评估，提出预防或者减轻不良环境影响的对策和措施，进行跟踪监测的方法与制度。

第三条　编制本法第九条所规定的范围内的规划，在中华人民共和国领域和中华人民共和国管辖的其他海域内建设对环境有影响的项目，应当依照本法进行环境影响评价。

第四条　环境影响评价必须客观、公开、公正，综合考虑规划或者建设项目实施后对各种环境因素及其所构成的生态系统可能造成的影响，为决策提供科学依据。

第五条　国家鼓励有关单位、专家和公众以适当方式参与环境影响评价。

第六条　国家加强环境影响评价的基础数据库和评价指标体系建设，鼓励和支持对环境影响评价的方法、技术规范进行科学研究，建立必要的环境影响评价信息共享制度，提高环境影响评价的科学性。

国务院环境保护行政主管部门应当会同国务院有关部门，组织建立和完善环境影响评价的基础数据库和评价指标体系。

第二章　规划的环境影响评价

第七条　国务院有关部门、设区的市级以上地方人民政府及其有关部门，对其组织编制的土地利用的有关规划，区域、流域、海域的建设、开发利用规划，应当在规划编制过程中组织进行环境影响评价，编写该规划有关环境影响的篇章或者说明。

规划有关环境影响的篇章或者说明，应当对规划实施后可能造成的环境影响作出分析、预测和评估，提出预防或者减轻不良环境影响的对策和措施，作为规划草案的组成部分一并报送规划审批机关。

未编写有关环境影响的篇章或者说明的规划草案，审批机关不予审批。

第八条　国务院有关部门、设区的市级以上地方人民政府及其有关部门，对其组织编制的工业、农业、畜牧业、林业、能源、水利、交通、城市建设、旅游、自然资源开发的有关专项规划（以下简称专项规划），应当在该专项规划草案上报审批前，组织进行环境影响评价，并向审批该专项规划的机关提出环境影响报告书。

前款所列专项规划中的指导性规划，按照本法第七条的规定进行环境影响评价。

第九条　依照本法第七条、第八条的规定进行环境影响评价的规划的具体范围，由国务院环境保护行政主管部门会同国务院有关部门规定,报国务院批准。

第十条 专项规划的环境影响报告书应当包括下列内容:

(一)实施该规划对环境可能造成影响的分析、预测和评估;

(二)预防或者减轻不良环境影响的对策和措施;

(三)环境影响评价的结论。

第十一条 专项规划的编制机关对可能造成不良环境影响并直接涉及公众环境权益的规划,应当在该规划草案报送审批前,举行论证会、听证会,或者采取其他形式,征求有关单位、专家和公众对环境影响报告书草案的意见。但是,国家规定需要保密的情形除外。

编制机关应当认真考虑有关单位、专家和公众对环境影响报告书草案的意见,并应当在报送审查的环境影响报告书中附具对意见采纳或者不采纳的说明。

第十二条 专项规划的编制机关在报批规划草案时,应当将环境影响报告书一并附送审批机关审查;未附送环境影响报告书的,审批机关不予审批。

第十三条 设区的市级以上人民政府在审批专项规划草案,作出决策前,应当先由人民政府指定的环境保护行政主管部门或者其他部门召集有关部门代表和专家组成审查小组,对环境影响报告书进行审查。审查小组应当提出书面审查意见。

参加前款规定的审查小组的专家,应当从按照国务院环境保护行政主管部门的规定设立的专家库内的相关专业的专家名单中,以随机抽取的方式确定。

由省级以上人民政府有关部门负责审批的专项规划,其环境影响报告书的审查办法,由国务院环境保护行政主管部门会同国务院有关部门制定。

第十四条 设区的市级以上人民政府或者省级以上人民政府有关部门在审批专项规划草案时,应当将环境影响报告书结论以及审查意见作为决策的重要依据。

在审批中未采纳环境影响报告书结论以及审查意见的,应当作出说明,并存档备查。

第十五条 对环境有重大影响的规划实施后,编制机关应当及时组织环境影响的跟踪评价,并将评价结果报告审批机关;发现有明显不良环境影响的,应当及时提出改进措施。

第三章 建设项目的环境影响评价

第十六条 国家根据建设项目对环境的影响程度,对建设项目的环境影响评价实行分类管理。

建设单位应当按照下列规定组织编制环境影响报告书、环境影响报告表或者填报环境影响登记表(以下统称环境影响评价文件):

(一)可能造成重大环境影响的,应当编制环境影响报告书,对产生的环境影响进行全面评价;

(二)可能造成轻度环境影响的,应当编制环境影响报告表,对产生的环境影响进行分析或者专项评价;

(三)对环境影响很小,不需要进行环境影响评价的,应当填报环境影响登记表。

建设项目的环境影响评价分类管理名录，由国务院环境保护行政主管部门制定并公布。

第十七条 建设项目的环境影响报告书应当包括下列内容：

（一）建设项目概况；

（二）建设项目周围环境现状；

（三）建设项目对环境可能造成影响的分析、预测和评估；

（四）建设项目环境保护措施及其技术、经济论证；

（五）建设项目对环境影响的经济损益分析；

（六）对建设项目实施环境监测的建议；

（七）环境影响评价的结论。

涉及水土保持的建设项目，还必须有经水行政主管部门审查同意的水土保持方案。

环境影响报告表和环境影响登记表的内容和格式，由国务院环境保护行政主管部门制定。

第十八条 建设项目的环境影响评价，应当避免与规划的环境影响评价相重复。

作为一项整体建设项目的规划，按照建设项目进行环境影响评价，不进行规划的环境影响评价。

已经进行了环境影响评价的规划所包含的具体建设项目，其环境影响评价内容建设单位可以简化。

第十九条 接受委托为建设项目环境影响评价提供技术服务的机构，应当经国务院环境保护行政主管部门考核审查合格后，颁发资质证书，按照资质证书规定的等级和评价范围，从事环境影响评价服务，并对评价结论负责。为建设项目环境影响评价提供技术服务的机构的资质条件和管理办法，由国务院环境保护行政主管部门制定。

国务院环境保护行政主管部门对已取得资质证书的为建设项目环境影响评价提供技术服务的机构的名单，应当予以公布。

为建设项目环境影响评价提供技术服务的机构，不得与负责审批建设项目环境影响评价文件的环境保护行政主管部门或者其他有关审批部门存在任何利益关系。

第二十条 环境影响评价文件中的环境影响报告书或者环境影响报告表，应当由具有相应环境影响评价资质的机构编制。

任何单位和个人不得为建设单位指定对其建设项目进行环境影响评价的机构。

第二十一条 除国家规定需要保密的情形外，对环境可能造成重大影响、应当编制环境影响报告书的建设项目，建设单位应当在报批建设项目环境影响报告书前，举行论证会、听证会，或者采取其他形式，征求有关单位、专家和公众的意见。

建设单位报批的环境影响报告书应当附具对有关单位、专家和公众的意见采纳或者不采纳的说明。

第二十二条 建设项目的环境影响评价文件，由建设单位按照国务院的规定报有审批权的环境保护行政主管部门审批；建设项目有行业主管部门的，其环境影响报告书或者环境影响报告表应当经行业主管部门预审后，报有审批权的环境保护行政主管部门审批。

海洋工程建设项目的海洋环境影响报告书的审批，依照《中华人民共和国海洋环境保护法》的规定办理。

审批部门应当自收到环境影响报告书之日起六十日内，收到环境影响报告表之日起三十日内，收到环境影响登记表之日起十五日内，分别作出审批决定并书面通知建设单位。

预审、审核、审批建设项目环境影响评价文件，不得收取任何费用。

第二十三条 国务院环境保护行政主管部门负责审批下列建设项目的环境影响评价文件：

（一）核设施、绝密工程等特殊性质的建设项目；

（二）跨省、自治区、直辖市行政区域的建设项目；

（三）由国务院审批的或者由国务院授权有关部门审批的建设项目。

前款规定以外的建设项目的环境影响评价文件的审批权限，由省、自治区、直辖市人民政府规定。

建设项目可能造成跨行政区域的不良环境影响，有关环境保护行政主管部门对该项目的环境影响评价结论有争议的，其环境影响评价文件由共同的上一级环境保护行政主管部门审批。

第二十四条 建设项目的环境影响评价文件经批准后，建设项目的性质、规模、地点、采用的生产工艺或者防治污染、防止生态破坏的措施发生重大变动的，建设单位应当重新报批建设项目的环境影响评价文件。

建设项目的环境影响评价文件自批准之日起超过五年，方决定该项目开工建设的，其环境影响评价文件应当报原审批部门重新审核；原审批部门应当自收到建设项目环境影响评价文件之日起十日内，将审核意见书面通知建设单位。

第二十五条 建设项目的环境影响评价文件未经法律规定的审批部门审查或者审查后未予批准的，该项目审批部门不得批准其建设，建设单位不得开工建设。

第二十六条 建设项目建设过程中，建设单位应当同时实施环境影响报告书、环境影响报告表以及环境影响评价文件审批部门审批意见中提出的环境保护对策措施。

第二十七条 在项目建设、运行过程中产生不符合经审批的环境影响评价文件的情形的，建设单位应当组织环境影响的后评价，采取改进措施，并报原环境影响评价文件审批部门和建设项目审批部门备案；原环境影响评价文件审批部门也可以责成建设单位进行环境影响的后评价，采取改进措施。

第二十八条 环境保护行政主管部门应当对建设项目投入生产或者使用后所产生的环境影响进行跟踪检查，对造成严重环境污染或者生态破坏的，应当查清原因、查明责任。对属于为建设项目环境影响评价提供技术服务的机构编制不实的环境影响评价文件的，依照本法第三十三条的规定追究其法律责任；属于审批部门工作人员失职、渎职，对依法不应批准的建设项目环境影响评价文件予以批准的，依照本法第三十五条的规定追究其法律责任。

第四章　法律责任

第二十九条　规划编制机关违反本法规定，组织环境影响评价时弄虚作假或者有失职行为，造成环境影响评价严重失实的，对直接负责的主管人员和其他直接责任人员，由上级机关或者监察机关依法给予行政处分。

第三十条　规划审批机关对依法应当编写有关环境影响的篇章或者说明而未编写的规划草案，依法应当附送环境影响报告书而未附送的专项规划草案，违法予以批准的，对直接负责的主管人员和其他直接责任人员，由上级机关或者监察机关依法给予行政处分。

第三十一条　建设单位未依法报批建设项目环境影响评价文件，或者未依照本法第二十四条的规定重新报批或者报请重新审核环境影响评价文件，擅自开工建设的，由有权审批该项目环境影响评价文件的环境保护行政主管部门责令停止建设，限期补办手续；逾期不补办手续的，可以处五万元以上二十万元以下的罚款，对建设单位直接负责的主管人员和其他直接责任人员，依法给予行政处分。

建设项目环境影响评价文件未经批准或者未经原审批部门重新审核同意，建设单位擅自开工建设的，由有权审批该项目环境影响评价文件的环境保护行政主管部门责令停止建设，可以处五万元以上二十万元以下的罚款，对建设单位直接负责的主管人员和其他直接责任人员，依法给予行政处分。

海洋工程建设项目的建设单位有前两款所列违法行为的，依照《中华人民共和国海洋环境保护法》的规定处罚。

第三十二条　建设项目依法应当进行环境影响评价而未评价，或者环境影响评价文件未经依法批准，审批部门擅自批准该项目建设的，对直接负责的主管人员和其他直接责任人员，由上级机关或者监察机关依法给予行政处分；构成犯罪的，依法追究刑事责任。

第三十三条　接受委托为建设项目环境影响评价提供技术服务的机构在环境影响评价工作中不负责任或者弄虚作假，致使环境影响评价文件失实的，由授予环境影响评价资质的环境保护行政主管部门降低其资质等级或者吊销其资质证书，并处所收费用一倍以上三倍以下的罚款；构成犯罪的，依法追究刑事责任。

第三十四条　负责预审、审核、审批建设项目环境影响评价文件的部门在审批中收取费用的，由其上级机关或者监察机关责令退还；情节严重的，对直接负责的主管人员和其他直接责任人员依法给予行政处分。

第三十五条　环境保护行政主管部门或者其他部门的工作人员徇私舞弊，滥用职权，玩忽职守，违法批准建设项目环境影响评价文件的，依法给予行政处分；构成犯罪的，依法追究刑事责任。

第五章　附　则

第三十六条　省、自治区、直辖市人民政府可以根据本地的实际情况，要求对本辖区的县级人民政府编制的规划进行环境影响评价。具体办法由省、自治区、直辖市参照本法

第二章的规定制定。

第三十七条 军事设施建设项目的环境影响评价办法，由中央军事委员会依照本法的原则制定。

第三十八条 本法自 2003 年 9 月 1 日起施行。

建设项目环境保护管理条例

（1998年11月18日国务院第十次常务会议通过，
中华人民共和国国务院令第253号）

第一章　总　则

第一条　为了防止建设项目产生新的污染、破坏生态环境，制定本条例。

第二条　在中华人民共和国领域和中华人民共和国管辖的其他海域内建设对环境有影响的建设项目，适用本条例。

第三条　建设产生污染的建设项目，必须遵守污染物排放的国家标准和地方标准；在实施重点污染物排放总量控制的区域内，还必须符合重点污染物排放总量控制的要求。

第四条　工业建设项目应当采用能耗物耗小、污染物产量少的清洁生产工艺，合理利用自然资源，防止环境污染和生态破坏。

第五条　改建、扩建项目和技术改造项目必须采取措施，治理与该项目有关的原有环境污染和生态破坏。

第二章　环境影响评价

第六条　国家实行建设项目环境影响评价制度。建设项目的环境影响评价工作，由取得相应资格证书的单位承担。

第七条　国家根据建设项目对环境的影响程度，按照下列规定对建设项目的环境保护实行分类管理：

（一）建设项目对环境可能造成重大影响的，应当编制环境影响报告书，对建设项目产生的污染和对环境的影响进行全面、详细的评价；

（二）建设项目对环境可能造成轻度影响的，应当编制环境影响报告表，对建设项目产生的污染和对环境的影响进行分析或者专项评价；

（三）建设项目对环境影响很小，不需要进行环境影响评价的，应当填报环境影响登记表。

建设项目环境保护分类管理名录，由国务院环境保护行政主管部门制定并公布。

第八条　建设项目环境影响报告书，应当包括下列内容：

（一）建设项目概况；

（二）建设项目周围环境现状；

（三）建设项目对环境可能造成影响的分析和预测；

（四）环境保护措施及其经济、技术论证；

（五）环境影响经济损益分析；

（六）对建设项目实施环境监测的建议；

（七）环境影响评价结论。

涉及水土保持的建设项目，还必须有经水行政主管部门审查同意的水土保持方案。

建设项目环境影响报告表、环境影响登记表的内容和格式，由国务院环境保护行政主管部门规定。

第九条 建设单位应当在建设项目可行性研究阶段报批建设项目环境影响报告书、环境影响报告表或者环境影响登记表；但是，铁路、交通等建设项目，经有审批权的环境保护行政主管部门同意，可以在初步设计完成前报批环境影响报告书或者环境影响报告表。

按照国家有关规定，不需要进行可行性研究的建设项目，建设单位应当在建设项目开工前报批建设项目环境影响报告书、环境影响报告表或者环境影响登记表；其中，需要办理营业执照的，建设单位应当在办理营业执照前报批建设项目环境影响报告书、环境影响报告表或者环境影响登记表。

第十条 建设项目环境影响报告书、环境影响报告表或者环境影响登记表，由建设单位报有审批权的环境保护行政主管部门审批；建设项目有行业主管部门的，其环境影响报告书或者环境影响报告表应当经行业主管部门预审后，报有审批权的环境保护行政主管部门审批。

海岸工程建设项目环境影响报告书或者环境影响报告表，经海洋行政主管部门审核并签署意见后，报环境保护行政主管部门审批。

环境保护行政主管部门应当自收到建设项目环境影响报告书之日起60日内、收到环境影响报告表之日起30日内、收到环境影响登记表之日起15日内，分别作出审批决定并书面通知建设单位。

预审、审核、审批建设项目环境影响报告书、环境影响报告表或者环境影响登记表，不得收取任何费用。

第十一条 国务院环境保护行政主管部门负责审批下列建设项目环境影响报告书、环境影响报告表或者环境影响登记表：

（一）核设施、绝密工程等特殊性质的建设项目；

（二）跨省、自治区、直辖市行政区域的建设项目；

（三）国务院审批的或者国务院授权有关部门审批的建设项目。

前款规定以外的建设项目环境影响报告书、环境影响报告表或者环境影响登记表的审批权限，由省、自治区、直辖市人民政府规定。

建设项目造成跨行政区域环境影响，有关环境保护行政主管部门对环境影响评价结论有争议的，其环境影响报告书或者环境影响报告表由共同上一级环境保护行政主管部门审批。

第十二条 建设项目环境影响报告书、环境影响报告表或者环境影响登记表经批准后，建设项目的性质、规模、地点或者采用的生产工艺发生重大变化的，建设单位应当重新报批建设项目环境影响报告书、环境影响报告表或者环境影响登记表。

建设项目环境影响报告书、环境影响报告表或者环境影响登记表自批准之日起满5年，建设项目方开工建设的，其环境影响报告书、环境影响报告表或者环境影响登记表应当报原审批机关重新审核。原审批机关应当自收到建设项目环境影响报告书、环境影响报告表或者环境影响登记表之日起 10 日内，将审核意见书面通知建设单位；逾期未通知的，视为审核同意。

第十三条 国家对从事建设项目环境影响评价工作的单位实行资格审查制度。

从事建设项目环境影响评价工作的单位，必须取得国务院环境保护行政主管部门颁发的资格证书，按照资格证书规定的等级和范围，从事建设项目环境影响评价工作，并对评价结论负责。

国务院环境保护行政主管部门对已经颁发资格证书的从事建设项目环境影响评价工作的单位名单，应当定期予以公布。具体办法由国务院环境保护行政主管部门制定。

从事建设项目环境影响评价工作的单位，必须严格执行国家规定的收费标准。

第十四条 建设单位可以采取公开招标的方式，选择从事环境影响评价工作的单位，对建设项目进行环境影响评价。

任何行政机关不得为建设单位指定从事环境影响评价工作的单位，进行环境影响评价。

第十五条 建设单位编制环境影响报告书，应当依照有关法律规定，征求建设项目所在地有关单位和居民的意见。

第三章 环境保护设施建设

第十六条 建设项目需要配套建设的环境保护设施，必须与主体工程同时设计、同时施工、同时投产使用。

第十七条 建设项目的初步设计，应当按照环境保护设计规范的要求，编制环境保护篇章，并依据经批准的建设项目环境影响报告书或者环境影响报告表，在环境保护篇章中落实防治环境污染和生态破坏的措施以及环境保护设施投资概算。

第十八条 建设项目的主体工程完工后，需要进行试生产的，其配套建设的环境保护设施必须与主体工程同时投入试运行。

第十九条 建设项目试生产期间，建设单位应当对环境保护设施运行情况和建设项目对环境的影响进行监测。

第二十条 建设项目竣工后，建设单位应当向审批该建设项目环境影响报告书、环境影响报告表或者环境影响登记表的环境保护行政主管部门，申请该建设项目需要配套建设的环境保护设施竣工验收。

环境保护设施竣工验收，应当与主体工程竣工验收同时进行。需要进行试生产的建设项目，建设单位应当自建设项目投入试生产之日起 3 个月内，向审批该建设项目环境影响报告书、环境影响报告表或者环境影响登记表的环境保护行政主管部门，申请该建设项目需要配套建设的环境保护设施竣工验收。

第二十一条 分期建设、分期投入生产或者使用的建设项目，其相应的环境保护设施应当分期验收。

第二十二条 环境保护行政主管部门应当自收到环境保护设施竣工验收申请之日起 30 日内，完成验收。

第二十三条 建设项目需要配套建设的环境保护设施经验收合格,该建设项目方可正式投入生产或者使用。

第四章 法律责任

第二十四条 违反本条例规定,有下列行为之一的,由负责审批建设项目环境影响报告书、环境影响报告表或者环境影响登记表的环境保护行政主管部门责令限期补办手续;逾期不补办手续,擅自开工建设的,责令停止建设,可以处10万元以下的罚款:

(一)未报批建设项目环境影响报告书、环境影响报告表或者环境影响登记表的;

(二)建设项目的性质、规模、地点或者采用的生产工艺发生重大变化,未重新报批建设项目环境影响报告书、环境影响报告表或者环境影响登记表的;

(三)建设项目环境影响报告书、环境影响报告表或者环境影响登记表自批准之日起满5年,建设项目方开工建设,其环境影响报告书、环境影响报告表或者环境影响登记表未报原审批机关重新审核的。

第二十五条 建设项目环境影响报告书、环境影响报告表或者环境影响登记表未经批准或者未经原审批机关重新审核同意,擅自开工建设的,由负责审批该建设项目环境影响报告书、环境影响报告表或者环境影响登记表的环境保护行政主管部门责令停止建设,限期恢复原状,可以处10万元以下的罚款。

第二十六条 违反本条例规定,试生产建设项目配套建设的环境保护设施未与主体工程同时投入试运行的,由审批该建设项目环境影响报告书、环境影响报告表或者环境影响登记表的环境保护行政主管部门责令限期改正;逾期不改正的,责令停止试生产,可以处5万元以下的罚款。

第二十七条 违反本条例规定,建设项目投入试生产超过3个月,建设单位未申请环境保护设施竣工验收的,由审批该建设项目环境影响报告书、环境影响报告表或者环境影响登记表的环境保护行政主管部门责令限期办理环境保护设施竣工验收手续;逾期未办理的,责令停止试生产,可以处5万元以下的罚款。

第二十八条 违反本条例规定,建设项目需要配套建设的环境保护设施未建成、未经验收或者经验收不合格,主体工程正式投入生产或者使用的,由审批该建设项目环境影响报告书、环境影响报告表或者环境影响登记表的环境保护行政主管部门责令停止生产或者使用,可以处10万元以下的罚款。

第二十九条 从事建设项目环境影响评价工作的单位,在环境影响评价工作中弄虚作假的,由国务院环境保护行政主管部门吊销资格证书,并处所收费用1倍以上3倍以下的罚款。

第三十条 环境保护行政主管部门的工作人员徇私舞弊、滥用职权、玩忽职守,构成犯罪的,依法追究刑事责任;尚不构成犯罪的,依法给予行政处分。

第五章　附　则

第三十一条　流域开发、开发区建设、城市新区建设和旧区改建等区域性开发，编制建设规划时，应当进行环境影响评价。具体办法由国务院环境保护行政主管部门会同国务院有关部门另行规定。

第三十二条　海洋石油勘探开发建设项目的环境保护管理，按照国务院关于海洋石油勘探开发环境保护管理的规定执行。

第三十三条　军事设施建设项目的环境保护管理，按照中央军事委员会的有关规定执行。

第三十四条　本条例自发布之日起施行。

开发建设项目水土保持方案编报审批管理规定

(1995年5月30日水利部令第5号公布,根据2005年7月8日《水利部关于修改部分水利行政许可规章的决定》修改)

第一条 为了加强水土保持方案编制、申报、审批的管理,根据《中华人民共和国水土保持法》、《中华人民共和国水土保持法实施条例》和国家计委、水利部、国家环保局发布的《开发建设项目水土保持方案管理办法》,制定本规定。

第二条 凡从事有可能造成水土流失的开发建设单位和个人,必须编报水土保持方案。其中,审批制项目,在报送可行性研究报告前完成水土保持方案报批手续;核准制项目,在提交项目申请报告前完成水土保持方案报批手续;备案制项目,在办理备案手续后、项目开工前完成水土保持方案报批手续。经批准的水土保持方案应当纳入下阶段设计文件中。

第三条 开发建设项目的初步设计,应当依据水土保持技术标准和经批准的水土保持方案,编制水土保持篇章,落实水土流失防治措施和投资概算。初步设计审查时应当有水土保持方案审批机关参加。

第四条 水土保持方案分为水土保持方案报告书和水土保持方案报告表。

凡征占地面积在一公顷以上或者挖填土石方总量在一万立方米以上的开发建设项目,应当编报水土保持方案报告书;其他开发建设项目应当编报水土保持方案报告表。

水土保持方案报告书、水土保持方案报告表的内容和格式应当符合《开发建设项目水土保持方案技术规范》和有关规定。

第五条 水土保持方案的编报工作由开发建设单位或者个人负责。具体编制水土保持方案的单位和人员,应当具有相应的技术能力和业务水平,并由有关行业组织实施管理,具体管理办法由该行业组织制定。

第六条 编制水土保持方案所需费用应当根据编制工作量确定,并纳入项目前期费用。

第七条 水土保持方案必须先经水行政主管部门审查批准,开发建设单位或者个人方可办理土地使用、环境影响评价审批、项目立项审批或者核准(备案)等其他有关手续。

第八条 水行政主管部门审批水土保持方案实行分级审批制度,县级以上地方人民政府水行政主管部门审批的水土保持方案,应报上一级人民政府水行政主管部门备案。

中央立项,且征占地面积在五十公顷以上或者挖填土石方总量在五十万立方米以上的开发建设项目或者限额以上技术改造项目,水土保持方案报告书由国务院水行政主管部门审批。中央立项,征占地面积不足五十公顷且挖填土石方总量不足五十万立方米的开发建设项目,水土保持方案报告书由省级水行政主管部门审批。

地方立项的开发建设项目和限额以下技术改造项目,水土保持方案报告书由相应级别的水行政主管部门审批。

水土保持方案报告表由开发建设项目所在地县级水行政主管部门审批。

跨地区项目的水土保持方案，报上一级水行政主管部门审批。

第九条 开发建设单位或者个人要求审批水土保持方案的，应当向有审批权的水行政主管部门提交书面申请和水土保持方案报告书或者水土保持方案报告表各一式三份。

有审批权的水行政主管部门受理申请后，应当依据有关法律、法规和技术规范组织审查，或者委托有关机构进行技术评审。水行政主管部门应当自受理水土保持方案报告书审批申请之日起二十日内，或者应当自受理水土保持方案报告表审批申请之日起十日内，作出审查决定。但是，技术评审时间除外。对于特殊性质或者特大型开发建设项目的水土保持方案报告书，二十日内不能作出审查决定的，经本行政机关负责人批准，可以延长十日，并应当将延长期限的理由告知申请单位或者个人。

第十条 水土保持方案报告的审批条件如下：

（一）符合有关法律、法规、规章和规范性文件规定；

（二）符合《开发建设项目水土保持方案技术规范》等国家、行业的水土保持技术规范、标准；

（三）水土流失防治责任范围明确；

（四）水土流失防治措施合理、有效，与周边环境相协调，并达到主体工程设计深度；

（五）水土保持投资估算编制依据可靠、方法合理、结果正确；

（六）水土保持监测的内容和方法得当。

第十一条 经审批的项目，如性质、规模、建设地点等发生变化时，项目单位或个人应及时修改水土保持方案，并按照本规定的程序报原批准单位审批。

第十二条 项目单位必须严格按照水行政主管部门批准的水土保持方案进行设计、施工。项目工程竣工验收时，必须由水行政主管部门同时验收水土保持设施。水土保持设施验收不合格的，项目工程不得投产使用。

第十三条 水土保持方案未经审批擅自开工建设或者进行施工准备的，由县级以上人民政府水行政主管部门责令停止违法行为，采取补救措施。当事人从事非经营活动的，可以处一千元以下罚款；当事人从事经营活动，有违法所得的，可以处违法所得三倍以下罚款，但是最高不得超过三万元，没有违法所得的，可以处一万元以下罚款，法律、法规另有规定的除外。

第十四条 地方人民政府根据当地实际情况设立的水土保持机构，可行使本规定中水行政主管部门的职权。

第十五条 本规定由水利部负责解释。

第十六条 本规定自发布之日起施行。

开发建设项目水土保持设施验收管理办法

（2002 年 10 月 14 日水利部令第 16 号公布，根据 2005 年 7 月 8 日水利部令
第 24 号《水利部关于修改部分水利行政许可规章的决定》修改，
自公布之日起施行）

第一条 为加强开发建设项目水土保持设施的验收工作，根据《中华人民共和国水土保持法》及其实施条例，制定本办法。

第二条 本办法适用于编制水土保持方案报告书的开发建设项目水土保持设施的验收。

编制水土保持方案报告表的开发建设项目水土保持设施的验收，可以参照本办法执行。

第三条 开发建设项目所在地的县级以上地方人民政府水行政主管部门，应当定期对水土保持方案实施情况和水土保持设施运行情况进行监督检查。

第四条 开发建设项目水土保持设施经验收合格后，该项目方可正式投入生产或者使用。

第五条 县级以上人民政府水行政主管部门或者其委托的机构，负责开发建设项目水土保持设施验收工作的组织实施和监督管理。

县级以上人民政府水行政主管部门按照开发建设项目水土保持方案的审批权限，负责项目的水土保持设施的验收工作。

县级以上地方人民政府水行政主管部门组织完成的水土保持设施验收材料，应当报上一级人民政府水行政主管部门备案。

第六条 水土保持设施验收的范围应当与批准的水土保持方案及批复文件一致。

水土保持设施验收工作的主要内容为：检查水土保持设施是否符合设计要求、施工质量、投资使用和管理维护责任落实情况，评价防治水土流失效果，对存在问题提出处理意见等。

第七条 水土保持设施符合下列条件的，方可确定为验收合格：

（一）开发建设项目水土保持方案审批手续完备，水土保持工程设计、施工、监理、财务支出、水土流失监测报告等资料齐全；

（二）水土保持设施按批准的水土保持方案报告书和设计文件的要求建成，符合主体工程和水土保持的要求；

（三）治理程度、拦渣率、植被恢复率、水土流失控制量等指标达到了批准的水土保持方案和批复文件的要求及国家和地方的有关技术标准；

（四）水土保持设施具备正常运行条件，且能持续、安全、有效运转，符合交付使用要求。水土保持设施的管理、维护措施落实。

第八条 在开发建设项目土建工程完成后，应当及时开展水土保持设施的验收工作。

建设单位应当会同水土保持方案编制单位,依据批复的水土保持方案报告书、设计文件的内容和工程量,对水土保持设施完成情况进行检查,编制水土保持方案实施工作总结报告和水土保持设施竣工验收技术报告(编制提纲见附件)。对于符合本办法第七条所列验收合格条件的,方可向审批该水土保持方案的机关提出水土保持设施验收申请。

第九条 国务院水行政主管部门负责验收的开发建设项目,应当先进行技术评估。

省级水行政主管部门负责验收的开发建设项目,可以根据具体情况参照前款规定执行。

地、县级水行政主管部门负责验收的开发建设项目,可以直接进行竣工验收。

第十条 技术评估,由具有水土保持生态建设咨询评估资质的机构承担。

承担技术评估的机构,应当组织水土保持、水工、植物、财务经济等方面的专家,依据批准的水土保持方案、批复文件和水土保持验收规程规范对水土保持设施进行评估,并提交评估报告。

第十一条 县级以上人民政府水行政主管部门在受理验收申请后,应当组织有关单位的代表和专家成立验收组,依据验收申请、有关成果和资料,检查建设现场,提出验收意见。其中,对依照本办法第九条规定,需要先进行技术评估的开发建设项目,建设单位在提交验收申请时,应当同时附上技术评估报告。

建设单位、水土保持方案编制单位、设计单位、施工单位、监理单位、监测报告编制单位应当参加现场验收。

第十二条 验收合格意见必须经三分之二以上验收组成员同意,由验收组成员及被验收单位的代表在验收成果文件上签字。

第十三条 县级以上人民政府水行政主管部门应当自受理验收申请之日起二十日内作出验收结论。

对验收合格的项目,水行政主管部门应当自作出验收结论之日起十日内办理验收合格手续,作为开发建设项目竣工验收的重要依据之一。

对验收不合格的项目,负责验收的水行政主管部门应当责令建设单位限期整改,直至验收合格。

第十四条 分期建设、分期投入生产或者使用的开发建设项目,其相应的水土保持设施应当按照本办法进行分期验收。

第十五条 水土保持设施验收合格并交付使用后,建设单位或经营管理单位应当加强对水土保持设施的管理和维护,确保水土保持设施安全、有效运行。

第十六条 违反本办法,水土保持设施未建成、未经验收或者验收不合格,主体工程已投入运行的,由审批该建设项目水土保持方案的水行政主管部门责令限期完建有关工程并办理验收手续,逾期未办理的,可以处以一万元以下的罚款。

第十七条 开发建设项目水土保持设施验收的有关费用,由项目建设单位承担。

第十八条 本办法由水利部负责解释。

第十九条 本办法自 2002 年 12 月 1 日起施行。

附件1：

水土保持方案实施工作总结报告编制提纲

一、前言

有关工程、水土保持方案报批、实施过程情况简介。

二、主体工程及水土保持工程概况

1. 主体工程主要技术经济指标，主要建设内容，有关设计文件批复、调整过程。

2. 水土保持方案报批过程，主要建设内容、建设时限、投资概算，水土保持方案中确定的防治措施设计落实、调整情况。

三、工程建设管理

1. 组织领导。包括水土保持工作领导及具体管理机构，水土保持工程建设、设计、施工、监理单位。

2. 规章制度。有关水土保持工程建设过程中建立的各类规章、制度、办法。

3. 监督管理。各级水行政主管部门及水土保持监督管理部门检查、监督情况。

4. 建设过程。包括水土保持工程招标投标过程，合同及其执行情况，施工材料采购及供应。

5. 建设监理。包括监理规划及实施细则，监理制度、机构、人员、检测方法，水土保持工程的质量、进度、投资控制情况。

6. 工程投资。包括批准的水土保持投资概算，资金到位时间，年度安排，概算调整情况，经费支出。

7. 完成主要工程。包括治理措施类型及数量变更情况，实际完成水土保持工程、植物、临时防护工程等的类型、数量，设计工程量增减情况及原因分析。

四、经验、存在问题及建议

在水土保持方案实施过程的主要经验，目前存在的主要问题，对今后管理运行的建议。

五、运行管理

水土保持工程移交、使用，管理维修养护责任、办法，运行期水土保持监测任务。

六、附件

1. 水土保持方案及其批复文件。

2. 水土保持工程设计批复文件。

3. 水土保持工程设计变更审批文件。

4. 投资到位及使用情况说明。

5. 有关水行政主管部门的监督检查意见。

6. 主体工程总平面图。

附件 2：

水土保持设施竣工验收技术报告编制提纲

一、简要说明

有关水土保持方案实施情况说明。

二、防治责任范围

1. 批复的水土流失防治责任范围与实际发生的责任范围对比，调整变化的原因。

2. 扰动土地的治理面积、治理率。

三、工程设计

水土保持方案确定的水土保持措施，在设计报告中的设计要点，重大设计变更。

四、施工

1. 工程量及进度。各项防治工程完成的数量、实施时间，与批准的方案实施时间、工程量比较，并分析其原因。

2. 施工质量管理。施工单位质量保证体系，建设单位和监理单位的质量控制体系，施工事故及其处理。

3. 工程建设大事。包括有关批文，较大的设计变更，有关合同协议，重要会议等。

4. 价款结算。批准的工程量及其投资，施工合同价与实际结算价对比，分析增减的原因。

五、工程质量

1. 项目划分。水土保持工程的单位工程、分部工程、单元工程划分情况。

2. 质量检验。监理工程师、质量监督机构的质量检验方法，检验结果。

3. 质量评定。初步验收确定的各单位工程的质量等级，对整体水土保持工程质量评价。

六、工程初期运行及成效评价

1. 工程运行情况。各项水土保持工程建成运行后，其安全稳定性、暴雨后的完好情况，工程维修、植物补植情况。

2. 工程效益

（1）水土流失治理。工程试运行期间控制水土流失面积，治理水土流失面积及治理程度，项目区水土流失强度变化值。废弃土、石、渣的拦挡量、拦渣率，各类开挖面、拆除后的施工营地的平整、护砌量，植被恢复数量。

（2）植被变化。建设前、施工期间、竣工后林草植被面积，植被恢复指数。

（3）土地整治及生产条件恢复。土地整治率，施工临时占用耕地的恢复数量，土地生产力恢复能力。

（4）水土流失监测。根据水土流失专项监测报告，提出施工期间、工程运行后水土流失量是否达到国家规定的限值。对水系、下游河道径流泥沙影响，水土流失危害情况变化。

（5）综合评价。主体工程建设对水土流失及生态环境的实际影响范围、程度、时间，水土保持工程的控制效果，防治成效。

七、附件及有关资料

（1）工程竣工后水土流失防治责任范围图。

（2）水土保持工程设计文件、资料。

（3）水土保持工程施工合同、验收报告。

（4）工程质量等级评定报告。

（5）水土流失专项监测报告。

（6）水土保持设施竣工验收图。

（7）水土保持工程实施过程中的影像资料。

中华人民共和国土地管理法

第一章 总 则

第一条 为了加强土地管理，维护土地的社会主义公有制，保护、开发土地资源，合理利用土地，切实保护耕地，促进社会经济的可持续发展，根据宪法，制定本法。

第二条 中华人民共和国实行土地的社会主义公有制，即全民所有制和劳动群众集体所有制。

全民所有，即国家所有土地的所有权由国务院代表国家行使。

任何单位和个人不得侵占、买卖或者以其他形式非法转让土地。土地使用权可以依法转让。

国家为公共利益的需要，可以依法对集体所有的土地实行征用。

国家依法实行国有土地有偿使用制度。但是，国家在法律规定的范围内划拨国有土地使用权的除外。

第三条 十分珍惜、合理利用土地和切实保护耕地是我国的基本国策。各级人民政府应当采取措施，全面规划，严格管理，保护、开发土地资源，制止非法占用土地的行为。

第四条 国家实行土地用途管制制度。

国家编制土地利用总体规划，规定土地用途，将土地分为农用地、建设用地和未利用地。严格限制农用地转为建设用地，控制建设用地总量，对耕地实行特殊保护。

前款所称农用地是指直接用于农业生产的土地，包括耕地、林地、草地、农田水利用地、养殖水面等；建设用地是指建造建筑物、构筑物的土地，包括城乡住宅和公共设施用地、工矿用地、交通水利设施用地、旅游用地、军事设施用地等；未利用地是指农用地和建设用地以外的土地。

使用土地的单位和个人必须严格按照土地利用总体规划确定的用途使用土地。

第五条 国务院土地行政主管部门统一负责全国土地的管理和监督工作。

县级以上地方人民政府土地行政主管部门的设置及其职责，由省、自治区、直辖市人民政府根据国务院有关规定确定。

第六条 任何单位和个人都有遵守土地管理法律、法规的义务，并有权对违反土地管理法律、法规的行为提出检举和控告。

第七条 在保护和开发土地资源、合理利用土地以及进行有关的科学研究等方面成绩显著的单位和个人，由人民政府给予奖励。

第二章 土地的所有权和使用权

第八条 城市市区的土地属于国家所有。

农村和城市郊区的土地，除由法律规定属于国家所有的以外，属于农民集体所有；宅基地和自留地、自留山,属于农民集体所有。

第九条 国有土地和农民集体所有的土地,可以依法确定给单位或者个人使用。使用土地的单位和个人,有保护、管理和合理利用土地的义务。

第十条 农民集体所有的土地依法属于村农民集体所有的,由村集体经济组织或者村民委员会经营、管理;已经分别属于村内两个以上农村集体经济组织的农民集体所有的,由村内各该农村集体经济组织或者村民小组经营、管理;已经属于乡(镇)农民集体所有的,由乡(镇)农村集体经济组织经营、管理。

第十一条 农民集体所有的土地,由县级人民政府登记造册,核发证书,确认所有权。

农民集体所有的土地依法用于非农业建设的,由县级人民政府登记造册,核发证书,确认建设用地使用权。

单位和个人依法使用的国有土地,由县级以上人民政府登记造册,核发证书,确认使用权;其中,中央国家机关使用的国有土地的具体登记发证机关,由国务院确定。

确认林地、草原的所有权或者使用权,确认水面、滩涂的养殖使用权,分别依照《中华人民共和国森林法》、《中华人民共和国草原法》和《中华人民共和国渔业法》的有关规定办理。

第十二条 依法改变土地权属和用途的,应当办理土地变更登记手续。

第十三条 依法登记的土地的所有权和使用权受法律保护,任何单位和个人不得侵犯。

第十四条 农民集体所有的土地由本集体经济组织的成员承包经营,从事种植业、林业、畜牧业、渔业生产。土地承包经营期限为三十年。发包方和承包方应当订立承包合同,约定双方的权利和义务。承包经营土地的农民有保护和按照承包合同约定的用途合理利用土地的义务。农民的土地承包经营权受法律保护。

在土地承包经营期限内,对个别承包经营者之间承包的土地进行适当调整的,必须经村民会议三分之二以上成员或者三分之二以上村民代表的同意,并报乡(镇)人民政府和县级人民政府农业行政主管部门批准。

第十五条 国有土地可以由单位或者个人承包经营,从事种植业、林业、畜牧业、渔业生产。农民集体所有的土地,可以由本集体经济组织以外的单位或者个人承包经营,从事种植业、林业、畜牧业、渔业生产。发包方和承包方应当订立承包合同,约定双方的权利和义务。土地承包经营的期限由承包合同约定。承包经营土地的单位和个人,有保护和按照承包合同约定的用途合理利用土地的义务。

农民集体所有的土地由本集体经济组织以外的单位或者个人承包经营的,必须经村民会议三分之二以上成员或者三分之二以上村民代表的同意,并报乡(镇)人民政府批准。

第十六条 土地所有权和使用权争议,由当事人协商解决;协商不成的,由人民政府处理。

单位之间的争议,由县级以上人民政府处理;个人之间、个人与单位之间的争议,由乡级人民政府或者县级以上人民政府处理。

当事人对有关人民政府的处理决定不服的,可以自接到处理决定通知之日起三十日内,向人民法院起诉。

在土地所有权和使用权争议解决前,任何一方不得改变土地利用现状。

第三章　土地利用总体规划

第十七条　各级人民政府应当依据国民经济和社会发展规划、国土整治和资源环境保护的要求、土地供给能力以及各项建设对土地的需求,组织编制土地利用总体规划。

土地利用总体规划的规划期限由国务院规定。

第十八条　下级土地利用总体规划应当依据上一级土地利用总体规划编制。

地方各级人民政府编制的土地利用总体规划中的建设用地总量不得超过上一级土地利用总体规划确定的控制指标,耕地保有量不得低于上一级土地利用总体规划确定的控制指标。

省、自治区、直辖市人民政府编制的土地利用总体规划,应当确保本行政区域内耕地总量不减少。

第十九条　土地利用总体规划按照下列原则编制:

(一)严格保护基本农田,控制非农业建设占用农用地;

(二)提高土地利用率;

(三)统筹安排各类、各区域用地;

(四)保护和改善生态环境,保障土地的可持续利用;

(五)占用耕地与开发复垦耕地相平衡。

第二十条　县级土地利用总体规划应当划分土地利用区,明确土地用途。

乡(镇)土地利用总体规划应当划分土地利用区,根据土地使用条件,确定每一块土地的用途,并予以公告。

第二十一条　土地利用总体规划实行分级审批。

省、自治区、直辖市的土地利用总体规划,报国务院批准。

省、自治区人民政府所在地的市、人口在一百万以上的城市以及国务院指定的城市的土地利用总体规划,经省、自治区人民政府审查同意后,报国务院批准。

本条第二款、第三款规定以外的土地利用总体规划,应逐级上报省、自治区、直辖市人民政府批准;其中,乡(镇)土地利用总体规划可以由省级人民政府授权设区的市、自治州人民政府批准。

土地利用总体规划一经批准,必须严格执行。

第二十二条　城市建设用地规模应当符合国家规定的标准,充分利用现有建设用地,不占或者尽量少占农用地。

城市总体规划、村庄和集镇规划,应当与土地利用总体规划相衔接,城市总体规划、村庄和集镇规划中建设用地规模不得超过土地利用总体规划确定的城市和村庄、集镇建设用地规模。

在城市规划区内、村庄和集镇规划区内,城市和村庄、集镇建设用地应当符合城市规划、村庄和集镇规划。

第二十三条 江河、湖泊综合治理和开发利用规划，应当与土地利用总体规划相衔接。在江河、湖泊、水库的管理和保护范围以及蓄洪滞洪区内，土地利用应当符合江河、湖泊综合治理和开发利用规划，符合河道、湖泊行洪、蓄洪和输水的要求。

第二十四条 各级人民政府应当加强土地利用计划管理，实行建设用地总量控制。

土地利用年度计划，根据国民经济和社会发展计划、国家产业政策、土地利用总体规划以及建设用地和土地利用的实际状况编制。土地利用年度计划的编制审批程序与土地利用总体规划的编制审批程序相同，一经审批下达，必须严格执行。

第二十五条 省、自治区、直辖市人民政府应当将土地利用年度计划的执行情况列为国民经济和社会发展计划执行情况的内容，向同级人民代表大会报告。

第二十六条 经批准的土地利用总体规划的修改，须经原批准机关批准；未经批准，不得改变土地利用总体规划确定的土地用途。

经国务院批准的大型能源、交通、水利等基础设施建设用地，需要改变土地利用总体规划的，根据国务院的批准文件修改土地利用总体规划。

经省、自治区、直辖市人民政府批准的能源、交通、水利等基础设施建设用地，需要改变土地利用总体规划的，属于省级人民政府土地利用总体规划批准权限内的，根据省级人民政府的批准文件修改土地利用总体规划。

第二十七条 国家建立土地调查制度。

县级以上人民政府土地行政主管部门会同同级有关部门进行土地调查。土地所有者或者使用者应当配合调查，并提供有关资料。

第二十八条 县级以上人民政府土地行政主管部门会同同级有关部门根据土地调查成果、规划土地用途和国家制定的统一标准，评定土地等级。

第二十九条 国家建立土地统计制度。

县级以上人民政府土地行政主管部门和同级统计部门共同制定统计调查方案，依法进行土地统计，定期发布土地统计资料。土地所有者或者使用者应当提供有关资料，不得虚报、瞒报、拒报、迟报。

土地行政主管部门和统计部门共同发布的土地面积统计资料是各级人民政府编制土地利用总体规划的依据。

第三十条 国家建立全国土地管理信息系统，对土地利用状况进行动态监测。

第四章　耕地保护

第三十一条 国家保护耕地，严格控制耕地转为非耕地。

国家实行占用耕地补偿制度。非农业建设经批准占用耕地的，按照“占多少，垦多少”的原则，由占用耕地的单位负责开垦与所占用耕地的数量和质量相当的耕地；没有条件开垦或者开垦的耕地不符合要求的，应当按照省、自治区、直辖市的规定缴纳耕地开垦费，专款用于开垦新的耕地。

省、自治区、直辖市人民政府应当制定开垦耕地计划，监督占用耕地的单位按照计划开垦耕地或者按照计划组织开垦耕地，并进行验收。

第三十二条 县级以上地方人民政府可以要求占用耕地的单位将所占用耕地耕作层的土壤用于新开垦耕地、劣质地或者其他耕地的土壤改良。

第三十三条 省、自治区、直辖市人民政府应当严格执行土地利用总体规划和土地利用年度计划,采取措施,确保本行政区域内耕地总量不减少;耕地总量减少的,由国务院责令在规定期限内组织开垦与所减少耕地的数量与质量相当的耕地,并由国务院土地行政主管部门会同农业行政主管部门验收。个别省、直辖市确因土地后备资源匮乏,新增建设用地后,新开垦耕地的数量不足以补偿所占用耕地的数量的,必须报经国务院批准减免本行政区域内开垦耕地的数量,进行易地开垦。

第三十四条 国家实行基本农田保护制度。下列耕地应当根据土地利用总体规划划入基本农田保护区,严格管理:

(一)经国务院有关主管部门或者县级以上地方人民政府批准确定的粮、棉、油生产基地内的耕地;

(二)有良好的水利与水土保持设施的耕地,正在实施改造计划以及可以改造的中、低产田;

(三)蔬菜生产基地;

(四)农业科研、教学试验田;

(五)国务院规定应当划入基本农田保护区的其他耕地。

各省、自治区、直辖市划定的基本农田应当占本行政区域内耕地的百分之八十以上。

基本农田保护区以乡(镇)为单位进行划区定界,由县级人民政府土地行政主管部门会同同级农业行政主管部门组织实施。

第三十五条 各级人民政府应当采取措施,维护排灌工程设施,改良土壤,提高地力,防止土地荒漠化、盐渍化、水土流失和污染土地。

第三十六条 非农业建设必须节约使用土地,可以利用荒地的,不得占用耕地;可以利用劣地的,不得占用好地。

禁止占用耕地建窑、建坟或者擅自在耕地上建房、挖砂、采石、采矿、取土等。

禁止占用基本农田发展林果业和挖塘养鱼。

第三十七条 禁止任何单位和个人闲置、荒芜耕地。已经办理审批手续的非农业建设占用耕地,一年内不用而又可以耕种并收获的,应当由原耕种该幅耕地的集体或者个人恢复耕种,也可以由用地单位组织耕种;一年以上未动工建设的,应当按照省、自治区、直辖市的规定缴纳闲置费;连续两年未使用的,经原批准机关批准,由县级以上人民政府无偿收回用地单位的土地使用权;该幅土地原为农民集体所有的,应当交由原农村集体经济组织恢复耕种。

在城市规划区范围内,以出让方式取得土地使用权进行房地产开发的闲置土地,依照《中华人民共和国城市房地产管理法》的有关规定办理。

承包经营耕地的单位或者个人连续两年弃耕抛荒的,原发包单位应当终止承包合同,收回发包的耕地。

第三十八条 国家鼓励单位和个人按照土地利用总体规划,在保护和改善生态环境、防治水土流失和土地荒漠化的前提下,开发未利用的土地;适宜开发为农用地的,应当优先开发成农用地。

国家依法保护开发者的合法权益。

第三十九条 开垦未利用的土地，必须经过科学论证和评估，在土地利用总体规划划定的可开垦的区域内，经依法批准后进行。禁止毁坏森林、草原开垦耕地，禁止围湖造田和侵占江河滩地。

根据土地利用总体规划，对破坏生态环境开垦、围垦的土地，有计划有步骤地退耕还林、还牧、还湖。

第四十条 开发未确定使用权的国有荒山、荒地、荒滩，从事种植业、林业、畜牧业、渔业生产的，经县级以上人民政府依法批准，可以确定给开发单位或者个人长期使用。

第四十一条 国家鼓励土地整理。县、乡（镇）人民政府应当组织农村集体经济组织，按照土地利用总体规划，对田、水、路、林、村综合整治，提高耕地质量，增加有效耕地面积，改善农业生产条件和生态环境。

地方各级人民政府应当采取措施，改造中、低产田，整治闲散地和废弃地。

第四十二条 因挖损、塌陷、压占等造成土地破坏，用地单位和个人应当按照国家有关规定负责复垦；没有条件复垦或者复垦不符合要求的，应当缴纳土地复垦费，专项用于土地复垦。复垦的土地应当优先用于农业。

第五章 建设用地

第四十三条 任何单位和个人进行建设，需要使用土地的，必须依法申请使用国有土地；但是，兴办乡镇企业和村民建设住宅经依法批准使用本集体经济组织农民集体所有的土地的，或者乡（镇）村公共设施和公益事业建设经依法批准使用农民集体所有的土地的除外。

前款所称依法申请使用的国有土地包括国家所有的土地和国家征用的原属于农民集体所有的土地。

第四十四条 建设占用土地，涉及农用地转为建设用地的，应当办理农用地转用审批手续。

省、自治区、直辖市人民政府批准的道路、管线工程和大型基础设施建设项目、国务院批准的建设项目占用土地，涉及农用地转为建设用地的，由国务院批准。

在土地利用总体规划确定的城市和村庄、集镇建设用地规模范围内，为实施该规划而将农用地转为建设用地的，按土地利用年度计划分批次由原批准土地利用总体规划的机关批准。在已批准的农用地转用范围内，具体建设项目用地可以由市、县人民政府批准。

本条第二款、第三款规定以外的建设项目占用土地，涉及农用地转为建设用地的，由省、自治区、直辖市人民政府批准。

第四十五条 征用下列土地的，由国务院批准：

（一）基本农田；

（二）基本农田以外的耕地超过三十五公顷的；

（三）其他土地超过七十公顷的。

征用前款规定以外的土地的，由省、自治区、直辖市人民政府批准，并报国务院备案。

征用农用地的，应当依照本法第四十四条的规定先行办理农用地转用审批。其中，经国务院批准农用地转用的，同时办理征地审批手续，不再另行办理征地审批；经省、自治区、直辖市人民政府在征地批准权限内批准农用地转用的，同时办理征地审批手续，不再另行办理征地审批，超过征地批准权限的，应当依照本条第一款的规定另行办理征地审批。

第四十六条 国家征用土地的，依照法定程序批准后，由县级以上地方人民政府予以公告并组织实施。

被征用土地的所有权人、使用权人应当在公告规定期限内，持土地权属证书到当地人民政府土地行政主管部门办理征地补偿登记。

第四十七条 征用土地的，按照被征用土地的原用途给予补偿。

征用耕地的补偿费用包括土地补偿费、安置补助费以及地上附着物和青苗的补偿费。征用耕地的土地补偿费，为该耕地被征用前三年平均年产值的六至十倍。征用耕地的安置补助费，按照需要安置的农业人口数计算。需要安置的农业人口数，按照被征用的耕地数量除以征地前被征用单位平均每人占有耕地的数量计算。每一个需要安置的农业人口的安置补助费标准，为该耕地被征用前三年平均年产值的四至六倍。但是，每公顷被征用耕地的安置补助费，最高不得超过被征用前三年平均年产值的十五倍。

征用其他土地的土地补偿费和安置补助费标准，由省、自治区、直辖市参照征用耕地的土地补偿费和安置补助费的标准规定。

被征用土地上的附着物和青苗的补偿标准，由省、自治区、直辖市规定。

征用城市郊区的菜地，用地单位应当按照国家有关规定缴纳新菜地开发建设基金。

依照本条第二款的规定支付土地补偿费和安置补助费，尚不能使需要安置的农民保持原有生活水平的，经省、自治区、直辖市人民政府批准，可以增加安置补助费。但是，土地补偿费和安置补助费的总和不得超过土地被征用前三年平均年产值的三十倍。

国务院根据社会、经济发展水平，在特殊情况下，可以提高征用耕地的土地补偿费和安置补助费的标准。

第四十八条 征地补偿安置方案确定后，有关地方人民政府应当公告，并听取被征地的农村集体经济组织和农民的意见。

第四十九条 被征地的农村集体经济组织应当将征用土地的补偿费用的收支状况向本集体经济组织的成员公布，接受监督。禁止侵占、挪用被征用土地单位的征地补偿费用和其他有关费用。

第五十条 地方各级人民政府应当支持被征地的农村集体经济组织和农民从事开发经营，兴办企业。

第五十一条 大中型水利、水电工程建设征用土地的补偿费标准和移民安置办法，由国务院另行规定。

第五十二条 建设项目可行性研究论证时，土地行政主管部门可以根据土地利用总体规划、土地利用年度计划和建设用地标准，对建设用地有关事项进行审查，并提出意见。

第五十三条 经批准的建设项目需要使用国有建设用地的，建设单位应当持法律、行政法规规定的有关文件，向有批准权的县级以上人民政府土地行政主管部门提出建设用地申请，经土地行政主管部门审查，报本级人民政府批准。

第五十四条 建设单位使用国有土地，应当以出让等有偿使用方式取得；但是，下列建设用地，经县级以上人民政府依法批准，可以以划拨方式取得：

（一）国家机关用地和军事用地；

（二）城市基础设施用地和公益事业用地；

（三）国家重点扶持的能源、交通、水利等基础设施用地；

（四）法律、行政法规规定的其他用地。

第五十五条 以出让等有偿使用方式取得国有土地使用权的建设单位，按照国务院规定的标准和办法，缴纳土地使用权出让金等土地有偿使用费和其他费用后，方可使用土地。

自本法施行之日起，新增建设用地的土地有偿使用费，百分之三十上缴中央财政，百分之七十留给有关地方人民政府，都专项用于耕地开发。

第五十六条 建设单位使用国有土地的，应当按照土地使用权出让等有偿使用合同的约定或者土地使用权划拨批准文件的规定使用土地；确需改变该幅土地建设用途的，应当经有关人民政府土地行政主管部门同意，报原批准用地的人民政府批准。其中，在城市规划区内改变土地用途的，在报批前，应当先经有关城市规划行政主管部门同意。

第五十七条 建设项目施工和地质勘查需要临时使用国有土地或者农民集体所有的土地的，由县级以上人民政府土地行政主管部门批准。其中，在城市规划区内的临时用地，在报批前，应当先经有关城市规划行政主管部门同意。土地使用者应当根据土地权属，与有关土地行政主管部门或者农村集体经济组织、村民委员会签订临时使用土地合同，并按照合同的约定支付临时使用土地补偿费。

临时使用土地的使用者应当按照临时使用土地合同约定的用途使用土地，并不得修建永久性建筑物。

临时使用土地期限一般不超过两年。

第五十八条 有下列情形之一的，由有关人民政府土地行政主管部门报经原批准用地的人民政府或者有批准权的人民政府批准，可以收回国有土地使用权：

（一）为公共利益需要使用土地的；

（二）为实施城市规划进行旧城区改建，需要调整使用土地的；

（三）土地出让等有偿使用合同约定的使用期限届满，土地使用者未申请续期或者申请续期未获批准的；

（四）因单位撤销、迁移等原因，停止使用原划拨的国有土地的；

（五）公路、铁路、机场、矿场等经核准报废的。

依照前款第（一）项、第（二）项的规定收回国有土地使用权的，对土地使用权人应当给予适当补偿。

第五十九条 乡镇企业、乡（镇）村公共设施、公益事业、农村村民住宅等乡（镇）村建设，应当按照村庄和集镇规划，合理布局，综合开发，配套建设；建设用地，应当符合乡（镇）土地利用总体规划和土地利用年度计划，并依照本法第四十四条、第六十条、第六十一条、第六十二条的规定办理审批手续。

第六十条 农村集体经济组织使用乡(镇)土地利用总体规划确定的建设用地兴办企业或者与其他单位、个人以土地使用权入股、联营等形式共同举办企业的,应当持有关批准文件,向县级以上地方人民政府土地行政主管部门提出申请,按照省、自治区、直辖市规定的批准权限,由县级以上地方人民政府批准;其中,涉及占用农用地的,依照本法第四十四条的规定办理审批手续。

按照前款规定兴办企业的建设用地,必须严格控制。省、自治区、直辖市可以按照乡镇企业的不同行业和经营规模,分别规定用地标准。

第六十一条 乡(镇)村公共设施、公益事业建设,需要使用土地的,经乡(镇)人民政府审核,向县级以上地方人民政府土地行政主管部门提出申请,按照省、自治区、直辖市规定的批准权限,由县级以上地方人民政府批准;其中,涉及占用农用地的,依照本法第四十四条的规定办理审批手续。

第六十二条 农村村民一户只能拥有一处宅基地,其宅基地的面积不得超过省、自治区、直辖市规定的标准。

农村村民建住宅,应当符合乡(镇)土地利用总体规划,并尽量使用原有的宅基地和村内空闲地。

农村村民住宅用地,经乡(镇)人民政府审核,由县级人民政府批准;其中,涉及占用农用地的,依照本法第四十四条的规定办理审批手续。

农村村民出卖、出租住房后,再申请宅基地的,不予批准。

第六十三条 农民集体所有的土地的使用权不得出让、转让或者出租用于非农业建设;但是,符合土地利用总体规划并依法取得建设用地的企业,因破产、兼并等情形致使土地使用权依法发生转移的除外。

第六十四条 在土地利用总体规划制定前已建的不符合土地利用总体规划确定的用途的建筑物、构筑物,不得重建、扩建。

第六十五条 有下列情形之一的,农村集体经济组织报经原批准用地的人民政府批准,可以收回土地使用权:

(一)为乡(镇)村公共设施和公益事业建设,需要使用土地的;

(二)不按照批准的用途使用土地的;

(三)因撤销、迁移等原因而停止使用土地的。

依照前款第(一)项规定收回农民集体所有的土地的,对土地使用权人应当给予适当补偿。

第六章 监督检查

第六十六条 县级以上人民政府土地行政主管部门对违反土地管理法律、法规的行为进行监督检查。

土地管理监督检查人员应当熟悉土地管理法律、法规,忠于职守,秉公执法。

第六十七条 县级以上人民政府土地行政主管部门履行监督检查职责时,有权采取下列措施：

（一）要求被检查的单位或者个人提供有关土地权利的文件和资料，进行查阅或者予以复制；

（二）要求被检查的单位或者个人就有关土地权利的问题作出说明；

（三）进入被检查单位或者个人非法占用的土地现场进行勘测；

（四）责令非法占用土地的单位或者个人停止违反土地管理法律、法规的行为。

第六十八条 土地管理监督检查人员履行职责，需要进入现场进行勘测、要求有关单位或者个人提供文件、资料和作出说明的，应当出示土地管理监督检查证件。

第六十九条 有关单位和个人对县级以上人民政府土地行政主管部门就土地违法行为进行的监督检查应当支持与配合，并提供工作方便，不得拒绝与阻碍土地管理监督检查人员依法执行职务。

第七十条 县级以上人民政府土地行政主管部门在监督检查工作中发现国家工作人员的违法行为，依法应当给予行政处分的，应当依法予以处理；自己无权处理的，应当向同级或者上级人民政府的行政监察机关提出行政处分建议书，有关行政监察机关应当依法予以处理。

第七十一条 县级以上人民政府土地行政主管部门在监督检查工作中发现土地违法行为构成犯罪的，应当将案件移送有关机关，依法追究刑事责任；不构成犯罪的，应当依法给予行政处罚。

第七十二条 依照本法规定应当给予行政处罚，而有关土地行政主管部门不给予行政处罚的，上级人民政府土地行政主管部门有权责令有关土地行政主管部门作出行政处罚决定或者直接给予行政处罚，并给予有关土地行政主管部门的负责人行政处分。

第七章　法律责任

第七十三条 买卖或者以其他形式非法转让土地的，由县级以上人民政府土地行政主管部门没收违法所得；对违反土地利用总体规划擅自将农用地改为建设用地的，限期拆除在非法转让的土地上新建的建筑物和其他设施，恢复土地原状；对符合土地利用总体规划的，没收在非法转让的土地上新建的建筑物和其他设施，可以并处罚款；对直接负责的主管人员和其他直接责任人员，依法给予行政处分；构成犯罪的，依法追究刑事责任。

第七十四条 违反本法规定，占用耕地建窑、建坟或者擅自在耕地上建房、挖砂、采石、采矿、取土等，破坏种植条件的，或者因开发土地造成土地荒漠化、盐渍化的，由县级以上人民政府土地行政主管部门责令限期改正或者治理，可以并处罚款；构成犯罪的，依法追究刑事责任。

第七十五条 违反本法规定，拒不履行土地复垦义务的，由县级以上人民政府土地行政主管部门责令限期改正；逾期不改正的，责令缴纳复垦费，专项用于土地复垦，可以处以罚款。

第七十六条 未经批准或者采取欺骗手段骗取批准，非法占用土地的，由县级以上人民政府土地行政主管部门责令退还非法占用的土地，对违反土地利用总体规划擅自将农用地改为建设用地的，限期拆除在非法占用的土地上新建的建筑物和其他设施，恢复土地原状，对符合土地利用总体规划的，没收在非法占用的土地上新建的建筑物和其他设施，可以并处罚款；对非法占用土地单位的直接负责的主管人员和其他直接责任人员，依法给予行政处分；构成犯罪的，依法追究刑事责任。

超过批准的数量占用土地，多占的土地以非法占用土地论处。

第七十七条 农村村民未经批准或者采取欺骗手段骗取批准，非法占用土地建住宅的，由县级以上人民政府土地行政主管部门责令退还非法占用的土地，限期拆除在非法占用的土地上新建的房屋。

超过省、自治区、直辖市规定的标准，多占的土地以非法占用土地论处。

第七十八条 无权批准征用。使用土地的单位或者个人非法批准占用土地的，超越批准权限非法批准占用土地的，不按照土地利用总体规划确定的用途批准用地的，或者违反法律规定的程序批准占用、征用土地的，其批准文件无效，对非法批准征用、使用土地的直接负责的主管人员和其他直接责任人员，依法给予行政处分；构成犯罪的，依法追究刑事责任。非法批准、使用的土地应当收回，有关当事人拒不归还的，以非法占用土地论处。

非法批准征用、使用土地，对当事人造成损失的，依法应当承担赔偿责任。

第七十九条 侵占、挪用被征用土地单位的征地补偿费用和其他有关费用，构成犯罪的，依法追究刑事责任；尚不构成犯罪的，依法给予行政处分。

第八十条 依法收回国有土地使用权当事人拒不交出土地的，临时使用土地期满拒不归还的，或者不按照批准的用途使用国有土地的，由县级以上人民政府土地行政主管部门责令交还土地，处以罚款。

第八十一条 擅自将农民集体所有的土地的使用权出让、转让或者出租用于非农业建设的，由县级以上人民政府土地行政主管部门责令限期改正，没收违法所得，并处罚款。

第八十二条 不依照本法规定办理土地变更登记的，由县级以上人民政府土地行政主管部门责令其限期办理。

第八十三条 依照本法规定，责令限期拆除在非法占用的土地上新建的建筑物和其他设施的，建设单位或者个人必须立即停止施工，自行拆除；对继续施工的，作出处罚决定的机关有权制止。建设单位或者个人对责令限期拆除的行政处罚决定不服的，可以在接到责令限期拆除决定之日起十五日内，向人民法院起诉；期满不起诉又不自行拆除的，由作出处罚决定的机关依法申请人民法院强制执行，费用由违法者承担。

第八十四条 土地行政主管部门的工作人员玩忽职守、滥用职权、徇私舞弊，构成犯罪的，依法追究刑事责任；尚不构成犯罪的，依法给予行政处分。

第八章　附　则

第八十五条 中外合资经营企业、中外合作经营企业、外资企业使用土地的，适用本法；法律另有规定的，从其规定。

第八十六条 本法自 1999 年 1 月 1 日起施行。

附：刑法有关条款

第二百二十八条 以牟利为目的，违反土地管理法规，非法转让、倒卖土地使用权，情节严重的，处三年以下有期徒刑或者拘役，并处或者单处非法转让、倒卖土地使用权价额百分之五以上百分之二十以下罚金；情节特别严重的，处三年以上七年以下有期徒刑，并处非法转让、倒卖土地使用权价额百分之五以上百分之二十以下罚金。

第三百四十二条 违反土地管理法规，非法占用耕地改作他用，数量较大，造成耕地大量毁坏的，处五年以下有期徒刑或者拘役，并处或者单处罚金。

第四百一十条 国家机关工作人员徇私舞弊，违反土地管理法规，滥用职权，非法批准征用、占用土地，或者非法低价出让国有土地使用权，情节严重的，处三年以下有期徒刑或者拘役；致使国家或者集体利益遭受特别重大损失的，处三年以上七年以下有期徒刑。

中华人民共和国森林法

（1984年9月20日第六届全国人民代表大会常务委员会第七次会议通过，根据1998年4月29日第九届全国人民代表大会常务委员会第二次会议《关于修改〈中华人民共和国森林法〉的决定》修正）

第一章　总　则

第一条　为了保护、培育和合理利用森林资源，加快国土绿化，发挥森林蓄水保土、调节气候、改善环境和提供林产品的作用，适应社会主义建设和人民生活的需要，特制定本法。

第二条　在中华人民共和国领域内从事森林、林木的培育种植、采伐利用和森林、林木、林地的经营管理活动，都必须遵守本法。

第三条　森林资源属于国家所有，由法律规定属于集体所有的除外。

国家所有的和集体所有的森林、林木和林地，个人所有的林木和使用的林地，由县级以上地方人民政府登记造册，发放证书，确认所有权或者使用权。国务院可以授权国务院林业主管部门，对国务院确定的国家所有的重点林区的森林、林木和林地登记造册，发放证书，并通知有关地方人民政府。

森林、林木、林地的所有者和使用者的合法权益，受法律保护，任何单位和个人不得侵犯。

第四条　森林分为以下五类：

（一）防护林：以防护为主要目的的森林、林木和灌木丛，包括水源涵养林，水土保持林，防风固沙林，农田、牧场防护林，护岸林，护路林；

（二）用材林：以生产木材为主要目的的森林和林木，包括以生产竹材为主要目的的竹林；

（三）经济林：以生产果品，食用油料、饮料、调料，工业原料和药材等为主要目的的林木；

（四）薪炭林：以生产燃料为主要目的的林木；

（五）特种用途林：以国防、环境保护、科学实验等为主要目的的森林和林木，包括国防林、实验林、母树林、环境保护林、风景林，名胜古迹和革命纪念地的林木，自然保护区的森林。

第五条　林业建设实行以营林为基础，普遍护林，大力造林，采育结合，永续利用的方针。

第六条　国家鼓励林业科学研究，推广林业先进技术，提高林业科学技术水平。

第七条　国家保护林农的合法权益，依法减轻林农的负担，禁止向林农违法收费、罚款，禁止向林农进行摊派和强制集资。

国家保护承包造林的集体和个人的合法权益，任何单位和个人不得侵犯承包造林的集体和个人依法享有的林木所有权和其他合法权益。

第八条 国家对森林资源实行以下保护性措施：

（一）对森林实行限额采伐，鼓励植树造林、封山育林，扩大森林覆盖面积；

（二）根据国家和地方人民政府有关规定，对集体和个人造林、育林给予经济扶持或者长期贷款；

（三）提倡木材综合利用和节约使用木材，鼓励开发、利用木材代用品；

（四）征收育林费，专门用于造林育林；

（五）煤炭、造纸等部门，按照煤炭和木浆纸张等产品的产量提取一定数额的资金，专门用于营造坑木、造纸等用材林；

（六）建立林业基金制度。

国家设立森林生态效益补偿基金，用于提供生态效益的防护林和特种用途林的森林资源、林木的营造、抚育、保护和管理。森林生态效益补偿基金必须专款专用，不得挪作他用。具体办法由国务院规定。

第九条 国家和省、自治区人民政府，对民族自治地方的林业生产建设，依照国家对民族自治地方自治权的规定，在森林开发、木材分配和林业基金使用方面，给予比一般地区更多的自主权和经济利益。

第十条 国务院林业主管部门主管全国林业工作。县级以上地方人民政府林业主管部门，主管本地区的林业工作。乡级人民政府设专职或者兼职人员负责林业工作。

第十一条 植树造林、保护森林，是公民应尽的义务。各级人民政府应当组织全民义务植树，开展植树造林活动。

第十二条 在植树造林、保护森林、森林管理以及林业科学研究等方面成绩显著的单位或者个人，由各级人民政府给予奖励。

第二章 森林经营管理

第十三条 各级林业主管部门依照本法规定，对森林资源的保护、利用、更新，实行管理和监督。

第十四条 各级林业主管部门负责组织森林资源清查，建立资源档案制度，掌握资源变化情况。

第十五条 下列森林、林木、林地使用权可以依法转让，也可以依法作价入股或者作为合资、合作造林、经营林木的出资、合作条件，但不得将林地改为非林地：

（一）用材林、经济林、薪炭林；

（二）用材林、经济林、薪炭林的林地使用权；

（三）用材林、经济林、薪炭林的采伐迹地、火烧迹地的林地使用权；

（四）国务院规定的其他森林、林木和其他林地使用权。

依照前款规定转让、作价入股或者作为合资、合作造林、经营林木的出资、合作条件的，已经取得的林木采伐许可证可以同时转让，同时转让双方都必须遵守本法关于森林、林木采伐和更新造林的规定。

除本条第一款规定的情形外,其他森林、林木和其他林地使用权不得转让。

具体办法由国务院规定。

第十六条 各级人民政府应当制定林业长远规划。国有林业企业事业单位和自然保护区,应当根据林业长远规划,编制森林经营方案,报上级主管部门批准后实行。

林业主管部门应当指导农村集体经济组织和国有的农场、牧场、工矿企业等单位编制森林经营方案。

第十七条 单位之间发生的林木、林地所有权和使用权争议,由县级以上人民政府依法处理。

个人之间、个人与单位之间发生的林木所有权和林地使用权争议,由当地县级或者乡级人民政府依法处理。

当事人对人民政府的处理决定不服的,可以在接到通知之日起一个月内,向人民法院起诉。

在林木、林地权属争议解决以前,任何一方不得砍伐有争议的林木。

第十八条 进行勘查、开采矿藏和各项建设工程,应当不占或者少占林地;必须占用或者征用林地的,经县级以上人民政府林业主管部门审核同意后,依照有关土地管理的法律、行政法规办理建设用地审批手续,并由用地单位依照国务院有关规定缴纳森林植被恢复费。森林植被恢复费专款专用,由林业主管部门依照有关规定统一安排植树造林,恢复森林植被,植树造林面积不得少于因占用、征用林地而减少的森林植被面积。上级林业主管部门应当定期督促、检查下级林业主管部门组织植树造林、恢复森林植被的情况。

任何单位和个人不得挪用森林植被恢复费。县级以上人民政府审计机关应当加强对森林植被恢复费使用情况的监督。

第三章 森林保护

第十九条 地方各级人民政府应当组织有关部门建立护林组织,负责护林工作;根据实际需要在大面积林区增加护林设施,加强森林保护;督促有林地和林区的基层单位,订立护林公约,组织群众护林,划定护林责任区,配备专职或者兼职护林员。

护林员可以由县级或者乡级人民政府委任。护林员的主要职责是:巡护森林,制止破坏森林资源的行为。对造成森林资源破坏的,护林员有权要求当地有关部门处理。

第二十条 依照国家有关规定在林区设立的森林公安机关,负责维护辖区社会治安秩序,保护辖区内的森林资源,并可以依照本法规定,在国务院林业主管部门授权的范围内,代行本法第三十九条、第四十二条、第四十三条、第四十四条规定的行政处罚权。

武装森林警察部队执行国家赋予的预防和扑救森林火灾的任务。

第二十一条 地方各级人民政府应当切实做好森林火灾的预防和扑救工作:

(一)规定森林防火期,在森林防火期内,禁止在林区野外用火;因特殊情况需要用火的,必须经过县级人民政府或者县级人民政府授权的机关批准;

(二)在林区设置防火设施;

(三)发生森林火灾,必须立即组织当地军民和有关部门扑救;

（四）因扑救森林火灾负伤、致残、牺牲的，国家职工由所在单位给予医疗、抚恤；非国家职工由起火单位按照国务院有关主管部门的规定给予医疗、抚恤，起火单位对起火没有责任或者确实无力负担的，由当地人民政府给予医疗、抚恤。

第二十二条 各级林业主管部门负责组织森林病虫害防治工作。

林业主管部门负责规定林木种苗的检疫对象，划定疫区和保护区，对林木种苗进行检疫。

第二十三条 禁止毁林开垦和毁林采石、采砂、采土以及其他毁林行为。

禁止在幼林地和特种用途林内砍柴、放牧。

进入森林和森林边缘地区的人员，不得擅自移动或者损坏为林业服务的标志。

第二十四条 国务院林业主管部门和省、自治区、直辖市人民政府，应当在不同自然地带的典型森林生态地区、珍贵动物和植物生长繁殖的林区、天然热带雨林区和具有特殊保护价值的其他天然林区，划定自然保护区，加强保护管理。

自然保护区的管理办法，由国务院林业主管部门制定，报国务院批准施行。

对自然保护区以外的珍贵树木和林区内具有特殊价值的植物资源，应当认真保护；未经省、自治区、直辖市林业主管部门批准，不得采伐和采集。

第二十五条 林区内列为国家保护的野生动物，禁止猎捕；因特殊需要猎捕的，按照国家有关法规办理。

第四章　植树造林

第二十六条 各级人民政府应当制定植树造林规划，因地制宜地确定本地区提高森林覆盖率的奋斗目标。

各级人民政府应当组织各行各业和城乡居民完成植树造林规划确定的任务。

宜林荒山荒地，属于国家所有的，由林业主管部门和其他主管部门组织造林；属于集体所有的，由集体经济组织组织造林。

铁路公路两旁、江河两侧、湖泊水库周围，由各有关主管单位因地制宜地组织造林；工矿区，机关、学校用地，部队营区以及农场、牧场、渔场经营地区，由各该单位负责造林。

国家所有和集体所有的宜林荒山荒地可以由集体或者个人承包造林。

第二十七条 国有企业事业单位、机关、团体、部队营造的林木，由营造单位经营并按照国家规定支配林木收益。

集体所有制单位营造的林木，归该单位所有。

农村居民在房前屋后、自留地、自留山种植的林木，归个人所有。城镇居民和职工在自有房屋的庭院内种植的林木，归个人所有。

集体或者个人承包国家所有和集体所有的宜林荒山荒地造林的，承包后种植的林木归承包的集体或者个人所有；承包合同另有规定的，按照承包合同的规定执行。

第二十八条 新造幼林地和其他必须封山育林的地方，由当地人民政府组织封山育林。

第五章　森林采伐

第二十九条　国家根据用材林的消耗量低于生长量的原则，严格控制森林年采伐量。国家所有的森林和林木以国有林业企业事业单位、农场、厂矿为单位，集体所有的森林和林木、个人所有的林木以县为单位，制定年采伐限额，由省、自治区、直辖市林业主管部门汇总，经同级人民政府审核后，报国务院批准。

第三十条　国家制定统一的年度木材生产计划。年度木材生产计划不得超过批准的年采伐限额。计划管理的范围由国务院规定。

第三十一条　采伐森林和林木必须遵守下列规定：

（一）成熟的用材林应当根据不同情况，分别采取择伐、皆伐和渐伐方式，皆伐应当严格控制，并在采伐的当年或者次年内完成更新造林；

（二）防护林和特种用途林中的国防林、母树林、环境保护林、风景林，只准进行抚育和更新性质的采伐；

（三）特种用途林中的名胜古迹和革命纪念地的林木、自然保护区的森林，严禁采伐。

第三十二条　采伐林木必须申请采伐许可证，按许可证的规定进行采伐；农村居民采伐自留地和房前屋后个人所有的零星林木除外。

国有林业企业事业单位、机关、团体、部队、学校和其他国有企业事业单位采伐林木，由所在地县级以上林业主管部门依照有关规定审核发放采伐许可证。

铁路、公路的护路林和城镇林木的更新采伐，由有关主管部门依照有关规定审核发放采伐许可证。

农村集体经济组织采伐林木，由县级林业主管部门依照有关规定审核发放采伐许可证。

农村居民采伐自留山和个人承包集体的林木，由县级林业主管部门或者其委托的乡、镇人民政府依照有关规定审核发放采伐许可证。

采伐以生产竹材为主要目的的竹林，适用以上各款规定。

第三十三条　审核发放采伐许可证的部门，不得超过批准的年采伐限额发放采伐许可证。

第三十四条　国有林业企业事业单位申请采伐许可证时，必须提出伐区调查设计文件。其他单位申请采伐许可证时，必须提出有关采伐的目的、地点、林种、林况、面积、蓄积、方式和更新措施等内容的文件。

对伐区作业不符合规定的单位，发放采伐许可证的部门有权收缴采伐许可证，中止其采伐，直到纠正为止。

第三十五条　采伐林木的单位或者个人，必须按照采伐许可证规定的面积、株数、树种、期限完成更新造林任务，更新造林的面积和株数不得少于采伐的面积和株数。

第三十六条　林区木材的经营和监督管理办法，由国务院另行规定。

第三十七条　从林区运出木材，必须持有林业主管部门发给的运输证件，国家统一调拨的木材除外。

依法取得采伐许可证后，按照许可证的规定采伐的木材，从林区运出时，林业主管部门应当发给运输证件。

经省、自治区、直辖市人民政府批准，可以在林区设立木材检查站，负责检查木材运输。对未取得运输证件或者物资主管部门发给的调拨通知书运输木材的，木材检查站有权制止。

第三十八条 国家禁止、限制出口珍贵树木及其制品、衍生物。禁止、限制出口的珍贵树木及其制品、衍生物的名录和年度限制出口总量，由国务院林业主管部门会同国务院有关部门制定，报国务院批准。

出口前款规定限制出口的珍贵树木或者其制品、衍生物的，必须经出口人所在地省、自治区、直辖市人民政府林业主管部门审核，报国务院林业主管部门批准，海关凭国务院林业主管部门的批准文件放行。进出口的树木或者其制品、衍生物属于中国参加的国际公约限制进出口的濒危物种的，须向国家濒危物种进出口管理机构申请办理允许进出口证明书，海关凭允许进出口证明书放行。

第六章　法律责任

第三十九条 盗伐森林或者其他林木的，依法赔偿损失；由林业主管部门责令补种盗伐株数十倍的树木，没收盗伐的林木或者变卖所得，并处盗伐林木价值三倍以上十倍以下的罚款。

滥伐森林或者其他林木，由林业主管部门责令补种滥伐株数五倍的树木，并处滥伐林木价值二倍以上五倍以下的罚款。

拒不补种树木或者补种不符合国家有关规定的，由林业主管部门代为补种，所需费用由违法者支付。

盗伐、滥伐森林或者其他林木，构成犯罪的，依法追究刑事责任。

第四十条 违反本法规定，非法采伐、毁坏珍贵树木的，依法追究刑事责任。

第四十一条 违反本法规定，超过批准的年采伐限额发放林木采伐许可证或者超越职权发放林木采伐许可证、木材运输证件、批准出口文件、允许进出口证明书的，由上一级人民政府林业主管部门责令纠正，对直接负责的主管人员和其他直接责任人员依法给予行政处分；有关人民政府林业主管部门未予纠正的，国务院林业主管部门可以直接处理；构成犯罪的，依法追究刑事责任。

第四十二条 违反本法规定，买卖林木采伐许可证、木材运输证件、批准出口文件、允许进出口证明书的，由林业主管部门没收违法买卖的证件、文件和违法所得，并处违法买卖证件、文件的价款一倍以上三倍以下的罚款；构成犯罪的，依法追究刑事责任。

伪造林木采伐许可证、木材运输证件、批准出口文件、允许进出口证明书的，依法追究刑事责任。

第四十三条 在林区非法收购明知是盗伐、滥伐的林木的，由林业主管部门责令停止违法行为，没收违法收购的盗伐、滥伐的林木或者变卖所得，可以并处违法收购林木的价款一倍以上三倍以下的罚款；构成犯罪的，依法追究刑事责任。

第四十四条　违反本法规定，进行开垦、采石、采砂、采土、采种、采脂和其他活动，致使森林、林木受到毁坏的，依法赔偿损失；由林业主管部门责令停止违法行为，补种毁坏株数一倍以上三倍以下的树木，可以处毁坏林木价值一倍以上五倍以下的罚款。

违反本法规定，在幼林地和特种用途林内砍柴、放牧致使森林、林木受到毁坏的，依法赔偿损失；由林业主管部门责令停止违法行为，补种毁坏株数一倍以上三倍以下的树木。

拒不补种树木或者补种不符合国家有关规定的，由林业主管部门代为补种，所需费用由违法者支付。

第四十五条　采伐林木的单位或者个人没有按照规定完成更新造林任务的，发放采伐许可证的部门有权不再发给采伐许可证，直到完成更新造林任务为止；情节严重的，可以由林业主管部门处以罚款，对直接责任人员由所在单位或者上级主管机关给予行政处分。

第四十六条　从事森林资源保护、林业监督管理工作的林业主管部门的工作人员和其他国家机关的有关工作人员滥用职权、玩忽职守、徇私舞弊，构成犯罪的，依法追究刑事责任；尚不构成犯罪的，依法给予行政处分。

第七章　附　则

第四十七条　国务院林业主管部门根据本法制定实施办法，报国务院批准施行。

第四十八条　民族自治地方不能全部适用本法规定的，自治机关可以根据本法的原则，结合民族自治地方的特点，制定变通或者补充规定，依照法定程序报省、自治区或者全国人民代表大会常务委员会批准施行。

第四十九条　本法自 1985 年 1 月 1 日起施行。

中华人民共和国草原法

（1985年6月18日第六届全国人民代表大会常务委员会第十一次会议通过，
2002年12月28日第九届全国人民代表大会常务委员会
第三十一次会议修订）

第一章　总　则

第一条　为了保护、建设和合理利用草原，改善生态环境，维护生物多样性，发展现代畜牧业，促进经济和社会的可持续发展，制定本法。

第二条　在中华人民共和国领域内从事草原规划、保护、建设、利用和管理活动，适用本法。

本法所称草原，是指天然草原和人工草地。

第三条　国家对草原实行科学规划、全面保护、重点建设、合理利用的方针，促进草原的可持续利用和生态、经济、社会的协调发展。

第四条　各级人民政府应当加强对草原保护、建设和利用的管理，将草原的保护、建设和利用纳入国民经济和社会发展计划。

各级人民政府应当加强保护、建设和合理利用草原的宣传教育。

第五条　任何单位和个人都有遵守草原法律法规、保护草原的义务，同时享有对违反草原法律法规、破坏草原的行为进行监督、检举和控告的权利。

第六条　国家鼓励与支持开展草原保护、建设、利用和监测方面的科学研究，推广先进技术和先进成果，培养科学技术人才。

第七条　国家对在草原管理、保护、建设、合理利用和科学研究等工作中做出显著成绩的单位和个人，给予奖励。

第八条　国务院草原行政主管部门主管全国草原监督管理工作。

县级以上地方人民政府草原行政主管部门主管本行政区域内草原监督管理工作。

乡（镇）人民政府应当加强对本行政区域内草原保护、建设和利用情况的监督检查，根据需要可以设专职或者兼职人员负责具体监督检查工作。

第二章　草原权属

第九条　草原属于国家所有，由法律规定属于集体所有的除外。国家所有的草原，由国务院代表国家行使所有权。

任何单位或者个人不得侵占、买卖或者以其他形式非法转让草原。

第十条　国家所有的草原，可以依法确定给全民所有制单位、集体经济组织等使用。

使用草原的单位，应当履行保护、建设和合理利用草原的义务。

第十一条　依法确定给全民所有制单位、集体经济组织等使用的国家所有的草原，由县级以上人民政府登记,核发使用权证,确认草原使用权。

未确定使用权的国家所有的草原,由县级以上人民政府登记造册,并负责保护管理。

集体所有的草原,由县级人民政府登记,核发所有权证,确认草原所有权。

依法改变草原权属的,应当办理草原权属变更登记手续。

第十二条 依法登记的草原所有权和使用权受法律保护,任何单位或者个人不得侵犯。

第十三条 集体所有的草原或者依法确定给集体经济组织使用的国家所有的草原,可以由本集体经济组织内的家庭或者联户承包经营。

在草原承包经营期内,不得对承包经营者使用的草原进行调整;个别确需适当调整的,必须经本集体经济组织成员的村(牧)民会议三分之二以上成员或者三分之二以上村(牧)民代表的同意,并报乡(镇)人民政府和县级人民政府草原行政主管部门批准。

集体所有的草原或者依法确定给集体经济组织使用的国家所有的草原由本集体经济组织以外的单位或者个人承包经营的,必须经本集体经济组织成员的村(牧)民会议三分之二以上成员或者三分之二以上村(牧)民代表的同意,并报乡(镇)人民政府批准。

第十四条 承包经营草原,发包方和承包方应当签订书面合同。草原承包合同的内容应当包括双方的权利和义务、承包草原四至界限、面积和等级、承包期和起止日期、承包草原用途和违约责任等。承包期届满,原承包经营者在同等条件下享有优先承包权。

承包经营草原的单位和个人,应当履行保护、建设和按照承包合同约定的用途合理利用草原的义务。

第十五条 草原承包经营权受法律保护,可以按照自愿、有偿的原则依法转让。

草原承包经营权转让的受让方必须具有从事畜牧业生产的能力,并应当履行保护、建设和按照承包合同约定的用途合理利用草原的义务。

草原承包经营权转让应当经发包方同意。承包方与受让方在转让合同中约定的转让期限,不得超过原承包合同剩余的期限。

第十六条 草原所有权、使用权的争议,由当事人协商解决;协商不成的,由有关人民政府处理。

单位之间的争议,由县级以上人民政府处理;个人之间、个人与单位之间的争议,由乡(镇)人民政府或者县级以上人民政府处理。

当事人对有关人民政府的处理决定不服的,可以依法向人民法院起诉。

在草原权属争议解决前,任何一方不得改变草原利用现状,不得破坏草原和草原上的设施。

第三章 规 划

第十七条 国家对草原保护、建设、利用实行统一规划制度。国务院草原行政主管部门会同国务院有关部门编制全国草原保护、建设、利用规划,报国务院批准后实施。

县级以上地方人民政府草原行政主管部门会同同级有关部门依据上一级草原保护、建设、利用规划编制本行政区域的草原保护、建设、利用规划,报本级人民政府批准后实施。

经批准的草原保护、建设、利用规划确需调整或者修改时,须经原批准机关批准。

第十八条　编制草原保护、建设、利用规划,应当依据国民经济和社会发展规划并遵循下列原则:

(一)改善生态环境,维护生物多样性,促进草原的可持续利用;

(二)以现有草原为基础,因地制宜,统筹规划,分类指导;

(三)保护为主、加强建设、分批改良、合理利用;

(四)生态效益、经济效益、社会效益相结合。

第十九条　草原保护、建设、利用规划应当包括:草原保护、建设、利用的目标和措施,草原功能分区和各项建设的总体部署,各项专业规划等。

第二十条　草原保护、建设、利用规划应当与土地利用总体规划相衔接,与环境保护规划、水土保持规划、防沙治沙规划、水资源规划、林业长远规划、城市总体规划、村庄和集镇规划以及其他有关规划相协调。

第二十一条　草原保护、建设、利用规划一经批准,必须严格执行。

第二十二条　国家建立草原调查制度。

县级以上人民政府草原行政主管部门会同同级有关部门定期进行草原调查;草原所有者或者使用者应当支持、配合调查,并提供有关资料。

第二十三条　国务院草原行政主管部门会同国务院有关部门制定全国草原等级评定标准。

县级以上人民政府草原行政主管部门根据草原调查结果、草原的质量,依据草原等级评定标准,对草原进行评等定级。

第二十四条　国家建立草原统计制度。

县级以上人民政府草原行政主管部门和同级统计部门共同制定草原统计调查办法,依法对草原的面积、等级、产草量、载畜量等进行统计,定期发布草原统计资料。

草原统计资料是各级人民政府编制草原保护、建设、利用规划的依据。

第二十五条　国家建立草原生产、生态监测预警系统。

县级以上人民政府草原行政主管部门对草原的面积、等级、植被构成、生产能力、自然灾害、生物灾害等草原基本状况实行动态监测,及时为本级政府和有关部门提供动态监测和预警信息服务。

第四章　建　设

第二十六条　县级以上人民政府应当增加草原建设的投入,支持草原建设。

国家鼓励单位和个人投资建设草原,按照谁投资、谁受益的原则保护草原投资建设者的合法权益。

第二十七条　国家鼓励与支持人工草地建设、天然草原改良和饲草饲料基地建设,稳定和提高草原生产能力。

第二十八条　县级以上人民政府应当支持、鼓励和引导农牧民开展草原围栏、饲草饲料储备、牲畜圈舍、牧民定居点等生产生活设施的建设。

县级以上地方人民政府应当支持草原水利设施建设，发展草原节水灌溉，改善人畜饮水条件。

第二十九条 县级以上人民政府应当按照草原保护、建设、利用规划加强草种基地建设，鼓励选育、引进、推广优良草品种。

新草品种必须经全国草品种审定委员会审定，由国务院草原行政主管部门公告后方可推广。从境外引进草种必须依法进行审批。

县级以上人民政府草原行政主管部门应当依法加强对草种生产、加工、检疫、检验的监督管理，保证草种质量。

第三十条 县级以上人民政府应当有计划地进行火情监测、防火物资储备、防火隔离带等草原防火设施的建设，确保防火需要。

第三十一条 对退化、沙化、盐碱化、石漠化和水土流失的草原，地方各级人民政府应当按照草原保护、建设、利用规划，划定治理区，组织专项治理。

大规模的草原综合治理，列入国家国土整治计划。

第三十二条 县级以上人民政府应当根据草原保护、建设、利用规划，在本级国民经济和社会发展计划中安排资金用于草原改良、人工种草和草种生产，任何单位或者个人不得截留、挪用；县级以上人民政府财政部门和审计部门应当加强监督管理。

第五章　利　用

第三十三条 草原承包经营者应当合理利用草原，不得超过草原行政主管部门核定的载畜量；草原承包经营者应当采取种植和储备饲草饲料、增加饲草饲料供应量、调剂处理牲畜、优化畜群结构、提高出栏率等措施，保持草畜平衡。

草原载畜量标准和草畜平衡管理办法由国务院草原行政主管部门规定。

第三十四条 牧区的草原承包经营者应当实行划区轮牧，合理配置畜群，均衡利用草原。

第三十五条 国家提倡在农区、半农半牧区和有条件的牧区实行牲畜圈养。草原承包经营者应当按照饲养牲畜的种类和数量，调剂、储备饲草饲料，采用青贮和饲草饲料加工等新技术，逐步改变依赖天然草地放牧的生产方式。

在草原禁牧、休牧、轮牧区，国家对实行舍饲圈养的给予粮食和资金补助，具体办法由国务院或者国务院授权的有关部门规定。

第三十六条 县级以上地方人民政府草原行政主管部门对割草场和野生草种基地应当规定合理的割草期、采种期以及留茬高度和采割强度，实行轮割轮采。

第三十七条 遇到自然灾害等特殊情况，需要临时调剂使用草原的，按照自愿互利的原则，由双方协商解决；需要跨县临时调剂使用草原的，由有关县级人民政府或者共同的上级人民政府组织协商解决。

第三十八条 进行矿藏开采和工程建设，应当不占或者少占草原；确需征用或者使用草原的，必须经省级以上人民政府草原行政主管部门审核同意后，依照有关土地管理的法律、行政法规办理建设用地审批手续。

第三十九条 因建设征用集体所有的草原的,应当依照《中华人民共和国土地管理法》的规定给予补偿;因建设使用国家所有的草原的,应当依照国务院有关规定对草原承包经营者给予补偿。

因建设征用或者使用草原的,应当缴纳草原植被恢复费。草原植被恢复费专款专用,由草原行政主管部门按照规定用于恢复草原植被,任何单位和个人不得截留、挪用。草原植被恢复费的征收、使用和管理办法,由国务院价格主管部门和国务院财政部门会同国务院草原行政主管部门制定。

第四十条 需要临时占用草原的,应当经县级以上地方人民政府草原行政主管部门审核同意。

临时占用草原的期限不得超过两年,并不得在临时占用的草原上修建永久性建筑物、构筑物;占用期满,用地单位必须恢复草原植被并及时退还。

第四十一条 在草原上修建直接为草原保护和畜牧业生产服务的工程设施,需要使用草原的,由县级以上人民政府草原行政主管部门批准;修筑其他工程,需要将草原转为非畜牧业生产用地的,必须依法办理建设用地审批手续。

前款所称直接为草原保护和畜牧业生产服务的工程设施是指:

(一)生产、贮存草种和饲草饲料的设施;

(二)牲畜圈舍、配种点、剪毛点、药浴池、人畜饮水设施;

(三)科研、试验、示范基地;

(四)草原防火和灌溉设施。

第六章 保 护

第四十二条 国家实行基本草原保护制度。下列草原应当划为基本草原,实施严格管理:

(一)重要放牧场;

(二)割草地;

(三)用于畜牧业生产的人工草地、退耕还草地以及改良草地、草种基地;

(四)对调节气候、涵养水源、保持水土、防风固沙具有特殊作用的草原;

(五)作为国家重点保护野生动植物生存环境的草原;

(六)草原科研、教学试验基地;

(七)国务院规定应当划为基本草原的其他草原。

基本草原的保护管理办法,由国务院制定。

第四十三条 国务院草原行政主管部门或者省、自治区、直辖市人民政府可以按照自然保护区管理的有关规定在下列地区建立草原自然保护区:

(一)具有代表性的草原类型;

(二)珍稀濒危野生动植物分布区;

(三)具有重要生态功能和经济科研价值的草原。

第四十四条 县级以上人民政府应当依法加强对草原珍稀濒危野生植物和种质资源

的保护、管理。

第四十五条 国家对草原实行以草定畜、草畜平衡制度。县级以上地方人民政府草原行政主管部门应当按照国务院草原行政主管部门制定的草原载畜量标准,结合当地实际情况,定期核定草原载畜量。各级人民政府应当采取有效措施,防止超载过牧。

第四十六条 禁止开垦草原。对水土流失严重、有沙化趋势、需要改善生态环境的已垦草原,应当有计划、有步骤地退耕还草;已造成沙化、盐碱化、石漠化的,应当限期治理。

第四十七条 对严重退化、沙化、盐碱化、石漠化的草原和生态脆弱区的草原,实行禁牧、休牧制度。

第四十八条 国家支持依法实行退耕还草和禁牧、休牧。具体办法由国务院或者省、自治区、直辖市人民政府制定。

对在国务院批准规划范围内实施退耕还草的农牧民,按照国家规定给予粮食、现金、草种费补助。退耕还草完成后,由县级以上人民政府草原行政主管部门核实登记,依法履行土地用途变更手续,发放草原权属证书。

第四十九条 禁止在荒漠、半荒漠和严重退化、沙化、盐碱化、石漠化、水土流失的草原以及生态脆弱区的草原上采挖植物和从事破坏草原植被的其他活动。

第五十条 在草原上从事采土、采砂、采石等作业活动,应当报县级人民政府草原行政主管部门批准;开采矿产资源的,应当依法办理有关手续。

经批准在草原上从事本条第一款所列活动的,应当在规定的时间、区域内,按照准许的采挖方式作业,并采取保护草原植被的措施。

在他人使用的草原上从事本条第一款所列活动的,还应当事先征得草原使用者的同意。

第五十一条 在草原上种植牧草或者饲料作物,应当符合草原保护、建设、利用规划;县级以上地方人民政府草原行政主管部门应当加强监督管理,防止草原沙化和水土流失。

第五十二条 在草原上开展经营性旅游活动,应当符合有关草原保护、建设、利用规划,并事先征得县级以上地方人民政府草原行政主管部门的同意,方可办理有关手续。

在草原上开展经营性旅游活动,不得侵犯草原所有者、使用者和承包经营者的合法权益,不得破坏草原植被。

第五十三条 草原防火工作贯彻预防为主、防消结合的方针。

各级人民政府应当建立草原防火责任制,规定草原防火期,制订草原防火扑火预案,切实做好草原火灾的预防和扑救工作。

第五十四条 县级以上地方人民政府应当做好草原鼠害、病虫害和毒害草防治的组织管理工作。县级以上地方人民政府草原行政主管部门应当采取措施,加强草原鼠害、病虫害和毒害草监测预警、调查以及防治工作,组织研究和推广综合防治的办法。

禁止在草原上使用剧毒、高残留以及可能导致二次中毒的农药。

第五十五条 除抢险救灾和牧民搬迁的机动车辆外,禁止机动车辆离开道路在草原上行驶,破坏草原植被;因从事地质勘探、科学考察等活动确需离开道路在草原上行驶的,应当向县级人民政府草原行政主管部门提交行驶区域和行驶路线方案,经确认后执行。

第七章　监督检查

第五十六条　国务院草原行政主管部门和草原面积较大的省、自治区的县级以上地方人民政府草原行政主管部门设立草原监督管理机构，负责草原法律、法规执行情况的监督检查，对违反草原法律、法规的行为进行查处。

草原行政主管部门和草原监督管理机构应当加强执法队伍建设，提高草原监督检查人员的政治、业务素质。草原监督检查人员应当忠于职守，秉公执法。

第五十七条　草原监督检查人员履行监督检查职责时，有权采取下列措施：

（一）要求被检查单位或者个人提供有关草原权属的文件和资料，进行查阅或者复制；

（二）要求被检查单位或者个人对草原权属等问题作出说明；

（三）进入违法现场进行拍照、摄像和勘测；

（四）责令被检查单位或者个人停止违反草原法律、法规的行为，履行法定义务。

第五十八条　国务院草原行政主管部门和省、自治区、直辖市人民政府草原行政主管部门，应当加强对草原监督检查人员的培训和考核。

第五十九条　有关单位和个人对草原监督检查人员的监督检查工作应当给予支持、配合，不得拒绝或者阻碍草原监督检查人员依法执行职务。

草原监督检查人员在履行监督检查职责时，应当向被检查单位和个人出示执法证件。

第六十条　对违反草原法律、法规的行为，应当依法作出行政处理，有关草原行政主管部门不作出行政处理决定的，上级草原行政主管部门有权责令有关草原行政主管部门作出行政处理决定或者直接作出行政处理决定。

第八章　法律责任

第六十一条　草原行政主管部门工作人员及其他国家机关有关工作人员玩忽职守、滥用职权，不依法履行监督管理职责，或者发现违法行为不予查处，造成严重后果，构成犯罪的，依法追究刑事责任；尚不够刑事处罚的，依法给予行政处分。

第六十二条　截留、挪用草原改良、人工种草和草种生产资金或者草原植被恢复费，构成犯罪的，依法追究刑事责任；尚不够刑事处罚的，依法给予行政处分。

第六十三条　无权批准征用、使用草原的单位或者个人非法批准征用、使用草原的，超越批准权限非法批准征用、使用草原的，或者违反法律规定的程序批准征用、使用草原，构成犯罪的，依法追究刑事责任；尚不够刑事处罚的，依法给予行政处分。非法批准征用、使用草原的文件无效。非法批准征用、使用的草原应当收回，当事人拒不归还的，以非法使用草原论处。

非法批准征用、使用草原，给当事人造成损失的，依法承担赔偿责任。

第六十四条　买卖或者以其他形式非法转让草原，构成犯罪的，依法追究刑事责任；尚不够刑事处罚的，由县级以上人民政府草原行政主管部门依据职权责令限期改正，没收违法所得,并处违法所得一倍以上五倍以下的罚款。

第六十五条 未经批准或者采取欺骗手段骗取批准,非法使用草原,构成犯罪的,依法追究刑事责任;尚不够刑事处罚的,由县级以上人民政府草原行政主管部门依据职权责令退还非法使用的草原,对违反草原保护、建设、利用规划擅自将草原改为建设用地的,限期拆除在非法使用的草原上新建的建筑物和其他设施,恢复草原植被,并处草原被非法使用前三年平均产值六倍以上十二倍以下的罚款。

第六十六条 非法开垦草原,构成犯罪的,依法追究刑事责任;尚不够刑事处罚的,由县级以上人民政府草原行政主管部门依据职权责令停止违法行为,限期恢复植被,没收非法财物和违法所得,并处违法所得一倍以上五倍以下的罚款;没有违法所得的,并处五万元以下的罚款;给草原所有者或者使用者造成损失的,依法承担赔偿责任。

第六十七条 在荒漠、半荒漠和严重退化、沙化、盐碱化、石漠化、水土流失的草原,以及生态脆弱区的草原上采挖植物或者从事破坏草原植被的其他活动的,由县级以上地方人民政府草原行政主管部门依据职权责令停止违法行为,没收非法财物和违法所得,可以并处违法所得一倍以上五倍以下的罚款;没有违法所得的,可以并处五万元以下的罚款;给草原所有者或者使用者造成损失的,依法承担赔偿责任。

第六十八条 未经批准或者未按照规定的时间、区域和采挖方式在草原上进行采土、采砂、采石等活动的,由县级人民政府草原行政主管部门责令停止违法行为,限期恢复植被,没收非法财物和违法所得,可以并处违法所得一倍以上二倍以下的罚款;没有违法所得的,可以并处二万元以下的罚款;给草原所有者或者使用者造成损失的,依法承担赔偿责任。

第六十九条 违反本法第五十二条规定,擅自在草原上开展经营性旅游活动,破坏草原植被的,由县级以上地方人民政府草原行政主管部门依据职权责令停止违法行为,限期恢复植被,没收违法所得,可以并处违法所得一倍以上二倍以下的罚款;没有违法所得的,可以并处草原被破坏前三年平均产值六倍以上十二倍以下的罚款;给草原所有者或者使用者造成损失的,依法承担赔偿责任。

第七十条 非抢险救灾和牧民搬迁的机动车辆离开道路在草原上行驶或者从事地质勘探、科学考察等活动未按照确认的行驶区域和行驶路线在草原上行驶,破坏草原植被的,由县级人民政府草原行政主管部门责令停止违法行为,限期恢复植被,可以并处草原被破坏前三年平均产值三倍以上九倍以下的罚款;给草原所有者或者使用者造成损失的,依法承担赔偿责任。

第七十一条 在临时占用的草原上修建永久性建筑物、构筑物的,由县级以上地方人民政府草原行政主管部门依据职权责令限期拆除;逾期不拆除的,依法强制拆除,所需费用由违法者承担。

临时占用草原,占用期届满,用地单位不予恢复草原植被的,由县级以上地方人民政府草原行政主管部门依据职权责令限期恢复;逾期不恢复的,由县级以上地方人民政府草原行政主管部门代为恢复,所需费用由违法者承担。

第七十二条 未经批准,擅自改变草原保护、建设、利用规划的,由县级以上人民政府责令限期改正;对直接负责的主管人员和其他直接责任人员,依法给予行政处分。

第七十三条 对违反本法有关草畜平衡制度的规定,牲畜饲养量超过县级以上地方人民政府草原行政主管部门核定的草原载畜量标准的纠正或者处罚措施,由省、自治区、直辖市人民代表大会或者其常务委员会规定。

第九章 附 则

第七十四条 本法第二条第二款中所称的天然草原包括草地、草山和草坡,人工草地包括改良草地和退耕还草地,不包括城镇草地。

第七十五条 本法自2003年3月1日起施行。

中华人民共和国文物保护法

（2002年10月28日第九届全国人民代表大会常务
委员会第三十次会议通过）

第一章　总　则

第一条　为了加强对文物的保护，继承中华民族优秀的历史文化遗产，促进科学研究工作，进行爱国主义和革命传统教育，建设社会主义精神文明和物质文明，根据宪法，制定本法。

第二条　在中华人民共和国境内，下列文物受国家保护：

（一）具有历史、艺术、科学价值的古文化遗址、古墓葬、古建筑、石窟寺和石刻、壁画；

（二）与重大历史事件、革命运动或者著名人物有关的以及具有重要纪念意义、教育意义或者史料价值的近代现代重要史迹、实物、代表性建筑；

（三）历史上各时代珍贵的艺术品、工艺美术品；

（四）历史上各时代重要的文献资料以及具有历史、艺术、科学价值的手稿和图书资料等；

（五）反映历史上各时代、各民族社会制度、社会生产、社会生活的代表性实物。

文物认定的标准和办法由国务院文物行政部门制定，并报国务院批准。

具有科学价值的古脊椎动物化石和古人类化石同文物一样受国家保护。

第三条　古文化遗址、古墓葬、古建筑、石窟寺、石刻、壁画、近代现代重要史迹和代表性建筑等不可移动文物，根据它们的历史、艺术、科学价值，可以分别确定为全国重点文物保护单位，省级文物保护单位，市、县级文物保护单位。

历史上各时代重要实物、艺术品、文献、手稿、图书资料、代表性实物等可移动文物，分为珍贵文物和一般文物；珍贵文物分为一级文物、二级文物、三级文物。

第四条　文物工作贯彻保护为主、抢救第一、合理利用、加强管理的方针。

第五条　中华人民共和国境内地下、内水和领海中遗存的一切文物，属于国家所有。

古文化遗址、古墓葬、石窟寺属于国家所有。国家指定保护的纪念建筑物、古建筑、石刻、壁画、近代现代代表性建筑等不可移动文物，除国家另有规定的以外，属于国家所有。

国有不可移动文物的所有权不因其所依附的土地所有权或者使用权的改变而改变。

下列可移动文物，属于国家所有：

（一）中国境内出土的文物，国家另有规定的除外；

（二）国有文物收藏单位以及其他国家机关、部队和国有企业、事业组织等收藏、保管的文物；

（三）国家征集、购买的文物；

（四）公民、法人和其他组织捐赠给国家的文物；

（五）法律规定属于国家所有的其他文物。

属于国家所有的可移动文物的所有权不因其保管、收藏单位的终止或者变更而改变。

国有文物所有权受法律保护,不容侵犯。

第六条 属于集体所有和私人所有的纪念建筑物、古建筑和祖传文物以及依法取得的其他文物,其所有权受法律保护。文物的所有者必须遵守国家有关文物保护的法律、法规的规定。

第七条 一切机关、组织和个人都有依法保护文物的义务。

第八条 国务院文物行政部门主管全国文物保护工作。

地方各级人民政府负责本行政区域内的文物保护工作。县级以上地方人民政府承担文物保护工作的部门对本行政区域内的文物保护实施监督管理。

县级以上人民政府有关行政部门在各自的职责范围内,负责有关的文物保护工作。

第九条 各级人民政府应当重视文物保护,正确处理经济建设、社会发展与文物保护的关系,确保文物安全。

基本建设、旅游发展必须遵守文物保护工作的方针,其活动不得对文物造成损害。

公安机关、工商行政管理部门、海关、城乡建设规划部门和其他有关国家机关,应当依法认真履行所承担的保护文物的职责,维护文物管理秩序。

第十条 国家发展文物保护事业。县级以上人民政府应当将文物保护事业纳入本级国民经济和社会发展规划,所需经费列入本级财政预算。

国家用于文物保护的财政拨款随着财政收入增长而增加。

国有博物馆、纪念馆、文物保护单位等的事业性收入,专门用于文物保护,任何单位或者个人不得侵占、挪用。

国家鼓励通过捐赠等方式设立文物保护社会基金,专门用于文物保护,任何单位或者个人不得侵占、挪用。

第十一条 文物是不可再生的文化资源。国家加强文物保护的宣传教育,增强全民文物保护的意识,鼓励文物保护的科学研究,提高文物保护的科学技术水平。

第十二条 有下列事迹的单位或者个人,由国家给予精神鼓励或者物质奖励:

(一)认真执行文物保护法律、法规,保护文物成绩显著的;

(二)为保护文物与违法犯罪行为做坚决斗争的;

(三)将个人收藏的重要文物捐献给国家或者为文物保护事业作出捐赠的;

(四)发现文物及时上报或者上交,使文物得到保护的;

(五)在考古发掘工作中作出重大贡献的;

(六)在文物保护科学技术方面有重要发明创造或者其他重要贡献的;

(七)在文物面临破坏危险时,抢救文物有功的;

(八)长期从事文物工作,作出显著成绩的。

第二章 不可移动文物

第十三条 国务院文物行政部门在省级、市、县级文物保护单位中,选择具有重大历史、艺术、科学价值的确定为全国重点文物保护单位,或者直接确定为全国重点文物保护单位,报国务院核定公布。

省级文物保护单位,由省、自治区、直辖市人民政府核定公布,并报国务院备案。

市级和县级文物保护单位,分别由设区的市、自治州和县级人民政府核定公布,并报省、自治区、直辖市人民政府备案。

尚未核定公布为文物保护单位的不可移动文物,由县级人民政府文物行政部门予以登记并公布。

第十四条 保存文物特别丰富并且具有重大历史价值或者革命纪念意义的城市,由国务院核定公布为历史文化名城。

保存文物特别丰富并且具有重大历史价值或者革命纪念意义的城镇、街道、村庄,由省、自治区、直辖市人民政府核定公布为历史文化街区、村镇,并报国务院备案。

历史文化名城和历史文化街区、村镇所在地的县级以上地方人民政府应当组织编制专门的历史文化名城和历史文化街区、村镇保护规划,并纳入城市总体规划。

历史文化名城和历史文化街区、村镇的保护办法,由国务院制定。

第十五条 各级文物保护单位,分别由省、自治区、直辖市人民政府和市、县级人民政府划定必要的保护范围,作出标志说明,建立记录档案,并区别情况分别设置专门机构或者专人负责管理。全国重点文物保护单位的保护范围和记录档案,由省、自治区、直辖市人民政府文物行政部门报国务院文物行政部门备案。

县级以上地方人民政府文物行政部门应当根据不同文物的保护需要,制定文物保护单位和未核定为文物保护单位的不可移动文物的具体保护措施,并公告施行。

第十六条 各级人民政府制定城乡建设规划,应当根据文物保护的需要,事先由城乡建设规划部门会同文物行政部门商定对本行政区域内各级文物保护单位的保护措施,并纳入规划。

第十七条 文物保护单位的保护范围内不得进行其他建设工程或者爆破、钻探、挖掘等作业。但是,因特殊情况需要在文物保护单位的保护范围内进行其他建设工程或者爆破、钻探、挖掘等作业的,必须保证文物保护单位的安全,并经核定公布该文物保护单位的人民政府批准,在批准前应当征得上一级人民政府文物行政部门同意;在全国重点文物保护单位的保护范围内进行其他建设工程或者爆破、钻探、挖掘等作业的,必须经省、自治区、直辖市人民政府批准,在批准前应当征得国务院文物行政部门同意。

第十八条 根据保护文物的实际需要,经省、自治区、直辖市人民政府批准,可以在文物保护单位的周围划出一定的建设控制地带,并予以公布。

在文物保护单位的建设控制地带内进行建设工程,不得破坏文物保护单位的历史风貌;工程设计方案应当根据文物保护单位的级别,经相应的文物行政部门同意后,报城乡建设规划部门批准。

第十九条 在文物保护单位的保护范围和建设控制地带内,不得建设污染文物保护单位及其环境的设施,不得进行可能影响文物保护单位安全及其环境的活动。对已有的污染文物保护单位及其环境的设施,应当限期治理。

第二十条 建设工程选址,应当尽可能避开不可移动文物;因特殊情况不能避开的,对文物保护单位应当尽可能实施原址保护。

实施原址保护的，建设单位应当事先确定保护措施，根据文物保护单位的级别报相应的文物行政部门批准，并将保护措施列入可行性研究报告或者设计任务书。

无法实施原址保护，必须迁移异地保护或者拆除的，应当报省、自治区、直辖市人民政府批准；迁移或者拆除省级文物保护单位的，批准前须征得国务院文物行政部门同意。全国重点文物保护单位不得拆除；需要迁移的，须由省、自治区、直辖市人民政府报国务院批准。

依照前款规定拆除的国有不可移动文物中具有收藏价值的壁画、雕塑、建筑构件等，由文物行政部门指定的文物收藏单位收藏。

本条规定的原址保护、迁移、拆除所需费用，由建设单位列入建设工程预算。

第二十一条 国有不可移动文物由使用人负责修缮、保养；非国有不可移动文物由所有人负责修缮、保养。非国有不可移动文物有损毁危险，所有人不具备修缮能力的，当地人民政府应当给予帮助；所有人具备修缮能力而拒不依法履行修缮义务的，县级以上人民政府可以给予抢救修缮，所需费用由所有人负担。

对文物保护单位进行修缮，应当根据文物保护单位的级别报相应的文物行政部门批准；对未核定为文物保护单位的不可移动文物进行修缮，应当报登记的县级人民政府文物行政部门批准。

文物保护单位的修缮、迁移、重建，由取得文物保护工程资质证书的单位承担。

对不可移动文物进行修缮、保养、迁移，必须遵守不改变文物原状的原则。

第二十二条 不可移动文物已经全部毁坏的，应当实施遗址保护，不得在原址重建。但是，因特殊情况需要在原址重建的，由省、自治区、直辖市人民政府文物行政部门征得国务院文物行政部门同意后，报省、自治区、直辖市人民政府批准；全国重点文物保护单位需要在原址重建的，由省、自治区、直辖市人民政府报国务院批准。

第二十三条 核定为文物保护单位的属于国家所有的纪念建筑物或者古建筑，除可以建立博物馆、保管所或者辟为参观游览场所外，如果必须作其他用途的，应当经核定公布该文物保护单位的人民政府文物行政部门征得上一级文物行政部门同意后，报核定公布该文物保护单位的人民政府批准；全国重点文物保护单位作其他用途的，应当由省、自治区、直辖市人民政府报国务院批准。国有未核定为文物保护单位的不可移动文物作其他用途的，应当报告县级人民政府文物行政部门。

第二十四条 国有不可移动文物不得转让、抵押。建立博物馆、保管所或者辟为参观游览场所的国有文物保护单位，不得作为企业资产经营。

第二十五条 非国有不可移动文物不得转让、抵押给外国人。

非国有不可移动文物转让、抵押或者改变用途的，应当根据其级别报相应的文物行政部门备案；由当地人民政府出资帮助修缮的，应当报相应的文物行政部门批准。

第二十六条 使用不可移动文物，必须遵守不改变文物原状的原则，负责保护建筑物及其附属文物的安全，不得损毁、改建、添建或者拆除不可移动文物。

对危害文物保护单位安全、破坏文物保护单位历史风貌的建筑物、构筑物，当地人民政府应当及时调查处理，必要时，对该建筑物、构筑物予以拆迁。

第三章　考古发掘

第二十七条　一切考古发掘工作,必须履行报批手续;从事考古发掘的单位,应当经国务院文物行政部门批准。

地下埋藏的文物,任何单位或者个人都不得私自发掘。

第二十八条　从事考古发掘的单位,为了科学研究进行考古发掘,应当提出发掘计划,报国务院文物行政部门批准;对全国重点文物保护单位的考古发掘计划,应当经国务院文物行政部门审核后报国务院批准。国务院文物行政部门在批准或者审核前,应当征求社会科学研究机构及其他科研机构和有关专家的意见。

第二十九条　进行大型基本建设工程,建设单位应当事先报请省、自治区、直辖市人民政府文物行政部门组织从事考古发掘的单位在工程范围内有可能埋藏文物的地方进行考古调查、勘探。

考古调查、勘探中发现文物的,由省、自治区、直辖市人民政府文物行政部门根据文物保护的要求会同建设单位共同商定保护措施;遇有重要发现的,由省、自治区、直辖市人民政府文物行政部门及时报国务院文物行政部门处理。

第三十条　需要配合建设工程进行的考古发掘工作,应当由省、自治区、直辖市文物行政部门在勘探工作的基础上提出发掘计划,报国务院文物行政部门批准。国务院文物行政部门在批准前,应当征求社会科学研究机构及其他科研机构和有关专家的意见。

确因建设工期紧迫或者有自然破坏危险,对古文化遗址、古墓葬急需进行抢救发掘的,由省、自治区、直辖市人民政府文物行政部门组织发掘,并同时补办审批手续。

第三十一条　凡因进行基本建设和生产建设需要的考古调查、勘探、发掘,所需费用由建设单位列入建设工程预算。

第三十二条　在进行建设工程或者在农业生产中,任何单位或者个人发现文物,应当保护现场,立即报告当地文物行政部门,文物行政部门接到报告后,如无特殊情况,应当在二十四小时内赶赴现场,并在七日内提出处理意见。文物行政部门可以报请当地人民政府通知公安机关协助保护现场;发现重要文物的,应当立即上报国务院文物行政部门,国务院文物行政部门应当在接到报告后十五日内提出处理意见。

依照前款规定发现的文物属于国家所有,任何单位或者个人不得哄抢、私分、藏匿。

第三十三条　非经国务院文物行政部门报国务院特别许可,任何外国人或者外国团体不得在中华人民共和国境内进行考古调查、勘探、发掘。

第三十四条　考古调查、勘探、发掘的结果,应当报告国务院文物行政部门和省、自治区、直辖市人民政府文物行政部门。

考古发掘的文物,应当登记造册,妥善保管,按照国家有关规定移交给由省、自治区、直辖市人民政府文物行政部门或者国务院文物行政部门指定的国有博物馆、图书馆或者其他国有收藏文物的单位收藏。经省、自治区、直辖市人民政府文物行政部门或者国务院文物行政部门批准,从事考古发掘的单位可以保留少量出土文物作为科研标本。

考古发掘的文物,任何单位或者个人不得侵占。

第三十五条 根据保证文物安全、进行科学研究和充分发挥文物作用的需要，省、自治区、直辖市人民政府文物行政部门经本级人民政府批准，可以调用本行政区域内的出土文物；国务院文物行政部门经国务院批准，可以调用全国的重要出土文物。

第四章 馆藏文物

第三十六条 博物馆、图书馆和其他文物收藏单位对收藏的文物，必须区分文物等级，设置藏品档案，建立严格的管理制度，并报主管的文物行政部门备案。

县级以上地方人民政府文物行政部门应当分别建立本行政区域内的馆藏文物档案；国务院文物行政部门应当建立国家一级文物藏品档案和其主管的国有文物收藏单位馆藏文物档案。

第三十七条 文物收藏单位可以通过下列方式取得文物：

（一）购买；

（二）接受捐赠；

（三）依法交换；

（四）法律、行政法规规定的其他方式。

国有文物收藏单位还可以通过文物行政部门指定保管或者调拨方式取得文物。

第三十八条 文物收藏单位应当根据馆藏文物的保护需要，按照国家有关规定建立、健全管理制度，并报主管的文物行政部门备案。未经批准，任何单位或者个人不得调取馆藏文物。

文物收藏单位的法定代表人对馆藏文物的安全负责。国有文物收藏单位的法定代表人离任时，应当按照馆藏文物档案办理馆藏文物移交手续。

第三十九条 国务院文物行政部门可以调拨全国的国有馆藏文物。省、自治区、直辖市人民政府文物行政部门可以调拨本行政区域内其主管的国有文物收藏单位馆藏文物；调拨国有馆藏一级文物，应当报国务院文物行政部门备案。

国有文物收藏单位可以申请调拨国有馆藏文物。

第四十条 文物收藏单位应当充分发挥馆藏文物的作用，通过举办展览、科学研究等活动，加强对中华民族优秀的历史文化和革命传统的宣传教育。

国有文物收藏单位之间因举办展览、科学研究等需借用馆藏文物的，应当报主管的文物行政部门备案；借用馆藏一级文物，应当经国务院文物行政部门批准。

非国有文物收藏单位和其他单位举办展览需借用国有馆藏文物的，应当报主管的文物行政部门批准；借用国有馆藏一级文物，应当经国务院文物行政部门批准。

文物收藏单位之间借用文物的最长期限不得超过三年。

第四十一条 已经建立馆藏文物档案的国有文物收藏单位，经省、自治区、直辖市人民政府文物行政部门批准，并报国务院文物行政部门备案，其馆藏文物可以在国有文物收藏单位之间交换；交换馆藏一级文物的，必须经国务院文物行政部门批准。

第四十二条 未建立馆藏文物档案的国有文物收藏单位，不得依照本法第四十条、第四十一条的规定处置其馆藏文物。

第四十三条 依法调拨、交换、借用国有馆藏文物,取得文物的文物收藏单位可以对提供文物的文物收藏单位给予合理补偿,具体管理办法由国务院文物行政部门制定。

国有文物收藏单位调拨、交换、出借文物所得的补偿费用,必须用于改善文物的收藏条件和收集新的文物,不得挪作他用;任何单位或者个人不得侵占。

调拨、交换、借用的文物必须严格保管,不得丢失、损毁。

第四十四条 禁止国有文物收藏单位将馆藏文物赠与、出租或者出售给其他单位、个人。

第四十五条 国有文物收藏单位不再收藏的文物的处置办法,由国务院另行制定。

第四十六条 修复馆藏文物,不得改变馆藏文物的原状;复制、拍摄、拓印馆藏文物,不得对馆藏文物造成损害。具体管理办法由国务院制定。

不可移动文物的单体文物的修复、复制、拍摄、拓印,适用前款规定。

第四十七条 博物馆、图书馆和其他收藏文物的单位应当按照国家有关规定配备防火、防盗、防自然损坏的设施,确保馆藏文物的安全。

第四十八条 馆藏一级文物损毁的,应当报国务院文物行政部门核查处理。其他馆藏文物损毁的,应当报省、自治区、直辖市人民政府文物行政部门核查处理;省、自治区、直辖市人民政府文物行政部门应当将核查处理结果报国务院文物行政部门备案。

馆藏文物被盗、被抢或者丢失的,文物收藏单位应当立即向公安机关报案,并同时向主管的文物行政部门报告。

第四十九条 文物行政部门和国有文物收藏单位的工作人员不得借用国有文物,不得非法侵占国有文物。

第五章 民间收藏文物

第五十条 文物收藏单位以外的公民、法人和其他组织可以收藏通过下列方式取得的文物:

(一)依法继承或者接受赠与;

(二)从文物商店购买;

(三)从经营文物拍卖的拍卖企业购买;

(四)公民个人合法所有的文物相互交换或者依法转让;

(五)国家规定的其他合法方式。

文物收藏单位以外的公民、法人和其他组织收藏的前款文物可以依法流通。

第五十一条 公民、法人和其他组织不得买卖下列文物:

(一)国有文物,但是国家允许的除外;

(二)非国有馆藏珍贵文物;

(三)国有不可移动文物中的壁画、雕塑、建筑构件等,但是依法拆除的国有不可移动文物中的壁画、雕塑、建筑构件等不属于本法第二十条第四款规定的应由文物收藏单位收藏的除外;

(四)来源不符合本法第五十条规定的文物。

第五十二条 国家鼓励文物收藏单位以外的公民、法人和其他组织将其收藏的文物捐赠给国有文物收藏单位或者出借给文物收藏单位展览和研究。

国有文物收藏单位应当尊重并按照捐赠人的意愿，对捐赠的文物妥善收藏、保管和展示。

国家禁止出境的文物，不得转让、出租、质押给外国人。

第五十三条 文物商店应当由国务院文物行政部门或者省、自治区、直辖市人民政府文物行政部门批准设立，依法进行管理。

文物商店不得从事文物拍卖经营活动，不得设立经营文物拍卖的拍卖企业。

第五十四条 依法设立的拍卖企业经营文物拍卖的，应当取得国务院文物行政部门颁发的文物拍卖许可证。

经营文物拍卖的拍卖企业不得从事文物购销经营活动，不得设立文物商店。

第五十五条 文物行政部门的工作人员不得举办或者参与举办文物商店或者经营文物拍卖的拍卖企业。

文物收藏单位不得举办或者参与举办文物商店或者经营文物拍卖的拍卖企业。

禁止设立中外合资、中外合作和外商独资的文物商店或者经营文物拍卖的拍卖企业。

除经批准的文物商店、经营文物拍卖的拍卖企业外，其他单位或者个人不得从事文物的商业经营活动。

第五十六条 文物商店销售的文物，在销售前应当经省、自治区、直辖市人民政府文物行政部门审核；对允许销售的，省、自治区、直辖市人民政府文物行政部门应当作出标识。

拍卖企业拍卖的文物，在拍卖前应当经省、自治区、直辖市人民政府文物行政部门审核，并报国务院文物行政部门备案；省、自治区、直辖市人民政府文物行政部门不能确定是否可以拍卖的，应当报国务院文物行政部门审核。

第五十七条 文物商店购买、销售文物，拍卖企业拍卖文物，应当按照国家有关规定作出记录，并报原审核的文物行政部门备案。

拍卖文物时，委托人、买受人要求对其身份保密的，文物行政部门应当为其保密；但是，法律、行政法规另有规定的除外。

第五十八条 文物行政部门在审核拟拍卖的文物时，可以指定国有文物收藏单位优先购买其中的珍贵文物。购买价格由文物收藏单位的代表与文物的委托人协商确定。

第五十九条 银行、冶炼厂、造纸厂以及废旧物资回收单位，应当与当地文物行政部门共同负责拣选掺杂在金银器和废旧物资中的文物。拣选文物除供银行研究所必需的历史货币可以由人民银行留用外，应当移交当地文物行政部门。移交拣选文物，应当给予合理补偿。

第六章 文物出境进境

第六十条 国有文物、非国有文物中的珍贵文物和国家规定禁止出境的其他文物，不得出境；但是依照本法规定出境展览或者因特殊需要经国务院批准出境的除外。

第六十一条　文物出境,应当经国务院文物行政部门指定的文物进出境审核机构审核。经审核允许出境的文物,由国务院文物行政部门发给文物出境许可证,从国务院文物行政部门指定的口岸出境。

任何单位或者个人运送、邮寄、携带文物出境,应当向海关申报;海关凭文物出境许可证放行。

第六十二条　文物出境展览,应当报国务院文物行政部门批准;一级文物超过国务院规定数量的,应当报国务院批准。

一级文物中的孤品和易损品,禁止出境展览。

出境展览的文物出境,由文物进出境审核机构审核、登记。海关凭国务院文物行政部门或者国务院的批准文件放行。出境展览的文物复进境,由原文物进出境审核机构审核查验。

第六十三条　文物临时进境,应当向海关申报,并报文物进出境审核机构审核、登记。

临时进境的文物复出境,必须经原审核、登记的文物进出境审核机构审核查验;经审核查验无误的,由国务院文物行政部门发给文物出境许可证,海关凭文物出境许可证放行。

第七章　法律责任

第六十四条　违反本法规定,有下列行为之一,构成犯罪的,依法追究刑事责任:

(一)盗掘古文化遗址、古墓葬的;

(二)故意或者过失损毁国家保护的珍贵文物的;

(三)擅自将国有馆藏文物出售或者私自送给非国有单位或者个人的;

(四)将国家禁止出境的珍贵文物私自出售或者送给外国人的;

(五)以牟利为目的倒卖国家禁止经营的文物的;

(六)走私文物的;

(七)盗窃、哄抢、私分或者非法侵占国有文物的;

(八)应当追究刑事责任的其他妨害文物管理行为。

第六十五条　违反本法规定,造成文物灭失、损毁的,依法承担民事责任。

违反本法规定,构成违反治安管理行为的,由公安机关依法给予治安管理处罚。

违反本法规定,构成走私行为,尚不构成犯罪的,由海关依照有关法律、行政法规的规定给予处罚。

第六十六条　有下列行为之一,尚不构成犯罪的,由县级以上人民政府文物主管部门责令改正,造成严重后果的,处五万元以上五十万元以下的罚款;情节严重的,由原发证机关吊销资质证书:

(一)擅自在文物保护单位的保护范围内进行建设工程或者爆破、钻探、挖掘等作业的;

(二)在文物保护单位的建设控制地带内进行建设工程,其工程设计方案未经文物行政部门同意、报城乡建设规划部门批准,对文物保护单位的历史风貌造成破坏的;

（三）擅自迁移、拆除不可移动文物的；

（四）擅自修缮不可移动文物，明显改变文物原状的；

（五）擅自在原址重建已全部毁坏的不可移动文物，造成文物破坏的；

（六）施工单位未取得文物保护工程资质证书，擅自从事文物修缮、迁移、重建的。

刻划、涂污或者损坏文物尚不严重的，或者损毁依照本法第十五条第一款规定设立的文物保护单位标志的，由公安机关或者文物所在单位给予警告，可以并处罚款。

第六十七条 在文物保护单位的保护范围内或者建设控制地带内建设污染文物保护单位及其环境的设施的，或者对已有的污染文物保护单位及其环境的设施未在规定的期限内完成治理的，由环境保护行政部门依照有关法律、法规的规定给予处罚。

第六十八条 有下列行为之一的，由县级以上人民政府文物主管部门责令改正，没收违法所得，违法所得一万元以上的，并处违法所得二倍以上五倍以下的罚款；违法所得不足一万元的，并处五千元以上二万元以下的罚款：

（一）转让或者抵押国有不可移动文物，或者将国有不可移动文物作为企业资产经营的；

（二）将非国有不可移动文物转让或者抵押给外国人的；

（三）擅自改变国有文物保护单位的用途的。

第六十九条 历史文化名城的布局、环境、历史风貌等遭到严重破坏的，由国务院撤销其历史文化名城称号；历史文化城镇、街道、村庄的布局、环境、历史风貌等遭到严重破坏的，由省、自治区、直辖市人民政府撤销其历史文化街区、村镇称号；对负有责任的主管人员和其他直接责任人员依法给予行政处分。

第七十条 有下列行为之一，尚不构成犯罪的，由县级以上人民政府文物主管部门责令改正，可以并处二万元以下的罚款，有违法所得的，没收违法所得：

（一）文物收藏单位未按照国家有关规定配备防火、防盗、防自然损坏的设施的；

（二）国有文物收藏单位法定代表人离任时未按照馆藏文物档案移交馆藏文物，或者所移交的馆藏文物与馆藏文物档案不符的；

（三）将国有馆藏文物赠与、出租或者出售给其他单位、个人的；

（四）违反本法第四十条、第四十一条、第四十五条规定处置国有馆藏文物的；

（五）违反本法第四十三条规定挪用或者侵占依法调拨、交换、出借文物所得补偿费用的。

第七十一条 买卖国家禁止买卖的文物或者将禁止出境的文物转让、出租、质押给外国人，尚不构成犯罪的，由县级以上人民政府文物主管部门责令改正，没收违法所得，违法经营额一万元以上的，并处违法经营额二倍以上五倍以下的罚款；违法经营额不足一万元的，并处五千元以上二万元以下的罚款。

第七十二条 未经许可，擅自设立文物商店、经营文物拍卖的拍卖企业，或者擅自从事文物的商业经营活动，尚不构成犯罪的，由工商行政管理部门依法予以制止，没收违法所得、非法经营的文物，违法经营额五万元以上的，并处违法经营额二倍以上五倍以下的罚款；违法经营额不足五万元的，并处二万元以上十万元以下的罚款。

第七十三条 有下列情形之一的，由工商行政管理部门没收违法所得、非法经营的文物，违法经营额五万元以上的，并处违法经营额一倍以上三倍以下的罚款；违法经营额不足五万元的，并处五千元以上五万元以下的罚款；情节严重的，由原发证机关吊销许可证书：

（一）文物商店从事文物拍卖经营活动的；

（二）经营文物拍卖的拍卖企业从事文物购销经营活动的；

（三）文物商店销售的文物、拍卖企业拍卖的文物，未经审核的；

（四）文物收藏单位从事文物的商业经营活动的。

第七十四条 有下列行为之一，尚不构成犯罪的，由县级以上人民政府文物主管部门会同公安机关追缴文物；情节严重的，处五千元以上五万元以下的罚款：

（一）发现文物隐匿不报或者拒不上交的；

（二）未按照规定移交拣选文物的。

第七十五条 有下列行为之一的，由县级以上人民政府文物主管部门责令改正：

（一）改变国有未核定为文物保护单位的不可移动文物的用途，未依照本法规定报告的；

（二）转让、抵押非国有不可移动文物或者改变其用途，未依照本法规定备案的；

（三）国有不可移动文物的使用人拒不依法履行修缮义务的；

（四）考古发掘单位未经批准擅自进行考古发掘，或者不如实报告考古发掘结果的；

（五）文物收藏单位未按照国家有关规定建立馆藏文物档案、管理制度，或者未将馆藏文物档案、管理制度备案的；

（六）违反本法第三十八条规定，未经批准擅自调取馆藏文物的；

（七）馆藏文物损毁未报文物行政部门核查处理，或者馆藏文物被盗、被抢或者丢失，文物收藏单位未及时向公安机关或者文物行政部门报告的；

（八）文物商店销售文物或者拍卖企业拍卖文物，未按照国家有关规定作出记录或者未将所作记录报文物行政部门备案的。

第七十六条 文物行政部门、文物收藏单位、文物商店、经营文物拍卖的拍卖企业的工作人员，有下列行为之一的，依法给予行政处分，情节严重的，依法开除公职或者吊销其从业资格；构成犯罪的，依法追究刑事责任：

（一）文物行政部门的工作人员违反本法规定，滥用审批权限、不履行职责或者发现违法行为不予查处，造成严重后果的；

（二）文物行政部门和国有文物收藏单位的工作人员借用或者非法侵占国有文物的；

（三）文物行政部门的工作人员举办或者参与举办文物商店或者经营文物拍卖的拍卖企业的；

（四）因不负责任造成文物保护单位、珍贵文物损毁或者流失的；

（五）贪污、挪用文物保护经费的。

前款被开除公职或者被吊销从业资格的人员，自被开除公职或者被吊销从业资格之日起十年内不得担任文物管理人员或者从事文物经营活动。

第七十七条 有本法第六十六条、第六十八条、第七十条、第七十一条、第七十四条、第七十五条规定所列行为之一的，负有责任的主管人员和其他直接责任人员是国家工作人员的，依法给予行政处分。

第七十八条 公安机关、工商行政管理部门、海关、城乡建设规划部门和其他国家机关，违反本法规定滥用职权、玩忽职守、徇私舞弊，造成国家保护的珍贵文物损毁或者流失的，对负有责任的主管人员和其他直接责任人员依法给予行政处分；构成犯罪的，依法追究刑事责任。

第七十九条 人民法院、人民检察院、公安机关、海关和工商行政管理部门依法没收的文物应当登记造册，妥善保管，结案后无偿移交文物行政部门，由文物行政部门指定的国有文物收藏单位收藏。

第八章 附 则

第八十条 本法自公布之日起施行。

大中型水利水电工程建设征地补偿和移民安置条例

（2006年7月7日国务院令第471号,2006年9月1日起施行）

第一章 总 则

第一条 为了做好大中型水利水电工程建设征地补偿和移民安置工作,维护移民合法权益,保障工程建设的顺利进行,根据《中华人民共和国土地管理法》和《中华人民共和国水法》,制定本条例。

第二条 大中型水利水电工程的征地补偿和移民安置,适用本条例。

第三条 国家实行开发性移民方针,采取前期补偿、补助与后期扶持相结合的办法,使移民生活达到或者超过原有水平。

第四条 大中型水利水电工程建设征地补偿和移民安置应当遵循下列原则:

（一）以人为本,保障移民的合法权益,满足移民生存与发展的需求;

（二）顾全大局,服从国家整体安排,兼顾国家、集体、个人利益;

（三）节约利用土地,合理规划工程占地,控制移民规模;

（四）可持续发展,与资源综合开发利用、生态环境保护相协调;

（五）因地制宜,统筹规划。

第五条 移民安置工作实行政府领导、分级负责、县为基础、项目法人参与的管理体制。

国务院水利水电工程移民行政管理机构（以下简称国务院移民管理机构）负责全国大中型水利水电工程移民安置工作的管理和监督。

县级以上地方人民政府负责本行政区域内大中型水利水电工程移民安置工作的组织和领导;省、自治区、直辖市人民政府规定的移民管理机构,负责本行政区域内大中型水利水电工程移民安置工作的管理和监督。

第二章 移民安置规划

第六条 已经成立项目法人的大中型水利水电工程,由项目法人编制移民安置规划大纲,按照审批权限报省、自治区、直辖市人民政府或者国务院移民管理机构审批;省、自治区、直辖市人民政府或者国务院移民管理机构在审批前应当征求移民区和移民安置区县级以上地方人民政府的意见。

没有成立项目法人的大中型水利水电工程,项目主管部门应当会同移民区和移民安置区县级以上地方人民政府编制移民安置规划大纲,按照审批权限报省、自治区、直辖市人民政府或者国务院移民管理机构审批。

第七条 移民安置规划大纲应当根据工程占地和淹没区实物调查结果以及移民区、移民安置区经济社会情况和资源环境承载能力编制。

工程占地和淹没区实物调查，由项目主管部门或者项目法人会同工程占地和淹没区所在地的地方人民政府实施；实物调查应当全面准确，调查结果经调查者和被调查者签字认可并公示后，由有关地方人民政府签署意见。实物调查工作开始前，工程占地和淹没区所在地的省级人民政府应当发布通告，禁止在工程占地和淹没区新增建设项目和迁入人口，并对实物调查工作作出安排。

第八条 移民安置规划大纲应当主要包括移民安置的任务、去向、标准和农村移民生产安置方式以及移民生活水平评价和搬迁后生活水平预测、水库移民后期扶持政策、淹没线以上受影响范围的划定原则、移民安置规划编制原则等内容。

第九条 编制移民安置规划大纲应当广泛听取移民和移民安置区居民的意见；必要时，应当采取听证的方式。

经批准的移民安置规划大纲是编制移民安置规划的基本依据，应当严格执行，不得随意调整或者修改；确需调整或者修改的，应当报原批准机关批准。

第十条 已经成立项目法人的，由项目法人根据经批准的移民安置规划大纲编制移民安置规划；没有成立项目法人的，项目主管部门应当会同移民区和移民安置区县级以上地方人民政府，根据经批准的移民安置规划大纲编制移民安置规划。

大中型水利水电工程的移民安置规划，按照审批权限经省、自治区、直辖市人民政府移民管理机构或者国务院移民管理机构审核后，由项目法人或者项目主管部门报项目审批或者核准部门，与可行性研究报告或者项目申请报告一并审批或者核准。

省、自治区、直辖市人民政府移民管理机构或者国务院移民管理机构审核移民安置规划，应当征求本级人民政府有关部门以及移民区和移民安置区县级以上地方人民政府的意见。

第十一条 编制移民安置规划应当以资源环境承载能力为基础，遵循本地安置与异地安置、集中安置与分散安置、政府安置与移民自找门路安置相结合的原则。

编制移民安置规划应当尊重少数民族的生产、生活方式和风俗习惯。

移民安置规划应当与国民经济和社会发展规划以及土地利用总体规划、城市总体规划、村庄和集镇规划相衔接。

第十二条 移民安置规划应当对农村移民安置、城（集）镇迁建、工矿企业迁建、专项设施迁建或者复建、防护工程建设、水库水域开发利用、水库移民后期扶持措施、征地补偿和移民安置资金概（估）算等作出安排。

对淹没线以上受影响范围内因水库蓄水造成的居民生产、生活困难问题，应当纳入移民安置规划，按照经济合理的原则，妥善处理。

第十三条 对农村移民安置进行规划，应当坚持以农业生产安置为主，遵循因地制宜、有利生产、方便生活、保护生态的原则，合理规划农村移民安置点；有条件的地方，可以结合小城镇建设进行。

农村移民安置后，应当使移民拥有与移民安置区居民基本相当的土地等农业生产资料。

第十四条 对城（集）镇移民安置进行规划，应当以城（集）镇现状为基础，节约用地，合理布局。

工矿企业的迁建，应当符合国家的产业政策，结合技术改造和结构调整进行；对技术落后、浪费资源、产品质量低劣、污染严重、不具备安全生产条件的企业，应当依法关闭。

第十五条 编制移民安置规划应当广泛听取移民和移民安置区居民的意见；必要时，应当采取听证的方式。

经批准的移民安置规划是组织实施移民安置工作的基本依据，应当严格执行，不得随意调整或者修改；确需调整或者修改的，应当依照本条例第十条的规定重新报批。

未编制移民安置规划或者移民安置规划未经审核的大中型水利水电工程建设项目，有关部门不得批准或者核准其建设，不得为其办理用地等有关手续。

第十六条 征地补偿和移民安置资金、依法应当缴纳的耕地占用税和耕地开垦费以及依照国务院有关规定缴纳的森林植被恢复费等应当列入大中型水利水电工程概算。

征地补偿和移民安置资金包括土地补偿费、安置补助费，农村居民点迁建、城（集）镇迁建、工矿企业迁建以及专项设施迁建或者复建补偿费（含有关地上附着物补偿费），移民个人财产补偿费（含地上附着物和青苗补偿费）和搬迁费，库底清理费，淹没区文物保护费和国家规定的其他费用。

第十七条 农村移民集中安置的农村居民点、城（集）镇、工矿企业以及专项设施等基础设施的迁建或者复建选址，应当依法做好环境影响评价、水文地质与工程地质勘察、地质灾害防治和地质灾害危险性评估。

第十八条 对淹没区内的居民点、耕地等，具备防护条件的，应当在经济合理的前提下，采取修建防护工程等防护措施，减少淹没损失。

防护工程的建设费用由项目法人承担，运行管理费用由大中型水利水电工程管理单位负责。

第十九条 对工程占地和淹没区内的文物，应当查清分布，确认保护价值，坚持保护为主、抢救第一的方针，实行重点保护、重点发掘。

第三章　征地补偿

第二十条 依法批准的流域规划中确定的大中型水利水电工程建设项目的用地，应当纳入项目所在地的土地利用总体规划。

大中型水利水电工程建设项目核准或者可行性研究报告批准后，项目用地应当列入土地利用年度计划。

属于国家重点扶持的水利、能源基础设施的大中型水利水电工程建设项目，其用地可以以划拨方式取得。

第二十一条 大中型水利水电工程建设项目用地，应当依法申请并办理审批手续，实行一次报批、分期征收，按期支付征地补偿费。

对于应急的防洪、治涝等工程，经有批准权的人民政府决定，可以先行使用土地，事后补办用地手续。

第二十二条 大中型水利水电工程建设征收耕地的，土地补偿费和安置补助费之和为该耕地被征收前三年平均年产值的16倍。土地补偿费和安置补助费不能使需要安置的移民保持原有生活水平、需要提高标准的，由项目法人或者项目主管部门报项目审批或者核准部门批准。征收其他土地的土地补偿费和安置补助费标准，按照工程所在省、自治区、直辖市规定的标准执行。

被征收土地上的零星树木、青苗等补偿标准，按照工程所在省、自治区、直辖市规定的标准执行。

被征收土地上的附着建筑物按照其原规模、原标准或者恢复原功能的原则补偿；对补偿费用不足以修建基本用房的贫困移民，应当给予适当补助。

使用其他单位或者个人依法使用的国有耕地，参照征收耕地的补偿标准给予补偿；使用未确定给单位或者个人使用的国有未利用地，不予补偿。

移民远迁后，在水库周边淹没线以上属于移民个人所有的零星树木、房屋等应当分别依照本条第三款、第四款规定的标准给予补偿。

第二十三条 大中型水利水电工程建设临时用地，由县级以上人民政府土地主管部门批准。

第二十四条 工矿企业和交通、电力、电信、广播电视等专项设施以及中小学的迁建或者复建，应当按照其原规模、原标准或者恢复原功能的原则补偿。

第二十五条 大中型水利水电工程建设占用耕地的，应当执行占补平衡的规定。为安置移民开垦的耕地、因大中型水利水电工程建设而进行土地整理新增的耕地、工程施工新造的耕地可以抵扣或者折抵建设占用耕地的数量。

大中型水利水电工程建设占用25度以上坡耕地的，不计入需要补充耕地的范围。

第四章 移民安置

第二十六条 移民区和移民安置区县级以上地方人民政府负责移民安置规划的组织实施。

第二十七条 大中型水利水电工程开工前，项目法人应当根据经批准的移民安置规划，与移民区和移民安置区所在的省、自治区、直辖市人民政府或者市、县人民政府签订移民安置协议；签订协议的省、自治区、直辖市人民政府或者市人民政府，可以与下一级有移民或者移民安置任务的人民政府签订移民安置协议。

第二十八条 项目法人应当根据大中型水利水电工程建设的要求和移民安置规划，在每年汛期结束后60日内，向与其签订移民安置协议的地方人民政府提出下年度移民安置计划建议；签订移民安置协议的地方人民政府，应当根据移民安置规划和项目法人的年度移民安置计划建议，在与项目法人充分协商的基础上，组织编制并下达本行政区域的下年度移民安置年度计划。

第二十九条 项目法人应当根据移民安置年度计划，按照移民安置实施进度将征地补偿和移民安置资金支付给与其签订移民安置协议的地方人民政府。

第三十条 农村移民在本县通过新开发土地或者调剂土地集中安置的，县级人民政府应当将土地补偿费、安置补助费和集体财产补偿费直接全额兑付给该村集体经济组织或者村民委员会。

农村移民分散安置到本县内其他村集体经济组织或者村民委员会的，应当由移民安置村集体经济组织或者村民委员会与县级人民政府签订协议，按照协议安排移民的生产和生活。

第三十一条　农村移民在本省行政区域内其他县安置的，与项目法人签订移民安置协议的地方人民政府，应当及时将相应的征地补偿和移民安置资金交给移民安置区县级人民政府，用于安排移民的生产和生活。

农村移民跨省安置的，项目法人应当及时将相应的征地补偿和移民安置资金交给移民安置区省、自治区、直辖市人民政府，用于安排移民的生产和生活。

第三十二条　搬迁费以及移民个人房屋和附属建筑物、个人所有的零星树木、青苗、农副业设施等个人财产补偿费，由移民区县级人民政府直接全额兑付给移民。

第三十三条　移民自愿投亲靠友的，应当由本人向移民区县级人民政府提出申请，并提交接收地县级人民政府出具的接收证明；移民区县级人民政府确认其具有土地等农业生产资料后，应当与接收地县级人民政府和移民共同签订协议，将土地补偿费、安置补助费交给接收地县级人民政府，统筹安排移民的生产和生活，将个人财产补偿费和搬迁费发给移民个人。

第三十四条　城（集）镇迁建、工矿企业迁建、专项设施迁建或者复建补偿费，由移民区县级以上地方人民政府交给当地人民政府或者有关单位。因扩大规模、提高标准增加的费用，由有关地方人民政府或者有关单位自行解决。

第三十五条　农村移民集中安置的农村居民点应当按照经批准的移民安置规划确定的规模和标准迁建。

农村移民集中安置的农村居民点的道路、供水、供电等基础设施，由乡（镇）、村统一组织建设。

农村移民住房，应当由移民自主建造。有关地方人民政府或者村民委员会应当统一规划宅基地，但不得强行规定建房标准。

第三十六条　农村移民安置用地应当依照《中华人民共和国土地管理法》和《中华人民共和国农村土地承包法》办理有关手续。

第三十七条　移民安置达到阶段性目标和移民安置工作完毕后，省、自治区、直辖市人民政府或者国务院移民管理机构应当组织有关单位进行验收；移民安置未经验收或者验收不合格的，不得对大中型水利水电工程进行阶段性验收和竣工验收。

第五章　后期扶持

第三十八条　移民安置区县级以上地方人民政府应当编制水库移民后期扶持规划，报上一级人民政府或者其移民管理机构批准后实施。

编制水库移民后期扶持规划应当广泛听取移民的意见；必要时，应当采取听证的方式。

经批准的水库移民后期扶持规划是水库移民后期扶持工作的基本依据，应当严格执行，不得随意调整或者修改；确需调整或者修改的，应当报原批准机关批准。

未编制水库移民后期扶持规划或者水库移民后期扶持规划未经批准,有关单位不得拨付水库移民后期扶持资金。

第三十九条 水库移民后期扶持规划应当包括后期扶持的范围、期限、具体措施和预期达到的目标等内容。水库移民安置区县级以上地方人民政府应当采取建立责任制等有效措施,做好后期扶持规划的落实工作。

第四十条 水库移民后期扶持资金应当按照水库移民后期扶持规划,主要作为生产生活补助发放给移民个人;必要时可以实行项目扶持,用于解决移民村生产生活中存在的突出问题,或者采取生产生活补助和项目扶持相结合的方式。具体扶持标准、期限和资金的筹集、使用管理依照国务院有关规定执行。

省、自治区、直辖市人民政府根据国家规定的原则,结合本行政区域实际情况,制定水库移民后期扶持具体实施办法,报国务院批准后执行。

第四十一条 各级人民政府应当加强移民安置区的交通、能源、水利、环保、通信、文化、教育、卫生、广播电视等基础设施建设,扶持移民安置区发展。

移民安置区地方人民政府应当将水库移民后期扶持纳入本级人民政府国民经济和社会发展规划。

第四十二条 国家在移民安置区和大中型水利水电工程受益地区兴办的生产建设项目,应当优先吸收符合条件的移民就业。

第四十三条 大中型水利水电工程建成后形成的水面和水库消落区土地属于国家所有,由该工程管理单位负责管理,并可以在服从水库统一调度和保证工程安全、符合水土保持和水质保护要求的前提下,通过当地县级人民政府优先安排给当地农村移民使用。

第四十四条 国家在安排基本农田和水利建设资金时,应当对移民安置区所在县优先予以扶持。

第四十五条 各级人民政府及其有关部门应当加强对移民的科学文化知识和实用技术的培训,加强法制宣传教育,提高移民素质,增强移民就业能力。

第四十六条 大中型水利水电工程受益地区的各级地方人民政府及其有关部门应当按照优势互补、互惠互利、长期合作、共同发展的原则,采取多种形式对移民安置区给予支持。

第六章　监督管理

第四十七条 国家对移民安置和水库移民后期扶持实行全过程监督。省、自治区、直辖市人民政府和国务院移民管理机构应当加强对移民安置和水库移民后期扶持的监督,发现问题应当及时采取措施。

第四十八条 国家对征地补偿和移民安置资金、水库移民后期扶持资金的拨付、使用和管理实行稽察制度,对拨付、使用和管理征地补偿和移民安置资金、水库移民后期扶持资金的有关地方人民政府及其有关部门的负责人依法实行任期经济责任审计。

第四十九条 县级以上人民政府应当加强对下级人民政府及其财政、发展改革、移民等有关部门或者机构拨付、使用和管理征地补偿和移民安置资金、水库移民后期扶持资金的监督。

县级以上地方人民政府或者其移民管理机构应当加强对征地补偿和移民安置资金、水库移民后期扶持资金的管理，定期向上一级人民政府或者其移民管理机构报告并向项目法人通报有关资金拨付、使用和管理情况。

第五十条 各级审计、监察机关应当依法加强对征地补偿和移民安置资金、水库移民后期扶持资金拨付、使用和管理情况的审计和监察。

县级以上人民政府财政部门应当加强对征地补偿和移民安置资金、水库移民后期扶持资金拨付、使用和管理情况的监督。

审计、监察机关和财政部门进行审计、监察和监督时，有关单位和个人应当予以配合，及时提供有关资料。

第五十一条 国家对移民安置实行全过程监督评估。签订移民安置协议的地方人民政府和项目法人应当采取招标的方式，共同委托有移民安置监督评估专业技术能力的单位对移民搬迁进度、移民安置质量、移民资金的拨付和使用情况以及移民生活水平的恢复情况进行监督评估；被委托方应当将监督评估的情况及时向委托方报告。

从事移民安置规划编制和移民安置监督评估的专业技术人员，应当通过国家考试，取得相应的资格。

第五十二条 征地补偿和移民安置资金应当专户存储、专账核算，存储期间的孳息，应当纳入征地补偿和移民安置资金，不得挪作他用。

第五十三条 移民区和移民安置区县级人民政府，应当以村为单位将大中型水利水电工程征收的土地数量、土地种类和实物调查结果、补偿范围、补偿标准和金额以及安置方案等向群众公布。群众提出异议的，县级人民政府应当及时核查，并对统计调查结果不准确的事项进行改正；经核查无误的，应当及时向群众解释。

有移民安置任务的乡（镇）、村应当建立健全征地补偿和移民安置资金的财务管理制度，并将征地补偿和移民安置资金收支情况张榜公布，接受群众监督；土地补偿费和集体财产补偿费的使用方案应当经村民会议或者村民代表会议讨论通过。

移民安置区乡（镇）人民政府、村（居）民委员会应当采取有效措施帮助移民适应当地的生产、生活，及时调处矛盾纠纷。

第五十四条 县级以上地方人民政府或者其移民管理机构以及项目法人应当建立移民工作档案，并按照国家有关规定进行管理。

第五十五条 国家切实维护移民的合法权益。

在征地补偿和移民安置过程中，移民认为其合法权益受到侵害的，可以依法向县级以上人民政府或者其移民管理机构反映，县级以上人民政府或者其移民管理机构应当对移民反映的问题进行核实并妥善解决。移民也可以依法向人民法院提起诉讼。

移民安置后，移民与移民安置区当地居民享有同等的权利，承担同等的义务。

第五十六条 按照移民安置规划必须搬迁的移民，无正当理由不得拖延搬迁或者拒迁。已经安置的移民不得返迁。

第七章　法律责任

第五十七条　违反本条例规定，有关地方人民政府、移民管理机构、项目审批部门及其他有关部门有下列行为之一的，对直接负责的主管人员和其他直接责任人员依法给予行政处分；造成严重后果，有关责任人员构成犯罪的，依法追究刑事责任：

（一）违反规定批准移民安置规划大纲、移民安置规划或者水库移民后期扶持规划的；

（二）违反规定批准或者核准未编制移民安置规划或者移民安置规划未经审核的大中型水利水电工程建设项目的；

（三）移民安置未经验收或者验收不合格而对大中型水利水电工程进行阶段性验收或者竣工验收的；

（四）未编制水库移民后期扶持规划，有关单位拨付水库移民后期扶持资金的；

（五）移民安置管理、监督和组织实施过程中发现违法行为不予查处的；

（六）在移民安置过程中发现问题不及时处理，造成严重后果以及有其他滥用职权、玩忽职守等违法行为的。

第五十八条　违反本条例规定，项目主管部门或者有关地方人民政府及其有关部门调整或者修改移民安置规划大纲、移民安置规划或者水库移民后期扶持规划的，由批准该规划大纲、规划的有关人民政府或者其有关部门、机构责令改正，对直接负责的主管人员和其他直接责任人员依法给予行政处分；造成重大损失，有关责任人员构成犯罪的，依法追究刑事责任。

违反本条例规定，项目法人调整或者修改移民安置规划大纲、移民安置规划的，由批准该规划大纲、规划的有关人民政府或者其有关部门、机构责令改正，处 10 万元以上 50 万元以下的罚款；对直接负责的主管人员和其他直接责任人员处 1 万元以上 5 万元以下的罚款；造成重大损失，有关责任人员构成犯罪的，依法追究刑事责任。

第五十九条　违反本条例规定，在编制移民安置规划大纲、移民安置规划、水库移民后期扶持规划，或者进行实物调查、移民安置监督评估中弄虚作假的，由批准该规划大纲、规划的有关人民政府或者其有关部门、机构责令改正，对有关单位处 10 万元以上 50 万元以下的罚款；对直接负责的主管人员和其他直接责任人员处 1 万元以上 5 万元以下的罚款；给他人造成损失的，依法承担赔偿责任。

第六十条　违反本条例规定，侵占、截留、挪用征地补偿和移民安置资金、水库移民后期扶持资金的，责令退赔，并处侵占、截留、挪用资金额 3 倍以下的罚款，对直接负责的主管人员和其他责任人员依法给予行政处分；构成犯罪的，依法追究有关责任人员的刑事责任。

第六十一条　违反本条例规定，拖延搬迁或者拒迁的，当地人民政府或者其移民管理机构可以申请人民法院强制执行；违反治安管理法律、法规的，依法给予治安管理处罚；构成犯罪的，依法追究有关责任人员的刑事责任。

第八章 附 则

第六十二条 长江三峡工程的移民工作,依照《长江三峡工程建设移民条例》执行。

南水北调工程的征地补偿和移民安置工作,依照本条例执行。但是,南水北调工程中线、东线一期工程的移民安置规划的编制审批,依照国务院的规定执行。

第六十三条 本条例自 2006 年 9 月 1 日起施行。1991 年 2 月 15 日国务院发布的《大中型水利水电工程建设征地补偿和移民安置条例》同时废止。

村庄和集镇规划建设管理条例

第一章 总 则

第一条 为加强村庄、集镇的规划建设管理，改善村庄、集镇的生产、生活环境，促进农村经济和社会发展，制定本条例。

第二条 制定和实施村庄、集镇规划，在村庄、集镇规划区内进行居民住宅，乡(镇)村企业、乡(镇)村公共设施和公益事业等的建设，必须遵守本条例。但是，国家征用集体所有的土地进行的建设除外。

在城市规划区内的村庄、集镇规划的制定和实施，依照本城市规划及其实施条件执行。

第三条 本条例所称村庄，是指农村村民居住和从事各种生产的聚居点。

本条例所称集镇，是指乡、民族乡人民政府所在地和经县级人民政府确认由集市发展而成的作为农村一定区域经济、文化和生活服务中心的非建制镇。

本条例所称村庄、集镇规划区，是指村庄、集镇建成区的因村庄、集镇建设及发展需要实行规划控制的区域。村庄、集镇规划区的具体范围，在村庄、集镇总体规划中划定。

第四条 村庄、集镇规划建设管理，应当坚持合理布局、节约用地的原则，全面规划，正确引导，依靠群众，自力更生，因地制宜，量力而行，逐步建设，实现经济效益、社会效益和环境效益的统一。

第五条 地上洪涝、地震、台风、滑坡等自然灾害易发地区的村庄和集镇，应当按照国家和地方的有关规定，在村庄、集镇总体规划中制定防灾措施。

第六条 国务院建设行政主管部门主管全国的村庄、集镇规划建设管理工作。

县级以上地方人民政府建设行政主管部门主管本行政区域的村庄、集镇规划建设管理工作。

乡级人民政府负责本行政区域的村庄、集镇规划建设管理工作。

第七条 国家鼓励村庄、集镇规划建设管理的科学研究，推广先进技术，提倡在村庄和集镇建设中，结合当地特点，采用新工艺、新材料、新结构。

第二章 村庄和集镇规划的制定

第八条 村庄、集镇规划由乡级人民政府负责组织编制，并监督实施。

第九条 村庄、集镇规划的编制，应当遵循下列原则：

(一)根据国民经济和社会发展计划，结合当地经济发展的现状和要求，以及自然环境，资源条件和历史情况等，统筹兼顾，综合部署村庄和集镇的各项建设；

(二)处理好近期建设与远景发展、改造与新建的关系，使村庄、集镇的性质和建设的规模、速度和标准，同经济发展和农民生活水平相适应；

（三）合理用地，节约用地，各项建设应当相对集中，充分利用原有的建设用地，新建、扩建工程及住宅应当尽量不占用耕地和林地；

（四）有利生产，方便生活，合理安排住宅、乡（镇）村企业、乡（镇）村公共设施和公益事业等的建设布局，促进农村各项事业协调发展，并适当留有发展余地；

（五）保护和改善生态环境，防治污染和其他公害，加强绿化和村容镇貌、环境卫生建设。

第十条 村庄、集镇规划的编制，应当以县域规划、农业规划、土地利用总体规划为依据，并同有关部门的专业规划相协调。

县级人民政府组织编制的县域规划，应当包括村庄、集镇建设体系规划。

第十一条 编制村庄、集镇规划，一般分村庄、集镇总体规划和村庄、集镇建设规划两个阶段进行。

第十二条 村庄、集镇总体规划，是乡级行政区域内村庄和集镇布点规划及相应的各项建设的整体部署。

村庄、集镇总体规划的主要内容包括：乡级行政区域的村庄、集镇布点，村庄和集镇的位置、性质、规模和发展方向，村庄和集镇的交通、供水、供电、邮电、商业、绿化等生产和生活服务设施的配置。

第十三条 村庄、集镇建设规划，应当在村庄、集镇总体规划指导下，具体安排村庄、集镇的各项建设。

集镇建设规划的主要内容包括：住宅、乡（镇）村企业、乡（镇）村公共设施、公益事业等各项建设的用地布局、用地规模，有关的技术经济指标，近期建设工程以及重点地段建设具体安排。

村庄建设规划的主要内容，可以根据本地区经济发展水平，参照集镇建设规划的编制内容，主要对住宅和供水、供电、道路、绿化、环境卫生以及生产配套设施作出具体安排。

第十四条 村庄、集镇总体规划和集镇建设规划，须经乡级人民代表大会审查同意，由乡级人民政府报县级人民政府批准。

村庄建设规划，须经村民会议讨论同意，由乡级人民政府报县级人民政府批准。

第十五条 根据社会经济发展需要，依照本条例第十四条的规定，经乡级人民代表大会或者村民会议的同意，乡级人民政府可以对村庄、集镇规划进行局部调整，并报县级人民政府备案。涉及村庄、集镇的性质、规模、发展方向和总体布局重大变更的，依照本条例第十四条规定的程序办理。

第十六条 村庄、集镇规划期限，由省、自治区、直辖市人民政府根据本地区实际情况规定。

第十七条 村庄、集镇规划经批准后，由乡级人民政府公布。

第三章 村庄和集镇规划的实施

第十八条 农村村民在村庄、集镇规划区内建住宅的，应当先向村集体经济组织或者村民委员会提出建房申请，经村民会议讨论通过后，按照下列审批程序办理：

（一）需要使用耕地的，经乡级人民政府审核、县级人民政府建设行政主管部门审查同意并出具选址意见书后，方可依照《土地管理法》向县级人民政府土地管理部门申请用地，经县人民政府批准后，由县级人民政府土地管理部门划拨土地；

（二）使用原有宅基地、村内空闲和其他土地的，由乡人民政府根据村庄、集镇规划和土地利用规划批准。

城镇非农业户口居民在村庄、集镇规划区内需要使用集体所有的土地建住宅的，应当经其所在单位或者居民委员会同意后，依照前款第（一）项规定的审批程序办理。

回原籍村庄、集镇落户的职工、退伍军人的离休、退休干部以及回乡定居的华侨、港澳台同胞，在村庄、集镇规划区内需要使用集体所有的土地建住宅的，依照本条第一款第（一）项规定的审批程序办理。

第十九条 兴建乡（镇）村企业，必须持县级以上地方人民政府批准的设计任务书或者其他批准文件，向县级人民政府建设行政主管部门申请选址定点，县级人民政府建设行政主管部门审查同意并出具选址意见书后，建设单位方可依法向县级人民政府土地管理部门申请用地，经县级以上人民政府批准后，由土地管理部门划拨土地。

第二十条 乡（镇）村公共设施、公益事业建设，须经乡级人民政府审核、县级人民政府建设行政主管部门审查同意并出具选址意见书后，建设单位方可依法向县级人民政府土地管理部门申请用地，经县级以上人民政府批准后，由土地管理部门划拨土地。

第四章 村庄和集镇建设的设计、施工管理

第二十一条 在村庄、集镇规划区内，凡建筑跨度、跨径或者高度超出规划范围的乡（镇）村企业、乡（镇）村公共设施和公益事业的建筑工程，以及二层（含二层）以上的住宅，必须由取得相应的设计资质证书的单位进行设计，或者选用通用设计、标准设计。

第二十二条 建筑设计应当贯彻适用、经济、安全和美观的原则，符合国家和地方有关节约资源、抗御灾害的规定，保持地方特色和民族风格，并注意与周围环境相协调。

农村居民住宅设计应当符合紧凑、合理、卫生和安全的要求。

第二十三条 承担村庄、集镇规划区内建筑工程施工任务的单位，必须具有相应的施工资质等级证书或者资质审查证书，并按照规定的经营范围承担施工任务。

在村庄、集镇规划区内从事建筑施工的个体工匠，除承担房屋修缮外，须按有关规定办理施工资质审批手续。

第二十四条 施工单位应按照设计图纸施工。任何单位和个人不得擅自修改设计图纸；确需修改的，须经原设计单位同意，并出具变更设计通知单或者图纸。

第二十五条 施工单位应当确保施工质量，按照有关的技术规定施工，不得使用不符合工程质量要求的建筑材料和建筑构件。

第二十六条 乡（镇）村企业、乡（镇）村公共设施、公益事业等建设，在开工前，建设单位和个人应当向县级以上人民政府建设行政主管部门提出开工申请，经县级以上人民政府建设行政主管部门对设计、施工条件予以审查批准后，方可开工。

农村居民住宅建设开工的审批程序，由省、自治区、直辖市人民政府规定。

第二十七条 县级人民政府建设行政主管部门,应当对村庄、集镇建设的施工质量进行监督检查。村庄、集镇的建设工程竣工后,应当按照国家的有关规定,经有关部门竣工验收合格后,方可交付使用。

第五章 房屋、公共设施、村容镇貌和环境卫生管理

第二十八条 县级以上人民政府建设行政主管部门,应当加强对村庄、集镇房屋的产权、产籍的管理,依法保护房屋所有人对房屋的所有权,具体办法由国务院建设行政主管部门制定。

第二十九条 任何单位和个人都应当遵守国家和地方有关村庄、集镇的房屋、公共设施的管理规定,保证房屋的使用安全和公共设施的正常使用,不得破坏或者损毁村庄、集镇的道路、桥梁、供水、排水、供电、邮电、绿化等设施。

第三十条 从集镇收取的城市维护建设税,应当用于集镇公共设施的维护和建设,不得挪作他用。

第三十一条 乡级人民政府应当采取措施,保护村庄、集镇饮用水源;有条件的地方,可以集中供水,使水质逐步达到国家规定的生活饮用水卫生标准。

第三十二条 未经乡级人民政府批准,任何单位和个人不得擅自在村庄、集镇规划区内的街道、广场、市场和车站等场所修建临时建筑物、构筑物和其他设施。

第三十三条 任何单位和个人都应当维护村容镇貌和环境卫生,妥善处理粪堆、垃圾堆、柴草堆,养护树木花草,美化环境。

第三十四条 任何单位和个人都有义务保护村庄、集镇内的文物古迹、古树名木和风景名胜、军事设施、防汛设施,以及国家邮电、通信、输变电、输油管道等设施,不得损坏。

第三十五条 乡级人民政府应当按照国家有关规定,对村庄、集镇建设形成的具有保存价值的文件、图纸、资料等及时整理归档。

第六章 罚 则

第三十六条 在村庄、集镇规划区内,未按规划审批程序批准而取得建设用地批准文件,占用土地的,批准文件无效,占用的土地由乡级以上人民政府责令退回。

第三十七条 在村庄、集镇规划区内,未按规划审批程序批准或者违反规划的规定进行建设,严重影响村庄、集镇规划的,由县级人民政府建设行政主管部门责令停止建设,限期拆除或者没收违法建筑物、构筑物和其他设施;影响村庄、集镇规划,尚可采取改正措施的,由县级人民政府建设行政主管部门责令限期改正,处以罚款。

农村居民未经批准或者违反规划的规定建住宅的,乡级人民政府可以依照前款规划处罚。

第三十八条 有下列行为之一的,由县级人民政府建设行政主管部门责令停止设计或者施工、限期改正,并可处以罚款。

(一)未取得设计资质证书,承担建筑跨度、跨径或者高度超出规定范围的工程以及

二层以上住宅的设施任务或者未按设计资质证书规定的经营范围，承担设计任务的；

（二）未取得施工资质等级证书或者资质审查证书或者未按规定的经营范围，承担施工任务的；

（三）不按有关技术规定施工或者使用不符合工程质量要求的建筑材料和建设构件的；

（四）未按设计图纸施工或者擅自修改设计图纸的。

取得设计或者施工资质证书的勘察设计、施工单位，为无证单位提供资质证书，超过规定的经营范围，承担设计、施工任务或者设计、施工的质量不符合要求，情节严重的，由原发证机关吊销设计或者施工的资质证书。

第三十九条 有下列行为之一的，由乡级人民政府责令停止侵害，可以处以罚款；造成损失的，并应当赔偿。

（一）损坏村庄和集镇的房屋、公共设施的；

（二）乱堆粪便、垃圾、柴草，破坏村容镇貌和环境卫生的。

第四十条 擅自在村庄、集镇规划区内的街道、广场、市场和车站等场所修建临时建筑物、构筑物和其他设施的，由乡级人民政府责令限期拆除，并可以处以罚款。

第四十一条 损坏村庄、集镇内的文物古迹、古树名木和风景名胜、军事设施、防汛设施，以及国家邮电、通信、输变电、输油管道等设施的，依照有关法律、法规的规定处罚。

第四十二条 违反本条例，构成违反治安管理行为的，依照《治安管理处罚条例》的规定处罚；构成犯罪的，依法追究刑事责任。

第四十三条 村庄、集镇建设管理人员玩忽职守、滥用职权、徇私舞弊的，由所在单位或者上级主管部门给予行政处分；构成犯罪的，依法追究刑事责任。

第四十四条 当事人对行政处罚决定不服的，可以自接到处罚决定通知之日起十五日内，向作出处罚决定机关的上一级机关申请复议；对复议决定不服的，可以自接到复议决定之日起十五日内，向人民法院提起诉讼。当事人也可以自接到处罚决定通知之日起十五日内，直接向人民法院起诉。当事人逾期不申请复议，也不向人民法院提起诉讼，又不履行处罚决定的，作出处罚决定机关可以申请人民法院强制执行或者依法强制执行。

第七章　附　则

第四十五条 未设镇建制的国营农场场部、国营林场场部及其基层居民点的规划建设管理，分别由国营农场、国营林场主管部门负责，参照本条例执行。

第四十六条 省、自治区、直辖市人民政府可以根据本条例制定实施办法。

第四十七条 本条例由国务院建设行政主管部门负责解释。

第四十八条 本条例自1993年11月1日起施行。

土地调查条例

（2008年2月7日国务院令第518号，自公布之日起施行）

第一章　总　则

第一条　为了科学、有效地组织实施土地调查，保障土地调查数据的真实性、准确性和及时性，根据《中华人民共和国土地管理法》和《中华人民共和国统计法》，制定本条例。

第二条　土地调查的目的，是全面查清土地资源和利用状况，掌握真实准确的土地基础数据，为科学规划、合理利用、有效保护土地资源，实施最严格的耕地保护制度，加强和改善宏观调控提供依据，促进经济社会全面协调可持续发展。

第三条　土地调查工作按照全国统一领导、部门分工协作、地方分级负责、各方共同参与的原则组织实施。

第四条　土地调查所需经费，由中央和地方各级人民政府共同负担，列入相应年度的财政预算，按时拨付，确保足额到位。

土地调查经费应当统一管理、专款专用、从严控制支出。

第五条　报刊、广播、电视和互联网等新闻媒体，应当及时开展土地调查工作的宣传报道。

第二章　土地调查的内容和方法

第六条　国家根据国民经济和社会发展需要，每10年进行一次全国土地调查；根据土地管理工作的需要，每年进行土地变更调查。

第七条　土地调查包括下列内容：

（一）土地利用现状及变化情况，包括地类、位置、面积、分布等状况；

（二）土地权属及变化情况，包括土地的所有权和使用权状况；

（三）土地条件，包括土地的自然条件、社会经济条件等状况。

进行土地利用现状及变化情况调查时，应当重点调查基本农田现状及变化情况，包括基本农田的数量、分布和保护状况。

第八条　土地调查采用全面调查的方法，综合运用实地调查统计、遥感监测等手段。

第九条　土地调查采用《土地利用现状分类》国家标准、统一的技术规程和按照国家统一标准制作的调查基础图件。

土地调查技术规程，由国务院国土资源主管部门会同国务院有关部门制定。

第三章　土地调查的组织实施

第十条　县级以上人民政府国土资源主管部门会同同级有关部门进行土地调查。

乡(镇)人民政府、街道办事处和村(居)民委员会应当广泛动员和组织社会力量积极参与土地调查工作。

第十一条 县级以上人民政府有关部门应当积极参与和密切配合土地调查工作,依法提供土地调查需要的相关资料。

社会团体以及与土地调查有关的单位和个人应当依照本条例的规定,配合土地调查工作。

第十二条 全国土地调查总体方案由国务院国土资源主管部门会同国务院有关部门拟订,报国务院批准。县级以上地方人民政府国土资源主管部门会同同级有关部门按照国家统一要求,根据本行政区域的土地利用特点,编制地方土地调查实施方案,报上一级人民政府国土资源主管部门会同同级有关部门核准后施行。

第十三条 在土地调查中,需要面向社会选择专业调查队伍承担的土地调查任务,应当通过招标投标方式组织实施。

承担土地调查任务的单位应当具备以下条件:

(一)具有法人资格;

(二)有与土地调查相关的资质和工作业绩;

(三)有完备的技术和质量管理制度;

(四)有经过培训且考核合格的专业技术人员。

国务院国土资源主管部门应当会同国务院有关部门加强对承担土地调查任务单位的管理,并公布符合本条第二款规定条件的单位名录。

第十四条 土地调查人员应当坚持实事求是,恪守职业道德,具有执行调查任务所需要的专业知识。

土地调查人员应当接受业务培训,经考核合格领取全国统一的土地调查员工作证。

第十五条 土地调查人员应当严格执行全国土地调查总体方案和地方土地调查实施方案、《土地利用现状分类》国家标准和统一的技术规程,不得伪造、篡改调查资料,不得强令、授意调查对象提供虚假的调查资料。

土地调查人员应当对其登记、审核、录入的调查资料与现场调查资料的一致性负责。

第十六条 土地调查人员依法独立行使调查、报告、监督和检查职权,有权根据工作需要进行现场调查,并按照技术规程进行现场作业。

土地调查人员有权就与调查有关的问题询问有关单位和个人,要求有关单位和个人如实提供相关资料。

土地调查人员进行现场调查、现场作业以及询问有关单位和个人时,应当出示土地调查员工作证。

第十七条 接受调查的有关单位和个人应当如实回答询问,履行现场指界义务,按照要求提供相关资料,不得转移、隐匿、篡改、毁弃原始记录和土地登记簿等相关资料。

第十八条 各地方、各部门、各单位的负责人不得擅自修改土地调查资料、数据,不得强令或者授意土地调查人员篡改调查资料、数据或者编造虚假数据,不得对拒绝、抵制篡改调查资料、数据或者编造虚假数据的土地调查人员打击报复。

第四章 调查成果处理和质量控制

第十九条 土地调查形成下列调查成果：

(一)数据成果；

(二)图件成果；

(三)文字成果；

(四)数据库成果。

第二十条 土地调查成果实行逐级汇交、汇总统计制度。

土地调查数据的处理和上报应当按照全国土地调查总体方案和有关标准进行。

第二十一条 县级以上地方人民政府对本行政区域的土地调查成果质量负总责，主要负责人是第一责任人。

县级以上人民政府国土资源主管部门会同同级有关部门对调查的各个环节实行质量控制，建立土地调查成果质量控制岗位责任制，切实保证调查的数据、图件和被调查土地实际状况三者一致，并对其加工、整理、汇总的调查成果的准确性负责。

第二十二条 国务院国土资源主管部门会同国务院有关部门统一组织土地调查成果质量的抽查工作。抽查结果作为评价土地调查成果质量的重要依据。

第二十三条 土地调查成果实行分阶段、分级检查验收制度。前一阶段土地调查成果经检查验收合格后，方可开展下一阶段的调查工作。

土地调查成果检查验收办法，由国务院国土资源主管部门会同国务院有关部门制定。

第五章 调查成果公布和应用

第二十四条 国家建立土地调查成果公布制度。

土地调查成果应当向社会公布，并接受公开查询，但依法应当保密的除外。

第二十五条 全国土地调查成果，报国务院批准后公布。

地方土地调查成果，经本级人民政府审核，报上一级人民政府批准后公布。

全国土地调查成果公布后，县级以上地方人民政府方可逐级依次公布本行政区域的土地调查成果。

第二十六条 县级以上人民政府国土资源主管部门会同同级有关部门做好土地调查成果的保存、管理、开发、应用和为社会公众提供服务等工作。

国家通过土地调查，建立互联共享的土地调查数据库，并做好维护、更新工作。

第二十七条 土地调查成果是编制国民经济和社会发展规划以及从事国土资源规划、管理、保护和利用的重要依据。

第二十八条 土地调查成果应当严格管理和规范使用，不作为依照其他法律、行政法规对调查对象实施行政处罚的依据，不作为划分部门职责分工和管理范围的依据。

第六章　表彰和处罚

第二十九条　对在土地调查工作中做出突出贡献的单位和个人，应当按照国家有关规定给予表彰或者奖励。

第三十条　地方、部门、单位的负责人有下列行为之一的，依法给予处分；构成犯罪的，依法追究刑事责任：

（一）擅自修改调查资料、数据的；

（二）强令、授意土地调查人员篡改调查资料、数据或者编造虚假数据的；

（三）对拒绝、抵制篡改调查资料、数据或者编造虚假数据的土地调查人员打击报复的。

第三十一条　土地调查人员不执行全国土地调查总体方案和地方土地调查实施方案、《土地利用现状分类》国家标准和统一的技术规程，或者伪造、篡改调查资料，或者强令、授意接受调查的有关单位和个人提供虚假调查资料的，依法给予处分，并由县级以上人民政府国土资源主管部门、统计机构予以通报批评。

第三十二条　接受调查的单位和个人有下列行为之一的，由县级以上人民政府国土资源主管部门责令限期改正，可以处5万元以下的罚款；构成违反治安管理行为的，由公安机关依法给予治安管理处罚；构成犯罪的，依法追究刑事责任：

（一）拒绝或者阻挠土地调查人员依法进行调查的；

（二）提供虚假调查资料的；

（三）拒绝提供调查资料的；

（四）转移、隐匿、篡改、毁弃原始记录、土地登记簿等相关资料的。

第三十三条　县级以上地方人民政府有下列行为之一的，由上级人民政府予以通报批评；情节严重的，对直接负责的主管人员和其他直接责任人员依法给予处分：

（一）未按期完成土地调查工作，被责令限期完成，逾期仍未完成的；

（二）提供的土地调查数据失真，被责令限期改正，逾期仍未改正的。

第七章　附　则

第三十四条　军用土地调查，由国务院国土资源主管部门会同军队有关部门按照国家统一规定和要求制定具体办法。

中央单位使用土地的调查数据汇总内容的确定和成果的应用管理，由国务院国土资源主管部门会同国务院管理机关事务工作的机构负责。

第三十五条　县级以上人民政府可以按照全国土地调查总体方案和地方土地调查实施方案成立土地调查领导小组，组织和领导土地调查工作。必要时，可以设立土地调查领导小组办公室负责土地调查日常工作。

第三十六条　本条例自公布之日起施行。

土地复垦规定

（1988年10月21日国务院第二十二次常务会议通过，1988年11月8日中华人民共和国国务院令第十九号发布，自1989年1月1日起施行）

第一条 为加强土地复垦工作，合理利用土地，改善生态环境，制定本规定。

第二条 本规定所称土地复垦，是指对在生产建设过程中，因挖损、塌陷、压占等造成破坏的土地，采取整治措施，使其恢复到可供利用状态的活动。

第三条 本规定适用于因从事开采矿产资源、烧制砖瓦、燃煤发电等生产建设活动，造成土地破坏的企业和个人（以下简称企业和个人）。

第四条 土地复垦，实行"谁破坏、谁复垦"的原则。

第五条 土地复垦工作，任何部门、单位和个人不得阻挠。

第六条 各级人民政府土地管理部门负责管理、监督检查本行政区域的土地复垦工作。

各级计划管理部门负责土地复垦的综合协调工作；各有关行业管理部门负责本行业土地复垦规划的制定与实施。

第七条 土地复垦规划应当与土地利用总体规划相协调。

各有关行业管理部门在制定土地复垦规划时，应当根据经济合理的原则和自然条件以及土地破坏状态，确定复垦后的土地用途。在城市规划区内，复垦后的土地利用应当符合城市规划。

第八条 土地复垦应当与生产建设统一规划。有土地复垦任务的企业应当把土地复垦指标纳入生产建设计划，在征求当地土地管理部门的意见、并经行业管理部门批准后实施。

第九条 有土地复垦任务的建设项目，其可行性研究报告和设计任务书应当包括土地复垦的内容；设计文件应当有土地复垦的章节；工艺设计应当兼顾土地复垦的要求。建设单位违反前款规定的，土地管理部门审批建设用地时不得批准。

第十条 土地复垦应当充分利用邻近企业的废弃物充填挖损区、塌陷区和地下采空区。

对利用废弃物进行土地复垦和在指定的土地复垦区倾倒废弃物的，拥有废弃物的一方和拥有土地复垦区的一方均不得向对方收取费用。

利用废弃物作为土地复垦充填物，应当防止造成新的污染。

第十一条 复垦后的土地达到复垦标准，并经土地管理部门会同有关行业管理部门验收合格后，方可交付使用。

复垦标准由土地管理部门会同有关行业管理部门确定。

第十二条 企业（不含乡村的集体企业和私营企业）在生产建设过程中破坏的集体所有土地，按下列情况分别处理：

（一）不能恢复原用途或者复垦后需要用于国家建设的，由国家征用；

（二）经复垦不能恢复原用途，但原集体经济组织愿意保留的，可以不实行国家征用；

（三）经复垦可以恢复原用途，但国家建设不需要的，不实行国家征用。

第十三条 在生产建设过程中破坏的土地，可以由企业和个人自行复垦，也可以由其他有条件的单位和个人承包复垦。

承包复垦土地，应当以合同形式确定承、发包双方的权利和义务。土地复垦费用，应当根据土地被破坏程度、复垦标准和复垦工程量合理确定。

第十四条 企业和个人对其破坏的其他单位使用的国有土地或者国家不征用的集体所有土地，除负责土地复垦外，还应当向遭受损失的单位支付土地损失补偿费。

土地损失补偿费，分为耕地的损失补偿费、林地的损失补偿费和其他土地的损失补偿费。耕地的损失补偿费，以实际造成减产以前三年平均年产量为计算标准，由企业和个人按照各年造成的实际损失逐年支付相应的损失补偿费；集体经济组织承包复垦其原有的土地，补偿年限应当按照合同规定的合理工期确定。其他土地的损失补偿费，参照上述原则确定。

地面附着物的损失补偿标准，由省、自治区、直辖市规定。

第十五条 土地损失补偿费的具体金额，由破坏土地的企业和个人与遭受损失的单位根据第十四条确定的原则商定；达不成协议的，由当地土地管理部门会同有关行业管理部门作出处理决定。

当事人对土地损失补偿费金额的处理决定不服的，可以在接到处理决定之日起十五日内，向人民法院起诉。

第十六条 基本建设过程中破坏的土地，土地复垦费用和土地损失补偿费从基本建设投资中列支。

生产过程中破坏的土地，土地复垦费用从企业更新改造资金和生产发展基金中列支；经复垦后直接用于基本建设的，土地复垦费用从该项基本建设投资中列支；由国家征用并能够以复垦后的收益形成偿付能力的，土地复垦费用还可以用集资或者向银行贷款的方式筹集。

生产过程中破坏的国家不征用的土地，土地损失补偿费可以列入或者分期列入生产成本。

第十七条 生产过程中破坏的国家征用的土地，企业用自有资金或者贷款进行复垦的，复垦后归该企业使用；根据规划设计企业不需要使用的土地或者未经当地土地管理部门同意，复垦后连续二年以上不使用的土地，由当地县级以上人民政府统筹安排使用。

企业采用承包或者集资方式进行复垦的，复垦后的土地使用权和收益分配，依照承包合同或者集资协议约定的期限和条件确定；因国家生产建设需要提前收回的，企业应当对承包合同或者集资协议的另一方当事人支付适当的补偿费。

生产过程中破坏的国家不征用的土地，复垦后仍归原集体经济组织使用。

第十八条 生产建设过程中破坏的国家征用的土地，经复垦后土地使用权依法变更的，必须依照国家有关规定办理过户登记手续。

第十九条 国家鼓励生产建设单位优先使用复垦后的土地。

复垦后的土地用于农、林、牧、渔业生产的，依照国家有关规定减免农业税；用于基本建设的，依照国家有关规定给予优惠。

第二十条 对不履行或者不按照规定要求履行土地复垦义务的企业和个人，由土地管理部门责令限期改正；逾期不改正的，由土地管理部门根据情节，处以每亩每年二百元至一千元的罚款。对逾期不改正的企业和个人，在其提出新的生产建设用地申请时，土地管理部门可以不予受理。

罚款从企业税后留利中支付，依照国家规定上交国库。

第二十一条 当事人对土地管理部门作出的罚款决定不服的，可以在接到罚款通知之日起十五日内，向作出罚款决定的土地管理部门的上一级机关申请复议；对复议决定不服的，可以在接到复议决定之日起十五日内向人民法院起诉。当事人也可以在接到罚款通知之日起十五日内，直接向人民法院起诉。当事人期满不申请复议也不向人民法院起诉又不执行罚款决定的，由作出罚款决定的土地管理部门申请人民法院强制执行。

第二十二条 扰乱、阻碍土地复垦工作或者破坏土地复垦工程设备，违反《中华人民共和国治安管理处罚条例》的，由当地公安机关给予治安管理处罚；构成犯罪的，由司法机关依法追究刑事责任。

第二十三条 负责土地复垦管理工作的国家工作人员玩忽职守、徇私舞弊的，由其所在单位或者上级主管机关给予行政处分；构成犯罪的，由司法机关依法追究刑事责任。

第二十四条 各省、自治区、直辖市人民政府可以根据本规定，结合本地区的实际情况，制定实施办法。

第二十五条 本规定由国家土地管理局负责解释。

第二十六条 本规定自1989年1月1日起施行。

勘察设计职工职业道德准则

一、发扬爱国、爱岗、敬业精神，既对国家负责同时又为企业服务好。珍惜国家资金、土地、能源、材料设备，力求取得更大的经济、社会和环境效益。

二、坚持质量第一，遵守各项勘察设计标准、规范、规程，防止重产值、轻质量的倾向，确保公众人身及财产安全，对工程质量负责到底。

三、钻研科学技术，不断采用新技术、新工艺，推动行业技术进步；树立正派学风，不搞技术封锁，不剽窃他人成果，采用他人成果要标明出处，尊重他人的正当技术、经济权利。

四、认真贯彻勘察设计的各项方针政策，合法经营，不搞无证勘察设计，不搞越级勘察设计，不搞私人勘察设计，不出卖图签图章。

五、遵守市场管理，平等竞争，严格按规定收费；不超收、不压价，勇于抵制行业不正之风；不因收取“回扣”“介绍费”等而选用价高质次的材料设备；不贬低别人，抬高自己。

六、信守勘察设计合同，以高速、优质的服务，为行业赢得信誉。

七、搞好团结协作，树立集体观念，甘当配角，艰苦奋斗，无私奉献。

八、服从单位法人管理，有令则行，有禁必止。